studien——text

Mathematik

studien—text

Mathematik

Endl, K./Luh, W.: Analysis
Eine integrierte Darstellung
Band I: 1989, 9. bearb. Aufl., XII, 369 S., 96 Abb., kart., DM 29,80.
ISBN 3-89104-498-4

Band II: 1989, 7. überarb. Aufl., VIII, 412 S., 117 Abb., kart., DM 29,80.
ISBN 3-89104-455-0

Band III: 1987, 6. überarb. Aufl., VIII, 412 S., 94 Abb., kart., DM 29,80.
ISBN 3-89104-456-9

Endl, K./Luh, W.: Analysis I-III
DM 76,–. ISBN 3-923944-34-9

Luh, W./Wießner, M.: Aufgabensammlung Analysis
Band 1: Grundlagen, Folgen, Reihen, Topologische Grundbegriffe, Stetigkeit.
1991, VIII, 426 Seiten, DM 36,80. ISBN 3-89104-499-2

Luh, W./Wießner, M.: Aufgabensammlung Analysis
Band 2: Funktionenfolgen und -reihen, Elementare Funktionen, Differential- und Integralrechnung.
1992, 484 Seiten, DM 39,80. ISBN 3-89104-500-X

Luh, W./Wießner, M.: Aufgabensammlung Analysis
Band 3: in Vorbereitung

Jantscher, L.: Topologie, 1982, 300 S., kart., DM 29,80. ISBN 3-923944-49-7

Körner, O.: Algebra
1990, 2. korr. Aufl. Mit Übungen. 252 Seiten, 9 Abb., kart., DM 34,80.
ISBN 3-89104-504-2

Luh, W.: Mathematik für Naturwissenschaftler I
1987, 4. Aufl., 341 S., 131 Abb., kart., DM 29,80. ISBN 3-923944-54-3

Luh, W.: Mathematik für Naturwissenschaftler II
1988, 3. erw. Aufl., 360 S., kart., DM 29,80. ISBN 3-923944-91-8

Peyerimhoff, A.: Gewöhnliche Differentialgleichungen I
1982, 2. verb. Aufl., 179 S., 48 Abb., kart., DM 26,80. ISBN 3-923944-59-4

Peyerimhoff, A.: Gewöhnliche Differentialgleichungen II
1982, 2. verb. Aufl., 199 S., 37 Abb., kart., DM 26,80. ISBN 3-923944-60-8

Plachky, D.: Stochastik, 3 Bände, DM 80,–. ISBN 3-923944-65-9

Reimer, M.: Grundlagen der Numerischen Mathematik I
1980, 210 S., kart., DM 22,–. ISBN 3-923944-66-7

Reimer, M.: Grundlagen der Numerischen Mathematik II
1982, 263 S., kart., DM 29,80. ISBN 3-923944-67-5

Scheid, H. u. a.: Mathematik für Lehramtskandidaten I-IV
DM 96,–. ISBN 3-923944-71-3

Preisänderungen vorbehalten

Wolfgang Luh / Martin Wießner

Aufgabensammlung Analysis

Band 2

Funktionenfolgen und -reihen,
Elementare Funktionen,
Differential- und Integralrechnung

Aufgaben mit Lösungen
und Lösungswege

AULA-Verlag Wiesbaden

Prof. Dr. Wolfgang Luh
Dr. Martin Wießner
Fachbereich IV / Mathematik
der Universität Trier
Postfach 38 25
5500 Trier

Die Deutsche Bibliothek – CIP-Einheitsaufnahme

Luh, Wolfgang:
Aufgabensammlung Analysis: Aufgaben mit Lösungen und Lösungswegen / Wolfgang Luh; Martin Wiessner. – Wiesbaden: Aula-Verl.
(Studientext: Mathematik)
NE: Wiessner, Martin:; HST

Bd. 2. Funktionenfolgen und -reihen, elementare Funktionen, Differential- und Integralrechnung. – 1. Aufl. – 1992
ISBN 3-89104-500-X

Satz: Elke Gawronski, Trier
Druck und Verarbeitung: PDC, Paderborner Druck Centrum, 4790 Paderborn
Printed in Germany / Imprimé en Allemagne

ISSN 0170-673-X
ISBN 3-89104-500-X

Vorwort

Die Ausbildung in Mathematik stellt naturgemäß zum überwiegenden Teil eine Vermittlung von theoretischen und mehr oder weniger abstrakten Sachverhalten dar. Im Vergleich zur Fülle des behandelten Stoffes kommen dabei meist Beispiele und begleitendes Übungsmaterial viel zu kurz. Infolgedessen hört man häufig die Klage der Studierenden im Grundstudium, sie hätten den Gegenstand einer mathematischen Disziplin in der Theorie zwar verstanden, stünden jedoch den Übungsaufgaben zu den behandelten Gebieten vollkommen hilflos gegenüber. Dies ist im Grunde eine natürliche Reaktion und deutet nicht unbedingt auf eine mangelnde Eignung zum Mathematikstudium hin. Es gibt nämlich keine "typischen" und "exemplarischen" Aufgaben, deren Beherrschung die Bewältigung sämtlicher mathematischer Probleme garantiert. Vielmehr ist es erforderlich, an Hand möglichst zahlreicher durchgerechneter Übungsaufgaben die notwendige Phantasie und Erfahrung für den Umgang mit mathematischen Problemen zu entwickeln.

Vor diesem Hintergrund wurde eine (enzyklopädische) Aufgabensammlung zur Analysisausbildung im Grundstudium konzipiert.

Der vorliegende zweite Teil dieser dreibändigen Aufgabensammlung schließt sich inhaltlich und formal direkt an den ersten Teil an. Zusammen mit diesem deckt er thematisch diejenigen Bereiche der Analysis ab, die zu Beginn des Mathematikstudiums behandelt werden. Die Aufgaben sind in ihrer Auswahl und Zusammenstellung nicht an die Inhalte eines speziellen Lehrbuches angepaßt, vielmehr sind die thematischen Aspekte der verbreitesten und beliebtesten Lehrbücher zur Analysis berücksichtigt. Daher werden zu Beginn jedes Abschnittes in knapper Form die erforderlichen Begriffe und Ergebnisse in Erinnerung gebracht und die verwendeten Terminologien vereinbart.

Es ist Übungsmaterial jeder Ausrichtung zusammengestellt. Einen breiten Raum nehmen solche Aufgaben ein, die dem Standardrepertoire des Übungsbetriebes unserer Universitäten angehören; Übungen also, an denen die Studierenden die von ihnen verlangten wichtigsten Techniken erlernen und selbst erproben können. Die Sammlung enthält daneben auch schwierige und sehr schwierige Aufgaben sowie Leckerbissen, die sich durch elegante oder trickreiche Lösungswege auszeichnen.

Zu allen Aufgaben sind Lösungen angegeben, die bis ins Detail ausgearbeitet sind. Ein Charakteristikum dieser Aufgabensammlung ist, daß zwischen dem 1. Teil des Buches, der die Formulierung der Aufgaben enthält, und dem 3. Teil, in dem die Lösungen dargestellt sind, ein mittlerer Teil mit Hinweisen zu den einzelnen Problemen eingefügt ist. Oft fehlt nämlich zur erfolgreichen Lösung einer Übung nur ein kleiner Anstoß, ein Tip, wie sie richtig angepackt werden kann. Daher legen die Autoren großen Wert darauf, zu jeder Aufgabe einen deutlichen Hinweis für den richtigen Lösungsweg zu geben, der jedoch die vollständige Lösung noch nicht enthält. Die gewählte Reihenfolge der Aufgaben entspricht nicht unbedingt ihrem Schwierigkeitsgrad (einer ohnehin sehr subjektiven Größe), sondern ist eher thematisch bedingt.

Das Buch ist in erster Linie für Studierende im Haupt- oder Nebenfach Mathematik gedacht. Sie finden hier eine Fülle von Übungsmaterial, welches - neben der Verwendung zum wöchentlichen Übungsbetrieb - hervorragend zur Vorbereitung auf Klausuren und Examina geeignet ist. Für Dozenten bieten sich viele neue Aufgaben, die zu Übungszwecken gestellt werden können. Gewisse Teile des zusammengestellten Materials sind durchaus auch als Themen für ein Proseminar oder Seminar geeignet.

Bei der Entstehung dieses Buches haben uns Freunde, Kollegen und Mitarbeiter durch Vorschläge und Anregungen sehr unterstützt; wir möchten hier insbesondere den Herren Dr. Jürgen Müller, Dipl.-Math. Wolfgang Gehlen, Dipl.-Math. Torsten Hennig und Dipl.-Math. Erwin Rödler aufrichtig danken. Frau cand. math. Ruth Schwichtenhövel und Herr cand. math. Ingo Schneider haben den Text durchgesehen und uns eine Reihe wertvoller Hinweise gegeben. Frau Pia Leister und Herr Dipl.-Math. Michael Nast haben uns durch ihre freundliche Kooperationsbereitschaft außerordentlich geholfen. Bei der Erstellung des Sachverzeichnisses hat dankenswerterweise Frau Lisa Schmitt mitgewirkt.

Frau Elke Gawronski hat mit großer Zuverlässigkeit und Kompetenz den Text gesetzt, ihr gilt unser besonderer Dank.

Schließlich haben wir Frau Dr. Irmgard Meißl und Herrn Gerhard Stahl sowie ihren Mitarbeitern für die harmonische Zusammenarbeit und das Verständnis zu danken, das uns seitens des Aula-Verlages im Zusammenhang mit der Konzeption und Gestaltung dieses Buches entgegengebracht wurde.

Trier, im Oktober 1992

Wolfgang Luh
Martin Wießner

Inhaltsverzeichnis

Inhalt von Band 1

Aufgaben

6 Funktionenfolgen und Funktionenreihen; elementare Funktionen

6.1 Funktionenfolgen

Es sei X eine Teilmenge von $I\!R$. Für jede natürliche Zahl n sei eine auf X definierte Funktion f_n gegeben. Dann nennen wir $\{f_n\}_{n=1}^{\infty}$ eine Funktionenfolge auf X. Sie heißt punktweise konvergent auf X, wenn die Zahlenfolge $\{f_n(x)\}$ für jedes $x \in X$ konvergiert; in diesem Falle nennt man die Funktion f, welche auf der Menge X gegeben ist durch $f(x) := \lim\limits_{n\to\infty} f_n(x)$, die Grenzfunktion von $\{f_n\}$. Wir schreiben dann $f_n(x) \underset{X}{\longrightarrow} f(x)$.

Eine Funktionenfolge $\{f_n\}$ heißt auf der Menge X gleichmäßig konvergent gegen die Grenzfunktion f, wenn zu jedem $\varepsilon > 0$ ein universelles $N \in I\!N$ existiert, so daß für alle $n > N$ und alle $x \in X$ gilt $|f_n(x) - f(x)| < \varepsilon$. Wir schreiben dann $f_n(x) \underset{X}{\Longrightarrow} f(x)$. Das CAUCHYsche Kriterium für gleichmäßige Konvergenz besagt, daß die Funktionenfolge $\{f_n\}$ auf der Menge X genau dann gleichmäßig konvergiert, wenn zu jedem $\varepsilon > 0$ ein universelles $N \in I\!N$ existiert, so daß für alle $m, n > N$ und alle $x \in X$ gilt $|f_n(x) - f_m(x)| < \varepsilon$. Eine wichtige Eigenschaft gleichmäßig konvergenter Funktionenfolgen ist die Übertragung der Stetigkeit: Sind alle f_n an $x_0 \in X$ stetig und gilt $f_n(x) \underset{X}{\Longrightarrow} f(x)$, so ist auch f an x_0 stetig.

6.1.1 Die Funktionen f_n seien auf X beschränkt, und es gelte $f_n(x) \underset{X}{\Longrightarrow} f(x)$. Zeigen Sie, daß f auf X beschränkt ist.

6.1.2 Die Funktionen f_n seien auf der Menge X definiert, und es gelte $f_n(x) \underset{X}{\Longrightarrow} f(x)$. Ferner sei $x_0 \in \mathbb{R} \cup \{-\infty\} \cup \{\infty\}$ ein Häufungspunkt von X, und für jedes $n \in \mathbb{N}$ gelte $\lim\limits_{x \to x_0} f_n(x) =: g_n \in \mathbb{R}$. Zeigen Sie:

a) Die Folge $\{g_n\}$ konvergiert gegen ein $g \in \mathbb{R}$.

b) Es gilt $\lim\limits_{x \to x_0} f(x) = g$, also $\lim\limits_{x \to x_0} \{\lim\limits_{n \to \infty} f_n(x)\} = \lim\limits_{n \to \infty} \{\lim\limits_{x \to x_0} f_n(x)\}$.

6.1.3 Die Funktionen f_n seien auf $[0,1]$ gegeben durch $f_n(x) = x^n$.

a) Bestimmen Sie $\lim\limits_{n \to \infty} f_n(x)$.

b) Zeigen Sie, daß $\{f_n\}$ auf $[0,1]$ nicht gleichmäßig konvergiert, aber auf jeder kompakten Teilmenge von $[0,1)$ gleichmäßig konvergiert.

c) Berechnen Sie $\lim\limits_{n \to \infty} \{\lim\limits_{x \to 1-} f_n(x)\}$ und $\lim\limits_{x \to 1-} \{\lim\limits_{n \to \infty} f_n(x)\}$.

6.1.4 Die Funktionen f_n seien auf $\mathbb{R}$ definiert durch $f_n(x) = \dfrac{|x|^n}{1+|x|^n}$. Zeigen Sie:

a) Die Folge $\{f_n\}$ konvergiert auf $\mathbb{R}$ nicht gleichmäßig.

b) Für jede feste Zahl $q > 1$ konvergiert die Folge $\{f_n\}$ gleichmäßig auf den Mengen

$$\{x : |x| \geq q\} \qquad \text{und} \qquad \{x : |x| \leq \frac{1}{q}\}.$$

6.1.5 Die Funktionenfolge $\{f_n(y)\}$ sei auf der Menge $Y \subset \mathbb{R}$ gleichmäßig konvergent. Ferner sei $X \subset \mathbb{R}$ und g eine Funktion mit $g(x) \in Y$ für alle $x \in X$. Zeigen Sie, daß die Folge $\{(f_n \circ g)(x)\}$ auf X gleichmäßig konvergiert.

6.1.6 Es seien $X_1, ..., X_M$ paarweise disjunkte Teilmengen von $\mathbb{R}$, und für $i = 1, ..., M$ sei $\{f_n^{<i>}(x)\}_{n=1}^{\infty}$ eine auf X_i definierte Funktionenfolge.

Für $n \in \mathbb{N}$ sei die Funktion F_n auf $X := \bigcup\limits_{i=1}^{M} X_i$ definiert durch

$$F_n(x) := f_n^{<i>}(x), \quad \text{falls} \quad x \in X_i \quad \text{für ein} \quad i.$$

Zeigen Sie, daß die Folge $\{F_n(x)\}_{n=1}^{\infty}$ auf X genau dann gleichmäßig konvergiert, wenn für jedes $i = 1, ..., M$ die Folge $\{f_n^{<i>}(x)\}_{n=1}^{\infty}$ auf X_i gleichmäßig konvergiert.

6.1.7 Die Funktionen $f_1, ..., f_M$ seien auf der Menge X beschränkt, und für $i = 1, ..., M$ sei $\{\alpha_n^{(i)}\}_{n=1}^{\infty}$ eine konvergente Folge reeller Zahlen. Zeigen Sie, daß die Funktionenfolge $\{F_n(x)\}$, welche auf X definiert ist durch $F_n(x) := \sum\limits_{i=1}^{M} \alpha_n^{(i)} f_i(x)$, auf X gleichmäßig konvergiert.

6.1.8 Die Funktionen f_n seien auf $\mathbb{R}$ definiert durch $f_n(x) := \min\{|x-n|, 1\}$. Zeigen Sie, daß $\{f_n\}$ auf $\mathbb{R}$ punktweise konvergiert, daß es aber keine Teilfolge $\{f_{n_k}\}$ gibt, welche auf $\mathbb{R}$ gleichmäßig konvergiert.

6.1.9 Die Funktionen f_n seien auf der Menge X definiert. Zeigen Sie: Es gilt $f_n(x) \underset{X}{\Longrightarrow} f(x)$ genau dann, wenn

$$s_n := \sup_X |f_n(x) - f(x)| \to 0 \qquad (n \to \infty).$$

6.1.10 Die Funktionen f_n seien auf der Menge X definiert; es gelte $\sup\limits_X |f_n(x)| < \infty$ für alle $n \in \mathbb{N}$ und $f_n(x) \underset{X}{\Longrightarrow} f(x)$. Zeigen Sie

$$\sup_X |f_n(x)| \to \sup_X |f(x)| \qquad (n \to \infty).$$

6.1.11 Die Funktionen f_n seien auf der Menge $X \subset \mathbb{R}$ gleichmäßig stetig, und es gelte $f_n(x) \underset{X}{\Longrightarrow} f(x)$. Zeigen Sie, daß f auf X gleichmäßig stetig ist.

6.1.12 Geben Sie ein Beispiel einer Funktionenfolge $\{f_n\}$ auf einer Menge X an, welche die folgenden beiden Eigenschaften gleichzeitig besitzt:

(1) Es ist $f_n(x) > 0$ für alle $x \in X$ und alle $n \in \mathbb{N}$, ferner gilt $f_n(x) \underset{X}{\Longrightarrow} f(x)$, und für alle $x \in X$ ist $f(x) > 0$.

(2) Die Folge $\{\frac{1}{f_n}\}$ konvergiert auf X nicht gleichmäßig gegen $\frac{1}{f}$.

6.1.13 Die Funktionen f_n und g_n seien auf X definiert, es gelte $f_n(x) \underset{X}{\Longrightarrow} f(x)$ und $g_n(x) \underset{X}{\Longrightarrow} g(x)$. Zeigen Sie:

a) Es gilt $f_n(x) + g_n(x) \underset{X}{\Longrightarrow} f(x) + g(x)$.

b) Im allgemeinen ist $\{f_n(x)g_n(x)\}$ auf X nicht gleichmäßig konvergent.

c) Sind die Funktionen f_n und g_n auf X beschränkt, so gilt auch $f_n(x)g_n(x) \underset{X}{\Longrightarrow} f(x)g(x)$.

6.1.14 Beweisen oder widerlegen Sie die folgende Behauptung: Die Funktionenfolge $\{f_n(x)\}$ sei auf der Menge X gleichmäßig konvergent. Dann ist auch die Funktionenfolge $\{\frac{1}{n}f_n(x)\}$ auf X gleichmäßig konvergent.

6.1.15 Die Funktionen f_n und g_n seien auf $\mathbb{R}$ definiert durch $f_n(x) := x(1+\frac{1}{n})$ sowie

$$g_n(x) := \begin{cases} \dfrac{1}{n} & \text{falls} \quad x = 0 \ \text{oder}\ x \in \mathbb{R}\setminus\mathbb{Q} \\[2ex] \dfrac{1}{n} + q & \text{falls} \quad x = \dfrac{p}{q} \neq 0 \ \text{mit}\ p \in \mathbb{Z}, q \in \mathbb{N},\ \ p, q \ \text{teilerfremd} \end{cases} .$$

a) Zeigen Sie, daß die Funktionenfolgen $\{f_n\}$ und $\{g_n\}$ auf jedem beschränkten Intervall gleichmäßig konvergieren.

b) Zeigen Sie, daß die Funktionenfolge $\{h_n\}$ mit $h_n(x) := f_n(x)g_n(x)$ auf keinem Intervall gleichmäßig konvergiert.

6.1.16 Die Funktionen f_n seien auf der Menge X definiert, und es gelte $|f_n(x)| \leq M$ für alle $x \in X$ und alle $n \in \mathbb{N}$ sowie $f_n(x) \underset{X}{\Longrightarrow} f(x)$. Ferner sei g eine auf $[-M, M]$ stetige Funktion. Zeigen Sie $(g \circ f_n)(x) \underset{X}{\Longrightarrow} (g \circ f)(x)$.

6.1.17 Es sei g eine auf $[0,1]$ stetige Funktion mit $g(1) = 0$, und die Funktionen f_n seien auf $[0,1]$ gegeben durch $f_n(x) := g(x)x^n$. Zeigen Sie $f_n(x) \underset{[0,1]}{\Longrightarrow} 0$.

6.1.18 Es sei $X \subset \mathbb{R}$ und f eine auf X definierte Funktion. Zeigen Sie, daß die Funktionenfolge $\{f_n\}$, welche gegeben ist durch $f_n(x) := \dfrac{1}{n}[nf(x)]$, auf X gleichmäßig gegen f konvergiert.

6.1.19 Die Funktionen f_n seien auf X monoton wachsend, und für jedes $x \in X$ gelte $f_n(x) \to f(x)$.

a) Zeigen Sie, daß die Funktion f auf X monoton wachsend ist.

b) Muß f auf X streng monoton wachsend sein, wenn alle f_n auf X streng monoton wachsend sind und $f_n(x) \underset{X}{\Longrightarrow} f(x)$ gilt?

6.1.20 Es sei $\{f_n\}$ eine Folge von Funktionen auf $[0, \infty)$ mit den Eigenschaften:

(1) Für jedes $n \in \mathbb{N}$ ist die Funktion f_n monoton wachsend.

(2) Für jedes $n \in \mathbb{N}$ gilt $\lim\limits_{x\to\infty} f_n(x) = \infty$.

(3) Für jedes $x \geq 0$ gilt $\lim\limits_{n\to\infty} f_n(x) = \infty$.

Ferner sei die Funktion Φ auf $[0, \infty)$ definiert durch $\Phi(x) := \min\limits_{n\in\mathbb{N}} f_n(x)$.

a) Zeigen Sie, daß Φ monoton wachsend ist und daß gilt $\lim\limits_{x\to\infty} \Phi(x) = \infty$.

b) Zeigen Sie, daß $\lim\limits_{x\to\infty} \Phi(x) = \infty$ im allgemeinen nicht mehr gilt, wenn auf eine der drei Voraussetzungen (1), (2), (3) verzichtet wird.

6.1.21 Es sei $\{f_n\}$ eine Folge von Funktionen mit den Eigenschaften:

(1) Die Folge $\{f_n\}$ konvergiert punktweise auf $[0,1]$.

(2) Es existiert ein $M > 0$, so daß für $n \in \mathbb{N}$ und alle $x, y \in [0,1]$ gilt

$$|f_n(x) - f_n(y)| \leq M|x - y|.$$

Zeigen Sie, daß $\{f_n\}$ auf $[0,1]$ gleichmäßig konvergiert.

6.1.22 Es sei $\{f_n(x)\}$ eine Funktionenfolge auf X mit den Eigenschaften:

(1) Für jedes $x \in X$ ist die Folge $\{f_n(x)\}$ monoton.

(2) Es existiert eine Teilfolge $\{n_k\}$ der natürlichen Zahlen, so daß die Folge $\{f_{n_k}(x)\}$ auf X gleichmäßig konvergiert.

a) Beweisen Sie, daß die Folge $\{f_n(x)\}$ auf X gleichmäßig konvergiert.

b) Genügt es, anstelle von (1) die Konvergenz der Folge $\{f_n(x)\}$ für jedes $x \in X$ zu fordern?

6.1.23 Die Funktionen f_n seien auf der Menge $X \subset \mathbb{R}$ stetig. Ferner sei E eine dichte Teilmenge von X mit der Eigenschaft, daß $\{f_n\}$ auf E gleichmäßig konvergiert. Zeigen Sie, daß die Folge $\{f_n\}$ auf X gleichmäßig konvergiert.

6.1.24 Es sei X eine kompakte Teilmenge von $\mathbb{R}$ und $\{f_n\}$ eine Funktionenfolge, welche auf X punktweise gegen eine stetige Funktion f konvergiert. Für jede konvergente Folge $\{x_n\}$ aus X gelte ferner $\lim\limits_{n\to\infty} f_n(x_n) = f(\lim\limits_{n\to\infty} x_n)$. Zeigen Sie $f_n(x) \underset{X}{\Longrightarrow} f(x)$.

6.1.25 Die Funktionen f_n seien auf der kompakten Menge $X \subset \mathbb{R}$ stetig. Zeigen Sie, daß die Funktionenfolge $\{f_n\}$ auf X genau dann gleichmäßig konvergiert, wenn für jede konvergente Folge $\{x_n\}$ aus X die Folge $\{f_n(x_n)\}$ konvergiert. Ist f die Grenzfunktion von $\{f_n\}$, so gilt dann $\lim\limits_{n\to\infty} f_n(x_n) = f(\lim\limits_{n\to\infty} x_n)$.

6.1.26 Bestimmen Sie alle $\alpha \in \mathbb{R}$, für welche die Folge $\{f_n\}$ mit $f_n(x) = n^\alpha x e^{-nx}$ auf $[0,\infty)$ punktweise bzw. gleichmäßig konvergiert.

6.1.27 Die Funktionen f_n und g_n seien auf $[0,\infty)$ definiert durch

$$f_n(x) = \frac{1}{nx+1}\,, \qquad g_n(x) = \frac{x}{nx+1}\,.$$

Untersuchen Sie, auf welchen Teilintervallen von $[0,\infty)$ die Folgen $\{f_n\}$ und $\{g_n\}$ gleichmäßig konvergieren.

6.1.28 Die Funktionen f_n seien auf $\mathbb{R}$ definiert durch $f_n(x) = n^2 x(x-2)(1-x)^n$.

a) Bestimmen Sie diejenigen $x \in \mathbb{R}$, für welche die Folge $\{f_n(x)\}$ konvergiert.

b) Auf welchen Teilintervallen von $\mathbb{R}$ konvergiert die Folge $\{f_n\}$ gleichmäßig?

6.1.29 Die Funktionen f_n seien auf $\mathbb{R}$ definiert durch $f_n(x) = \left(1 + \frac{x}{n}\right)^n$. Zeigen Sie, daß die Funktionenfolge $\{f_n\}$ auf jeder kompakten Teilmenge von $\mathbb{R}$, nicht aber auf $\mathbb{R}$ gleichmäßig konvergiert.

6.1.30 Die Funktionen f_n seien auf $\mathbb{R}$ definiert durch $f_n(x) = nx\left(1 - \frac{x}{n}\right)^{n^2}$. Untersuchen Sie, auf welchen Intervallen $I \subset \mathbb{R}$ die Folge $\{f_n\}$ gleichmäßig konvergiert.

6.1.31 Es sei X eine nichtleere Teilmenge von $\mathbb{R}$ und $B(X)$ die Menge aller auf X beschränkten Funktionen, versehen mit der Metrik $\delta(f,g) := \sup_{x \in X} |f(x) - g(x)|$ (vgl. I; Aufgabe 4.2.28). Ferner sei $C(X)$ die Menge derjenigen Funktionen aus $B(X)$, welche auf X stetig sind.

a) Zeigen Sie, daß $(C(X), \delta)$ ein vollständiger metrischer Raum ist.

b) Zeigen Sie, daß $C(X)$ eine abgeschlossene Teilmenge von $B(X)$ ist.

6.1.32 Gegeben sei eine sogenannte Doppelfolge $\{x_{mn}\}_{m,n=1}^{\infty}$ reeller Zahlen mit den folgenden Eigenschaften:

(1) Es gilt $x_{mn} \to \alpha_m$ für $n \to \infty$ gleichmäßig für alle $m \in \mathbb{N}$.

(2) Für jedes $n \in \mathbb{N}$ gilt $x_{mn} \to \beta_n$ für $m \to \infty$.

Zeigen Sie: Die Grenzwerte $\lim_{m\to\infty} \alpha_m$ und $\lim_{n\to\infty} \beta_n$ existieren, und sie stimmen überein, d.h.

$$\lim_{m\to\infty} \lim_{n\to\infty} x_{mn} = \lim_{n\to\infty} \lim_{m\to\infty} x_{mn}.$$

6.1.33 Die Funktionen f_n seien monoton wachsend auf $I = [a,b]$. Zeigen Sie:

a) Konvergiert die Funktionenfolge $\{f_n\}$ auf I punktweise gegen eine stetige Funktion f, so konvergiert $\{f_n\}$ auf I sogar gleichmäßig gegen f.

b) Gilt die Aussage in a) auch, wenn I nicht als kompakt vorausgesetzt wird?

6.1.34 Beweisen Sie den Satz von DINI:

Die Funktionen f_n und f seien auf der kompakten Menge X stetig. Die Folge $\{f_n(x)\}$ sei für jedes $x \in X$ monoton und gegen $f(x)$ konvergent. Zeigen Sie, daß $\{f_n\}$ auf X gleichmäßig gegen f konvergiert.

6.1.35 Die Funktionen f_n seien auf $[0, \infty)$ definiert durch

$$f_1(x) = \sqrt{x}, \qquad f_{n+1}(x) = \sqrt{x + f_n(x)}.$$

Zeigen Sie:

a) Für alle $n \in I\!N$ und alle $x > 0$ gilt

$$0 = f_n(0) < f_n(x) < f_{n+1}(x) < 1 + x.$$

b) Für jedes $\varepsilon > 0$ konvergiert die Folge $\{f_n\}$ nicht gleichmäßig auf $[0, \varepsilon]$.

c) Auf jedem kompakten Teilintervall von $(0, \infty)$ konvergiert die Folge $\{f_n\}$ gleichmäßig.

6.1.36 Es sei f eine auf $[0, 1]$ stetige Funktion mit den Eigenschaften $f(0) = 0$ und $f(1) = 1$ sowie $x < f(x) \leq 1$ für alle $x \in (0, 1)$. Ferner seien die Funktionen f_n auf $[0, 1]$ definiert durch $f_0(x) = f(x)$ und $f_{n+1}(x) = f(f_n(x))$. Zeigen Sie:

$$\lim_{x \to \infty} f_n(x) = \begin{cases} 1 & \text{falls} \quad 0 < x \leq 1 \\ 0 & \text{falls} \quad x = 0 \end{cases}.$$

6.1.37 Die Funktionen f_n seien auf der kompakten Menge X stetig, und für jedes $x \in X$ konvergiere $\{f_n(x)\}$ gegen einen Wert $f(x)$. Zeigen Sie, daß $f_n(x) \underset{X}{\Longrightarrow} f(x)$ genau dann gilt, wenn die folgenden zwei Bedingungen erfüllt sind:

(1) Die Grenzfunktion f ist auf X stetig.

(2) Für jedes $\varepsilon > 0$ existieren ein $N \in I\!N$ und ein $\delta > 0$, so daß für alle $x \in X$ folgendes gilt: Ist $|f_k(x) - f(x)| < \delta$ für ein $k \in I\!N$ (das von x abhängen darf), so folgt $|f_{k+n}(x) - f(x)| < \varepsilon$ für alle $n > N$.

6.1.38 Beweisen Sie den Satz von DINI (vgl. Aufgabe 6.1.34) durch Anwendung von Aufgabe 6.1.37.

6.1.39 Die Funktionen g und h seien definiert in $[-1, 1]$, und die Funktionen f_n seien rekursiv definiert durch

$$f_1(x) = g(x), \qquad f_{n+1}(x) = x f_n(x) + h(x).$$

a) Bestimmen Sie $\lim\limits_{n \to \infty} f_n(x)$ für $x \in (-1, 1)$.

b) Geben Sie notwendige und hinreichende Bedingungen dafür an, daß der Grenzwert $\lim\limits_{n \to \infty} f_n(1)$ bzw. der Grenzwert $\lim\limits_{n \to \infty} f_n(-1)$ existiert.

c) Es seien $g(x) = 1 - x^2$ sowie $h(x) = (1 - x^2)^2$. Untersuchen Sie, ob $\{f_n\}$ auf $[-1, 1]$ gleichmäßig konvergiert.

6.1.40 Beweisen Sie den HELLYschen Auswahlsatz:

Es sei $\{f_n\}$ eine Folge von Funktionen auf $\mathbb{R}$ mit $0 \le f_n(x) \le 1$ für alle $x \in \mathbb{R}$ und alle $n \in \mathbb{N}$. Für jedes $n \in \mathbb{N}$ sei die Funktion f_n auf $\mathbb{R}$ monoton wachsend. Zeigen Sie, daß eine Funktion f und eine Folge $\{n_i\}_{i=1}^{\infty}$ existiert mit $f(x) = \lim\limits_{i\to\infty} f_{n_i}(x)$ für alle $x \in \mathbb{R}$.

6.1.41 Die Funktion Φ sei auf $\mathbb{R}$ erklärt durch $\Phi(x) := \operatorname{dist}(x, \mathbb{Z})$. Ferner seien die Funktionen f_n definiert durch $f_n(x) := \Phi(2^n x)$. Zeigen Sie:

a) Die Funktionen f_n sind auf $\mathbb{R}$ stetig.

b) Es gilt $0 \le f_n(x) \le \frac{1}{2}$ für alle $n \in \mathbb{N}$.

c) Die Funktionenfolge $\{f_n\}$ besitzt keine Teilfolge, welche auf $[0, 1]$ punktweise konvergiert.

6.1.42 Eine Funktion T heißt Treppenfunktion im Intervall $[a, b]$, wenn T auf $[a, b]$ definiert ist und eine Zerlegung $a = x_0 < x_1 < \cdots < x_n = b$ von $[a, b]$ so existiert, daß T auf den Intervallen $(x_\nu, x_{\nu+1})$ für $\nu = 0, ..., n-1$ konstant ist.

Beweisen Sie: Ist die Funktion f auf dem Intervall $[a, b]$ stetig, so existiert eine Folge von Treppenfunktionen $\{T_n\}$ in $[a, b]$ mit $T_n(x) \underset{[a,b]}{\Longrightarrow} f(x)$.

6.1.43 Die Funktionen f_n seien auf der offenen Menge X stetig, und für jedes $x \in X$ sei die Folge $\{f_n(x)\}$ beschränkt. Beweisen Sie:

a) Zu jeder nichtleeren offenen Teilmenge U von X gibt es eine nichtleere offene Teilmenge U^* von U, so daß $\{f_n(x)\}$ auf U^* gleichmäßig beschränkt ist.

b) Die Aussage in a) gilt im allgemeinen nicht mehr, wenn die Funktionen f_n auf X unstetig sind.

6.2 Polynome; Approximation durch Polynome

6.2.1 Es seien $a_1, ..., a_n \in \mathbb{R}$, und für $x \in \mathbb{R}$ sei gesetzt:

$$P(x) := \prod_{\nu=1}^{n}(x - |a_\nu|), \qquad Q(x) := \prod_{\nu=1}^{n}(x - a_\nu).$$

Vergleichen Sie $|P(x)|$ und $|Q(x)|$ für $x > 0$ und $x < 0$.

6.2.2 Es seien $n, m \in \mathbb{N}_0$ und $P(x) := \sum\limits_{\nu=0}^{n} a_\nu x^\nu$ sowie $Q(x) := \sum\limits_{\mu=0}^{m} b_\mu x^\mu$ Polynome vom Grad n bzw. m. Zeigen Sie, daß $P \cdot Q$ ein Polynom vom Grad $n + m$ ist und daß die sogenannte CAUCHY-Produktdarstellung für $P \cdot Q$ gilt:

$$P(x)Q(x) = \sum_{k=0}^{n+m} c_k x^k \quad \text{mit} \quad c_k := \sum_{\mu=0}^{k} a_{k-\mu} b_\mu \,;$$

hierbei sei $a_\nu := 0$ gesetzt für $\nu > n$ und $b_\mu := 0$ für $\mu > m$.

6.2.3 Es seien $n, m, k \in \mathbb{N}_0$. Zeigen Sie:

a) $\displaystyle\sum_{\mu=0}^{k} \binom{n}{k-\mu}\binom{m}{\mu} = \binom{n+m}{k}$,

b) $\displaystyle\sum_{\nu=0}^{n} \binom{n}{\nu}^2 = \binom{2n}{n}$,

c) $\displaystyle\sum_{\nu=0}^{2n} (-1)^\nu \binom{2n}{\nu}^2 = (-1)^n \binom{2n}{n}$.

6.2.4 Es sei $x \in \mathbb{R}$. Beweisen Sie:

a) Für $n \in \mathbb{N}_0$ gilt $\displaystyle\sum_{\nu=0}^{n} \binom{n}{\nu} x^\nu (1-x)^{n-\nu} = 1$.

b) Für $n \in \mathbb{N}$ gilt $\displaystyle\sum_{\nu=0}^{n} \binom{n}{\nu} \frac{\nu}{n} x^\nu (1-x)^{n-\nu} = x$.

c) Für $n \in \mathbb{N}$ gilt $\displaystyle\sum_{\nu=0}^{n} \binom{n}{\nu} \left(\frac{\nu}{n}\right)^2 x^\nu (1-x)^{n-\nu} = \frac{n-1}{n} x^2 + \frac{1}{n} x$.

6.2.5 Die Funktion f sei im Intervall $[0,1]$ definiert, und es sei $n \in \mathbb{N}$. Dann heißt für $x \in \mathbb{R}$

$$B_n(f,x) := \sum_{\nu=0}^{n} \binom{n}{\nu} f\left(\frac{\nu}{n}\right) x^\nu (1-x)^{n-\nu}$$

das n-te BERNSTEIN-Polynom bezüglich der Funktion f.

a) Berechnen Sie $B_n(f_i, x)$ für $f_i(x) = x^i$ mit $i = 0, 1, 2$.

b) Für festes $x \in [0,1]$ sei $\varphi_x(t) := (t-x)^2$. Zeigen Sie $B_n(\varphi_x, x) = \frac{1}{n} x(1-x)$.

c) Zeigen Sie: Für alle $x \in [0,1]$ und alle $n \in \mathbb{N}$ gilt

$$|f(x) - B_n(f,x)| \le \sum_{\nu=0}^{n} \left| f(x) - f\left(\frac{\nu}{n}\right) \right| \binom{n}{\nu} x^\nu (1-x)^{n-\nu}.$$

d) Beweisen Sie den WEIERSTRASSschen Approximationssatz für das Intervall $[0,1]$: Ist f auf $[0,1]$ stetig, so gilt $B_n(f,x) \underset{[0,1]}{\Longrightarrow} f(x)$.

6.2.6 Beweisen Sie den WEIERSTRASSschen Approximationssatz für ein beliebiges kompaktes Intervall:
Die Funktion f sei auf $[a,b]$ stetig. Dann gibt es eine Folge $\{P_n\}_{n=1}^{\infty}$ von Polynomen, so daß gilt $P_n(x) \underset{[a,\,b]}{\Longrightarrow} f(x)$.

6.2.7 Die Polynomfolge $\{P_n\}$ sei rekursiv definiert durch

$$P_0(x) = 1; \qquad P_{n+1}(x) = \frac{1}{2}\Big\{P_n^2(x) + 1 - x^2\Big\} \qquad (n \in \mathbb{N}_0).$$

Zeigen Sie:
a) Für alle $n \in \mathbb{N}_0$ und alle $x \in [-1,1]$ gilt $0 \le P_{n+1}(x) \le P_n(x)$.
b) Für jedes $x \in [-1,1]$ gilt $\lim\limits_{n\to\infty} P_n(x) = 1 - |x|$.
c) Es gilt $P_n(x) \underset{[-1,\,1]}{\Longrightarrow} 1 - |x|$.

6.2.8 Die Polynomfolge $\{P_n\}$ sei rekursiv definiert durch

$$P_0(x) = 0; \qquad P_{n+1}(x) = P_n(x) + \frac{1}{2}\Big\{x^2 - P_n^2(x)\Big\} \qquad (n \in \mathbb{N}_0).$$

Beweisen Sie, daß $\{P_n(x)\}$ auf $[-1,1]$ gleichmäßig gegen $|x|$ konvergiert.

6.2.9 a) Gegeben sei ein $n \in \mathbb{N}$, und es gelte $a_0 < a_1 < \cdots < a_n$. Ferner sei ℓ eine auf $[a_0, a_n]$ stetige Funktion, die für jedes $k = 1, \ldots, n$ in dem Teilintervall $[a_{k-1}, a_k]$ linear ist. Zeigen Sie, daß Zahlen $c_0, \ldots, c_n \in \mathbb{R}$ so existieren, daß gilt

$$\ell(x) = \sum_{k=0}^{n} c_k |x - a_k|.$$

b) Beweisen Sie mit Hilfe von a) erneut den WEIERSTRASSschen Approximationssatz:
Die Funktion f sei auf dem Intervall $[a,b]$ stetig. Dann gibt es eine Folge $\{P_n\}_{n=1}^{\infty}$ von Polynomen, so daß gilt $P_n(x) \underset{[a,\,b]}{\Longrightarrow} f(x)$.

6.2.10 Es sei f eine auf $\mathbb{R}$ stetige Funktion. Zeigen Sie, daß eine Folge von Polynomen $\{P_n\}$ existiert, so daß für jede beschränkte Menge $X \subset \mathbb{R}$ gilt $P_n(x) \underset{X}{\Longrightarrow} f(x)$.

6.2.11 Es sei $\mathcal{P}_g$ die Menge aller Polynome, welche nur gerade Potenzen von x enthalten; ferner sei $a > 0$. Zeigen Sie, daß die beiden folgenden Aussagen äquivalent sind:
(1) Die Funktion f ist auf $I := [-a,a]$ stetig, und für alle $x \in [-a,a]$ gilt $f(x) = f(-x)$.
(2) Zu jedem $\varepsilon > 0$ existiert ein $P \in \mathcal{P}_g$ mit $|f(x) - P(x)| < \varepsilon$ für alle $x \in [-a,a]$.

6.2.12 Beweisen Sie folgende äquivalente Fassung des WEIERSTRASSschen Approximationssatzes:
Die Funktion f sei auf $[a,b]$ stetig. Dann existiert eine Folge von Polynomen $\{P_n\}$ mit rationalen Koeffizienten, so daß gilt $P_n(x) \underset{[a,b]}{\Longrightarrow} f(x)$.

6.2.13 Es sei $0 < a < b < 1$, und die Funktion f sei auf $[a,b]$ stetig. Beweisen Sie, daß eine Folge $\{P_n\}$ von Polynomen mit ganzzahligen Koeffizienten und $P_n(x) \underset{[a,b]}{\Longrightarrow} f(x)$ existiert.

6.2.14 Es sei $0 < a < 1$, und die Funktion f sei auf $[-a,a]$ stetig mit $f(0) \in \mathbb{Z}$. Beweisen Sie, daß eine Folge $\{P_n\}$ von Polynomen mit ganzzahligen Koeffizienten und $P_n(x) \underset{[-a,a]}{\Longrightarrow} f(x)$ existiert.

6.2.15 Die Funktion f sei auf $[0,1]$ stetig. Zeigen Sie, daß genau dann eine Folge $\{P_n\}$ von Polynomen mit ganzzahligen Koeffizienten und $P_n(x) \underset{[0,1]}{\Longrightarrow} f(x)$ existiert, wenn $f(0)$ und $f(1)$ ganzzahlig sind.

6.2.16 Es sei $\{[a_k, b_k]\}$ eine Folge paarweise disjunkter Intervalle, und f_k sei auf $[a_k, b_k]$ stetig. Beweisen Sie, daß eine Folge $\{P_n\}$ von Polynomen existiert, so daß für jedes $k \in \mathbb{N}$ gilt

$$P_n(x) \underset{[a_k,\, b_k]}{\Longrightarrow} f_k(x).$$

6.2.17 Die Funktion f sei auf $[-1,1]$ stetig. Gibt es eine Polynomfolge $\{P_n(x)\}$, die für alle $x \in [-1,1]$ gegen $f(x)$ konvergiert, aber für jedes $\delta > 0$ in $[-\delta,\delta]$ unbeschränkt ist?

6.2.18 Die Funktion f sei auf $[0,1]$ beschränkt; es sei ω der Stetigkeitsmodul von f und B_n das n-te BERNSTEIN-Polynom bezüglich f. Beweisen Sie: Für jedes $n \in \mathbb{N}$ gilt

$$\sup_{[0,1]} |B_n(f,x) - f(x)| \le 2 \cdot \omega\Big(\frac{1}{\sqrt{n}}\Big).$$

6.2.19 Die Funktion f sei auf $[a,b]$ stetig, und es seien $x_1, \ldots, x_n$ paarweise verschiedene Punkte in $[a,b]$. Beweisen Sie: Zu jedem $\varepsilon > 0$ gibt es ein Polynom P mit

$$\max_{[a,b]} |f(x) - P(x)| < \varepsilon \qquad \text{und} \qquad P(x_i) = f(x_i) \quad \text{für } i = 1, \ldots, n.$$

6.2.20 Es sei $\{P_n\}$ eine Folge von Polynomen, welche auf $\mathbb{R}$ gleichmäßig gegen eine Funktion P konvergiert. Zeigen Sie, daß P ein Polynom ist.

6.2.21 Es sei $\{P_k\}$ eine Folge von Polynomen vom Grad höchstens n mit der folgenden Eigenschaft: Es existieren $n+1$ paarweise verschiedene reelle Zahlen $x_0, ..., x_n$, so daß jede der Folgen

$$\{P_k(x_\nu)\}_{k=1}^{\infty} \qquad (\nu = 0, 1, ..., n)$$

konvergiert. Zeigen Sie:

a) Die Folge $\{P_k(x)\}$ konvergiert für alle $x \in \mathbb{R}$.

b) Die Grenzfunktion P ist ein Polynom vom Grad höchstens n.

c) Die Koeffizienten von P_k konvergieren gegen die entsprechenden Koeffizienten von P.

6.3 Funktionenreihen

Die Funktionen a_ν seien definiert auf der Menge $X \subset \mathbb{R}$. Man nennt die Funktionenreihe $\sum_{\nu=0}^{\infty} a_\nu$ punktweise konvergent auf X, wenn die Zahlenreihe $\sum_{\nu=0}^{\infty} a_\nu(x)$ für alle $x \in X$ konvergiert. Die Funktion A mit $A(x) = \sum_{\nu=0}^{\infty} a_\nu(x)$ wird dann Summenfunktion (oder kurz: Summe) der Funktionenreihe genannt. Wir setzen $A_n(x) := \sum_{\nu=0}^{n} a_\nu(x)$ und sagen, die Reihe $\sum_{\nu=0}^{\infty} a_\nu(x)$ konvergiert auf X gleichmäßig zur Summe A, wenn $A_n(x) \underset{X}{\Longrightarrow} A(x)$ gilt. Mit dieser Definition überträgt sich sofort das CAUCHYsche Kriterium für gleichmäßige Konvergenz von Funktionenfolgen auch auf Funktionenreihen: Genau dann konvergiert die Funktionenreihe $\sum_{\nu=0}^{\infty} a_\nu$ gleichmäßig auf der Menge X, wenn zu jedem $\varepsilon > 0$ ein universelles $N \in \mathbb{N}$ existiert, so daß gilt

$$\Big| \sum_{\nu=m+1}^{n} a_\nu(x) \Big| < \varepsilon \qquad \text{für alle } n > m > N \text{ und alle } x \in X.$$

Hieraus folgt das WEIERSTRASSsche Kriterium für gleichmäßige Konvergenz: Es gelte $|a_\nu(x)| \leq c_\nu$ für alle $x \in X$ und alle $\nu \in \mathbb{N}_0$. Konvergiert dann die Reihe $\sum_{\nu=0}^{\infty} c_\nu$, so konvergiert $\sum_{\nu=0}^{\infty} a_\nu(x)$ gleichmäßig auf X.

6.3.1 Zeigen Sie, daß die geometrische Reihe $\sum_{\nu=0}^{\infty} x^\nu$ auf dem Intervall $(-1, 1)$ nicht gleichmäßig konvergiert.

6.3.2 Die Funktionen a_ν seien definiert auf der Menge X, und die Reihe $\sum\limits_{\nu=0}^{\infty} a_\nu(x)$ konvergiere gleichmäßig auf X. Zeigen Sie $a_\nu(x) \underset{X}{\Longrightarrow} 0$. Gilt die Umkehrung auch?

6.3.3 Zeigen Sie, daß die Reihe $\sum\limits_{\nu=1}^{\infty} \dfrac{\nu x^2}{\nu^3 + x^3}$ für jedes $c > 0$ auf dem Intervall $[0, c]$ gleichmäßig konvergiert. Konvergiert die Reihe gleichmäßig auf $[0, \infty)$?

6.3.4 a) Zeigen Sie, daß die Reihe $\sum\limits_{\nu=0}^{\infty} (x^\nu - x^{\nu+1})$ auf $[0, 1]$ konvergiert, aber nicht gleichmäßig konvergiert.

b) Es sei $\{\varepsilon_\nu\}$ eine Nullfolge. Zeigen Sie, daß die Reihe $\sum\limits_{\nu=0}^{\infty} \varepsilon_\nu(x^\nu - x^{\nu+1})$ auf $[0, 1]$ gleichmäßig konvergiert.

6.3.5 Untersuchen Sie die Reihe $\sum\limits_{\nu=0}^{\infty} (-1)^\nu (x^\nu - x^{\nu+1})$ im Intervall $[0, 1]$ auf gleichmäßige Konvergenz.

6.3.6 Zeigen Sie, daß die Reihe $\sum\limits_{\nu=1}^{\infty} \dfrac{\nu x}{1 + \nu^4 x^2}$ für jedes positive a auf dem Intervall $[a, \infty)$ gleichmäßig konvergiert, daß sie auf $[0, \infty)$ punktweise, aber nicht gleichmäßig konvergiert.

6.3.7 Geben Sie ein Beispiel einer auf $\mathbb{R}$ punktweise konvergenten Funktionenreihe an, die in keinem Teilintervall von $\mathbb{R}$ gleichmäßig konvergiert.

6.3.8 Die Funktionen a_ν seien definiert auf der Menge X. Zeigen Sie: Die Funktionenreihe $\sum\limits_{\nu=1}^{\infty} a_\nu(x)$ konvergiert auf X genau dann gleichmäßig, wenn für jede Folge $\{x_n\}$ aus X gilt $\sum\limits_{\nu=n+1}^{\infty} a_\nu(x_n) \to 0$ für $n \to \infty$.

6.3.9 Die Funktionen a_ν seien definiert auf der Menge X, und die Reihe $A(x) = \sum\limits_{\nu=0}^{\infty} a_\nu(x)$ konvergiere auf X gleichmäßig. Ferner sei $x_0 \in \mathbb{R} \cup \{-\infty\} \cup \{\infty\}$ ein Häufungspunkt von X, und für jedes $\nu \in \mathbb{N}_0$ gelte $\lim\limits_{x \to x_0} a_\nu(x) =: g_\nu \in \mathbb{R}$. Zeigen Sie:

a) Die Reihe $\sum\limits_{\nu=0}^{\infty} g_\nu$ konvergiert gegen ein $g \in \mathbb{R}$.

b) Es gilt $\lim\limits_{x \to x_0} A(x) = g$, also $\lim\limits_{x \to x_0} \sum\limits_{\nu=0}^{\infty} a_\nu(x) = \sum\limits_{\nu=0}^{\infty} \lim\limits_{x \to x_0} a_\nu(x)$.

6.3.10 Zeigen Sie, daß die Reihe $\sum\limits_{\nu=1}^{\infty} \dfrac{\nu x - [\nu x]}{\nu^2}$ auf dem Intervall $[0, 1]$ gleichmäßig konvergiert, und untersuchen Sie die Summenfunktion auf Stetigkeit.

6.3.11 Die Funktion φ sei gegeben durch

$$\varphi(x) := \begin{cases} 0 & \text{falls} \quad x \le 0 \\ 1 & \text{falls} \quad x > 0 \end{cases}.$$

Ferner sei $\{x_\nu\}_{\nu=1}^\infty$ eine Folge paarweise verschiedener reeller Zahlen, und es sei $\sum\limits_{\nu=1}^{\infty} a_\nu$ eine absolut konvergente Reihe. Beweisen Sie:

a) Die Reihe $\sum\limits_{\nu=1}^{\infty} a_\nu \varphi(x - x_\nu)$ konvergiert auf $\mathbb{R}$ gleichmäßig gegen eine Funktion f.

b) Die Funktion f ist an jedem Punkt $x_0 \notin \{x_1, x_2, ...\}$ stetig, und für jedes $M \in \mathbb{N}$ gilt

$$f(x_M+) - f(x_M) = a_M.$$

6.3.12 Untersuchen Sie, auf welchen Teilintervallen von $\mathbb{R}$ die DIRICHLETsche Reihe $\sum\limits_{\nu=1}^{\infty} \frac{1}{\nu^x}$ gleichmäßig konvergiert.

6.3.13 Es sei f eine auf $\mathbb{R}$ definierte Funktion mit der Eigenschaft, daß eine feste Zahl $q \in (0,1)$ existiert mit $|f(x)| \le q|x|$ für alle $x \in \mathbb{R}$. Wir setzen $f_1 := f$ und $f_{\nu+1} := f \circ f_\nu$ für $\nu \in \mathbb{N}$. Zeigen Sie, daß die Reihe $\sum\limits_{\nu=1}^{\infty} f_\nu(x)$ auf jeder beschränkten Menge $X \subset \mathbb{R}$ gleichmäßig konvergiert.

6.3.14 Es sei $\{\gamma_\nu\}$ eine Folge mit $\gamma_\nu \ge 0$ und $\gamma_\nu \to 0$.

a) Zeigen Sie, daß auf $[0,1]$ stetige Funktionen f_ν existieren mit $\sup\limits_{[0,1]} |f_\nu(x)| = \gamma_\nu$, so daß die Reihe $\sum\limits_{\nu=1}^{\infty} f_\nu(x)$ auf $[0,1]$ gleichmäßig konvergiert.

b) Bleibt die Behauptung in a) richtig, wenn das Intervall $[0,1]$ durch eine beliebige Menge $X \subset \mathbb{R}$ ersetzt wird?

6.3.15 Zeigen Sie, daß absolute Konvergenz und gleichmäßige Konvergenz einer Funktionenreihe voneinander unabhängige Begriffe sind, indem Sie möglichst einfache Beispiele für (punktweise konvergente) Funktionenreihen $\sum\limits_{\nu=1}^{\infty} a_\nu(x)$ anführen, die auf einer gewissen Punktmenge

a) gleichmäßig und absolut,

b) gleichmäßig und nicht absolut,

c) nicht gleichmäßig, aber absolut,

d) nicht gleichmäßig und nicht absolut

konvergieren.

6.3.16 Zeigen Sie, daß die Reihe $\sum\limits_{\nu=0}^{\infty} \frac{x}{(1+x^2)^\nu}$ für jedes $x \in I\!R$ absolut, aber auf keinem Intervall I mit $0 \in I$ gleichmäßig konvergiert.

6.3.17 Zeigen Sie, daß die Reihe $\sum\limits_{\nu=0}^{\infty} \frac{(-1)^\nu x^2}{(1+x^2)^\nu}$ auf $I\!R$ gleichmäßig und absolut konvergiert, daß aber die Reihe $\sum\limits_{\nu=0}^{\infty} \frac{x^2}{(1+x^2)^\nu}$ auf $I\!R$ nicht gleichmäßig konvergiert.

6.3.18 Zeigen Sie, daß die Reihe $\sum\limits_{\nu=1}^{\infty} \frac{(-1)^{\nu-1}}{\nu+x^2}$ auf $I\!R$ gleichmäßig konvergiert, aber für kein $x \in I\!R$ absolut konvergiert.

6.3.19 Zeigen Sie, daß die Reihe $\sum\limits_{\nu=1}^{\infty} \frac{x}{\nu(1+\nu x^2)}$ auf $I\!R$ konvergiert und dort eine stetige Funktion A darstellt. Zeigen Sie darüber hinaus

$$\lim_{x\to+\infty} xA(x) = \sum_{\nu=1}^{\infty} \frac{1}{\nu^2}.$$

6.3.20 Es sei $\{a_\nu\}$ eine Folge paarweise verschiedener Zahlen aus dem Intervall $(0,1)$. Ferner sei die Funktionenfolge $\{f_\nu\}$ gegeben durch

$$\nu^2 f_\nu(x) = \begin{cases} x & \text{falls} \quad 0 \le x < a_\nu \\ 2x & \text{falls} \quad a_\nu \le x \le 1 \end{cases}.$$

Zeigen Sie:

a) Die Reihe $\sum\limits_{\nu=1}^{\infty} f_\nu(x)$ konvergiert auf $[0,1]$ gleichmäßig.

b) Die Funktion $f(x) := \sum\limits_{\nu=1}^{\infty} f_\nu(x)$ ist auf $[0,1]$ streng monoton wachsend und besitzt Unstetigkeitsstellen 1. Art genau an den Stellen a_n.

6.3.21 Berechnen Sie den Konvergenzbereich sowie die Reihensumme der folgenden Reihen:

$$\text{a)} \quad \sum_{\nu=1}^{\infty} \nu e^{-\nu x^2}, \qquad \text{b)} \quad \sum_{\nu=0}^{\infty} \frac{x^{2^\nu}}{1-x^{2^{\nu+1}}}, \qquad |x| \neq 1.$$

6.3.22 Zeigen Sie, daß die Reihe

$$\sum_{\nu=1}^{\infty} \frac{x^\nu}{(1-x^\nu)(1-x^{\nu+1})}$$

auf jeder kompakten Teilmenge von $(-1,1)$ gleichmäßig gegen $\frac{x}{(1-x)^2}$ und auf jeder kompakten Teilmenge von $I\!R \setminus [-1,1]$ gleichmäßig gegen $\frac{1}{(1-x)^2}$ konvergiert.

6.3.23 Die Funktionen f_ν und g_ν seien auf der Menge X definiert. Ferner seien die Folge $\{f_\nu(x)g_\nu(x)\}_{\nu=1}^{\infty}$ und die Reihe $\sum\limits_{\nu=1}^{\infty} g_\nu(x)\{f_\nu(x) - f_{\nu+1}(x)\}$ auf X gleichmäßig konvergent. Zeigen Sie, daß dann auch die Reihe $\sum\limits_{\nu=1}^{\infty} f_\nu(x)\{g_\nu(x) - g_{\nu-1}(x)\}$ auf X gleichmäßig konvergiert.

6.3.24 Es sei $\{a_\nu\}$ eine monotone Nullfolge. Ferner seien Funktionen f_ν auf der Menge X gegeben mit der Eigenschaft, daß eine Konstante M existiert mit

$$\left|\sum_{\nu=1}^{n} f_\nu(x)\right| \leq M \qquad \text{für alle } x \in X \text{ und alle } n \in \mathbb{N}.$$

Zeigen Sie, daß die Reihe $\sum\limits_{\nu=1}^{\infty} a_\nu f_\nu(x)$ auf X gleichmäßig konvergiert.

6.3.25 Die Funktionen f_ν und g_ν seien auf der Menge X definiert. Ferner konvergiere $\sum\limits_{\nu=1}^{\infty} f_\nu(x)$ auf X gleichmäßig gegen eine beschränkte Funktion. Es sei g_1 auf X beschränkt, und es gelte

$$\sum_{\nu=1}^{\infty} \sup_X |g_{\nu+1}(x) - g_\nu(x)| < \infty.$$

a) Zeigen Sie, daß $\sum\limits_{\nu=1}^{\infty} f_\nu(x)g_\nu(x)$ auf X gleichmäßig konvergiert.
b) Bleibt die Aussage in a) gültig, wenn man auf die Beschränktheit der Funktion g_1 verzichtet?

6.3.26 (DIRICHLETsches Kriterium für gleichmäßige Konvergenz)
Die Funktionen f_ν und g_ν seien auf der Menge X definiert, und es gelten die folgenden Eigenschaften:
(1) Es existiert eine Konstante M mit $\left|\sum\limits_{\nu=1}^{n} f_\nu(x)\right| \leq M$ für alle $x \in X$ und alle $n \in \mathbb{N}$;
(2) es gilt $g_\nu(x) \underset{X}{\Longrightarrow} 0$;
(3) für jedes feste $x \in X$ ist die Folge $\{g_\nu(x)\}$ monoton fallend.
Zeigen Sie, daß die Reihe $\sum\limits_{\nu=1}^{\infty} f_\nu(x)g_\nu(x)$ auf X gleichmäßig konvergiert.

6.3.27 (LEIBNIZsches Kriterium für gleichmäßige Konvergenz)
Es sei $\{f_\nu(x)\}$ eine Folge von Funktionen, welche auf der Menge X gleichmäßig gegen Null konvergiert. Für jedes $x \in X$ und jedes $\nu \in \mathbb{N}$ gelte $f_{\nu+1}(x) \leq f_\nu(x)$. Zeigen Sie: Die Reihe $\sum\limits_{\nu=1}^{\infty}(-1)^\nu f_\nu(x)$ konvergiert auf X gleichmäßig.

6.3.28 (ABELsches Kriterium für gleichmäßige Konvergenz)
Die Funktionen f_ν und g_ν seien auf der Menge X definiert, und es gelten die folgenden Eigenschaften:
(1) Die Reihe $\sum\limits_{\nu=1}^{\infty} f_\nu(x)$ konvergiert auf X gleichmäßig;
(2) die Folge $\{g_\nu(x)\}$ ist auf X gleichmäßig beschränkt;
(3) für jedes feste $x \in X$ ist die Folge $\{g_\nu(x)\}$ monoton.
Zeigen Sie, daß die Reihe $\sum\limits_{\nu=1}^{\infty} f_\nu(x)g_\nu(x)$ auf X gleichmäßig konvergiert.

6.3.29 Untersuchen Sie, ob die folgenden Grenzwerte existieren, und bestimmen Sie diese gegebenenfalls.

a) $\lim\limits_{x\to 1-} \left\{ \sum\limits_{\nu=1}^{\infty} \frac{(-1)^{\nu-1}}{\nu} \cdot \frac{x^\nu}{1+x^\nu} \right\}$,

b) $\lim\limits_{x\to 1-} \left\{ (1-x) \sum\limits_{\nu=1}^{\infty} (-1)^{\nu-1} \cdot \frac{x^\nu}{1-x^{2\nu}} \right\}$.

6.3.30 Mit einer Folge $\{a_n\}$ werde die DIRICHLET-Reihe

$$\sum_{n=1}^{\infty} \frac{a_n}{n^x}$$

gebildet (vgl. I; Aufgabe 3.3.20). Beweisen Sie die Existenz eines eindeutig bestimmten $\lambda \in \mathbb{R} \cup \{-\infty\} \cup \{\infty\}$ mit der folgenden Eigenschaft:

Ist $\lambda = -\infty$, so konvergiert $\sum\limits_{n=1}^{\infty} \frac{a_n}{n^x}$ für alle $x \in \mathbb{R}$.

Ist $\lambda = \infty$, so divergiert $\sum\limits_{n=1}^{\infty} \frac{a_n}{n^x}$ für alle $x \in \mathbb{R}$.

Ist $\lambda \in \mathbb{R}$, so konvergiert $\sum\limits_{n=1}^{\infty} \frac{a_n}{n^x}$ für alle $x > \lambda$ und divergiert für alle $x < \lambda$.

(Man bezeichnet λ als die Konvergenzabszisse der betrachteten DIRICHLET-Reihe.)
Zeigen Sie ferner, daß im Falle $\lambda = -\infty$ oder $\lambda \in \mathbb{R}$ die Funktion $f(x) := \sum\limits_{n=1}^{\infty} \frac{a_n}{n^x}$ auf (λ, ∞) stetig ist.

6.3.31 a) Geben Sie zu jedem $\lambda \in \mathbb{R} \cup \{-\infty\} \cup \{\infty\}$ eine DIRICHLET-Reihe mit der Konvergenzabszisse λ an.
b) Muß eine DIRICHLET-Reihe mit der Konvergenzabszisse $\lambda \in \mathbb{R}$ im Intervall (λ, ∞) absolut konvergieren?

6.3.32 Die Funktion g sei auf $\mathbb{R}$ definiert durch

$$\begin{aligned} g(x) &:= |x|, && \text{falls } |x| \leq 2, \\ g(x+4m) &:= g(x) && \text{für alle } x \in \mathbb{R} \text{ und alle } m \in \mathbb{Z}. \end{aligned}$$

Beweisen Sie, daß die Funktion

$$f(x) := \sum_{\nu=1}^{\infty} \frac{g(4^\nu x)}{4^\nu}$$

auf $\mathbb{R}$ stetig, aber in keinem Intervall monoton ist.

6.3.33 Beweisen Sie den Erweiterungssatz von TIETZE: Die Funktion f sei auf der kompakten Menge $K \subset \mathbb{R}$ stetig. Es gelte $K \subset (-r, r)$. Dann gibt es eine auf $\mathbb{R}$ stetige Funktion F mit $F(x) = f(x)$ für alle $x \in K$ und $F(x) = 0$, falls $|x| \geq r$.

6.4 Potenzreihen

Funktionenreihen der Form $\sum\limits_{\nu=0}^{\infty} a_\nu (x - x_0)^\nu$ werden Potenzreihen genannt; das Polynom $s_n(x) := \sum\limits_{\nu=0}^{n} a_\nu (x-x_0)^\nu$ heißt n-te Teilsumme. Potenzreihen besitzen das folgende Konvergenzverhalten: Konvergiert $\sum\limits_{\nu=0}^{\infty} a_\nu (x_1 - x_0)^\nu$ für ein $x_1 \neq x_0$, so konvergiert $\sum\limits_{\nu=0}^{\infty} |a_\nu (x-x_0)^\nu|$ für alle x mit $|x - x_0| < |x_1 - x_0|$; divergiert $\sum\limits_{\nu=0}^{\infty} a_\nu (x_2 - x_0)^\nu$ für ein x_2, so divergiert $\sum\limits_{\nu=0}^{\infty} a_\nu (x - x_0)^\nu$ für alle x mit $|x - x_0| > |x_2 - x_0|$. Die Zahl

$$R := \frac{1}{\overline{\lim\limits_{\nu \to \infty}} |a_\nu|^{1/\nu}} \qquad (*)$$

heißt Konvergenzradius der Potenzreihe $\sum\limits_{\nu=0}^{\infty} a_\nu (x - x_0)^\nu$. Dabei wird $\frac{1}{0}$ als ∞ und $\frac{1}{\infty}$ als 0 interpretiert. Die Beziehung $(*)$ wird als Formel von CAUCHY-HADAMARD bezeichnet. Ist eine Potenzreihe $\sum\limits_{\nu=0}^{\infty} a_\nu (x - x_0)^\nu$ gegeben, für welche der Grenzwert $s := \lim\limits_{\nu \to \infty} \left| \frac{a_{\nu+1}}{a_\nu} \right|$ existiert, so ist der Konvergenzradius R gegeben durch $R = \frac{1}{s}$ ("Quotientenkriterium"). Hierbei wird wieder $\frac{1}{0}$ als ∞ und $\frac{1}{\infty}$ als 0 interpretiert. Besitzt eine Potenzreihe $A(x) := \sum\limits_{\nu=0}^{\infty} a_\nu (x - x_0)^\nu$ den Konvergenzradius $R \in (0, \infty) \cup \{\infty\}$, so ist die Reihe $A(x)$ auf dem sogenannten Konvergenzintervall $(x_0 - R, x_0 + R)$ absolut konvergent. Auf jeder kompakten Teilmenge von $(x_0 - R, x_0 + R)$ liegt gleichmäßige Konvergenz vor;

hieraus ergibt sich, daß A auf dem Konvergenzintervall stetig ist. Gilt $R \in [0, \infty)$, so divergiert die Potenzreihe für jedes x mit $|x - x_0| > R$.
Der Identitätssatz für Potenzreihen besagt folgendes: Konvergieren die Potenzreihen

$$A(x) = \sum_{\nu=0}^{\infty} a_\nu (x - x_0)^\nu, \qquad B(x) = \sum_{\nu=0}^{\infty} b_\nu (x - x_0)^\nu$$

an unendlich vielen von x_0 verschiedenen Punkten $x_1, x_2, \ldots$ mit $\lim\limits_{\nu \to \infty} x_\nu = x_0$ und gilt $A(x_\nu) = B(x_\nu)$ für alle $\nu \in \mathbb{N}$, so folgt $a_\nu = b_\nu$ für alle $\nu \in \mathbb{N}_0$.

6.4.1 Geben Sie zu jedem $R \in [0, \infty) \cup \{\infty\}$ eine Potenzreihe mit dem Konvergenzradius R an.

6.4.2 Gegeben sei eine Folge positiver Zahlen $\{r_n\}$ mit $\lim\limits_{n \to \infty} r_n = r$. Zeigen Sie, daß die Potenzreihe $\sum\limits_{\nu=1}^{\infty} \dfrac{x^\nu}{r_1 r_2 \cdots r_\nu}$ den Konvergenzradius r hat.

6.4.3 Bestimmen Sie die Konvergenzradien der folgenden Potenzreihen $\sum a_\nu x^\nu$:

$$\text{a)} \quad \sum_{\nu=0}^{\infty} \frac{\nu^\nu}{\nu!} x^\nu, \qquad \text{b)} \quad \sum_{\nu=0}^{\infty} (\nu^2 + 2^\nu) x^\nu, \qquad \text{c)} \quad \sum_{\nu=1}^{\infty} \frac{(2\nu - 1)^{2\nu-1}}{2^{2\nu}(2\nu)!} x^\nu.$$

6.4.4 Bestimmen Sie die Konvergenzradien der folgenden Potenzreihen $\sum a_\nu x^\nu$:

$$\text{a)} \quad \sum_{\nu=1}^{\infty} \left(1 + \frac{1}{2} + \cdots + \frac{1}{\nu}\right) x^\nu, \qquad \text{b)} \quad \sum_{\nu=1}^{\infty} a^{\nu!} x^\nu \qquad (a > 0),$$

$$\text{c)} \quad \sum_{\nu=1}^{\infty} \nu^\nu x^{\nu^2}, \qquad \text{d)} \quad \sum_{\nu=0}^{\infty} a^{\binom{b}{\nu}} x^\nu \qquad (a > 0,\ b \geq -1).$$

6.4.5 Es sei $A(x) = \sum\limits_{\nu=0}^{\infty} a_\nu (x - x_0)^\nu$ eine Potenzreihe mit dem Konvergenzradius R. Für ein festes $k \in \mathbb{N}$ sei $A_k(x) := \sum\limits_{\nu=0}^{\infty} a_\nu (x - x_0)^{k\nu}$ gesetzt. Beweisen Sie:
a) Ist $R = \infty$, so besitzt die Potenzreihe $A_k(x)$ den Konvergenzradius ∞.
b) Ist $R < \infty$, so besitzt die Potenzreihe $A_k(x)$ den Konvergenzradius $R^{1/k}$.

6.4.6 Bestimmen Sie die Konvergenzradien der folgenden Potenzreihen:

$$\text{a)} \quad \sum_{\nu=1}^{\infty} \binom{2\nu}{\nu} (x + 1)^{2\nu}, \qquad \text{b)} \quad \sum_{\nu=0}^{\infty} \frac{x^{5\nu+1}}{\{4 + (-1)^\nu\}^{3\nu}}.$$

6.4.7 Es seien P, Q Polynome, welche den Grad $p \in \mathbb{N}_0$ bzw. $q \in \mathbb{N}_0$ haben. Zeigen Sie:
a) Es gibt ein $N \in \mathbb{N}$, so daß $Q(n) \neq 0$ ist für alle $n \geq N$.
b) Die Potenzreihe

$$\sum_{n=N}^{\infty} \frac{P(n)}{Q(n)} x^n \qquad (*)$$

hat den Konvergenzradius $R = 1$.
c) Ist $q \geq p + 2$, so konvergiert die Reihe $(*)$ für alle x mit $|x| = 1$.
d) Ist $q \leq p$, so konvergiert die Reihe $(*)$ weder in $x = 1$ noch in $x = -1$.

6.4.8 Es sei $\sum\limits_{\nu=0}^{\infty} a_\nu x^\nu$ eine Potenzreihe mit dem Konvergenzradius $R_A \in (0, \infty)$. Berechnen Sie den Konvergenzradius R_B der Reihe $\sum\limits_{\nu=0}^{\infty} a_\nu x^{\nu^2}$.

6.4.9 Die Potenzreihe $A(x) = \sum\limits_{\nu=0}^{\infty} a_\nu x^\nu$ habe den Konvergenzradius 1. Es sei

$$s_n(x) := \sum_{\nu=0}^{n} a_\nu x^\nu \qquad (n \in \mathbb{N}_0,\ \ x \in \mathbb{R}),$$
$$r_n(x) := A(x) - s_n(x) \qquad (n \in \mathbb{N}_0,\ \ x \in (-1, 1)).$$

Beweisen Sie:

(1) Für jedes x mit $|x| \geq 1$ gilt $\overline{\lim\limits_{n\to\infty}} |s_n(x)|^{1/n} = |x|$,

(2) für jedes $x \in (-1, 1)$ gilt $\overline{\lim\limits_{n\to\infty}} |r_n(x)|^{1/n} = |x|$.

(3) Für jedes $R \geq 1$ gilt $\overline{\lim\limits_{n\to\infty}} \left\{ \max\limits_{|x|\leq R} |s_n(x)| \right\}^{1/n} = R$,

(4) für jedes $r \in (0, 1)$ gilt $\overline{\lim\limits_{n\to\infty}} \left\{ \max\limits_{|x|\leq r} |r_n(x)| \right\}^{1/n} = r$.

6.4.10 Es sei $A(x) = \sum\limits_{\nu=0}^{\infty} a_\nu x^\nu$ eine Potenzreihe mit dem Konvergenzradius $R > 0$. Zeigen Sie:
a) Genau dann ist A eine gerade Funktion, wenn für alle $n \in \mathbb{N}$ gilt $a_{2n-1} = 0$.
b) Genau dann ist A eine ungerade Funktion, wenn für alle $n \in \mathbb{N}_0$ gilt $a_{2n} = 0$.

6.4.11 Beweisen Sie, daß die Potenzreihe $\sum\limits_{\nu=0}^{\infty} \binom{\nu+k}{\nu} x^\nu$ für alle $k \in \mathbb{N}_0$ den Konvergenzradius $R = 1$ hat und daß für $|x| < 1$ gilt

$$\sum_{\nu=0}^{\infty} \binom{\nu + k}{\nu} x^\nu = \frac{1}{(1 - x)^{k+1}}.$$

6.4.12 Es sei $x \in (-1,1)$. Berechnen Sie:

$$\text{a)}\ \sum_{\nu=1}^{\infty} \nu x^{\nu}, \qquad \text{b)}\ \sum_{\nu=1}^{\infty} \nu^2 x^{\nu}, \qquad \text{c)}\ \sum_{\nu=0}^{\infty} (2\nu+1) x^{2\nu}.$$

6.4.13 Es seien $k \in \mathbb{N}_0$ und $x \in (-1,1)$. Zeigen Sie

$$\sum_{\nu=0}^{\infty} \binom{\nu}{k} x^{\nu} = \frac{x^k}{(1-x)^{k+1}}.$$

6.4.14 Es seien $k, n \in \mathbb{N}_0$ mit $k \leq n$. Zeigen Sie

$$\sum_{\nu=k}^{n} (-1)^{\nu} \binom{k+1}{n-\nu} \binom{\nu}{k} = (-1)^n \delta_{kn}.$$

Hierbei ist δ_{kn} das sogenannte KRONECKER-Symbol und bedeutet

$$\delta_{kn} := \begin{cases} 1 & \text{falls } n = k \\ 0 & \text{falls } n \neq k \end{cases}.$$

6.4.15 Für $n \in \mathbb{N}_0$ sei $a_n := \sum\limits_{\nu=0}^{n} \frac{(-1)^{\nu}}{\nu!}$ gesetzt. Zeigen Sie, daß für alle $n \in \mathbb{N}_0$ gilt

$$\sum_{\nu=0}^{n} \frac{a_{\nu}}{(n-\nu)!} = 1.$$

6.4.16 Es seien N und n natürliche Zahlen. Zeigen Sie

$$\sum\nolimits_* \frac{1}{\nu_1! \nu_2! \cdots \nu_N!} = \frac{1}{n!} \binom{N-1}{n-1},$$

wobei in $\sum_*$ über die (endlich vielen) $\nu_i \in \mathbb{N}_0$ zu summieren ist, die die Beziehungen

$$\nu_1 + 2\nu_2 + \cdots + N\nu_N = N \qquad \text{und} \qquad \nu_1 + \nu_2 + \cdots + \nu_N = n$$

erfüllen.

6.4.17 Zeigen Sie: Für alle $k \in \mathbb{N}$ und alle $x \in (-1,1)$ gilt $\frac{1}{1-x} \cdot \frac{x^k}{1-x^k} = \sum\limits_{\nu=0}^{\infty} \left[\frac{\nu}{k}\right] x^{\nu}$.

6.4.18 Entwickeln Sie $f(x) = \frac{1-x}{1-x-2x^2}$ in eine Potenzreihe um $x_0 = 0$ und $x_1 = 2$, und bestimmen Sie den jeweiligen Konvergenzradius R_0 bzw. R_1.

6.4.19 Bestimmen Sie alle $c \in \mathbb{R}$, so daß $\cosh x \le e^{cx^2}$ für alle $x \in \mathbb{R}$ gilt.

6.4.20 Es sei $\sum\limits_{\nu=0}^{\infty} a_\nu x^\nu$ eine Potenzreihe mit Konvergenzradius R. Ferner sei $\{b_n\}$ eine beschränkte Folge mit $\varliminf\limits_{n\to\infty} |b_n| > 0$. Zeigen Sie, daß die Reihe $\sum\limits_{\nu=0}^{\infty} a_\nu b_\nu x^\nu$ ebenfalls den Konvergenzradius R besitzt.

6.4.21 Es sei $A(x) = \sum\limits_{\nu=0}^{\infty} a_\nu x^\nu$ eine Potenzreihe mit ganzzahligen Koeffizienten und Konvergenzradius $R > 1$. Zeigen Sie, daß A ein Polynom ist.

6.4.22 Es seien

$$A(x) = \sum_{\nu=0}^{\infty} a_\nu x^\nu, \qquad B(x) = \sum_{\nu=0}^{\infty} b_\nu x^\nu$$

Potenzreihen mit den Konvergenzradien $R_A, R_B \in (0, \infty)$. Zeigen Sie:

a) Für den Konvergenzradius R_H der Reihe

$$H(x) := \sum_{\nu=0}^{\infty} a_\nu b_\nu x^\nu$$

gilt $R_H \ge R_A R_B$.

b) Ist $b_\nu \ne 0$ für alle $\nu \in \mathbb{N}_0$, so gilt für den Konvergenzradius R_Q der Reihe

$$Q(x) := \sum_{\nu=0}^{\infty} \frac{a_\nu}{b_\nu} x^\nu$$

die Beziehung $R_Q \le R_A / R_B$.

6.4.23 Es sei $\sum\limits_{\nu=0}^{\infty} a_\nu x^\nu$ eine Potenzreihe mit dem Konvergenzradius $R \in (0, \infty)$. Zeigen Sie, daß die Potenzreihe $f(x) := \sum\limits_{\nu=0}^{\infty} \frac{a_\nu}{\nu!} x^\nu$ den Konvergenzradius $R_f = \infty$ hat und daß zu jedem $r \in (0, R)$ eine Konstante $M(r)$ existiert mit

$$|f(x)| \le M(r) \exp\left(\frac{|x|}{r}\right) \qquad \text{für alle} \quad x \in \mathbb{R}.$$

6.4.24 Es sei $\sum\limits_{\nu=0}^{\infty} a_\nu x^\nu$ eine Potenzreihe mit dem Konvergenzradius 1. Zeigen Sie:

(1) Die Reihe $\sum\limits_{\nu=0}^{\infty} A_\nu x^\nu$ mit $A_\nu = \sum\limits_{\mu=0}^{\nu} a_\mu$ hat mindestens den Konvergenzradius 1.

(2) Die Reihe $\sum\limits_{\nu=0}^{\infty} \tilde{A}_\nu x^\nu$ mit $\tilde{A}_\nu = \sum\limits_{\mu=0}^{\nu} |a_\mu|$ hat genau den Konvergenzradius 1.

6.4.25 Es sei $\{a_\nu\}_{\nu=2}^{\infty}$ eine Folge mit $\sum\limits_{\nu=2}^{\infty} \nu|a_\nu| \leq 1$; ferner sei

$$A(x) := x + \sum_{\nu=2}^{\infty} a_\nu x^\nu .$$

Zeigen Sie, daß A den Konvergenzradius $R \geq 1$ hat und daß A im Intervall $(-1,1)$ eineindeutig ist.

6.4.26 Es sei $A(x) = \sum\limits_{\nu=0}^{\infty} a_\nu x^\nu$ eine Potenzreihe mit dem Konvergenzradius $R = 1$ und $\lim\limits_{n\to\infty} a_n = 0$. Zeigen Sie, daß $\lim\limits_{x\to 1-} (1-x)A(x) = 0$ gilt.

6.4.27 Es sei $A(x) := \sum\limits_{\nu=0}^{\infty} a_\nu x^\nu$ eine Potenzreihe mit dem Konvergenzradius $R = 1$. Es gelte $a_\nu \geq 0$ für alle $\nu \in I\!N_0$, und die Reihe $\sum\limits_{\nu=0}^{\infty} a_\nu$ divergiere. Zeigen Sie, daß gilt $\lim\limits_{x\to 1-} A(x) = \infty$.

6.4.28 Beweisen Sie den ABELschen Grenzwertsatz:
Die Reihe $\sum\limits_{\nu=0}^{\infty} a_\nu$ sei konvergent gegen den Wert s. Dann folgt:

a) Die Potenzreihe $\sum\limits_{\nu=0}^{\infty} a_\nu x^\nu$ konvergiert gleichmäßig auf $[0,1]$.

b) Mit $A(x) := \sum\limits_{\nu=0}^{\infty} a_\nu x^\nu$ gilt $\lim\limits_{x\to 1-} A(x) = s$.

6.4.29 Beweisen Sie folgende Variante des ABELschen Grenzwertsatzes:
Es sei $A(x) = \sum\limits_{\nu=0}^{\infty} a_\nu x^\nu$ eine Potenzreihe mit dem Konvergenzradius $R = 1$, und es gelte $\sum\limits_{\nu=0}^{\infty} a_\nu = \infty$. Dann gilt auch $\lim\limits_{x\to 1-} A(x) = \infty$.

6.4.30 Es sei $\{a_n\}$ eine monoton fallende Nullfolge. Zeigen Sie, daß die Potenzreihe $\sum\limits_{\nu=0}^{\infty} a_\nu x^\nu$ auf dem Intervall $[-1,0]$ gleichmäßig konvergiert.

6.4.31 Beweisen Sie folgende einfache Version eines TAUBERschen Satzes:
Es sei $A(x) = \sum\limits_{\nu=0}^{\infty} a_\nu x^\nu$ eine Potenzreihe mit dem Konvergenzradius $R = 1$, und es gelte $\lim\limits_{x\to 1-} A(x) = s$. Ferner sei $a_n \geq 0$ für alle $n \in I\!N_0$. Dann konvergiert die Reihe $\sum\limits_{\nu=0}^{\infty} a_\nu$ und besitzt den Wert s.

6.4.32 Die Potenzreihe $A(x) = \sum\limits_{\nu=0}^{\infty} a_\nu x^\nu$ sei konvergent für $|x| < 1$, und mit $A_n := \sum\limits_{\nu=0}^{n} a_\nu$ konvergiere die Folge $\{\frac{1}{n+1} \sum\limits_{\nu=0}^{n} A_\nu\}$ gegen den Wert a. Zeigen Sie, daß $\lim\limits_{x\to 1-} A(x)$ existiert und daß $\lim\limits_{x\to 1-} A(x) = a$ gilt.

6.4.33 Es sei $A(x) = \sum\limits_{\nu=0}^{\infty} a_\nu x^\nu$ eine Potenzreihe mit der Eigenschaft, daß die Folge $\{A_n\}$ mit $A_n := \sum\limits_{\nu=0}^{n} a_\nu$ beschränkt ist. Zeigen Sie, daß A den Konvergenzradius $R \geq 1$ hat und im Intervall $[0, 1)$ beschränkt ist.

6.4.34 Es sei $A(x) = \sum\limits_{\nu=0}^{\infty} a_\nu x^\nu$ eine Potenzreihe, welche im Intervall $[0, 1)$ beschränkt ist. Muß die Folge $\{A_n\}$ mit $A_n := \sum\limits_{\nu=0}^{n} a_\nu$ beschränkt sein?

6.4.35 Es sei $A(x) = \sum\limits_{\nu=0}^{\infty} a_\nu x^\nu$ eine Potenzreihe mit der folgenden Eigenschaft: Es existieren Konstanten M_0 und M_1, so daß mit $A_n := \sum\limits_{\nu=0}^{n} a_\nu$ für alle $n \in \mathbb{N}_0$ gilt

$$M_0 \leq \frac{1}{n+1} A_n \leq M_1.$$

Zeigen Sie:

a) Für den Konvergenzradius R von A gilt $R \geq 1$.

b) Für alle $x \in (0, 1)$ gilt

$$M_0 \frac{1}{1-x} \leq A(x) \leq M_1 \frac{1}{1-x}.$$

6.4.36 Es sei $A(x) = \sum\limits_{\nu=0}^{\infty} a_\nu x^\nu$ eine Potenzreihe mit der Eigenschaft, daß für alle $n \in \mathbb{N}_0$ gilt $A_n := \sum\limits_{\nu=0}^{n} a_\nu \neq 0$ und daß die Folge $\left\{\dfrac{a_n}{A_n}\right\}$ gegen ein $\alpha \in \mathbb{R}$ konvergiert. Zeigen Sie, daß A den Konvergenzradius $R \geq |1 - \alpha|$ besitzt.

6.4.37 Beweisen Sie die folgende Umkehrung des ABELschen Grenzwertsatzes (einen sogenannten TAUBERschen Satz):
Es sei $A(x) = \sum\limits_{\nu=0}^{\infty} a_\nu x^\nu$ eine Potenzreihe mit dem Konvergenzradius $R = 1$, und es sei $\lim\limits_{x\to 1-} A(x) = s$. Ferner gelte $\lim\limits_{n\to\infty} n a_n = 0$. Dann konvergiert die Reihe $\sum\limits_{\nu=0}^{\infty} a_\nu$ und besitzt den Wert s.

6.4.38 Gegeben seien die konvergenten Reihen

$$a = \sum_{\nu=0}^{\infty} a_\nu, \qquad b = \sum_{\nu=0}^{\infty} b_\nu.$$

Ferner konvergiere die CAUCHY-Produktreihe

$$c = \sum_{\nu=0}^{\infty} c_\nu \quad \text{mit} \quad c_\nu = \sum_{\mu=0}^{\nu} a_\mu b_{\nu-\mu}.$$

Zeigen Sie, daß $c = a \cdot b$ gilt.

6.4.39 Gegeben seien die konvergenten Reihen $a = \sum\limits_{\nu=0}^{\infty} a_\nu$ und $b = \sum\limits_{\nu=0}^{\infty} b_\nu$. Zeigen Sie, daß die CAUCHY-Produktreihe

$$\sum_{\nu=0}^{\infty} c_\nu \qquad \text{mit} \qquad c_\nu = \sum_{\mu=0}^{\nu} a_\mu b_{\nu-\mu}$$

genau dann konvergiert, wenn die Zahlen

$$\rho_n := \sum_{\nu=1}^{n} a_\nu (b_n + b_{n-1} + \cdots + b_{n-\nu+1})$$

eine Nullfolge bilden.

6.4.40 Es seien $x, y \in \mathbb{R}$ mit $x \neq y$, und die Reihe $\sum\limits_{\nu=0}^{\infty} a_\nu(x^\nu - y^\nu)$ sei konvergent.

a) Muß die Reihe $\sum\limits_{\nu=0}^{\infty} a_\nu x^\nu$ (und damit auch $\sum\limits_{\nu=0}^{\infty} a_\nu y^\nu$) konvergieren?

b) Zeigen Sie, daß die Reihe $\sum\limits_{\nu=0}^{\infty} a_\nu x^\nu$ konvergiert, wenn x und y gleiches Vorzeichen haben.

6.4.41 Die Folge $\{a_n\}$ sei rekursiv definiert durch

$$a_0, a_1 \in \mathbb{R}, \qquad a_{n+1} = a_{n-1} + a_n \qquad (n \in \mathbb{N}).$$

Bestimmen Sie a_n in Abhängigkeit von a_0 und a_1, indem Sie die sogenannte erzeugende Funktion $A(x) := \sum\limits_{\nu=0}^{\infty} a_\nu x^\nu$ bestimmen.

6.4.42 Beweisen Sie, daß eine Potenzreihe $\sum\limits_{\nu=0}^{\infty} a_\nu x^\nu$ mit der folgenden Eigenschaft existiert: Zu jedem Intervall $[a, b]$ mit $0 \notin [a, b]$ und jeder in $[a, b]$ stetigen Funktion f gibt es eine Folge $\{n_k\}$, so daß $\left\{\sum\limits_{\nu=0}^{n_k} a_\nu x^\nu\right\}$ auf $[a, b]$ gleichmäßig gegen $f(x)$ konvergiert.

6.5 Trigonometrische Funktionen

Die Exponentialfunktion ist für $z \in \mathbb{C}$ definiert durch

$$e^z := \sum_{\nu=0}^{\infty} \frac{z^\nu}{\nu!};$$

die Konvergenz dieser Reihe für alle $z \in \mathbb{C}$ folgt zum Beispiel aus dem Quotientenkriterium. Es ergibt sich $e^z e^w = e^{z+w}$ für alle $z, w \in \mathbb{C}$ sowie $e^{\bar{z}} = \overline{(e^z)}$ für alle $z \in \mathbb{C}$ und $|e^{ix}| = 1$ für alle $x \in \mathbb{R}$.

Für $x \in \mathbb{R}$ ist die Cosinusfunktion definiert durch $\cos x := Re(e^{ix})$ und die Sinusfunktion durch $\sin x := Im(e^{ix})$. Hieraus ergibt sich sofort die sogenannte EULERsche Formel $e^{ix} = \cos x + i \sin x$ sowie

$$\cos x = \frac{1}{2}(e^{ix} + e^{-ix}), \qquad \sin x = \frac{1}{2i}(e^{ix} - e^{-ix}), \qquad \cos^2 x + \sin^2 x = 1.$$

Ferner gelten die Reihendarstellungen

$$\cos x = \sum_{\nu=0}^{\infty} \frac{(-1)^\nu x^{2\nu}}{(2\nu)!}, \qquad \sin x = \sum_{\nu=0}^{\infty} \frac{(-1)^\nu x^{2\nu+1}}{(2\nu+1)!},$$

wobei die auftretenden Potenzreihen den Konvergenzradius ∞ besitzen. Die Funktionen Cosinus und Sinus sind stetig auf $\mathbb{R}$. Für alle $x \geq 0$ gilt die Abschätzung $|\sin x| \leq x$; ferner ergibt sich $\lim\limits_{x \to 0} \frac{\sin x}{x} = 1$. Die Cosinusfunktion hat im Intervall $(0, \infty)$ eine kleinste Nullstelle x_0, damit wird die (irrationale) Zahl π durch $\pi := 2x_0$ definiert. Die Funktionen Cosinus und Sinus sind 2π-periodisch, es gilt $\cos x = \sin(\frac{\pi}{2} + x)$ für alle $x \in \mathbb{R}$, und es ist $\cos x = 0$ genau dann, wenn $x = \frac{\pi}{2} + k\pi$ mit einem $k \in \mathbb{Z}$ gilt. Die Sinusfunktion ist streng monoton wachsend in $[-\frac{\pi}{2}, \frac{\pi}{2}]$, und die Cosinusfunktion ist streng monoton fallend in $[0, \pi]$. Die Umkehrfunktionen auf den entsprechenden Intervallen sind die sogenannten Arcusfunktionen $\arcsin x$ und $\arccos x$.

Die Funktionen Tangens und Cotangens sind definiert durch

$$\tan x := \frac{\sin x}{\cos x} \qquad (x \neq \frac{\pi}{2} + k\pi, \quad k \in \mathbb{Z})$$

$$\cot x := \frac{\cos x}{\sin x} \qquad (x \neq k\pi, \quad k \in \mathbb{Z}).$$

Beide Funktionen sind π-periodisch. Ferner ist die Tangensfunktion im Intervall $(-\frac{\pi}{2}, \frac{\pi}{2})$ streng monoton wachsend; die Cotangensfunktion ist im Intervall $(0, \pi)$ streng monoton fallend. Die Umkehrfunktionen auf den entsprechenden Intervallen sind die Funktionen $\arctan x$ und $\operatorname{arccot} x$.

6.5.1 Zeigen Sie, daß für alle $x, y \in \mathbb{R}$ die folgenden Additionstheoreme gelten:

a) $\sin(x+y) = \sin x \cos y + \cos x \sin y$,

b) $\cos(x+y) = \cos x \cos y - \sin x \sin y$,

c) $\sin x - \sin y = 2 \sin \frac{x-y}{2} \cos \frac{x+y}{2}$,

d) $\cos x + \cos y = 2 \cos \frac{x-y}{2} \cos \frac{x+y}{2}$.

6.5.2 Es seien $x, y \in \mathbb{R}$. Zeigen Sie:

a) $\sin x \sin y = \frac{1}{2}\{\cos(x-y) - \cos(x+y)\}$,

b) $\sin x \cos y = \frac{1}{2}\{\sin(x+y) + \sin(x-y)\}$,

c) $\cos x \cos y = \frac{1}{2}\{\cos(x+y) + \cos(x-y)\}$.

6.5.3 Beweisen Sie, daß $\sin x < x$ für alle $x > 0$ gilt.

6.5.4 Es seien $x, y \in \mathbb{R}$. Zeigen Sie:

a) $|\sin x - \sin y| \leq |x-y|$, b) $|\cos x - \cos y| \leq |x-y|$.

6.5.5 Zeigen Sie:

a) Für alle $x, y \in \mathbb{R}$ mit $x, y,\ x+y \notin \left\{\frac{\pi}{2} + k\pi : k \in \mathbb{Z}\right\}$ gilt $\tan(x+y) = \frac{\tan x + \tan y}{1 - \tan x \tan y}$.

b) Für alle $x, y \in \mathbb{R}$ mit $x, y,\ x+y \notin \{k\pi : k \in \mathbb{Z}\}$ gilt $\cot(x+y) = \frac{\cot x \cot y - 1}{\cot x + \cot y}$.

6.5.6 Es sei $a \in (0, \pi/2)$. Zeigen Sie, daß für alle $x, y \in [-a, a]$ gilt

$$|\tan x - \tan y| \leq \frac{1}{\cos^2 a}|x-y|.$$

6.5.7 Zeigen Sie: Zu $a, b \in \mathbb{R}$ gibt es $c, d \in \mathbb{R}$ mit

$$a \sin x + b \cos x = c \sin(x+d) \qquad \text{für alle } x \in \mathbb{R}.$$

6.5.8 Es sei $x \in [-1, 1]$. Zeigen Sie:

$$\cos(\arcsin x) = \sin(\arccos x) = \sqrt{1-x^2}.$$

6.5.9 Es seien a und b reelle Zahlen mit $a^2 + b^2 = 1$. Beweisen Sie, daß genau ein $x_0 \in [0, 2\pi)$ existiert mit $a = \cos x_0$ und $b = \sin x_0$.

6.5.10 Zeigen Sie, daß zu jedem $z \in \mathbb{C} \setminus \{0\}$ genau ein Paar (r, φ) mit $r > 0$ und $\varphi \in [0, 2\pi)$ existiert, so daß $z = r(\cos\varphi + i\sin\varphi) = re^{i\varphi}$ gilt (sogenannte Polarkoordinatendarstellung von z).

6.5.11 Zeigen Sie:
a) Für jedes $x \in \mathbb{R}$ und jedes $n \in \mathbb{N}_0$ gilt die Ungleichung $|\sin nx| \leq n|\sin x|$.
b) Gilt die Ungleichung $|\sin ax| \leq a|\sin x|$ für beliebige $a > 0$ und $x \in \mathbb{R}$?

6.5.12 Es seien a, b, c reelle Konstanten. Folgt dann aus $a^2\cos^2 x + b^2\sin^2 x < c^2$ stets

$$|a|\cos^2 x + |b|\sin^2 x < |c| \quad ?$$

6.5.13 Beweisen Sie, daß für $0 < \alpha < 1$ und $0 < x < \pi$ gilt

$$\cot x < \alpha^2\cot(x\alpha) + (1-\alpha)^2\cot(x(1-\alpha)).$$

6.5.14 Beweisen Sie:

$$\text{a)} \quad \sum_{\nu=1}^{n} \cos\nu x = \frac{\sin(n+\frac{1}{2})x}{2\sin\frac{x}{2}} - \frac{1}{2}, \qquad x \neq 2m\pi,\ m \in \mathbb{Z};$$

$$\sum_{\nu=1}^{n} \sin\nu x = \frac{\cos\frac{x}{2} - \cos(n+\frac{1}{2})x}{2\sin\frac{x}{2}}, \qquad x \neq 2m\pi,\ m \in \mathbb{Z};$$

$$\text{b)} \quad \sum_{\nu=1}^{n} \cos(2\nu-1)x = \frac{\sin 2nx}{2\sin x}, \qquad x \neq m\pi,\ m \in \mathbb{Z};$$

$$\sum_{\nu=1}^{n} \sin(2\nu-1)x = \frac{\sin^2 nx}{\sin x}, \qquad x \neq m\pi,\ m \in \mathbb{Z}.$$

6.5.15 a) Zeigen Sie, daß für alle $\nu \in \mathbb{N}_0$ und alle $x \in \mathbb{R}$ gilt

$$\sin\left(\nu + \frac{1}{2}\right)x - \sin\left(\nu - \frac{1}{2}\right)x = 2\sin\frac{x}{2}\cos\nu x.$$

b) Beweisen Sie mit a) erneut die Beziehung

$$\sum_{\nu=1}^{n} \cos \nu x = \frac{\sin(n+\frac{1}{2})x}{2\sin\frac{x}{2}} - \frac{1}{2}, \qquad x \neq 2m\pi,\ m \in \mathbb{Z}.$$

6.5.16 Beweisen Sie, daß für alle $x \in \mathbb{R}$ und alle $n \in \mathbb{N}_0$ gilt

$$\sin x = 2^n \sin\frac{x}{2^n} \cdot \prod_{\nu=1}^{n} \cos\frac{x}{2^\nu}.$$

6.5.17 Die Funktionen f_n seien auf $\mathbb{R}$ stetig, und es gelte $f_n(x)\sin nx \underset{\mathbb{R}}{\Longrightarrow} 0$. Beweisen oder widerlegen Sie, daß ein Intervall existiert, auf dem die Folge $\{f_n(x)\}$ beschränkt ist.

6.5.18 Es sei $n \in \mathbb{N}$. Zeigen Sie, daß Polynome P_n und Q_n existieren, so daß für alle $x \in \mathbb{R}$ gilt

$$\cos nx = P_n(\cos x), \qquad \sin nx = \sin x\, Q_n(\cos x).$$

6.5.19 Gegeben seien Polynome $P_0, ..., P_n$ mit der Eigenschaft $\sum_{\nu=0}^{n} P_\nu(x)\sin^\nu x \equiv 0$ auf $\mathbb{R}$. Zeigen Sie, daß $P_0(x) \equiv \cdots \equiv P_n(x) \equiv 0$ auf $\mathbb{R}$ gilt.

6.5.20 Für $n \in \mathbb{N}$ bezeichnet man die komplexen Zahlen

$$\varepsilon_\nu := e^{2\pi i\nu/n} \qquad (\nu = 0, 1, ..., n-1)$$

als die n-ten Einheitswurzeln. Beweisen Sie:

a) $$\sum_{\nu=1}^{n-1} \frac{1}{1-\varepsilon_\nu} = \frac{n-1}{2},$$ b) $$\prod_{\nu=1}^{n-1}(1-\varepsilon_\nu) = n.$$

6.5.21 Beweisen Sie: Für alle $n \in \mathbb{N}$ gilt

$$\prod_{\nu=1}^{n-1} \sin\frac{\nu\pi}{n} = \frac{n}{2^{n-1}}.$$

6.5.22 Es sei $n \in \mathbb{N}_0$ und $x \in \mathbb{R}$. Zeigen Sie: Ist keine der Zahlen $x, 2x, ..., 2^n x$ ein ganzzahliges Vielfaches von π, so gilt

$$\sum_{\nu=0}^{n} \frac{1}{\sin 2^\nu x} = \cot\frac{x}{2} - \cot 2^n x.$$

6.5.23 Zeigen Sie, daß die Folgen $\{\sin n\}$ und $\{\cos n\}$ divergieren.

6.5.24 Bestimmen Sie alle $x \in \mathbb{R}$, für welche die Folge $\{\sin nx\}$ bzw. $\{\cos nx\}$ konvergiert.

6.5.25 Bestimmen Sie für $x \in \mathbb{R}$ alle Verdichtungspunkte der Folge $\{\sin nx\}$.

6.5.26 Charakterisieren Sie diejenigen $x \in \mathbb{R}$, für welche die Folgen

$$\{\cos 2^n x\}, \qquad \{\sin^2 2^n x\}, \qquad \{\cos^2 2^n x\}$$

konvergieren.

6.5.27 Bestimmen Sie diejenigen $x \in \mathbb{R}$, für welche die Folge $\{\sin 2^n x\}$ konvergiert.

6.5.28 Es sei $x \in \mathbb{R}$; beweisen Sie:

$$\sum_{\nu=0}^{\infty} \frac{\cos \nu x}{\nu!} = \cos(\sin x) e^{\cos x}, \qquad \sum_{\nu=1}^{\infty} \frac{\sin \nu x}{\nu!} = \sin(\sin x) e^{\cos x}.$$

6.5.29 Es sei $y \in \mathbb{R}$. Bestimmen Sie den Konvergenzradius der Potenzreihe

$$A(x) = \sum_{\nu=0}^{\infty} (\sin \nu y) x^{\nu},$$

und berechnen Sie $A(x)$.

6.5.30 Zeigen Sie, daß die Reihe

$$\sum_{\nu=1}^{\infty} 3^{\nu-1} \sin^3 \left(\frac{x}{3^{\nu}}\right)$$

für alle $x \in \mathbb{R}$ konvergiert, und bestimmen Sie ihren Wert.

6.5.31 Zeigen Sie, daß die Reihe $\sum\limits_{\nu=0}^{\infty} 2^{\nu} \sin \dfrac{x}{3^{\nu}}$ auf jeder beschränkten Teilmenge von $\mathbb{R}$ gleichmäßig konvergiert.

6.5.32 Für welche $x \in \mathbb{R}$ sind die folgenden Reihen konvergent?

$$\text{a)} \quad \sum_{\nu=1}^{\infty} \sin\left(\frac{x}{\nu}\right), \qquad \text{b)} \quad \sum_{\nu=1}^{\infty} \exp\left\{\left(\sin \frac{2}{\nu}\right)^{-1}\right\} x^{\nu}.$$

6.5.33 Die Reihen $\sum_{\nu=1}^{\infty} \nu^\alpha a_\nu^2$ und $\sum_{\nu=1}^{\infty} \nu^\alpha b_\nu^2$ seien für ein $\alpha > 1$ konvergent. Beweisen Sie, daß die trigonometrische Reihe

$$\sum_{\nu=1}^{\infty} \{a_\nu \cos \nu x + b_\nu \sin \nu x\}$$

auf $\mathbb{R}$ absolut und gleichmäßig konvergiert.

6.5.34 Es sei $\{a_n\}$ eine monotone Nullfolge. Beweisen Sie, daß die Reihen

$$\sum_{\nu=1}^{\infty} a_\nu \sin \nu x \qquad \text{und} \qquad \sum_{\nu=1}^{\infty} a_\nu \cos \nu x$$

in jedem kompakten Intervall, welches keinen Punkt $2\pi k$ mit $k \in \mathbb{Z}$ enthält, gleichmäßig konvergieren.

6.5.35 Zeigen Sie, daß die Reihe $\sum_{\nu=1}^{\infty} \frac{1}{\nu} \sin \nu x$ auf jedem Intervall $(-\varepsilon, \varepsilon)$ nicht gleichmäßig konvergiert.

6.5.36 Es sei $\{a_n\}$ eine monoton fallende Nullfolge. Zeigen Sie, daß die Reihe $\sum_{\nu=1}^{\infty} a_\nu \sin \nu x$ auf $\mathbb{R}$ genau dann gleichmäßig konvergiert, wenn $\lim_{n\to\infty} n a_n = 0$ gilt.

6.5.37 Gegeben sei die Reihe

$$\sum_{\nu=1}^{\infty} \left(1 + \frac{1}{2} + \cdots + \frac{1}{\nu}\right) \frac{\sin \nu x}{\nu}.$$

a) Bestimmen Sie alle $x \in \mathbb{R}$, für welche die Reihe konvergiert.

b) Auf welchen Intervallen konvergiert die Reihe gleichmäßig?

6.5.38 Zeigen Sie, daß die Reihe

$$\sum_{\nu=1}^{\infty} \frac{(-1)^\nu}{\sqrt{\nu}} \sin\left(1 + \frac{x}{\nu}\right)$$

auf jeder kompakten Teilmenge von $\mathbb{R}$ gleichmäßig konvergiert.

6.5.39 Zeigen Sie, daß für alle $x \in \mathbb{R}$ gilt

$$\lim_{n\to\infty} \left(\cos \frac{x}{\sqrt{n}}\right)^n = e^{-x^2/2}.$$

6.5.40 Die Funktion T_n, welche für $n \in \mathbb{N}_0$ und $x \in [-1,1]$ gegeben ist durch

$$T_n(x) := \cos(n \arccos x),$$

heißt n-tes TSCHEBYSCHEFF-Polynom.

a) Zeigen Sie, daß für jedes $n \in \mathbb{N}$ und $x \in [-1,1]$ die folgende Rekursionsformel gilt:

$$T_{n+1}(x) - 2xT_n(x) + T_{n-1}(x) = 0.$$

b) Beweisen Sie, daß für $n \in \mathbb{N}$ die Funktion T_n in $[-1,1]$ mit einem Polynom vom Grad n und höchstem Koeffizienten 2^{n-1} übereinstimmt.

c) Bestimmen Sie alle Nullstellen des TSCHEBYSCHEFF-Polynoms T_n.

6.5.41 Beweisen Sie die folgende Extremaleigenschaft der TSCHEBYSCHEFF-Polynome: Ist P_n ein Polynom vom Grad $n \in \mathbb{N}$ mit höchstem Koeffizienten 1, so gilt

$$\frac{1}{2^{n-1}} = \max_{[-1,1]} \left|\frac{1}{2^{n-1}} T_n(x)\right| \leq \max_{[-1,1]} |P_n(x)|.$$

6.5.42 Es sei $P_n(x) = \sum_{\nu=0}^{n} a_\nu x^\nu$ ein Polynom vom Grad $n \in \mathbb{N}$. Beweisen Sie, daß für jedes Intervall $[a,b]$ folgende Ungleichung gilt:

$$\max_{[a,b]} |P_n(x)| \geq |a_n| \cdot \frac{(b-a)^n}{2^{2n-1}}.$$

6.5.43 Es sei $\{a_n\}$ eine Folge reeller Zahlen. Beweisen Sie, daß die folgenden beiden Aussagen äquivalent sind.

(1) Es gibt eine Folge $\{P_n\}$ von Polynomen derart, daß für jedes $n \in \mathbb{N}$ der Grad von P_n höchstens n ist und daß $a_n x^n - P_{n-1}(x) \underset{[0,1]}{\Longrightarrow} 0$ gilt.

(2) Es gilt $\lim\limits_{n\to\infty} \frac{a_n}{4^n} = 0$.

6.5.44 Es sei $[a,b]$ ein Intervall mit $b - a \geq 4$ und $\{P_n(x)\}$ eine Folge von Polynomen mit ganzzahligen Koeffizienten, die auf $[a,b]$ gleichmäßig gegen $f(x)$ konvergiert. Beweisen Sie, daß f ein Polynom mit ganzzahligen Koeffizienten sein muß.

6.5.45 Beweisen Sie:

a) Es gilt $\lim\limits_{n\to\infty} n \cdot \sin(2\pi e n!) = 2\pi$.

b) Die Zahl e ist irrational.

6.5.46 Für $m, n \in \mathbb{N}$ und $x \in \mathbb{R}$ sei

$$f_{mn}(x) = \{\cos(m!\pi x)\}^n.$$

Bestimmen Sie $\lim_{m\to\infty}\{\lim_{n\to\infty} f_{mn}(x)\}$.

6.5.47 Es sei $\{x_n\}$ eine Folge mit $0 < x_n \leq 1$ sowie $\lim_{n\to\infty} x_n = 1$ und $\lim_{n\to\infty} \prod_{\nu=1}^{n} x_\nu = 0$. Zeigen Sie, daß die Reihe $\sum_{\nu=1}^{\infty} \arccos x_\nu$ divergiert.

6.5.48 Die Folge $\{a_n\}$ sei rekursiv definiert durch $a_0 \in \mathbb{R}$ und $a_{n+1} := \sin a_n$ für alle $n \in \mathbb{N}_0$. Zeigen Sie, daß $\{na_n^2\}$ konvergiert, und bestimmen Sie den Grenzwert.

6.5.49 Es sei $P(z) = \sum_{\nu=0}^{n} a_\nu z^\nu$ ein Polynom vom Grad $n \in \mathbb{N}$ mit komplexen Koeffizienten $a_0, ..., a_n$. Zeigen Sie, daß zu jedem $\varepsilon \in (0,1)$ ein $R > 0$ existiert, so daß für alle $z \in \mathbb{C}$ mit $|z| > R$ gilt

$$(1-\varepsilon)|a_n| \cdot |z|^n \;<\; |P(z)| \;<\; (1+\varepsilon)|a_n| \cdot |z|^n.$$

6.5.50 Beweisen Sie den Fundamentalsatz der Algebra: Jedes Polynom $P(z) = \sum_{\nu=0}^{n} a_\nu z^\nu$ vom Grad $n \in \mathbb{N}$ hat mindestens eine komplexe Nullstelle.

7 Differentialrechnung

7.1 Differenzierbarkeit; elementare Eigenschaften der Ableitung

Die Funktion f heißt differenzierbar an der Stelle x_0 im Definitionsbereich $D(f)$ von f, wenn x_0 ein Häufungspunkt von $D(f)$ ist und der Grenzwert

$$\frac{df}{dx}(x_0) := \lim_{x \to x_0} \frac{f(x) - f(x_0)}{x - x_0}$$

existiert. Die Funktion f heißt differenzierbar auf der Menge X, wenn sie an allen $x_0 \in X$ differenzierbar ist. Die Funktion f' mit

$$D(f') := \{x_0 : \frac{df}{dx}(x_0) \text{ existiert}\} \qquad \text{und} \quad f'(x_0) := \frac{df}{dx}(x_0)$$

heißt Ableitung von f.

Meist ist $D(f)$ ein endliches oder unendliches Intervall I. Ist in diesem Fall x_0 linker Endpunkt von I, so wird f an x_0 auch rechtsseitig differenzierbar genannt; ist x_0 rechter Endpunkt von I, so wird f an x_0 auch linksseitig differenzierbar genannt.

Die höheren Ableitungen einer Funktion f werden rekursiv definiert:

$$f'' := (f')', \quad \ldots, \quad f^{(n+1)} := (f^{(n)})'.$$

Bisweilen schreibt man auch $\frac{d^n f}{dx^n}(x_0) =: f^{(n)}(x_0)$. Die Funktion f wird als 0-te Ableitung bezeichnet und $f^{(0)} := f$ gesetzt. Man sagt, f sei n-mal stetig differenzierbar auf der Menge X, wenn $f^{(n)}(x)$ für alle $x \in X$ existiert und $f^{(n)}$ auf X stetig ist; man schreibt dann $f \in C^{(n)}(X)$.

Existiert eine Funktion F, die auf der Menge X differenzierbar ist und $F'(x) = f(x)$ für alle $x \in X$ erfüllt, so wird F als eine Stammfunktion zu f auf X bezeichnet.

Ist die Funktion f differenzierbar an x_0, so ist f stetig an x_0. Das Beispiel der stetigen, aber im Punkt $x_0 = 0$ nicht differenzierbaren Funktion $f(x) = |x|$ zeigt, daß die Umkehrung nicht richtig ist.

Die Differenzierbarkeit von f an x_0 kann auch durch den sogenannten Zerlegungssatz charakterisiert werden:

> Gegeben sei die Funktion f; der Punkt $x_0 \in D(f)$ sei ein Häufungspunkt von $D(f)$. Genau dann ist f differenzierbar an x_0, wenn ein $c \in \mathbb{R}$ und eine auf $D(f)$ definierte Funktion f_0 existieren, so daß für alle $x \in D(f)$ folgendes gilt:
> (1) $f_0(x_0) = \lim_{x \to x_0} f_0(x) = 0$,
> (2) $f(x) = f(x_0) + c \cdot (x - x_0) + |x - x_0| \cdot f_0(x)$.
> Es ist dann $c = f'(x_0)$.

Die Funktionen f und g seien beide differenzierbar an x_0, und es sei x_0 ein Häufungspunkt von $D(f) \cap D(g)$. Dann gelten die folgenden Ableitungsregeln.

Summenregel: Die Funktion $f + g$ ist differenzierbar an x_0, und es gilt

$$(f + g)'(x_0) = f'(x_0) + g'(x_0).$$

Produktregel: Die Funktion $f \cdot g$ ist differenzierbar an x_0, und es gilt

$$(f \cdot g)'(x_0) = f'(x_0)g(x_0) + f(x_0)g'(x_0).$$

Quotientenregel: Ist $g(x_0) \neq 0$, so ist die Funktion $\frac{f}{g}$ differenzierbar an x_0, und es gilt

$$\left(\frac{f}{g}\right)'(x_0) = \frac{f'(x_0)g(x_0) - f(x_0)g'(x_0)}{g^2(x_0)}.$$

Umkehrregel: Ist f stetig und streng monoton auf dem Intervall $I = D(f)$ (existiert also die Umkehrfunktion f^{-1}) und ist $f'(x_0) \neq 0$ für ein $x_0 \in I$, so ist f^{-1} differenzierbar an $y_0 = f(x_0)$, und es gilt

$$(f^{-1})'(y_0) = \frac{1}{f'(x_0)}.$$

Ferner gilt noch die

Kettenregel: Die Funktion f sei differenzierbar an x_0; die Funktion g sei differenzierbar an $f(x_0)$, und es gelte $f(x) \in D(g)$ für alle $x \in D(f)$. Dann ist $g \circ f$ differenzierbar an x_0, und es gilt

$$(g \circ f)'(x_0) = g'\big(f(x_0)\big) \cdot f'(x_0).$$

7.1.1 Die Funktion f sei definiert in (a,b). Es sei $x_0 \in (a,b)$, und f sei stetig an x_0. Für alle Nullfolgen $\{x_n\}$ mit $x_n \neq 0$ existiere der Grenzwert

$$\lim_{n\to\infty} \frac{f(x_0+x_n)-f(x_0-x_n)}{2x_n}.$$

Ist dann f differenzierbar an x_0?

7.1.2 Die Funktionen f und g seien differenzierbar in (a,b). Im Punkt $x_0 \in (a,b)$ gelte $f(x_0) = g(x_0) = 0$ und $g'(x_0) \neq 0$. Beweisen Sie

$$\lim_{x\to x_0} \frac{f(x)}{g(x)} = \frac{f'(x_0)}{g'(x_0)}.$$

7.1.3 Die Funktion f sei definiert in (a,b), und es sei $x_0 \in (a,b)$. Für alle Folgen $\{x_n^+\}$ und $\{x_n^-\}$ mit $a < x_n^- < x_0 < x_n^+ < b$ und $x_n^+ - x_n^- \to 0$ existiere der Grenzwert

$$\lim_{n\to\infty} \frac{f(x_n^+)-f(x_n^-)}{x_n^+ - x_n^-}.$$

Ist dann f differenzierbar an x_0 ?

7.1.4 Die Funktion f sei definiert in (a,b), und es sei $x_0 \in (a,b)$.
a) Es sei f differenzierbar an x_0. Zeigen Sie, daß für alle Folgen $\{x_n^-\}$ und $\{x_n^+\}$ mit $a < x_n^- < x_0 < x_n^+ < b$ und $x_n^+ - x_n^- \to 0$ gilt

$$f'(x_0) = \lim_{n\to\infty} \frac{f(x_n^+)-f(x_n^-)}{x_n^+ - x_n^-}.$$

b) Es sei f stetig an x_0, und für alle Folgen $\{x_n^-\}, \{x_n^+\}$ wie in a) existiere der Grenzwert

$$\lim_{n\to\infty} \frac{f(x_n^+)-f(x_n^-)}{x_n^+ - x_n^-}.$$

Ist dann f an x_0 differenzierbar ?

7.1.5 Untersuchen Sie, an welchen Stellen die folgende Funktion differenzierbar ist:

$$f(x) = \begin{cases} 0 & \text{falls} \quad x \in \mathbb{Q} \\ x^2 & \text{falls} \quad x \in \mathbb{R} \setminus \mathbb{Q} \end{cases}.$$

7.1.6 Für ein $\alpha \in \mathbb{R}$ sei die Funktion f auf $\mathbb{R}$ definiert durch

$$f(x) = \begin{cases} 0 & \text{falls} \quad x \leq 0 \\ x^\alpha & \text{falls} \quad x > 0 \end{cases}.$$

An welchen Stellen ist f differenzierbar?

7.1.7 Für ein $m \in \mathbb{N}$ sei die Funktion f auf $\mathbb{R}$ definiert durch $f(x) = x^m|x|$. Untersuchen Sie für jedes $x_0 \in \mathbb{R}$, wie oft f an x_0 differenzierbar ist.

7.1.8 Die Funktion $|f|$ sei differenzierbar an der Stelle x_0.
a) Zeigen Sie, daß f im allgemeinen an x_0 nicht differenzierbar ist.
b) Geben Sie eine bestmögliche Zusatzbedingung für f an, so daß f an x_0 differenzierbar ist.

7.1.9 Die Funktionen f und g seien differenzierbar an x_0, und es gelte $f(x_0) \neq g(x_0)$. Beweisen Sie, daß die Funktionen

$$\max\{f, g\} \qquad \text{und} \qquad \min\{f, g\}$$

ebenfalls an x_0 differenzierbar sind. Zeigen Sie ferner, daß dies im Falle $f(x_0) = g(x_0)$ im allgemeinen nicht mehr richtig ist.

7.1.10 Es sei P ein Polynom vom Grad $n \geq 2$, und es gelte $P(x_0) = P'(x_0) = 0$. Zeigen Sie, daß ein Polynom Q vom Grad $n-2$ existiert mit $P(x) = (x - x_0)^2 Q(x)$.

7.1.11 Es sei $\mathcal{P}$ die Menge aller Polynome P vom Grad höchstens 2 mit $|P(x)| \leq 1$ für $x \in \left\{0, \frac{1}{2}, 1\right\}$. Beweisen Sie:
a) Für alle $P \in \mathcal{P}$ gilt $|P'(0)| \leq 8$.
b) Es gibt ein $P_0 \in \mathcal{P}$ mit $|P_0'(0)| = 8$.

7.1.12 Zeigen Sie, daß es auf $\mathbb{R}$ stetige Funktionen f, g gibt mit $f(0) = g(0) = 0$ und $f(x)g(x) = x$ für alle $x \in \mathbb{R}$. Gibt es differenzierbare Funktionen mit den gleichen Eigenschaften?

7.1.13 Die Funktion f sei definiert in (a, b), es sei $x_0 \in (a, b)$ und $x_0 \neq 0$. Die Funktion g mit $g(x) = x\,f(x)$ sei differenzierbar an x_0. Beweisen Sie, daß f an x_0 differenzierbar ist, und berechnen Sie $f'(x_0)$. Gilt die Aussage auch im Falle $x_0 = 0$?

7.1.14 Die Funktion f sei definiert im Intervall I und differenzierbar an $x_0 \in I$. Beweisen Sie, daß zu jedem $\varepsilon > 0$ ein $\delta > 0$ existiert, so daß für alle $x \in I$ mit $|x - x_0| < \delta$ gilt:

$$|f(x) - f(x_0)| \leq \{|f'(x_0)| + \varepsilon\} \cdot |x - x_0|.$$

7.1.15 Die Funktion f sei differenzierbar in $[a, b]$, und für alle $x \in [a, b]$ gelte

$$|f(x)| + |f'(x)| \neq 0.$$

Beweisen Sie, daß f in $[a, b]$ nur endlich viele Nullstellen hat.

7.1.16 Es sei $n \in \mathbb{N}$ und $a_1, ..., a_n$ seien Konstanten. Die Funktion f mit

$$f(x) = a_1 \sin x + a_2 \sin 2x + \cdots + a_n \sin nx$$

erfülle $|f(x)| \leq |\sin x|$ für alle x in einer Menge M mit dem Häufungspunkt 0. Beweisen Sie, daß $|a_1 + 2a_2 + \cdots + na_n| \leq 1$ gilt.

7.1.17 Die Funktion f sei definiert auf dem Intervall $[x_0, x_0 + 1]$, sie sei differenzierbar an der Stelle x_0, und es gelte $f(x_0) \neq 0$. Die Folge $\{x_n\}$ sei definiert durch

$$x_n := \left(\frac{f\left(x_0 + \frac{1}{n}\right)}{f(x_0)} \right)^n .$$

Untersuchen Sie die Konvergenz von $\{x_n\}$, und bestimmen Sie gegebenenfalls den Grenzwert.

7.1.18 Für $n \in \mathbb{N}$ sei die Funktion f_n auf $(0, \infty)$ definiert durch $f_n(x) := \dfrac{x^n \ln x}{n!}$. Zeigen Sie, daß die Folge $\{f_n^{(n)}(\frac{1}{n})\}$ konvergiert, und bestimmen Sie ihren Grenzwert.

7.1.19 Es sei P ein Polynom und $r \neq 0$ eine reelle Konstante. Beweisen Sie, daß zu jedem $n \in \mathbb{N}_0$ ein Polynom P_n mit dem gleichen Grad wie P existiert, für welches gilt

$$\frac{d^n}{dx^n}\left\{P(x)e^{rx}\right\} = P_n(x)e^{rx}.$$

7.1.20 Für eine natürliche Zahl n seien nichtnegative ganze Zahlen $m_1, ..., m_n$ und paarweise verschiedene reelle Konstanten $r_1, ..., r_n$ gegeben. Beweisen Sie, daß die Funktionen

$$\begin{array}{ccccc} e^{r_1 x}, & x\,e^{r_1 x}, & x^2\,e^{r_1 x}, & \cdots, & x^{m_1}\,e^{r_1 x}, \\ e^{r_2 x}, & x\,e^{r_2 x}, & x^2\,e^{r_2 x}, & \cdots, & x^{m_2}\,e^{r_2 x}, \\ \vdots & \vdots & \vdots & & \vdots \\ e^{r_n x}, & x\,e^{r_n x}, & x^2\,e^{r_n x}, & \cdots, & x^{m_n}\,e^{r_n x} \end{array}$$

auf jedem Intervall I linear unabhängig sind.

7.1.21 Für ein $\alpha \in \mathbb{N}_0$ sei die Funktion f auf $\mathbb{R}$ definiert durch

$$f(x) := \begin{cases} x^\alpha \sin \dfrac{1}{x} & \text{falls} \quad x \neq 0 \\ 0 & \text{falls} \quad x = 0 \end{cases} .$$

Untersuchen Sie, für welche Werte von α die Funktion f stetig, differenzierbar bzw. stetig differenzierbar ist.

7.1.22 Geben Sie im Intervall $(0,1)$ zwei differenzierbare Funktionen f und g an mit folgenden Eigenschaften:

(1) Es gilt $\lim\limits_{x\to 0} f(x) = \lim\limits_{x\to 0} g(x) = 0$ sowie $g(x) \neq 0$ und $g'(x) \neq 0$ in $(0,1)$;

(2) es existiert $\lim\limits_{x\to 0} \dfrac{f(x)}{g(x)}$, aber $\lim\limits_{x\to 0} \dfrac{f'(x)}{g'(x)}$ existiert nicht.

7.1.23 Die Funktion f sei differenzierbar an x_0. Untersuchen Sie, ob für alle Folgen $\{x_n\}$ und $\{y_n\}$ mit $x_n \to x_0$ und $y_n \to x_0$ sowie $y_n \neq x_n$ für alle $n \in \mathbb{N}$ der folgende Grenzwert existiert

$$\lim_{n\to\infty} \frac{f(x_n) - f(y_n)}{x_n - y_n} .$$

7.1.24 Geben Sie im Intervall $(-1,1)$ differenzierbare Funktionen f und g an mit den Eigenschaften:

a) Die Funktion f' ist unstetig, aber beschränkt in $(-1,1)$.

b) Die Funktion g' ist unbeschränkt in $(-\frac{1}{2}, \frac{1}{2})$.

7.1.25 Die Funktion f sei auf $[-1,1]$ definiert durch

$$f(x) = x^4 \exp\Big(-\frac{x^2}{4}\Big) \sin \frac{8}{x^3} \qquad \text{falls} \quad x \neq 0, \qquad\qquad f(0) = 0.$$

a) Zeigen Sie, daß f auf $[-1,1]$ differenzierbar ist.

b) Zeigen Sie, daß $|f'(x)|$ auf $[-1,1]$ beschränkt ist, aber $\sup\limits_{[-1,1]} f'(x)$ und $\inf\limits_{[-1,1]} f'(x)$ nicht angenommen werden.

7.1.26 Die Funktionen $f_1, f_2, \ldots$ seien auf (a,b) differenzierbar, und es gelte $f_\nu(x) \neq 0$ für alle $x \in (a,b)$ und alle $\nu \in \mathbb{N}$. Beweisen Sie die allgemeine Produktregel:

$$\frac{\Big\{ \prod\limits_{\nu=1}^{n} f_\nu(x) \Big\}'}{\prod\limits_{\nu=1}^{n} f_\nu(x)} = \sum_{\nu=1}^{n} \frac{f_\nu'(x)}{f_\nu(x)}.$$

7.1.27 Die Funktionen f und g seien n-mal differenzierbar im Intervall (a,b). Beweisen Sie, daß $f \cdot g$ ebenfalls n-mal differenzierbar ist und daß die LEIBNIZsche Differentiationsformel gilt:

$$\left\{f(x)g(x)\right\}^{(n)} = \sum_{\nu=0}^{n} \binom{n}{\nu} f^{(\nu)}(x) g^{(n-\nu)}(x).$$

7.1.28 Die Funktion f sei definiert in (a,b) und differenzierbar an $x_0 \in (a,b)$; es gelte $f'(x_0) = 0$. Die Funktion g sei definiert auf einer Umgebung $U(y_0)$ von $y_0 = f(x_0)$, und mit einer Konstanten M gelte

$$|g(y) - g(y_0)| \leq M|y - y_0| \quad \text{für alle} \quad y \in U(y_0). \qquad (*)$$

a) Beweisen Sie, daß $h := g \circ f$ an x_0 differenzierbar ist, und berechnen Sie $h'(x_0)$.

b) Geben Sie eine an y_0 nicht differenzierbare Funktion g mit der Eigenschaft $(*)$ an.

c) Zeigen Sie, daß die Aussage in a) im allgemeinen nicht mehr gilt, wenn $f'(x_0) \neq 0$ ist.

7.1.29 Die Funktion $f := g \circ h$ sei definiert im Intervall I. An $x_0 \in I$ sei h n-mal differenzierbar und an $h(x_0)$ sei g n-mal differenzierbar. Beweisen Sie, daß f an x_0 n-mal differenzierbar ist.

7.1.30 Die Funktionen f und g seien auf $\mathbb{R}$ definiert durch

$$f(x) = \begin{cases} e^{-1/x^2} & \text{falls} \quad x \neq 0 \\ 0 & \text{falls} \quad x = 0 \end{cases}, \qquad g(x) = \begin{cases} e^{-1/x^2} & \text{falls} \quad x > 0 \\ 0 & \text{falls} \quad x \leq 0 \end{cases}.$$

Beweisen Sie, daß f und g auf $\mathbb{R}$ beliebig oft differenzierbar sind und daß für alle $n \in \mathbb{N}_0$ gilt $f^{(n)}(0) = g^{(n)}(0) = 0$.

7.1.31 Es seien f_1 und f_2 Funktionen, die auf $\mathbb{R}$ beliebig oft differenzierbar sind, ferner seien a, b reelle Zahlen mit $a < b$. Beweisen Sie, daß es eine auf $\mathbb{R}$ beliebig oft differenzierbare Funktion f gibt mit $f(x) = f_1(x)$ für $x \leq a$ und $f(x) = f_2(x)$ für $x \geq b$.

7.1.32 Es seien $x_0, x_1, \ldots, x_n$; $w_0, w_1, \ldots, w_n$ und $w_0', w_1', \ldots, w_n'$ reelle Zahlen; dabei seien die x_ν paarweise verschieden. Zeigen Sie, daß es genau ein Polynom P gibt, dessen Grad höchstens $2n+1$ ist, welches $P(x_\nu) = w_\nu$ und $P'(x_\nu) = w_\nu'$ für $\nu = 0, 1, \ldots, n$ erfüllt.

7.1.33 Die Funktionen $a_1, \ldots, a_n$ seien differenzierbar auf $\mathbb{R}$, und für $f(x) := \sum\limits_{\nu=1}^{n} a_\nu(x) \sin \nu x$ gelte $|f(x)| \leq |\sin x|$ in einem Intervall $(-\varepsilon, \varepsilon)$ mit $\varepsilon > 0$. Beweisen Sie

$$\left|\sum_{\nu=1}^{n} \nu a_\nu(0)\right| \leq 1.$$

7.2 Der Satz von ROLLE; Mittelwertsätze

Die Funktion f sei in $[a,b]$ definiert und habe an der Stelle $x_0 \in (a,b)$ ein lokales Extremum. Ist dann f differenzierbar an x_0, so gilt notwendigerweise $f'(x_0) = 0$.
Die Funktionen f und g seien stetig auf $[a,b]$ und differenzierbar auf (a,b), ferner sei $g'(x) \neq 0$ für alle $x \in (a,b)$. Dann ist $g(b) \neq g(a)$, und es existiert ein $\xi \in (a,b)$ mit der Eigenschaft

$$\frac{f(b)-f(a)}{g(b)-g(a)} = \frac{f'(\xi)}{g'(\xi)}.$$

Dies ist die Aussage des zweiten Mittelwertsatzes der Differentialrechnung. Als Sonderfall ($g(x) = x$) ist hierin der (erste) Mittelwertsatz der Differentialrechnung enthalten: Ist f stetig auf $[a,b]$ und differenzierbar auf (a,b), so existiert ein $\xi \in (a,b)$ mit

$$\frac{f(b)-f(a)}{b-a} = f'(\xi).$$

Der erste Mittelwertsatz wiederum enthält als Spezialfall den Satz von ROLLE: Ist unter den gleichen Voraussetzungen $f(a) = f(b)$, so existiert ein $\xi \in (a,b)$ mit $f'(\xi) = 0$.
Als wichtigste Konsequenzen erhält man die folgenden Ergebnisse.

Die Funktion f sei stetig in $[a,b]$ und differenzierbar in (a,b). Dann gilt:

(1) Die Funktion f ist in $[a,b]$ genau dann konstant, wenn $f'(x) = 0$ ist für alle $x \in (a,b)$.

(2) Ist $f'(x) > 0$ für alle $x \in (a,b)$, so ist f streng monoton wachsend in $[a,b]$.

(3) Ist $f'(x) < 0$ für alle $x \in (a,b)$, so ist f streng monoton fallend in $[a,b]$.

Aus dem zweiten Mittelwertsatz erhält man ferner die Regel von DE L'HOSPITAL zur Bestimmung von Grenzwerten bei Funktionen der Form $\dfrac{f(x)}{g(x)}$:

Es sei $-\infty \leq a < b \leq +\infty$, und die Funktionen f und g seien differenzierbar auf (a,b), dabei sei $g'(x) \neq 0$ für alle $x \in (a,b)$. Es gelte

$$\lim_{x\to a} f(x) = \lim_{x\to a} g(x) = 0 \qquad \text{oder} \qquad \lim_{x\to a} g(x) = \infty.$$

Ferner sei

$$\lim_{x\to a} \frac{f'(x)}{g'(x)} = A \qquad (A \in \mathbb{R} \quad \text{oder} \quad A = +\infty \quad \text{oder} \quad A = -\infty).$$

Dann gilt auch $\displaystyle\lim_{x\to a} \frac{f(x)}{g(x)} = A$.

7.2.1 Die Funktion f sei definiert in $[a,b]$, und mit Konstanten M und $\alpha > 1$ gelte

$$|f(x) - f(y)| \leq M|x-y|^\alpha$$

für alle $x, y \in (a,b)$. Beweisen Sie, daß f auf $[a,b]$ konstant ist.

7.2.2 Die Funktion f sei differenzierbar in $[a,b]$. Beweisen Sie:

a) Hat f ein lokales Minimum an $x_0 = a$, so gilt $f'(a) \geq 0$;
hat f ein lokales Minimum an $x_0 = b$, so gilt $f'(b) \leq 0$.

b) Hat f ein lokales Maximum an $x_0 = a$, so gilt $f'(a) \leq 0$;
hat f ein lokales Maximum an $x_0 = b$, so gilt $f'(b) \geq 0$.

7.2.3 Die Funktion f sei differenzierbar auf $\mathbb{R}$ und habe die Periode $p > 0$. Zeigen Sie

$$\sup_{\mathbb{R}} |f(x)| \leq \sup_{\mathbb{R}} |f(x) - f'(x)|.$$

7.2.4 Beweisen Sie: Für alle $x > 0$ gilt $\ln\left(1 + \frac{1}{x}\right) > \frac{1}{1+x}$.

7.2.5 Die Funktionen f und g seien differenzierbar in (a,b), und es gelte $f'(x) > g'(x)$ für alle $x \in (a,b)$. Für ein $x_0 \in (a,b)$ sei $f(x_0) = g(x_0)$. Beweisen Sie: Es gilt

$$f(x) < g(x) \qquad \text{für alle } x \in (a, x_0),$$
$$f(x) > g(x) \qquad \text{für alle } x \in (x_0, b).$$

7.2.6 Es seien a, b Konstanten mit $0 < a < b$, und es sei $f(x) := \dfrac{\ln(ax+1)}{\ln(bx+1)}$. Beweisen Sie, daß f auf $(0,\infty)$ streng monoton wachsend ist.

7.2.7 Es sei $\alpha \in [0,1]$, und es seien $x_1, ..., x_n$ reelle Zahlen. Beweisen Sie

$$\left|\sum_{\nu=1}^{n} x_\nu\right|^\alpha \leq \sum_{\nu=1}^{n} |x_\nu|^\alpha.$$

7.2.8 (Zwischenwerteigenschaft von Ableitungen; Satz von DARBOUX)
Die Funktion f sei differenzierbar im Intervall I, und es sei f' nicht konstant. Beweisen Sie, daß zu jedem η mit $\inf_I f'(x) < \eta < \sup_I f'(x)$ ein $\xi \in I$ mit $f'(\xi) = \eta$ existiert.

7.2.9 Die Funktion f sei differenzierbar im Intervall (a,b) und f' habe höchstens endlich viele Nullstellen in (a,b). Beweisen Sie, daß endlich viele Stellen a_ν mit

$$a := a_0 < a_1 < \cdots < a_n < a_{n+1} =: b$$

existieren, so daß f in jedem der Intervalle $(a_\nu, a_{\nu+1})$ streng monoton ist.

7.2.10 Die Funktion f sei differenzierbar in (a, b), und für ein $x_0 \in (a, b)$ gelte $f'(x_0) > 0$. Gibt es dann eine Umgebung von x_0, in der f monoton wachsend ist?

7.2.11 Die Funktion f sei differenzierbar in dem Intervall I. Beweisen Sie:
a) Die Bildmenge $f'(I)$ besteht entweder aus einem Punkt oder $f'(I)$ ist ein Intervall.
b) Die Funktion f' kann als Unstetigkeitsstellen keine Sprungstellen besitzen.

7.2.12 Die Funktion f sei differenzierbar in dem Intervall I und f' sei monoton. Beweisen Sie, daß f' stetig ist.

7.2.13 Es seien $a_0, a_1, ..., a_n$ reelle Konstanten mit $\sum\limits_{\nu=0}^{n} \frac{a_\nu}{\nu + 1} = 0$. Beweisen Sie, daß das Polynom $P(x) := \sum\limits_{\nu=0}^{n} a_\nu x^\nu$ eine Nullstelle in $(0, 1)$ hat.

7.2.14 Es sei n eine natürliche Zahl, a und b seien reelle Zahlen. Zeigen Sie, daß das Polynom $f(x) := x^n + ax + b$ für gerades n höchstens zwei verschiedene und für ungerades n höchstens drei verschiedene reelle Nullstellen hat.

7.2.15 Es seien a, b, c reelle Konstanten. Beweisen Sie, daß die Gleichung

$$7ax^6 - 4bx^3 + 2cx = a - b + c$$

mindestens eine Lösung $x \in (0, 1)$ hat.

7.2.16 Untersuchen Sie, wieviele reelle Lösungen die Gleichung $2^x = 1 + x^2$ hat.

7.2.17 Die Funktion f sei auf $\mathbb{R}$ differenzierbar, es sei $f(0) \neq 0$, und mit einer positiven Konstanten c gelte $f'(x) > \frac{1}{c}$ für alle $x \in \mathbb{R}$. Beweisen Sie, daß f zwischen 0 und $-cf(0)$ genau eine Nullstelle besitzt.

7.2.18 Untersuchen Sie, wieviele reelle Lösungen die Gleichung $x(x - \sin x) = \cos x$ hat.

7.2.19 Beweisen Sie (mit den Mitteln der Differentialrechnung), daß ein Polynom

$$P(x) = \sum_{\nu=0}^{n} a_\nu x^\nu \qquad (a_0, ..., a_n \in \mathbb{R};\ a_n \neq 0)$$

vom Grad $n \in \mathbb{N}_0$ höchstens n verschiedene reelle Nullstellen haben kann (siehe auch I; Aufgabe 1.7.34).

7.2.20 Es sei P ein Polynom vom Grad n mit $P(x) \geq 0$ für alle $x \in \mathbb{R}$. Beweisen Sie

$$\sum_{\nu=0}^{n} P^{(\nu)}(x) \geq 0 \qquad \text{für alle } x \in \mathbb{R}.$$

7.2.21 Es sei $n \in \mathbb{N}_0$. Bestimmen Sie die Anzahl der reellen Nullstellen der Polynome

$$\text{a)} \quad P_n(x) := \sum_{\nu=0}^{n} \frac{x^\nu}{\nu!}, \qquad \text{b)} \quad Q_n(x) := \sum_{\nu=0}^{n} \frac{(-1)^\nu x^\nu}{\nu!}, \qquad \text{c)} \quad R_n(x) := \sum_{\nu=0}^{n} \frac{(-1)^\nu x^{2\nu}}{\nu!}.$$

7.2.22 Bestimmen Sie alle $x \in (-1, \infty)$, die der folgenden Gleichung genügen:

$$(x+1)^x + (x+2)^x = (x+3)^x.$$

7.2.23 Die Funktion f sei differenzierbar auf $\mathbb{R}$, und es gelte

$$0 \leq f'(x) \leq f(x) \qquad \text{für alle} \quad x \in \mathbb{R}.$$

Zeigen Sie: Besitzt f eine Nullstelle, so gilt $f(x) \equiv 0$ auf $\mathbb{R}$.

7.2.24 Die Funktion f sei differenzierbar im Intervall (a, b) und f' sei streng monoton in (a, b). Es sei $x_0 \in (a, b)$ und T_{x_0} die Tangentenfunktion bezüglich f im Punkt x_0. Beweisen Sie, daß f und T_{x_0} nur im Punkt x_0 übereinstimmen.

7.2.25 Es sei $n \geq 2$ eine natürliche Zahl. Bestimmen Sie alle $x, y \in \mathbb{R}$ mit der Eigenschaft $(x+y)^n = x^n + y^n$ (vgl. auch I; Aufgabe 1.7.38).

7.2.26 Es sei $n \in \mathbb{N}_0$, und es seien $a_0, ..., a_n$ und $r_0, ..., r_n$ reelle Konstanten. Zeigen Sie, daß

$$f_n(x) := \sum_{\nu=0}^{n} a_\nu e^{r_\nu x}$$

identisch Null ist oder höchstens n verschiedene reelle Nullstellen besitzt.

7.2.27 Die Funktion f sei $(n+1)$-mal stetig differenzierbar im Intervall $[a, b]$. Es gelte $a \leq x_0 < x_1 < \cdots < x_n \leq b$, und es sei P das (nach I; Aufgabe 1.7.35 eindeutig bestimmte) Polynom vom Grad höchstens n mit $P(x_i) = f(x_i)$ für $i = 0, 1, ..., n$. Beweisen Sie, daß für alle $x \in [a, b]$ die folgende Fehlerabschätzung gilt

$$|f(x) - P(x)| \;\leq\; \max_{[a,b]} |f^{(n+1)}(t)| \cdot \frac{1}{(n+1)!} \cdot \prod_{\nu=0}^{n} |x - x_\nu|.$$

7.2.28 Es sei α eine reelle Konstante. Beweisen Sie:

a) Für eine Konstante $c \in \mathbb{R}$ genügt $f(x) := ce^{\alpha x}$ auf $\mathbb{R}$ der Beziehung (einer sogenannten Differentialgleichung)

$$f'(x) = \alpha f(x).$$

b) Ist die Funktion f im Intervall I differenzierbar und genügt sie dort der Beziehung $f'(x) = \alpha f(x)$, so gilt mit einer Konstanten c für alle $x \in I$

$$f(x) = ce^{\alpha x}.$$

7.2.29 Beweisen Sie:

a) Für $|x| > 1$ gilt $2\arctan x + \arcsin \dfrac{2x}{1+x^2} = \pi \operatorname{sgn}(x)$.

b) Für $|x| < 1$ gilt $2\arctan x = \arcsin \dfrac{2x}{1+x^2}$.

7.2.30 Die Funktionen $c(x)$ und $s(x)$ seien differenzierbar im Intervall $(-a, a)$, und es gelte

$$\begin{aligned} c'(x) &= -s(x), \qquad & c(0) &= 1; \\ s'(x) &= c(x), \qquad & s(0) &= 0. \end{aligned}$$

Beweisen Sie:

a) Es gilt $c^2(x) + s^2(x) = 1$ für alle $x \in (-a, a)$.

b) Es gibt genau ein Funktionenpaar, welches die obigen Bedingungen erfüllt, nämlich $c(x) = \cos x$ und $s(x) = \sin x$.

7.2.31 Es sei $\omega \neq 0$ eine reelle Konstante. Beweisen Sie:

a) Für Konstanten $a, b \in \mathbb{R}$ genügt $f(x) := a\cos\omega x + b\sin\omega x$ auf $\mathbb{R}$ der Beziehung

$$f''(x) + \omega^2 f(x) = 0.$$

b) Ist die Funktion f im Intervall I zweimal differenzierbar und genügt sie dort der Beziehung $f''(x) + \omega^2 f(x) = 0$, so gilt mit Konstanten a und b für alle $x \in I$

$$f(x) = a\cos\omega x + b\sin\omega x.$$

7.2.32 Beweisen Sie durch Anwendung von Aufgabe 7.2.31, daß für alle $x, y \in \mathbb{R}$ folgende Additionstheoreme gelten:

a) $\sin(x+y) = \sin x\cos y + \cos x\sin y,$

b) $\cos(x+y) = \cos x\cos y - \sin x\sin y.$

7.2.33 Die Funktionen f und g seien im Intervall I differenzierbar, und für alle $x \in I$ gelte

$$f(x)g'(x) - f'(x)g(x) \neq 0.$$

Beweisen Sie:

a) Zwischen zwei Nullstellen von f liegt eine Nullstelle von g.

b) Zwischen zwei Nullstellen von g liegt eine Nullstelle von f.

7.2.34 Die Funktionen f und g seien stetig in $[a, b]$, differenzierbar in (a, b), es gelte $f(a) = f(b) = 0$ sowie $g(x) \neq 0$ für alle $x \in [a, b]$ und $g'(x) \neq 0$ für alle $x \in (a, b)$. Beweisen Sie: Es gibt $\xi_1, \xi_2 \in (a, b)$ mit

$$\frac{f'(\xi_1)}{g'(\xi_1)} = f(\xi_1)g(\xi_1), \qquad \frac{f'(\xi_2)}{g'(\xi_2)} = \frac{f(\xi_2)}{g(\xi_2)}.$$

7.2.35 Die Funktionen f und g seien stetig in $[a, b]$, differenzierbar in (a, b), und es gelte $g'(x) \neq 0$ für alle $x \in (a, b)$. Beweisen Sie, daß ein $\xi \in (a, b)$ existiert mit

$$\frac{f(\xi) - f(a)}{g(b) - g(\xi)} = \frac{f'(\xi)}{g'(\xi)}.$$

7.2.36 Die Funktion f sei stetig in $[0, 1]$, differenzierbar in $(0, 1)$, es gelte $f(0) = 0$ und $f(x) \neq 0$ für alle $x \in (0, 1)$. Beweisen Sie, daß zu jedem $n \in \mathbb{N}$ ein $\xi_n \in (0, 1)$ existiert mit der Eigenschaft

$$\frac{f'(1 - \xi_n)}{f(1 - \xi_n)} = n \cdot \frac{f'(\xi_n)}{f(\xi_n)}.$$

7.2.37 Die Funktion f sei in $[a, b]$ dreimal differenzierbar, und es gelte

$$f(a) = f'(a) = f(b) = f'(b) = 0.$$

Beweisen Sie, daß ein $\xi \in (a, b)$ mit $f'''(\xi) = 0$ existiert.

7.2.38 Die Funktion f sei $(n + 1)$-mal differenzierbar in $[a, b]$, und es gelte

$$f^{(\nu)}(a) = f^{(\nu)}(b) = 0 \qquad \text{für} \quad \nu = 0, 1, ..., n.$$

Zeigen Sie, daß ein $\xi \in (a, b)$ existiert mit $f^{(n+1)}(\xi) = f(\xi)$.

7.2.39 Die Funktion f sei differenzierbar in $[a, b]$. Es gelte $f(a) > f(b)$ und $f'(a) > 0$. Beweisen Sie, daß ein $\xi \in (a, b)$ existiert mit $f'(\xi) = 0$.

7.2.40 Die Funktion f sei stetig in $[a,b]$, differenzierbar in (a,b), und es gelte

$$f(a) = f(b) = 0.$$

Beweisen Sie, daß zu jedem $\lambda \in \mathbb{R}$ ein $\xi \in (a,b)$ existiert mit $f'(\xi) = \lambda f(\xi)$.

7.2.41 Die Funktion f sei stetig in $[a,b]$, differenzierbar in (a,b), und es gelte

$$f(a) = f(b) = 0.$$

Beweisen Sie, daß die folgenden Funktionen eine Nullstelle in (a,b) besitzen:

a) $f'(x) + x^n f(x) \quad (n \in \mathbb{N}_0)$, b) $f'(x) + f(x)\cos x$,

c) $f'(x)\cos x + (\cos^2 x - \sin x) f(x)$, d) $e^{x^2} f'(x) + 2x(e^{x^2} - 1) f(x)$.

7.2.42 Die Funktion f sei stetig in $[a,b]$ und differenzierbar in (a,b). Gibt es dann zu jedem $\xi \in (a,b)$ Punkte $x_1, x_2 \in [a,b]$ mit $x_1 \neq x_2$ und

$$f'(\xi) = \frac{f(x_2) - f(x_1)}{x_2 - x_1} \quad ?$$

7.2.43 Die Funktion f sei stetig in (a,b), es sei $x_0 \in (a,b)$ und f sei in $(a,b) \setminus \{x_0\}$ differenzierbar.

a) Es existiere $\lim\limits_{x \to x_0} f'(x)$. Muß dann f an x_0 differenzierbar sein?

b) Es sei $\lim\limits_{x \to x_0} f'(x) = g$ und f sei differenzierbar an x_0. Muß dann $f'(x_0) = g$ gelten?

c) Die Funktion f sei differenzierbar an x_0. Muß dann $\lim\limits_{x \to x_0} f'(x)$ existieren? Muß eine Folge $\{x_n\}$ mit $x_0 \neq x_n \in (a,b)$ und $x_n \to x_0$ existieren, für die $\lim\limits_{n \to \infty} f'(x_n) = f'(x_0)$ gilt?

7.2.44 Die Funktion f sei stetig in $[0,1]$ und differenzierbar in $(0,1)$, ferner gelte $f(x) \in [0,1]$ und $f'(x) \neq 1$ für alle $x \in (0,1)$. Beweisen Sie, daß genau ein $\xi \in [0,1]$ existiert mit $f(\xi) = \xi$. Gilt die Aussage auch noch, wenn nur die Stetigkeit von f vorausgesetzt wird?

7.2.45 Es sei f eine in $[1,\infty)$ beschränkte und differenzierbare Funktion. Untersuchen Sie, ob folgende Aussagen richtig sind:

a) Existiert $\lim\limits_{x \to \infty} f(x)$, so existiert $\lim\limits_{x \to \infty} f'(x)$.

b) Existiert $\lim\limits_{x \to \infty} f'(x)$, so existiert $\lim\limits_{x \to \infty} f(x)$.

c) Existiert $g := \lim\limits_{x \to \infty} f'(x)$, so gilt $g = 0$.

d) Ist f zweimal differenzierbar und existiert $h := \lim\limits_{x \to \infty} f''(x)$, so gilt $h = 0$.

7.2.46 Die Funktion f sei stetig in $[0,\infty)$ und differenzierbar in $(0,\infty)$. Es gelte $f(0) \leq 0$ und f' sei in $(0,\infty)$ monoton wachsend. Beweisen Sie, daß $g(x) := \dfrac{f(x)}{x}$ in $(0,\infty)$ monoton wachsend ist. Kann die Voraussetzung $f(0) \leq 0$ weggelassen werden?

7.2.47 Die Funktionen f und g seien stetig in $[a,b]$, differenzierbar in (a,b), und mit Konstanten $M_f > 0$ und $M_g > 0$ gelte

$$|f'(x)| \geq M_f, \qquad |g'(x)| \leq M_g \qquad \text{für alle} \quad x \in (a,b).$$

Beweisen Sie, daß ein $\varepsilon > 0$ so existiert, daß $\varphi(x) := f(x) + \varepsilon g(x)$ in $[a,b]$ eineindeutig ist.

7.2.48 Die Funktion f sei stetig in $[0,1]$, differenzierbar in $(0,1)$, und es gelte $f'(x) \geq M > 0$ für alle $x \in (0,1)$. Beweisen Sie, daß ein Teilintervall von $[0,1]$ mit der Länge $\frac{1}{4}$ existiert, in welchem gilt

$$|f(x)| \geq \frac{M}{4}.$$

7.2.49 Die Funktion f sei differenzierbar in (a,b), und mit einer Konstanten M gelte $|f'(x)| < M$ für alle $x \in (a,b)$. Beweisen Sie:

a) Die Funktion f ist gleichmäßig stetig in (a,b).

b) Die Grenzwerte $\lim\limits_{x\to a+} f(x)$ und $\lim\limits_{x\to b-} f(x)$ existieren beide.

7.2.50 Beweisen Sie, daß es eine Konstante $c > 0$ gibt mit der Eigenschaft, daß für alle $p \in \mathbb{Z}$ und alle $q \in \mathbb{N}$ gilt

$$\left|\sqrt{2} - \frac{p}{q}\right| > \frac{c}{q^2}.$$

7.2.51 Eine algebraische Zahl a (siehe I; Aufgabe 4.1.16) hat den Grad $n \in \mathbb{N}$, wenn ein Polynom P vom Grad n mit ganzzahligen Koeffizienten existiert, für welches $P(a) = 0$ gilt, und wenn für jedes solche nicht identisch verschwindende Polynom Q mit einem Grad kleiner als n gilt $Q(a) \neq 0$.

Es sei $a \in \mathbb{R}\setminus\mathbb{Q}$ eine algebraische Zahl vom Grad n. Beweisen Sie, daß $n \geq 2$ ist und daß ein $N \in \mathbb{N}$ so existiert, daß für alle $p \in \mathbb{Z}$ und alle $q \in \mathbb{N}$ gilt

$$\left|a - \frac{p}{q}\right| > \frac{1}{Nq^n}.$$

7.2.52 Die Funktion f sei auf $\mathbb{R}$ definiert durch

$$f(x) := \begin{cases} \dfrac{1}{m^3} & \text{falls } x = \dfrac{n}{m} \in \mathbb{Q} \text{ mit } n \in \mathbb{Z},\ m \in \mathbb{N};\ n, m \text{ teilerfremd} \\ 0 & \text{falls } x \notin \mathbb{Q} \end{cases}.$$

Es sei α eine irrationale Zahl mit der Eigenschaft, daß für ein $c > 0$ und alle teilerfremden $p \in \mathbb{Z}$, $q \in \mathbb{N}$ gilt

$$\left|\alpha - \frac{p}{q}\right| > \frac{c}{q^2}.$$

Beweisen Sie, daß f an α differenzierbar ist, und berechnen Sie $f'(\alpha)$.

7.2.53 Die Funktion f sei stetig in $[0, 1]$, differenzierbar in $(0, 1)$, und es gelte $f(0) = 0$ und $f(1) = 1$. Beweisen Sie: Für jedes $n \in \mathbb{N}$ existieren Punkte $0 < x_1 < x_2 < \cdots < x_n < 1$ mit

$$\sum_{i=1}^{n} \frac{1}{f'(x_i)} = n.$$

7.2.54 Die Funktion f sei beschränkt in $[a, b]$, die Funktion g sei differenzierbar in $[a, b]$, und es sei $g(a) = 0$. Ferner sei $\lambda \neq 0$ ein fester Parameter.
Beweisen Sie: Aus $|f(x)g(x) + \lambda g'(x)| \leq |g(x)|$ für alle $x \in [a, b]$ folgt $g(x) \equiv 0$.

7.2.55 Die Funktion f sei differenzierbar im Intervall (a, b). Beweisen Sie die Äquivalenz folgender Aussagen:
(1) Die Funktion f' ist gleichmäßig stetig in (a, b).
(2) Zu jedem $\varepsilon > 0$ existiert ein $\delta > 0$, so daß für alle $x \in (a, b)$ und alle $h, k \in \mathbb{R}$ mit $|h| < \delta$ und $|k| < \delta$ sowie $x + h \in (a, b)$ und $x + k \in (a, b)$ gilt

$$|f(x + h) - f(x + k) - f'(x)(h - k)| \leq \varepsilon |h - k|.$$

7.2.56 Die Funktion f sei einmal differenzierbar in $[0, \infty)$ und zweimal differenzierbar in $(0, \infty)$ und erfülle die folgenden drei Voraussetzungen:
(1) Es gilt $f(x) > 0$ für alle $x \geq 0$.
(2) Die Funktion f ist monoton fallend in $[0, \infty)$.
(3) Es gilt $f'(0) = 0$.
Beweisen Sie, daß ein $\xi \in (0, \infty)$ existiert mit $f''(\xi) = 0$. Zeigen Sie ferner, daß diese Aussage nicht mehr zutrifft, wenn eine der Voraussetzungen (1), (2), (3) weggelassen wird.

7.2.57 Die Funktion f sei stetig in $[-2,2]$ und zweimal differenzierbar in $(-2,2)$. Ferner gelte $|f(x)| \leq 1$ für alle $x \in [-2,2]$ und $\{f(0)\}^2 + \{f'(0)\}^2 > 2$. Beweisen Sie, daß ein $\xi \in (-2,2)$ existiert mit $f(\xi) = -f''(\xi)$.

7.2.58 Die Funktion f sei einmal differenzierbar in $[0,1]$ und zweimal differenzierbar in $(0,1)$. Ferner gelte $f(0) = 0$ und $f(1) = 1$ sowie $f'(0) = f'(1) = 0$. Beweisen Sie, daß ein $x_0 \in (0,1)$ existiert mit $|f''(x_0)| > 2$.

7.2.59 Die Funktion f sei auf $\mathbb{R}$ zweimal differenzierbar, und mit Konstanten A, B gelte für alle $x \in \mathbb{R}$

$$\Big\{f(x)\Big\}^2 \leq A \qquad \text{und} \qquad \Big\{f'(x)\Big\}^2 + \Big\{f''(x)\Big\}^2 \leq B.$$

Beweisen Sie, daß auf $\mathbb{R}$ gilt

$$\Big\{f(x)\Big\}^2 + \Big\{f'(x)\Big\}^2 \leq \max\{A, B\}.$$

7.2.60 Die Funktion f sei in $[a,b]$ differenzierbar und f' sei streng monoton in $[a,b]$. Beweisen Sie, daß zu jedem $\xi \in (a,b)$ ein $x_0 \in [a,b]$ existiert, für welches gilt

$$f'(\xi) = \frac{f(b) - f(x_0)}{b - x_0} \qquad \text{oder} \qquad f'(\xi) = \frac{f(x_0) - f(a)}{x_0 - a}.$$

7.2.61 Die Funktion f sei in $[a,b]$ stetig differenzierbar, und für ein $x_0 \in (a,b]$ gelte $f'(x_0) = 0$. Beweisen Sie, daß ein $\xi \in (a,b)$ existiert mit

$$f'(\xi) = \frac{f(\xi) - f(a)}{b - a}.$$

7.2.62 Die Funktion f sei stetig in $[a,b]$, differenzierbar in (a,b) und f sei auf keinem Teilintervall von $[a,b]$ linear. Es sei $m := \inf\limits_{(a,b)} f'(x)$ und $M := \sup\limits_{(a,b)} f'(x)$, und es bezeichne

$$D := \Big\{\gamma : \gamma = \frac{f(x_2) - f(x_1)}{x_2 - x_1}; \quad x_1, x_2 \in [a,b],\ x_1 < x_2\Big\}.$$

Beweisen Sie, daß $D = (m, M)$ gilt.

7.2.63 Die Funktion f sei differenzierbar im Intervall (a,b) und besitze in $[a,b]$ eine Stammfunktion.

a) Beweisen Sie, daß ein $\xi \in (a,b)$ existiert mit

$$\frac{f(b) - f(a)}{b - a} = f'(\xi).$$

b) Erläutern Sie den Unterschied des Ergebnisses aus a) zum ersten Mittelwertsatz der Differentialrechnung.

7.2.64 Eine Teilmenge M von $\mathbb{R}$ heißt total unzusammenhängend, wenn M kein Intervall enthält.
Die Funktion f sei stetig im Intervall $I \subset \mathbb{R}$ und differenzierbar in I^0 (der Menge der inneren Punkte von I). Beweisen Sie, daß f auf I genau dann streng monoton wachsend ist, wenn $f'(x) \geq 0$ für alle $x \in I^0$ gilt und die Menge $M := \{x : x \in I^0 \text{ mit } f'(x) = 0\}$ total unzusammenhängend ist.

7.2.65 Die Funktion f sei auf $(1, \infty)$ definiert durch $f(x) = \sqrt{x^2 - 1}$. Beweisen Sie, daß für alle $x > 1$ und alle $n \in \mathbb{N}$ gilt $(-1)^{n-1} f^{(n)}(x) > 0$.

7.2.66 Die Funktion f sei n-mal differenzierbar im Intervall $[a, b]$. Beweisen Sie, daß ein $\xi \in (a, b)$ existiert, so daß gilt:

$$\sum_{\nu=0}^{n} (-1)^{\nu} \binom{n}{\nu} f\left(a + \frac{b-a}{n}\nu\right) = \left(\frac{a-b}{n}\right)^n \cdot f^{(n)}(\xi).$$

7.2.67 Es sei $n \in \mathbb{N}$ und $p \in \mathbb{N}_0$. Beweisen Sie mit den Mitteln der Differentialrechnung:

$$\sum_{\nu=0}^{n} (-1)^{\nu} \binom{n}{\nu} \nu^p = \begin{cases} (-1)^n n! & \text{falls } p = n \\ 0 & \text{falls } p < n \end{cases}$$

(vgl. I; Aufgabe 1.7.33).

7.2.68 Für ein $\gamma \in \mathbb{R}$ gelte $k^{\gamma} \in \mathbb{Z}$ für alle $k \in \mathbb{N}$. Beweisen Sie, daß $\gamma \in \mathbb{N}_0$ sein muß.

7.2.69 Die Funktion f sei an einer Stelle $x_0 \in \mathbb{R}$ differenzierbar und genüge für alle $x, y \in \mathbb{R}$ der Funktionalgleichung $f(x + y) = f(x) + f(y)$. Beweisen Sie, daß eine Konstante a existiert mit $f(x) = ax$ für alle $x \in \mathbb{R}$.

7.2.70 Bestimmen Sie alle auf $\mathbb{R}$ definierten Funktionen g, die an einer Stelle $x_0 \in \mathbb{R}$ differenzierbar sind und für alle $x, y \in \mathbb{R}$ der Funktionalgleichung $g(x + y) = g(x)g(y)$ genügen.

7.2.71 Bestimmen Sie alle auf $(0, \infty)$ definierten Funktionen g, die an einer Stelle $x_0 > 0$ differenzierbar sind und für alle $x, y > 0$ der Funktionalgleichung $g(xy) = g(x) + g(y)$ genügen.

7.2.72 Betrachten Sie die Funktionen

$$f(x) := 3x^4 - 2x^3 - x^2 + 1, \qquad g(x) := 4x^3 - 3x^2 - 2x.$$

Zeigen Sie, daß kein $\xi \in (0,1)$ existiert mit

$$\frac{f(1) - f(0)}{g(1) - g(0)} = \frac{f'(\xi)}{g'(\xi)}.$$

Wie verträgt sich dieses Ergebnis mit der Aussage des zweiten Mittelwertsatzes?

7.2.73 Beweisen Sie (durch Anwendung der Mittelwertsätze) folgende Abschätzungen:

a) Für $x > 0$ gilt $\sqrt{1+x} < 1 + \frac{x}{2}$.

b) Für $a < b$ gilt $e^a(b-a) < e^b - e^a < e^b(b-a)$.

c) Für $0 < x < 1$ gilt $x - \frac{x^2}{2} < \ln(1+x) < \left(x - \frac{x^2}{2}\right)\left(1 - x^2\right)^{-1}$.

7.2.74 Es seien $m, n \in \mathbb{N}$ mit $m \geq n \geq 1$, und es sei $x \in (0,1)$. Zeigen Sie

$$(m+n)(1+x^m) \geq 2n\,\frac{1 - x^{m+n}}{1 - x^n}.$$

7.2.75 Es sei c eine positive Konstante, und es sei

$$f(x) := \frac{(x-c)^2}{x(\ln x - 2) - c(\ln c - 2)}.$$

Untersuchen Sie, ob $\lim\limits_{x \to c} f(x)$ existiert.

7.2.76 Beweisen Sie die folgende Verfeinerung der Ungleichung zwischen dem geometrischen und arithmetischen Mittel: Für $0 < x < y$ gilt

$$\sqrt{xy} < \frac{y - x}{\ln y - \ln x} < \frac{1}{e}\left(\frac{y^y}{x^x}\right)^{1/(y-x)} < \frac{x+y}{2}.$$

7.2.77 Die Funktion f sei n-mal differenzierbar auf $(0,\infty)$, und es gelte

$$\lim_{x \to \infty} f^{(n)}(x) = A \qquad (A \in \mathbb{R} \text{ oder } A = \infty \text{ oder } A = -\infty).$$

Beweisen Sie, daß auch $\lim\limits_{x \to \infty} \frac{n!\,f(x)}{x^n} = A$ gilt.

7.2.78 Die Funktion f sei differenzierbar auf $(0, \infty)$. Mit einem $A \in \mathbb{R}$ und einem $\gamma \in [0, 1)$ gelte

$$|f(x)| \leq A + x^\gamma \qquad \text{für alle } x \in (0, \infty).$$

Ferner sei $\lim\limits_{x \to \infty} f'(x) = a$. Beweisen Sie, daß $a = 0$ gilt.

7.2.79 Die Funktion f sei im Intervall (a, b) mit $0 \in (a, b)$ differenzierbar, es gelte $f(0) = 0$. Die Funktion g sei in (a, b) definiert durch

$$g(x) := \begin{cases} \dfrac{f(x)}{x} & \text{falls} \quad x \neq 0 \\ f'(0) & \text{falls} \quad x = 0 \end{cases}.$$

Zeigen Sie:

a) Die Funktion g ist stetig in (a, b).

b) Existiert $f''(0)$, so ist g differenzierbar in (a, b).

c) Existiert $f''(x)$ in (a, b) und ist f'' stetig an $x_0 = 0$, so ist g stetig differenzierbar in (a, b).

7.2.80 Die Funktionen f und g seien in $(3, \infty)$ definiert durch $f(x) := x + \cos x \sin x$ und $g(x) := f(x) e^{\sin x}$. Dann gilt $\lim\limits_{x \to \infty} f(x) = \lim\limits_{x \to \infty} g(x) = \infty$ und

$$\frac{f'(x)}{g'(x)} = \frac{2 \cos x}{e^{\sin x} \{f(x) + 2 \cos x\}}.$$

Wegen $e^{\sin x}\{f(x) + 2 \cos x\} \geq \dfrac{x - 3}{e}$ ist $\lim\limits_{x \to \infty} \dfrac{f'(x)}{g'(x)} = 0$. Mit der Regel von DE L'HOSPITAL folgt also auch $\lim\limits_{x \to \infty} \dfrac{f(x)}{g(x)} = 0$. Andererseits ist aber $\dfrac{f(x)}{g(x)} = e^{-\sin x}$, so daß $\lim\limits_{x \to \infty} \dfrac{f(x)}{g(x)}$ nicht existiert. Wo liegt der Fehler?

7.2.81 Die Funktion f sei differenzierbar in $(0, \infty)$, und mit einem $\lambda \geq 0$ gelte

$$\lim_{x \to \infty} \Big\{ f(x) + \lambda f'(x) \Big\} = A \qquad (A \in \mathbb{R} \text{ oder } A = -\infty \text{ oder } A = \infty).$$

a) Beweisen Sie, daß auch $\lim\limits_{x \to \infty} f(x) = A$ gilt.

b) Gilt dies auch, wenn $\lambda < 0$ ist?

7.2.82 Die Funktion f sei definiert in $(0, \infty)$, und es gelte $\overline{\lim\limits_{x \to 0+}} \dfrac{|f(x)|}{x} < \infty$. Beweisen Sie $\lim\limits_{x \to 0+} x^{f(x)} = 1$.

7.2.83 Untersuchen Sie, ob die folgenden Grenzwerte existieren, und bestimmen Sie diese gegebenenfalls:

$$\text{a)} \lim_{x\to 0+} x^{x^\alpha \sin\frac{1}{x}} \quad (\alpha > 1), \qquad \text{b)} \lim_{x\to 0+} \left(\sqrt{x}\right)^{e^{-1/x^2}}$$

7.2.84 Die Funktion f sei in einer Umgebung von $x_0 = 0$ beliebig oft differenzierbar, und es gelte $f(0) = 0$. Beweisen Sie, daß für jedes $n \in \mathbb{N}_0$ gilt

$$\lim_{x\to 0} \left(\frac{f(x)}{x}\right)^{(n)} = \frac{f^{n+1}(0)}{n+1}.$$

7.2.85 Gegeben sei ein Intervall $[a, b]$. Eine Punktmenge $P = \{x_0, x_1, ..., x_n\}$ mit der Eigenschaft $a = x_0 < x_1 < \cdots < x_n = b$ heißt eine Partition von $[a, b]$.
Eine Funktion f heißt in $[a, b]$ von beschränkter Schwankung (oder beschränkter Variation), wenn eine Konstante M existiert, so daß für alle Partitionen P von $[a, b]$ gilt

$$V_P(f) := \sum_{i=1}^{n} \left|f(x_i) - f(x_{i-1})\right| \le M.$$

Die Menge aller Funktionen, die in $[a, b]$ von beschränkter Schwankung sind, wird mit $BV[a, b]$ bezeichnet. Beweisen Sie:
a) Ist f monoton in $[a, b]$, so gilt $f \in BV[a, b]$.
b) Ist f stetig in $[a, b]$, so braucht nicht $f \in BV[a, b]$ zu gelten.
c) Ist f stetig in $[a, b]$, differenzierbar in (a, b) und ist f' beschränkt, so gilt $f \in BV[a, b]$.

7.3 TAYLORscher Satz; Differentiation von Funktionenfolgen und Funktionenreihen

Es sei I ein beliebiges Intervall, es sei x_0 ein innerer Punkt von I und $n \in \mathbb{N}_0$. Die Funktion f sei n-mal stetig differenzierbar auf I und $(n + 1)$-mal differenzierbar im Innern von I. Dann gilt für alle $x \in I$ die TAYLORsche Formel

$$f(x) = T_n(x) + R_n(x);$$

hierbei ist das n-te TAYLOR-Polynom T_n gegeben durch

$$T_n(x) = \sum_{\nu=0}^{n} \frac{f^{(\nu)}(x_0)}{\nu!}(x - x_0)^\nu,$$

das Restglied R_n hat mit einem geeigneten ξ zwischen x_0 und x die Form

$$R_n(x) = \frac{f^{(n+1)}(\xi)}{(n+1)!}(x - x_0)^{n+1}.$$

Die Stelle x_0 wird auch Entwicklungsmitte genannt. Ist f auf I beliebig oft differenzierbar, so heißt die Potenzreihe $\sum_{\nu=0}^{\infty} \frac{f^{(\nu)}(x_0)}{\nu!}(x - x_0)^\nu$ die formale TAYLOR-Reihe von f bezüglich x_0. Für ein $x \in I$ gilt offensichtlich

$$f(x) = \sum_{\nu=0}^{\infty} \frac{f^{(\nu)}(x_0)}{\nu!}(x - x_0)^\nu$$

genau dann, wenn $\lim_{n\to\infty} R_n(x) = 0$ ist; ein hinreichendes Kriterium hierfür ist, daß eine Konstante M so existiert, daß $\sup_I |f^{(\nu)}(x)| \leq M$ für alle $\nu \in I\!N_0$ gilt.

Es sei $\{f_n\}$ eine Funktionenfolge, bei der jedes f_n auf dem Intervall $[a, b]$ differenzierbar ist. Für ein $x_0 \in [a, b]$ sei $\{f_n(x_0)\}$ konvergent und $\{f_n'(x)\}$ sei auf $[a, b]$ gleichmäßig konvergent. Dann ist auch die Folge $\{f_n(x)\}$ auf $[a, b]$ gleichmäßig konvergent; die Grenzfunktion $f(x) := \lim_{n\to\infty} f_n(x)$ ist differenzierbar auf $[a, b]$, und es gilt

$$f'(x) = \lim_{n\to\infty} f_n'(x).$$

Dieses Ergebnis überträgt sich sinngemäß (durch die Betrachtung der Teilsummenfolge) auf die gliedweise Differentiation von Funktionenreihen.

7.3.1 Beweisen Sie: Eine auf $I\!R$ definierte Funktion f ist genau dann ein Polynom vom Grad höchstens $n \in I\!N_0$, wenn f auf $I\!R$ mindestens $(n + 1)$-mal differenzierbar ist und $f^{(n+1)}(x) \equiv 0$ auf $I\!R$ gilt.

7.3.2 Die Funktion f sei in $(-1, 1)$ beliebig oft differenzierbar, und es gelte $f^{(n)}(x) \geq 0$ für alle $x \in [0, 1)$ und alle $n \in I\!N$. Beweisen Sie, daß die TAYLOR-Reihe von f bezüglich der Entwicklungsmitte $x_0 = 0$ für alle $x \in (-1, 1)$ konvergiert.

7.3.3 Die Funktion f sei auf $I = [0, \infty)$ beliebig oft differenzierbar, es gelte $f(0) = 1$ sowie $(-1)^n f^{(n)}(x) \geq 0$ für alle $x \in I$ und alle $n \in I\!N$. Die Funktion g sei auf $(0, \infty)$ definiert durch

$$g(x) := \frac{1 - f(x)}{x}.$$

Beweisen Sie, daß $(-1)^n g^{(n)}(x) \geq 0$ für alle $x \in (0, \infty)$ und alle $n \in I\!N_0$ gilt.

7.3.4 Die Funktion f sei in $(0, \infty)$ dreimal differenzierbar. Es gelte $\lim_{x\to\infty} f(x) = g \in \mathbb{R}$ und $\lim_{x\to\infty} f'''(x) = 0$. Beweisen Sie

$$\lim_{x\to\infty} f'(x) = \lim_{x\to\infty} f''(x) = 0.$$

7.3.5 Die Funktion f sei $(n-1)$-mal differenzierbar in (a,b), und im Punkt $x_0 \in (a,b)$ existiere $f^{(n)}(x_0)$. Ferner sei T_n das n-te TAYLOR-Polynom von f bezüglich x_0. Beweisen Sie

$$\lim_{x\to x_0} \frac{f(x) - T_n(x)}{(x-x_0)^n} = 0.$$

7.3.6 Die Funktion f sei $(n+1)$-mal stetig differenzierbar im Intervall I, und es sei x_0 ein innerer Punkt von I. Es sei P ein Polynom, dessen Grad höchstens n ist, und mit einer Konstanten M gelte in einer Umgebung $U(x_0)$ von x_0

$$|f(x) - P(x)| \leq M|x - x_0|^{n+1}.$$

Beweisen Sie, daß P das n-te TAYLOR-Polynom von f bezüglich x_0 ist.

7.3.7 Es seien $c_0, c_1, ..., c_n$ reelle Konstanten mit $c_n \neq 0$. Die Funktionen f_1 und f_2 seien n-mal differenzierbar im Intervall I, und es gelte

$$\sum_{\nu=0}^{n} c_\nu f_1^{(\nu)}(x) = \sum_{\nu=0}^{n} c_\nu f_2^{(\nu)}(x)$$

für alle $x \in I$. In einem inneren Punkt x_0 von I sei ferner $f_1^{(\nu)}(x_0) = f_2^{(\nu)}(x_0)$ für alle $\nu = 0, 1, ..., n-1$. Beweisen Sie, daß $f_1(x) = f_2(x)$ für alle $x \in I$ gilt.

7.3.8 Es seien $c_0, c_1, ..., c_n$ reelle Konstanten mit $c_n \neq 0$. Ferner seien $r_1, r_2, ..., r_n$ paarweise verschiedene, reelle Nullstellen des Polynoms $P(r) := \sum_{\nu=0}^{n} c_\nu r^\nu$.
Beweisen Sie, daß die Funktion

$$f(x) = \sum_{k=1}^{n} \alpha_k e^{r_k x} \qquad (*)$$

mit Konstanten $\alpha_1, ..., \alpha_n$ auf $(-\infty, \infty)$ eine Lösung der Differentialgleichung

$$\sum_{\nu=0}^{n} c_\nu f^{(\nu)}(x) = 0$$

ist und daß auf $(-\infty, \infty)$ jede Lösung die Form $(*)$ haben muß.

7.3.9 Die Funktion g sei auf $\mathbb{R}$ definiert durch $g(x) = |x|$ für $|x| \leq 2$ und $g(x+4m) = g(x)$ für alle $x \in \mathbb{R}$ und $m \in \mathbb{Z}$. Beweisen Sie, daß die nach Aufgabe 6.3.32 stetige Funktion

$$f(x) := \sum_{\nu=1}^{\infty} \frac{g(4^\nu x)}{4^\nu}$$

an keiner Stelle $x_0 \in \mathbb{R}$ differenzierbar ist.

7.3.10 Für $n \in \mathbb{N}$ sei die Funktion f_n auf $\mathbb{R}$ definiert durch

$$f_n(x) := \frac{\sin nx}{\sqrt{n}}.$$

a) Zeigen Sie, daß $\{f_n(x)\}$ auf $\mathbb{R}$ gleichmäßig konvergiert.

b) Zeigen Sie, daß $\{f_n'(x)\}$ für alle $x \in \mathbb{R}$ divergiert.

7.3.11 Die Funktion f sei differenzierbar auf $\mathbb{R}$, es sei $f(0) \neq 0$, und mit einer Konstanten λ gelte $f'(x) = f(\lambda x)$ für alle $x \in \mathbb{R}$.

a) Zeigen Sie, daß f auf $\mathbb{R}$ beliebig oft differenzierbar ist.

b) Bestimmen Sie die TAYLOR-Reihe von f bezüglich $x_0 = 0$ und diskutieren Sie deren Konvergenzverhalten.

c) Wird f durch die TAYLOR-Reihe dargestellt?

7.3.12 Die Potenzreihe $f(x) = \sum\limits_{n=0}^{\infty} a_n x^n$ habe den Konvergenzradius $R = \infty$. Für alle $x \in \mathbb{R}$ gelte $f'(x) = f(\lambda x)$ mit einer Konstanten $\lambda \in \mathbb{R}$.

Beweisen Sie: Es gilt $f(0) = 0$ oder $|\lambda| \leq 1$.

7.3.13 Beweisen Sie, daß für $|x| < 1$ gilt:

a) $$\ln(1-x) = -\sum_{n=1}^{\infty} \frac{x^n}{n},$$

b) $$\ln\sqrt{\frac{1+x}{1-x}} = \sum_{n=0}^{\infty} \frac{x^{2n+1}}{2n+1},$$

c) $$\{\ln(1-x)\}^2 = 2\sum_{n=1}^{\infty} \left\{\frac{1}{n+1}\sum_{\nu=1}^{n} \frac{1}{\nu}\right\} x^{n+1}.$$

Konvergieren die Reihen jeweils für $x = -1$ (wenn ja, gegen welchen Wert)?

7.3.14 Beweisen Sie:

a) Für $-1 \leq x \leq 1$ gilt $\quad \arctan x = \sum\limits_{n=0}^{\infty} \frac{(-1)^n x^{2n+1}}{2n+1};$

b) für $-1 \leq x \leq 1$ gilt $\dfrac{x^2+1}{2}\arctan x = \dfrac{x}{2} + \sum\limits_{n=1}^{\infty} \dfrac{(-1)^{n-1}x^{2n+1}}{(2n-1)(2n+1)}$;

c) für $-1 < x < 1$ gilt $\dfrac{1}{\sqrt{2}}\arctan \dfrac{x\sqrt{2}}{1-x^2} = \sum\limits_{n=0}^{\infty}(-1)^{[\frac{1}{4}+\frac{n}{2}]}\dfrac{x^{2n+1}}{2n+1}$.

7.3.15 Es sei $f(x) = \sum\limits_{n=0}^{\infty} a_n x^n$ eine Potenzreihe mit dem Konvergenzradius 1 und der Eigenschaft, daß die Folge $\{na_n\}$ beschränkt ist. Ferner gelte $\lim\limits_{n\to\infty} f(1-\frac{1}{n}) = g \in I\!R$. Beweisen Sie, daß $\lim\limits_{x\to 1-} f(x) = g$ gilt.

7.3.16 Für eine in einem Intervall I beliebig oft differenzierbare Funktion φ und $k \in I\!N$ werde die Funktion $D^k\varphi$ definiert durch

$$(D^1\varphi)(x) := x\varphi'(x), \qquad (D^{k+1}\varphi)(x) := x\Big\{(D^k\varphi)'(x)\Big\}.$$

Es sei $f(x) := \dfrac{1}{1-x}$. Beweisen Sie, daß für $|x| < 1$ gilt

$$\sum_{n=1}^{\infty} n^k x^n = (D^k f)(x).$$

7.3.17 Die Funktionen $f_1, f_2, \ldots$ seien stetig in $[a,b]$, differenzierbar in (a,b), und mit einer Konstanten $M > 0$ gelte $|f_n'(x)| \leq M$ für alle $n \in I\!N$ und alle $x \in (a,b)$. Es sei $\{f_n(x)\}$ konvergent für alle $x \in \mathbb{Q} \cap (a,b)$. Beweisen Sie, daß $\{f_n(x)\}$ auf $[a,b]$ gleichmäßig konvergiert.

7.3.18 Die Funktion f sei auf $I\!R$ definiert durch

$$f(x) := \begin{cases} \dfrac{\sin x}{x} & \text{falls} \quad x \neq 0 \\ 1 & \text{falls} \quad x = 0 \end{cases}.$$

Zeigen Sie, daß f auf $I\!R$ beliebig oft differenzierbar ist, und berechnen Sie $f^{(n)}(0)$ für jedes $n \in I\!N_0$.

7.3.19 Die Funktion f sei auf $I\!R$ definiert durch

$$f(x) = \sum_{n=0}^{\infty} \frac{\cos(n^2 x)}{2^n}.$$

Beweisen Sie, daß f auf $I\!R$ beliebig oft differenzierbar ist und daß die TAYLOR-Reihe von f bezüglich $x_0 = 0$ für alle $x \neq 0$ divergiert.

7.3.20 a) Die Funktion f sei auf $\mathbb{R}$ beliebig oft differenzierbar und in keiner Umgebung von $x_0 = 0$ identisch Null. Für eine Folge $\{x_n\}$ mit $x_n \neq 0$ und $\lim\limits_{n\to\infty} x_n = 0$ gelte $f(x_n) = 0$. Beweisen Sie, daß die TAYLOR-Reihe von f bezüglich $x_0 = 0$ für alle $x \in \mathbb{R}$ konvergiert, aber in keiner Umgebung von $x_0 = 0$ die Funktion f darstellt.

b) Zeigen Sie, daß unter den Voraussetzungen von a) die Menge

$$M_\delta := \left\{ y : y = |f^{(n)}(x)|, \quad |x| \leq \delta, \quad n \in \mathbb{N} \right\}$$

für jedes $\delta > 0$ unbeschränkt ist.

c) Geben Sie eine Funktion f an, auf welche die Voraussetzungen von a) zutreffen.

7.3.21 Es sei I ein beliebiges Intervall, es sei x_0 ein innerer Punkt von I und $n \in \mathbb{N}_0$. Die Funktion f sei n-mal stetig differenzierbar auf I und $(n+1)$-mal differenzierbar im Innern von I. Für $x \in I$ gilt dann bekanntlich die TAYLORsche Formel

$$f(x) = T_n(x) + R_n(x) \qquad \text{mit} \quad T_n(x) = \sum_{\nu=0}^{n} \frac{f^{(\nu)}(x_0)}{\nu!}(x - x_0)^\nu .$$

a) Es sei $x \neq x_0$, und die Funktion φ sei stetig in $[x_0, x]$ bzw. $[x, x_0]$ und differenzierbar im entsprechenden offenen Intervall und dort gelte $\varphi'(t) \neq 0$. Beweisen Sie, daß mit einem ξ zwischen x_0 und x folgende allgemeine Darstellung für das Restglied $R_n(x)$ gilt:

$$R_n(x) = \frac{\varphi(x) - \varphi(x_0)}{\varphi'(\xi)} \frac{f^{(n+1)}(\xi)}{n!}(x - \xi)^n . \qquad (*)$$

b) Leiten Sie aus $(*)$ die folgenden speziellen Darstellungsformen von $R_n(x)$ ab:

$$R_n(x) = \frac{f^{(n+1)}(\xi)}{n!} \frac{(x - x_0)^p}{p}(x - \xi)^{n+1-p} \qquad (p \in \mathbb{N}); \qquad \text{(SCHLÖMILCH)}$$

$$R_n(x) = \frac{f^{(n+1)}(\xi)}{(n+1)!}(x - x_0)^{n+1}; \qquad \text{(LAGRANGE)}$$

$$R_n(x) = \frac{f^{(n+1)}(\xi)}{n!}(x - x_0)(x - \xi)^n . \qquad \text{(CAUCHY)}$$

7.3.22 Es sei $\alpha \in \mathbb{R}$. Beweisen Sie, daß für $|x| < 1$ gilt

$$(1 + x)^\alpha = \sum_{\nu=0}^{\infty} \binom{\alpha}{\nu} x^\nu .$$

7.3.23 Untersuchen Sie, für welche Werte von α die Reihe $\sum\limits_{\nu=0}^{\infty} \binom{\alpha}{\nu} x^\nu$ für $|x| = 1$ konvergiert bzw. absolut konvergiert und ob die Identität $(1 + x)^\alpha = \sum\limits_{\nu=0}^{\infty} \binom{\alpha}{\nu} x^\nu$ besteht.

7.3.24 Für $n \in \mathbb{N}_0$ sei

$$u_n := \begin{cases} 1 & \text{falls} \quad n = 0 \\ \dfrac{1 \cdot 3 \cdot 5 \cdots (2n-1)}{2 \cdot 4 \cdot 6 \cdots (2n)} & \text{falls} \quad n \geq 1 \end{cases}.$$

Beweisen Sie, daß für $|x| \leq 1$ gilt:

$$\text{a)} \quad \arcsin x = \sum_{n=0}^{\infty} \frac{u_n}{2n+1} x^{2n+1}, \qquad \text{b)} \quad \operatorname{arsinh} x = \sum_{n=0}^{\infty} (-1)^n \frac{u_n}{2n+1} x^{2n+1}.$$

7.3.25 Die Funktion $f(x) := \ln(1+x)$ wird bekanntlich für $x \in (-1,1)$ durch die Potenzreihe

$$\ln(1+x) = \sum_{\nu=1}^{\infty} \frac{(-1)^{\nu-1}}{\nu} x^{\nu}$$

dargestellt. Ist der folgende "Beweis" für diese Reihenentwicklung korrekt?

a) Für festes $k \in \mathbb{N}$ und festes $x \in (-1,1)$ gilt nach Aufgabe 7.3.22

$$k\Big\{(1+x)^{1/k} - 1\Big\} = \sum_{\nu=1}^{\infty} k \binom{1/k}{\nu} x^{\nu} =: \sum_{\nu=1}^{\infty} f_{\nu}(k).$$

b) Es ist $f_1(k) = x$, und für $\nu \geq 2$ gilt

$$f_{\nu}(k) = \frac{1}{\nu}(-1)^{\nu-1}\Big(1 - \frac{1}{k}\Big)\Big(1 - \frac{1}{2k}\Big) \cdots \Big(1 - \frac{1}{(\nu-1)k}\Big) x^{\nu}. \qquad (*)$$

Damit ergibt sich $|f_{\nu}(k)| \leq |x|^{\nu}$ für alle $k \in \mathbb{N}$.

c) Aus der Konvergenz der Reihe $\sum\limits_{\nu=1}^{\infty} |x|^{\nu}$ folgt mit dem WEIERSTRASSschen Majorantenkriterium die gleichmäßige Konvergenz der Reihe $\sum\limits_{\nu=1}^{\infty} f_{\nu}(k)$ auf $\mathbb{N}$.

d) Es gilt $\ln(1+x) = \lim\limits_{k \to \infty} k\Big\{(1+x)^{1/k} - 1\Big\}$, und wegen $(*)$ ist $\lim\limits_{k \to \infty} f_{\nu}(k) = \dfrac{(-1)^{\nu-1}}{\nu} x^{\nu}$.

e) Wegen d) erhalten wir

$$\ln(1+x) = \sum_{\nu=1}^{\infty} \lim_{k \to \infty} f_{\nu}(k) = \sum_{\nu=1}^{\infty} \frac{(-1)^{\nu-1}}{\nu} x^{\nu}.$$

f) Da $x \in (-1,1)$ beliebig war, ergibt sich die Behauptung.

7.3.26 Die Funktion f sei stetig im Intervall $[a,b]$. Beweisen Sie (durch Anwendung des WEIERSTRASSschen Approximationssatzes), daß f in $[a,b]$ eine Stammfunktion besitzt.

7.3.27 Die Zetafunktion ist in $(1,\infty)$ definiert durch

$$\zeta(x) := \sum_{n=1}^{\infty} \frac{1}{n^x}.$$

Beweisen Sie, daß ζ in $(1,\infty)$ beliebig oft differenzierbar ist.

7.3.28 Die DIRICHLET-Reihe

$$f(x) := \sum_{n=1}^{\infty} \frac{a_n}{n^x}$$

habe die Konvergenzabszisse $\lambda \neq +\infty$. Beweisen Sie, daß f auf (λ, ∞) differenzierbar ist und daß $f'(x)$ wieder durch eine DIRICHLET-Reihe mit der Konvergenzabszisse λ dargestellt wird.

7.3.29 Untersuchen Sie die Differenzierbarkeit der Funktionen

$$\text{a)}\quad f(x) := \sum_{n=1}^{\infty} \frac{1}{n^2 + x^2}, \qquad \text{b)}\quad g(x) := \sum_{n=1}^{\infty} \frac{1}{n^2 - x^2}.$$

7.3.30 Die Funktionen f_n seien auf $\mathbb{R}$ definiert durch

$$f_n(x) := \frac{x}{1 + nx^2}.$$

Für welche $x \in \mathbb{R}$ konvergiert die Folge $\{f_n(x)\}$, wo liegt gleichmäßige Konvergenz vor? Untersuchen Sie, ob die Grenzfunktion f differenzierbar ist und ob gilt

$$f'(x) = \lim_{n \to \infty} f_n'(x).$$

7.3.31 Für $x \in (0, 1)$ sei die Funktion f definiert durch

$$f(x) := \sum_{n=1}^{\infty} \frac{x^n}{n^2}.$$

Beweisen Sie, daß f der folgenden Funktionalgleichung genügt:

$$f(x) + f(1 - x) + \ln x \cdot \ln(1 - x) \equiv \sum_{n=1}^{\infty} \frac{1}{n^2}.$$

7.3.32 Es sei $\{P_n(x)\}$ eine Polynomfolge mit

$$P_0(x) \equiv a_0; \qquad P_{n+1}'(x) = P_n(x) \qquad (n \in \mathbb{N}_0).$$

Für ein $x_0 \in \mathbb{R}$ gelte $\lim\limits_{n \to \infty} P_n(x_0) = a \in \mathbb{R}$. Beweisen Sie, daß $\{P_n(x)\}$ auf jeder kompakten Menge $X \subset \mathbb{R}$ gleichmäßig gegen $ae^{x - x_0}$ konvergiert.

7.3.33 Es sei P ein Polynom mit dem Grad $m \in \mathbb{N}$, und es sei $f(x) := e^{P(x)}$. Zeigen Sie, daß in jeder TAYLOR-Entwicklung $\sum\limits_{\nu=0}^{\infty} a_\nu (x - x_0)^\nu$ von f keine m aufeinanderfolgenden Koeffizienten gleich Null sein können.

7.4 Die geometrische Bedeutung der Ableitung; Monotonie und Konvexität

Die Funktion f sei definiert im Intervall I, und es sei x_0 ein innerer Punkt von I. Hat f an x_0 ein lokales Extremum und ist f differenzierbar an x_0, so gilt notwendigerweise $f'(x_0) = 0$. Für ein $n \geq 2$ sei f in I mindestens n-mal differenzierbar, und es gelte

$$f'(x_0) = f''(x_0) = \cdots = f^{(n-1)}(x_0) = 0; \qquad f^{(n)}(x_0) \neq 0.$$

Ist dabei n eine gerade Zahl, so hat f an x_0 ein lokales Extremum, und zwar ein

$$\begin{aligned} &\text{lokales Maximum, wenn} \quad f^{(n)}(x_0) < 0 \quad \text{ist,} \\ &\text{lokales Minimum, wenn} \quad f^{(n)}(x_0) > 0 \quad \text{ist.} \end{aligned}$$

Ist n eine ungerade Zahl, so hat f an x_0 sicher kein lokales Extremum.
Die Funktion f heißt konvex im Intervall I, wenn für alle $x_1, x_2 \in I$ und alle $\lambda \in [0,1]$ gilt

$$f(\lambda x_1 + (1-\lambda)x_2) \leq \lambda f(x_1) + (1-\lambda)f(x_2).$$

Die Funktion f heißt konkav im Intervall I, wenn für alle $x_1, x_2 \in I$ und alle $\lambda \in [0,1]$ gilt

$$f(\lambda x_1 + (1-\lambda)x_2) \geq \lambda f(x_1) + (1-\lambda)f(x_2).$$

Offensichtlich ist f in I genau dann konkav, wenn $-f$ in I konvex ist.

7.4.1 Es seien f und g differenzierbare Funktionen, die in einem Intervall (a,b) der Beziehung $f(g(x)) = e^x$ genügen. Zeigen Sie, daß g in (a,b) keine Extremstelle hat.

7.4.2 Es seien $a_1, ..., a_n$; $b_1, ..., b_n$ reelle Konstanten mit $\sum\limits_{\nu=1}^{n} b_\nu \neq 0$. Bestimmen Sie die Extremstellen der Funktion f mit $f(x) = \sum\limits_{\nu=1}^{n} b_\nu (x - a_\nu)^2$.

7.4.3 Es sei $X := \{x \in \mathbb{R} : x^4 + 36 \leq 13x^2\}$, und die Funktion f sei auf X definiert durch $f(x) = x^3 - 3x$. Bestimmen Sie $\max\limits_X f(x)$.

7.4.4 Die Funktion f sei stetig in $[a,b]$ und zweimal differenzierbar in (a,b). Ferner sei $f(a) = f(b) = 0$, und mit einer in $[a,b]$ definierten Funktion g gelte

$$f''(x) + f'(x)g(x) - f(x) = 0 \qquad \text{für alle } x \in (a,b).$$

Beweisen Sie, daß $f(x) \equiv 0$ auf $[a,b]$ ist.

7.4.5 Es sei $c \neq 0$ oder $d \neq 0$. Beweisen Sie, daß die rationale Funktion f mit

$$f(x) := \frac{ax+b}{cx+d}$$

auf ihrem Definitionsbereich genau dann ein Extremum besitzt, wenn f eine Konstante ist.

7.4.6 Es seien p und q natürliche Zahlen. Bestimmen Sie alle Extremstellen der Funktion $f(x) := (x-a)^p(b-x)^q$ im Intervall $[a,b]$.

7.4.7 Die Funktionen f und g seien in (a,b) differenzierbar, und es gelte $g(x) > 0$ und $g'(x) > 0$ für alle $x \in (a,b)$. Ferner sei $\frac{f'}{g'}$ streng monoton wachsend in (a,b).
Beweisen Sie, daß dann die Funktion $h := \frac{f}{g}$ in (a,b) kein lokales Maximum besitzen kann. Was folgern Sie daraus für das Monotonieverhalten von h?

7.4.8 Die Funktion f sei differenzierbar im offenen Intervall I und habe an der Stelle $x_0 \in I$ ein lokales Minimum. Gibt es dann eine Umgebung U von x_0, so daß in U gilt $f'(x) \leq 0$, falls $x \leq x_0$, und $f'(x) \geq 0$, falls $x \geq x_0$?

7.4.9 a) Es sei $x \in (0,1)$. Beweisen Sie

$$x^x(1-x)^{1-x} \geq \frac{1}{2},$$

und beurteilen Sie, wann das Gleichheitszeichen gilt.
b) Es seien p, q, r positive Zahlen mit $p-q = r-p$. Beweisen Sie $p^{q+r} \leq q^q r^r$, und beurteilen Sie, wann das Gleichheitszeichen gilt.

7.4.10 Es seien x, y positive Zahlen. Beweisen Sie die Ungleichung

$$(x+y)^{x+y} \leq (2x)^x(2y)^y.$$

Wann gilt das Gleichheitszeichen?

7.4.11 Es seien p und q positive Zahlen mit $\frac{1}{p} + \frac{1}{q} = 1$. Zeigen Sie, daß für alle $x \in \mathbb{R}$ folgende Abschätzung gilt:

$$1 \leq \frac{1}{p}e^{px} + \frac{1}{q}e^{-qx} \leq e^{x^2p^2q^2/8}.$$

7.4.12 Es sei α eine feste reelle Zahl. Untersuchen Sie die Lösbarkeit der Gleichung $\ln x = x^\alpha$ für $x \in (0,\infty)$. Zeigen Sie insbesondere, daß es zu $\alpha \in (0, \frac{1}{e})$ genau zwei Lösungen $x_\alpha^{(1)}$ und $x_\alpha^{(2)}$ mit $x_\alpha^{(1)} < x_\alpha^{(2)}$ gibt und daß gilt

$$\lim_{\alpha\to 0} x_\alpha^{(1)} = e, \qquad \lim_{\alpha\to 0} x_\alpha^{(2)} = \infty; \qquad \lim_{\alpha\to\frac{1}{e}} x_\alpha^{(1)} = \lim_{\alpha\to\frac{1}{e}} x_\alpha^{(2)} = e^e.$$

7.4.13 Geben Sie bei den folgenden Zahlenpaaren jeweils die größere Zahl an:

a) $\sqrt{2}^{\sqrt{3}},\ \sqrt{3}^{\sqrt{2}}$; b) $\sqrt{e}^{\sqrt{\pi}},\ \sqrt{\pi}^{\sqrt{e}}$;

c) $2{,}71^e,\ e^{2{,}71}$; d) $2{,}72^e,\ e^{2{,}72}$;

e) $e^\pi,\ \pi^e$; f) $99^{100},\ 100^{99}$.

Zeigen Sie ferner, daß genau ein Paar natürlicher Zahlen $n < m$ existiert mit $n^m = m^n$.

7.4.14 a) Beweisen Sie, daß zu jedem $x \in (1,e)$ genau ein $f(x) > e$ existiert mit

$$x^{f(x)} = \{f(x)\}^x.$$

b) Zeigen Sie, daß die so definierte Funktion f auf $(1,e)$ differenzierbar ist, und geben Sie einen Zusammenhang zwischen $f(x)$ und $f'(x)$ an.

7.4.15 Untersuchen Sie die folgenden Funktionenreihen auf gleichmäßige Konvergenz im Intervall I:

a) $\displaystyle\sum_{\nu=0}^{\infty}(1-x)^\alpha x^\nu, \qquad I=[0,1], \quad \alpha > 0;$

b) $\displaystyle\sum_{\nu=1}^{\infty}\frac{x^\nu}{(1+x)(1+x^2)\cdots(1+x^\nu)}, \qquad I=[0,\infty).$

7.4.16 Die Funktion f sei in $[a,b]$ zweimal differenzierbar, es sei $M_0 := \max\limits_{[a,b]}|f(x)|$ und $M_2 := \sup\limits_{[a,b]}|f''(x)|$. Beweisen Sie, daß für alle $x \in [a,b]$ folgende Abschätzungen gelten:

a) $\displaystyle (b-a)\cdot|f'(x)| \le 2M_0 + \frac{M_2}{2}\{(b-x)^2+(x-a)^2\},$

b) $\displaystyle |f'(x)| \le \frac{2M_0}{b-a} + \frac{M_2}{2}(b-a).$

Gibt es eine Funktion, bei der in a) und b) stets das Gleichheitszeichen gilt?

7.4.17 Die Funktion f sei im Intervall I zweimal differenzierbar, es sei $M_0 := \sup\limits_I|f(x)|$ und $M_2 := \sup\limits_I|f''(x)|$; dabei gelte $0 < M_2 < \infty$. Das Intervall I enthalte ein Teilintervall mit der Länge $L \geq 2\sqrt{M_0/M_2}$.

a) Beweisen Sie, daß $|f'(x)| \leq 2\sqrt{M_0 M_2}$ für alle $x \in I$ gilt.

b) Kann die Konstante 2 durch eine kleinere Konstante ersetzt werden?

7.4.18 Es seien $a_1, a_2, \dots$ positive Zahlen.

a) Beweisen Sie für $x > 0$ und $n \in \mathbb{N}$ die Ungleichung

$$\left(\frac{a_1 + \cdots + a_n + x}{n+1}\right)^{n+1} \geq x\left(\frac{a_1 + \cdots + a_n}{n}\right)^n, \tag{$*$}$$

und beurteilen Sie, wann in $(*)$ das Gleichheitszeichen gilt.

b) Zeigen Sie, daß $(*)$ die Verschärfung einer bekannten Ungleichung ist.

7.4.19 Es seien $\alpha_1, \dots, \alpha_n$ und $x_1, \dots, x_n$ positive Zahlen mit $\sum_{\nu=1}^{n} \alpha_\nu = 1$.

a) Beweisen Sie die Ungleichung

$$\prod_{\nu=1}^{n} x_\nu^{\alpha_\nu} \leq \sum_{\nu=1}^{n} \alpha_\nu x_\nu. \tag{$*$}$$

b) Beurteilen Sie, wann in $(*)$ das Gleichheitszeichen gilt.

c) Welche bekannte Ungleichung ist hierin als Spezialfall enthalten?

7.4.20 Es seien x und y nichtnegative reelle Zahlen; es seien p, q reelle Zahlen mit $p > 1$ und $\frac{1}{p} + \frac{1}{q} = 1$. Beweisen Sie die YOUNGsche Ungleichung

$$xy \leq \frac{x^p}{p} + \frac{y^q}{q},$$

und beurteilen Sie, wann das Gleichheitszeichen gilt.

7.4.21 Es seien $\{x_n\}$ und $\{y_n\}$ Folgen reeller (oder komplexer) Zahlen. Ferner seien p, q reelle Zahlen mit $p > 1$ und $\frac{1}{p} + \frac{1}{q} = 1$.

a) Beweisen Sie die HÖLDERsche Ungleichung für Summen: Für alle $n \in \mathbb{N}$ gilt

$$\sum_{\nu=1}^{n} |x_\nu y_\nu| \leq \left\{\sum_{\nu=1}^{n} |x_\nu|^p\right\}^{1/p} \cdot \left\{\sum_{\nu=1}^{n} |y_\nu|^q\right\}^{1/q}.$$

b) Beweisen Sie die HÖLDERsche Ungleichung für Reihen: Konvergieren die Reihen $\sum_{\nu=1}^{\infty} |x_\nu|^p$ und $\sum_{\nu=1}^{\infty} |y_\nu|^q$, so konvergiert die Reihe $\sum_{\nu=1}^{\infty} x_\nu y_\nu$ absolut, und es gilt

$$\sum_{\nu=1}^{\infty} |x_\nu y_\nu| \leq \left\{\sum_{\nu=1}^{\infty} |x_\nu|^p\right\}^{1/p} \cdot \left\{\sum_{\nu=1}^{\infty} |y_\nu|^q\right\}^{1/q}.$$

7.4.22 Es sei $\alpha \in \mathbb{R}$. Beweisen Sie, daß für alle $x \in (-1, \infty)$ die allgemeinen BERNOULLIschen Ungleichungen gelten:

a) $(1+x)^\alpha \geq 1 + \alpha x$, falls $\alpha \leq 0$,

b) $(1+x)^\alpha \leq 1 + \alpha x$, falls $0 \leq \alpha \leq 1$,

c) $(1+x)^\alpha \geq 1 + \alpha x$, falls $\alpha \geq 1$.

Beurteilen Sie in jedem Fall, wann das Gleichheitszeichen auftritt.

7.4.23 Für positive Zahlen $x_1, ..., x_n$ werde gesetzt

$$M_0 := \left\{ \prod_{\nu=1}^{n} x_\nu \right\}^{1/n}$$

und für $p \neq 0$ sei

$$M_p := \left\{ \frac{1}{n} \sum_{\nu=1}^{n} x_\nu^p \right\}^{1/p}.$$

a) Es sei $p < q$; beweisen Sie, daß $M_p \leq M_q$ gilt.

b) Bestimmen Sie $\lim\limits_{p \to \infty} M_p$ und $\lim\limits_{p \to -\infty} M_p$.

7.4.24 Es seien $x_1, ..., x_n$ feste positive Zahlen. Untersuchen Sie, ob die in Aufgabe 7.4.23 definierte Funktion M_p (in Abhängigkeit von p) auf $\mathbb{R}$ stetig ist.

7.4.25 Die Funktion f sei konvex im Intervall I. Für $x, y \in I$ mit $x \neq y$ sei

$$d_f(x,y) := \frac{f(x) - f(y)}{x - y}.$$

Beweisen Sie: Für $x_1, x_2, x_3 \in I$ mit $x_1 < x_2 < x_3$ gilt

$$d_f(x_1, x_2) \leq d_f(x_1, x_3) \leq d_f(x_2, x_3).$$

7.4.26 a) Es sei I ein offenes Intervall, und f sei konvex in I. Beweisen Sie, daß f in jedem abgeschlossenen Teilintervall von I eine LIPSCHITZ-Bedingung erfüllt und damit in I stetig ist.

b) Ist jede konvexe Funktion stetig?

7.4.27 Die Funktion f sei stetig und konvex in $[a, b]$. Es sei I ein offenes Intervall mit $I \supset [a, b]$. Gibt es dann stets eine in I konvexe Funktion F, die $F(x) = f(x)$ für alle $x \in [a, b]$ erfüllt?

7.4.28 Untersuchen Sie die Gültigkeit der folgenden Aussagen:

a) Die Funktion f sei definiert in $(0,1)$, es gelte $f(x) \geq 0$ für alle $x \in (0,1)$ und $\lim_{x\to 1} f(x) = \infty$. Dann gibt es eine in $(0,1)$ konvexe Funktion φ mit $0 \leq \varphi(x) \leq f(x)$ für alle $x \in (0,1)$ und $\lim_{x\to 1} \varphi(x) = \infty$.

b) Die Funktion f sei definiert in $(0,\infty)$, es gelte $f(x) \geq 0$ für alle $x \in (0,\infty)$ und $\lim_{x\to\infty} f(x) = \infty$. Dann gibt es eine in $(0,\infty)$ konvexe Funktion φ mit $0 \leq \varphi(x) \leq f(x)$ für alle $x \in (0,\infty)$ und $\lim_{x\to\infty} \varphi(x) = \infty$.

7.4.29 Die Funktion f sei stetig im Intervall I, und für alle $x_1, x_2 \in I$ gelte

$$f\Big(\frac{x_1 + x_2}{2}\Big) \leq \frac{1}{2}\Big(f(x_1) + f(x_2)\Big).$$

Zeigen Sie, daß f in I konvex ist.

7.4.30 Die Funktion f sei konvex im offenen Intervall I. Beweisen Sie:

a) Für alle $x \in I$ existieren die einseitigen Ableitungen

$$f'_-(x) := \lim_{h\to 0-} \frac{f(x+h) - f(x)}{h}; \qquad f'_+(x) := \lim_{h\to 0+} \frac{f(x+h) - f(x)}{h}.$$

b) Die Funktionen f'_- und f'_+ sind monoton wachsend auf I; genauer gilt für alle $x, y \in I$ mit $x < y$ die Beziehung

$$f'_-(x) \leq f'_+(x) \leq f'_-(y) \leq f'_+(y).$$

7.4.31 Die Funktion f sei konvex im Intervall I. Beweisen Sie, daß in I die Ableitung $f'(x)$ mit Ausnahme von höchstens abzählbar vielen Ausnahmepunkten existiert.

7.4.32 Die Funktion f sei differenzierbar im offenen Intervall I. Beweisen Sie, daß f in I genau dann konvex ist, wenn f' in I monoton wachsend ist.

7.4.33 a) Untersuchen Sie, ob es eine in $[0,1]$ konvexe Funktion f gibt, die nicht konstant und monoton fallend ist, an der Stelle $x_0 = 0$ differenzierbar ist und $f'(0) \geq 0$ erfüllt.

b) Untersuchen Sie, ob es eine in $[0,\infty)$ konkave Funktion gibt, die nicht konstant, positiv und monoton fallend ist.

7.4.34 Die Funktion f sei im offenen Intervall I zweimal differenzierbar. Beweisen Sie, daß f in I genau dann konvex ist, wenn $f''(x) \geq 0$ für alle $x \in I$ gilt.

7.4.35 Die Funktion f sei konvex im Intervall I, die Funktion g sei monoton wachsend und konvex im Intervall J. Untersuchen Sie die Richtigkeit der folgenden Aussagen:
a) Es gelte $f(I) \subset J$. Dann ist $g \circ f$ konvex in I.
b) Es gelte $g(J) \subset I$. Dann ist $f \circ g$ konvex in J.

7.4.36 Die Funktion f sei definiert im offenen Intervall I. Man sagt, daß f an $x_0 \in I$ eine Stützgerade besitzt, wenn ein $m \in I\!R$ so existiert, daß für $\ell(x) := f(x_0) + m(x - x_0)$ gilt:

$$\ell(x) \leq f(x) \qquad \text{für alle} \quad x \in I.$$

Beweisen Sie, daß f in I genau dann konvex ist, wenn f an jedem $x_0 \in I$ eine Stützgerade besitzt.

7.4.37 Die Funktion f sei konvex im offenen Intervall I. Beweisen Sie: Entweder ist f in I monoton oder es existiert ein $x_0 \in I$, so daß f in $I \cap (-\infty, x_0]$ monoton fallend und in $I \cap [x_0, \infty)$ monoton wachsend ist.

7.4.38 Die Funktion f heißt absolut stetig im Intervall I, wenn zu jedem $\varepsilon > 0$ ein $\delta > 0$ so existiert, daß folgendes gilt: Es seien $(a_1, b_1), ..., (a_n, b_n)$ endlich viele paarweise disjunkte Teilintervalle von I mit $\sum\limits_{\nu=1}^{n} (b_\nu - a_\nu) < \delta$. Dann gilt $\sum\limits_{\nu=1}^{n} |f(b_\nu) - f(a_\nu)| < \varepsilon$.
a) Geben Sie ein Beispiel einer in $[a, b]$ stetigen, aber nicht absolut stetigen Funktion an.
b) Die Funktion f sei stetig und konvex in $[a, b]$. Beweisen Sie, daß f in $[a, b]$ absolut stetig ist.

7.4.39 Die Funktion f sei konvex im offenen Intervall I. Es seien $x_1, ..., x_n \in I$, ferner seien $p_1, ..., p_n$ positive Zahlen mit $\sum\limits_{\nu=1}^{n} p_\nu = 1$. Beweisen Sie die JENSENsche Ungleichung

$$f\Big(\sum_{\nu=1}^{n} p_\nu x_\nu\Big) \leq \sum_{\nu=1}^{n} p_\nu f(x_\nu).$$

Welche Ungleichung erhält man für eine konkave Funktion?

7.4.40 Es seien $x_1, ..., x_n$ und $y_1, ..., y_n$ positive Zahlen. Beweisen Sie, daß für $\alpha \geq 1$ und $\alpha \leq 0$ folgende Ungleichung gilt

$$\Big\{\sum_{\nu=1}^{n} x_\nu y_\nu\Big\}^{\alpha} \leq \Big\{\sum_{\nu=1}^{n} x_\nu\Big\}^{\alpha-1} \cdot \sum_{\nu=1}^{n} x_\nu y_\nu^{\alpha}.$$

Welche Ungleichung erhalten Sie für $0 < \alpha < 1$?

7.4.41 Für $\nu = 1, ..., n$ gelte $0 \leq x_\nu \leq \pi$ und $\sum_{\nu=1}^{n} x_\nu = \pi$. Beweisen Sie:

$$\frac{1}{n}\sum_{\nu=1}^{n} \sin x_\nu \leq \sin\frac{\pi}{n}.$$

7.4.42 Für $\nu = 1, ..., n$ gelte $0 < x_\nu < \pi$, und es sei $x := \frac{1}{n}\sum_{\nu=1}^{n} x_\nu$. Beweisen Sie:

$$\prod_{\nu=1}^{n} \frac{\sin x_\nu}{x_\nu} \leq \left\{\frac{\sin x}{x}\right\}^n.$$

7.4.43 Es seien $a_1, ..., a_n$ nichtnegative Zahlen mit $\sum_{\nu=1}^{n} a_\nu = 1$. Beweisen Sie:

a) Gilt $0 < x_\nu < 1$ für $\nu = 1, ..., n$, so folgt

$$\sum_{\nu=1}^{n} \frac{a_\nu}{1 + x_\nu} \leq \left\{1 + \prod_{\nu=1}^{n} x_\nu^{a_\nu}\right\}^{-1}.$$

b) Gilt $x_\nu > 1$ für $\nu = 1, ..., n$, so folgt

$$\left\{1 + \prod_{\nu=1}^{n} x_\nu^{a_\nu}\right\}^{-1} \leq \sum_{\nu=1}^{n} \frac{a_\nu}{1 + x_\nu}.$$

8 Integralrechnung

8.1 Definition des RIEMANN-Integrals

Gegeben sei ein Intervall $[a, b]$; eine Menge $P = \{x_0, x_1, ..., x_n\}$ mit

$$a = x_0 < x_1 < \cdots < x_n = b$$

heißt eine Partition von $[a, b]$. Die Zahl $||P|| := \max\limits_{1 \leq i \leq n} (x_i - x_{i-1})$ heißt Norm von P. Eine Partition $P^* = \{x_0^*, x_1^*, ..., x_{n^*}^*\}$ von $[a, b]$ heißt Verfeinerung von P, wenn gilt

$$\{x_0, x_1, ..., x_n\} \subset \{x_0^*, x_1^*, ..., x_{n^*}^*\}.$$

Für eine auf $[a, b]$ beschränkte Funktion f und eine Partition P von $[a, b]$ wird definiert:

$$\underline{m}_i(f) := \inf_{[x_{i-1}, x_i]} f(x), \qquad \overline{m}_i(f) := \sup_{[x_{i-1}, x_i]} f(x) \qquad (i = 1, ..., n);$$

$$\underline{S}_P(f) := \sum_{i=1}^{n} \underline{m}_i(f)(x_i - x_{i-1}), \qquad \overline{S}_P(f) := \sum_{i=1}^{n} \overline{m}_i(f)(x_i - x_{i-1}).$$

Die Zahlen $\underline{S}_P(f)$ bzw. $\overline{S}_P(f)$ heißen Unter- bzw. Obersumme von f bezüglich der Partition P.

Sind P_1 und P_2 Partitionen von $[a, b]$, so gilt

$$\underline{S}_{P_1}(f) \leq \overline{S}_{P_2}(f).$$

Die Funktion f heißt (RIEMANN-)integrierbar in $[a, b]$ (oder "auf $[a, b]$"), wenn

$$\sup_P \underline{S}_P(f) = \inf_P \overline{S}_P(f)$$

gilt; der gemeinsame Wert wird dann mit $\int\limits_a^b f(x)dx$ bezeichnet. Formal wird gesetzt:

$$\int_a^a f(x)dx = 0; \qquad \int_b^a f(x)dx = -\int_a^b f(x)dx.$$

Das RIEMANNsche Integrabilitätskriterium besagt, daß f in $[a,b]$ genau dann integrierbar ist, wenn zu jedem $\varepsilon > 0$ eine Partition P von $[a,b]$ so existiert, daß gilt

$$\overline{S}_P(f) - \underline{S}_P(f) < \varepsilon.$$

Die Funktion f ist in $[a,b]$ genau dann integrierbar, wenn f für jedes $c \in (a,b)$ in $[a,c]$ und $[c,b]$ integrierbar ist; es gilt dann

$$\int_a^b f(x)dx = \int_a^c f(x)dx + \int_c^b f(x)dx.$$

Ist f stetig oder monoton in $[a,b]$, so ist f integrierbar in $[a,b]$.
Eine in $[a,b]$ definierte Funktion t heißt Treppenfunktion in $[a,b]$, wenn eine Partition $P = \{x_0, x_1, ..., x_n\}$ von $[a,b]$ und Konstanten $k_1, ..., k_n$ so existieren, daß gilt

$$t(x) = k_i \qquad \text{für alle} \quad x \in (x_{i-1}, x_i) \qquad (i = 1, ..., n).$$

Eine solche Treppenfunktion ist integrierbar in $[a,b]$, und es gilt

$$\int_a^b t(x)dx = \sum_{i=1}^n k_i(x_i - x_{i-1}).$$

Die Funktionen f und g seien integrierbar in $[a,b]$, und es seien α und β Konstanten. Dann gilt folgendes:

Die Funktion $\alpha f + \beta g$ ist integrierbar in $[a,b]$, und es ist

$$\int_a^b \{\alpha f(x) + \beta g(x)\}dx = \alpha \int_a^b f(x)dx + \beta \int_a^b g(x)dx.$$

Die Funktionen $f^+(x) := \max\{f(x), 0\}$ und $f^-(x) := \max\{-f(x), 0\}$ sind integrierbar in $[a,b]$; ferner ist $|f|$ integrierbar in $[a,b]$, und es gilt

$$\left|\int_a^b f(x)dx\right| \leq \int_a^b |f(x)|dx \leq (b-a) \cdot \sup_{[a,b]} |f(x)|.$$

Die Funktion $f \cdot g$ ist integrierbar in $[a,b]$.

Gilt $f(x) \leq g(x)$ für alle $x \in [a,b]$, so ist

$$\int_a^b f(x)dx \leq \int_a^b g(x)dx.$$

Es sei f eine in $[a, b]$ beschränkte Funktion, $P = \{x_0, x_1, ..., x_n\}$ sei eine Partition von $[a, b]$ und $\xi = \{\xi_1, \xi_2, ..., \xi_n\}$ eine Menge mit $\xi_i \in [x_{i-1}, x_i]$ für $i = 1, ..., n$. Dann heißt

$$S_P(f, \xi) := \sum_{i=1}^{n} f(\xi_i)(x_i - x_{i-1})$$

die RIEMANNsche Summe von f bezüglich der Partition P und der "Zwischenpunktmenge" ξ. Existiert eine Zahl $I \in \mathbb{R}$ und zu jedem $\varepsilon > 0$ ein $\delta > 0$, so daß für alle Partitionen P von $[a, b]$ mit $||P|| < \delta$ bei beliebiger Wahl von ξ gilt $|S_P(f, \xi) - I| < \varepsilon$, so heißen die RIEMANNschen Summen konvergent gegen I; man schreibt

$$I = \lim_{||P|| \to 0} S_P(f, \xi).$$

Die Funktion f ist genau dann integrierbar in $[a, b]$, wenn $\lim\limits_{||P|| \to 0} S_P(f, \xi)$ existiert; es gilt dann

$$\lim_{||P|| \to 0} S_P(f, \xi) = \int_a^b f(x)dx.$$

8.1.1 Die Funktion f sei auf $[a, b]$ definiert durch

$$f(x) = \begin{cases} 1 & \text{falls} \quad x \in [a, b] \cap \mathbb{Q} \\ 0 & \text{falls} \quad x \in [a, b] \setminus \mathbb{Q} \end{cases} .$$

Ist f integrierbar auf $[a, b]$?

8.1.2 Berechnen Sie (mit Hilfe von Obersummen oder Untersummen) den Wert des Integrals $\int_0^1 e^x dx$.

8.1.3 Berechnen Sie (mit Hilfe RIEMANNscher Summen) für $y > 1$ den Wert des Integrals $\int_1^y \frac{dx}{x}$.

8.1.4 Die Funktion f sei integrierbar in $[a, b]$, und mit einer Konstanten $\delta > 0$ gelte $f(x) \geq \delta$ für alle $x \in [a, b]$. Beweisen Sie, daß $\frac{1}{f}$ in $[a, b]$ integrierbar ist.

8.1.5 Die Funktion f sei beschränkt in $[a, b]$. Beweisen oder widerlegen Sie die folgende Behauptung:

Die Funktion f ist in $[a,b]$ genau dann integrierbar, wenn ein $I \in \mathbb{R}$ existiert, so daß gilt: Zu jedem $\varepsilon > 0$ gibt es ein $\delta > 0$, so daß für alle Partitionen $P = \{x_0, x_1, ..., x_n\}$ von $[a,b]$ mit $||P|| < \delta$ Punkte $\xi_i \in [x_{i-1}, x_i]$ existieren mit

$$\Big|\sum_{i=1}^{n} f(\xi_i)(x_i - x_{i-1}) - I\Big| < \varepsilon.$$

8.1.6 Die Funktionen f und g seien integrierbar in $[a,b]$. Ist dann $\max\{f,g\}$ oder $\min\{f,g\}$ ebenfalls integrierbar in $[a,b]$?

8.1.7 Die Funktionen f und g seien integrierbar in $[a,b]$. Es sei X eine dichte Teilmenge von $[a,b]$, und es gelte $f(x) = g(x)$ für alle $x \in X$. Beweisen Sie

$$\int_a^b f(x)dx = \int_a^b g(x)dx.$$

8.1.8 Die Funktion f sei stetig und streng monoton wachsend in $[a,b]$, ferner sei f^{-1} die Umkehrfunktion zu f. Beweisen Sie die Beziehung

$$\int_a^b f(x)dx + \int_{f(a)}^{f(b)} f^{-1}(x)dx = bf(b) - af(a).$$

8.1.9 Die Funktion f sei in $[0,1]$ definiert durch

$$f(x) := \begin{cases} 1 & \text{falls} \quad x = 0 \\ 0 & \text{falls} \quad x \notin \mathbb{Q} \\ \frac{1}{q} & \text{falls} \quad x = \frac{p}{q} \in \mathbb{Q} \quad \text{mit teilerfremden} \quad p, q \in \mathbb{N} \end{cases}.$$

Beweisen Sie:

a) An jedem rationalen $x \in [0,1]$ besitzt f ein lokales Maximum.

b) An jedem irrationalen $x \in [0,1]$ ist f stetig.

c) Die Funktion f ist integrierbar in $[0,1]$, und es gilt $\int_0^1 f(x)dx = 0$.

8.1.10 Es sei $a > 0$, und die Funktion f sei definiert in $[-a,a]$. Ferner sei f integrierbar in $[0,a]$. Beweisen Sie:

a) Ist die Funktion f gerade (d.h. ist $f(x) = f(-x)$ für alle $x \in [0,a]$), so ist f integrierbar in $[-a,a]$, und es gilt

$$\int_{-a}^{a} f(x)dx = 2\int_0^a f(x)dx.$$

b) Ist die Funktion f ungerade (d.h. ist $f(x) = -f(-x)$ für alle $x \in [0, a]$), so ist f integrierbar in $[-a, a]$, und es gilt

$$\int_{-a}^{a} f(x)dx = 0.$$

8.1.11 Die Funktion f sei definiert auf $\mathbb{R}$ und periodisch mit der Periode $p > 0$ (d.h. es gilt $f(x+p) = f(x)$ für alle $x \in \mathbb{R}$). Ferner sei f integrierbar in $[0, p]$.
Beweisen Sie, daß f in jedem Intervall $[a, b]$ integrierbar ist und daß für jedes $c \in \mathbb{R}$ gilt

$$\int_{0}^{p} f(x)dx = \int_{c}^{c+p} f(x)dx.$$

8.1.12 Die Funktion f sei definiert in $[a, b]$. Beweisen Sie:
a) Ist die Funktion f integrierbar in $[a, b]$, so gibt es zu jedem $\varepsilon > 0$ Treppenfunktionen $\underline{t}$ und $\overline{t}$ mit $\underline{t}(x) \leq f(x) \leq \overline{t}(x)$ für alle $x \in [a, b]$ und

$$\int_{a}^{b} f(x)dx - \int_{a}^{b} \underline{t}(x)dx < \varepsilon, \qquad \int_{a}^{b} \overline{t}(x)dx - \int_{a}^{b} f(x)dx < \varepsilon.$$

b) Existieren zu jedem $\varepsilon > 0$ Treppenfunktionen $\underline{t}$ und $\overline{t}$ mit $\underline{t}(x) \leq f(x) \leq \overline{t}(x)$ für alle $x \in [a, b]$ und

$$\int_{a}^{b} \overline{t}(x)dx - \int_{a}^{b} \underline{t}(x)dx < \varepsilon,$$

so ist f integrierbar in $[a, b]$.

8.1.13 Die Funktion f sei in $[a, b]$ beschränkt und stetig mit Ausnahme endlich vieler Punkte. Beweisen Sie, daß f in $[a, b]$ integrierbar ist.

8.1.14 Die Funktion f sei in $[a, b]$ beschränkt und stetig auf $[a, b] \setminus A$, wobei die Menge A nur endlich viele Häufungspunkte in $[a, b]$ hat. Beweisen Sie, daß f in $[a, b]$ integrierbar ist.

8.1.15 Die Funktion f sei integrierbar in $[a, b]$, und es gelte $\int_{a}^{b} f(x)dx > 0$. Beweisen Sie, daß ein Intervall $[\alpha, \beta] \subset (a, b)$ existiert mit der Eigenschaft, daß $f(x) > 0$ für alle $x \in [\alpha, \beta]$ gilt.

8.1.16 Die Funktionen f und g seien stetig in $[a,b]$, es gelte $f(x) \leq g(x)$ für alle $x \in [a,b]$ und $f(x_0) < g(x_0)$ für ein $x_0 \in [a,b]$. Beweisen Sie

$$\int_a^b f(x)dx < \int_a^b g(x)dx.$$

8.1.17 Die Funktion f sei stetig in $[a,b]$, es gelte $f(x) \geq 0$ für alle $x \in [a,b]$ und $\int_a^b f(x)dx = 0$. Beweisen Sie, daß $f(x) = 0$ für alle $x \in [a,b]$ gelten muß.

8.1.18 Die Funktion f sei stetig in $[0,\infty)$, und mit einer Konstanten M gelte

$$\int_0^n x^n |f(x)| dx \leq M \qquad \text{für alle} \quad n \in \mathbb{N}.$$

Beweisen oder widerlegen Sie, daß dann $f(x) = 0$ für alle $x \in [1,\infty)$ gilt.

8.1.19 Die Funktion f sei stetig in $[a,b]$, differenzierbar in (a,b), und es gelte

$$f(a) \leq 0, \qquad f(b) < 0, \qquad \int_a^b f(x)dx \geq 0.$$

Zeigen Sie, daß ein $\xi \in (a,b)$ existiert mit $f'(\xi) = 0$.

8.1.20 Die Funktion f sei stetig in $[a,b]$, und für alle in $[a,b]$ integrierbaren Funktionen g gelte

$$\int_a^b f(x)g(x)dx = 0.$$

Zeigen Sie, daß $f(x) = 0$ für alle $x \in [a,b]$ gilt.

8.1.21 Die Funktion f sei stetig in $[a,b]$, und für alle in $[a,b]$ stetigen Funktionen g mit $g(a) = g(b) = 0$ gelte

$$\int_a^b f(x)g(x)dx = 0.$$

Folgt dann, daß $f(x) = 0$ für alle $x \in [a,b]$ gelten muß?

8.1.22 Bestimmen Sie alle in $[a,b]$ stetigen, nichtnegativen Funktionen f, die für ein $r \in \mathbb{R}$ und ein $n \in \mathbb{N}$ folgende Eigenschaft besitzen:

$$\int_a^b x^\nu f(x)dx = r^\nu \qquad \text{für} \quad \nu = 0, 1, ..., 2n.$$

8.1.23 Die Funktion f sei stetig in $[a,b]$. Beweisen Sie

$$\lim_{n\to\infty} \left\{ \int_a^b |f(x)|^n dx \right\}^{1/n} = \max_{[a,b]} |f(x)|.$$

8.1.24 Die Funktion f sei integrierbar in $[a,b]$. Beweisen Sie, daß zu jedem $\varepsilon > 0$ eine in $[a,b]$ stetige Funktion g_ε existiert mit der Eigenschaft

$$\int_a^b |f(x) - g_\varepsilon(x)| dx < \varepsilon.$$

Kann g_ε sogar als ein Polynom gewählt werden?

8.1.25 Eine Folge $\{x_\nu\}$ mit $x_\nu \in [0,1]$ heißt gleichverteilt in $[0,1]$, wenn für jedes Intervall $(a,b) \subset [0,1]$ die Anzahl $A_n(a,b)$ der Indizes $\nu \le n$ mit $x_\nu \in (a,b)$ die Beziehung

$$\lim_{n\to\infty} \frac{A_n(a,b)}{n} = b - a$$

erfüllt.

Die Funktion f sei integrierbar in $[0,1]$ und $\{x_\nu\}$ sei gleichverteilt in $[0,1]$. Beweisen Sie

$$\int_0^1 f(x)dx = \lim_{n\to\infty} \frac{1}{n} \sum_{\nu=1}^n f(x_\nu).$$

8.1.26 Die Funktion f sei beschränkt in $[a,b]$. Es sei $P = \{x_0, x_1, ..., x_n\}$ eine Partition von $[a,b]$, und es werde

$$\overline{m}_i(f) := \sup_{[x_{i-1}, x_i]} f(x), \qquad \underline{m}_i(f) := \inf_{[x_{i-1}, x_i]} f(x)$$

gesetzt. Beweisen Sie, daß f auf $[a,b]$ genau dann integrierbar ist, wenn zu jedem $\varepsilon > 0$ und jedem $\delta > 0$ eine Partition $P = \{x_0, x_1, ..., x_n\}$ von $[a,b]$ so existiert, daß die Summe der Längen aller Teilintervalle $[x_{i-1}, x_i]$ mit $\overline{m}_i(f) - \underline{m}_i(f) \ge \varepsilon$ kleiner als δ ist.

8.1.27 Die Funktion f sei integrierbar in $[a,b]$. Beweisen Sie, daß die Menge der Stetigkeitsstellen von f in $[a,b]$ dicht ist.

8.1.28 Die Funktionen f und g seien integrierbar in $[a,b]$, und es gelte $f(x) < g(x)$ für alle $x \in (a,b)$. Beweisen Sie, daß $\int_a^b f(x)dx < \int_a^b g(x)dx$ gilt.

8.1.29 Die Funktion f sei integrierbar in $[a,b]$, und es gelte $f(x) \in [c,d]$ für alle $x \in [a,b]$. Ferner sei die Funktion g integrierbar in $[c,d]$. Ist dann $g \circ f$ integrierbar in $[a,b]$?

8.1.30 Die Funktion f sei integrierbar in $[a,b]$, und es gelte $f(x) \in [c,d]$ für alle $x \in [a,b]$. Ferner sei die Funktion g stetig in $[c,d]$. Beweisen Sie, daß $g \circ f$ in $[a,b]$ integrierbar ist.

8.1.31 Aus dem Intervall $I = [0,1]$ werde im 1. Schritt das zu seinem Mittelpunkt symmetrische offene Intervall der Länge $\frac{1}{4}$ entfernt. Es verbleiben die abgeschlossenen Intervalle vom Rang 1:

$$I_{11} = \left[0, \frac{3}{8}\right], \qquad I_{12} = \left[\frac{5}{8}, 1\right].$$

Im 2. Schritt wird aus jedem der Intervalle I_{11} und I_{12} das zum jeweiligen Mittelpunkt symmetrische offene Intervall der Länge $\frac{1}{4^2}$ entfernt. Es verbleiben die abgeschlossenen Intervalle vom Rang 2:

$$I_{21} = \left[0, \frac{5}{32}\right], \quad I_{22} = \left[\frac{7}{32}, \frac{12}{32}\right], \quad I_{23} = \left[\frac{20}{32}, \frac{25}{32}\right], \quad I_{24} = \left[\frac{27}{32}, 1\right].$$

In analoger Weise wird fortgefahren. Nach dem n-ten Schritt verbleiben 2^n abgeschlossene Intervalle I_{nk} mit $k = 1, ..., 2^n$ vom Rang n. Im $(n+1)$-ten Schritt wird aus jedem Intervall I_{nk} das zum jeweiligen Mittelpunkt symmetrische offene Intervall der Länge $\frac{1}{4^{n+1}}$ entfernt.

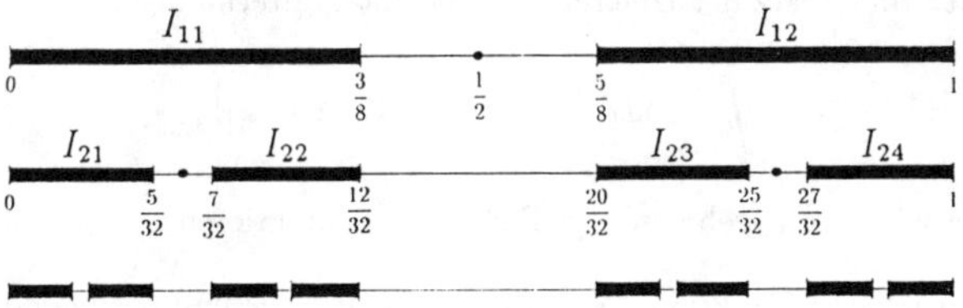

Die Menge $C := \bigcap_{n=1}^{\infty} \bigcup_{k=1}^{2^n} I_{nk}$ heißt CANTOR-Menge.

a) Es sei L_{nk} die Länge des Intervalls I_{nk} und $L_n := \sum_{k=1}^{2^n} L_{nk}$. Zeigen Sie, daß $\lim_{n\to\infty} L_n = \frac{1}{2}$ gilt. (Man nennt daher C eine CANTOR-Menge "vom Maß $\frac{1}{2}$".)

b) Zeigen Sie, daß C kompakt ist und keine inneren Punkte besitzt.

c) Die Funktion f sei auf $[0,1]$ definiert durch $f(x) := 1$, falls $x \in C$, und

$$f(x) := 1 - \frac{b-a}{2} + \left|x - \frac{a+b}{2}\right|,$$

falls x einem Intervall (a,b) angehört, das zur Definition von C aus $[0,1]$ entfernt wurde. Zeigen Sie, daß f auf $[0,1]$ stetig ist.

d) Die Funktion

$$g(x) := \begin{cases} 0 & \text{falls} \quad x \in [0,1) \\ 1 & \text{falls} \quad x = 1 \end{cases}$$

ist auf $[0,1]$ integrierbar. Beweisen Sie, daß $g \circ f$ auf $[0,1]$ nicht integrierbar ist.

8.2 Der Zusammenhang zwischen Differential- und Integralrechnung

Die Funktion f sei definiert in einem beliebigen Intervall I und integrierbar in jedem Teilintervall $[a,b] \subset I$. Betrachten wir ein festes $x_0 \in I$, so ist f integrierbar in $[x_0, x]$, falls $x > x_0$, bzw. in $[x, x_0]$, falls $x < x_0$. Durch

$$\varphi(x) := \int_{x_0}^{x} f(t)dt \qquad (x \in I)$$

wird daher eine neue Funktion ("Integral als Funktion der oberen Grenze") erklärt. Es ergibt sich, daß φ in I stetig ist. Ist f an der Stelle $x \in I$ stetig, so ist φ an x differenzierbar und es gilt $\varphi'(x) = f(x)$. Dieses Ergebnis wird als (erster) Hauptsatz der Differential- und Integralrechnung bezeichnet.

Ist die Funktion f integrierbar in $[a,b]$ und besitzt f in $[a,b]$ eine Stammfunktion F, so gilt der "zweite Hauptsatz der Differential- und Integralrechnung":

$$\int_a^b f(x)dx = F(b) - F(a) =: F(x)\Big|_a^b .$$

Hieraus folgen wichtige Ergebnisse zur Technik des Integrierens.

Substitutionsregel: Die Funktion f sei integrierbar in $[a,b]$ und besitze dort eine Stammfunktion F. Die Funktion g sei differenzierbar in $[\alpha,\beta]$, es gelte $g(t) \in [a,b]$ für alle $t \in [\alpha,\beta]$ und $F \circ g$ habe eine in $[\alpha,\beta]$ integrierbare Ableitung. Dann gilt

$$\int_{g(\alpha)}^{g(\beta)} f(x)dx = \int_{\alpha}^{\beta} f(g(t))g'(t)dt.$$

Partielle Integration: Die Funktionen f und g seien differenzierbar in $[a, b]$ und f' sowie g' seien integrierbar in $[a, b]$. Dann gilt

$$\int_a^b f'(x)g(x)dx = f(x)g(x)\Big|_a^b - \int_a^b f(x)g'(x)dx.$$

8.2.1 Die Funktion f sei integrierbar in $[a, b]$ und für $x \in [a, b]$ sei

$$F(x) := \int_a^x f(t)dt.$$

a) Zeigen Sie, daß F einer LIPSCHITZ-Bedingung der Ordnung $\alpha = 1$ genügt.
b) Zeigen Sie, daß F in $[a, b]$ absolut stetig ist (zur Definition der absoluten Stetigkeit siehe Aufgabe 7.4.38).

8.2.2 Die Funktion f sei integrierbar in $[a, b]$. Muß dann f in $[a, b]$ eine Stammfunktion besitzen?

8.2.3 Die Funktion f sei differenzierbar in $[a, b]$. Muß dann f' in $[a, b]$ integrierbar sein?

8.2.4 Die Funktion f sei stetig im Intervall I, und es sei F eine Stammfunktion zu f in I. Läßt sich F stets in der Form

$$F(x) = \int_{x_0}^x f(t)dt$$

mit einem $x_0 \in I$ darstellen?

8.2.5 Konstruieren Sie eine in $[0, 1]$ integrierbare Funktion f mit der Eigenschaft, daß

$$F(x) := \int_0^x f(t)dt$$

in $[0, 1]$ differenzierbar ist und auf einer in $[0, 1]$ dichten Menge gilt $F'(x) \neq f(x)$.

8.2.6 Gibt es eine in $[0,1]$ integrierbare Funktion f, die in keinem Intervall $I \subset [0,1]$ eine Stammfunktion besitzt?

8.2.7 Die Funktion f sei auf $\mathbb{R}$ definiert durch

$$f(x) := 1 + \int_0^x \frac{1+\sin t}{2+t^2}dt.$$

Gibt es ein Polynom $P(x) = a + bx + cx^2$ mit

$$P(0) = f(0), \qquad P'(0) = f'(0), \qquad P''(0) = f''(0) \qquad ?$$

8.2.8 Bestimmen Sie auf $(-\infty, \infty)$ alle Extremstellen der Funktion

$$f(x) := \int_0^x (1+4t)e^{t^2}\,dt \;+\; xe^{x^2}.$$

8.2.9 Die Funktion f sei stetig in $[0,1]$, und es gelte $f(x) \in (0,1)$ für alle $x \in (0,1)$. Ferner sei $n \geq 2$ eine natürliche Zahl. Zeigen Sie, daß die Gleichung

$$nx + \int_0^x f^n(t)dt = n - 1 + \int_0^{x^n} f(t)dt$$

genau eine Lösung $x = \xi$ besitzt und $\xi \in (0,1)$ gilt.

8.2.10 Die Funktion f sei auf $\mathbb{R}$ zweimal stetig differenzierbar. Zeigen Sie, daß für alle $a, b \in \mathbb{R}$ gilt

$$\int_a^b xf''(x)dx = \{bf'(b) - af'(a)\} - \{f(b) - f(a)\}.$$

8.2.11 Beweisen Sie folgende Version des zweiten Hauptsatzes der Differential- und Integralrechnung:
Die Funktion f sei integrierbar in $[a,b]$; die Funktion F sei stetig in $[a,b]$, differenzierbar auf $X = [a,b] \setminus \{\xi_1, ..., \xi_m\}$ und dort gelte $F'(x) = f(x)$. Dann gilt

$$\int_a^b f(x)dx = F(b) - F(a).$$

8.2.12 Die Funktion f sei auf $\mathbb{R}$ definiert durch

$$f(x) := \begin{cases} \cos\frac{1}{x} + \sin\frac{1}{x} & \text{falls} \quad x \neq 0 \\ 0 & \text{falls} \quad x = 0 \end{cases}.$$

Es sei $[a,b]$ ein Intervall mit $0 \in [a,b]$.

a) Ist f stetig auf $[a,b]$?

b) Ist f integrierbar auf $[a,b]$?

c) Besitzt f auf $[a,b]$ eine Stammfunktion?

8.2.13 Die Funktion f sei stetig auf $\mathbb{R}$. Zeigen Sie, daß für alle $x \in \mathbb{R}$ gilt

$$\int_0^x f(t)(x-t)dt = \int_0^x \Big\{ \int_0^u f(t)dt \Big\} du.$$

8.2.14 Die Funktion f sei stetig auf $\mathbb{R}$. Zeigen Sie, daß für alle $n \in \mathbb{N}$ und alle $x \in \mathbb{R}$ folgendes gilt:

$$\int_0^x \frac{f(t)(x-t)^n}{n!} dt = \int_0^x \Big\{ \int_0^{x_n} \Big\{ \cdots \int_0^{x_2} \Big\{ \int_0^{x_1} f(t)dt \Big\} dx_1 \cdots \Big\} dx_{n-1} \Big\} dx_n.$$

8.2.15 Zeigen Sie, daß für alle $x \in \mathbb{R}$ folgendes gilt

$$\int_0^x |t| dt = \frac{x|x|}{2}.$$

8.2.16 Berechnen Sie die folgenden Grenzwerte:

a) $\lim\limits_{n\to\infty} \sum\limits_{\nu=1}^{n} \frac{n}{n^2+\nu^2}$, b) $\lim\limits_{n\to\infty} \sum\limits_{\nu=1}^{n} \frac{\nu}{n^2+\nu^2}$,

c) $\lim\limits_{n\to\infty} \sum\limits_{\nu=1}^{n} \frac{\nu^\alpha}{n^{\alpha+1}}$ $(\alpha \geq 0)$, d) $\lim\limits_{n\to\infty} \sum\limits_{\nu=1}^{n} \frac{1}{n\alpha+\nu\beta}$ $(\alpha > 0,\ \beta > 0)$.

8.2.17 Für $n \in \mathbb{N}$ sei $s_n := \sum\limits_{\nu=n}^{2n-1} \frac{1}{\nu}$ gesetzt. Zeigen Sie (mit Methoden der Integralrechnung), daß $\lim\limits_{n\to\infty} s_n = \ln 2$ gilt.

8.2.18 Untersuchen Sie die Konvergenz der Folgen $\{s_n\}$ und $\{t_n\}$ mit

$$s_n := \sum_{\nu=1}^{n^2} \frac{n}{n^2+\nu^2}; \qquad t_n := \sum_{\nu=1}^{n^2} \frac{\nu}{n^2+\nu^2}.$$

8.2.19 Es seien m und n nichtnegative ganze Zahlen. Beweisen Sie:

a) $$\frac{1}{\pi}\int_{-\pi}^{\pi} \cos mx \cos nx \, dx = \begin{cases} 0 & \text{falls} \quad m \neq n \\ 1 & \text{falls} \quad m = n \neq 0 \\ 2 & \text{falls} \quad m = n = 0 \end{cases},$$

b) $$\frac{1}{\pi}\int_{-\pi}^{\pi} \sin mx \sin nx \, dx = \begin{cases} 0 & \text{falls} \quad m \neq n \\ 1 & \text{falls} \quad m = n \neq 0 \\ 0 & \text{falls} \quad m = n = 0 \end{cases},$$

c) $$\frac{1}{\pi}\int_{-\pi}^{\pi} \sin mx \cos nx \, dx = 0.$$

8.2.20 Es seien $a_1, ..., a_n$ und $b_1, ..., b_m$ reelle Zahlen. Beweisen Sie, daß ein $x \in [0, \pi]$ existiert mit

$$\sum_{\nu=1}^{n} a_\nu \sin 2\nu x = \sum_{\nu=1}^{m} b_\nu \cos \nu x.$$

8.2.21 Die Funktion f sei integrierbar in $[0, 1]$, und es gelte

$$\int_0^1 f(x)dx = \int_0^1 xf(x)dx = 0, \qquad \int_0^1 x^2 f(x)dx = 1.$$

Beweisen Sie, daß ein $\xi \in (0, 1)$ existiert mit $|f(\xi)| \geq 12$.

8.2.22 Beweisen Sie: Für alle in $[0, 1]$ stetig differenzierbaren Funktionen f mit $f(0) = 0$ und $f(1) = 1$ gilt

$$\int_0^1 |f'(x) - f(x)| dx \geq \frac{1}{e}.$$

8.2.23 Es seien m und n nichtnegative ganze Zahlen. Beweisen Sie die Identität

$$\sum_{\nu=0}^{n} (-1)^\nu \binom{n}{\nu} \frac{1}{\nu + m + 1} = \sum_{\nu=0}^{m} (-1)^\nu \binom{m}{\nu} \frac{1}{\nu + n + 1}.$$

8.2.24 Beweisen Sie (mit Mitteln der Integralrechnung): Für alle natürlichen Zahlen n gilt

$$\sum_{\nu=1}^{n} (-1)^{\nu+1} \frac{1}{\nu} \binom{n}{\nu} = \sum_{\mu=1}^{n} \frac{1}{\mu}$$

(vgl. auch I; Aufgabe 1.7.9).

8.2.25 Zeigen Sie: Für alle $x \in \mathbb{R}$ und alle $n \in \mathbb{N}_0$ gilt

$$\int_0^x e^{x-t} t^n dt = n! \sum_{\nu=n+1}^{\infty} \frac{x^\nu}{\nu!}.$$

8.2.26 Bestimmen Sie alle in $[0, \infty)$ stetig differenzierbaren Funktionen f mit $f(0) \geq 0$ und $f'(x) \geq f^2(x)$ für alle $x \in (0, \infty)$.

8.2.27 Die Funktion f sei stetig in $[a, b]$, zweimal differenzierbar in (a, b), und es sei $M := \sup\limits_{(a,b)} |f''(x)|$. Ferner gelte $f(a) = f(b) = 0$. Beweisen Sie

$$\left| \int_a^b f(x)dx \right| \leq M \frac{(b-a)^3}{12}.$$

8.2.28 Die Funktion f sei stetig in $[a, b]$, differenzierbar in (a, b) und besitze in $[a, b]$ eine Stammfunktion, die nicht monoton ist. Beweisen Sie

$$\frac{|f(b)| + |f(a)|}{b-a} \leq \sup_{(a,b)} |f'(x)|.$$

8.2.29 Für $x \geq 0$ sei $f(x) := \int\limits_0^x \frac{\sin t}{1+t} dt$ und $F(x) := \int\limits_0^x f(t)dt$. Zeigen Sie, daß F auf $[0, \infty)$ streng monoton wachsend ist.

8.2.30 Die Funktion f sei in $[a, b]$ zweimal differenzierbar, und es gelte

$$f(a) = 0, \qquad f(b) = 1; \qquad\qquad f'(a) = f'(b) = 0.$$

Beweisen Sie, daß ein $\xi \in [a, b]$ existiert mit $|f''(\xi)| > \frac{4}{(b-a)^2}$.
(Vergleiche Aufgabe 7.2.58.)

8.2.31 a) Die Funktion f sei integrierbar in $[a, b]$, und es gelte

$$\int_a^b x^n f(x)dx = 0 \qquad \text{für alle } n \in \mathbb{N}_0. \qquad (*)$$

Beweisen Sie, daß für jede in $[a, b]$ stetige Funktion g gilt $\int\limits_a^b g(x)f(x)dx = 0$.
b) Welche in $[a, b]$ stetigen Funktionen f haben die Eigenschaft $(*)$?

8.2.32 Bestimmen Sie alle in $[0,1]$ stetigen Funktionen f mit der Eigenschaft

$$\int_0^1 x^n f(x)dx = \frac{1}{n+2} \qquad \text{für alle } n \in \mathbb{N}_0.$$

8.2.33 Die Funktion f sei stetig in $[0,1]$, und es sei

$$F_0(x) := f(x), \qquad F_{n+1}(x) := \int_0^x F_n(t)dt \qquad (n \in \mathbb{N}_0).$$

Für alle $n \in \mathbb{N}$ gelte $F_n(1) = 0$. Was können Sie über die Funktion f aussagen?

8.2.34 Es sei f eine in $[1,\infty)$ differenzierbare Funktion mit $f(1) = 1$ und

$$f'(x) = \frac{1}{x^2 + f^2(x)} \qquad \text{für } x \in [1,\infty).$$

Beweisen Sie, daß $g := \lim\limits_{x\to\infty} f(x)$ existiert und $g \le 1 + \frac{\pi}{4}$ gilt.

8.2.35 a) Es sei $[a,b]$ ein Intervall mit $\sin x \neq 0$ für alle $x \in [a,b]$. Beweisen Sie die Rekursionsformel:

$$\int_a^b \frac{\cos^{m+1} x}{\sin^{n+1} x} dx = -\frac{1}{n} \cdot \frac{\cos^m x}{\sin^n x}\Big|_a^b - \frac{m}{n} \int_a^b \frac{\cos^{m-1} x}{\sin^{n-1} x} dx.$$

b) Es sei $[a,b]$ ein Intervall mit $\cos x \neq 0$ für alle $x \in [a,b]$. Beweisen Sie die Rekursionsformel:

$$\int_a^b \frac{\sin^{m+1} x}{\cos^{n+1} x} dx = \frac{1}{n} \cdot \frac{\sin^m x}{\cos^n x}\Big|_a^b - \frac{m}{n} \int_a^b \frac{\sin^{m-1} x}{\cos^{n-1} x} dx.$$

8.2.36 Die Funktion f sei stetig in $[0,1]$. Beweisen Sie

$$\int_0^\pi x f(\sin x)dx = \frac{\pi}{2} \int_0^\pi f(\sin x)dx.$$

8.2.37 Berechnen Sie den Wert des Integrals

$$\int_0^\pi \frac{x \sin x}{1 + \cos^2 x} dx.$$

8.2.38 Die Funktionen f und g seien stetig in $[0,p]$, und es gelte mit einer Konstanten q

$$f(x) + f(p-x) = q, \qquad g(x) = g(p-x) \qquad \text{für alle } x \in [0,p].$$

Beweisen Sie

$$\int_0^p f(x)g(x)dx = \frac{q}{2}\int_0^p g(x)dx.$$

8.2.39 Für ein $r > 0$ sei die Funktion f definiert durch

$$f(x) := \frac{1}{1+(\tan x)^r}, \quad \text{falls } 0 \le x < \frac{\pi}{2}; \qquad f\Big(\frac{\pi}{2}\Big) := 0.$$

Berechnen Sie den Wert des Integrals $\int_0^{\pi/2} f(x)dx$.

8.2.40 Die Folge $\{P_n\}$ sei definiert durch

$$P_n := \frac{1}{n^4}\Big\{\prod_{\nu=1}^{2n}(n^2+\nu^2)\Big\}^{1/n}.$$

Zeigen Sie, daß $\{P_n\}$ konvergiert, und bestimmen Sie den Grenzwert.

8.2.41 Untersuchen Sie, ob folgender Grenzwert existiert

$$\lim_{x\to\infty} x \int_0^x e^{t^2-x^2}dt.$$

8.2.42 Die Funktion f sei integrierbar in $[-1,1]$ und stetig an $x_0 = 0$. Beweisen Sie

$$\lim_{h\to 0+} \int_{-1}^{1} \frac{hf(x)}{h^2+x^2}dx = \pi f(0).$$

8.2.43 Die Funktion f sei in $[0,a]$ stetig und monoton fallend, und die Funktion φ sei in $[0,a]$ stetig mit $0 \le \varphi(x) \le 1$ für alle $x \in [0,a]$.
Beweisen Sie: Für $\lambda := \int_0^a \varphi(x)dx$ gilt $0 \le \lambda \le a$ und

$$\int_{a-\lambda}^{a} f(x)dx \le \int_0^a f(x)\varphi(x)dx \le \int_0^\lambda f(x)dx.$$

8.2.44 Konstruieren Sie (mit den Mitteln der Integralrechnung) eine Funktion f, die auf $(-\infty,\infty)$ beliebig oft differenzierbar ist, die $f(x)=0$ für alle $x\leq 0$ sowie $f(x)=1$ für alle $x\geq 1$ erfüllt und in $[0,1]$ streng monoton wachsend ist (vgl. auch Aufgabe 7.1.31).

8.2.45 Die Funktion f sei integrierbar in jedem Intervall $[0,b]$.

a) Es gelte $\lim\limits_{x\to\infty} f(x)=g\in I\!R$. Beweisen Sie

$$\lim_{x\to\infty}\frac{1}{x}\int_0^x f(t)dt=g.$$

b) Gilt auch die Umkehrung?

8.2.46 Die Funktion f sei in $[0,\infty)$ stetig, es gelte $f(x)>0$ für alle $x\in[0,\infty)$ und

$$\overline{\lim_{x\to\infty}}\frac{\ln f(x)}{x}=:\alpha\in(0,\infty).$$

Beweisen Sie

$$\underline{\lim_{x\to\infty}}\frac{1}{f(x)}\int_0^x f(t)dt\leq\frac{1}{\alpha}.$$

8.2.47 Die Funktion φ sei stetig und positiv in $[0,\infty)$. Es sei $\gamma>1$ und

$$f(x):=\frac{1}{\{\varphi(x)\}^{1/\gamma}}\int_0^x\varphi(t)dt.$$

a) Beweisen Sie, daß f unbeschränkt ist.

b) Gilt dies auch für $\gamma=1$?

8.2.48 Beweisen Sie folgende Version der Substitutionsregel:
Die Funktion f sei integrierbar in $[a,b]$, die Funktion φ sei streng monoton wachsend und stetig differenzierbar in $[\alpha,\beta]$, und es sei $\varphi(\alpha)=a$ und $\varphi(\beta)=b$. Dann gilt

$$\int_a^b f(x)dx=\int_\alpha^\beta f(\varphi(t))\varphi'(t)dt.$$

8.2.49 Die Funktionen f und g seien für ein $n\in I\!N_0$ im Intervall $[a,b]$ wenigstens $(n+1)$-mal stetig differenzierbar. Beweisen Sie folgende allgemeine Formel der partiellen Integration:

$$\int_a^b f(x)g^{(n+1)}(x)dx=\sum_{\nu=0}^n(-1)^\nu f^{(\nu)}(x)g^{(n-\nu)}(x)\Big|_a^b+(-1)^{n+1}\int_a^b f^{(n+1)}(x)g(x)dx.$$

8.2.50 Es sei P ein Polynom vom Grad $n \in \mathbb{N}$. Zeigen Sie, daß das Gleichungssystem

$$\int_0^x P(t)\sin t\,dt = a, \qquad \int_0^x P(t)\cos t\,dt = b$$

für beliebige $a, b \in \mathbb{R}$ höchstens endlich viele reelle Lösungen x hat.

8.2.51 Für $x \in (a, b)$ werde definiert

$$\varphi_a(x) := (x-a)^2 \sin\frac{1}{x-a}, \qquad \psi_b(x) := (b-x)^2 \sin\frac{1}{b-x}.$$

a) Zeigen Sie, daß es Stellen $\xi_a \in (a, \frac{a+b}{2}]$ und $\eta_b \in [\frac{a+b}{2}, b)$ gibt, für welche gilt

$$\xi_a := \sup\{x : x \in (a, \tfrac{a+b}{2}],\ \varphi_a'(x) = 0\},$$

$$\eta_b := \inf\{x : x \in [\tfrac{a+b}{2}, b),\ \psi_b'(x) = 0\},$$

und daß $\varphi_a(\xi_a) = \psi_b(\eta_b)$ ist.

b) Es sei C die in Aufgabe 8.1.31 konstruierte CANTOR-Menge. Die Funktion f sei auf $[0, 1]$ definiert durch $f(x) := 0$, falls $x \in C$, und durch

$$f(x) := \begin{cases} \varphi_a(x) & \text{falls} \quad a < x \le \xi_a \\ \varphi_a(\xi_a) & \text{falls} \quad \xi_a < x < \eta_b \\ \psi_b(x) & \text{falls} \quad \eta_b \le x < b \end{cases},$$

wenn x einem Intervall (a, b) angehört, welches zur Definition von C aus $[0, 1]$ entfernt wird.

Beweisen Sie, daß f auf $[0, 1]$ differenzierbar ist, daß f' beschränkt ist, aber f' nicht integrierbar ist.

8.3 Mittelwertsätze; Ungleichungen zwischen Integralen

8.3.1 Die Funktion f sei differenzierbar in $[a, b]$, es gelte $f(a) = 0$ und $0 \le f'(x) \le 1$ für alle $x \in [a, b]$. Beweisen Sie

$$\int_a^b f^3(x)dx \le \Big\{ \int_a^b f(x)dx \Big\}^2.$$

8.3.2 a) Die Funktionen f und g seien beide monoton wachsend in $[a,b]$. Beweisen Sie

$$\int_a^b f(x)dx \cdot \int_a^b g(x)dx \le (b-a)\int_a^b f(x)g(x)dx.$$

b) Was gilt, wenn f und g beide monoton fallend sind?

c) Was gilt, wenn eine der Funktionen monoton wachsend, die andere monoton fallend ist?

8.3.3 Die Funktion f sei in $[0,a]$ konkav, und es gelte $f(0)=0$. Beweisen Sie, daß für alle $x \in [0,a]$ gilt

$$\frac{xf(x)}{2} \le \int_0^x f(t)dt.$$

8.3.4 Die Funktion f sei integrierbar in $[a,b]$.

a) Beweisen Sie, daß ein $\xi \in [a,b]$ existiert mit

$$\int_a^\xi f(x)dx = \int_\xi^b f(x)dx.$$

b) Gilt diese Beziehung sogar für ein $\xi \in (a,b)$?

8.3.5 a) Die Funktion f sei differenzierbar in $[0,a]$. Es sei $f'(0)=1$ und für alle $x \in [0,a]$ gelte $0 = f(0) \le f(x) \le 1$. Ferner sei f monoton wachsend und f' monoton fallend im Intervall $[0,a]$.

Beweisen Sie, daß für alle $x,y \in [0,a]$ mit $xy \le a$ gilt:

$$f(x)f(y) \le f(xy).$$

Zeigen Sie ferner:

b) Für alle $x,y \in [0,\sqrt{\pi/2}]$ gilt $\sin x \sin y \le \sin(xy)$.

c) Für alle $x,y \in [0,\infty)$ gilt $\arctan x \arctan y \le \frac{\pi}{2}\arctan\left(\frac{2xy}{\pi}\right)$.

d) Für alle $n \in \mathbb{N}$ und alle $x \in [0,(\pi/2)^{1/n}]$ gilt $\sin^n x \le \sin(x^n)$.

8.3.6 Die Funktionen f und g seien integrierbar in $[a,b]$.

a) Beweisen Sie die SCHWARZsche Ungleichung

$$\left\{\int_a^b f(x)g(x)dx\right\}^2 \le \int_a^b f^2(x)dx \cdot \int_a^b g^2(x)dx.$$

b) Beurteilen Sie, wann für stetige Funktionen f, g in der SCHWARZschen Ungleichung das Gleichheitszeichen gilt.

c) Zeigen Sie, daß die SCHWARZsche Ungleichung für Summen reeller Zahlen ein Spezialfall hiervon ist.

8.3.7 Die Funktion f habe in $[0,1]$ eine integrierbare Ableitung, und es gelte $f(0) = 0$. Beweisen Sie: Für alle $x \in [0,1]$ gilt

$$|f(x)| \leq \left\{ \int_0^1 \{f'(t)\}^2 dt \right\}^{1/2}.$$

8.3.8 Die Funktion f habe in $[a,b]$ eine integrierbare Ableitung. Es gelte $f(a) = f(b) = 0$ und $\int_a^b f^2(x)dx = 1$. Beweisen Sie die folgenden Beziehungen:

$$\text{a)} \quad \int_a^b x^2 \{f'(x)\}^2 dx \geq \frac{1}{4}, \qquad \text{b)} \quad \int_a^b \{f'(x)\}^2 dx \cdot \int_a^b x^2 f^2(x) dx \geq \frac{1}{4}.$$

8.3.9 Es sei $C_0^1 := C_0^1[0,1]$ die Menge aller in $[0,1]$ stetig differenzierbaren Funktionen f mit $f(0) = 0$ und $f(1) = 1$.

a) Bestimmen Sie

$$m := \inf_{f \in C_0^1} \int_0^1 \{f'(x)\}^2 dx.$$

b) Gibt es eine Funktion $f_0 \in C_0^1$ mit $m = \int_0^1 \{f_0'(x)\}^2 dx$?

c) Falls eine solche Funktion f_0 existiert, ist sie eindeutig bestimmt?

8.3.10 Für eine in $[0,1]$ integrierbare Funktion f werde

$$||f||_2 := \left\{ \int_0^1 f^2(x) dx \right\}^{1/2}$$

gesetzt. Ferner sei $F(x) := \int_0^x f(t)dt$ für $x \in [0,1]$. Beweisen Sie

$$||F||_2 \leq \frac{1}{\sqrt{2}} \cdot ||f||_2.$$

8.3.11 (Erster Mittelwertsatz der Integralrechnung) Die Funktion f sei integrierbar in $[a,b]$, und es gelte $\underline{m} \leq f(x) \leq \overline{m}$ für alle $x \in [a,b]$. Beweisen Sie:

a) Es existiert ein η mit $\underline{m} \leq \eta \leq \overline{m}$ und $\int\limits_a^b f(x)dx = \eta(b-a)$.

b) Besitzt f eine Stammfunktion in $[a,b]$, so existiert ein $\xi \in (a,b)$ mit der Eigenschaft $\int\limits_a^b f(x)dx = f(\xi)(b-a)$.

c) Zeigen Sie, daß die Aussage in b) nicht mehr gilt, wenn f nur als integrierbar vorausgesetzt wird.

8.3.12 (Erweiterter Mittelwertsatz der Integralrechnung) Die Funktionen f und g seien definiert in $[a,b]$, und es seien g und $f \cdot g$ integrierbar in $[a,b]$. Ferner gelte $\underline{m} \leq f(x) \leq \overline{m}$ sowie $g(x) \geq 0$ für alle $x \in [a,b]$. Beweisen Sie:

a) Es existiert ein η mit $\underline{m} \leq \eta \leq \overline{m}$ und $\int\limits_a^b f(x)g(x)dx = \eta \int\limits_a^b g(x)dx$.

b) Ist f stetig in $[a,b]$, so existiert ein $\xi \in (a,b)$ mit $\int\limits_a^b f(x)g(x)dx = f(\xi) \int\limits_a^b g(x)dx$.

8.3.13 Beweisen Sie den Satz von BONNET: Die Funktion g sei integrierbar in $[a,b]$.

a) Die Funktion f sei monoton fallend in $[a,b]$, es gelte $f(x) \geq 0$ für alle $x \in [a,b]$, und es sei $A \geq f(a+)$. Dann existiert ein $\xi \in [a,b]$ mit der Eigenschaft

$$\int\limits_a^b f(x)g(x)dx = A \int\limits_a^\xi g(x)dx.$$

b) Die Funktion f sei monoton wachsend in $[a,b]$, es gelte $f(x) \geq 0$ für alle $x \in [a,b]$, und es sei $B \geq f(b-)$. Dann existiert ein $\xi \in [a,b]$ mit der Eigenschaft

$$\int\limits_a^b f(x)g(x)dx = B \int\limits_\xi^b g(x)dx.$$

8.3.14 Beweisen Sie den zweiten Mittelwertsatz der Integralrechnung:

Die Funktion f sei monoton in $[a,b]$, und die Funktion g sei integrierbar in $[a,b]$. Ferner seien A und B so gewählt, daß gilt

$$\begin{array}{lll} A \geq f(a+), & B \leq f(b-), & \text{falls } f \text{ monoton fallend ist,} \\ A \leq f(a+), & B \geq f(b-), & \text{falls } f \text{ monoton wachsend ist.} \end{array}$$

Dann gibt es ein $\xi \in [a,b]$ mit der Eigenschaft

$$\int\limits_a^b f(x)g(x)dx = A \int\limits_a^\xi g(x)dx + B \int\limits_\xi^b g(x)dx.$$

8.3.15 Die Funktion f sei stetig im Intervall $[a, b]$, es gelte $f(x) = f(a)$ für alle $x < a$ und $f(x) = f(b)$ für alle $x > b$. Ferner sei

$$\lim_{h\to 0} \frac{1}{h} \int_a^b |f(t+h) - f(t)|dt = 0.$$

Beweisen Sie, daß f auf $\mathbb{R}$ konstant ist.

8.3.16 Die Funktion f sei differenzierbar in $[a, b]$, es sei f' monoton fallend in $[a, b]$, und es gelte $f'(x) \geq m > 0$ für alle $x \in [a, b]$. Beweisen Sie

$$\left|\int_a^b \sin\{f(x)\}dx\right| \leq \frac{2}{m}.$$

8.3.17 Es sei $-1 < a < b$. Beweisen Sie

$$\left|\int_a^b \cos(e^x)dx\right| \leq \frac{2}{1+a}.$$

8.3.18 Die Funktionen f und g seien integrierbar in $[a, b]$. Es seien p, q reelle Zahlen mit $p > 1$ und $\frac{1}{p} + \frac{1}{q} = 1$. Zeigen Sie, daß die Funktionen $|f|^p$ und $|g|^q$ in $[a, b]$ integrierbar sind und daß die HÖLDERsche Ungleichung gilt:

$$\int_a^b |f(x)g(x)|dx \leq \left\{\int_a^b |f(x)|^p dx\right\}^{1/p} \cdot \left\{\int_a^b |g(x)|^q dx\right\}^{1/q}.$$

8.3.19 Die Funktionen f und g seien integrierbar in $[a, b]$. Es sei $p \geq 1$. Zeigen Sie, daß die Funktionen $|f|^p$ und $|g|^p$ sowie $|f + g|^p$ in $[a, b]$ integrierbar sind und daß die MINKOWSKIsche Ungleichung gilt:

$$\left\{\int_a^b |f(x) + g(x)|^p dx\right\}^{1/p} \leq \left\{\int_a^b |f(x)|^p dx\right\}^{1/p} + \left\{\int_a^b |g(x)|^p dx\right\}^{1/p}.$$

8.3.20 Die Funktion f sei integrierbar in $[a, b]$. Es sei $0 < r < s$. Beweisen Sie

$$\left\{\frac{1}{b-a}\int_a^b |f(x)|^r dx\right\}^{1/r} \leq \left\{\frac{1}{b-a}\int_a^b |f(x)|^s dx\right\}^{1/s}.$$

8.3.21 Die Funktion f sei stetig auf $\mathbb{R}$, und es sei $p \geq 1$. Beweisen Sie:

a) Für jedes Intervall $[a, b]$ gilt

$$\left| \int_a^b f(x)dx \right|^p \leq (b-a)^{p-1} \int_a^b |f(x)|^p dx.$$

b) Existiert ein $\gamma \in (0, 1)$, so daß für jedes Intervall $[a, b]$ gilt

$$\left| \int_a^b f(x)dx \right|^p \leq \gamma(b-a)^{p-1} \int_a^b |f(x)|^p dx,$$

so ist $f(x) = 0$ für alle $x \in \mathbb{R}$.

8.3.22 Die Funktionen g und h seien integrierbar in $[a, b]$, und es gelte $h(x) > 0$ für alle $x \in [a, b]$. Ferner sei die Funktion f konvex in einem offenen Intervall I mit $g(x) \in I$ für alle $x \in [a, b]$ und $f \circ g$ sei integrierbar in $[a, b]$. Beweisen Sie die JENSENsche Ungleichung für Integrale:

$$f\Big(\int_a^b g(x)h(x)dx \Big/ \int_a^b h(x)dx \Big) \leq \int_a^b f(g(x))h(x)dx \Big/ \int_a^b h(x)dx.$$

8.3.23 Die Funktionen f und g seien integrierbar in $[a, b]$, und es gelte $f(x) \geq \alpha > 0$ und $g(x) > 0$ für alle $x \in [a, b]$. Beweisen Sie die folgenden Ungleichungen:

a) $$\exp\left\{ \frac{1}{b-a} \int_a^b \ln f(x)dx \right\} \leq \frac{1}{b-a} \int_a^b f(x)dx,$$

b) $$\exp\left\{ \int_a^b g(x) \ln f(x)dx \Big/ \int_a^b g(x)dx \right\} \leq \int_a^b f(x)g(x)dx \Big/ \int_a^b g(x)dx.$$

8.4 Integration von Funktionenfolgen und Funktionenreihen

Die Funktionen f_n seien integrierbar im Intervall $[a, b]$. Konvergiert die Funktionenfolge $\{f_n(x)\}$ auf $[a, b]$ gleichmäßig gegen die Grenzfunktion f, so ist auch f in $[a, b]$ integrierbar und Integration und Grenzübergang sind vertauschbar, d.h. es gilt

$$\lim_{n\to\infty} \int_a^b f_n(x)dx = \int_a^b \{\lim_{n\to\infty} f_n(x)\}dx = \int_a^b f(x)dx.$$

Das Ergebnis überträgt sich sinngemäß (durch Betrachtung der Teilsummenfolge) auf die gliedweise Integration von Funktionenreihen.

8.4.1 In der Statistik spielt die sogenannte Fehlerfunktion $\operatorname{erf}(x)$ (error function) eine wichtige Rolle. Sie ist definiert durch

$$\operatorname{erf}(x) := \frac{2}{\sqrt{\pi}} \int_0^x e^{-t^2} dt \qquad (x \in \mathbb{R}).$$

Bestimmen Sie die TAYLOR-Reihe von $\operatorname{erf}(x)$ bezüglich der Entwicklungsmitte $x_0 = 0$.

8.4.2 Auf $\mathbb{R}$ seien die folgenden Funktionen definiert:

$$\operatorname{Si}(x) := \int_0^x \frac{\sin t}{t} dt \qquad \text{(Integralsinus)},$$

$$\operatorname{S}(x) := \int_0^x \sin(t^2) dt \qquad \text{(FRESNEL-Integral)}.$$

Berechnen Sie ihre TAYLOR-Reihen bezüglich der Entwicklungsmitte $x_0 = 0$.

8.4.3 Die Funktionen f_n seien auf $[0,1]$ definiert durch

$$f_n(x) := \frac{2nx}{(1+nx^2)^2}.$$

Berechnen Sie $\lim\limits_{n\to\infty} \int_0^1 f_n(x)dx$ und $\int_0^1 \{\lim\limits_{n\to\infty} f_n(x)\}dx$. Was schließen Sie aus dem Ergebnis?

8.4.4 Für $\alpha \in \mathbb{R}$ seien die Funktionen f_n auf $[0,1]$ definiert durch

$$f_n(x) := \frac{n^\alpha x}{(1+n^2x^2)^2}.$$

Für welche Werte von α

a) konvergiert $\{f_n(x)\}$ in $[0,1]$?

b) konvergiert $\{f_n(x)\}$ gleichmäßig in $[0,1]$?

c) gilt die Beziehung $\int_0^1 \lim\limits_{n\to\infty} f_n(x)dx = \lim\limits_{n\to\infty} \int_0^1 f_n(x)dx$?

8.4.5 a) Die Funktion f sei integrierbar in $[a,b]$. Zeigen Sie, daß $g(x) := \sin\{f(x)\}$ in $[a,b]$ integrierbar ist und daß gilt

$$\int_a^b \sin\{f(x)\}dx = \sum_{n=0}^{\infty} \frac{(-1)^n}{(2n+1)!} \int_a^b \{f(x)\}^{2n+1} dx.$$

b) Berechnen Sie $\int_0^1 \sin\{e^x\}dx$.

8.4.6 Berechnen Sie die folgenden Integrale:

$$\text{a)} \quad \int_0^1 \frac{\ln(1+x)}{x} dx, \qquad \text{b)} \quad \int_0^1 \frac{\arctan x}{x} dx.$$

(Geben Sie das Ergebnis in Form einer Reihe an.)

8.4.7 Es sei $\alpha > 0$. Beweisen Sie

$$\sum_{\nu=0}^{\infty} \frac{(-1)^\nu}{1+\alpha\nu} = \int_0^1 \frac{dt}{1+t^\alpha}.$$

8.4.8 Eine Folge $\{f_n\}$ von Funktionen, die in $[a,b]$ integrierbar sind, heißt orthonormal in $[a,b]$, wenn gilt

$$\int_a^b f_n^2(x)dx = 1, \qquad \int_a^b f_n(x)f_m(x)dx = 0 \qquad \text{falls } n \neq m.$$

Es sei $\{f_n\}$ orthonormal in $[a,b]$, und die Reihe $f(x) := \sum_{n=1}^{\infty} a_n f_n(x)$ sei gleichmäßig konvergent in $[a,b]$. Beweisen Sie, daß für alle $n \in \mathbb{N}$ gilt

$$a_n = \int_a^b f(x)f_n(x)dx.$$

8.4.9 a) Es sei $m \in \mathbb{N}$ und $n \in \mathbb{N}_0$. Beweisen Sie

$$\int_0^1 x^m \{\ln x\}^n dx = \frac{(-1)^n n!}{(m+1)^{n+1}}.$$

b) Zeigen Sie $\int_0^1 x^x dx = \sum_{\nu=1}^{\infty} \frac{(-1)^{\nu+1}}{\nu^\nu}$.

c) Berechnen Sie $\int_0^1 x^{-x} dx$.

8.4.10 Konstruieren Sie eine Folge $\{f_n\}$ mit den folgenden beiden Eigenschaften:

(1) Für jedes $n \in \mathbb{N}$ ist f_n integrierbar auf $[0,1]$ und $\{f_n(x)\}$ konvergiert auf $[0,1]$ gegen eine beschränkte Funktion f.

(2) Für jedes $n \in \mathbb{N}$ ist $\int\limits_0^1 f_n(x)dx = 0$, aber f ist nicht integrierbar auf $[0,1]$.

8.4.11 Konstruieren Sie eine Folge $\{f_n\}$ stetiger Funktionen in $[0,1]$ mit $f_n(x) \to 0$ für alle $x \in [0,1]$ und

$$\int\limits_0^1 f_n(x)dx \to \infty \qquad \text{für } n \to \infty.$$

8.4.12 Gibt es eine Folge $\{f_n\}$ stetiger Funktionen in $[-1,1]$ mit $\int\limits_{-1}^1 f_n(x)dx \to 0$ für $n \to \infty$ und der Eigenschaft, daß $\{f_n(x)\}$ für alle $x \in [-1,1]$ divergiert?

8.4.13 Die Funktion f sei integrierbar in $[0,1]$, und es existiere $\lim\limits_{x\to 1-} f(x) =: g$. Beweisen Sie

$$\lim_{n\to\infty} n \int\limits_0^1 x^{n-1} f(x)dx = g.$$

8.4.14 Die Funktionen f und g seien stetig in $[0,1]$ und g habe die Periode 1. Beweisen Sie

$$\lim_{n\to\infty} \int\limits_0^1 f(x)g(nx)dx = \int\limits_0^1 f(x)dx \cdot \int\limits_0^1 g(x)dx.$$

8.4.15 Die Funktion f sei stetig auf $\mathbb{R}$ und für $n \in \mathbb{N}$ sei

$$g_n(x) := n \cdot \left\{ f\left(x + \frac{1}{n}\right) - f(x) \right\}.$$

Beweisen Sie, daß f auf $\mathbb{R}$ genau dann stetig differenzierbar ist, wenn $\{g_n(x)\}$ auf jedem kompakten Intervall gleichmäßig konvergiert.

8.4.16 Die Funktion f sei integrierbar in $[-\pi,\pi]$, und es sei $n \in \mathbb{N}_0$. Untersuchen Sie, für welche Werte von a bzw. b die folgenden Ausdrücke minimal werden:

$$\int\limits_{-\pi}^{\pi} \{f(x) - a\cos nx\}^2 dx \qquad \text{bzw.} \qquad \int\limits_{-\pi}^{\pi} \{f(x) - b\sin nx\}^2 dx.$$

8.4.17 Es sei f eine in $[-\pi, \pi]$ integrierbare Funktion; dann heißen die Zahlen

$$a_\nu := \frac{1}{\pi}\int_{-\pi}^{\pi} f(x)\cos\nu x\,dx \quad (\nu \in \mathbb{N}_0), \qquad b_\nu := \frac{1}{\pi}\int_{-\pi}^{\pi} f(x)\sin\nu x\,dx \quad (\nu \in \mathbb{N})$$

die FOURIER-Koeffizienten von f. Ferner sei

$$s_n(x) := \frac{a_0}{2} + \sum_{\nu=1}^{n}(a_\nu \cos\nu x + b_\nu \sin\nu x).$$

a) Beweisen Sie die "Minimaleigenschaft" der FOURIER-Koeffizienten: Für jedes trigonometrische Polynom

$$S_n(x) := \frac{A_0}{2} + \sum_{\nu=1}^{n}(A_\nu \cos\nu x + B_\nu \sin\nu x)$$

gilt

$$\int_{-\pi}^{\pi}\{f(x) - s_n(x)\}^2 dx \le \int_{-\pi}^{\pi}\{f(x) - S_n(x)\}^2 dx.$$

b) Beweisen Sie, daß die Reihe $\sum\limits_{\nu=1}^{\infty}\{a_\nu^2 + b_\nu^2\}$ konvergiert und die BESSELsche Ungleichung gilt:

$$\frac{a_0^2}{2} + \sum_{\nu=1}^{\infty}(a_\nu^2 + b_\nu^2) \le \frac{1}{\pi}\int_{-\pi}^{\pi} f^2(x)dx.$$

8.4.18 Es sei $C[a, b]$ die Menge aller im Intervall $[a, b]$ stetigen Funktionen, und es sei p eine Konstante mit $p \ge 1$. Für $f, g \in C[a, b]$ sei

$$d_p(f, g) := \left\{\int_a^b |f(x) - g(x)|^p dx\right\}^{1/p}.$$

a) Zeigen Sie, daß $(C[a, b], d_p)$ ein metrischer Raum ist.
b) Ist $(C[a, b], d_p)$ ein vollständiger metrischer Raum?
c) Ist $(C[a, b], d_p)$ ein separabler metrischer Raum?

8.4.19 Beweisen Sie folgende Version des TAYLORschen Satzes:
Es sei I ein beliebiges Intervall, es sei $x_0 \in I$ und $n \in \mathbb{N}_0$. Die Funktion f sei $(n+1)$-mal differenzierbar auf I und $f^{(n+1)}$ sei auf jedem kompakten Teilintervall von I integrierbar. Dann gilt für alle $x \in I$

$$f(x) = T_n(x) + R_n(x)$$

mit dem TAYLOR-Polynom

$$T_n(x) = \sum_{\nu=0}^{n} \frac{f^{(\nu)}(x_0)}{\nu!}(x - x_0)^\nu$$

und dem Restglied

$$R_n(x) = \frac{1}{n!}\int_{x_0}^{x}(x - t)^n f^{(n+1)}(t)dt.$$

8.4.20 Die Funktion f sei in $(-1, 1)$ beliebig oft differenzierbar, und es gelte $f^{(n)}(x) \geq 0$ für alle $x \in [0, 1)$ und alle $n \in \mathbb{N}$.

a) Beweisen Sie

$$f(x) = \sum_{\nu=0}^{\infty} \frac{f^{(\nu)}(0)}{\nu!}x^\nu \qquad \text{für alle } x \in [0, 1).$$

b) Gilt die Identität in a) auch für $x \in (-1, 0)$? (Vergleiche auch Aufgabe 7.3.2.)

8.4.21 Die Funktion f sei in $(-1, 1)$ beliebig oft differenzierbar.

a) Es sei f eine gerade Funktion mit $f^{(2n)}(x) \geq 0$ für alle $x \in [0, 1)$ und alle $n \in \mathbb{N}$. Beweisen Sie

$$f(x) = \sum_{\nu=0}^{\infty} \frac{f^{(2\nu)}(0)}{(2\nu)!}x^{2\nu} \qquad \text{für alle } x \in (-1, 1).$$

b) Es sei f eine ungerade Funktion mit $f^{(2n+1)}(x) \geq 0$ für alle $x \in [0, 1)$ und alle $n \in \mathbb{N}_0$. Beweisen Sie

$$f(x) = \sum_{\nu=0}^{\infty} \frac{f^{(2\nu+1)}(0)}{(2\nu+1)!}x^{2\nu+1} \qquad \text{für alle } x \in (-1, 1).$$

c) Es sei f eine beliebige Funktion mit $f^{(n)}(x) \geq 0$ für alle $x \in (-1, 1)$ und alle $n \in \mathbb{N}$. Beweisen Sie

$$f(x) = \sum_{\nu=0}^{\infty} \frac{f^{(\nu)}(0)}{\nu!}x^\nu \qquad \text{für alle } x \in (-1, 1).$$

8.4.22 Die Funktion f besitze im Intervall $[a, b]$ eine integrierbare Ableitung. Beweisen Sie die folgenden rudimentären Formen der EULERschen Summenformel:

a) Es gilt

$$\sum_{a<n\leq b} f(n) := \sum_{n=[a]+1}^{[b]} f(n) =$$

$$= \int_a^b f(x)dx + \int_a^b f'(x)\{x - [x]\}dx + f(a)\{a - [a]\} - f(b)\{b - [b]\}.$$

b) Im Falle $a, b \in \mathbb{Z}$ gilt

$$\sum_{n=a}^{b} f(n) = \int_a^b f(x)dx + \int_a^b f'(x)\{x - [x] - \frac{1}{2}\}dx + \frac{1}{2}\{f(a) + f(b)\}.$$

8.4.23 a) Für $n \in \mathbb{N}_0$ sei $s_n := \int\limits_0^{\pi/2} \sin^n x \, dx$. Beweisen Sie eine Rekursionsformel für die s_n und die explizite Darstellung

$$s_{2n} = \frac{\pi}{2} \prod_{\nu=1}^{n} \frac{2\nu - 1}{2\nu}; \qquad s_{2n+1} = \prod_{\nu=1}^{n} \frac{2\nu}{2\nu + 1}.$$

b) Es sei

$$w_n := \frac{2 \cdot 2}{1 \cdot 3} \cdot \frac{4 \cdot 4}{3 \cdot 5} \cdot \frac{6 \cdot 6}{5 \cdot 7} \cdots \frac{(2n) \cdot (2n)}{(2n-1) \cdot (2n+1)}.$$

Beweisen Sie $\lim\limits_{n \to \infty} w_n = \frac{\pi}{2}$.

(Diese Beziehung ist als "WALLISsches Produkt" bekannt.)

8.4.24 Für $n \in \mathbb{N}_0$ sind die LEGENDRE-Polynome definiert durch

$$P_n(x) := \frac{d^n}{dx^n}(x^2 - 1)^n.$$

Beweisen Sie:

a) Für jedes Polynom Π vom Grad $m < n \in \mathbb{N}$ gilt

$$\int_{-1}^{1} P_n(x)\Pi(x)dx = 0.$$

b) Es gibt positive Konstanten c_n, so daß für die normierten LEGENDRE-Polynome $\tilde{P}_n(x) := c_n P_n(x)$ gilt

$$\int_{-1}^{1} \tilde{P}_n^2(x)dx = 1.$$

Berechnen Sie diese Konstanten c_n.

c) Das Polynom P_n hat für $n \in \mathbb{N}$ in $(-1, 1)$ genau n verschiedene einfache Nullstellen.

d) Für jedes $n \in \mathbb{N}_0$ sind die Polynome $P_0, P_1, ..., P_n$ linear unabhängig auf $\mathbb{R}$.

8.4.25 Es sei $\{Q_n(x)\}_{n=1}^{\infty}$ eine Folge von Polynomen, die auf dem Intervall $[a, b]$ gleichmäßig gegen $f(x)$ konvergiert. Es existiere ein $N \in \mathbb{N}$, so daß der Grad jedes Polynoms Q_n höchstens N ist. Beweisen Sie (mit Mitteln der Integralrechnung), daß f ein Polynom ist (vgl. auch Aufgabe 6.2.21).

8.4.26 Beweisen Sie das RIEMANNsche Lemma:
Die Funktion f sei integrierbar in $[a, b]$. Dann gilt

$$\lim_{|y|\to\infty} \int_a^b f(x) \cos yx \, dx = \lim_{|y|\to\infty} \int_a^b f(x) \sin yx \, dx = 0.$$

8.4.27 Die Funktion g sei integrierbar in jedem Intervall $[\alpha, \beta]$ und besitze auf $\mathbb{R}$ eine Stammfunktion G, die einer LIPSCHITZ-Bedingung der Ordnung $\alpha \in [0, 1)$ genügt. Es sei f eine in $[a, b]$ integrierbare Funktion. Beweisen Sie

$$\lim_{|y|\to\infty} \int_a^b f(x) g(xy) dx = 0.$$

8.4.28 Die Funktion f sei integrierbar in $[a, b]$, und es sei $\{\alpha_n\}$ eine beliebige Folge reeller Zahlen. Beweisen Sie

$$\lim_{n\to\infty} \int_a^b f(x) \cos^2(nx + \alpha_n) dx = \lim_{n\to\infty} \int_a^b f(x) \sin^2(nx + \alpha_n) dx = \frac{1}{2} \int_a^b f(x) dx.$$

8.4.29 a) Die Funktion F sei stetig auf $\mathbb{R}$, und es gelte $F(x) = 0$ für $x \notin (0, 1)$. Für $n \in \mathbb{N}$ sei

$$Q_n(x) := \frac{1}{q_n}(1 - x^2)^n \qquad \text{mit } q_n := \int_{-1}^{1} (1 - x^2)^n dx.$$

Beweisen Sie, daß die Folge $\{R_n(x)\}$ mit

$$R_n(x) := \int_{-1}^{1} F(x + t) Q_n(t) dt$$

in $[0, 1]$ gleichmäßig gegen $F(x)$ konvergiert.
b) Zeigen Sie, daß hieraus der WEIERSTRASSsche Approximationssatz folgt: Die Funktion f sei stetig im Intervall $[a, b]$; dann existiert eine Polynomfolge $\{P_n(x)\}$, die in $[a, b]$ gleichmäßig gegen $f(x)$ konvergiert.

8.4.30 Es sei $\{n_k\}_{k=0}^{\infty}$ eine Folge reeller Zahlen mit

$$0 = n_0 < n_1 < n_2 < \cdots < n_k \to \infty \qquad \text{und} \qquad \sum_{k=1}^{\infty} \frac{1}{n_k} = \infty.$$

Es sei $m \in \mathbb{N} \setminus \{n_1, n_2, ...\}$, und die Funktionen F_k seien rekursiv definiert durch $F_k(0) := 0$ und

$$F_0(x) := x^m; \qquad F_k(x) := (n_k - m) x^{n_k} \int_x^1 F_{k-1}(t) t^{-1-n_k} dt \qquad (k \in \mathbb{N};\ x \in (0, 1]).$$

Beweisen Sie:

a) Mit geeigneten Konstanten $a_\nu^{(k)}$ gilt $F_k(x) = x^m - \sum_{\nu=1}^{k} a_\nu^{(k)} x^{n_\nu}$.

b) Die Folge $\{F_k(x)\}$ konvergiert in $[0,1]$ gleichmäßig gegen Null.

c) Zu jeder in $[0,1]$ stetigen Funktion f und jedem $\varepsilon > 0$ existiert eine Linearkombination der Form $Q(x) = \sum_{\nu=0}^{M} a_\nu x^{n_\nu}$ mit $\max_{[0,1]} |f(x) - Q(x)| < \varepsilon$.

8.4.31 Die Funktion f sei integrierbar in $[a,b]$. Für $x \in [a,b]$ werde definiert

$$f^{(0)}(x) := f(x) \qquad \text{und} \qquad f^{(-n)}(x) := \int_a^x f^{(-n+1)}(t)dt \qquad (n \in \mathbb{N}).$$

Beweisen Sie:

a) Die Folge $\{f^{(-n)}(x)\}$ konvergiert in $[a,b]$ gleichmäßig gegen Null.

b) Ist f überdies stetig in $[a,b]$, so konvergiert $\sum_{n=1}^{\infty} f^{(-n)}(x)$ in $[a,b]$ gleichmäßig gegen die Funktion $e^x \int_a^x e^{-t} f(t)dt$.

8.4.32 Beweisen oder widerlegen Sie die folgende Behauptung. Zu jeder Folge $\{a_m\}_{m=0}^{\infty}$ reeller Zahlen gibt es eine auf $\mathbb{R}$ beliebig oft differenzierbare Funktion f mit $f^{(m)}(0) = a_m$ für alle $m \in \mathbb{N}_0$.

8.4.33 Die Funktion f sei definiert im Intervall I. Eine Funktion $F^{(-k)}$ wird eine Stammfunktion der Ordnung $k \in \mathbb{N}_0$ zu f in I genannt, wenn $\frac{d^k}{dx^k} F^{(-k)}(x) = f(x)$ für alle $x \in I$ gilt.

Die Funktion f besitze in $\mathbb{R}$ eine Stammfunktion. Zeigen Sie, daß eine Folge $\{F^{(-n)}\}$ von Stammfunktionen $F^{(-n)}$ der Ordnung $n \in \mathbb{N}_0$ zu f existiert mit der folgenden Eigenschaft: Zu jedem Intervall $[a,b]$ und jeder in $[a,b]$ stetigen Funktion φ existiert eine Folge $\{n_s\}$, so daß gilt

$$F^{(-n_s)}(x) \underset{[a,b]}{\Longrightarrow} \varphi(x) \qquad (s \to \infty).$$

8.5 Uneigentliche Integrale

Bei sogenannten uneigentlichen Integralen wird dem Symbol $\int_a^b f(x)dx$ auch für den Fall eine Bedeutung gegeben, daß das Integrationsintervall nicht endlich ist oder die Funktion f nicht beschränkt ist.

Es sei $-\infty < a < b \leq \infty$. Die Funktion f heißt uneigentlich integrierbar in $[a,b)$, wenn f in jedem Intervall $[a,B] \subset [a,b)$ im bisherigen Sinn ("eigentlich") integrierbar ist und der Grenzwert

$$\lim_{B \to b-} \int_a^B f(x)dx$$

existiert, dessen Wert dann wieder mit $\int_a^b f(x)dx$ bezeichnet wird. Ist $-\infty \leq a < b < \infty$, so heißt die Funktion f uneigentlich integrierbar in $(a,b]$, wenn f in jedem Intervall $[A,b] \subset (a,b]$ eigentlich integrierbar ist und der Grenzwert

$$\lim_{A \to a+} \int_A^b f(x)dx$$

existiert, dessen Wert dann ebenfalls mit $\int_a^b f(x)dx$ bezeichnet wird.

Ist $-\infty \leq a < b \leq \infty$, so heißt die Funktion f uneigentlich integrierbar in (a,b), wenn ein $c \in (a,b)$ existiert, so daß f in $(a,c]$ und $[c,b)$ uneigentlich integrierbar ist. In diesem Fall wird

$$\int_a^b f(x)dx := \int_a^c f(x)dx + \int_c^b f(x)dx$$

gesetzt. Im Falle der Existenz eines uneigentlichen Integrals spricht man auch von der "Konvergenz" dieses Integrals.

Das (uneigentliche) Integral $\int_0^1 x^\alpha dx$ existiert genau dann, wenn $\alpha > -1$ ist, während das uneigentliche Integral $\int_1^\infty x^\alpha dx$ genau dann existiert, wenn $\alpha < -1$ ist.

Bei der Konvergenztheorie uneigentlicher Integrale kann man sich auf Funktionen in $[a,b)$ beschränken. Von Wichtigkeit ist dabei das sogenannte Vergleichskriterium:

> Die Funktionen f und g seien integrierbar in jedem Intervall $[a,B] \subset [a,b)$, und es gelte $0 \leq f(x) \leq g(x)$ für alle $x \in [a,b)$. Konvergiert das Integral $\int_a^b g(x)dx$, so konvergiert auch das Integral $\int_a^b f(x)dx$, und es gilt
>
> $$0 \leq \int_a^b f(x)dx \leq \int_a^b g(x)dx.$$

Als Folgerung erhält man hieraus, daß aus der Konvergenz des Integrals $\int_a^b |f(x)|dx$ die Konvergenz von $\int_a^b f(x)dx$ folgt (die Umkehrung hiervon ist im allgemeinen nicht richtig).

8.5.1 Beweisen Sie das CAUCHY-Kriterium für uneigentliche Integrale:
Die Funktion f sei in jedem Intervall $[a,b] \subset [a,\infty)$ integrierbar. Dann existiert das Integral $\int\limits_a^\infty f(x)dx$ genau dann, wenn zu jedem $\varepsilon > 0$ ein $X > a$ existiert, so daß gilt

$$\left| \int\limits_{x_1}^{x_2} f(x)dx \right| < \varepsilon \qquad \text{für alle } x_2 > x_1 \geq X.$$

8.5.2 Die Funktionen f und g seien in $[a,b)$ positiv und integrierbar in jedem Intervall $[a,B] \subset [a,b)$. Es gelte

$$\lim_{x\to b-} \frac{f(x)}{g(x)} =: M$$

mit einem $M \in (0,\infty)$. Beweisen Sie, daß das Integral $\int\limits_a^b f(x)dx$ genau dann konvergiert, wenn das Integral $\int\limits_a^b g(x)dx$ konvergiert.

8.5.3 Die Funktionen f und g seien stetig differenzierbar in $[a,\infty)$. Für $x \in [a,\infty)$ sei

$$\varphi_1(x) := \int\limits_a^x f'(t)g(t)dt, \qquad \varphi_2(x) := f(x)g(x), \qquad \varphi_3(x) := \int\limits_a^x f(t)g'(t)dt.$$

Es sei $\nu \in \{1,2,3\}$ und zwei der Grenzwerte $\lim\limits_{x\to\infty} \varphi_\nu(x)$ seien existent. Beweisen Sie, daß auch der dritte existiert und daß gilt

$$\int\limits_a^\infty f'(t)g(t)dt = \lim_{x\to\infty} f(x)g(x) - f(a)g(a) - \int\limits_a^\infty f(t)g'(t)dt.$$

8.5.4 Bestimmen Sie alle $\gamma \in \mathbb{R}$, für die das Integral $\int\limits_1^\infty x^\gamma e^{-x}dx$ existiert.

8.5.5 Bestimmen Sie alle $\alpha, \beta \in \mathbb{R}$, für die das Integral $\int\limits_1^\infty \frac{x^\alpha}{1+x^\beta}dx$ existiert.

8.5.6 Bestimmen Sie alle $\alpha, \beta \in \mathbb{R}$, für die das Integral $\int\limits_e^\infty \frac{(\ln x)^\alpha}{x^\beta}dx$ existiert.

8.5.7 Bestimmen Sie alle $\alpha, \beta \in \mathbb{R}$, für die das Integral $\int\limits_0^1 x^\alpha(1-x)^\beta dx$ existiert.

8.5.8 Zeigen Sie, daß das Integral $\int\limits_0^\infty \frac{\ln x}{1+x^2}dx$ existiert, und berechnen Sie seinen Wert.

8.5.9 Die Funktion f sei auf $\mathbb{R}$ definiert durch

$$f(x) := \begin{cases} x^2 \sin \frac{\pi}{x^2} & \text{falls } x \neq 0 \\ 0 & \text{falls } x = 0 \end{cases}.$$

Berechnen Sie $f'(x)$, und untersuchen Sie die Konvergenz der Integrale

$$\text{a)} \quad \int_0^2 f'(x)dx, \qquad \text{b)} \quad \int_0^2 |f'(x)|dx$$

(vergleiche auch Aufgabe 8.2.3).

8.5.10 Untersuchen Sie die Existenz der Integrale

$$\text{a)} \quad \int_0^\infty \frac{\sin x}{x} dx, \qquad \text{b)} \quad \int_1^\infty \frac{\cos x}{x} dx, \qquad \text{c)} \quad \int_0^1 \frac{\cos x}{x} dx.$$

8.5.11 Zeigen Sie $\int_0^\infty \frac{\sin x}{x} dx = \frac{\pi}{2}$.

8.5.12 Zeigen Sie, daß das Integral $\int_1^\infty \frac{|\sin x|}{x} dx$ divergiert.

8.5.13 Die Funktion f sei monoton im Intervall $[0, \delta]$. Beweisen Sie

$$\lim_{x \to \infty} \frac{2}{\pi} \int_0^\delta f(t) \frac{\sin xt}{t} dt = f(0+).$$

8.5.14 Berechnen Sie den Wert des Integrals $\int_0^\infty \left(\frac{\sin x}{x}\right)^2 dx$.

8.5.15 Bestimmen Sie alle $\alpha > 0$, für die das Integral $\int_1^\infty \sin^\alpha(\frac{1}{x}) dx$ existiert.

8.5.16 Für positive Zahlen a, γ und $n \in \mathbb{N}$ sei

$$I_n(a) := \int_a^\infty \frac{\sin nx}{x^\gamma} dx.$$

Zeigen Sie, daß die Reihe $f_\delta(a) := \sum_{n=1}^\infty |I_n(a)|^\delta$ für jedes $\delta > 1$ konvergiert, und untersuchen Sie, ob der Grenzwert $\lim_{a \to \infty} f_\delta(a)$ existiert.

8.5.17 Die Funktion f sei monoton fallend in $[0,\infty)$, und das Integral $\int\limits_0^\infty f(x)dx$ existiere. Beweisen Sie

$$\int\limits_0^\infty f(x)dx = \lim_{h\to 0+} h\sum_{\nu=1}^{\infty} f(\nu h).$$

8.5.18 Die Funktion f sei integrierbar in $[0,1]$, differenzierbar an $x_0 = 0$, und es sei $f(0) = 0$. Beweisen Sie, daß das Integral $\int\limits_0^1 f(x)x^\alpha dx$ für jedes $\alpha > -2$ existiert.

8.5.19 Es sei $\{f_n(x)\}$ eine Folge von Funktionen, die auf $[0,\infty)$ gleichmäßig gegen $f(x)$ konvergiert. Die Funktionen f_n und f seien uneigentlich integrierbar in $[0,\infty)$. Gilt dann

$$\lim_{n\to\infty}\int\limits_0^\infty f_n(x)dx = \int\limits_0^\infty f(x)dx \quad ?$$

8.5.20 Die Funktion f sei stetig und monoton fallend in $[a,\infty)$. Ferner existiere das Integral $\int\limits_a^\infty f(x)dx$.
a) Beweisen Sie, daß $\lim\limits_{x\to\infty} xf(x) = 0$ ist.
b) Die Funktion f sei überdies stetig differenzierbar in $[a,\infty)$. Beweisen Sie, daß dann das Integral $\int\limits_a^\infty xf'(x)dx$ existiert.

8.5.21 Die Funktion f sei integrierbar in jedem Intervall $[1,b]\subset[1,\infty)$. Es sei $\gamma > 0$ und f besitze eine auf $[1,\infty)$ beschränkte Stammfunktion F. Beweisen Sie, daß das uneigentliche Integral $\int\limits_1^\infty \frac{f(x)}{x^\gamma}dx$ existiert.

8.5.22 Zeigen Sie, daß zur Konvergenz eines uneigentlichen Integrals $\int\limits_a^\infty \varphi(x)dx$ weder die Existenz von $\lim\limits_{x\to\infty}\varphi(x)$ noch die Beschränktheit von φ notwendig ist. Betrachten Sie dazu die beiden Integrale

$$\text{a)}\quad \int\limits_1^\infty \sin x^2 dx, \qquad \text{b)}\quad \int\limits_1^\infty \sqrt{x}\cos x^2 dx.$$

8.5.23 Die Funktion g sei in $(-\infty,\infty)$ stetig, und es existiere das Integral $\int\limits_{-\infty}^\infty |g(x)|dx$. Beweisen Sie, daß eine Konstante K so existiert, daß für alle auf $\mathbb{R}$ stetig differenzierbaren Funktionen f mit kompaktem Träger folgendes gilt:

$$\Big|\int\limits_{-\infty}^\infty g(x)f^2(x)dx\Big| \le K\int\limits_{-\infty}^\infty \{f^2(x) + f'^2(x)\}dx.$$

8.5.24 Für welche Werte von $\alpha \in \mathbb{R}$ existiert das Integral

$$\int_1^\infty x^\alpha \cos(e^x)dx \quad ?$$

8.5.25 Beweisen Sie das Integralkriterium für die Konvergenz von Reihen:
Es sei f eine in $[1,\infty)$ monoton fallende Funktion, und es sei $a_n := f(n)$. Beweisen Sie, daß die Reihe $\sum_{n=1}^{\infty} a_n$ genau dann konvergiert, wenn das Integral $\int_1^\infty f(x)dx$ konvergiert.

8.5.26 Konstruieren Sie in $[1,\infty)$ zwei stetige und positive Funktionen f_1 und f_2 mit folgenden Eigenschaften:

a) Das Integral $\int_1^\infty f_1(x)dx$ konvergiert, die Reihe $\sum_{n=1}^{\infty} f_1(n)$ divergiert.

b) Das Integral $\int_1^\infty f_2(x)dx$ divergiert, die Reihe $\sum_{n=1}^{\infty} f_2(n)$ konvergiert.

8.5.27 Die Funktion f sei positiv und differenzierbar in $[1,\infty)$, es sei f' monoton fallend und nichtnegativ in $[1,\infty)$. Beweisen Sie:

a) Die Reihe $\sum_{n=1}^{\infty} f'(n)$ konvergiert genau dann, wenn die Reihe $\sum_{n=1}^{\infty} \frac{f'(n)}{f(n)}$ konvergiert.

b) Divergiert die Reihe $\sum_{n=1}^{\infty} f'(n)$, so ist die Reihe $\sum_{n=1}^{\infty} \frac{f'(n)}{f^p(n)}$ für alle $p \leq 1$ divergent und für alle $p > 1$ konvergent.

8.5.28 Beweisen Sie das Kriterium von ERMAKOFF für die Konvergenz von Reihen:
Die Funktion f sei positiv und monoton fallend in $[1,\infty)$. Es sei φ eine in $[1,\infty)$ streng monoton wachsende, stetig differenzierbare Funktion mit $\varphi(x) > x$ für alle $x \in [1,\infty)$.

a) Mit einem $q \in (0,1)$ und einem $x_0 \geq 1$ gelte

$$\frac{f(\varphi(x))\varphi'(x)}{f(x)} \leq q \qquad \text{für alle } x \geq x_0.$$

Dann konvergiert die Reihe $\sum_{n=1}^{\infty} f(n)$.

b) Mit einem $x_0 \geq 1$ gelte

$$\frac{f(\varphi(x))\varphi'(x)}{f(x)} \geq 1 \qquad \text{für alle } x \geq x_0.$$

Dann divergiert die Reihe $\sum_{n=1}^{\infty} f(n)$.

8.5.29 Die RIEMANNsche Zetafunktion ist für $x > 1$ definiert durch

$$\zeta(x) := \sum_{\nu=1}^{\infty} \frac{1}{\nu^x}.$$

Beweisen Sie die Darstellung

$$\zeta(x) = x \int_1^{\infty} \frac{[t]}{t^{x+1}} dt.$$

8.5.30 Die EULER-MASCHERONIsche Konstante C ist bekanntlich gegeben durch

$$C = \lim_{n\to\infty} \left\{ \sum_{\nu=1}^{n} \frac{1}{\nu} - \ln n \right\}$$

(vergleiche I; Aufgabe 2.2.17). Beweisen Sie

$$C = \frac{1}{2} - \int_1^{\infty} \frac{x - [x] - \frac{1}{2}}{x^2} dx.$$

8.5.31 Es seien α und β positive Konstanten. Zeigen Sie, daß das Integral

$$\int_0^{\infty} \frac{\sin \alpha x \cos \beta x}{x} dx$$

existiert, und berechnen Sie seinen Wert.

8.5.32 Es sei $\alpha \in \mathbb{R}$. Zeigen Sie, daß das Integral

$$\int_0^{\infty} \frac{dx}{(1 + x^2)(1 + x^{\alpha})}$$

existiert, und berechnen Sie seinen Wert.

8.5.33 Die Funktion f sei integrierbar in jedem Intervall $[a, b] \subset (0, \infty)$.

a) Es gelte $\lim\limits_{x\to 0} f(x) = A$ und $\lim\limits_{x\to\infty} f(x) = B$. Zeigen Sie: Für $\alpha, \beta > 0$ gilt

$$\int_0^{\infty} \frac{f(\alpha x) - f(\beta x)}{x} dx = (A - B) \cdot \ln \frac{\beta}{\alpha}.$$

b) Für jedes $a > 0$ existiere das Integral $\int\limits_a^\infty \frac{f(x)}{x} dx$, und es gelte $\lim\limits_{x\to 0} f(x) = A$. Zeigen Sie: Für $\alpha, \beta > 0$ gilt

$$\int\limits_0^\infty \frac{f(\alpha x) - f(\beta x)}{x} dx = A \cdot \ln \frac{\beta}{\alpha}.$$

c) Für jedes $b > 0$ existiere das Integral $\int\limits_0^b \frac{f(x)}{x} dx$, und es gelte $\lim\limits_{x\to\infty} f(x) = B$. Zeigen Sie: Für $\alpha, \beta > 0$ gilt

$$\int\limits_0^\infty \frac{f(\alpha x) - f(\beta x)}{x} dx = -B \cdot \ln \frac{\beta}{\alpha}.$$

8.5.34 Es seien $\alpha, \beta > 0$. Berechnen Sie die Werte folgender Integrale:

a) $\displaystyle\int\limits_0^\infty \frac{e^{-\alpha x} - e^{-\beta x}}{x} dx,$ b) $\displaystyle\int\limits_0^\infty \frac{\cos(\alpha x) - \cos(\beta x)}{x} dx,$

c) $\displaystyle\int\limits_0^\infty \ln \frac{a + be^{-\alpha x}}{a + be^{-\beta x}} \cdot \frac{dx}{x} \qquad (a, b > 0).$

8.5.35 Für $x > 0$ wird die sogenannte Gammafunktion definiert durch

$$\Gamma(x) := \int\limits_0^\infty e^{-t} t^{x-1} dt.$$

(EULERsches Integral zweiter Gattung).

a) Zeigen Sie, daß dieses uneigentliche Integral für alle $x > 0$ existiert.

b) Beweisen Sie die folgenden äquivalenten Beziehungen:

$$\Gamma(x) = \int\limits_0^1 \left(\ln \frac{1}{t}\right)^{x-1} dt, \quad \Gamma(x) = y^x \int\limits_0^\infty e^{-yu} u^{x-1} du \ (y > 0), \quad \Gamma(x) = \int\limits_{-\infty}^\infty e^{xu} e^{-e^u} du.$$

c) Zeigen Sie, daß folgendes gilt:

$$\Gamma(x+1) = x \cdot \Gamma(x) \qquad \text{für alle } x > 0,$$
$$\Gamma(n+1) = n! \qquad \text{für alle } n \in \mathbb{N}_0.$$

8.5.36 Bestimmen Sie alle $\alpha \in \mathbb{R}$, für die das Integral $\int\limits_0^\infty e^{-x^\alpha} dx$ existiert.

8.5.37 Das Integral $\int_a^\infty f(x)dx$ sei existent, und die Funktion g sei monoton und beschränkt in $[a,\infty)$. Beweisen Sie, daß das Integral $\int_a^\infty f(x)g(x)dx$ existiert.

8.5.38 Die Funktion f sei integrierbar in jedem Intervall $[a,b] \subset [a,\infty)$, und mit einer Konstanten M gelte

$$\left|\int_a^b f(x)dx\right| < M \qquad \text{für alle } b \in (a,\infty).$$

Die Funktion g sei monoton in $[a,\infty)$, und es gelte $\lim_{x\to\infty} g(x) = 0$. Beweisen Sie, daß das Integral $\int_a^\infty f(x)g(x)dx$ existiert.

8.5.39 Untersuchen Sie die folgenden Integrale auf Konvergenz:

a) $$\int_0^\infty e^{\sin x} \cdot \frac{\sin 2x}{\{\ln(2+x)\}^\alpha} dx \qquad (\alpha > 0),$$

b) $$\int_1^\infty \frac{\sin x \cdot \{\ln x\}^\alpha}{x^\beta} dx \qquad (\alpha, \beta > 0).$$

8.5.40 Die Funktion f sei definiert in $[0,\infty)$, habe die Periode $p > 0$ und sei integrierbar in $[0,p]$. Es sei

$$I := \int_0^p f(x)dx.$$

Die Funktion g sei monoton in $[0,\infty)$, und es gelte $\lim_{x\to\infty} g(x) = 0$. Beweisen Sie:

a) Gilt $I = 0$, so konvergiert das Integral $\int_0^\infty f(x)g(x)dx$.

b) Gilt $I \neq 0$, so konvergiert das Integral $\int_0^\infty f(x)g(x)dx$ genau dann, wenn das Integral $\int_0^\infty g(x)dx$ konvergiert.

8.5.41 Untersuchen Sie für $\alpha > 0$ die Konvergenz der Integrale

$$\text{a)} \int_0^\infty \frac{e^{\cos x}\sin(\sin x)}{(1+x)^\alpha}dx, \qquad \text{b)} \int_0^\infty \frac{e^{\sin x}\sin(\sin x)}{(1+x)^\alpha}dx.$$

8.5.42 Die Funktion f sei differenzierbar in $[0, \infty)$, es sei f' monoton wachsend, und es gelte $\lim\limits_{x \to \infty} f'(x) = \infty$. Beweisen Sie die Konvergenz der Integrale

$$\text{a)} \quad \int_0^\infty \sin(f(x))dx, \qquad \text{b)} \quad \int_0^\infty \cos(f(x))dx.$$

8.5.43 a) Zeigen Sie, daß für natürliche Zahlen n gilt

$$\ln\left(\frac{n!e^n}{\sqrt{n}\,n^n}\right) = 1 + \int_1^n \frac{x - [x] - \frac{1}{2}}{x} dx.$$

b) Beweisen Sie die STIRLINGsche Formel:

$$\lim_{n \to \infty} \frac{n!e^n}{\sqrt{2\pi n}\,n^n} = 1.$$

8.5.44 Es sei $I := \int\limits_0^\infty e^{-x^2} dx$. Beweisen Sie:

a) Für alle $n \in \mathbb{N}$ gilt

$$\int_0^1 (1 - x^2)^n dx \;\leq\; \frac{1}{\sqrt{n}} I \;\leq\; \int_0^\infty \frac{dx}{(1 + x^2)^n}.$$

b) Es ist $I = \dfrac{1}{2}\sqrt{\pi}$.

Hinweise

6 Funktionenfolgen und Funktionenreihen; elementare Funktionen

6.1 Funktionenfolgen

6.1.1 Es gilt $|f(x)| \leq |f(x) - f_n(x)| + |f_n(x)|$.

6.1.2 Zum Nachweis von a) verwenden Sie das CAUCHY-Kriterium. Zum Nachweis von b) beachten Sie $f(x) - g = f(x) - f_N(x) + f_N(x) - g_N + g_N - g$.

6.1.3 Beachten Sie bei b), daß die Grenzfunktion einer gleichmäßig konvergenten Folge von stetigen Funktionen wieder stetig ist.

6.1.4 Beachten Sie bei a), daß die Grenzfunktion einer gleichmäßig konvergenten Folge von stetigen Funktionen wieder stetig ist.

6.1.5 Verwenden Sie die Definition der gleichmäßigen Konvergenz.

6.1.6 Die Aussagen ergeben sich aus der Definition der gleichmäßigen Konvergenz.

6.1.7 Setzen Sie $\alpha^{(i)} := \lim\limits_{n\to\infty} \alpha_n^{(i)}$, und zeigen Sie $F_n(x) \underset{X}{\Longrightarrow} \sum\limits_{i=1}^{M} \alpha^{(i)} f_i(x)$.

6.1.8 Berechnen Sie zunächst die Grenzfunktion f.

6.1.9 Benutzen Sie die Definition der gleichmäßigen Konvergenz.

6.1.10 Zeigen Sie zunächst $\sup\limits_X |f(x)| < \infty$. Schätzen Sie dann den Ausdruck $\sup\limits_X |f_n(x)|$ nach oben unter Benutzung der gleichmäßigen Konvergenz und nach unten unter Benutzung der punktweisen Konvergenz an einer geeigneten Stelle x_ε ab.

6.1.11 Benutzen Sie die Definitionen der gleichmäßigen Konvergenz und der gleichmäßigen Stetigkeit.

6.1.12 Betrachten Sie die Funktionen $f_n(x) = x + \frac{1}{n}$ auf $X = (0, \infty)$.

6.1.13 a) Verwenden Sie die Definition der gleichmäßigen Konvergenz.
b) Betrachten Sie auf $[0, \infty)$ die Funktionen f_n und g_n mit

$$f_n(x) = \begin{cases} \frac{1}{x} + \frac{1}{n} & \text{falls } x > 0 \\ \frac{1}{n} & \text{falls } x = 0 \end{cases}, \qquad g_n(x) = \frac{1}{n}.$$

c) Aus Aufgabe 6.1.1 folgt, daß die Funktionen f und g beschränkt sind.

6.1.14 Suchen Sie ein Gegenbeispiel.

6.1.15 a) Verwenden Sie die Definition der gleichmäßigen Konvergenz.
b) Nehmen Sie an, die Folge $\{h_n(x)\}$ konvergiert auf einem Intervall $(a, b) \subset [-M, M]$ gleichmäßig gegen eine Funktion h. Dann gibt es ein $N \in \mathbb{N}$ mit $|h_N(x) - h(x)| \leq 1$ für alle $x \in (a, b)$.
Machen Sie sich (z.B. mit Hilfe von I; Aufgabe 2.4.15) klar, daß ein $x_K = p_K/q_K \in (a, b)$ mit teilerfremden $p_K \in \mathbb{Z}$ und $q_K \in \mathbb{N}$ existiert, so daß gilt $|p_K| \geq 2N + 2M$. Schätzen Sie $|h_N(x_K) - h(x_K)|$ nach unten ab, und erzeugen Sie einen Widerspruch.

6.1.16 Beachten Sie, daß g auf $[-M, M]$ gleichmäßig stetig ist.

6.1.17 Bestimmen Sie zunächst zu einem gegebenen $\varepsilon > 0$ ein $\delta \in (0, 1)$, so daß gilt $|g(x)| < \varepsilon$ für alle $x \in [1 - \delta, 1]$.

6.1.18 Benutzen Sie die Ungleichung $0 \leq x - [x] < 1$.

6.1.19 a) Es seien $x_1, x_2 \in X$ mit $x_1 \leq x_2$. Führen Sie in der Ungleichung $f_n(x_1) \leq f_n(x_2)$ den Grenzübergang $n \to \infty$ aus.
b) Suchen Sie ein Gegenbeispiel.

6.1.20 a) Um zu zeigen, daß $\lim\limits_{x \to \infty} \Phi(x) = \infty$ gilt, nehmen Sie an, daß es eine Konstante M und eine streng monoton wachsende Folge positiver Zahlen $\{x_n\}$ mit $x_n \to \infty$ und $\Phi(x_n) \leq M$ gibt . Dann existiert zu jedem $n \in \mathbb{N}$ ein $k_n \in \mathbb{N}$ mit $\Phi(x_n) = f_{k_n}(x_n)$.

Untersuchen Sie die Fälle, daß $\{k_n\}$ beschränkt bzw. $\{k_n\}$ unbeschränkt ist, und erzeugen Sie in beiden Fällen einen Widerspruch.

6.1.21 Wenden Sie das CAUCHYsche Kriterium für gleichmäßige Konvergenz an. Fügen Sie, um Voraussetzung (2) auszunutzen, im Intervall $[0,1]$ eine feste Anzahl geeigneter Zwischenpunkte mit geringem Abstand ein.

6.1.22 Zeigen Sie zunächst, daß die Folge $\{f_n(x)\}$ auf X punktweise gegen eine Funktion f konvergiert. Verwenden Sie dann, daß die Folge $\{|f(x) - f_n(x)|\}$ für jedes $x \in X$ monoton fallend ist.

6.1.23 Nehmen Sie an, die Folge $\{f_n\}$ konvergiert auf X nicht gleichmäßig, und verwenden Sie das CAUCHYsche Kriterium für gleichmäßige Konvergenz.

6.1.24 Nehmen Sie an, es gibt ein $\varepsilon_0 > 0$, so daß zu jedem N ein $n > N$ und ein $x_n \in X$ existieren mit $|f_n(x_n) - f(x_n)| \geq \varepsilon_0$. Betrachten Sie dann eine konvergente Teilfolge von $\{x_n\}$, und erzeugen Sie einen Widerspruch zur Stetigkeit von f.

6.1.25 a) Es gelte $f_n(x) \underset{X}{\Longrightarrow} f(x)$. Ferner sei $\{x_n\}$ eine Folge aus X mit $x_n \to \xi$. Dann folgt $\xi \in X$ und

$$|f_n(x_n) - f(\xi)| \leq |f_n(x_n) - f_N(x_n)| + |f_N(x_n) - f_N(\xi)| + |f_N(\xi) - f(\xi)|.$$

Wählen Sie n und N so, daß diese drei Terme klein sind.

b) Nehmen Sie an, die Folge $\{f_n\}$ konvergiert auf X nicht gleichmäßig. Aus dem CAUCHYschen Konvergenzkriterium folgt dann die Existenz von Zahlen $\varepsilon_0 > 0$ sowie $m_n, k_n \geq n$ und $y_n \in X$ mit $|f_{m_n}(y_n) - f_{k_n}(y_n)| \geq \varepsilon_0$. Dabei können Sie annehmen, daß ein $\xi \in X$ existiert mit $y_n \to \xi$ und daß $k_1 < m_1 < k_2 < m_2 < \ldots$ gilt (wieso?). Konstruieren Sie nun hiermit eine konvergente Folge $\{x_n\}$, für welche $\{f_n(x_n)\}$ divergiert.

6.1.26 a) Aus I; Aufgabe 2.2.15 folgt für jedes $\alpha \in \mathbb{R}$ und jedes $x \geq 0$, daß $f_n(x) \to 0$ gilt.

b) 1. Für $\alpha < 1$ ergibt sich mit Hilfe der für $x \geq 0$ gültigen Ungleichung $e^{-x} \leq \dfrac{1}{1+x}$ (vgl. I; Aufgabe 2.2.4), daß gilt $f_n(x) \underset{[0,\infty)}{\Longrightarrow} 0$.

2. Betrachten Sie im Falle $\alpha \geq 1$ die Folge $\{f_n(\frac{1}{n})\}$.

6.1.27 a) Zeigen Sie, daß $\{f_n\}$ auf einem Teilintervall I von $[0,\infty)$ genau dann gleichmäßig konvergiert, wenn $0 \notin \partial I$ ist.
b) Beachten Sie, daß gilt $g_n(x) = \frac{1}{n}\,\frac{nx}{nx+1}$.

6.1.28 a) Für $0 \le q < 1$ gilt $n^2 q^n \to 0$.
b) Zeigen Sie, daß $\{f_n\}$ auf einem Intervall $I \subset \mathbb{R}$ genau dann gleichmäßig konvergiert, wenn Zahlen $0 < \alpha < \beta < 2$ existieren mit $I \subset [\alpha, \beta]$.

6.1.29 a) Zeigen Sie unter Benutzung der Reihendarstellung der Exponentialfunktion sowie des binomischen Satzes, daß für alle x mit $|x| \le a$ gilt

$$\left|e^x - \left(1+\frac{x}{n}\right)^n\right| \le e^a - \left(1+\frac{a}{n}\right)^n.$$

b) Um nachzuweisen, daß auf $\mathbb{R}$ keine gleichmäßige Konvergenz vorliegt, betrachten Sie etwa $e^n - \left(1+\frac{n}{n}\right)^n$.

6.1.30 Zeigen Sie, daß $\{f_n\}$ auf einem Intervall I genau dann gleichmäßig konvergiert, wenn es Zahlen $a, b \in \mathbb{R}$ gibt mit $0 < a < b$ und $I \subset [a,b]$. Beachten Sie dabei $\left(1-\frac{x}{n}\right)^n \to e^{-x}$. Um zu zeigen, daß 0 bzw. ∞ kein Randpunkt von I sein kann, betrachten Sie $f_n(\frac{1}{n})$ und $f_n(2n)$.

6.1.31 a) Es sei $\{f_n\}$ eine CAUCHY-Folge in $C(X)$. Zeigen Sie, daß eine Funktion f existiert mit $f_n(x) \underset{X}{\Longrightarrow} f(x)$. Beachten Sie, daß sich bei gleichmäßiger Konvergenz Beschränktheit und Stetigkeit auf die Grenzfunktion übertragen.
b) Verwenden Sie a) und I; Aufgaben 4.2.28 und 4.3.32.

6.1.32 Zeigen Sie, daß $\{\alpha_m\}$ eine CAUCHY-Folge ist und daher gegen einen Wert α konvergiert, und schätzen Sie dann $|\beta_n - \alpha|$ ab.

6.1.33 a) Es sei ein $\varepsilon > 0$ gegeben. Unterteilen Sie I unter Berücksichtigung der gleichmäßigen Stetigkeit von f durch geeignete Punkte $a = x_0 < x_1 < \ldots < x_k = b$. Nutzen Sie aus, daß $f_n(x_\nu) \to f(x_\nu)$ für $\nu = 0, \ldots, k$ gilt, und leiten Sie für $x_{\nu-1} \le x \le x_\nu$ und große n folgende Ungleichung her:

$$-\frac{\varepsilon}{4} + f(x_{\nu-1}) < f_n(x_{\nu-1}) \le f_n(x) \le f_n(x_\nu) < f(x_\nu) + \frac{\varepsilon}{4}.$$

Dies ergibt eine Abschätzung für $|f_n(x) - f(x_{\nu-1})|$.
b) Untersuchen Sie $f_n(x) = x^n$ auf einem geeigneten Intervall.

6.1.34 Zeigen Sie $g_n(x) := |f_n(x) - f(x)| \underset{X}{\Longrightarrow} 0$. Nehmen Sie an, daß dies nicht der Fall ist. Dann gibt es ein $\varepsilon_0 > 0$ und zu jedem $n \in \mathbb{N}$ ein $x_n \in X$ mit $g_n(x_n) \geq \varepsilon_0$. Führen Sie dies (unter Verwendung der Monotonie und Stetigkeit von g_n und der Kompaktheit von X) zu einem Widerspruch.

6.1.35 a) Verwenden Sie das Prinzip der vollständigen Induktion.
b) Berechnen Sie die Grenzfunktion f.
c) Verwenden Sie den Satz von DINI (vgl. Aufgabe 6.1.34).

6.1.36 Zeigen Sie, daß für jedes $x \in (0,1)$ die Folge $\{f_n(x)\}$ monoton und beschränkt ist.

6.1.37 Um zu beweisen, daß (1) und (2) hinreichend sind für $f_n(x) \underset{X}{\Longrightarrow} f(x)$, zeigen Sie (durch einen Widerspruchsbeweis), daß zu $x_0 \in X$ eine Umgebung $U(x_0)$ von x_0 und eine Zahl $k = k(x_0) \in \mathbb{N}$ existieren mit $|f_k(x) - f(x)| < \delta$ für alle $x \in U(x_0) \cap X$. Da X kompakt ist, gibt es endlich viele solcher Umgebungen $U(x_1), ..., U(x_j)$, die X überdecken, sowie zugehörige natürliche Zahlen $k_1, ..., k_j$ mit der Eigenschaft, daß für $i = 1, ..., j$ und für alle $x \in U(x_i) \cap X$ gilt $|f_{k_i}(x) - f(x)| < \delta$. Hieraus folgt $f_n(x) \underset{X}{\Longrightarrow} f(x)$.

6.1.38 Wählen Sie $N = 1$ und $\delta = \varepsilon$ in Aufgabe 6.1.37, und nutzen Sie die Monotonie von $\{f_n(x)\}$ für jedes $x \in X$ aus.

6.1.39 Setzen Sie $f_n(x)$ sukzessive in die Rekursionsformel ein, "raten" Sie eine geschlossene Formel für $f_n(x)$, und beweisen Sie diese durch vollständige Induktion. Hieraus ergeben sich dann sofort a) und b). Setzen Sie bei c) die Funktionen g und h in die erhaltene geschlossene Formel ein; verwenden Sie Aufgabe 6.1.17.

6.1.40 Zeigen Sie folgendes:
a) Eine geeignete Teilfolge $\{f_{m_i}\}$ konvergiert an allen rationalen Punkten.
b) Definieren Sie

$$f(x) := \begin{cases} \lim\limits_{i\to\infty} f_{m_i}(x) & \text{falls} \quad x \in \mathbb{Q} \\ \sup\limits_{\substack{r<x \\ r\in\mathbb{Q}}} f(r) & \text{falls} \quad x \in \mathbb{R} \setminus \mathbb{Q} \end{cases},$$

und weisen Sie nach, daß f monoton wachsend ist. Daher ist die Menge der Unstetigkeitsstellen U von f höchstens abzählbar.

c) Zeigen Sie unter Benutzung der Monotonie der Funktionen f_{m_i}, daß für alle $x \in I\!R$, an denen f stetig ist, gilt $f_{m_i}(x) \to f(x)$.
d) Bestimmen Sie schließlich eine Teilfolge $\{n_i\}$ von $\{m_i\}$, so daß $\{f_{n_i}(x)\}$ auch für alle $x \in U$ konvergiert.

6.1.41 a) Benutzen Sie I; Aufgabe 5.1.23.
c) Es sei $\{n_k\}$ eine streng monoton wachsende Folge natürlicher Zahlen. Man schreibt $3|k$, wenn k ein Vielfaches von 3 ist. Setzen Sie

$$x_0 := \sum_{\nu=1}^{\infty} \frac{x_\nu}{2^\nu} \qquad \text{mit} \qquad x_\nu := \begin{cases} 1 & \text{falls } \nu = n_k + 1 \text{ mit } 3|k \\ 0 & \text{sonst} \end{cases},$$

und zeigen Sie

$$f_{n_k}(x_0) \begin{cases} \geq \frac{3}{8} & \text{falls } 3|k \\ \leq \frac{1}{4} & \text{falls } 3|(k-1) \end{cases}.$$

6.1.42 Beachten Sie, daß eine auf $[a, b]$ stetige Funktion gleichmäßig stetig ist, und fügen Sie geeignete Zwischenpunkte $x_1, ..., x_{n-1}$ ein.

6.1.43 a) Nehmen Sie an, die Behauptung gilt nicht, und konstruieren Sie Mengen $U \supset U_1 \supset U_2 \supset \cdots$ mit dem Durchmesser $\operatorname{diam} U_k \leq \frac{1}{k}$, so daß mit geeigneten $n_k \in I\!N$ gilt $|f_{n_k}(x)| \geq k$ für alle $x \in \overline{U_k}$. Nach I; Aufgabe 4.3.33 gibt es ein $x^* \in \bigcap_{k=1}^{\infty} \overline{U_k}$. Die Folge $\{f_n(x^*)\}$ liefert einen Widerspruch.
b) Verwenden Sie eine Funktion, die auf jedem Teilintervall ihres Definitionsbereichs unbeschränkt ist.

6.2 Polynome; Approximation durch Polynome

6.2.1 Zeigen Sie, daß für $x > 0$ gilt $|Q(x)| \geq |P(x)|$ und daß für $x < 0$ gilt $|Q(x)| \leq |P(x)|$.

6.2.2 Es sei $N := \max\{n, m\}$. Fassen Sie im Produkt $P(x)Q(x) = \left(\sum_{\nu=0}^{N} a_\nu x^\nu\right) \cdot \left(\sum_{\mu=0}^{N} b_\mu x^\mu\right)$ jeweils die Terme mit derselben Potenz von x zusammen.

6.2.3 a) Benutzen Sie Aufgabe 6.2.2.
b) Benutzen Sie a).

c) Stellen Sie $(1-x^2)^{2n} = (1+x)^{2n}(1-x)^{2n}$ einerseits mit dem binomischen Satz und andererseits mit Aufgabe 6.2.2 dar. Vergleichen Sie den Koeffizienten von x^{2n} in beiden Darstellungen.

6.2.4 a) Benutzen Sie den binomischen Satz.

b) Verwenden Sie

$$\binom{n}{\nu}\frac{\nu}{n} = \binom{n-1}{\nu-1} \qquad \text{für } \nu \geq 1$$

sowie a).

c) Verwenden Sie b) für $n \geq 2$.

6.2.5 a) Benutzen Sie Aufgabe 6.2.4.

b) Sie haben zu berechnen

$$\sum_{\nu=0}^{n} \binom{n}{\nu}\left(\frac{\nu}{n} - x\right)^2 x^\nu (1-x)^{n-\nu}.$$

Verwenden Sie dazu a).

c) Verwenden Sie

$$\sum_{\nu=0}^{n} \binom{n}{\nu} x^\nu (1-x)^{n-\nu} = 1.$$

d) Spalten Sie die Summe in c) auf in $\sum_1 + \sum_2$, wobei $\sum_1$ die Summe über diejenigen ν ist, für welche gilt $|x - \nu/n| \leq n^{-1/4}$, und $\sum_2$ die Summe über die restlichen Werte von ν darstellt. Benutzen Sie bei der Abschätzung von $\sum_1$ die gleichmäßige Stetigkeit von f auf $[0,1]$. Schätzen Sie bei $\sum_2$ die Funktion f trivial ab (f ist auf $[0,1]$ beschränkt), und tragen Sie der Bedingung $|x - \nu/n| > n^{-1/4}$ in der Weise Rechnung, daß Sie an die einzelnen Summanden die Faktoren $\sqrt{n}(x - \nu/n)^2 > 1$ heranmultiplizieren können. Benutzen Sie dann b).

6.2.6 Führen Sie die Substitution $x = a + (b-a)t$ durch, und verwenden Sie den WEIERSTRASSschen Approximationssatz für das Intervall $[0,1]$ (vgl. Aufgabe 6.2.5).

6.2.7 Verwenden Sie bei a) vollständige Induktion, bei b) den Hauptsatz über monotone Folgen und bei c) den Satz von DINI (vgl. Aufgabe 6.1.34).

6.2.8 Beweisen Sie die folgenden Ungleichungen:

$$0 \leq |x| - P_n(x) \leq \frac{2|x|}{2+n|x|} \leq \frac{2}{2+n}.$$

6.2.9 a) Ordnen Sie jedem $\beta := (b_0, ..., b_n) \in \mathbb{R}^{n+1}$ eine auf $[a_0, a_n]$ definierte Funktion ℓ_β mit den folgenden Eigenschaften zu: Die Funktion ℓ_β ist auf $[a_0, a_n]$ stetig, für jedes $k = 1, ..., n$ ist sie in $[a_{k-1}, a_k]$ linear, und es gilt $\ell_\beta(a_k) = b_k$ für $k = 0, ..., n$.
Zeigen Sie, daß die Funktionenmenge $\{\ell_\beta : \beta \in \mathbb{R}^{n+1}\}$, versehen mit der üblichen Addition und skalaren Multiplikation, einen Vektorraum der Dimension $n+1$ über $\mathbb{R}$ bildet. Zeigen Sie ferner, daß die Funktionen $\varphi_0(x) := |x - a_0|$, ..., $\varphi_n(x) := |x - a_n|$ in $[a_0, a_n]$ linear unabhängig sind.
b) Setzen Sie $a_k := a + \dfrac{k}{n}(b-a)$, wobei n so groß gewählt ist, daß $|f(x) - f(y)| < \dfrac{\varepsilon}{4}$ gilt für alle $x, y \in [a, b]$ mit $|x - y| \le \dfrac{b-a}{n}$. Es seien $b_k := f(a_k)$ sowie $\beta := (b_0, ..., b_n)$. Approximieren Sie f durch die Funktion ℓ_β, und approximieren Sie ℓ_β mit Hilfe von Aufgabe 6.2.8 durch Polynome.

6.2.10 Nach dem WEIERSTRASSschen Approximationssatz gibt es zu jedem $n \in \mathbb{N}$ ein Polynom P_n mit

$$\max_{[-n,n]} |f(x) - P_n(x)| < \frac{1}{n}.$$

Betrachten Sie die Folge $\{P_n\}$.

6.2.11 Beim Schluß von (1) nach (2) approximieren Sie $f(\sqrt{t})$ für $t \in [0, a^2]$ mit Hilfe des WEIERSTRASSschen Approximationssatzes.
Beim umgekehrten Schluß nehmen Sie an, es gilt $f(x_0) \ne f(-x_0)$ für ein $x_0 \in I$, und erzeugen Sie mit $\varepsilon := \frac{1}{2}|f(x_0) - f(-x_0)|$ einen Widerspruch. Zeigen Sie weiter, daß eine Polynomfolge existiert, welche auf $[-a, a]$ gleichmäßig gegen f konvergiert und damit f auf $[-a, a]$ stetig ist.

6.2.12 Wenden Sie den WEIERSTRASSschen Approximationssatz an, und approximieren Sie die dabei erhaltenen Polynome durch Polynome mit rationalen Koeffizienten.

6.2.13 Approximieren Sie für ein genügend großes N die Funktion $\dfrac{f(x)}{x^N}$ in $[a, b]$ durch ein Polynom $Q(x) = \sum_{\nu=0}^{m} a_\nu x^\nu$, und untersuchen Sie $R(x) := x^N \sum_{\nu=0}^{m} [a_\nu] x^\nu$.

6.2.14 Approximieren Sie für eine genügend große ungerade Zahl N die Funktion

$$\varphi(x) := \begin{cases} f(x^{1/N}) - f(0) & \text{falls } x \ge 0 \\ f(-|x|^{1/N}) - f(0) & \text{falls } x < 0 \end{cases}$$

in $[-a^N, a^N]$ durch ein Polynom $Q(x) := \sum_{\nu=1}^{m} a_\nu x^\nu$, und untersuchen Sie $R(x) := \sum_{\nu=1}^{m} [a_\nu] x^{\nu N}$.

6.2.15 Betrachten Sie (für den hinreichenden Teil der Behauptung) die Funktion $g(x) := f(x) - f(0) + x\{f(0) - f(1)\}$, und zeigen Sie durch eine geeignete Anwendung von Aufgabe 6.2.5

$$R_n(x) := \sum_{\nu=1}^{n-1} \left[\binom{n}{\nu} g\left(\frac{\nu}{n}\right)\right] x^\nu (1-x)^{n-\nu} \underset{[0,1]}{\Longrightarrow} g(x).$$

6.2.16 Wählen Sie zu jedem $n \in \mathbb{N}$ ein $M_n > 0$ mit

$$\bigcup_{k=1}^{n} [a_k, b_k] \subset [-M_n, M_n],$$

und approximieren Sie mit Hilfe des WEIERSTRASSschen Approximationssatzes auf $[-M_n, M_n]$ eine geeignete Hilfsfunktion.

6.2.17 Wenden Sie den WEIERSTRASSschen Approximatiossatz für ein $n \geq 4$ auf eine in $[-1, 1]$ stetige Hilfsfunktion f_n an, welche erfüllt:

$$f_n(x) = \begin{cases} f(x) & \text{falls} \quad -1 \leq x \leq 1/n \\ n & \text{falls} \quad x = 2/n \\ f(x) & \text{falls} \quad 3/n \leq x \leq 1 \end{cases} .$$

6.2.18 Für $x_1, x_2 \in [0, 1]$ gilt (siehe I; Aufgabe 5.2.28)

$$|f(x_1) - f(x_2)| \leq \omega(|x_1 - x_2|) \leq (1 + \sqrt{n}|x_1 - x_2|)\, \omega(\frac{1}{\sqrt{n}}).$$

Schätzen Sie hiermit $|B_n(f, x) - f(x)|$ unter Verwendung der SCHWARZschen Ungleichung und Aufgabe 6.2.5 ab.

6.2.19 Approximieren Sie f zunächst durch ein Polynom P_1. Setzen Sie dann

$$P_2(x) := \sum_{k=1}^{n} \{f(x_k) - P_1(x_k)\} L_k(x) \qquad \text{mit} \quad L_k(x) = \prod_{\substack{i=1 \\ i \neq k}}^{n} \frac{x - x_i}{x_k - x_i},$$

und untersuchen Sie $P := P_1 + P_2$.

6.2.20 Nach dem CAUCHYschen Kriterium für gleichmäßige Konvergenz gibt es ein N, so daß für alle $m, n \in \mathbb{N}$ mit $m \geq n \geq N$ und für alle $x \in \mathbb{R}$ gilt $|P_n(x) - P_m(x)| < 1$. Hieraus folgt, daß das Polynom $Q_n(x) := P_n(x) - P_N(x)$ für $n \geq N$ konstant ist.

6.2.21 Benutzen Sie, daß die sogenannte VANDERMONDEsche Matrix

$$V(x_0, ..., x_n) := \begin{pmatrix} 1 & x_0 & x_0^2 & \cdots & x_0^n \\ 1 & x_1 & x_1^2 & \cdots & x_1^n \\ \vdots & \vdots & \vdots & & \vdots \\ 1 & x_n & x_n^2 & \cdots & x_n^n \end{pmatrix}$$

nichtsingulär ist; drücken Sie die Koeffizienten des Polynoms P_k mit Hilfe von $V(x_0, ..., x_n)$ aus.

6.3 Funktionenreihen

6.3.1 Zeigen Sie, daß die Differenz zwischen der Reihe und ihrer n-ten Teilsumme auf $(-1, 1)$ nicht gleichmäßig klein wird.

6.3.2 Verwenden Sie das CAUCHYsche Kriterium für gleichmäßige Konvergenz.

6.3.3 Verwenden Sie das WEIERSTRASSsche Majorantenkriterium bzw. Aufgabe 6.3.2.

6.3.4 a) Zum Nachweis, daß die Reihe nicht gleichmäßig konvergiert, betrachten Sie die Teilsummen, und benutzen Sie Aufgabe 6.1.3.
b) Verwenden Sie das CAUCHY-Kriterium für gleichmäßige Konvergenz.

6.3.5 Betrachten Sie die Reihenreste, und verwenden Sie Aufgabe 6.1.17.

6.3.6 Verwenden Sie das WEIERSTRASSschen Majorantenkriterium. Zum Nachweis, daß die Reihe auf $[0, \infty)$ nicht gleichmäßig konvergiert, zeigen Sie, daß die Grenzfunktion f der betrachteten Reihe an $x = 0$ unstetig ist. Schätzen Sie dazu $f\left(\frac{1}{n^2}\right)$ für $n \in \mathbb{N}$ geeignet nach unten ab.

6.3.7 Es sei $\{r_n\}_{n=0}^{\infty}$ eine Abzählung der rationalen Zahlen. Untersuchen Sie die Reihe $\sum\limits_{n=0}^{\infty} a_n(x)$ mit

$$a_n(x) := \begin{cases} 0 & \text{falls} \quad x \neq r_n \\ 1 & \text{falls} \quad x = r_n. \end{cases}$$

6.3.8 Verwenden Sie die Definition der gleichmäßigen Konvergenz.

6.3.9 Verwenden Sie Aufgabe 6.1.2.

6.3.10 Bei der Untersuchung auf Stetigkeit weisen Sie nach, daß die Summenfunktion an $x_0 \in [0,1]\backslash \mathbb{Q}$ sowie an 0 stetig und an allen übrigen Stellen in $[0,1]$ unstetig ist. Benutzen Sie Aufgabe 6.3.9.

6.3.11 Zum Nachweis der Beziehung $f(x_M+) - f(x_M) = a_M$ für ein $M \in \mathbb{N}$ verwenden Sie Aufgabe 6.3.9.

6.3.12 Zeigen Sie, daß die betrachtete Reihe auf einem Intervall $I \subset \mathbb{R}$ genau dann gleichmäßig konvergiert, wenn ein $c > 1$ existiert mit $I \subset [c, \infty)$.

6.3.13 Es sei $X \subset [-a, a]$. Zeigen Sie, daß $|f_n(x)| \leq aq^n$ für alle $x \in X$ und alle $n \in \mathbb{N}$ gilt.

6.3.14 a) Die Funktion f_n sei auf $[0,1]$ erklärt durch

$$f_n(x) := \begin{cases} \gamma_n & \text{falls} \quad x = \frac{1}{2n+1} \\ 0 & \text{falls} \quad x \in [0, \frac{1}{2n+2}] \cup [\frac{1}{2n}, 1] \end{cases},$$

und auf den Intervallen $[\frac{1}{2n+2}, \frac{1}{2n+1}]$ sowie $[\frac{1}{2n+1}, \frac{1}{2n}]$ sei f_n linear. Zeigen Sie, daß $\sum\limits_{\nu=1}^{\infty} f_\nu(x)$ die gewünschte Eigenschaft hat.
b) Konstruieren Sie mit $X = \{0\}$ ein Gegenbeispiel.

6.3.15 Bei a) und b) genügt es, konstante Funktionen a_ν zu nehmen. Betrachten Sie bei d) die Reihe $\sum\limits_{\nu=1}^{\infty} \dfrac{(-1)^\nu}{\nu x}$.

6.3.16 Berechnen Sie die Grenzfunktion unter Benutzung der geometrischen Reihe; beachten Sie, daß diese bei gleichmäßiger Konvergenz stetig sein müßte.

6.3.17 Zur Untersuchung auf gleichmäßige Konvergenz berechnen Sie für $n \in \mathbb{N}$ die Differenz $r_n(x)$ zwischen der Summe der jeweils betrachteten Reihe und ihrer n-ten Teilsumme. Benutzen Sie bei der ersten Reihe die BERNOULLIsche Ungleichung, und betrachten Sie bei der zweiten die Folge $\{r_n(1/\sqrt{n})\}$.

6.3.18 Beim Nachweis der gleichmäßigen Konvergenz fassen Sie beim Reihenrest $\sum_{\nu=n+1}^{\infty} \frac{(-1)^{\nu-1}}{\nu+x^2}$ je zwei Terme zusammen.

6.3.19 Zeigen Sie mit Hilfe des WEIERSTRASSschen Majorantenkriteriums, daß die betrachtete Reihe auf $\mathbb{R}$ gleichmäßig konvergiert. Berechnen Sie beim zweiten Teil der Behauptung den Ausdruck $xA(x) - \sum_{\nu=1}^{\infty} \frac{1}{\nu^2}$.

6.3.20 a) Verwenden Sie das WEIERSTRASSsche Majorantenkriterium.
b) Um nachzuweisen, daß an der Stelle a_N eine Sprungstelle vorliegt, betrachten Sie die Funktion $\varphi_N(x) := f(x) - f_N(x)$.

6.3.21 a) Verwenden Sie ABELsche partielle Summation oder I; Aufgabe 3.2.3.
b) Die betrachtete Reihe ist eine Teleskopreihe.

6.3.22 Zur Berechnung der Grenzfunktion beweisen Sie zunächst die Beziehung

$$a_\nu(x) := \frac{x^\nu}{(1-x^\nu)(1-x^{\nu+1})} = \frac{1}{1-x^\nu} - \frac{1}{1-x^{\nu+1}} + xa_\nu(x).$$

6.3.23 Verwenden Sie ABELsche partielle Summation.

6.3.24 Bringen Sie durch ABELsche partielle Summation bei $\sum_{\nu=1}^{n} a_\nu f_\nu(x)$ die Differenzen $a_{\nu+1} - a_\nu$ ins Spiel.

6.3.25 Drücken Sie $\sum_{\nu=1}^{n} f_\nu(x)g_\nu(x)$ unter Verwendung ABELscher partieller Summation mit Hilfe von $F_\nu(x) := \sum_{\mu=1}^{\nu} f_\mu(x)$ und $g_{\nu+1}(x) - g_\nu(x)$ aus. Zeigen Sie, daß $\{g_n(x)\}$ gleichmäßig konvergiert und daß alle Funktionen g_n beschränkt sind. Verwenden Sie Aufgabe 6.1.13 und das WEIERSTRASSsche Kriterium für gleichmäßige Konvergenz.

6.3.26 Verwenden Sie das CAUCHYsche Kriterium für gleichmäßige Konvergenz in Verbindung mit ABELscher partieller Summation.

6.3.27 Verwenden Sie das DIRICHLETsche Kriterium für gleichmäßige Konvergenz.

6.3.28 Es seien $F_n(x) := \sum_{\nu=1}^{n} f_\nu(x)$ und $F(x) := \sum_{\nu=1}^{\infty} f_\nu(x)$. Dann gilt mit ABELscher partieller Summation

$$\sum_{\nu=m+1}^{n} f_\nu(x)g_\nu(x) = \{F_n(x) - F(x)\}g_{n+1}(x) - \{F_m(x) - F(x)\}g_{m+1}(x) +$$

$$+ \sum_{\nu=m+1}^{n} \{F_\nu(x) - F(x)\}\{g_\nu(x) - g_{\nu+1}(x)\}.$$

6.3.29 Zeigen Sie bei a) mit dem ABELschen Kriterium und bei b) mit dem DIRICHLETschen Kriterium, daß die betrachteten Reihen auf $(0, 1)$ gleichmäßig konvergieren. Benutzen Sie zur Bestimmung der Grenzwerte Aufgabe 6.3.9.

6.3.30 Nehmen Sie an, für ein $x_0 \in I\!R$ sei die Reihe $\sum_{n=1}^{\infty} \frac{a_n}{n^{x_0}}$ konvergent. Zeigen Sie durch Anwendung des ABELschen Kriteriums (siehe Aufgabe 6.3.28), daß dann die DIRICHLETsche Reihe

$$\sum_{n=1}^{\infty} \frac{a_n}{n^{x_0}} \cdot \frac{1}{n^{x-x_0}}$$

auf $[x_0, \infty)$ gleichmäßig konvergiert. Setzen Sie

$$\lambda := \inf\left\{x_0 : \sum_{n=1}^{\infty} \frac{a_n}{n^{x_0}} \text{ ist konvergent}\right\}.$$

6.3.31 Betrachten Sie die Reihen

$$\sum_{n=1}^{\infty} \frac{n^n}{n^x}, \qquad \sum_{n=1}^{\infty} \frac{1}{n^n n^x}, \qquad \sum_{n=1}^{\infty} \frac{n^{\lambda-1}}{n^x}; \qquad \sum_{n=1}^{\infty} \frac{(-1)^n}{n^x}.$$

6.3.32 Weisen Sie nach, daß die betrachtete Reihe auf $I\!R$ gleichmäßig konvergiert. Hieraus folgt die Stetigkeit von f auf $I\!R$. Zum Beweis, daß f in keinem Intervall (a, b) monoton ist, wählen Sie ein $x_0 \in (a, b)$, welches die Gestalt $x_0 = k4^{-m}$ mit $k \in Z\!\!Z$ und $m \in I\!N$ besitzt; dabei sei m so groß gewählt, daß mit $h_m := 4^{-2m-1}$ gilt $[x_0 - h_m, x_0 + h_m] \subset (a, b)$. Berechnen Sie dann mit

$$f_\nu(x) := \frac{1}{4^\nu} g(4^\nu x)$$

den Ausdruck $f_\nu(x_0 + h_m) - f_\nu(x_0)$ getrennt für $m + 1 < \nu \leq 2m + 1$ und $\nu > 2m + 1$, und zeigen Sie $f(x_0 + h_m) - f(x_0) \geq h_m > 0$.
Analog folgt $f(x_0 - h_m) - f(x_0) \geq h_m > 0$.

6.3.33 Beweisen Sie zunächst mit dem Satz von URYSOHN (vgl. I; Aufgabe 5.1.25) den folgenden Hilfssatz:

Es seien A^+ und A^- disjunkte abgeschlossene Teilmengen von $I\!R$, und für ein $r > 0$ gelte $A^+ \cup A^- \subset (-r, r)$. Dann gibt es zu jedem $a > 0$ eine auf $I\!R$ stetige Funktion φ mit

$$\begin{aligned} &\varphi(x) = a, \text{ falls } x \in A^+, \qquad &&\varphi(x) = -a, \text{ falls } x \in A^-, \\ &\varphi(x) = 0, \text{ falls } |x| \geq r, \qquad &&|\varphi(x)| \leq a \text{ für alle } x \in I\!R. \end{aligned}$$

Es gelte $-M \leq f(x) \leq M$ für alle $x \in K$. Setzen Sie

$$K_1^+ := \left\{x \in K : f(x) \geq \frac{1}{3}M\right\}, \qquad K_1^- := \left\{x \in K : f(x) \leq -\frac{1}{3}M\right\}.$$

Konstruieren Sie dann eine auf $I\!R$ stetige Funktion f_1 mit

$$\begin{aligned} &f_1(x) = \frac{1}{3}M, \text{ falls } x \in K_1^+, \qquad &&f_1(x) = -\frac{1}{3}M, \text{ falls } x \in K_1^-, \\ &f_1(x) = 0, \text{ falls } |x| \geq r, \qquad &&|f_1(x)| \leq \frac{1}{3}M \text{ für alle } x \in I\!R. \end{aligned}$$

Es folgt $-\frac{2}{3}M \leq f(x) - f_1(x) \leq \frac{2}{3}M$ für alle $x \in K$. Setzen Sie

$$K_2^+ := \left\{x \in K : f(x) - f_1(x) \geq \frac{1}{3}\cdot\frac{2}{3}M\right\}, \qquad K_2^- := \left\{x \in K : f(x) - f_1(x) \leq -\frac{1}{3}\cdot\frac{2}{3}M\right\},$$

und wenden Sie das obige Verfahren erneut auf die Funktion $f - f_1$ an, usw.. Mit den so erhaltenen Funktionen $f_1, f_2, \ldots$ betrachten Sie $\sum_{\nu=1}^{\infty} f_\nu(x)$.

6.4 Potenzreihen

6.4.1 Unterscheiden Sie die Fälle $R = 0$ und $0 < R < \infty$ sowie $R = \infty$.

6.4.2 Wenden Sie das Quotientenkriterium an.

6.4.3 Wenden Sie das Quotientenkriterium an.

6.4.4 Verwenden Sie die Formel von CAUCHY-HADAMARD.

6.4.5 Setzen Sie $\xi := (x - x_0)^k$, und unterscheiden Sie die Fälle $R = \infty$ sowie $R < \infty$.

6.4.6 a) Setzen Sie $\xi := (x+1)^2$, und benutzen Sie das Quotientenkriterium.
b) Setzen Sie $\xi := x^5$, und benutzen Sie die Formel von CAUCHY-HADAMARD.

6.4.7 a) Ein Polynom besitzt höchstens endlich viele Nullstellen.
b) Berechnen Sie $\lim\limits_{n\to\infty} |P(n)|^{1/n}$, indem Sie $|P(x)|$ für große $|x|$ nach oben und unten abschätzen. Verfahren Sie analog mit $\lim\limits_{n\to\infty} |Q(n)|^{1/n}$.
c) Zeigen Sie, daß eine Konstante M existiert mit

$$\left|\frac{P(n)}{Q(n)}\right| \leq \frac{M}{n^2} \qquad \text{für alle } n \geq N.$$

d) Ein notwendiges Kriterium für die Konvergenz einer Reihe ist verletzt.

6.4.8 Setzen Sie $\sum\limits_{\nu=0}^{\infty} a_\nu x^{\nu^2} =: \sum\limits_{\nu=0}^{\infty} b_\nu x^\nu$, und bestimmen Sie $\overline{\lim\limits_{\nu\to\infty}} |b_\nu|^{1/\nu}$.

6.4.9 Für ein x_0 mit $|x_0| = R \geq 1$ gilt

$$|s_n(x_0)| \leq \max_{|x|\leq R} |s_n(x)| \leq \sum_{\nu=0}^{n} |a_\nu| R^\nu.$$

Schätzen Sie die hier auftretende Summe unter Verwendung von $\overline{\lim\limits_{\nu\to\infty}} |a_\nu|^{1/\nu} = 1$ sorgfältig ab; Sie erhalten dann zu (1) und (3) analoge Aussagen mit dem Zeichen $\leq$. Unter Beachtung von $|a_n x_0| = |s_n(x_0) - s_{n-1}(x_0)|$ können Sie (indirekt) schließen, daß Gleichheit in (1) und (3) bestehen muß. Zum Nachweis von (2) und (4) gehen Sie analog vor; beachten Sie dabei, daß für $|x_0| < 1$ gilt $r_n(x_0) = \sum\limits_{\nu=n+1}^{\infty} a_\nu x_0^\nu$.

6.4.10 Verwenden Sie den Identitätssatz.

6.4.11 Verwenden Sie vollständige Induktion.

6.4.12 Benutzen Sie Aufgabe 6.4.11 für $k = 0, 1, 2$.

6.4.13 Beachten Sie, daß $\binom{\nu}{k} = 0$ ist für $k > \nu$, und benutzen Sie Aufgabe 6.4.11.

6.4.14 Stellen Sie $x^k = \dfrac{x^k}{(1-x)^{k+1}} \cdot (1-x)^{k+1}$ als CAUCHY-Produkt zweier Reihen dar, benutzen Sie Aufgabe 6.4.13 und den Identitätssatz.

6.4.15 Stellen Sie die Reihe $\sum_{\nu=0}^{\infty} a_\nu x^\nu$ als CAUCHY-Produkt zweier geeigneter Reihen dar.

6.4.16 Es gilt $(x+x^2+\cdots+x^N)^n = x^n(1-x^N)^n(1-x)^{-n}$. Verwenden Sie einerseits den polynomischen Lehrsatz (vgl. I; Aufgabe 1.7.30), entwickeln Sie andererseits $(1-x)^{-n}$ in eine Potenzreihe, und vergleichen Sie die Koeffizienten von x^N.

6.4.17 Stellen Sie $\dfrac{1}{1-x}\cdot\dfrac{x^k}{1-x^k}$ als CAUCHY-Produkt zweier Reihen dar.

6.4.18 Führen Sie zunächst eine Partialbruchentwicklung der Funktion f durch.

6.4.19 Verwenden Sie die Reihendarstellungen von $\cosh x$ und e^x; zeigen Sie, daß die Ungleichung genau dann für alle $x \in \mathbb{R}$ gilt, wenn $c \geq \dfrac{1}{2}$ ist.

6.4.20 Zeigen Sie zunächst $|b_n|^{1/n} \to 1$.

6.4.21 Benutzen Sie die Formel von CAUCHY-HADAMARD, um zu zeigen, daß ein $N \in \mathbb{N}$ so existiert, daß $a_n = 0$ für alle $n > N$ gilt.

6.4.22 a) Leiten Sie aus Abschätzungen für $|a_n|^{1/n}$ und $|b_n|^{1/n}$ eine Abschätzung für $|a_n b_n|^{1/n}$ her.
b) Gehen Sie im Falle $R_Q > 0$ analog zu a) vor.

6.4.23 Zeigen Sie, daß aufgrund der Beziehung $\overline{\lim_{\nu\to\infty}}|a_\nu|^{1/\nu} = \dfrac{1}{R}$ die Reihe $\sum_{\nu=0}^{\infty} \dfrac{a_\nu x^\nu}{\nu!}$ für jedes $x \in \mathbb{R}$ konvergieren muß. Beachten Sie ferner, daß $\sum_{\nu=0}^{\infty} \dfrac{y^\nu}{\nu!} = e^y$ gilt.

6.4.24 Beweisen Sie zunächst (2). Schätzen Sie dazu $\tilde{A}_\nu^{1/\nu}$ nach oben und unten ab, und benutzen Sie dabei $\overline{\lim_{\nu\to\infty}}|a_\nu|^{1/\nu} = 1$. Zeigen Sie dann, daß (1) in trivialer Weise aus (2) folgt.

6.4.25 Beim Beweis der Eineindeutigkeit führen Sie $x_1 - x_2 = \sum_{\nu=2}^{\infty} a_\nu(x_2^\nu - x_1^\nu)$ für $x_1 \neq x_2$ zu einem Widerspruch.

6.4.26 Für alle $x \in (0,1)$ gilt

$$(1-x)|A(x)| \leq (1-x)\cdot\sum_{\nu=0}^{N}|a_\nu|x^\nu + (1-x)\cdot\sum_{\nu=N+1}^{\infty}|a_\nu|x^\nu.$$

Berücksichtigen Sie $a_n \to 0$, und wählen Sie N geeignet.

6.4.27 Für alle $n \in \mathbb{N}_0$ und alle $x \in (0,1)$ gilt die Abschätzung $A(x) \geq \sum_{\nu=0}^{n} a_\nu x^\nu$.

6.4.28 a) Setzen Sie $r_n := \sum_{\nu=n}^{\infty} a_\nu$, und beurteilen Sie den Reihenrest

$$\sum_{\nu=n}^{\infty} a_\nu x^\nu = \sum_{\nu=n}^{\infty}(r_\nu - r_{\nu+1})x^\nu.$$

b) Aus a) folgt die Stetigkeit von A auf $[0,1]$.

6.4.29 Es gilt $A_n := \sum_{\nu=0}^{n} a_\nu \to \infty$. Zeigen Sie $A(x) = (1-x)\sum_{\nu=0}^{\infty} A_\nu x^\nu$, und schätzen Sie damit $A(x)$ geeignet nach unten ab.

6.4.30 Verwenden Sie den ABELschen Grenzwertsatz in geeigneter Weise.

6.4.31 Zeigen Sie zunächst unter Verwendung des Hauptsatzes über monotone Folgen, daß die Reihe $\sum_{\nu=0}^{\infty} a_\nu$ konvergiert. Benutzen Sie dann den ABELschen Grenzwertsatz.

6.4.32 Zeigen Sie zunächst

$$\frac{1}{(1-x)^2} = \sum_{\nu=0}^{\infty}(\nu+1)x^\nu \qquad \text{und} \qquad A(x) = (1-x)^2\sum_{\nu=0}^{\infty}\Big\{\sum_{\mu=0}^{\nu} A_\mu\Big\}x^\nu.$$

Schätzen Sie dann $|A(x) - a|$ für $x \in (0,1)$ ab.

6.4.33 Zur Bestimmung des Konvergenzradius schätzen Sie $|a_n|$ mit Hilfe von $|A_n|$ nach oben ab. Zum Beweis der Beschränktheit berechnen Sie zunächst $\frac{1}{1-x}A(x)$.

6.4.34 Betrachten Sie $A(x) := (1+x)^{-2}$.

6.4.35 a) Schätzen Sie $|a_n|$ mit Hilfe von $|A_n|$ nach oben ab.
b) Berechnen Sie zunächst $\frac{1}{1-x}A(x)$.

6.4.36 Bestimmen Sie zunächst den Konvergenzradius der Reihe $\sum_{\nu=0}^{\infty} A_\nu x^\nu$.

6.4.37 Für alle $x \in (0,1)$ gilt

$$\sum_{\nu=0}^{n} a_\nu - A(x) = \sum_{\nu=0}^{n} a_\nu(1-x^\nu) - \sum_{\nu=n+1}^{\infty} a_\nu x^\nu. \qquad (*)$$

Benutzen Sie $1 - x^\nu = (1-x)\sum_{\mu=0}^{\nu-1} x^\mu$, und beachten Sie, daß $\frac{1}{n}\sum_{\nu=1}^{n} \nu|a_\nu| \to 0$ gilt (vgl. I; Aufgabe 2.4.5). Setzen Sie $x := 1 - \frac{1}{n}$, und schätzen Sie die rechte Seite von $(*)$ geeignet ab.

6.4.38 Bilden Sie Potenzreihen mit den Koeffizienten a_ν, b_ν und c_ν, und wenden Sie den Satz von MERTENS und den ABELschen Grenzwertsatz an.

6.4.39 Zeigen Sie zunächst

$$\sum_{\nu=0}^{n} c_\nu = \Big(\sum_{\nu=0}^{n} a_\nu\Big)\Big(\sum_{\nu=0}^{n} b_\nu\Big) - \rho_n,$$

und verwenden Sie Aufgabe 6.4.38.

6.4.40 a) Wählen Sie $x = 1$ und $y = -1$ sowie eine geeignete Folge $\{a_\nu\}$, um zu zeigen, daß $\sum_{\nu=0}^{\infty} a_\nu x^\nu$ im allgemeinen divergiert.
b) Wenden Sie das ABELsche Konvergenzkriterium für Reihen (vgl. I; Aufgabe 3.3.19) in geeigneter Form an.

6.4.41 Zeigen Sie, daß $|a_n| \le 2^n(|a_0| + |a_1|)$ für alle $n \in \mathbb{N}_0$ gilt, und schätzen Sie damit den Konvergenzradius von A ab. Ermitteln Sie dann $A(x)$ unter Benutzung der Rekursionsformel.

6.4.42 Es sei $\{Q_n\}$ eine Abzählung der Menge der nichtverschwindenden Polynome mit rationalen Koeffizienten. Konstruieren Sie induktiv eine Polynomfolge $\{P_n\}$ wie folgt: Es sei $P_0 := Q_0$; sind $P_0, ..., P_{n-1}$ schon bekannt und ist g_n der Grad von P_{n-1}, so sei ϕ_n eine in $[-n, n]$ stetige Funktion mit

$$\phi_n(x) = \Big\{Q_n(x) - \sum_{\nu=0}^{n-1} P_\nu(x)\Big\} \cdot \frac{1}{x^{g_n+1}}$$

für alle x mit $\frac{1}{n} \leq |x| \leq n$. Dann gibt es ein Polynom R_n mit

$$|R_n(x) - \phi_n(x)| < \frac{1}{n^{g_n+2}}$$

für $|x| \leq n$ (warum?). Setzen Sie jetzt $P_n(x) := x^{g_n+1} R_n(x)$, und betrachten Sie die Reihe $\sum\limits_{\nu=0}^{\infty} P_\nu(x)$.

6.5 Trigonometrische Funktionen

6.5.1 Benutzen Sie die Definition der Sinus- und der Cosinusfunktion.

6.5.2 Benutzen Sie die Additionstheoreme der Sinus- bzw. Cosinusfunktion.

6.5.3 Interessant ist nur der Fall $0 < x \leq 1$. Verwenden Sie die Reihendarstellung der Sinusfunktion.

6.5.4 a) Benutzen Sie $|\sin t| \leq |t|$ für alle $t \in \mathbb{R}$ sowie Aufgabe 6.5.1.
b) Benutzen Sie a) und $\sin(x + \frac{\pi}{2}) = \cos x$.

6.5.5 Verwenden Sie die Additionstheoreme der Sinus- bzw. Cosinusfunktion.

6.5.6 Verwenden Sie die Definition der Tangensfunktion sowie das Additionstheorem der Sinusfunktion.

6.5.7 Wenden Sie auf $\sin(x + d)$ das Additionstheorem an.

6.5.8 Es gilt $\cos^2 x + \sin^2 x = 1$.

6.5.9 Behandeln Sie zunächst den Fall $b \geq 0$. Zur Lösung kommen nur Stellen $x_0 \in [0, \pi]$ in Frage. Beachten Sie, daß $\cos x$ in $[0, \pi]$ streng monoton fallend ist.

6.5.10 Benutzen Sie Aufgabe 6.5.9.

6.5.11 a) Verwenden Sie vollständige Induktion.

b) Suchen Sie spezielle Werte von a und x, für welche die Ungleichung nicht gilt.

6.5.12 Verwenden Sie die SCHWARZsche Ungleichung.

6.5.13 Verwenden Sie das Additionstheorem der Cotangensfunktion, und versuchen Sie dann, geeignet quadratisch zu ergänzen.

6.5.14 a) Berechnen Sie $\sum\limits_{\nu=1}^{n} e^{i\nu x}$ mit der geometrischen Summenformel, und bilden Sie den Real- und Imaginärteil.

b) Verfahren Sie mit $\sum\limits_{\nu=1}^{n} e^{i(2\nu-1)x}$ analog zu a).

6.5.15 a) Verwenden Sie Aufgabe 6.5.1.

b) Summieren Sie die in a) gezeigte Identität von $\nu = 1$ bis $\nu = n$ auf.

6.5.16 Verwenden Sie vollständige Induktion, und beachten Sie, daß $\sin y = 2\sin\frac{y}{2}\cos\frac{y}{2}$ gilt.

6.5.17 Suchen Sie ein geeignetes Gegenbeispiel. Orientieren Sie sich dabei zum Beispiel an Aufgabe 6.5.16.

6.5.18 Verwenden Sie vollständige Induktion.

6.5.19 Verwenden Sie vollständige Induktion.

6.5.20 a) Es gilt $\frac{1}{\varepsilon_\nu} = \varepsilon_{n-\nu}$.

b) Zeigen Sie $\prod\limits_{\nu=1}^{n-1}(z-\varepsilon_\nu) = \frac{z^n-1}{z-1}$, und führen Sie den Grenzübergang $z \to 1$ aus.

6.5.21 Verwenden Sie für $n \geq 2$ Aufgabe 6.5.20.

6.5.22 Benutzen Sie die Definition der Sinusfunktion. Dann führt die betrachtete Summe auf eine Teleskopsumme.

6.5.23 Nehmen Sie an, daß $\lim\limits_{n\to\infty} \sin n = s$ gilt, und erzeugen Sie durch Betrachtung von $\{\sin(n+1)\}$ und $\{\sin^2(2n)\}$ einen Widerspruch. Bei der Untersuchung von $\{\cos n\}$ berechnen Sie $\cos(n+1)$ mit Hilfe des Additionstheorems.

6.5.24 a) Beweisen Sie, daß die Folge $\{\sin nx\}$ genau dann konvergiert, wenn $x = m\pi$ für ein $m \in \mathbb{Z}$ gilt. Verwenden Sie Aufgabe 6.5.14, und nutzen Sie aus, daß die Glieder einer konvergenten Reihe eine Nullfolge bilden.
b) Bei der Betrachtung von $\{\cos nx\}$ berechnen Sie $\cos(n+1)x$ mit Hilfe des Additionstheorems.

6.5.25 Unterscheiden Sie die Fälle $\frac{x}{\pi} \in \mathbb{Q}$ sowie $\frac{x}{\pi} \notin \mathbb{Q}$, und verwenden Sie im zweiten Fall I; Aufgabe 4.3.40.

6.5.26 Es ist leicht zu sehen, daß für ein $x \in \mathbb{R}$ eine der betrachteten Folgen genau dann konvergiert, wenn die beiden anderen konvergieren. Zeigen Sie, daß die Folge $\{\cos 2^n x\}$ genau dann konvergiert, wenn für ein $N \in \mathbb{N}$ gilt $\cos 2^N x = 1$ oder $\cos 2^N x = -\frac{1}{2}$. Beweisen Sie dazu für $a_n := \cos 2^n x$ die Rekursionsformel $a_{n+1} = 2a_n^2 - 1$; nehmen Sie im nichttrivialen Teil des Beweises an, für alle $n \in \mathbb{N}_0$ gilt $a_n \neq 1$ und $a_n \neq -\frac{1}{2}$, und betrachten Sie

$$\frac{a_{n+1}-1}{a_n-1} \quad \text{bzw.} \quad \frac{a_{n+1}+\frac{1}{2}}{a_n+\frac{1}{2}}.$$

6.5.27 Zeigen Sie, daß die Folge $\{\sin 2^n x\}$ genau dann konvergiert, wenn $2^N x$ für ein $N \in \mathbb{N}_0$ ein ganzzahliges Vielfaches von π ist.
Zum nichttrivialen Teil des Beweises nehmen Sie an, daß gilt $\sin 2^n x \neq 0$ für alle $n \in \mathbb{N}$ und $\sin 2^n x \to s$. Aus der Beziehung

$$\sin^2 2^{n+1}x = 4\sin^2 2^n x(1 - \sin^2 2^n x)$$

ergibt sich $s \neq 0$ (durch einen Widerspruchsbeweis). Außerdem liefert diese Identität einen Wert für s^2. Erzeugen Sie jetzt einen Widerspruch, indem Sie $\sin 2^{n+1}x$ geeignet umformen.

6.5.28 Für $z \in \mathbb{C}$ gilt $\sum\limits_{\nu=0}^{\infty} \frac{z^\nu}{\nu!} = e^z$. Setzen Sie $z = e^{ix} = \cos x + i \sin x$, und bestimmen Sie den Real- und Imaginärteil der Reihe.

6.5.29 Zeigen Sie: Gilt $y \neq m\pi$ für alle $m \in \mathbb{Z}$, so ist der Konvergenzradius von A gleich 1, andernfalls ist er ∞. (Beachten Sie dazu Aufgabe 6.5.24.) Zur Berechnung des Wertes der Reihe verwenden Sie $2i \sin x = e^{ix} - e^{-ix}$, und benutzen Sie geometrische Reihen.

6.5.30 Es gilt $\sin 3y = 3\sin y - 4\sin^3 y$; durch eine naheliegende Umformung geht die Reihe in eine Teleskopreihe über.

6.5.31 Benutzen Sie das WEIERSTRASSsche Majorantenkriterium.

6.5.32 a) Beachten Sie $\lim\limits_{t\to 0} \dfrac{\sin t}{t} = 1$.
b) Berechnen Sie den Konvergenzradius dieser Potenzreihe. Zur Abschätzung auf dem Rand des Konvergenzkreises beachten Sie, daß $\sin t < t$ für $t > 0$ gilt.

6.5.33 Benutzen Sie die SCHWARZsche Ungleichung.

6.5.34 Schätzen Sie $|\sum\limits_{\nu=1}^{n} \sin \nu x|$ bzw. $|\sum\limits_{\nu=1}^{n} \cos \nu x|$ ab, und verwenden Sie das DIRICHLETsche Kriterium für gleichmäßige Konvergenz (siehe Aufgabe 6.3.26).

6.5.35 Schätzen Sie mit $x_n := \dfrac{\pi}{4n}$ den Ausdruck $\sum\limits_{\nu=n+1}^{2n} \frac{1}{\nu} \sin \nu x_n$ nach unten ab.

6.5.36 a) Um aus der gleichmäßigen Konvergenz der Reihe auf $\lim\limits_{n\to\infty} na_n = 0$ zu schließen, schätzen Sie mit $x_n := \dfrac{\pi}{2n}$ den Ausdruck $\sum\limits_{\nu=[n/2]+1}^{n} a_\nu \sin \nu x_n$ nach unten ab.
b) Es gelte $\lim\limits_{n\to\infty} na_n = 0$. Zu jedem $x \in (0, \pi]$ existiert ein $N \in \mathbb{N}$ mit $\dfrac{\pi}{N+1} < x \leq \dfrac{\pi}{N}$. Schätzen Sie damit

$$r_n(x) := \sum_{\nu=n}^{\infty} a_\nu \sin \nu x = \sum_{\nu=n}^{n+N-1} a_\nu \sin \nu x + \sum_{\nu=n+N}^{\infty} a_\nu \sin \nu x =: R_1(x) + R_2(x)$$

nach oben ab. Bei der Abschätzung von $R_1(x)$ verwenden Sie $|\sin \nu x| \leq \nu x$, bei $R_2(x)$ ABELSCHE partielle Summation.

6.5.37 Benutzen Sie Aufgabe 6.5.34 und Aufgabe 6.5.36.

6.5.38 Benutzen Sie das ABELSCHE Kriterium für gleichmäßige Konvergenz (vgl. Aufgabe 6.3.28).

6.5.39 Benutzen Sie die ersten Terme der Reihendarstellung der Cosinusfunktion sowie I; Aufgabe 2.2.4.

6.5.40 a) Verwenden Sie das Additionstheorem der Cosinusfunktion.
b) Beweisen Sie die Behauptung mit vollständiger Induktion.
c) Zeigen Sie, daß die Nullstellen von T_n gegeben sind durch $t_{n\nu} := \cos(\frac{2\nu-1}{2n}\pi)$ für $\nu = 1, ..., n$.

6.5.41 a) Zum Beweis der ersten Identität setzen Sie $\xi_{nk} := \cos\frac{k}{n}\pi$ für $k = 0, ..., n$ und berechnen Sie $T_n(\xi_{nk})$.
b) Nehmen Sie an, es gilt $|P_n(x)| < \frac{1}{2^{n-1}}$ für alle $x \in [-1, 1]$, und bestimmen Sie das Vorzeichen von $Q_n(x) := \frac{1}{2^{n-1}}T_n(x) - P_n(x)$ an den Stellen ξ_{nk}.

6.5.42 Die Substitution $x = \frac{b+a}{2} + \frac{b-a}{2}t$ führt auf

$$P_n(x) = \Big(\frac{b-a}{2}\Big)^n a_n \cdot Q_n(t),$$

wobei Q_n ein Polynom vom Grad n mit höchstem Koeffizienten 1 ist. Wenden Sie hierauf Aufgabe 6.5.41 an.

6.5.43 Verwenden Sie Aufgabe 6.5.42 sowie die TSCHEBYSCHEFF-Polynome.

6.5.44 Nehmen Sie an, daß f kein Polynom mit ganzzahligen Koeffizienten ist. Es gibt dann verschiedene Polynome P_{n_1} und P_{n_2} mit

$$\max_{[a,b]} |f(x) - P_{n_i}(x)| < \frac{1}{2} \qquad (i = 1, 2).$$

Betrachten Sie $P_{n_1}(x) - P_{n_2}(x)$, und erzeugen Sie mit Aufgabe 6.5.42 einen Widerspruch.

6.5.45 a) Zeigen Sie, daß ganze Zahlen g_n und eine Nullfolge $\{\delta_n\}$ existieren mit

$$en! = g_n + \frac{1+\delta_n}{n+1}.$$

b) Zeigen Sie, daß für eine rationale Zahl x und alle hinreichend großen natürlichen Zahlen n gilt $n \cdot \sin(2\pi x n!) = 0$.

6.5.46 Unterscheiden Sie die Fälle $x \in \mathbb{Q}$ und $x \notin \mathbb{Q}$.

6.5.47 Zeigen Sie, daß ein N existiert, so daß für alle $\nu \geq N$ gilt

$$\arccos x_\nu \geq \sqrt{1 - x_\nu} \geq \frac{1}{x_\nu} - 1,$$

und verwenden Sie I; Aufgabe 3.1.15.

6.5.48 Zeigen Sie, daß $\lim_{n\to\infty} a_n = 0$ gilt und die Folge $\left\{\frac{1}{a_n^2} - \frac{1}{a_{n-1}^2}\right\}$ konvergiert, wenn a_0 kein ganzzahliges Vielfaches von π ist. Berechnen Sie dann $\frac{1}{n}\sum_{\nu=1}^{n}\left\{\frac{1}{a_\nu^2} - \frac{1}{a_{\nu-1}^2}\right\}$, und benutzen Sie I; Aufgabe 2.4.5.

6.5.49 Schätzen Sie für $z \neq 0$ den Ausdruck $\frac{P(z)}{a_n z^n} - 1$ nach oben ab.

6.5.50 Nehmen Sie an, es gilt $P(z) \neq 0$ für alle $z \in \mathbb{C}$, und beweisen Sie dann sukzessive:
a) Es gibt ein $z_0 \in \mathbb{C}$ mit $|P(z_0)| \leq |P(z)|$ für alle $z \in \mathbb{C}$.
b) Mit einem $m \in \mathbb{N}$ und $a \in \mathbb{C} \setminus \{0\}$ und einem Polynom $g(z)$ gilt

$$P(z) - P(z_0) = a(z - z_0)^m\{1 + (z - z_0)g(z)\}.$$

c) Ist $\zeta \in \mathbb{C}$ so gewählt, daß $\zeta^m = -\frac{P(z_0)}{a}$ gilt, so folgt

$$P(z_0 + t\zeta) = P(z_0)\{1 - t^m(1 + t\zeta g(z_0 + t\zeta))\}$$

für alle $t \in [0, 1]$, und für kleine positive Werte t ergibt sich ein Widerspruch zu a).

7 Differentialrechnung

7.1 Differenzierbarkeit; elementare Eigenschaften der Ableitung

7.1.1 Untersuchen Sie das Verhalten der Funktion $f(x) = |x|$ an der Stelle $x_0 = 0$.

7.1.2 Die Behauptung folgt fast unmittelbar aus der Definition der Ableitung.

7.1.3 Betrachten Sie die Funktion f mit $f(x) = \begin{cases} 1 & \text{falls } x \neq 0 \\ 0 & \text{falls } x = 0 \end{cases}$.

7.1.4 a) Koppeln Sie die folgenden Ausdrücke miteinander:

$$\frac{f(x_n^+) - f(x_n^-)}{x_n^+ - x_n^-}, \qquad \frac{f(x_n^+) - f(x_0)}{x_n^+ - x_0}, \qquad \frac{f(x_n^-) - f(x_0)}{x_n^- - x_0}.$$

b) Zeigen Sie zunächst, daß der Grenzwert

$$c := \lim_{n\to\infty} \frac{f(x_n^+) - f(x_n^-)}{x_n^+ - x_n^-}$$

unabhängig von den speziellen Folgen $\{x_n^+\}$ und $\{x_n^-\}$ ist. Beweisen Sie dann (unter sorgfältiger Verwendung der Stetigkeit von f an x_0), daß $f'(x_0) = c$ gilt.

7.1.5 Überlegen Sie (durch Untersuchung der Stetigkeit von f), welche Stellen als Differenzierbarkeitsstellen überhaupt in Frage kommen.

7.1.6 Interessant ist nur die Stelle $x_0 = 0$. Unterscheiden Sie den Fall $\alpha \leq 1$ und den Fall $\alpha > 1$.

7.1.7 Interessant ist nur die Stelle $x_0 = 0$. Zeigen Sie sukzessive, daß $f^{(k)}(0) = 0$ für $1 \leq k \leq m$ gilt und daß f an 0 nicht $(m+1)$-mal differenzierbar ist.

7.1.8 a) Betrachten Sie die Funktion $f(x) = \begin{cases} 1 & \text{falls } x \in \mathbb{Q} \\ -1 & \text{falls } x \in \mathbb{R} \setminus \mathbb{Q} \end{cases}$.

b) Eine notwendige Bedingung für die Differenzierbarkeit von f an x_0 ist die Stetigkeit an x_0. Beweisen Sie, daß dies in der vorliegenden Situation auch hinreichend ist. Unterscheiden Sie dazu die Fälle $f(x_0) = 0$ und $f(x_0) \neq 0$.

7.1.9 Zeigen Sie, daß aus der Differenzierbarkeit einer Funktion φ an x_0 und aus $\varphi(x_0) \neq 0$ die Differenzierbarkeit von $|\varphi|$ an x_0 folgt. Die Funktion $\varphi(x) = x$ zeigt, daß hierbei auf $\varphi(x_0) \neq 0$ nicht verzichtet werden kann.
Die zu beweisenden Aussagen können Sie dann leicht auf diese Situation zurückführen.

7.1.10 Hat ein Polynom P_1 eine Nullstelle an x_0, so gilt $P_1(x) = (x - x_0)P_2(x)$ mit einem gewissen Polynom P_2.

7.1.11 a) Zeigen Sie, daß $P'(0)$ eine Linearkombination von $P(0)$, $P\left(\frac{1}{2}\right)$ und $P(1)$ ist, und schätzen Sie $|P'(0)|$ entsprechend ab.
b) Untersuchen Sie $P_0(x) := 8x^2 - 8x + 1$.

7.1.12 Es ist leicht, stetige Funktionen mit den geforderten Eigenschaften zu finden. Gäbe es differenzierbare Funktionen mit diesen Eigenschaften, so liefert der Wert der Ableitung von $f(x)g(x)$ im Punkt $x = 0$ einen Widerspruch.

7.1.13 Interpretieren Sie f als den Quotienten zweier differenzierbarer Funktionen.

7.1.14 Benutzen Sie den Zerlegungssatz.

7.1.15 Nehmen Sie an, f habe unendlich viele Nullstellen in $[a, b]$. Konstruieren Sie eine Folge $\{y_n\}$ paarweise verschiedener Nullstellen von f, und zeigen Sie, daß eine Teilfolge gegen ein $x_0 \in [a, b]$ konvergiert, für welches dann $f(x_0) = f'(x_0) = 0$ gilt.

7.1.16 Es gilt $|f'(0)| = \lim_{x \to 0} \left| \frac{f(x)}{x} \right|$. Schätzen Sie den auftretenden Differenzenquotienten ab, und berechnen Sie $f'(0)$ auf eine andere Art.

7.1.17 Interpretieren Sie $\ln x_n$ als Differenzenquotienten einer geeigneten Funktion.

7.1.18 Zeigen Sie, daß $f_n^{(n)}(x) = \sum_{\nu=1}^{n} \frac{1}{\nu} + \ln x$ gilt, und verwenden Sie I; Aufgabe 2.2.17.

7.1.19 Beweisen Sie die Behauptung mit vollständiger Induktion; benutzen Sie die Produktregel.

7.1.20 Eine Linearkombination der betrachteten Funktionen hat die Form $L(x) = \sum_{\nu=1}^{n} P_\nu(x)e^{r_\nu x}$ mit Polynomen P_ν. Zeigen Sie mit vollständiger Induktion, daß $L(x) \equiv 0$ nur für $P_1(x) \equiv \cdots \equiv P_n(x) \equiv 0$ möglich ist. Multiplizieren Sie dazu im Induktionsschritt die Gleichung $L(x) \equiv 0$ mit $e^{-r_n x}$, und differenzieren Sie die entstehende Beziehung dann $(m_n + 1)$-mal. Beachten Sie ferner Aufgabe 7.1.19.

7.1.21 Von Interesse ist nur die Untersuchung von f im Punkt $x_0 = 0$. Unterscheiden Sie dazu die Fälle $\alpha = 0,\ \alpha = 1,\ \alpha = 2,\ \alpha > 2$.

7.1.22 Wählen Sie $g(x) = x$ und eine geeignete Funktion aus Aufgabe 7.1.21.

7.1.23 Untersuchen Sie das Verhalten von

$$f(x) = \begin{cases} x^2 \sin\frac{1}{x} & \text{falls } x \neq 0 \\ 0 & \text{falls } x = 0 \end{cases}.$$

7.1.24 a) Beachten Sie Aufgabe 7.1.21.
b) Modifizieren Sie Ihre in a) konstruierte Funktion geeignet.

7.1.25 a) Die Differenzierbarkeit von f ist leicht zu sehen.
b) Durch elementare Abschätzungen weisen Sie nach, daß $|f'(x)| < 24$ für alle $x \in [-1, 1]$ gilt (dabei können Sie $e^{y^2} > 1 + y^2$ für $y \neq 0$ verwenden). Zeigen Sie ferner, daß Nullfolgen $\{x_n\}$ und $\{y_n\}$ existieren mit $f'(x_n) \to 24$ und $f'(y_n) \to -24$.

7.1.26 Beweisen Sie die Behauptung durch vollständige Induktion unter Verwendung der Produktregel für zwei Faktoren.

7.1.27 Beweisen Sie die Formel durch vollständige Induktion. Sie benötigen die Beziehung $\binom{n}{\nu} + \binom{n}{\nu-1} = \binom{n+1}{\nu}$.

7.1.28 Beweisen Sie die Differenzierbarkeit von h direkt mit der Definition über Differenzenquotienten. Beachten Sie bei b) und c), daß $g(y) = |y|$ an $y_0 = 0$ nicht differenzierbar ist.

7.1.29 Beweisen Sie die Behauptung mit vollständiger Induktion.

7.1.30 a) Zeigen Sie mit vollständiger Induktion, daß mit geeigneten Konstanten $c_\nu^{(n)}$ gilt:

$$f^{(n)}(x) = f(x) \sum_{\nu=1}^{m_n} c_\nu^{(n)} x^{-\nu} \quad \text{falls} \quad x \neq 0, \qquad f^{(n)}(0) = 0.$$

Beachten Sie, daß für jedes $\alpha \in \mathbb{R}$ gilt $\lim\limits_{t\to\infty} \frac{t^\alpha}{e^t} = 0$.

b) Die Differenzierbarkeitseigenschaften von g ergeben sich leicht aus denen von f.

7.1.31 Konstruieren Sie, ausgehend von

$$\varphi_0(x) := \begin{cases} e^{-1/x^2} & \text{falls} \quad x > 0 \\ 0 & \text{falls} \quad x \leq 0 \end{cases}$$

zunächst eine Funktion φ, die auf $\mathbb{R}$ beliebig oft differenzierbar ist und $\varphi(x) \equiv 0$ in $(-\infty, a]$ sowie $\varphi(x) \equiv 1$ in $[b, \infty)$ erfüllt. Eine geeignete Kombination von φ, f_1, f_2 liefert dann das gewünschte Ergebnis.

7.1.32 Betrachten Sie die LAGRANGE-Polynome

$$L_\nu(x) := \prod_{\substack{\mu=0 \\ \mu\neq\nu}}^{n} \frac{x - x_\mu}{x_\nu - x_\mu}$$

(vgl. I; Aufgabe 1.7.35). Untersuchen Sie nun die Polynome

$$H_\nu(x) := \{1 - 2(x - x_\nu)L_\nu'(x_\nu)\}L_\nu^2(x), \qquad \tilde{H}_\nu(x) := (x - x_\nu)L_\nu^2(x).$$

7.1.33 Beachten Sie $\sum\limits_{\nu=1}^{n} \nu a_\nu(0) = f'(0)$.

7.2 Der Satz von ROLLE; Mittelwertsätze

7.2.1 Zeigen Sie, daß $f'(x) = 0$ ist für alle $x \in (a, b)$.

7.2.2 Beachten Sie die Definitionen eines Extremums und der (einseitigen) Differenzierbarkeit an $x_0 = a$ beziehungsweise $x_0 = b$.

7.2.3 Untersuchen Sie die Extremstellen von $f^2(x)$.

7.2.4 Untersuchen Sie die Monotonieeigenschaften von $f(x) := \ln\left(1+\frac{1}{x}\right) - \frac{1}{1+x}$.

7.2.5 Untersuchen Sie die Monotonieeigenschaften von $h(x) := f(x) - g(x)$.

7.2.6 Zeigen Sie, daß $f'(x) > 0$ für alle $x \in (0,\infty)$ gilt. Sie erhalten $f'(x) = \frac{g(x)}{h(x)}$ mit $h(x) > 0$ und $g(0) = 0$. Weisen Sie $g(x) > 0$ für $x \in (0,\infty)$ dadurch nach, daß Sie die strenge Monotonie von g zeigen.

7.2.7 Beweisen Sie zunächst, daß für $x, y \in I\!R$ gilt $|x+y|^\alpha \le |x|^\alpha + |y|^\alpha$. Zeigen Sie dazu, daß Sie ohne Beschränkung der Allgemeinheit $\alpha \in (0,1)$ sowie $x > 0$ und $y > 0$ annehmen können. Substituieren Sie $t := \frac{y}{x}$, und bestimmen Sie das absolute Minimum einer geeigneten Funktion.
Die allgemeine Ungleichung ergibt sich dann leicht mit vollständiger Induktion.

7.2.8 Untersuchen Sie die Funktion $g(x) := f(x) - \eta x$. Zeigen Sie, daß ein Intervall $(a,b) \subset I$ existiert, in welchem g ein Extremum besitzt.

7.2.9 Zeigen Sie, daß in einem Intervall, das keine Nullstelle von f' enthält, entweder $f'(x) > 0$ oder $f'(x) < 0$ gilt.

7.2.10 Untersuchen Sie die Funktion

$$f(x) := \begin{cases} x + 2x^2 \sin\frac{1}{x} & \text{falls} \quad x \neq 0 \\ 0 & \text{falls} \quad x = 0 \end{cases} .$$

7.2.11 Die Aussagen folgen fast unmittelbar aus Aufgabe 7.2.8.

7.2.12 Benutzen Sie Aufgabe 7.2.11.

7.2.13 Betrachten Sie $Q(x) := \sum\limits_{\nu=0}^{n} \frac{a_\nu}{\nu+1} x^{\nu+1}$.

7.2.14 Nehmen Sie an, f habe mehr Nullstellen als behauptet, und wenden Sie den Satz von ROLLE an.

7.2.15 Betrachten Sie $f(x) := ax^7 - bx^4 + cx^2 - (a-b+c)x$.

7.2.16 Untersuchen Sie mit dem Zwischenwertsatz und dem Satz von ROLLE die Nullstellenanzahl von $f(x) := 2^x - 1 - x^2$.

7.2.17 Wenden Sie den Mittelwertsatz an.

7.2.18 Untersuchen Sie mit dem Zwischenwertsatz und dem Satz von ROLLE die Nullstellenanzahl von $f(x) := x^2 - x\sin x - \cos x$.

7.2.19 Nehmen Sie an, P habe $n+1$ verschiedene Nullstellen, und wenden Sie den Satz von ROLLE an.

7.2.20 Setzen Sie $\varphi(x) := \sum_{\nu=0}^{n} P^{(\nu)}(x)$, und nehmen Sie an, für ein $x_0 \in \mathbb{R}$ gilt $\varphi(x_0) < 0$. Zeigen Sie, daß dann φ mindestens zwei reelle Nullstellen x_1, x_2 mit $x_1 < x_0 < x_2$ besitzt. Untersuchen Sie eine Stelle ξ mit $\varphi(\xi) = \min_{[x_1,x_2]} \varphi(x)$.

7.2.21 Zeigen Sie, daß $P_n(x) > 0$ für alle $x \in [0,\infty)$ gilt. Beweisen Sie $P_n'(x) = P_{n-1}(x)$, und zeigen Sie induktiv (mit Monotoniebetrachtungen), daß $P_{2n}(x) > e^x$ für alle $n \in \mathbb{N}_0$ und alle $x \in (-\infty, 0)$ gilt. Schließen Sie dann, daß P_n für gerades n keine reellen Nullstellen und für ungerades n genau eine (negative) Nullstelle hat. Die Aussagen für Q_n und R_n ergeben sich sofort mit den Ergebnissen für P_n.

7.2.22 Die Gleichung ist äquivalent zu

$$f(x) := \left(\frac{x+1}{x+3}\right)^x + \left(\frac{x+2}{x+3}\right)^x - 1 = 0.$$

Diskutieren Sie den Verlauf der Funktion f.

7.2.23 Zeigen Sie, daß $g(x) := e^{-x} f(x)$ auf $\mathbb{R}$ monoton fallend ist.

7.2.24 Nehmen Sie an, es gäbe ein $x_1 \neq x_0$ mit $T_{x_0}(x_1) = f(x_1)$, und betrachten Sie $h(x) := T_{x_0}(x) - f(x)$.

7.2.25 Untersuchen Sie (für festes y) die Nullstellen der Funktion f mit $f(x) = (x+y)^n - x^n - y^n$. Sie können $y \neq 0$ annehmen. Verwenden Sie den Satz von ROLLE, und beachten Sie, daß die Gleichung $t^m = s^m$ für ungerades m nur die Lösung $t = s$ und für gerades m nur die Lösungen $t = s$ und $t = -s$ hat.

7.2.26 Beweisen Sie die Behauptung durch vollständige Induktion. Nehmen Sie im Induktionsschritt an, f_n habe $n+1$ Nullstellen, und wenden Sie dann den Satz von ROLLE auf $f_n(x)e^{-r_n x}$ an.

7.2.27 Betrachten Sie (für festes $x \in [a,b]$) die Hilfsfunktionen $\omega(t) := \prod_{\nu=0}^{n}(t - x_\nu)$ und

$$F(t) := \omega(x)\{f(t) - P(t)\} - \omega(t)\{f(x) - P(x)\}.$$

Nehmen Sie $x \notin \{x_0, \ldots, x_n\}$ an, und zeigen Sie mit Hilfe des Satzes von ROLLE, daß ein $\xi \in (a,b)$ existiert mit $F^{(n+1)}(\xi) = 0$.

7.2.28 Der Nachweis von a) ist trivial. Differenzieren Sie zum Nachweis von b) die Funktion $\varphi(x) := f(x)e^{-\alpha x}$.

7.2.29 Betrachten Sie die Ableitungen.

7.2.30 a) Zeigen Sie, daß die Ableitung von $\varphi(x) := c^2(x) + s^2(x)$ identisch verschwindet, daß also $\varphi(x) \equiv \varphi(0)$ gilt.
b) Verfahren Sie ähnlich wie in a).

7.2.31 Der Nachweis von a) ist trivial. Betrachten Sie zum Nachweis von b) die Funktionen $\varphi(x) = f(x)\sin\omega x + \frac{1}{\omega}f'(x)\cos\omega x$ und $\psi(x) = f(x)\cos\omega x - \frac{1}{\omega}f'(x)\sin\omega x$, und zeigen Sie, daß φ und ψ konstant sind.

7.2.32 Betrachten Sie für ein festes $y \in \mathbb{R}$ die Funktion $f(x) = \sin(x+y)$. Zeigen Sie (durch Anwendung von Aufgabe 7.2.31), daß $f(x) = a\cos x + b\sin x$ gilt, und bestimmen Sie die Konstanten a und b.

7.2.33 Wenden Sie den Satz von ROLLE auf $\frac{f}{g}$ an.

7.2.34 Wenden Sie den Satz von ROLLE auf folgende Hilfsfunktionen an:

$$\varphi(x) := f(x)\exp\Big\{-\frac{1}{2}g^2(x)\Big\}, \qquad \psi(x) := \frac{f(x)}{g(x)}.$$

7.2.35 Wenden Sie den Satz von ROLLE auf folgende Hilfsfunktion an:

$$\varphi(x) := f(x)g(b) + g(x)f(a) - f(x)g(x).$$

7.2.36 Untersuchen Sie die Funktion $\varphi_n(x) := f^n(x)f(1-x)$.

7.2.37 Zeigen Sie, daß f'' in (a,b) mindestens zwei verschiedene Nullstellen hat, und wenden Sie den Satz von ROLLE an.

7.2.38 Betrachten Sie $F(x) := e^{-x} \sum\limits_{\nu=0}^{n} f^{(\nu)}(x)$.

7.2.39 Zeigen Sie, daß ein $\xi \in (a,b)$ mit $f(\xi) = \max\limits_{[a,b]} f(x)$ existiert.

7.2.40 Betrachten Sie $g(x) := e^{-\lambda x} f(x)$.

7.2.41 Es seien g und h Funktionen, die in $[a,b]$ differenzierbar sind. Wenden Sie den Satz von ROLLE auf $\varphi(x) := e^{g(x)} f(x)h(x)$ an, und spezialisieren Sie g und h.

7.2.42 Betrachten Sie $f(x) = x^3$.

7.2.43 Verwenden Sie stets den Mittelwertsatz. Beachten Sie auch Aufgabe 7.1.21.

7.2.44 Beweisen Sie die Existenz einer Stelle ξ mit $f(\xi) = \xi$ durch Anwendung des Zwischenwertsatzes auf $g(x) := x - f(x)$. Zum Nachweis der Eindeutigkeit von ξ verwenden Sie den Mittelwertsatz. Betrachten Sie außerdem $f(x) = x$.

7.2.45 Untersuchen Sie bei a) und b) die Funktionen $f(x) = \dfrac{\sin x^2}{x}$ und $f(x) = \sin(\ln x)$. Zeigen Sie, daß c) und d) richtig sind, und benutzen Sie dabei den Mittelwertsatz für f (bei d) auch für f') in geeigneten Intervallen.

7.2.46 Wenden Sie den Mittelwertsatz auf f im Intervall $[0,x]$ an. Zeigen Sie, daß $g'(x) \geq 0$ gilt.

7.2.47 Wenden Sie den Mittelwertsatz auf φ an.

7.2.48 Beachten Sie, daß f monoton wachsend ist. Unterscheiden Sie die Fälle $f(\frac{1}{2}) \geq 0$ und $f(\frac{1}{2}) < 0$, und wenden Sie den Mittelwertsatz in den Intervallen $[\frac{1}{2}, \frac{3}{4}]$ bzw. $[\frac{1}{4}, \frac{1}{2}]$ an.

7.2.49 Zeigen Sie, daß für $x_1, x_2 \in (a,b)$ gilt $|f(x_2) - f(x_1)| \leq M|x_2 - x_1|$. Daraus folgt, daß f auf (a,b) gleichmäßig stetig ist. Ferner schließt man, daß für jede Folge $\{x_n\}$

mit $a < x_n < b$ und $x_n \to a$ die Folge $\{f(x_n)\}$ konvergiert, und zwar für alle solche Folgen zum gleichen Grenzwert.

7.2.50 Unterscheiden Sie die Fälle $\frac{p}{q} \in I := (\sqrt{2}-1, \sqrt{2}+1)$ und $\frac{p}{q} \notin I$. Schätzen Sie im ersten Fall $\left|\frac{p^2}{q^2} - 2\right|$ ab.

7.2.51 Betrachten Sie ein Polynom P vom Grad n mit ganzzahligen Koeffizienten und $P(a) = 0$; zeigen Sie $P(r) \neq 0$ für alle $r \in \mathbb{Q}$. Wählen Sie $N \in \mathbb{N}$ so, daß $|P'(x)| < N$ für $|x - a| \leq 1$ gilt. Schätzen Sie dann für $\left|a - \frac{p}{q}\right| \leq 1$ den Ausdruck $q^n\left|P\left(\frac{p}{q}\right)\right|$ nach oben (mit dem Mittelwertsatz) und nach unten ab.

7.2.52 Untersuchen Sie für eine Folge $\{x_n\}$ mit $x_n \to \alpha$ und $x_n \neq \alpha$ die Differenzenquotienten $\frac{f(x_n) - f(\alpha)}{x_n - \alpha}$. Unterscheiden Sie dabei die Fälle $x_n \in \mathbb{Q}$ und $x_n \notin \mathbb{Q}$.

7.2.53 Beweisen Sie zunächst, daß Stellen $0 = c_0 < c_1 < \ldots < c_{n-1} < c_n = 1$ existieren mit $f(c_i) = \frac{i}{n}$. Wenden Sie dann in $[c_{i-1}, c_i]$ den Mittelwertsatz an.

7.2.54 Nehmen Sie an, g wäre nicht identisch Null. Zeigen Sie, daß dann ein Intervall $(\alpha, \beta) \subset (a, b)$ existiert mit $g(\alpha) = 0$ und $g(x) \neq 0$ für alle $x \in (\alpha, \beta)$. Setzen Sie $\varphi(x) := \ln|g(x)|$ für $x \in (\alpha, \beta)$, und zeigen Sie, daß φ' in (α, β) beschränkt sein müßte, was aber nicht sein kann.

7.2.55 Benutzen Sie den Mittelwertsatz, um zu zeigen, daß (2) aus (1) folgt. Für die umgekehrte Richtung verwenden Sie, daß für beliebige $x_1, x_2 \in (a, b)$ gilt

$$f'(x_2) - f'(x_1) = \lim_{n\to\infty} \frac{f(x_1 + \{x_2 - x_1 + \frac{1}{n}\}) - f(x_1 + \{x_2 - x_1\}) - \frac{1}{n}f'(x_1)}{1/n}.$$

7.2.56 Sie können den Trivialfall ausschließen, daß f konstant ist. Zeigen Sie (durch Anwendung des Mittelwertsatzes), daß $0 < \xi_1 < \xi_2$ existieren mit $f'(\xi_1) < 0$ und $f'(\xi_2) > f'(\xi_1)$. Nach dem Satz von DARBOUX (siehe Aufgabe 7.2.8) gibt es ein $\xi_0 \in (0, \xi_1)$ mit $f'(\xi_0) = f'(\xi_1)/2 > f'(\xi_1)$. Untersuchen Sie $\min_{[\xi_0, \xi_2]} f'(x)$. Die gewünschten Gegenbeispiele finden Sie leicht unter den einfachsten Funktionen.

7.2.57 Untersuchen Sie die Funktion F mit $F(x) := \{f(x)\}^2 + \{f'(x)\}^2$. Zeigen Sie, daß F in einem Punkt $\xi \in (-2, 2)$ ein Maximum $F(\xi) > 2$ annimmt.

7.2.58 Nehmen Sie an, es wäre $|f''(x)| \leq 2$ für alle $x \in (0,1)$. Nach dem Satz von DARBOUX (siehe Aufgabe 7.2.8) existiert zu $x > 0$ und $\varepsilon > 0$ ein $x_\varepsilon \in (0,x)$ mit $|f'(x_\varepsilon)| \leq \varepsilon$. Zeigen Sie (durch zweimalige Anwendung des Mittelwertsatzes), daß $|f(x)| < 2x^2$ gilt. Betrachten Sie dann $g(y) := 1 - f(1-y)$.

7.2.59 Setzen Sie $\varphi(x) := \{f(x)\}^2 + \{f'(x)\}^2$. Nehmen Sie an, daß ein $x_0 \in \mathbb{R}$ mit $\varphi(x_0) > \max\{A, B\}$ existiert. Zeigen Sie, daß dann Punkte x_1 und x_2 existieren mit $x_1 < x_0 < x_2$ und $\varphi(x_1) < \varphi(x_0)$ sowie $\varphi(x_2) < \varphi(x_0)$. Bestimmen Sie die Maximalstelle ξ von φ in $[x_1, x_2]$, und zeigen Sie, daß $\varphi(\xi) < \varphi(x_0)$ gelten müßte.

7.2.60 Untersuchen Sie folgende Funktionen:

$$g(x) := \begin{cases} \dfrac{f(x)-f(a)}{x-a} & \text{falls} \quad x \in (a,b] \\ f'(a) & \text{falls} \quad x = a \end{cases}, \qquad h(x) := \begin{cases} \dfrac{f(b)-f(x)}{b-x} & \text{falls} \quad x \in [a,b) \\ f'(b) & \text{falls} \quad x = b \end{cases}.$$

7.2.61 Zeigen Sie, daß es ausreicht, den Fall $f(x_0) > f(a)$ zu behandeln. Betrachten Sie dann die Hilfsfunktion

$$\varphi(x) := f'(x) - \frac{f(x)-f(a)}{b-a}.$$

Für diese gilt $\varphi(x_0) < 0$; bestimmen Sie unter Verwendung der Stetigkeit von f und des Mittelwertsatzes ein $\xi_2 \in (a, x_0)$ mit $\varphi(\xi_2) \geq 0$. Mit dem Zwischenwertsatz folgt dann die Behauptung.

7.2.62 a) Zeigen Sie zuerst, daß $D \supset (m, M)$ gilt. Benutzen Sie die Zwischenwerteigenschaft von Ableitungen. Betrachten Sie für ein $\gamma \in (m, M)$ die Funktion g mit $g(x) = f(x) - \gamma x$, und beweisen Sie die Existenz von $\xi_1, \xi_2 \in (a,b)$ mit $g'(\xi_1) < 0 < g'(\xi_2)$. Schließen Sie hieraus, daß $x_1, x_2 \in (a,b)$ existieren mit $x_1 \neq x_2$ und $g(x_1) = g(x_2)$.
b) Zeigen Sie dann, daß $D \subset (m, M)$ ist. Beweisen Sie, daß für

$$D(x_1, x_2) := \frac{f(x_2) - f(x_1)}{x_2 - x_1} \qquad (a \leq x_1 < x_2 \leq b)$$

gelten muß $m \leq D(x_1, x_2) \leq M$; aus $D(x_1, x_2) = M$ oder $D(x_1, x_2) = m$ folgt, daß f in $[x_1, x_2]$ linear ist.

7.2.63 a) Es sei F eine Stammfunktion zu f in $[a, b]$. Beweisen Sie die Beziehung zunächst für den Fall, daß $f(a) = f(b)$ ist. Nutzen Sie dabei die Zwischenwerteigenschaft von $F' = f$ aus. Gilt $f(a) \neq f(b)$, so können Sie den Nachweis durch Betrachtung der Hilfsfunktion

$$G(x) := F(x) - xf(a) - \frac{1}{2}\frac{f(b) - f(a)}{b - a}(x - a)^2$$

und Untersuchung von $g(x) := G'(x)$ auf den ersten Fall zurückführen.
b) Vergleichen Sie die hier gemachten Voraussetzungen mit den Voraussetzungen des ersten Mittelwertsatzes.

7.2.64 Beweisen Sie beide Richtungen der Behauptung indirekt; benutzen Sie den Mittelwertsatz.

7.2.65 Benutzen Sie vollständige Induktion; wenden Sie dabei die LEIBNIZsche Formel auf die Beziehung $f^2(x) = x^2 - 1$ an.

7.2.66 Beweisen Sie die Behauptung mit vollständiger Induktion. Nehmen Sie an, die Beziehung sei für ein $n - 1 \in \mathbb{N}$ bewiesen, und wenden Sie sie auf $f(x + \frac{b-a}{n}) - f(x)$ im Intervall $[a, b - \frac{b-a}{n}]$ an.

7.2.67 Wenden Sie Aufgabe 7.2.66 auf $f(x) = x^p$ an.

7.2.68 Es ist klar, daß $\gamma \geq 0$ sein muß. Verfahren Sie wie folgt: Wählen Sie eine natürliche Zahl n mit $n > \gamma$, sodann ein $a \in \mathbb{N}$ mit $|\gamma(\gamma-1)\cdots(\gamma-n+1)| < a^{n-\gamma}$, und wenden Sie Aufgabe 7.2.66 auf $f(x) = x^\gamma$ an.

7.2.69 Zeigen Sie, daß f auf $\mathbb{R}$ differenzierbar ist, und daß $f'(x) \equiv f'(x_0)$ gilt. Folgern Sie dann, daß $f(x) = xf'(x_0)$ gelten muß.

7.2.70 Schließen Sie zunächst den Trivialfall $g(x) \equiv 0$ aus. Zeigen Sie, daß dann die Funktion $f(x) = \ln g(x)$ auf $\mathbb{R}$ definiert ist, und wenden Sie Aufgabe 7.2.69 an.

7.2.71 Substituieren Sie $x = e^t$, und wenden Sie Aufgabe 7.2.69 an.

7.2.72 Überprüfen Sie, ob alle Voraussetzungen des zweiten Mittelwertsatzes erfüllt sind.

7.2.73 Benutzen Sie bei a) und b) den ersten Mittelwertsatz und bei c) den zweiten Mittelwertsatz.

7.2.74 Wenden Sie auf die Funktionen $f(x) := (1 - x^n)(1 + x^m)$ und $g(x) := 1 - x^{m+n}$ den zweiten Mittelwertsatz an.

7.2.75 Wenden Sie die Regel von DE L'HOSPITAL an; unterscheiden Sie die Fälle $c = e$ und $c \neq e$.

7.2.76 Drücken Sie die zu beweisenden Ungleichungen durch $r := \frac{y}{x}$ aus, und zeigen Sie unter Benutzung von Ableitungen:

a) $g(r) := \ln r - \sqrt{r} + \frac{1}{\sqrt{r}} < 0$,

b) $h(r) := \frac{\ln r}{r-1} r^{r/(r-1)} > e$,

c) $f(r) := \frac{1}{r+1} r^{r/(r-1)} < \frac{e}{2}$.

7.2.77 Wenden Sie die Regel von DE L'HOSPITAL n-mal an.

7.2.78 Berechnen Sie $\lim\limits_{x\to\infty} \frac{f(x)}{x}$ auf zwei verschiedene Arten.

7.2.79 Verwenden Sie die Definition der Ableitungen $f'(0)$ und $f''(0)$ und die Regel von DE L'HOSPITAL.

7.2.80 Überprüfen Sie sehr sorgfältig, ob alle Voraussetzungen erfüllt sind, die für die Anwendung der Regel von DE L'HOSPITAL erforderlich sind.

7.2.81 Wenden Sie zum Nachweis von a) im Falle $\lambda > 0$ die Regel von DE L'HOSPITAL auf die Funktion $f(x) = \frac{f(x)e^{x/\lambda}}{e^{x/\lambda}}$ an.

7.2.82 Zeigen Sie, daß gilt

$$\lim_{x\to 0+} f(x) \cdot \ln x = \lim_{x\to 0+} \left\{\frac{f(x)}{x} \cdot x \ln x\right\} = 0.$$

7.2.83 Verwenden Sie Aufgabe 7.2.82.

7.2.84 Benutzen Sie die LEIBNIZsche Differentiationsformel (siehe Aufgabe 7.1.27), um zu zeigen, daß gilt

$$\left(\frac{f(x)}{x}\right)^{(n)} = \frac{g_n(x)}{x^{n+1}}$$

mit einer differenzierbaren Funktion g_n, die $g_n(0) = 0$ und $g_n'(x) = x^n f^{(n+1)}(x)$ erfüllt. Wenden Sie dann die Regel von DE L'HOSPITAL an.

7.2.85 Betrachten Sie bei b) die Funktion

$$f(x) = \begin{cases} x \sin \dfrac{\pi}{x} & \text{falls} \quad 0 < x \leq 2 \\ 0 & \text{falls} \quad x = 0 \end{cases},$$

und wählen Sie eine Partition $P = \{x_0, x_1, ..., x_n\}$ von $[0,2]$ so, daß $\sin \dfrac{\pi}{x_i} = -\sin \dfrac{\pi}{x_{i-1}}$ für $i = 2, ..., n$ gilt.
Benutzen Sie bei c) den Mittelwertsatz der Differentialrechnung.

7.3 TAYLORscher Satz; Differentiation von Funktionenfolgen und Funktionenreihen

7.3.1 Benutzen Sie den TAYLORschen Satz.

7.3.2 Betrachten Sie zunächst $x \in [0,1)$, und zeigen Sie, daß die Folge der TAYLOR-Polynome $\{T_n(x)\}$ monoton wachsend und beschränkt ist. Führen Sie den Fall $x \in (-1,0)$ (unter Verwendung des CAUCHY-Kriteriums) hierauf zurück.

7.3.3 Drücken Sie $f(0)$ durch die TAYLORsche Formel mit Entwicklungsmitte $x > 0$ und $n \in \mathbb{N}_0$ aus. Berechnen Sie dann $g^{(n)}(x)$ mit der LEIBNIZschen Differentiationsformel, und vergleichen Sie die beiden Ausdrücke miteinander (mit einem $\xi \in (0,x)$ sollten Sie $(n+1)g^{(n)}(x) = -f^{(n+1)}(\xi)$ erhalten).

7.3.4 Berechnen Sie $f(x+1)$ und $f(x-1)$ mit der TAYLORschen Formel ($n = 2$, Entwicklungsmitte $x > 1$). Eliminieren Sie $f'(x)$ bzw. $f''(x)$, und lassen Sie $x \to \infty$ gehen.

7.3.5 Zeigen Sie

$$\lim_{x \to x_0} \frac{f(x) - T_{n-1}(x)}{(x-x_0)^n} = \frac{f^{(n)}(x_0)}{n!}$$

durch $(n-1)$-malige Anwendung der Regel von DE L'HOSPITAL.

7.3.6 Es sei T_n das n-te TAYLOR-Polynom von f bezüglich x_0. Zeigen Sie, daß dann mit einer Konstanten $\tilde{M}$ in einer Umgebung von x_0 gilt

$$|P(x) - T_n(x)| \leq \tilde{M}|x - x_0|^{n+1}.$$

Schreiben Sie $P - T_n$ in der Form

$$P(x) - T_n(x) = \sum_{\nu=0}^{n} a_\nu (x - x_0)^\nu,$$

und zeigen Sie $a_0 = a_1 = \cdots = a_n = 0$.

7.3.7 Setzen Sie $f(x) := f_1(x) - f_2(x)$; zeigen Sie (mit vollständiger Induktion), daß f beliebig oft differenzierbar ist und daß für alle $k \in \mathbb{N}_0$ gilt

$$f^{(n+k)}(x) = \sum_{\nu=0}^{n-1} a_\nu^{(k)} f^{(\nu)}(x),$$

wobei die Konstanten $a_\nu^{(k)}$ einer Ungleichung $|a_\nu^{(k)}| \leq 2^k M^{k+1}$ genügen.
Benutzen Sie den TAYLORschen Satz zur Darstellung von $f(x)$. Sie können dann auf einem beliebigen Teilintervall $[a, b]$ von I eine Abschätzung der Form

$$|f(x)| \leq A \frac{2^k M^k B^{n+k}}{(n+k)!}$$

herleiten, woraus (für $k \to \infty$) folgt, daß $f(x) = 0$ sein muß.

7.3.8 Zeigen Sie zunächst, daß $f(x) := \sum\limits_{k=1}^{n} \alpha_k e^{r_k x}$ bei beliebiger Wahl von $\alpha_1, ..., \alpha_n$ die Differentialgleichung löst. Beweisen Sie dann, daß zu einer gegebenen Lösung F die Konstanten $\alpha_1, ..., \alpha_n$ in eindeutiger Weise so bestimmt werden können, daß $F(0) = f(0), ..., F^{(n-1)}(0) = f^{(n-1)}(0)$ gilt, und schließen Sie unter Verwendung von Aufgabe 7.3.7, daß $F(x) \equiv f(x)$ ist.

7.3.9 Wählen Sie zu jedem n ein $\delta_n \in \{-1, 1\}$ so, daß zwischen den Punkten $4^n x_0$ und $4^n x_0 + \delta_n$ keine gerade Zahl liegt. Berechnen Sie dann für $f_\nu(x) := \frac{1}{4^\nu} g(4^\nu x)$ den Ausdruck $f_\nu(x_0 + 4^{-n}\delta_n) - f_\nu(x_0)$ getrennt für $\nu \leq n$ und $\nu > n$. Hieraus wird sich leicht ergeben, daß die Folge der Differenzenquotienten

$$\frac{f(x_0 + h_n) - f(x_0)}{h_n} \quad \text{mit} \quad h_n := \frac{\delta_n}{4^n}$$

nicht konvergieren kann.

7.3.10 a) Eine einfache Abschätzung zeigt, daß $\{f_n(x)\}$ auf $\mathbb{R}$ gleichmäßig gegen Null konvergiert.
b) Zeigen Sie: Ist $|\cos nx| < \frac{1}{2}$, so gilt $|\cos(2nx)| > \frac{1}{2}$, und schließen Sie, daß zu jedem $x \in \mathbb{R}$ unendlich viele $n \in \mathbb{N}$ mit $|f_n'(x)| \geq \frac{1}{2}\sqrt{n}$ existieren.

7.3.11 Es ist leicht zu sehen, daß f beliebig oft differenzierbar ist. Leiten Sie dazu eine Beziehung zwischen $f^{(n)}$ und $f(\lambda^n x)$ her; hieraus ergibt sich dann zum einen eine Formel für die TAYLOR-Koeffizienten und zum anderen eine Abschätzung von $|f^{(n)}(x)|$ durch $|f(x)|$.

7.3.12 Leiten Sie aus den Potenzreihen für $f(\lambda x)$ und $f'(x)$ eine Rekursionsformel für die Koeffizienten ab.

7.3.13 a) Betrachten Sie die differenzierte Reihe.
b) Vereinfachen Sie $\ln\sqrt{\dfrac{1+x}{1-x}}$ mit der Funktionalgleichung der Logarithmusfunktion.
c) Verwenden Sie den Satz von MERTENS.
Zeigen Sie, daß die Potenzreihen a) und c) für $x = -1$ nach dem LEIBNIZ-Kriterium konvergieren, und verwenden Sie den ABELschen Grenzwertsatz.

7.3.14 Setzen Sie bei a)

$$\varphi(x) := \sum_{n=0}^{\infty} \frac{(-1)^n x^{2n+1}}{2n+1}, \qquad f(x) := \arctan x,$$

und zeigen Sie, daß in $|x| < 1$ gilt $f'(x) \equiv \varphi'(x)$. Folgern Sie mit $f(0) = \varphi(0) = 0$, daß $f(x) \equiv \varphi(x)$ in $|x| < 1$ gelten muß. Benutzen Sie den ABELschen Grenzwertsatz, um die Gültigkeit der behaupteten Beziehung in den Punkten $x = 1$ und $x = -1$ zu beweisen. Verfahren Sie analog bei b) und c).

7.3.15 Überlegen Sie, daß Sie ohne Beschränkung der Allgemeinheit $g = 0$ annehmen können. Zeigen Sie dann, daß mit einer Konstanten M gilt $|f'(x)| < \frac{M}{1-x}$ für alle $x \in (0,1)$. Schätzen Sie damit für $1 - \frac{1}{n-1} < x \leq 1 - \frac{1}{n}$ den Ausdruck $|f(x) - f(1 - \frac{1}{n-1})|$ unter Verwendung des Mittelwertsatzes ab.

7.3.16 Beweisen Sie die Beziehung mit vollständiger Induktion.

7.3.17 Zerlegen Sie $[a, b]$ zu gegebenem $\varepsilon > 0$ in endlich viele Teilintervalle $[x_{i-1}, x_i]$ mit $x_i - x_{i-1} < \frac{\varepsilon}{3M}$. In jedem dieser Intervalle finden Sie ein ξ_i, für welches $\{f_n(\xi_i)\}$ konvergiert. Ein fester Punkt $x \in [a, b]$ liegt in einem dieser Intervalle; vergleichen Sie $f_n(x) - f_m(x)$ mit $f_n(\xi_i)$ und $f_m(\xi_i)$, und arbeiten Sie mit dem Mittelwertsatz.

7.3.18 Unter Verwendung der Potenzreihe für $\sin x$ können Sie $f(x)$ durch eine Potenzreihe mit dem Konvergenzradius $R = \infty$ darstellen.

7.3.19 Zeigen Sie, daß die durch k-malige formale Differentiation gebildete Reihe auf $\mathbb{R}$ gleichmäßig konvergiert. Berechnen Sie dann $f^{(n)}(0)$, und zeigen Sie, daß $\left\{\frac{f^{(n)}(0)}{n!}x^n\right\}$ für $x \neq 0$ keine Nullfolge ist.

7.3.20 a) Zeigen Sie (mit einer Anwendung des Satzes von ROLLE), daß $f^{(k)}(0) = 0$ ist für alle $k \in \mathbb{N}_0$.
b) Gibt es eine Konstante K mit $|f^{(n)}(x)| \leq K$ für alle x mit $|x| \leq \delta$ und alle $n \in \mathbb{N}$, so konvergiert die TAYLOR-Reihe in $|x| \leq \delta$ gegen f.
c) Konstruieren Sie (etwa) mit dem in Aufgabe 7.1.30 untersuchten Beispiel eine Funktion, die alle Voraussetzungen in a) erfüllt.

7.3.21 a) Betrachten Sie die Hilfsfunktion

$$g(t) := f(x) - \sum_{\nu=0}^{n} \frac{f^{(\nu)}(t)}{\nu!}(x-t)^\nu,$$

und wenden Sie den zweiten Mittelwertsatz auf $\dfrac{g(x) - g(x_0)}{\varphi(x) - \varphi(x_0)}$ an.
b) Untersuchen Sie $\varphi(t) := (x-t)^p$ mit einem $p \in \mathbb{N}$, und wählen Sie sodann $p = n + 1$ bzw. $p = 1$.

7.3.22 Benutzen Sie die TAYLORsche Formel mit der Darstellung des Restgliedes in der Form von CAUCHY (siehe Aufgabe 7.3.21).

7.3.23 Zur Konvergenz der Reihe $\sum\limits_{\nu=0}^{\infty} \binom{\alpha}{\nu} x^\nu$ im Punkt $x = -1$ siehe I; Aufgabe 3.3.13. Aufgrund des binomischen Satzes können Sie $\alpha \notin \mathbb{N}_0$ annehmen, und es bleibt die Untersuchung der Reihe $\sum\limits_{\nu=0}^{\infty} \binom{\alpha}{\nu}$. Zeigen Sie, daß für $\alpha > -1$ Konvergenz und für $\alpha > 0$ absolute Konvergenz vorliegt.

Beachten Sie, daß für jedes $\nu_0 \in I\!N$ mit $\nu_0 > |\alpha+1|$ und alle $\nu > \nu_0$ gilt

$$\left|\binom{\alpha}{\nu}\right| = \prod_{\mu=1}^{\nu_0}\left|1-\frac{\alpha+1}{\mu}\right| \cdot \exp\Big\{\sum_{\mu=\nu_0+1}^{\nu} \ln\Big(1-\frac{\alpha+1}{\mu}\Big)\Big\}.$$

Schätzen Sie den zweiten Faktor im Fall $\alpha < 0$ nach unten und im Fall $\alpha > -1$ nach oben ab; verwenden Sie dabei elementare Abschätzungen für $\ln(1-y)$ und die Beziehung

$$\lim_{n\to\infty}\Big\{\sum_{\nu=1}^{n}\frac{1}{\nu} - \ln n\Big\} = c$$

(siehe I; Aufgabe 2.2.17).

Zum Nachweis der behaupteten Identität benutzen Sie den ABELschen Grenzwertsatz.

7.3.24 a) Es sei $f(x) := \arcsin x$. Benutzen Sie, daß für $\alpha \in I\!R$ und $|x| < 1$ gilt $(1+x)^\alpha = \sum\limits_{n=0}^{\infty}\binom{\alpha}{n}x^n$, und bestimmen Sie hiermit die Potenzreihenentwicklung von $f'(x)$. Zeigen Sie, daß die Funktion $\varphi(x) := \sum\limits_{n=0}^{\infty}\frac{u_n}{2n+1}x^{2n+1}$ gliedweise differenziert werden kann und daß $f'(x) \equiv \varphi'(x)$ in $|x| < 1$ gilt. Weisen Sie ferner nach, daß die Reihe $\sum\limits_{n=0}^{\infty}\frac{u_n}{2n+1}$ konvergiert, und schließen Sie (mit dem ABELschen Grenzwertsatz), daß $f(x) \equiv \varphi(x)$ für $|x| \leq 1$ gelten muß.

b) Nach I; Aufgabe 5.3.6 gilt $g(x) := \operatorname{arsinh} x = \ln\left\{x + \sqrt{1+x^2}\right\}$. Berechnen Sie $g'(x)$.

7.3.25 Beachten Sie Aufgabe 6.3.9.

7.3.26 Konstruieren Sie eine Folge von Polynomen $P_n(x)$ mit $P_n'(x) \underset{[a,\,b]}{\Longrightarrow} f(x)$, so daß $\{P_n(x_0)\}$ für ein $x_0 \in [a,b]$ konvergiert, und zeigen Sie, daß $F(x) := \lim\limits_{n\to\infty} P_n(x)$ eine Stammfunktion zu $f(x)$ ist.

7.3.27 Setzen Sie $f_n(x) := \frac{1}{n^x}$, und zeigen Sie, daß für jedes $k \in I\!N_0$ die Reihe $\sum\limits_{n=1}^{\infty} f_n^{(k)}(x)$ für jedes $\delta > 0$ in $x \geq 1+\delta$ gleichmäßig konvergiert. Die Behauptung folgt dann aus dem Satz über die gliedweise Differentiation von Funktionenreihen.

7.3.28 Beweisen Sie durch eine Anwendung des ABELschen Kriteriums für gleichmäßige Konvergenz, daß die DIRICHLET-Reihe auf jedem Intervall $[x_0,\infty) \subset (\lambda,\infty)$ gliedweise differenziert werden kann. Zeigen Sie ferner, daß dadurch eine DIRICHLET-Reihe entsteht, deren Konvergenzabszisse λ' nicht kleiner als λ sein kann.

7.3.29 Es sei $f_n(x) := \dfrac{1}{n^2+x^2}$ und $g_n(x) := \dfrac{1}{n^2-x^2}$.

a) Zeigen Sie, daß $\sum\limits_{n=1}^{\infty} f_n'(x)$ auf $\mathbb{R}$ gleichmäßig konvergiert.

b) Zeigen Sie, daß g auf $X := \left\{x : |x| \notin \mathbb{N}\right\}$ differenzierbar ist. Beweisen Sie dazu, daß die Reihe $\sum\limits_{n=k+1}^{\infty} g_n'(x)$ auf $[-k,k]$ gleichmäßig konvergiert.

7.3.30 Zeigen Sie, daß eine Nullfolge $\{\varepsilon_n\}$ existiert mit $|f_n(x)| \le \varepsilon_n$ für alle $x \in \mathbb{R}$.

7.3.31 Betrachten Sie $\varphi(x) := f(x) + f(1-x) + \ln x \cdot \ln(1-x)$, und zeigen Sie $\varphi'(x) \equiv 0$. Berechnen Sie dann $\lim\limits_{x\to 1-} \varphi(x)$.

7.3.32 Ohne Beschränkung der Allgemeinheit kann $x_0 = 0$ angenommen werden. Zeigen Sie dann, daß mit $a_n := P_n(0)$ gilt

$$P_n(x) = \sum_{\nu=0}^{n} \frac{a_{n-\nu}}{\nu!} x^\nu,$$

und schätzen Sie

$$|P_n(x) - ae^x| = \left| \sum_{\nu=0}^{n} \frac{a_{n-\nu}}{\nu!} x^\nu - \sum_{\nu=0}^{\infty} \frac{a}{\nu!} x^\nu \right|$$

sorgfältig ab.

7.3.33 Es gilt $f'(x) = f(x)P'(x)$; berechnen Sie $f^{(n)}(x)$ mit Aufgabe 7.1.27. Beachten Sie, daß $P^{(m+1)}(x) \equiv 0$ ist und daß der Zusammenhang $n!a_n = f^{(n)}(x_0)$ besteht.

7.4 Die geometrische Bedeutung der Ableitung; Monotonie und Konvexität

7.4.1 Differenzieren Sie $f(g(x))$, und nehmen Sie an, g hätte ein Extremum in (a,b).

7.4.2 Eine Funktion f hat an x_0 sicher dann ein Extremum, wenn $f'(x_0) = 0$ und $f''(x_0) \neq 0$ gilt.

7.4.3 Es gilt $x^4 - 13x^2 + 36 = (x-3)(x-2)(x+2)(x+3)$.

7.4.4 Untersuchen Sie die Extremstellen von f in $[a,b]$.

7.4.5 Nehmen Sie an, daß f ein Extremum hat, und leiten Sie daraus eine Bedingung für die Koeffizienten a, b, c, d her.

7.4.6 Bestimmen Sie alle Stellen $x_0 \in (a, b)$ mit $f'(x_0) = 0$, und entscheiden Sie, ob ein Extremum angenommen wird. Untersuchen Sie ferner das Verhalten von f an a und b.

7.4.7 Hätte h an $\xi \in (a, b)$ ein lokales Maximum, so wäre $h(x) \leq h(\xi)$ in einer Umgebung von ξ und $h'(\xi) = 0$. Zeigen Sie durch Anwendung des Mittelwertsatzes, daß dies aufgrund der Monotonie von $\frac{f'}{g'}$ zu einem Widerspruch führt.
Überlegen Sie, um das Monotonieverhalten von h zu beurteilen, wieviele lokale Minima die Funktion h in (a, b) haben kann.

7.4.8 Untersuchen Sie die Funktion

$$f(x) := \begin{cases} x^4(2 + \sin \frac{1}{x}) & \text{falls } x \neq 0 \\ 0 & \text{falls } x = 0 \end{cases}$$

an der Stelle $x_0 = 0$.

7.4.9 a) Bestimmen Sie die Extremstellen von $\ln\{x^x(1-x)^{1-x}\}$.
b) Die Behauptung folgt aus a), wenn Sie ein geeignetes x einsetzen.

7.4.10 Die Substitution $t := \frac{x}{x+y}$ führt auf das Problem, das Minimum von $f(t) = t^t(1-t)^{1-t}$ zu bestimmen.

7.4.11 Die linke Ungleichung folgt aus einer elementaren Abschätzung der Exponentialfunktion. Zum Beweis der rechten Ungleichung setzen Sie

$$f(x) := \left\{\frac{1}{p}e^{px} + \frac{1}{q}e^{-qx}\right\}e^{-x^2p^2q^2/8},$$

und untersuchen Sie die Funktion $g(x) := \ln f(x)$.

7.4.12 Für $x > 1$ führt die Substitution $x = e^t$ auf die äquivalente Gleichung $\ln t = \alpha t$. Diskutieren Sie den Verlauf von $f(t) := \frac{\ln t}{t}$.

7.4.13 Diskutieren Sie die Funktion $f(t) := \frac{\ln t}{t}$.

7.4.14 a) Studieren Sie für $x > 0,\ y > 0$ die Lösbarkeit der Gleichung $x^y = y^x$.
b) Betrachten Sie die Funktionen

$$\varphi(x) := \frac{\ln x}{x} \quad \text{für } 1 < x < e \qquad \text{und} \qquad \psi(x) := \frac{\ln x}{x} \quad \text{für } e < x < \infty,$$

und stellen Sie f vermittels φ und ψ dar.

7.4.15 a) Zeigen Sie, daß die Summenfunktion im Falle $\alpha \le 1$ an der Stelle $x_0 = 1$ unstetig ist. Für $\alpha > 1$ bestimmen Sie $\max\limits_{[0,1]}(1-x)^\alpha x^\nu$.
b) Bestimmen Sie $\sup\limits_{[0,\infty)} \dfrac{x}{1+x^\mu}$.

7.4.16 Wenden Sie zum Nachweis von a) den TAYLORschen Satz für $n = 1$ an, um für ein $x_0 \in (a, b)$ die Ausdrücke $f(a) - f(x_0)$ bzw. $f(b) - f(x_0)$ zu berechnen. Hieraus können Sie $f'(x_0)(b-a)$ eliminieren und abschätzen. Für $x_0 = a$ oder $x_0 = b$ ergibt sich die Behauptung aus der Stetigkeit von f'. Aus a) ergibt sich leicht b).

7.4.17 a) Wählen Sie zu $x \in I$ ein Intervall $[a, b]$ mit $x \in [a, b] \subset I$. Schätzen Sie $|f'(x)|$ mit Teil b) von Aufgabe 7.4.16 ab. Bestimmen Sie dann auf $(0, \infty)$ das absolute Minimum der Funktion

$$h(t) := \frac{2M_0}{t} + \frac{M_2}{2}t.$$

b) Betrachten Sie $f(x) = \dfrac{x^2}{2} - 1$ in $[0, 2]$.

7.4.18 Bestimmen Sie in $(0, \infty)$ alle Extremstellen der Funktion f mit

$$f(x) := \frac{(a_1 + \cdots + a_n + x)^{n+1}}{x}.$$

Aus $(*)$ folgt mit vollständiger Induktion die Ungleichung zwischen arithmetischem und geometrischem Mittel.

7.4.19 Zeigen Sie, daß $\varphi(t) := t - 1 - \ln t \ge \varphi(1)$ für alle $t > 0$ gilt. Setzen Sie dann speziell $t = \dfrac{x_\nu}{A}$ (mit $A := \sum\limits_{\nu=1}^{n} \alpha_\nu x_\nu$), multiplizieren Sie die erhaltene Ungleichung mit α_ν und summieren Sie auf.
Was ergibt sich für $\alpha_1 = \cdots = \alpha_n = \dfrac{1}{n}$?

7.4.20 Diskutieren Sie die Funktion $f(t) := \dfrac{1}{p} + \dfrac{t^q}{q} - t$.

7.4.21 a) Setzen Sie

$$X := \left\{ \sum_{\nu=1}^{n} |x_\nu|^p \right\}^{1/p} \qquad \text{und} \qquad Y := \left\{ \sum_{\nu=1}^{n} |y_\nu|^q \right\}^{1/q},$$

wenden Sie Aufgabe 7.4.20 an auf $x = \dfrac{|x_\nu|}{X}$ und $y = \dfrac{|y_\nu|}{Y}$ und summieren Sie auf.

b) Wenden Sie a) auf die Teilsummen der Reihen an.

7.4.22 Untersuchen Sie $f(x) := (1+x)^\alpha - (1+\alpha x)$ auf Extremstellen.

7.4.23 a) Zeigen Sie, daß im Falle $p \leq 0 \leq q$ die Ungleichung sofort durch eine geeignete Anwendung der Ungleichung zwischen arithmetischem und geometrischem Mittel folgt. In den Fällen $p < q < 0$ und $0 < p < q$ ist $s := \dfrac{q}{p} > 0$. Setzen Sie $y_\nu := \left(\dfrac{x_\nu}{M_p}\right)^p$, und zeigen Sie

$$\sum_{\nu=1}^{n} (y_\nu - 1) = 0, \qquad \frac{1}{n} \sum_{\nu=1}^{n} y_\nu^s = \left(\frac{M_q}{M_p}\right)^q.$$

Wenden Sie dann die allgemeine BERNOULLIsche Ungleichung (siehe Aufgabe 7.4.22) an, um y_ν^s und damit $\sum\limits_{\nu=1}^{n} y_\nu^s$ abzuschätzen; unterscheiden Sie dabei die Fälle $s > 1$ und $0 < s < 1$.

b) Zeigen Sie $\lim\limits_{p\to\infty} M_p = \max\{x_1, ..., x_n\}$ und $\lim\limits_{p\to-\infty} M_p = \min\{x_1, ..., x_n\}$, indem Sie $\sum\limits_{\nu=1}^{n} x_\nu^p$ für $p > 0$ bzw. $p < 0$ elementar nach oben und unten abschätzen.

7.4.24 Zum Nachweis der Stetigkeit von M_p an der Stelle $p_0 = 0$ haben Sie zu zeigen, daß für $p \to 0$ gilt

$$\frac{1}{p} \ln \left\{ \frac{1}{n} \sum_{\nu=1}^{n} x_\nu^p \right\} =: \frac{1}{p} \ln \Big(1 + \varphi(p)\Big) \;\to\; \frac{1}{n} \sum_{\nu=1}^{n} \ln x_\nu .$$

Beachten Sie die Darstellung $\dfrac{1}{p} \ln(1+\varphi(p)) = \dfrac{\ln(1+\varphi(p))}{\varphi(p)} \cdot \dfrac{\varphi(p)}{p}$.

7.4.25 Es gilt $x_2 = \dfrac{x_3 - x_2}{x_3 - x_1} x_1 + \left(1 - \dfrac{x_3 - x_2}{x_3 - x_1}\right) x_3$.

7.4.26 a) Es sei $[a, b] \subset I$. Zeigen Sie, daß f auf $[a, b]$ eine LIPSCHITZ-Bedingung erfüllt, indem Sie Aufgabe 7.4.25 benutzen.

b) Betrachten Sie ein abgeschlossenes Intervall, und konstruieren Sie eine konvexe Funktion, die an einem Intervallendpunkt unstetig ist.

7.4.27 Betrachten Sie etwa $f(x) := -\sqrt{x}$ in $[0, 1]$.

7.4.28 a) Konstruieren Sie eine geeignete stetige, stückweise lineare Funktion φ.
b) Zeigen Sie, daß etwa zur Funktion $f(x) := \ln(1 + x)$ keine konvexe Funktion mit den gewünschten Eigenschaften existieren kann.

7.4.29 Zeigen Sie die Ungleichung $f(\lambda x_1 + (1 - \lambda)x_2) \leq \lambda f(x_1) + (1 - \lambda)f(x_2)$ zunächst für

$$\lambda \in E := \{t : t = \frac{k}{2^n}; \quad k, n \in \mathbb{N}_0, \quad k \leq 2^n\}.$$

7.4.30 Benutzen Sie die Definitionen der einseitigen Ableitungen $f'_+(x)$ und $f'_-(x)$ und die Aussagen von Aufgabe 7.4.25.

7.4.31 Nach Aufgabe 7.4.30 ist f'_- in I monoton wachsend. Eine monotone Funktion hat höchstens abzählbar viele Unstetigkeitsstellen.

7.4.32 Nehmen Sie an, f sei differenzierbar und nicht konvex. Zeigen Sie, daß dann Punkte $a < c < b$ in I existieren mit

$$\frac{f(c) - f(a)}{c - a} > \frac{f(b) - f(c)}{b - c}.$$

Die Anwendung des Mittelwertsatzes zeigt, daß f' nicht monoton wachsend sein kann. Die Umkehrung folgt leicht aus Aufgabe 7.4.30.

7.4.33 Verwenden Sie Aufgabe 7.4.25.

7.4.34 Verwenden Sie Aufgabe 7.4.32.

7.4.35 a) Die Gültigkeit der Aussage ergibt sich sofort aus der Definition der Konvexität.
b) Suchen Sie ein einfaches Gegenbeispiel.

7.4.36 Ist f konvex in I und $x_0 \in I$, so existiert nach Aufgabe 7.4.30 die einseitige Ableitung $f'_+(x_0) =: m$. Zeigen Sie, daß $\ell(x) := f(x_0) + m(x - x_0)$ eine Stützgerade im Punkt x_0 ist. Benutzen Sie dazu am besten die Aufgaben 7.4.25 und 7.4.30. Die umgekehrte Richtung ist einfach zu beweisen.

7.4.37 Nehmen Sie an, f sei nicht monoton, und zeigen Sie, daß dann Punkte $a < b < c$ in I existieren mit $f(a) > f(b)$ und $f(c) > f(b)$. Wählen Sie $x_0 \in [a, c]$ so, daß $f(x_0) = \min\limits_{[a,c]} f(x)$ gilt, und weisen Sie nach, daß sogar $f(x_0) \leq f(x)$ für alle $x \in I$ ist. Zeigen Sie dann, daß f in $I \cap (-\infty, x_0]$ monoton fallend und in $I \cap [x_0, \infty)$ monoton wachsend ist. Bei den einzelnen Beweissschritten benötigen Sie die Ungleichungen aus Aufgabe 7.4.25.

7.4.38 a) Betrachten Sie in $[0,2]$ die Funktion f mit $f(0) := 0$ und $f(x) := x \sin \frac{\pi}{x}$, falls $0 < x \leq 2$.
b) Benutzen Sie Aufgabe 7.4.37 und Aufgabe 7.4.26.

7.4.39 Untersuchen Sie eine Stützgerade von f im Punkt $x_0 := \sum\limits_{\nu=1}^{n} p_\nu x_\nu$.

7.4.40 Wenden Sie die JENSENsche Ungleichung auf $f(x) := x^\alpha$ an.

7.4.41 Beweisen Sie allgemeiner: Für $0 \leq x_\nu \leq \pi$ gilt

$$\frac{1}{n} \sum_{\nu=1}^{n} \sin x_\nu \leq \sin\Big(\frac{1}{n} \sum_{\nu=1}^{n} x_\nu\Big).$$

7.4.42 Zeigen Sie, daß $f(x) := \ln \frac{x}{\sin x}$ in $(0, \pi)$ konvex ist, und benutzen Sie die JENSENsche Ungeichung.

7.4.43 Setzen Sie $x_\nu := e^{y_\nu}$, und untersuchen Sie $f(y) := (1 + e^y)^{-1}$.

8 Integralrechnung

8.1 Definition des RIEMANN-Integrals

8.1.1 Betrachten Sie Ober- und Untersummen.

8.1.2 Betrachten Sie die Folge $\{P_n\}$ der Partitionen mit

$$x_i^{(n)} = \frac{i}{n} \qquad (i = 0, 1, ..., n).$$

8.1.3 Betrachten Sie die Folge $\{P_n\}$ der Partitionen mit

$$x_i^{(n)} = y^{i/n} \qquad (i = 0, 1, ..., n).$$

8.1.4 Stellen Sie eine Beziehung zwischen $\overline{S}_P\left(\frac{1}{f}\right) - \underline{S}_P\left(\frac{1}{f}\right)$ und $\overline{S}_P(f) - \underline{S}_P(f)$ her.

8.1.5 Suchen Sie ein einfaches Gegenbeispiel.

8.1.6 Für reelle Zahlen α, β gilt $\max\{\alpha, \beta\} = \frac{1}{2}\{\alpha + \beta + |\beta - \alpha|\}$ und eine analoge Darstellung für $\min\{\alpha, \beta\}$.

8.1.7 Betrachten Sie eine Folge $\{P_m\}$ von Partitionen von $[a, b]$ mit $\lim\limits_{m\to\infty} ||P_m|| = 0$, und vergleichen Sie geeignete RIEMANNsche Summen $S_{P_m}(f, \xi^{(m)})$ und $S_{P_m}(g, \xi^{(m)})$.

8.1.8 Ist P eine Partition von $[a, b]$, so ist $Q := f(P)$ eine Partition von $[f(a), f(b)]$. Berechnen Sie den Ausdruck

$$\overline{S}_P(f) + \underline{S}_Q(f^{-1}).$$

8.1.9 Beachten Sie, daß zu einem gegebenen $\gamma > 0$ höchstens endlich viele rationale Zahlen $x_\nu = \dfrac{p_\nu}{q_\nu} \in [0,1]$ mit teilerfremden p_ν, q_ν existieren, für welche $f(x_\nu) = \dfrac{1}{q_\nu} \geq \gamma$ gilt. Benutzen Sie zum Nachweis von c) das RIEMANNsche Integrabilitätskriterium.

8.1.10 Benutzen Sie das RIEMANNsche Integrabilitätskriterium. Ist $P_0 = \{x_0, x_1, ..., x_n\}$ eine Partition von $[0, a]$, so ist $P = \{-x_n, ..., -x_1, x_0, x_1, ..., x_n\}$ eine Partition von $[-a, a]$.

8.1.11 Zeigen Sie zunächst, daß f für jedes $m \in \mathbb{Z}$ in $[mp, (m+1)p]$ integrierbar ist; benutzen Sie dazu das RIEMANNsche Integrabilitätskriterium. Es folgt dann leicht, daß f auf jedem Intervall $[a, b]$, insbesondere auf $[c, c+p]$ integrierbar ist. Sie erhalten

$$\int_c^{c+p} f(x)dx = \int_0^p f(x)dx + \int_p^{c+p} f(x)dx - \int_0^c f(x)dx.$$

Zeigen Sie (durch Betrachtung spezieller RIEMANNscher Summen), daß die beiden letzten Integrale übereinstimmen.

8.1.12 Vergleichen Sie Ober- und Untersummen mit Integralen über Treppenfunktionen. Benutzen Sie das RIEMANNsche Integrabilitätskriterium.

8.1.13 Benutzen Sie Aufgabe 8.1.12.

8.1.14 Verfahren Sie ganz analog wie bei der Lösung zu Aufgabe 8.1.13.

8.1.15 Nehmen Sie an, daß kein Intervall $[\alpha, \beta]$ mit der behaupteten Eigenschaft existiert, und betrachten Sie Untersummen.

8.1.16 Es gibt ein Intervall $[c, d] \subset [a, b]$ und ein $\varepsilon > 0$ mit

$$h(x) := g(x) - f(x) \geq \varepsilon \qquad \text{für alle} \quad x \in [c, d].$$

8.1.17 Nehmen Sie an, für ein $x_0 \in [a, b]$ sei $f(x_0) > 0$, und folgern Sie, daß dann (wegen der Stetigkeit von f) gelten muß $\int_a^b f(x)dx > 0$.

8.1.18 Zeigen Sie (durch elementare Abschätzungen), daß kein $x_0 \in [1, \infty)$ mit $f(x_0) \neq 0$ existieren kann.

8.1.19 Zeigen Sie, daß ein $c \in (a, b)$ existiert mit $\int\limits_a^c f(x)dx > 0$. Damit existiert ein $x_1 \in (a, c)$ mit $f(x_1) > 0$. Wenden Sie nun den Zwischenwertsatz und den Satz von ROLLE an.

8.1.20 Betrachten Sie $g(x) := f(x)$.

8.1.21 Ist $f(x_0) \neq 0$ für ein $x_0 \in [a, b]$, so existiert ein Intervall $[c, d] \subset (a, b)$ mit $f(x) \neq 0$ für alle $x \in [c, d]$. Konstruieren Sie eine geeignete Funktion g, die in $[a, b]$ stetig ist und $g(x) = 0$ für $x \notin (c, d)$ erfüllt.

8.1.22 Nehmen Sie an, es gibt eine Funktion mit der geforderten Eigenschaft, und betrachten Sie $\int\limits_a^b (x - r)^{2n} f(x)dx$.

8.1.23 Eine Abschätzung der Integrale nach oben ist leicht zu finden. Beachten Sie zur Abschätzung nach unten, daß aufgrund der Stetigkeit von $|f|$ ein ganzes Intervall existiert, in dem $|f(x)|$ "in der Nähe" von $\max\limits_{[a,b]} |f(x)|$ liegen muß.

8.1.24 Da f in $[a, b]$ integrierbar ist, gibt es zu $\varepsilon > 0$ eine Partition $P = \{x_0, x_1, ..., x_n\}$ von $[a, b]$ mit $\overline{S}_P(f) - \underline{S}_P(f) < \frac{\varepsilon}{2}$. Zeigen Sie, daß die Funktion g_ε mit $g_\varepsilon(x_i) = f(x_i)$ für $i = 0, 1, ..., n$, die in jedem der Intervalle $[x_{i-1}, x_i]$ linear ist, die gewünschten Eigenschaften hat.
Benutzen Sie den WEIERSTRASSschen Approximationssatz, um zu zeigen, daß g_ε durch ein Polynom ersetzt werden kann.

8.1.25 Beweisen Sie die Behauptung zunächst für eine in $[0, 1]$ definierte Funktion s mit der Eigenschaft

$$s(x) = \begin{cases} 1 & \text{falls} \quad x \in (a, b) \\ 0 & \text{falls} \quad x \notin (a, b) \end{cases} \qquad \text{für ein Intervall} \quad (a, b) \subset [0, 1].$$

Jede Treppenfunktion t in $[0, 1]$ ist im wesentlichen eine Linearkombination von Funktionen dieser Form. Approximieren Sie f durch Treppenfunktionen wie in Aufgabe 8.1.12.

8.1.26 Zeigen Sie, daß die angegebene Bedingung zum RIEMANNschen Integrabilitätskriterium äquivalent ist.

8.1.27 Es muß gezeigt werden, daß in jedem Intervall $(\alpha, \beta) \subset [a, b]$ eine Stetigkeitsstelle von f liegt. Benutzen Sie Aufgabe 8.1.26, um zu zeigen, daß eine Folge von Intervallen $[a_n, b_n]$ existiert mit $[a_n, b_n] \subset (a_{n-1}, b_{n-1}) \subset (\alpha, \beta)$ und

$$b_n - a_n \to 0, \qquad \sup_{[a_n,b_n]} f(x) - \inf_{[a_n,b_n]} f(x) \to 0.$$

8.1.28 Benutzen Sie Aufgabe 8.1.27.

8.1.29 Konstruieren Sie ein Gegenbeispiel. Verwenden Sie dazu die Funktion f aus Aufgabe 8.1.9.

8.1.30 Benutzen Sie Aufgabe 8.1.26; beachten Sie, daß g auf $[c, d]$ gleichmäßig stetig ist.

8.1.31 a) Berechnen Sie die Längen aller bis zum n-ten Schritt aus $[0, 1]$ entfernten Intervalle und damit L_n.
b) Zeigen Sie, daß C beschränkt und abgeschlossen ist und kein Intervall (α, β) existiert mit $(\alpha, \beta) \subset C$.
c) Die Stetigkeit von f auf $[0, 1] \setminus C$ ist trivial. Zeigen Sie, daß für $x_0 \in C$ und alle $x \in [0, 1]$ gilt $|f(x) - f(x_0)| \leq |x - x_0|$.
d) Die Menge der Endpunkte der Intervalle I_{nk} bildet eine Partition von $[0, 1]$. Fügen Sie zwischen den einzelnen Intervallen so viele zusätzliche Unterteilungspunkte hinzu, daß eine Partition $P_n = \left\{x_0^{(n)}, x_1^{(n)}, ..., x_{M_n}^{(n)}\right\}$ von $[0, 1]$ mit $||P_n|| = \dfrac{2^n + 1}{2^{2n+1}}$ entsteht. Berechnen Sie dann die RIEMANNschen Summen von $g \circ f$ bezüglich der Zwischenstellen $\xi_i^{(n)} := \dfrac{1}{2}\left(x_{i-1}^{(n)} + x_i^{(n)}\right)$ und $\eta_i^{(n)} := x_i^{(n)}$.

8.2 Der Zusammenhang zwischen Differential- und Integralrechnung

8.2.1 a) Eine elementare Abschätzung ergibt mit einer Konstanten M

$$|F(y) - F(x)| \leq M|y - x| \qquad \text{für alle } x, y \in [a, b].$$

b) Die absolute Stetigkeit von F folgt sofort aus a).

8.2.2 Betrachten Sie

$$f(x) := \begin{cases} 0 & \text{falls} \quad x \leq 0 \\ 1 & \text{falls} \quad x > 0 \end{cases} .$$

8.2.3 Betrachten Sie

$$f(x) := \begin{cases} x^2 \sin \frac{1}{x^2} & \text{falls} \quad x \in (0,1] \\ 0 & \text{falls} \quad x = 0 \end{cases} .$$

8.2.4 Suchen Sie ein einfaches Gegenbeispiel.

8.2.5 Zeigen Sie, daß die in Aufgabe 8.1.9 untersuchte Funktion diese Eigenschaft hat.

8.2.6 Zeigen Sie, daß die in I; Aufgabe 5.3.11 betrachtete Funktion f zwar in $[0,1]$ integrierbar ist, aber in keinem Teilintervall eine Stammfunktion besitzt.

8.2.7 Wie können Sie $f'(x)$ bestimmen, ohne das Integral explizit zu berechnen?

8.2.8 Untersuchen Sie das Monotonieverhalten von f mit Hilfe von f'.

8.2.9 Betrachten Sie eine naheliegende Hilfsfunktion. Wenden Sie den Zwischenwertsatz an, und beweisen Sie, daß die Hilfsfunktion streng monoton ist.

8.2.10 Differenzieren Sie beide Seiten der Beziehung nach b.

8.2.11 Betrachten Sie eine Partition $P = \{x_0, x_1, ..., x_n\}$ des Intervalls $[a, b]$, welche die Punkte $\xi_1, ..., \xi_m$ enthält. Es gilt

$$F(b) - F(a) = \sum_{\nu=1}^{n} \{F(x_\nu) - F(x_{\nu-1})\}.$$

Wenden Sie auf die einzelnen Summanden den Mittelwertsatz der Differentialrechnung an.

8.2.12 Beachten Sie Aufgabe 8.1.13.

8.2.13 Verwenden Sie partielle Integration.

8.2.14 Beweisen Sie die Behauptung mit vollständiger Induktion, beachten Sie für $n = 1$ Aufgabe 8.2.13.

8.2.15 Unterscheiden Sie die Fälle $x \geq 0$ und $x < 0$.

8.2.16 Die auftretenden Summen lassen sich als RIEMANNsche Summen interpretieren.

8.2.17 Ist $\nu \in \mathbb{N}$ und $t \in [\nu, \nu+1]$, so gilt $\frac{1}{\nu+1} \leq \frac{1}{t} \leq \frac{1}{\nu}$. Schätzen Sie hiermit folgenden Ausdruck ab:

$$\sum_{\nu=n}^{2n-1} \int_{\nu}^{\nu+1} \frac{dt}{t}.$$

8.2.18 a) Es gilt

$$s_n = \frac{1}{n} \sum_{\nu=1}^{n^2} \frac{1}{1 + \{\nu/n\}^2}.$$

Vergleichen Sie die einzelnen Summanden für $x \in [\frac{\nu-1}{n}, \frac{\nu}{n}]$ mit $f(x) = 1/(1+x^2)$.
b) Verfahren Sie ebenso mit t_n und $g(x) = x/(1+x^2)$.

8.2.19 Benutzen Sie Additionstheoreme für trigonometrische Funktionen. Beispielsweise gilt

$$\cos(m+n)x + \cos(m-n)x = 2\cos mx \cos nx.$$

8.2.20 Betrachten Sie $f(x) := \sum_{\nu=1}^{n} a_\nu \sin 2\nu x - \sum_{\nu=1}^{m} b_\nu \cos \nu x$ und $\int_0^\pi f(x)dx$.

8.2.21 Nehmen Sie an, es wäre $|f(x)| < 12$ für alle $x \in (0,1)$, und betrachten Sie die Funktion $f(x)\left(x - \frac{1}{2}\right)^2$.

8.2.22 Es gilt $f'(x) - f(x) = e^x \cdot \frac{d}{dx}\{f(x)e^{-x}\}$.

8.2.23 Beachten Sie

$$\frac{1}{\nu + m + 1} = \int_0^1 x^{\nu+m} dx.$$

8.2.24 Betrachten Sie die Funktion

$$f(x) := \begin{cases} \dfrac{1-(1-x)^n}{x} & \text{falls} \quad 0 < x \leq 1 \\ n & \text{falls} \quad x = 0 \end{cases},$$

und berechnen Sie $\int\limits_0^1 f(x)dx$ auf zwei verschiedene Arten.

8.2.25 Beweisen Sie die Beziehung mit vollständiger Induktion.

8.2.26 a) Behandeln Sie zunächst den Fall $f(0) > 0$; nehmen Sie an, daß eine solche Funktion existiert, und untersuchen Sie das Integral

$$\int\limits_0^{1/f(0)} \frac{f'(x)}{f^2(x)} dx.$$

b) Im Fall $f(0) = 0$ hat eine sehr einfache Funktion die gewünschten Eigenschaften. Zeigen Sie (durch Zurückführung auf a)), daß dies die einzige ist.

8.2.27 Zeigen Sie, daß für alle $x \in [a, b]$ gilt $|f(x)| \leq \dfrac{M}{2}(x-a)(b-x)$. Betrachten Sie dazu beispielsweise für ein festes $x \in (a, b)$ die Hilfsfunktion

$$g(t) := (t-a)(t-b)f(x) - (x-a)(x-b)f(t),$$

und zeigen Sie, daß ein $\tau \in (a, b)$ existiert mit $g''(\tau) = 0$.

8.2.28 Zeigen Sie, daß ein $\xi \in (a, b)$ existiert mit $f(\xi) = 0$.

8.2.29 Es reicht zu zeigen, daß $f(x) > 0$ ist für alle $x \in (0, \infty)$. Untersuchen Sie dazu $f(x)$ für $x \in (2(n-1)\pi, 2n\pi]$ mit einem $n \in \mathbb{N}$.

8.2.30 Setzen Sie $M := \sup\limits_{[a,b]} |f''(x)|$, und zeigen Sie, daß $|f'(x)| \leq M(x-a)$ für alle $x \in [a, \frac{a+b}{2}]$ gilt. Leiten Sie dann eine ähnliche Ungleichung für $x \in [\frac{a+b}{2}, b]$ her.

8.2.31 a) Aus der Voraussetzung folgt

$$\int\limits_a^b P(x)f(x)dx = 0$$

für jedes Polynom P. Approximieren Sie eine im Intervall $[a, b]$ stetige Funktion g mit

Hilfe des WEIERSTRASSschen Approximationssatzes.
b) Wählen Sie in a) eine geeignete Funktion g.

8.2.32 Beachten Sie, daß $\int_0^1 x^n \cdot x\,dx = \frac{1}{n+2}$ ist, und benutzen Sie Aufgabe 8.2.31.

8.2.33 Zeigen Sie, daß für alle $n \in \mathbb{N}_0$ gilt

$$F_{n+1}(x) = \frac{1}{n!}\int_0^x (x-t)^n f(t)dt.$$

Beachten Sie Aufgabe 8.2.31.

8.2.34 Zeigen Sie, daß f streng monoton wachsend und nach oben beschränkt ist. Schätzen Sie dazu

$$f(x) - f(1) = \int_1^x f'(t)dt$$

geeignet ab.

8.2.35 Benutzen Sie partielle Integration.

8.2.36 Substituieren Sie $x := \pi - t$.

8.2.37 Verwenden Sie partielle Integration.

8.2.38 Benutzen Sie die Substitution $t := p - x$.

8.2.39 Zeigen Sie, daß f in $[0, \pi/2]$ stetig ist, und benutzen Sie Aufgabe 8.2.38.

8.2.40 Zeigen Sie, daß $\ln P_n$ eine RIEMANNsche Summe für das folgende Integral ist:

$$\int_0^2 \ln(1+x^2)dx.$$

8.2.41 Benutzen Sie die Regel von DE L'HOSPITAL und den Hauptsatz der Differential- und Integralrechnung.

8.2.42 Zeigen Sie zunächst, daß $\lim\limits_{h\to 0+} \int_{-1}^{1} \frac{h}{h^2+x^2}dx = \pi$ gilt. Schätzen Sie dann

$$\left|\int_{-1}^{1} \frac{hf(x)}{h^2+x^2}dx - \left\{\arctan\left(\frac{1}{h}\right) - \arctan\left(-\frac{1}{h}\right)\right\}f(0)\right|$$

ab, indem Sie die Stetigkeit von f an $x_0 = 0$ und die Beschränktheit von f in $[-1,1]$ ausnutzen.

8.2.43 Setzen Sie $\lambda(x) := \int_0^x \varphi(t)dt$ und

$$\phi(x) := \int_0^{\lambda(x)} f(t)dt - \int_0^x f(t)\varphi(t)dt; \qquad \psi(x) := \int_0^x f(t)\varphi(t)dt - \int_{x-\lambda(x)}^x f(t)dt.$$

Zeigen Sie (durch Berechnung von $\phi'(x)$ und $\psi'(x)$), daß ϕ und ψ in $[0,a]$ monoton wachsend sind.

8.2.44 Die Funktion φ mit $\varphi(x) = e^{-1/x^2}$ für $x > 0$ und $\varphi(x) = 0$ für $x \le 0$ ist nach Aufgabe 7.1.30 auf $(-\infty,\infty)$ beliebig oft differenzierbar. Untersuchen Sie die Eigenschaften von

$$F(x) := \int_0^x \varphi(t)\varphi(1-t)dt.$$

8.2.45 a) Schätzen Sie $\frac{1}{x}\int_0^x f(t)dt - g = \frac{1}{x}\int_0^x \{f(t)-g\}dt$ für große Werte von x ab.
b) Betrachten Sie $f(x) = \cos x$.

8.2.46 Es sei $F(x) := \int_0^x f(t)dt$; nehmen Sie an, für ein $x_0 > 0$ gelte

$$\frac{F(x)}{f(x)} \ge \beta > \frac{1}{\alpha}$$

für alle $x \ge x_0$. Leiten Sie daraus eine Abschätzung für $\int_{x_0}^x \frac{F'(t)}{F(t)}dt$ her.

8.2.47 a) Setzen Sie $\phi(x) := \int_0^x \varphi(t)dt$. Aus der Beschränktheit von f folgt die Existenz einer Konstanten $M > 0$ mit $\varphi(x)\{\phi(x)\}^{-\gamma} \ge M$ für alle $x \in (0,\infty)$. Zeigen Sie, daß $\{\phi(x)\}^{1-\gamma} + (\gamma-1)Mx$ monoton fallend ist, und erzeugen Sie damit einen Widerspruch.
b) Suchen Sie ein einfaches Gegenbeispiel.

8.2.48 Es sei $P = \{t_0, t_1, ..., t_n\}$ eine Partition von $[\alpha, \beta]$ und $\tau = \{\tau_1, ..., \tau_n\}$ eine Menge von Zwischenpunkten $\tau_\nu \in [t_{\nu-1}, t_\nu]$. Hiermit werde die RIEMANNsche Summe

$$S_P((f \circ \varphi)\varphi',\ \tau) = \sum_{\nu=1}^{n} f(\varphi(\tau_\nu))\varphi'(\tau_\nu)(t_\nu - t_{\nu-1})$$

gebildet. Sie müssen zeigen: Zu jedem $\varepsilon > 0$ existiert ein $\delta > 0$, so daß für alle P mit $||P|| < \delta$ und jede Wahl von τ gilt

$$\left|S_P((f \circ \varphi)\varphi',\ \tau) - \int_a^b f(x)dx\right| < \varepsilon.$$

Setzen Sie $x_\nu := \varphi(t_\nu)$ sowie $\xi_\nu := \varphi(\tau_\nu)$, und vergleichen Sie $S_P((f \circ \varphi)\varphi',\ \tau)$ mit der RIEMANNschen Summe

$$\sum_{\nu=1}^{n} f(\xi_\nu)(x_\nu - x_{\nu-1}).$$

8.2.49 Beweisen Sie die Behauptung mit vollständiger Induktion und der üblichen Formel der partiellen Integration.

8.2.50 Der zunächst naheliegende Gedanke einer indirekten Beweisführung unter Anwendung des Satzes von ROLLE führt nicht zum Ziel. Formen Sie daher die Integrale $\int_0^x P(t) \sin t\, dt$ und $\int_0^x P(t) \cos t\, dt$ durch mehrmalige partielle Integration um (wie in Aufgabe 8.2.49). Mit der Abkürzung $Q(x) := P(x) - P''(x) + P^{(4)}(x) \mp \cdots$ erhalten Sie, daß das zu untersuchende Gleichungssystem äquivalent ist zu:

$$-Q(x) \cos x + Q'(x) \sin x + Q(0) = a,$$
$$Q(x) \sin x + Q'(x) \cos x - Q'(0) = b.$$

Beweisen Sie hiermit, daß ein $M > 0$ existiert, so daß jede Lösung x des Gleichungssystems die Abschätzung $|x| \leq M$ erfüllt. Wenden Sie dann den Satz von ROLLE in geeigneter Weise an.

8.2.51 a) Beachten Sie, daß φ_a' und ψ_b' auf den entsprechenden Intervallen stetig sind.
b) Berechnen Sie zunächst $f'(x_0)$ für ein $x_0 \in [0,1] \setminus C$ (es existiert dann genau ein (a,b) mit $x_0 \in (a,b)$). Beweisen Sie die Differenzierbarkeit an $x_0 \in C$ dadurch, daß Sie die Ungleichung $\left|\frac{f(x) - f(x_0)}{x - x_0}\right| \leq |x - x_0|$ für alle $x \in [0,1]$ mit $x \neq x_0$ verifizieren. Betrachten Sie zum Nachweis, daß f' auf $[0,1]$ nicht integrierbar ist, die in der Lösung zu Aufgabe 8.1.31 konstruierten Partitionen P_n, und schätzen Sie $\overline{S}_{P_n}(f') - \underline{S}_{P_n}(f')$ nach unten ab.

8.3 Mittelwertsätze; Ungleichungen zwischen Integralen

8.3.1 Zeigen Sie, daß die Funktionen

$$F(x) := \int_a^x f^3(t)dt - \Big\{ \int_a^x f(t)dt \Big\}^2, \qquad G(x) := f^2(x) - 2\int_a^x f(t)dt$$

beide in $[a,b]$ monoton fallend sind.

8.3.2 Berechnen Sie den folgenden Ausdruck

$$\int_a^b \Big\{ \int_a^b \{f(y) - f(x)\}\{g(y) - g(x)\}dy \Big\} dx.$$

8.3.3 Zeigen Sie zunächst, daß für $0 \leq t \leq x \leq a$ die Abschätzung $xf(t) \geq tf(x)$ gilt.

8.3.4 a) Die Funktion $F(x) := \int_a^x f(t)dt$ ist stetig in $[a,b]$. Wenden Sie den Zwischenwertsatz an.
b) Betrachten Sie $f(x) := 2x$ in $[-1,1]$.

8.3.5 Zeigen Sie bei a) zunächst $f(y) \leq y$, und schätzen Sie dann

$$f(x)f(y) = f(y) \int_0^x f'(t)dt$$

unter Beachtung der Monotonieeigenschaften von f und f' ab.
Wählen Sie in b) und c) geeignete Funktionen, die die Voraussetzungen von a) erfüllen.
Beweisen Sie d) mit vollständiger Induktion und benutzen Sie b).

8.3.6 a) Für alle $\lambda \in \mathbb{R}$ gilt

$$0 \leq \int_a^b \{f(x) - \lambda g(x)\}^2 dx.$$

Formen Sie diesen Ausdruck geeignet um.
b) Zeigen Sie, daß für stetige Funktionen f und g genau dann das Gleichheitszeichen gilt, wenn $g(x) \equiv 0$ ist oder ein $\lambda \in \mathbb{R}$ existiert mit $f(x) \equiv \lambda g(x)$.

c) Es seien $x_1, ..., x_n$ und $y_1, ..., y_n$ reelle Zahlen. Sie müssen zeigen

$$\left\{\sum_{\nu=1}^{n} x_\nu y_\nu\right\}^2 \leq \sum_{\nu=1}^{n} x_\nu^2 \cdot \sum_{\nu=1}^{n} y_\nu^2.$$

Wenden Sie dazu a) in $[0, 1]$ an auf

$$f(x) := \begin{cases} x_\nu & \text{falls } \dfrac{\nu - 1}{n} \leq x < \dfrac{\nu}{n} \quad \text{für ein } \nu \in \{1, ..., n\} \\ 0 & \text{falls } x = 1 \end{cases}$$

und eine entsprechend definierte Funktion g.

8.3.7 Wenden Sie die SCHWARZsche Ungleichung an.

8.3.8 Berechnen Sie den Wert des Integrals $\int_a^b xf(x)f'(x)dx$, und wenden Sie dann die SCHWARZsche Ungleichung auf zwei verschiedene Arten an.

8.3.9 Verwenden Sie zum Nachweis von a) die SCHWARZsche Ungleichung. Es ist leicht, eine Funktion $f_0 \in C_0^1$ zu finden mit $\int_0^1 \{f_0'(x)\}^2 dx = 1$. Ist $g_0 \in C_0^1$ ebenfalls eine Funktion mit dieser Minimaleigenschaft, so untersuchen Sie $r(x) := g_0(x) - f_0(x)$.

8.3.10 Benutzen Sie die SCHWARZsche Ungleichung.

8.3.11 a) Die Behauptung folgt durch eine elementare Abschätzung.
b) Benutzen Sie den zweiten Hauptsatz der Differential- und Integralrechnung und den Mittelwertsatz der Differentialrechnung.
c) Betrachten Sie eine einfache Treppenfunktion.

8.3.12 Behandeln Sie zunächst den Fall, daß $\int_a^b g(x)dx = 0$ ist. Gilt $\int_a^b g(x)dx > 0$, so leistet

$$\eta := \int_a^b f(x)g(x)dx \Big/ \int_a^b g(x)dx$$

für a) das Gewünschte. Setzen Sie zum Nachweis von b)

$$\underline{m} := \min_{[a,b]} f(x), \qquad \overline{m} := \max_{[a,b]} f(x),$$

und benutzen Sie a), den Zwischenwertsatz sowie die Aufgaben 8.1.15 und 8.1.28.

8.3.13 Setzen Sie bei a)

$$\varphi(x) := \begin{cases} f(x) & \text{falls } x \in (a,b] \\ A & \text{falls } x = a \end{cases}, \qquad G(x) := \int_a^x g(t)dt.$$

Wäre φ stetig differenzierbar und g stetig, so würde mit partieller Integration folgen

$$\int_a^b \varphi(x)g(x)dx = G(x)\varphi(x)\Big|_a^b + \int_a^b G(x)\{-\varphi'(x)\}dx$$

und damit

$$A \cdot \min_{[a,b]} G(x) \le \int_a^b \varphi(x)g(x)dx \le A \cdot \max_{[a,b]} G(x).$$

Hieraus ergäbe sich unmittelbar die Behauptung. Orientieren Sie sich an diesem Beweis; betrachten Sie anstelle der Integrale geeignete Summen, und ersetzen Sie partielle Integration durch ABELsche partielle Summation.

8.3.14 Wenden Sie (für den Fall, daß f monoton fallend ist) den Satz von BONNET (siehe Aufgabe 8.3.13) an auf

$$\varphi(x) := \begin{cases} A - B & \text{falls } x = a \\ f(x) - B & \text{falls } a < x < b \\ 0 & \text{falls } x = b \end{cases}.$$

8.3.15 Zeigen Sie zunächst, daß für jedes $x \in [a,b]$ gilt

$$\frac{1}{h}\int_a^x \{f(t+h) - f(t)\}dt \to 0 \qquad \text{für } h \to 0.$$

Formen Sie dann dieses Integral geeignet um, und wenden Sie den Mittelwertsatz an.

8.3.16 Es gilt

$$\int_a^b \sin\{f(x)\}dx = \int_a^b \frac{f'(x)\sin\{f(x)\}}{f'(x)}dx.$$

8.3.17 Benutzen Sie den Satz von BONNET (siehe Aufgabe 8.3.13) und die elementare Abschätzung $e^x \ge 1 + x$.

8.3.18 Für $\alpha \geq 0$, $\beta \geq 0$ und $t > 0$ gilt die Ungleichung

$$\alpha\beta \leq \frac{t^p}{p}\alpha^p + \frac{1}{qt^q}\beta^q$$

(siehe hierzu Aufgabe 7.4.20). Zeigen Sie zunächst, daß aus $A := \int_a^b |f(x)|^p dx = 0$ oder $B := \int_a^b |g(x)|^q dx = 0$ folgt, daß $\int_a^b |f(x)g(x)|dx = 0$ sein muß. Benutzen Sie im Falle $A > 0$ und $B > 0$ die obige Ungleichung für $t = 1$ und $\alpha = |f(x)|A^{-1/p}$ sowie $\beta = |g(x)|B^{-1/q}$.

8.3.19 Beachten Sie, daß $|f+g|^p \leq |f| \cdot |f+g|^{p-1} + |g| \cdot |f+g|^{p-1}$ gilt, und wenden Sie die HÖLDERsche Ungleichung an.

8.3.20 Benutzen Sie die HÖLDERsche Ungleichung mit $p = s/r$.

8.3.21 a) Verwenden Sie die HÖLDERsche Ungleichung.
b) Beachten Sie, daß für eine stetige Funktion φ folgendes gilt:

$$\lim_{h \to 0} \frac{1}{h} \int_{x_0}^{x_0+h} \varphi(t)dt = \varphi(x_0).$$

8.3.22 Ersetzen Sie die Integrale durch geeignete RIEMANNsche Summen, und benutzen Sie die JENSENsche Ungleichung für Summen (siehe Aufgabe 7.4.39).

8.3.23 Benutzen Sie die JENSENsche Ungleichung für Integrale (siehe Aufgabe 8.3.22).

8.4 Integration von Funktionenfolgen und Funktionenreihen

8.4.1 Für alle $u \in \mathbb{R}$ gilt $e^u = \sum_{\nu=0}^{\infty} \frac{u^\nu}{\nu!}$.

8.4.2 Für alle $u \in \mathbb{R}$ gilt $\sin u = \sum_{\nu=0}^{\infty} \frac{(-1)^\nu}{(2\nu+1)!} u^{2\nu+1}$.

8.4.3 Es gilt $f_n(x) \to f(x) \equiv 0$. Verwenden Sie bei der Berechnung von $\int_0^1 f_n(x)dx$ die Substitution $1 + nx^2 = t$.

8.4.4 Ermitteln Sie die Grenzfunktion f, und untersuchen Sie bei b), wann

$$s_n := \sup_{[0,1]} |f_n(x) - f(x)| \to 0 \qquad (n \to \infty)$$

gilt. Verwenden Sie zur Berechnung von $\int_0^1 f_n(x)dx$ die Substitution $1 + n^2x^2 = t$.

8.4.5 a) Stellen Sie $\sin\{f(x)\}$ durch eine Reihe dar, und zeigen Sie, daß Integration und Summation vertauscht werden können.
b) Benutzen Sie a).

8.4.6 Entwickeln Sie den Integranden jeweils in eine Potenzreihe, weisen Sie nach, daß diese in $[0, 1]$ gleichmäßig konvergiert, und integrieren Sie gliedweise.

8.4.7 Benutzen Sie in geeigneter Form den ABELschen Grenzwertsatz und ein Ergebnis über die Vertauschung von Summation und Integration.

8.4.8 Überlegen Sie, daß f auf $[a, b]$ integrierbar ist, und vertauschen Sie eine Summation und eine Integration.

8.4.9 a) Beweisen Sie die Beziehung mit vollständiger Induktion nach n. Beachten Sie, daß für jedes $\alpha > 0$ und jedes $\beta \geq 0$ gilt $\lim_{x\to 0} x^\alpha\{\ln x\}^\beta = 0$.
b) Es gilt $x^x = e^{x \ln x}$ für $x > 0$.
c) Es gilt $x^{-x} = e^{-x \ln x}$ für $x > 0$.

8.4.10 Konstruieren Sie eine Folge solcher Funktionen f_n mit

$$f_n(x) \to \begin{cases} 1 & \text{falls } x \in \mathbb{Q} \cap [0,1] \\ 0 & \text{sonst} \end{cases}.$$

8.4.11 Betrachten Sie die Funktionenfolge $\{f_n\}$ mit

$$f_n(x) := 2n^2xe^{-nx^2}.$$

8.4.12 Es ist leicht, eine solche Funktionenfolge zu konstruieren. Wählen Sie f_n als stückweise lineare Funktion.

8.4.13 Wählen Sie zu $\varepsilon > 0$ ein $\xi \in (0,1)$ mit $|f(x) - g| < \varepsilon$ für alle $x \in [\xi, 1)$. Beachten Sie, daß $n \int_0^1 x^{n-1} dx = 1$ ist, und schätzen Sie die folgenden Integrale separat ab:

$$n \int_0^{\xi} x^{n-1}\{f(x) - g\}dx \qquad \text{sowie} \qquad n \int_{\xi}^{1} x^{n-1}\{f(x) - g\}dx.$$

8.4.14 Es gilt

$$\int_0^1 f(x)g(nx)dx = \sum_{\nu=0}^{n-1} \int_{\nu/n}^{(\nu+1)/n} f(x)g(nx)dx.$$

Setzen Sie $f(x) = \{f(x) - f(\frac{\nu}{n})\} + f(\frac{\nu}{n})$. Beachten Sie, daß f in $[0,1]$ gleichmäßig stetig ist, und benutzen Sie Aufgabe 8.1.11.

8.4.15 a) Es sei f stetig differenzierbar auf $\mathbb{R}$. Zeigen Sie, daß dann $g_n(x) \underset{[a,b]}{\Longrightarrow} f'(x)$ für jedes Intervall $[a,b]$ gilt.

b) Die Folge $\{g_n(x)\}$ sei auf jedem Intervall $[a,b]$ gleichmäßig konvergent gegen $g(x)$. Zeigen Sie

$$\int_a^b g_n(x)dx \to \int_a^b g(x)dx = f(b) - f(a),$$

und folgern Sie daraus, daß f stetig differenzierbar ist.

8.4.16 Das Problem reduziert sich in beiden Fällen auf die Extremwertbestimmung eines Polynoms, dessen Grad höchstens 2 ist.

8.4.17 a) Berechnen Sie $\int_{-\pi}^{\pi} \{f(x) - S_n(x)\}^2 dx$ durch gliedweise Integrationen und Anwendung von Aufgabe 8.2.19. Die Minimaleigenschaft erkennen Sie z.B. dann, wenn Sie zeigen, daß gilt:

$$\int_{-\pi}^{\pi} \{f(x) - S_n(x)\}^2 dx = \int_{-\pi}^{\pi} f^2(x)dx \quad - \quad \pi\Big\{\frac{a_0^2}{2} + \sum_{\nu=1}^{n}(a_\nu^2 + b_\nu^2)\Big\} +$$

$$+ \quad \pi\Big\{\frac{(A_0 - a_0)^2}{2} + \sum_{\nu=1}^{n}\{(A_\nu - a_\nu)^2 + (B_\nu - b_\nu)^2\}\Big\}.$$

b) Die Behauptungen folgen leicht aus der Beziehung $0 \leq \int_{-\pi}^{\pi} \{f(x) - s_n(x)\}^2 dx$.

8.4.18 a) Beachten Sie zum Nachweis der Dreiecksungleichung die MINKOWSKIsche Ungleichung (siehe Aufgabe 8.3.19).
b) Betrachten Sie für $n \geq 2$ die Funktionen

$$f_n(x) := \begin{cases} -1 & \text{falls } x \in [-1, -\frac{1}{n}] \\ nx & \text{falls } x \in (-\frac{1}{n}, \frac{1}{n}) \\ +1 & \text{falls } x \in [\frac{1}{n}, 1] \end{cases} .$$

Zeigen Sie, daß $\{f_n\}$ eine CAUCHY-Folge in $C([-1,1], d_p)$ ist, daß aber kein $f \in C[-1,1]$ existieren kann, für welches $\lim_{n\to\infty} d_p(f_n, f) = 0$ gilt.
c) Die Menge aller Polynome mit rationalen Koeffizienten ist eine abzählbare Teilmenge von $C[a,b]$.

8.4.19 Die Behauptung ist trivial für $n = 0$. Gilt $f(x) = T_k(x) + R_k(x)$ für ein k mit $0 \leq k < n$, so ergibt partielle Integration von $R_k(x)$ die entsprechende Beziehung für $k+1$.

8.4.20 a) Verwenden Sie den TAYLORschen Satz mit $x_0 = 0$ und der Restgliedformel gemäß Aufgabe 8.4.19. Wählen Sie zu $x \in [0,1)$ ein $a \in (x,1)$, und zeigen Sie (indem Sie $t = \frac{x}{a}y$ substituieren):

$$0 \leq R_n(x) \leq \left(\frac{x}{a}\right)^{n+1} R_n(a).$$

Beachten Sie ferner, daß $R_n(a) \leq f(a) - f(0)$ gilt.
b) Konstruieren Sie unter Verwendung von Aufgabe 7.1.30 ein Gegenbeispiel.

8.4.21 Gehen Sie bei a) und b) ganz analog wie in der Lösung zu Aufgabe 8.4.20 vor (ersetzen Sie n durch $2n$ bzw. $2n+1$). Zeigen Sie zu c), daß jede solche Funktion als Summe einer geraden und einer ungeraden Funktion dargestellt werden kann.

8.4.22 a) Berechnen Sie den Ausdruck auf der rechten Seite, beachten Sie, daß im Fall $[a] + 1 \leq [b] - 1$ folgendes gilt:

$$\int_a^b f'(x)[x]dx = \sum_{n=[a]+1}^{[b]-1} \int_n^{n+1} f'(x)[x]dx + \int_a^{[a]+1} f'(x)[x]dx + \int_{[b]}^b f'(x)[x]dx.$$

b) Im Falle $a, b \in \mathbb{Z}$ läßt sich die Behauptung leicht aus der allgemeinen Beziehung in a) gewinnen.

8.4.23 a) Durch partielle Integration von $s_n = \int\limits_0^{\pi/2} \sin^{n-1} x \cdot \sin x \, dx$ erhalten Sie die Rekursionsformel. Mit vollständiger Induktion ergibt sich die gewünschte explizite Darstellung (dabei ist zwischen geradem und ungeradem n zu unterscheiden).
b) Zeigen Sie $s_{2n+1} \le s_{2n} \le s_{2n-1}$. Weisen Sie ferner nach, daß $\lim\limits_{n\to\infty} \frac{s_{2n+1}}{s_{2n}} = 1$ gilt und daß dies zur Behauptung äquivalent ist.

8.4.24 a) Setzen Sie $P(x) := (x^2-1)^n$, und beachten Sie, daß für $k = 0, 1, ..., n-1$ gilt $P^{(k)}(1) = P^{(k)}(-1) = 0$. Berechnen Sie zunächst für ein beliebiges Polynom Q den Wert von

$$\int\limits_{-1}^{1} P_n(x) Q(x) dx$$

durch n partielle Integrationen. Wählen Sie dann $Q(x) = \Pi(x)$.
b) Setzen Sie $Q(x) = P_n(x)$, und beachten Sie Aufgabe 8.4.23.
c) Benutzen Sie den Satz von ROLLE.
d) Benutzen Sie a) und b).

8.4.25 Nehmen Sie ohne Beschränkung der Allgemeinheit an, daß $[a, b] = [-1, 1]$ ist. Es seien $\tilde{P}_0, \tilde{P}_1, ...$ die normierten LEGENDRE-Polynome (siehe Aufgabe 8.4.24). Zeigen Sie, daß mit geeigneten Konstanten $b_\nu^{(n)}$ gilt

$$Q_n(x) = \sum_{\nu=0}^{N} b_\nu^{(n)} \tilde{P}_\nu(x).$$

Schließen Sie weiter (durch Anwendung von Aufgabe 8.4.24), daß jede der Folgen $\{b_\nu^{(n)}\}_{n=1}^\infty$ konvergieren muß. Daraus folgt dann leicht, daß $\{Q_n(x)\}$ gegen ein Polynom konvergiert.

8.4.26 Zeigen Sie die Behauptung zunächst für $f(x) \equiv 1$, danach für Treppenfunktionen, und approximieren Sie dann eine allgemeine Funktion f gemäß Aufgabe 8.1.12 durch eine Treppenfunktion.

8.4.27 Zeigen Sie

$$\lim_{|y|\to\infty} \int\limits_c^d g(xy) dx = 0$$

für jedes Intervall $[c, d]$. Der Beweis verläuft dann analog wie bei Aufgabe 8.4.26.

8.4.28 Benutzen sie das RIEMANNsche Lemma (siehe Aufgabe 8.4.26).

8.4.29 a) Zeigen Sie, daß für alle $x \in [0,1]$ gilt

$$|R_n(x) - F(x)| \leq \int_{-1}^{1} |F(x+t) - F(x)| Q_n(t)dt.$$

Zerlegen Sie das auftretende Integral für ein geeignetes $\delta \in (0,1)$ gemäß $\int_{-1}^{1} = \int_{-1}^{-\delta} + \int_{-\delta}^{\delta} + \int_{\delta}^{1}$, und schätzen Sie die drei Integrale separat ab. Nutzen Sie dabei aus, daß F auf $\mathbb{R}$ (gleichmäßig) stetig ist und daß gilt

$$0 < \max_{[\delta,1]} Q_n(t) \to 0 \qquad (n \to \infty).$$

b) Zeigen Sie, daß die in a) auftretenden Funktionen R_n Polynome sind, und transformieren Sie eine in $[a,b]$ stetige Funktion f in eine auf $[0,1]$ stetige Funktion F mit den in a) geforderten Voraussetzungen.

8.4.30 a) Zeigen Sie die Behauptung mit vollständiger Induktion.

b) Beweisen Sie zunächst die Beziehung

$$\max_{[0,1]} |F_k(x)| \leq \prod_{\nu=1}^{k} \left|1 - \frac{m}{n_\nu}\right| =: p_k.$$

Unter Verwendung der Ungleichung $e^x \geq 1 + x$ können Sie dann zeigen, daß $\lim_{k\to\infty} p_k = 0$ ist.

c) Nach dem WEIERSTRASSschen Approximationssatz reicht es zu zeigen, daß jede Potenz x^m mit $m \in \mathbb{N}_0$ durch Linearkombinationen der betrachteten Form approximiert werden kann. Benutzen Sie dazu a) und b).

8.4.31 a) Zeigen Sie, daß mit einer Konstanten M für alle $x \in [a,b]$ folgendes gilt:

$$|f^{(-n)}(x)| \leq M \frac{(x-a)^n}{n!}.$$

b) Beweisen Sie eine entsprechende Abschätzung für $\int_a^x e^{-t} f^{(-n)}(t)dt$. Zeigen Sie ferner

$$\int_a^x e^{-t} f(t)dt = e^{-x} \sum_{\nu=1}^{n} f^{(-\nu)}(x) + \int_a^x e^{-t} f^{(-n)}(t)dt.$$

8.4.32 Zeigen Sie, daß die Behauptung richtig ist. Wählen Sie dazu eine Folge $\{\varepsilon_n\}$ positiver Zahlen mit $\varepsilon_n |a_{n-1}| \leq 1$ für alle $n \in \mathbb{N}$ und gemäß Aufgabe 7.1.31 eine auf $\mathbb{R}$ beliebig oft differenzierbare Funktion g_n mit $0 \leq g_n(x) \leq 1$ für alle $x \in \mathbb{R}$ und $g_n(x) = 1$

für $|x| \le \varepsilon_n/2$ sowie $g_n(x) = 0$ für $|x| \ge \varepsilon_n$. Setzen Sie

$$g_n^{(-k)}(x) := \int_0^x g_n^{(-k+1)}(t)dt \qquad \text{für } k \in \mathbb{N},\ x \in \mathbb{R},$$

und beweisen Sie die Abschätzung $|g_n^{(-k)}(x)| \le \varepsilon_n \frac{|x|^{k-1}}{(k-1)!}$. Zeigen Sie, daß die Funktion $f(x) := \sum_{n=1}^{\infty} a_{n-1} g_n^{(-n+1)}(x)$ beliebig oft differenzierbar ist, die Ableitungen durch gliedweise Differentiationen gewonnen werden können und $f^{(m)}(0) = a_m$ für alle $m \in \mathbb{N}_0$ gilt.

8.4.33 Es sei $\{P_k\}$ eine Abzählung der Menge der Polynome mit rationalen Koeffizienten. Konstruieren Sie induktiv zunächst natürliche Zahlen m_k und Funktionen φ_k wie folgt: Sind $m_1, ..., m_{k-1}$ und $\varphi_1, ..., \varphi_{k-1}$ bekannt, so wähle man m_k so groß, daß (gemäß Aufgabe 8.4.31) gilt

$$\max_{[-k,k]} |\varphi_{k-1}^{(-m_k)}(x)| < \frac{1}{k}$$

und $\varphi_k(x) := \varphi_{k-1}^{(-m_k)}(x) + P_k(x)$ erfüllt $\frac{d^{m_k}}{dx^{m_k}}\varphi_k(x) = \varphi_{k-1}(x)$. Aus diesen Funktionen gewinnen Sie dann leicht eine Folge von Stammfunktionen $\{F^{(-n)}(x)\}$.
Beachten Sie weiter, daß eine auf $[a, b]$ stetige Funktion φ gemäß Aufgabe 6.2.12 durch Polynome mit rationalen Koeffizienten beliebig genau approximiert werden kann.

8.5 Uneigentliche Integrale

8.5.1 Setzen Sie $F(x) := \int_a^x f(t)dt$. Die Konvergenz des Integrals $\int_a^\infty f(x)dx$ ist dann äquivalent zur Existenz des Grenzwertes $\lim_{x\to\infty} F(x)$.
a) Gilt $\lim_{x\to\infty} F(x) = A$, so zeigt eine einfache Abschätzung, daß die ε-Bedingung erfüllt ist.
b) Die ε-Bedingung sei erfüllt. Zeigen Sie, daß $\{F(x_n)\}$ für jede Folge $\{x_n\}$ mit $x_n \ge a$ und $x_n \to \infty$ eine CAUCHY-Folge ist, deren Grenzwert unabhängig von der speziellen Folge $\{x_n\}$ ist.

8.5.2 Verwenden Sie das Vergleichskriterium.

8.5.3 Benutzen Sie die Formel für (eigentliche) partielle Integration.

8.5.4 Für jedes $\delta \in I\!R$ gilt $\lim\limits_{x\to\infty} x^\delta e^{-x} = 0$.

8.5.5 Unterscheiden Sie die Fälle $\beta > \alpha + 1$ und $\beta \le \alpha + 1$.

8.5.6 Beachten Sie, wie sich $t^a e^{bt}$ für $t \to \infty$ verhält. Untersuchen Sie die Fälle $\beta > 1$ und $\beta = 1$ sowie $\beta < 1$.

8.5.7 Beachten Sie, wann die Integrale $\int\limits_0^1 x^\gamma dx$ bzw. $\int\limits_0^1 (1-x)^\gamma dx$ existieren, und benutzen Sie Aufgabe 8.5.2.

8.5.8 Substituieren Sie $x = \dfrac{1}{t}$.

8.5.9 a) Es ist leicht zu sehen, daß das Integral $\int\limits_0^2 f'(x)dx$ konvergiert.
b) Betrachten Sie die Nullfolge $\{x_n\}$ mit $x_n := \sqrt{2/n}$. Berechnen Sie

$$\int\limits_{x_{2n}}^{x_{2n-1}} |f'(x)|dx.$$

8.5.10 Verwenden Sie in geeigneter Weise partielle Integration.

8.5.11 a) Zeigen Sie, daß $I := \int\limits_0^\infty \dfrac{\sin x}{x} dx = \lim\limits_{n\to\infty} \int\limits_0^{\pi/2} \dfrac{\sin(2n+1)t}{t} dt$ gilt.
b) Benutzen Sie das RIEMANNsche Lemma (siehe Aufgabe 8.4.26), um nachzuweisen, daß sogar gilt

$$I = \lim_{n\to\infty} \int\limits_0^{\pi/2} \frac{\sin(2n+1)t}{\sin t} dt.$$

c) Berechnen Sie das zuletzt auftretende Integral, indem Sie die Darstellung $1+2\sum\limits_{\nu=1}^{n} \cos 2\nu t$ für den Integranden benutzen (vgl. Aufgabe 6.5.14).

8.5.12 Schätzen Sie das Integral

$$\int\limits_\pi^{n\pi} \frac{|\sin x|}{x} dx = \sum_{\nu=2}^{n} \int\limits_{(\nu-1)\pi}^{\nu\pi} \frac{|\sin x|}{x} dx$$

nach unten ab.

8.5.13 Untersuchen Sie die an $t = 0$ stetige Funktion

$$g(t) := \begin{cases} f(t) - f(0+) & \text{falls } 0 < t \le \delta \\ 0 & \text{falls } t = 0 \end{cases}.$$

Betrachten Sie für ein hinreichend kleines $\delta_0 \in (0, \delta)$ die Zerlegung

$$\int_0^\delta g(t)\frac{\sin xt}{t}dt = \int_0^{\delta_0} g(t)\frac{\sin xt}{t}dt + \int_{\delta_0}^\delta g(t)\frac{\sin xt}{t}dt.$$

Behandeln Sie das erste Integral auf der rechten Seite mit dem zweiten Mittelwertsatz der Integralrechnung (siehe Aufgabe 8.3.14) und das zweite Integral mit dem RIEMANNschen Lemma (siehe Aufgabe 8.4.26). Beachten Sie ferner, daß gilt:

$$\int_0^\infty \frac{\sin u}{u}du = \frac{\pi}{2}\,.$$

8.5.14 Vergleichen Sie das zu berechnende Integral durch partielle Integration mit dem Integral $\int_0^\infty \frac{\sin x}{x}dx$, und beachten Sie, daß dessen Wert $\frac{\pi}{2}$ ist (siehe Aufgabe 8.5.11).

8.5.15 Substituieren Sie $x = \frac{1}{y}$.

8.5.16 Formen Sie $I_n(a)$ vermittels partieller Integration um, und schätzen Sie dann $|I_n(a)|$ geeignet ab.

8.5.17 Für $\nu \in \mathbb{N}$ und $h > 0$ gilt

$$\int_{\nu h}^{(\nu+1)h} f(x)dx \le hf(\nu h) \le \int_{(\nu-1)h}^{\nu h} f(x)dx.$$

8.5.18 Mit einer Konstanten M muß $|f(x)| \le Mx$ für alle $x \in [0,1]$ gelten.

8.5.19 Konstruieren Sie ein Gegenbeispiel.

8.5.20 a) Schätzen Sie $\int_{x_0}^x f(t)dt$ nach oben und unten ab. Beachten Sie, daß ein solches Integral beliebig klein gemacht werden kann.

b) Benutzen Sie a) und partielle Integration.

8.5.21 Verwenden Sie partielle Integration und das Vergleichskriterium für uneigentliche Integrale.

8.5.22 a) Für $x \in [1, \infty)$ gilt $\sin x^2 = \frac{2x \cdot \sin x^2}{2x}$. Benutzen Sie nun Aufgabe 8.5.21, um die Konvergenz des betrachteten Integrals nachzuweisen.
b) Gehen Sie analog wie in a) vor.

8.5.23 Zeigen Sie, daß $K := \int_{-\infty}^{\infty} |g(x)|dx$ das Gewünschte leistet. Betrachten Sie dazu die Funktion $G(x) := \int_0^x g(t)dt$, und formen Sie das abzuschätzende Integral mit partieller Integration um.

8.5.24 Formen Sie $\int_1^b x^\alpha \cos(e^x)dx = \int_1^b x^\alpha e^{-x}\{e^x \cos(e^x)\}dx$ mit partieller Integration um. Für welche $\gamma \in \mathbb{R}$ konvergiert $\int_1^\infty x^\gamma e^{-x}dx$?

8.5.25 Zeigen Sie für $s_n := \sum_{\nu=1}^n a_\nu$ die Ungleichung

$$s_{n+1} - a_1 \leq \int_1^{n+1} f(x)dx \;\leq\; s_n.$$

8.5.26 a) Konstruieren Sie zunächst eine stückweise lineare Funktion g_1 mit $0 \leq g_1(x) \leq 1$ für alle $x \geq 1$ sowie $g_1(n) = 1$ für alle $n \in \mathbb{N}$ mit $n \geq 2$, und zwar so, daß $\int_1^\infty g_1(x)dx$ konvergiert. Zeigen Sie, daß $f_1(x) := g_1(x) + \frac{1}{x^2}$ die gewünschte Eigenschaft hat.
b) Setzen Sie $f_2(x) := 1 - g_1(x) + \frac{1}{x^2}$.

8.5.27 Wenden Sie das Integralkriterium an.

8.5.28 a) Zeigen Sie, daß für alle $x > x_0$ gilt

$$\int_{\varphi(x_0)}^{\varphi(x)} f(t)dt \;\leq\; \frac{q}{1-q} \int_{x_0}^{\varphi(x_0)} f(t)dt,$$

und folgern Sie daraus, daß $F(x) := \int_{x_0}^x f(t)dt$ beschränkt (und monoton wachsend) ist. Die Konvergenz von $\sum_{n=1}^\infty f(n)$ ergibt sich aus dem Integralkriterium.

b) Zeigen Sie, daß für alle $x > x_0$ gilt

$$\int_{x}^{\varphi(x)} f(t)dt \geq \int_{x_0}^{\varphi(x_0)} f(t)dt.$$

Betrachten Sie die Folge $\{x_n\}$ mit $x_n := \varphi(x_{n-1})$, und zeigen Sie

$$\int_{x_0}^{x_n} f(t)dt \to \infty.$$

8.5.29 Zeigen Sie, daß das auftretende uneigentliche Integral existiert, und weisen Sie nach, daß gilt

$$x \int_{1}^{n+1} \frac{[t]}{t^{x+1}}dt - \sum_{\nu=1}^{n} \frac{1}{\nu^x} \to 0 \qquad \text{für } n \to \infty.$$

8.5.30 Benutzen Sie die EULERsche Summenformel (siehe Aufgabe 8.4.22) für die Funktion $f(x) = \frac{1}{x}$.

8.5.31 Zeigen Sie zunächst, daß für beliebiges $\gamma \in \mathbb{R}$ das Integral

$$\int_{0}^{\infty} \frac{\sin \gamma x}{x} dx$$

existiert, und berechnen Sie seinen Wert. Beachten Sie dann die Beziehung

$$2 \sin \alpha x \cos \beta x = \sin(\alpha + \beta)x + \sin(\alpha - \beta)x.$$

8.5.32 Substituieren Sie $x = \frac{1}{t}$.

8.5.33 Zeigen Sie, daß für $0 < a < 1 < b$ folgendes gilt

$$\int_{a}^{b} \frac{f(\alpha x) - f(\beta x)}{x} dx = \int_{\alpha a}^{\beta a} \frac{f(t)}{t} dt - \int_{\alpha b}^{\beta b} \frac{f(t)}{t} dt.$$

a) Weisen Sie nach, daß das erste Integral auf der rechten Seite für $a \to 0$ gegen $A \cdot \ln \frac{\beta}{\alpha}$ konvergiert, und verfahren Sie analog mit dem zweiten Integral.

b) Benutzen Sie das CAUCHY-Kriterium für uneigentliche Integrale.

c) Gehen Sie analog wie in b) vor.

8.5.34 Verwenden Sie Aufgabe 8.5.33.

8.5.35 a) Zeigen Sie mit Hilfe des Vergleichskriteriums, daß die Integrale

$$\int_0^1 e^{-t}t^{x-1}dt \qquad \text{für alle } x > 0, \qquad \int_1^\infty e^{-t}t^{x-1}dt \qquad \text{für alle } x \in \mathbb{R}$$

existieren.
b) Ersetzen Sie die uneigentlichen Integrale durch eigentliche, und führen Sie naheliegende Substitutionen aus.
c) Beweisen Sie die erste Beziehung durch eine geeignete partielle Integration; die zweite folgt leicht mit vollständiger Induktion.

8.5.36 Unterscheiden Sie die Fälle $\alpha > 0$ und $\alpha \le 0$. Benutzen Sie im ersten Fall die Aufgabe 8.5.35.

8.5.37 Benutzen Sie das CAUCHY-Kriterium und den zweiten Mittelwertsatz der Integralrechnung.

8.5.38 Benutzen Sie das CAUCHY-Kriterium und den zweiten Mittelwertsatz der Integralrechnung.

8.5.39 Benutzen Sie Aufgabe 8.5.38.

8.5.40 a) Zeigen Sie, daß eine Konstante M so existiert, daß für alle $b \in (0, \infty)$ gilt

$$\left| \int_0^b f(x)dx \right| \le M,$$

und wenden Sie dann Aufgabe 8.5.38 an.
b) Betrachten Sie die Funktion $\varphi(x) := f(x) - \frac{1}{p}I$.

8.5.41 Benutzen Sie Aufgabe 8.5.40.

8.5.42 Zeigen Sie, daß ein $x_0 \ge 0$ existiert, so daß f in $[x_0, \infty)$ streng monoton wachsend ist. Substituieren Sie dann $t = f(x)$, und versuchen Sie, Aufgabe 8.5.40 anzuwenden.

8.5.43 a) Die behauptete Beziehung folgt unmittelbar aus der EULERschen Summenformel (siehe Aufgabe 8.4.22), angewendet auf $f(x) = \ln x$ in $[1, n]$.

b) Zeigen Sie, daß die Folge $\{I_n\}$ mit $I_n = \int_1^n \frac{x - [x] - \frac{1}{2}}{x} dx$ konvergiert (z.B. durch Anwendung von Aufgabe 8.5.40). Es ergibt sich dann, daß $\{a_n\}$ mit $a_n := \frac{n! e^n}{\sqrt{n}\, n^n}$ gegen ein $a \neq 0$ konvergiert. Bestimmen Sie den Wert von a, indem Sie

$$\left\{\frac{a_n^2}{a_{2n}}\right\}^2$$

berechnen und mit

$$w_n := \frac{2 \cdot 2}{1 \cdot 3} \cdot \frac{4 \cdot 4}{3 \cdot 5} \cdot \frac{6 \cdot 6}{5 \cdot 7} \cdots \frac{(2n) \cdot (2n)}{(2n-1) \cdot (2n+1)}$$

(siehe Aufgabe 8.4.23) vergleichen.

8.5.44 a) Es gilt $\frac{1}{\sqrt{n}} I = \int_0^\infty e^{-nx^2} dx$. Elementare Abschätzungen für die Exponentialfunktion ergeben dann leicht die behaupteten Ungleichungen.

b) Setzen Sie (wie in Aufgabe 8.4.23) $s_n := \int_0^{\pi/2} \sin^n t\, dt$, und beweisen Sie durch Verwendung geeigneter Substitutionen

$$\int_0^1 (1 - x^2)^n dx = s_{2n+1}, \qquad \int_0^\infty \frac{dx}{(1 + x^2)^n} = s_{2n-2}.$$

Beachten Sie jetzt die explizite Darstellung von s_n gemäß Aufgabe 8.4.23, und stellen Sie ferner einen Zusammenhang zwischen s_{2n+1}^2 bzw. s_{2n-2}^2 und

$$w_n := \frac{2 \cdot 2}{1 \cdot 3} \cdot \frac{4 \cdot 4}{3 \cdot 5} \cdot \frac{6 \cdot 6}{5 \cdot 7} \cdots \frac{(2n) \cdot (2n)}{(2n-1) \cdot (2n+1)}$$

her. Die Behauptung ergibt sich dann, wenn Sie benutzen, daß nach Aufgabe 8.4.23 gilt $\lim_{n \to \infty} w_n = \frac{\pi}{2}$.

Lösungen

6 Funktionenfolgen und Funktionenreihen; elementare Funktionen

6.1 Funktionenfolgen

6.1.1 Es existiert ein $N \in I\!N$ mit $|f(x) - f_N(x)| \leq 1$ für alle $x \in X$, ferner ein M_N mit $|f_N(x)| \leq M_N$ für alle $x \in X$. Hieraus folgt für alle $x \in X$

$$|f(x)| \leq |f(x) - f_N(x)| + |f_N(x)| \leq 1 + M_N.$$

Folglich ist f auf X beschränkt.

6.1.2 a) Wegen der gleichmäßigen Konvergenz der Folge $\{f_n(x)\}$ auf X existiert zu einem gegebenen $\varepsilon > 0$ ein N, so daß für alle m, n mit $n \geq m \geq N$ und alle $x \in X$ gilt $|f_n(x) - f_m(x)| < \frac{\varepsilon}{2}$. Für $x \to x_0$ erhalten wir $|g_n - g_m| \leq \frac{\varepsilon}{2} < \varepsilon$ für $n \geq m \geq N$, und folglich existiert $g := \lim\limits_{n\to\infty} g_n$.
b) Wir betrachten nur den Fall $x_0 \in I\!R$; die anderen Fälle werden analog behandelt. Es sei ein $\varepsilon > 0$ gegeben. Dann existiert ein N_1 mit $|f(x) - f_n(x)| < \frac{\varepsilon}{3}$ für alle $n > N_1$ und alle $x \in X$. Ferner gibt es ein $N > N_1$ mit $|g_N - g| < \frac{\varepsilon}{3}$. Schließlich existiert ein $\delta > 0$ mit $|f_N(x) - g_N| < \frac{\varepsilon}{3}$ für alle $x \in X$ mit $0 < |x - x_0| < \delta$. Somit ergibt sich für alle $x \in X$ mit $0 < |x - x_0| < \delta$

$$|f(x) - g| \leq |f(x) - f_N(x)| + |f_N(x) - g_N| + |g_N - g| < \frac{\varepsilon}{3} + \frac{\varepsilon}{3} + \frac{\varepsilon}{3} = \varepsilon,$$

und es folgt die Behauptung.

6.1.3 a) Es gilt

$$f(x) := \lim_{n\to\infty} f_n(x) = \begin{cases} 0 & \text{falls} \quad 0 \leq x < 1 \\ 1 & \text{falls} \quad x = 1 \end{cases}.$$

b) Da jede der Funktionen $\{f_n\}$ auf $[0, 1]$ stetig, die Grenzfunktion f aber an der Stelle 1 unstetig ist, kann keine gleichmäßige Konvergenz auf $[0, 1]$ vorliegen.

Es sei X eine kompakte Teilmenge von $[0,1)$. Wir können ein $\delta \in (0,1)$ so wählen, daß $X \subset [0,\delta]$ gilt. Zu gegebenem $\varepsilon > 0$ existiert ein $N \in \mathbb{N}$ so, daß für alle $n > N$ gilt $\delta^n < \varepsilon$. Hieraus folgt

$$|f_n(x) - f(x)| = x^n \leq \delta^n < \varepsilon$$

für alle $n > N$ und alle $x \in X$, d.h. die Folge $\{f_n\}$ konvergiert auf X gleichmäßig gegen Null.

c) Es gilt

$$\lim_{n\to\infty}\{\lim_{x\to 1-} f_n(x)\} = \lim_{n\to\infty} 1 = 1, \qquad \lim_{x\to 1-}\{\lim_{n\to\infty} f_n(x)\} = \lim_{x\to 1-} 0 = 0.$$

6.1.4 a) Es gilt

$$f(x) := \lim_{n\to\infty} f_n(x) = \begin{cases} 0 & \text{falls} \quad |x| < 1 \\ 1/2 & \text{falls} \quad |x| = 1 \\ 1 & \text{falls} \quad |x| > 1 \end{cases}.$$

Da auf $\mathbb{R}$ jede der Funktionen f_n stetig, die Grenzfunktion f aber unstetig ist, kann keine gleichmäßige Konvergenz auf $\mathbb{R}$ vorliegen.

b) Es sei ein $q > 1$ gegeben.

1. Wir zeigen, daß $\{f_n\}$ auf der Menge $\{x : |x| \geq q\}$ gleichmäßig konvergiert. Dazu sei ein $\varepsilon > 0$ gegeben. Es existiert dann ein N, so daß für alle $n > N$ gilt $\dfrac{1}{q^n} < \varepsilon$. Für alle $n > N$ und für alle x mit $|x| \geq q$ folgt hieraus

$$|f_n(x) - f(x)| = \frac{1}{1+|x|^n} < \frac{1}{q^n} < \varepsilon,$$

d.h. die Folge $\{f_n\}$ konvergiert auf der Menge $\{x : |x| \geq q\}$ gleichmäßig gegen f.

2. Auf analoge Weise zeigt man, daß die Folge $\{f_n\}$ auf der Menge $\{x : |x| \leq \dfrac{1}{q}\}$ gleichmäßig gegen f konvergiert.

6.1.5 Setzen wir $f(y) := \lim\limits_{n\to\infty} f_n(y)$, so existiert zu gegebenem $\varepsilon > 0$ ein $N \in \mathbb{N}$ mit

$$|f_n(y) - f(y)| < \varepsilon \quad \text{für alle} \quad n > N \quad \text{und alle} \quad y \in Y.$$

Hieraus folgt

$$|f_n(g(x)) - f(g(x))| < \varepsilon \quad \text{für alle} \quad n > N \quad \text{und alle} \quad x \in X,$$

also erhalten wir $(f_n \circ g)(x) \underset{X}{\Longrightarrow} (f \circ g)(x)$.

6.1.6 a) Es gelte $F_n(x) \underset{X_i}{\Longrightarrow} F(x)$, und es sei ein $i \in \{1, ..., M\}$ gegeben. Wir bezeichnen mit $f^{<i>}$ die Einschränkung von F auf X_i. Zu gegebenem $\varepsilon > 0$ existiert ein N, so daß für alle $n > N$ und alle $x \in X$ gilt $|F_n(x) - F(x)| < \varepsilon$. Hieraus folgt

$$|f_n^{<i>}(x) - f^{<i>}(x)| = |F_n(x) - F(x)| < \varepsilon$$

für alle $n > N$ und alle $x \in X_i$ und damit $f_n^{<i>}(x) \underset{X_i}{\Longrightarrow} f^{<i>}(x)$.

b) Für jedes $i = 1, ..., M$ gelte $f_n^{<i>}(x) \underset{X_i}{\Longrightarrow} f^{<i>}(x)$. Dann existiert zu gegebenem $\varepsilon > 0$ und zu jedem $i = 1, ..., M$ ein $N_i \in \mathbb{N}$ mit

$$|f_n^{<i>}(x) - f^{<i>}(x)| < \varepsilon \quad \text{für alle} \quad n > N_i \quad \text{und alle} \quad x \in X_i.$$

Setzen wir $N := \max\{N_1, ..., N_M\}$, so folgt

$$|F_n(x) - F(x)| < \varepsilon \quad \text{für alle} \quad n > N \quad \text{und alle} \quad x \in X.$$

Damit erhalten wir $F_n(x) \underset{X}{\Longrightarrow} F(x)$.

6.1.7 Es gelte $|f_i(x)| < K$ für alle $i = 1, ..., M$ und alle $x \in X$. Wir setzen $\alpha^{(i)} := \lim\limits_{n \to \infty} \alpha_n^{(i)}$ für $i = 1, ..., M$ und zeigen

$$F_n(x) \underset{X}{\Longrightarrow} \sum_{i=1}^{M} \alpha^{(i)} f_i(x) =: F(x).$$

Zu gegebenem $\varepsilon > 0$ existiert ein $N \in \mathbb{N}$ mit

$$|\alpha_n^{(i)} - \alpha^{(i)}| < \frac{\varepsilon}{MK} \quad \text{für alle} \quad n > N \quad \text{und jedes} \quad i = 1, ..., M.$$

Für alle $n > N$ und alle $x \in X$ folgt hieraus

$$|F_n(x) - F(x)| \leq \sum_{i=1}^{M} |\alpha_n^{(i)} - \alpha^{(i)}||f_i(x)| < M \frac{\varepsilon}{MK} K = \varepsilon.$$

Daher gilt $F_n(x) \underset{X}{\Longrightarrow} F(x)$.

6.1.8 a) Es sei $x \in \mathbb{R}$ fest. Dann gilt für alle $n \in \mathbb{N}$ mit $n \geq |x| + 1$ die Abschätzung $|x - n| \geq n - |x| \geq 1$, und wir erhalten $\lim\limits_{n \to \infty} f_n(x) = 1$.
b) Wir nehmen an, eine Teilfolge $\{f n_k\}$ konvergiert auf $\mathbb{R}$ gleichmäßig. Nach a) muß sie dann gleichmäßig gegen 1 konvergieren. Wählen wir $x n_k := n_k$, so erhalten wir $|f n_k(x n_k) - f(x n_k)| = |0 - 1| = 1$. Widerspruch!

6.1.9 a) Wir nehmen an, daß $f_n(x) \underset{X}{\Longrightarrow} f(x)$ gilt. Zu $\varepsilon > 0$ gibt es dann ein N, so daß $|f_n(x) - f(x)| < \frac{\varepsilon}{2}$ für alle $n > N$ und alle $x \in X$ gilt. Hieraus folgt

$$s_n = \sup_X |f_n(x) - f(x)| \le \frac{\varepsilon}{2} < \varepsilon$$

für alle $n > N$, d.h. $\{s_n\}$ ist eine Nullfolge.

b) Wir nehmen an, daß $s_n \to 0$ gilt. Zu $\varepsilon > 0$ gibt es dann ein N, so daß $0 \le s_n < \varepsilon$ für alle $n > N$ gilt. Hieraus ergibt sich für alle $x \in X$ und alle $n > N$

$$|f_n(x) - f(x)| \le \sup_X |f_n(x) - f(x)| = s_n < \varepsilon,$$

d.h. es gilt $f_n(x) \underset{X}{\Longrightarrow} f(x)$.

6.1.10 a) Wegen $\sup_X |f_n(x)| < \infty$ und $f_n(x) \underset{X}{\Longrightarrow} f(x)$ folgt aus Aufgabe 6.1.1, daß auch $\sup_X |f(x)| < \infty$ gilt.

b) Es sei ein $\varepsilon > 0$ gegeben. Dann existiert ein N so, daß für alle $n > N$ und alle $x \in X$ gilt $|f_n(x) - f(x)| < \frac{\varepsilon}{2}$. Wählen wir $x_\varepsilon \in X$ so, daß gilt $|f(x_\varepsilon)| > \sup_X |f(x)| - \frac{\varepsilon}{2}$, so erhalten wir für alle $n > N$ die Abschätzung

$$\begin{aligned}\sup_X |f(x)| - \varepsilon \;&<\; |f(x_\varepsilon)| - \frac{\varepsilon}{2} < |f_n(x_\varepsilon)| \le \\ &\le\; \sup_X |f_n(x)| \le \sup_X |f(x)| + \frac{\varepsilon}{2} < \sup_X |f(x)| + \varepsilon.\end{aligned}$$

Hieraus folgt die Behauptung.

6.1.11 Es sei ein $\varepsilon > 0$ gegeben. Dann existiert wegen der gleichmäßigen Konvergenz ein $N \in I\!N$ mit $|f_N(t) - f(t)| < \frac{\varepsilon}{3}$ für alle $t \in X$. Da die Funktion f_N auf X gleichmäßig stetig ist, gibt es ein $\delta > 0$ mit $|f_N(x) - f_N(y)| < \frac{\varepsilon}{3}$ für alle $x, y \in X$ mit $|x - y| < \delta$. Es seien $x, y \in X$ mit $|x - y| < \delta$. Dann folgt

$$\begin{aligned}|f(x) - f(y)| \;&\le\; |f(x) - f_N(x)| + |f_N(x) - f_N(y)| + |f_N(y) - f(y)| < \\ &<\; \frac{\varepsilon}{3} + \frac{\varepsilon}{3} + \frac{\varepsilon}{3} = \varepsilon.\end{aligned}$$

Daher ist f auf X gleichmäßig stetig.

6.1.12 Die Funktionen f_n seien auf $(0, \infty)$ definiert durch $f_n(x) = x + \frac{1}{n}$. Dann gilt $f(x) = x$ für alle $x > 0$, und die Bedingung (1) ist erfüllt. Wir zeigen, daß die Folge $\{\frac{1}{f_n}\}$

auf $(0,\infty)$ nicht gleichmäßig gegen $\frac{1}{f}$ konvergiert. Es ist für jedes $n \in \mathbb{N}$

$$\left|\frac{1}{f_n(\frac{1}{n})} - \frac{1}{f(\frac{1}{n})}\right| = \left|\frac{n}{2} - n\right| = \frac{n}{2}.$$

Daher gilt $\sup\limits_{(0,\infty)} \left|\frac{1}{f_n(x)} - \frac{1}{f(x)}\right| \to \infty$, und folglich konvergiert $\{\frac{1}{f_n}\}$ auf $(0,\infty)$ nicht gleichmäßig gegen $\frac{1}{f}$.

6.1.13 a) Es sei ein $\varepsilon > 0$ gegeben. Wegen $f_n(x) \underset{X}{\Longrightarrow} f(x)$ gibt es ein N^f, so daß für alle $n > N^f$ und für alle $x \in X$ gilt $|f_n(x) - f(x)| < \frac{\varepsilon}{2}$; entsprechend existiert ein N^g , so daß für alle $n > N^g$ und für alle $x \in X$ gilt $|g_n(x) - g(x)| < \frac{\varepsilon}{2}$. Wählen wir $N := \max\{N^f, N^g\}$, so ergibt sich für alle $n > N$ und alle $x \in X$ die Abschätzung

$$|f_n(x) + g_n(x) - f(x) - g(x)| \leq |f_n(x) - f(x)| + |g_n(x) - g(x)| < \varepsilon;$$

hieraus folgt die Behauptung.

b) Die Funktionen f_n und g_n seien wie im Hinweis definiert. Mit

$$f(x) := \begin{cases} \frac{1}{x} & \text{falls} \quad x > 0 \\ 0 & \text{falls} \quad x = 0 \end{cases}, \qquad g(x) := 0$$

gilt $|f_n(x) - f(x)| = |g_n(x) - g(x)| = \frac{1}{n}$, und wir erhalten

$$f_n(x) \underset{[0,\infty)}{\Longrightarrow} f(x) \qquad \text{sowie} \qquad g_n(x) \underset{[0,\infty)}{\Longrightarrow} g(x).$$

Ferner gilt $f_n(x)g_n(x) \to 0$ für alle $x \geq 0$. Würde also $\{f_n(x)g_n(x)\}$ gleichmäßig konvergieren, so müßte $f_n(x)g_n(x) \underset{[0,\infty)}{\Longrightarrow} 0$ gelten. Dies widerspricht aber

$$f_n(\tfrac{1}{n})g_n(\tfrac{1}{n}) = \left(n + \frac{1}{n}\right)\frac{1}{n} > 1.$$

c) Aus Aufgabe 6.1.1 folgt, daß die Funktionen f und g beschränkt sind. Daher existiert ein $M > 0$ mit $|f(x)| < M$ und $|g(x)| < M$ für alle $x \in X$.

Wir zeigen nun $f_n(x)g_n(x) \underset{X}{\Longrightarrow} f(x)g(x)$. Es sei ein $\varepsilon > 0$ gegeben. Dann gibt es Zahlen N^f und N^g so, daß für alle $n > N^f$ und alle $x \in X$ gilt $|f_n(x) - f(x)| < \frac{\varepsilon}{4M}$ und daß für alle $n > N^g$ und alle $x \in X$ gilt $|g_n(x) - g(x)| < \min\left\{\frac{\varepsilon}{4M}, M\right\}$. Für alle $n > N^g$ und alle $x \in X$ folgt hieraus insbesondere $|g_n(x)| < 2M$, und für alle $n > \max\{N^f, N^g\}$ erhalten wir

$$|f_n(x)g_n(x) - f(x)g(x)| \leq$$
$$\leq |g_n(x)||f_n(x) - f(x)| + |f(x)||g_n(x) - g(x)| \leq 2M\frac{\varepsilon}{4M} + M\frac{\varepsilon}{4M} < \varepsilon.$$

Daraus folgt die Behauptung.

6.1.14 Es sei $X = \mathbb{R}$ und $f_n(x) = x + \frac{1}{n}$. Dann gilt $f_n(x) \underset{\mathbb{R}}{\Longrightarrow} f(x) = x$. Daher ist die Funktionenfolge $\{\frac{1}{n}f_n(x)\}$ auf $\mathbb{R}$ punktweise gegen Null konvergent, wegen $\frac{1}{n}f_n(n^2) = n + \frac{1}{n^2}$ ist sie aber nicht gleichmäßig konvergent.

6.1.15 Für jedes $x \in \mathbb{R}$ gilt $f_n(x) \to f(x) := x$ sowie

$$g_n(x) \to g(x) := \begin{cases} 0 & \text{falls} \quad x = 0 \ \text{oder} \ x \in \mathbb{R} \setminus \mathbb{Q} \\ q & \text{falls} \quad x = \frac{p}{q} \neq 0 \ \text{mit} \ p \in \mathbb{Z}, q \in \mathbb{N}, \ \ p, q \ \text{teilerfremd} \end{cases}.$$

a) Es sei I ein beschränktes Intervall. Dann gibt es ein $M > 0$ mit $|x| < M$ für alle $x \in I$. Für alle $x \in I$ erhalten wir daher

$$|f_n(x) - f(x)| < \frac{M}{n}, \qquad |g_n(x) - g(x)| = \frac{1}{n}.$$

Hieraus folgt $f_n(x) \underset{I}{\Longrightarrow} f(x)$ und $g_n(x) \underset{I}{\Longrightarrow} g(x)$.

b) Es sei ein beliebiges Intervall I gegeben. Wir zeigen, daß die Funktionenfolge $\{h_n(x)\}$ auf keinem beschränkten Teilintervall (a, b) von I gleichmäßig konvergiert. Wir nehmen an, es gilt $h_n(x) \underset{(a,b)}{\Longrightarrow} h(x)$. Aus a) ergibt sich dann $h(x) = f(x)g(x)$. Wir wählen ein $N \in \mathbb{N}$ mit $|h_N(x) - h(x)| \leq 1$ für alle $x \in (a, b)$.

Es sei $(a, b) \subset [-M, M]$ mit einem $M > 0$, und es sei $\xi \in (a, b) \setminus \mathbb{Q}$. Dann gibt es eine Folge $\left\{\frac{p_n}{q_n}\right\}$ aus (a, b) mit teilerfremden $p_n \in \mathbb{Z}$ und $q_n \in \mathbb{N}$, so daß gilt $\frac{p_n}{q_n} \to \xi$. Aus I; Aufgabe 2.4.15 ergibt sich $q_n \to \infty$ und damit $|p_n| \to \infty$. Daher gibt es ein $K \in \mathbb{N}$ mit $|p_K| \geq 2M + 2N$. Setzen wir $x_K = \frac{p_K}{q_K}$, so folgt

$$|h_N(x_K) - h(x_K)| = \left|\frac{p_K}{N} + \frac{x_K}{N}\left(1 + \frac{1}{N}\right)\right| \geq \frac{|p_K|}{N} - \frac{2M}{N} \geq 2.$$

Dies steht im Widerspruch zur Wahl von N.

6.1.16 Es sei ein $\varepsilon > 0$ gegeben. Die Funktion g ist auf dem kompakten Intervall $J := [-M, M]$ stetig und daher gleichmäßig stetig auf J. Folglich existiert ein $\delta > 0$, so daß für alle $y_1, y_2 \in J$ mit $|y_1 - y_2| < \delta$ gilt $|g(y_1) - g(y_2)| < \varepsilon$. Wegen der gleichmäßigen Konvergenz von $\{f_n\}$ gibt es ein N, so daß für alle $n \in \mathbb{N}$ mit $n > N$ und alle $x \in X$ gilt $|f_n(x) - f(x)| < \delta$. Für alle $n > N$ und für alle $x \in X$ ergibt sich dann

$$\left|g\Big(f_n(x)\Big) - g\Big(f(x)\Big)\right| < \varepsilon$$

und somit $(g \circ f_n)(x) \underset{X}{\Longrightarrow} (g \circ f)(x)$.

6.1.17 Es sei ein $\varepsilon > 0$ gegeben. Da g an der Stelle 1 stetig ist, gibt es ein $\delta \in (0,1)$, so daß für alle $x \in [1-\delta, 1]$ gilt $|g(x)| < \varepsilon$. Hieraus folgt $|f_n(x)| < \varepsilon$ für alle $x \in [1-\delta, 1]$ und alle $n \in \mathbb{N}_0$. Ferner existiert ein $M > 0$ mit $|g(x)| < M$ für alle $x \in [0,1]$. Wählen wir nun N so groß, daß gilt

$$(1-\delta)^N < \frac{\varepsilon}{M},$$

so folgt für alle $n > N$ und alle $x \in [0, 1-\delta]$ die Abschätzung $|f_n(x)| \le M(1-\delta)^n < \varepsilon$. Hieraus ergibt sich $|f_n(x)| < \varepsilon$ für alle $n > N$ und alle $x \in [0,1]$ und damit die Behauptung.

6.1.18 Es sei ein $\varepsilon > 0$ gegeben. Wählen wir $N > \dfrac{1}{\varepsilon}$, so folgt für alle $n > N$ und für alle $x \in X$ die Abschätzung

$$\Big|f_n(x) - f(x)\Big| = \frac{1}{n}\Big|[n\, f(x)] - n\, f(x)\Big| < \frac{1}{n} < \varepsilon.$$

Daher gilt $f_n(x) \underset{X}{\Longrightarrow} f(x)$.

6.1.19 a) Es seien $x_1, x_2 \in X$ mit $x_1 \le x_2$. Für jedes $n \in \mathbb{N}$ folgt dann $f_n(x_1) \le f_n(x_2)$. Hieraus ergibt sich sofort $f(x_1) \le f(x_2)$.

b) Es sei $X = [0,1]$ und $f_n(x) := \dfrac{x}{n}$ für $n \in \mathbb{N}$. Dann gilt $f_n(x) \underset{X}{\Longrightarrow} f(x) \equiv 0$, die Funktionen f_n sind streng monoton wachsend, aber die Funktion f ist nicht streng monoton.

6.1.20 Wir machen uns zunächst klar, daß für jedes $x \ge 0$ der Ausdruck $\Phi(x)$ wohldefiniert ist. Es sei $x \ge 0$. Nach Voraussetzung (3) gibt es ein $N \in \mathbb{N}$ mit $f_n(x) > f_1(x)$ für alle $n > N$. Wählen wir nun n_0 so, daß gilt

$$f_{n_0}(x) = \min\{f_1(x), f_2(x), ..., f_N(x)\},$$

so erhalten wir $f_{n_0}(x) \le f_n(x)$ für alle $n \in \mathbb{N}$ und damit existiert $\min\limits_{n \in \mathbb{N}} f_n(x)$.

a) 1. Wir zeigen, daß Φ monoton wachsend ist. Es seien $x, y \in I\!R$ mit $x < y$. Für jedes $\nu \in I\!N$ folgt dann nach Voraussetzung (1)

$$\Phi(x) = \min_{n \in I\!N} f_n(x) \le f_\nu(x) \le f_\nu(y)$$

und damit auch $\Phi(x) \le \min_{\nu \in I\!N} f_\nu(y) = \Phi(y)$.

2. Wir zeigen $\lim_{x \to \infty} \Phi(x) = \infty$. Wir nehmen an, es gibt eine Konstante M und eine streng monoton wachsende Folge positiver Zahlen $\{x_n\}$ mit $x_n \to \infty$ und $\Phi(x_n) \le M$ für alle $n \in I\!N$. Nach Definition von Φ existiert dann eine Folge natürlicher Zahlen $\{k_n\}$ mit $\Phi(x_n) = f_{k_n}(x_n)$.

Ist die Folge $\{k_n\}$ beschränkt, so gibt es eine Teilfolge $\{k_{n_m}\}$ von $\{k_n\}$, welche konstant ist. Nach Voraussetzung (2) folgt dann aber $\Phi(x_{n_m}) = f_{k_{n_m}}(x_{n_m}) \to \infty$. Widerspruch! Daher muß die Folge $\{k_n\}$ unbeschränkt sein. Dann aber gibt es eine Teilfolge $\{k_{n_m}\}$ von $\{k_n\}$ mit $k_{n_m} \to \infty$. Nach den Voraussetzungen (1) und (3) ergibt sich hieraus

$$\Phi(x_{n_m}) = f_{k_{n_m}}(x_{n_m}) \ge f_{k_{n_m}}(0) \to \infty.$$

Widerspruch! Somit muß gelten $\lim_{x \to \infty} \Phi(x) = \infty$.

b) Bei den Funktionenfolgen $\{f_n\}, \{g_n\}, \{h_n\}$, welche auf $[0, \infty)$ definiert sind durch

$$f_n(x) = \max\{0, x - n\}, \quad g_n(x) = n, \quad h_n(x) = |x - n|,$$

ist jeweils eine Voraussetzung nicht erfüllt, und die zugehörigen Funktionen Φ sind beschränkt.

6.1.21 Wir wenden das CAUCHYsche Kriterium für gleichmäßige Konvergenz an. Es sei ein $\varepsilon > 0$ gegeben. Wir wählen eine Zahl $k \in I\!N$ mit $k > 3M/\varepsilon$ und setzen $x_\nu := \frac{\nu}{k}$ für $\nu = 0, ..., k$. Für jedes $\nu \in \{0, 1, ..., k\}$ ist die Folge $\{f_n(x_\nu)\}_{n=1}^\infty$ konvergent. Daher existiert eine Zahl N_ν mit $|f_n(x_\nu) - f_m(x_\nu)| < \frac{\varepsilon}{3}$ für alle $n, m \in I\!N$ mit $m \ge n \ge N_\nu$. Es sei $N := \max\{N_0, ..., N_k\}$. Zu $x \in [0, 1]$ gibt es ein ν mit $x \in [x_\nu, x_{\nu+1}]$, und es folgt für $m \ge n \ge N$

$$\begin{aligned} |f_m(x) - f_n(x)| &\le |f_m(x) - f_m(x_\nu)| + |f_m(x_\nu) - f_n(x_\nu)| + |f_n(x_\nu) - f_n(x)| \le \\ &\le M|x - x_\nu| + \frac{\varepsilon}{3} + M|x_\nu - x| \le \frac{M}{k} + \frac{\varepsilon}{3} + \frac{M}{k} < \varepsilon. \end{aligned}$$

Aus dem CAUCHYschen Kriterium für gleichmäßige Konvergenz ergibt sich folglich die Behauptung.

6.1.22 a) 1. Wir zeigen, daß die Folge $\{f_n(x)\}$ auf X punktweise konvergiert. Es sei ein $x \in X$ gegeben. Die Folge $\{f_n(x)\}$ ist monoton und besitzt die konvergente Teilfolge $\{f_{n_k}(x)\}$. Daher existiert $f(x) := \lim\limits_{n\to\infty} f_n(x)$; insbesondere folgt $f_{n_k}(x) \underset{X}{\Longrightarrow} f(x)$.
2. Zu gegebenem $\varepsilon > 0$ existiert ein $K \in \mathbb{N}$, so daß für alle $k \geq K$ und alle $x \in X$ gilt $|f(x) - f_{n_k}(x)| < \varepsilon$. Da nach (1) für jedes $x \in X$ die Folge $\{|f(x) - f_n(x)|\}$ monoton fallend ist, erhalten wir für alle $n \geq n_K$ und alle $x \in X$ die Abschätzung

$$|f(x) - f_n(x)| \leq |f(x) - f_{n_K}(x)| < \varepsilon.$$

Hieraus ergibt sich $f_n(x) \underset{X}{\Longrightarrow} f(x)$.
b) Wir setzen $X = [0,1]$ und

$$f_{2n}(x) = \begin{cases} 1 & \text{falls} \quad x = \dfrac{1}{n} \\ 0 & \text{sonst} \end{cases}, \qquad f_{2n-1}(x) \equiv 0.$$

Dann gilt $\lim\limits_{n\to\infty} f_n(x) = 0$ für alle $x \in X$ und $f_{2n-1}(x) \underset{X}{\Longrightarrow} 0$, aber die Folge $\{f_n(x)\}$ konvergiert auf X nicht gleichmäßig.

6.1.23 Wir nehmen an, die Folge $\{f_n\}$ konvergiert auf X nicht gleichmäßig.
a) Nach dem CAUCHYschen Kriterium ist eine Funktionenfolge $\{f_n\}$ auf X genau dann nicht gleichmäßig konvergent, wenn es ein $\varepsilon_0 > 0$ gibt mit der folgenden Eigenschaft: Zu jedem $N \in \mathbb{N}$ existieren Zahlen $n, m \in \mathbb{N}$ mit $n > N$ und $m > N$ und eine (von n und m abhängige) Zahl $x \in X$ mit $|f_n(x) - f_m(x)| \geq \varepsilon_0$.
b) Wir zeigen, daß $\{f_n\}$ auch auf E nicht gleichmäßig konvergieren kann. Dazu sei ε_0 wie in a) gewählt und $\varepsilon_1 := \frac{1}{3}\varepsilon_0$ gesetzt. Es sei $N \in \mathbb{N}$ beliebig. Nach a) gibt es Zahlen $n, m \in \mathbb{N}$ mit $n > N$ und $m > N$ sowie ein $x \in X$ mit $|f_n(x) - f_m(x)| \geq \varepsilon_0$. Da die Funktionen f_n und f_m an der Stelle x stetig sind und E in X dicht ist, existiert ein $x' \in E$ mit

$$|f_n(x) - f_n(x')| < \varepsilon_1 \qquad \text{und} \qquad |f_m(x) - f_m(x')| < \varepsilon_1.$$

Hieraus ergibt sich

$$\begin{aligned} |f_n(x') - f_m(x')| &\geq |f_n(x) - f_m(x)| - |f_n(x') - f_n(x)| - |f_m(x') - f_m(x)| > \\ &> \varepsilon_0 - 2\varepsilon_1 = \varepsilon_1. \end{aligned}$$

Damit kann $\{f_n\}$ auf E nicht gleichmäßig konvergieren.

6.1.24 Wir nehmen an, $\{f_n\}$ konvergiert auf X nicht gleichmäßig gegen f. Dann gibt es ein $\varepsilon_0 > 0$, so daß zu jedem N ein $n \in \mathbb{N}$, $n > N$ und ein $x_n \in X$ existieren mit $|f_n(x_n) - f(x_n)| \geq \varepsilon_0$. Wir finden daher eine Folge $\{n_k\}_{k=1}^{\infty}$ natürlicher Zahlen mit $|f_{n_k}(x_{n_k}) - f(x_{n_k})| \geq \varepsilon_0$ und $n_k \to \infty$. Da X beschränkt ist, können wir nach dem Satz von BOLZANO-WEIERSTRASS eine Teilfolge $\{m_k\}$ von $\{n_k\}$ so wählen, daß $\{x_{m_k}\}$ gegen einen Wert x_0 konvergiert. Weil X abgeschlossen ist, gilt $x_0 \in X$. Da die Funktion f auf X stetig ist, gibt es ein K so, daß für alle $k \geq K$ gilt $|f(x_{m_k}) - f(x_0)| < \frac{\varepsilon_0}{2}$. Für alle $k \geq K$ erhalten wir damit

$$|f_{m_k}(x_{m_k}) - f(x_0)| \geq |f_{m_k}(x_{m_k}) - f(x_{m_k})| - |f(x_{m_k}) - f(x_0)| \geq \varepsilon_0 - \frac{\varepsilon_0}{2} = \frac{\varepsilon_0}{2}.$$

Dies steht im Widerspruch zur Voraussetzung, und es ergibt sich $f_n(x) \underset{X}{\Longrightarrow} f(x)$.

6.1.25 a) Es gelte $f_n(x) \underset{X}{\Longrightarrow} f(x)$, und es sei $\{x_n\}$ eine konvergente Folge aus X. Dann gilt $\lim\limits_{n\to\infty} x_n =: \xi \in X$. Es sei ein $\varepsilon > 0$ gegeben.
1. Nach dem CAUCHY-Kriterium folgt aus der gleichmäßigen Konvergenz von $\{f_n\}$ die Existenz eines $N_1 \in \mathbb{N}$, so daß für alle $n, m \geq N_1$ und alle $x \in X$ gilt $|f_n(x) - f_m(x)| < \frac{\varepsilon}{3}$.
2. Weiterhin folgt aus der gleichmäßigen Konvergenz von $\{f_n\}$ die Existenz eines $N \in \mathbb{N}$ mit $N \geq N_1$, so daß für alle $n \geq N$ und alle $x \in X$ gilt $|f_n(x) - f(x)| < \frac{\varepsilon}{3}$.
3. Da die Funktion f_N an ξ stetig ist, existiert ein $\delta > 0$, so daß für alle $x \in X$ mit $|x - \xi| < \delta$ folgt $|f_N(x) - f_N(\xi)| < \frac{\varepsilon}{3}$.
Wegen $x_n \to \xi$ existiert ein $N_2 \in \mathbb{N}$, so daß für alle $n > N_2$ gilt $|x_n - \xi| < \delta$. Für alle $n > \max\{N, N_2\}$ gilt daher

$$\begin{aligned} |f_n(x_n) - f(\xi)| &\leq |f_n(x_n) - f_N(x_n)| + |f_N(x_n) - f_N(\xi)| + |f_N(\xi) - f(\xi)| < \\ &< \frac{\varepsilon}{3} + \frac{\varepsilon}{3} + \frac{\varepsilon}{3} = \varepsilon. \end{aligned}$$

b) Für jede konvergente Folge $\{x_n\}$ in X sei $f_n(x_n)$ konvergent. Wir nehmen an, die Folge $\{f_n\}$ ist auf X nicht gleichmäßig konvergent. Nach dem CAUCHY-Kriterium für gleichmäßige Konvergenz gibt es ein $\varepsilon_0 > 0$, so daß für jedes $n \in \mathbb{N}$ Zahlen $m_n, k_n \in \mathbb{N}$ mit $m_n, k_n \geq n$ sowie ein $y_n \in X$ existieren mit $|f_{m_n}(y_n) - f_{k_n}(y_n)| \geq \varepsilon_0$.
Nach dem Satz von BOLZANO-WEIERSTRASS können wir annehmen, daß $\{y_n\}$ gegen ein $\xi \in X$ konvergiert (andernfalls betrachte man eine geeignete Teilfolge von $\{y_n\}$). Außerdem kann

$$k_1 < m_1 < k_2 < m_2 < \ldots$$

angenommen werden. Für $k \in \mathbb{N}$ setzen wir nun mit $m_0 := 0$

$$x_k := y_n \quad \text{für} \quad m_{n-1} < k \leq m_n.$$

Dann folgt $x_n \to \xi$ und $|f_{m_n}(x_{m_n}) - f_{k_n}(x_{k_n})| \geq \varepsilon_0$ für alle $n \in \mathbb{N}$, so daß die Folge $\{f_n(x_n)\}$ divergiert. Widerspruch!

6.1.26 a) Wir zeigen, daß für jedes $\alpha \in \mathbb{R}$ und jedes $x \geq 0$ die Folge $\{f_n(x)\}$ punktweise gegen Null konvergiert. Für $x = 0$ ist dies trivialerweise richtig. Für $x > 0$ setzen wir $x_n = nx$. Nach I; Aufgabe 2.2.15 gilt dann $f_n(x) = x^{1-\alpha} x_n^\alpha e^{-x_n} \to 0$ für $n \to \infty$.
b) Wir zeigen, daß die Folge $\{f_n\}$ genau dann gleichmäßig gegen Null konvergiert, wenn $\alpha < 1$ gilt.
1. Es sei $\alpha < 1$. Für alle $x \geq 0$ ergibt sich dann mit der im Hinweis erwähnten Ungleichung

$$n^\alpha x\, e^{-nx} \leq n^{\alpha-1} \frac{nx}{1+nx} \leq n^{\alpha-1}$$

und hieraus folgt $f_n(x) \underset{[0,\infty)}{\Longrightarrow} 0$.
2. Es sei $\alpha \geq 1$. Wäre die Funktionenfolge $\{f_n\}$ auf $[0,\infty)$ gleichmäßig konvergent, so müßte nach a) gelten $f_n(x) \underset{[0,\infty)}{\Longrightarrow} 0$. Dies ist wegen $f_n(\frac{1}{n}) = n^{\alpha-1} e^{-1} \geq e^{-1}$ unmöglich.

6.1.27 a) Es gilt

$$f(x) := \lim_{n\to\infty} f_n(x) = \begin{cases} 1 & \text{falls} \quad x = 0 \\ 0 & \text{falls} \quad x > 0 \end{cases}.$$

Wir zeigen, daß $\{f_n\}$ auf einem Teilintervall I von $[0,\infty)$ genau dann gleichmäßig gegen f konvergiert, wenn $0 \notin \partial I$ ist.
1. Es sei I ein Teilintervall von $[0,\infty)$ mit $0 \in \partial I$. Dann gibt es ein $N \in \mathbb{N}$, so daß für alle $n > N$ gilt $\dfrac{1}{n} \in I$. Ferner gilt $|f_n(\frac{1}{n}) - f(\frac{1}{n})| = \dfrac{1}{2}$ für alle $n \in \mathbb{N}$. Hieraus folgt, daß $\{f_n\}$ auf I nicht gleichmäßig konvergieren kann.
2. Es sei I ein Teilintervall von $[0,\infty)$ mit $0 \notin \partial I$. Dann gibt es ein $a > 0$ mit $I \subset [a,\infty)$. Für alle $x \in I$ gilt dann $0 < f_n(x) \leq \dfrac{1}{na}$, und es folgt $f_n(x) \underset{I}{\Longrightarrow} 0$.
b) Für $x \geq 0$ gilt $0 \leq g_n(x) \leq \dfrac{1}{n}$ und damit $g_n(x) \underset{[0,\infty)}{\Longrightarrow} 0$.

6.1.28 a) Es gilt $n^2|1-x|^n \to 0$ für $n \to \infty$, falls $0 < x < 2$, und $n^2|1-x|^n \to \infty$, falls $x < 0$ oder $x > 2$. Wegen $f_n(0) = f_n(2) = 0$ erhalten wir, daß $\{f_n(x)\}$ genau dann konvergiert, wenn $x \in [0,2]$ ist; für die Grenzfunktion f ergibt sich $f(x) = 0$ für alle $x \in [0,2]$.

b) Wir zeigen, daß $\{f_n\}$ auf einem Intervall $I \subset \mathbb{R}$ genau dann gleichmäßig konvergiert, wenn gilt $I \subset [\alpha, \beta]$ mit $0 < \alpha < \beta < 2$.
1. Es sei I ein Intervall, auf dem $\{f_n\}$ gleichmäßig konvergiert. Aus a) folgt $I \subset [0, 2]$. Wegen

$$\left|f_n\left(\frac{1}{n}\right)\right| = \left|f_n\left(2 - \frac{1}{n}\right)\right| = n\left(2 - \frac{1}{n}\right)\left(1 - \frac{1}{n}\right)^n \to \infty$$

ergibt sich, daß $0 \notin \partial I$ und $2 \notin \partial I$ sein muß. Daher gilt $I \subset [\alpha, \beta]$ für geeignete α, β mit $0 < \alpha < \beta < 2$.
2. Es sei $0 < \alpha < \beta < 2$ und I ein Intervall mit $I \subset [\alpha, \beta]$. Setzen wir

$$q := \max\{|1 - \alpha|, |1 - \beta|\},$$

so ergibt sich $0 < q < 1$ sowie

$$|f_n(x)| \le n^2 \beta (2 - \alpha) q^n$$

für alle $n \in \mathbb{N}$ und alle $x \in I$. Wegen $n^2 q^n \to 0$ folgt hieraus unmittelbar $f_n(x) \underset{I}{\Longrightarrow} 0$.

6.1.29 Bekanntlich konvergiert $\{f_n(x)\}$ auf $\mathbb{R}$ punktweise gegen e^x.
a) Es sei K eine kompakte Teilmenge von $\mathbb{R}$, und mit einem $a > 0$ gelte $K \subset [-a, a]$. Beachten wir $\binom{n}{\nu}\frac{1}{n^\nu} \le \frac{1}{\nu!}$ für $\nu = 0, \dots, n$, so erhalten wir für $n \to \infty$ und alle $x \in K$

$$\begin{aligned} \left|e^x - \left(1 + \frac{x}{n}\right)^n\right| &= \left|\sum_{\nu=0}^{\infty} \frac{x^\nu}{\nu!} - \sum_{\nu=0}^{n} \binom{n}{\nu} \frac{x^\nu}{n^\nu}\right| = \left|\sum_{\nu=0}^{n} \left\{\frac{1}{\nu!} - \binom{n}{\nu}\frac{1}{n^\nu}\right\} x^\nu + \sum_{\nu=n+1}^{\infty} \frac{x^\nu}{\nu!}\right| \le \\ &\le \sum_{\nu=0}^{n} \left\{\frac{1}{\nu!} - \binom{n}{\nu}\frac{1}{n^\nu}\right\} a^\nu + \sum_{\nu=n+1}^{\infty} \frac{a^\nu}{\nu!} = e^a - \left(1 + \frac{a}{n}\right)^n \to 0. \end{aligned}$$

Hieraus folgt die Behauptung.
b) Wegen

$$e^n - f_n(n) = e^n - 2^n = 2^n\left(\left(\frac{e}{2}\right)^n - 1\right) \to \infty$$

kann auf $\mathbb{R}$ keine gleichmäßige Konvergenz vorliegen.

6.1.30 a) Es sei I ein Intervall mit $I \subset [a, b]$ für $a, b \in \mathbb{R}$ mit $0 < a < b$. Wir zeigen $f_n(x) \underset{I}{\Longrightarrow} 0$. Es sei ein $\varepsilon > 0$ gegeben. Wir wählen eine Zahl q mit $e^{-a} < q < 1$. Wegen $\left(1 - \frac{a}{n}\right)^n \to e^{-a}$ gibt es ein N_1, so daß für alle $n > N_1$ gilt $\left(1 - \frac{a}{n}\right)^n < q$. Ferner existiert ein $N_2 > N_1$, so daß für alle $n > N_2$ gilt $nbq^n < \varepsilon$. Wählen wir nun ein $N \in \mathbb{N}$

mit $N > \max\{a, N_2\}$, so erhalten wir für alle $n > N$ und alle $x \in I$ die Abschätzung

$$|f_n(x)| \leq nb\Big(1 - \frac{a}{n}\Big)^{n^2} \leq nbq^n < \varepsilon.$$

Hieraus folgt $f_n(x) \underset{I}{\Longrightarrow} 0$. Wegen $f_n(0) = 0$ für alle $n \in \mathbb{N}$ konvergiert ferner $\{f_n(x)\}$ auf $[0, \infty)$ punktweise gegen Null.

b) Es sei I ein Intervall, auf dem $\{f_n\}$ gleichmäßig konvergiert. Wir bezeichnen die Grenzfunktion mit f.

Für jedes $x < 0$ gilt

$$\Big(1 - \frac{x}{n}\Big)^{n^2} = \Big\{\Big(1 + \frac{|x|}{n}\Big)^n\Big\}^n \to +\infty.$$

Hieraus folgt $I \subset [0, \infty)$, und nach a) gilt $f_n(x) \underset{I}{\Longrightarrow} 0$.

Wir nehmen an, daß $0 \in \partial I$ ist. Wegen $f_n(\frac{1}{n}) \to e^{-1}$ gibt es ein N, so daß für alle $n > N$ folgt $f_n(\frac{1}{n}) > \dfrac{1}{2e}$. Dies widerspricht $f_n(x) \underset{I}{\Longrightarrow} 0$.

Wegen $|f_n(2n)| = 2n^2 \to +\infty$ ergibt sich, daß der rechte Randpunkt von I nicht $+\infty$ sein kann.

Es folgt, daß es Zahlen $a, b \in \mathbb{R}$ gibt mit $0 < a < b$ und $I \subset [a, b]$.

6.1.31 a) Es sei $\{f_n\}$ eine CAUCHY-Folge in $C(X)$. Zu gegebenem $\varepsilon > 0$ existiert dann ein N, so daß gilt

$$\sup_{x \in X} |f_n(x) - f_m(x)| = \delta(f_n, f_m) < \frac{\varepsilon}{2}$$

für alle $n, m > N$. Insbesondere folgt hieraus, daß $\{f_n(x)\}$ für jedes feste $x \in X$ eine CAUCHY-Folge (reeller Zahlen) ist. Durch

$$f(x) := \lim_{n \to \infty} f_n(x)$$

wird also auf X eine Funktion f erklärt. Für jedes feste $x \in X$ und $n > N$ gilt

$$|f_n(x) - f(x)| = \lim_{m \to \infty} |f_n(x) - f_m(x)| \leq \frac{\varepsilon}{2}.$$

Folglich erhalten wir für alle $n > N$

$$\delta(f_n, f) = \sup_{x \in X} |f_n(x) - f(x)| \leq \frac{\varepsilon}{2} < \varepsilon,$$

so daß $f_n(x) \underset{X}{\Longrightarrow} f(x)$ gilt. Da die Funktionen f_n auf X beschränkt und stetig sind, ist f auf X beschränkt und stetig. Daher ist $(C(X), \delta)$ ein vollständiger metrischer Raum.

b) Da $(B(X), \delta)$ und $(C(X), \delta)$ vollständige metrische Räume sind und $C(X)$ eine nichtleere Teilmenge von $B(X)$ ist, muß $C(X)$ eine abgeschlossene Teilmenge von $B(X)$ sein (vgl. I; Aufgabe 4.2.28 und 4.3.32).

6.1.32 a) Wir zeigen, daß $\{\alpha_m\}$ eine CAUCHY-Folge ist. Es sei ein $\varepsilon > 0$ gegeben. Wegen der Voraussetzung (1) gibt es ein $N \in \mathbb{N}$, so daß gilt

$$|x_{mn} - \alpha_m| < \frac{\varepsilon}{3} \qquad \text{für alle } n \geq N \text{ und alle } m \in \mathbb{N}. \qquad (*)$$

Die Folge $\{x_{mN}\}_{m=1}^{\infty}$ konvergiert gegen β_N, daher gibt es ein $M \in \mathbb{N}$, so daß für alle $m, q \in \mathbb{N}$ mit $m \geq q \geq M$ gilt $|x_{mN} - x_{qN}| < \frac{\varepsilon}{3}$. Für alle $m, q \in \mathbb{N}$ mit $m \geq q \geq M$ erhalten wir also

$$|\alpha_m - \alpha_q| \leq |\alpha_m - x_{mN}| + |x_{mN} - x_{qN}| + |x_{qN} - \alpha_q| < \frac{\varepsilon}{3} + \frac{\varepsilon}{3} + \frac{\varepsilon}{3} = \varepsilon.$$

Daher ist $\{\alpha_m\}$ eine CAUCHY-Folge und konvergiert gegen einen Wert α.
b) Für alle $n \geq N$ folgt aus $(*)$

$$|\beta_n - \alpha| = \lim_{m\to\infty} |x_{mn} - \alpha_m| \leq \frac{\varepsilon}{3} < \varepsilon,$$

d.h. es gilt $\beta_n \to \alpha$.

6.1.33 a) Es sei ein $\varepsilon > 0$ gegeben. Da die Funktion f auf dem kompakten Intervall I stetig ist, ist sie dort gleichmäßig stetig; daher existiert ein $\delta > 0$, so daß für alle $x, \tilde{x} \in I$ mit $|x - \tilde{x}| < \delta$ gilt $|f(x) - f(\tilde{x})| < \frac{\varepsilon}{4}$. Wir wählen nun Punkte $x_0, ..., x_k \in I$ derart, daß gilt $a = x_0 < x_1 < ... < x_k = b$ und $|x_\nu - x_{\nu-1}| < \delta$ für $\nu = 1, ..., k$. Da die Folge $\{f_n(x)\}$ für jedes $x \in I$ konvergiert, gibt es ein N, so daß gilt

$$|f(x_\nu) - f_n(x_\nu)| < \frac{\varepsilon}{4} \quad \text{für alle } \nu = 0, ..., k \text{ und alle } n > N.$$

Es sei $n > N$ und $x \in I$. Dann gibt es ein $\nu \in \{1, ..., k\}$ mit $x \in [x_{\nu-1}, x_\nu]$. Da die Funktion f_n monoton wachsend ist, erhalten wir

$$-\frac{\varepsilon}{4} + f(x_{\nu-1}) < f_n(x_{\nu-1}) \leq f_n(x) \leq f_n(x_\nu) < f(x_\nu) + \frac{\varepsilon}{4} < f(x_{\nu-1}) + \frac{\varepsilon}{2},$$

also $|f_n(x) - f(x_{\nu-1})| < \frac{\varepsilon}{2}$. Hieraus folgt

$$|f(x) - f_n(x)| \leq |f(x) - f(x_{\nu-1})| + |f_n(x) - f(x_{\nu-1})| < \frac{\varepsilon}{4} + \frac{\varepsilon}{2} < \varepsilon,$$

und damit erhalten wir $f_n(x) \underset{I}{\Longrightarrow} f(x)$.

b) Wir betrachten $I = (0, 1)$ sowie $f_n(x) = x^n$. Dann gilt $f_n(x) \to f(x) \equiv 0$ für alle $x \in I$, aber die Folge $\{f_n\}$ konvergiert auf I nicht gleichmäßig.

6.1.34 Wir setzen $g_n(x) := |f_n(x) - f(x)|$; für jedes $x \in X$ ist dann $\{g_n(x)\}$ eine monoton fallende Nullfolge. Es muß $g_n(x) \underset{X}{\Longrightarrow} 0$ gezeigt werden.
Konvergiert $\{g_n\}$ auf X nicht gleichmäßig gegen Null, so gibt es ein $\varepsilon_0 > 0$ und zu jedem $n \in \mathbb{N}$ ein $x_n \in X$ mit $g_n(x_n) \geq \varepsilon_0$. Da X kompakt ist, existiert eine Teilfolge $\{x_{n_k}\}$, die gegen ein $x_0 \in X$ konvergiert. Es sei m eine feste natürliche Zahl; für alle hinreichend großen k gilt $n_k \geq m$, und aus der Monotonie folgt

$$g_m(x_{n_k}) \geq g_{n_k}(x_{n_k}) \geq \varepsilon_0.$$

Da g_m stetig ist, erhalten wir $g_m(x_0) = \lim\limits_{k\to\infty} g_m(x_{n_k}) \geq \varepsilon_0$. Also ist $\{g_m(x_0)\}$ keine Nullfolge. Widerspruch!

6.1.35 a) Es sei $x > 0$. Wir zeigen induktiv, daß für alle $n \in \mathbb{N}$ gilt

$$0 = f_n(0) < f_n(x) < f_{n+1}(x) < 1 + x. \qquad (*)$$

Für $n = 1$ ist diese Beziehung leicht zu verifizieren. Es gelte $(*)$ für ein $n \in \mathbb{N}$. Dann gilt $f_{n+1}(0) = \sqrt{f_n(0)} = 0$, ferner ist $f_{n+1}(x) = \sqrt{x + f_n(x)} > 0$ erfüllt. Außerdem folgt aus $f_n(x) < f_{n+1}(x)$, daß

$$f_{n+1}(x) = \sqrt{x + f_n(x)} < \sqrt{x + f_{n+1}(x)} = f_{n+2}(x)$$

gilt. Schließlich ergibt sich

$$f_{n+2}(x) = \sqrt{x + f_{n+1}(x)} < \sqrt{x + 1 + x} < 1 + x.$$

Nach dem Prinzip der vollständigen Induktion ist $(*)$ richtig für alle $n \in \mathbb{N}$.
b) Wir zeigen, daß die Folge $\{f_n\}$ auf $[0, \infty)$ punktweise gegen eine Grenzfunktion f konvergiert. Aus $(*)$ folgt direkt $f(0) = 0$. Es sei $x > 0$; mit $(*)$ ergibt sich, daß die Folge $\{f_n(x)\}$ monoton wachsend und nach oben beschränkt ist, also nach dem Hauptsatz über monotone Folgen konvergiert. Es sei $f(x) := \lim\limits_{n\to\infty} f_n(x)$. Dann folgt aus der Rekursionsformel die Beziehung $f(x) = \sqrt{x + f(x)}$; quadrieren wir diese Gleichung, so erhalten wir wegen $f(x) > 0$ die Lösung

$$f(x) = \frac{1}{2}\left(1 + \sqrt{1 + 4x}\right), \qquad x > 0.$$

Wegen $f(0) = 0$ ist die Grenzfunktion f an der Stelle 0 unstetig. Beachten wir, daß induktiv die Stetigkeit aller Funktionen f_n folgt, so ergibt sich, daß $\{f_n\}$ für jedes $\varepsilon > 0$ auf $[0, \varepsilon]$ nicht gleichmäßig konvergieren kann.
c) Es sei I ein kompaktes Teilintervall von $(0, \infty)$. Da die Grenzfunktion f auf $(0, \infty)$ stetig ist, folgt aus dem Satz von DINI $f_n(x) \underset{I}{\Longrightarrow} f(x)$.

6.1.36 a) Mit vollständiger Induktion erhält man $0 \leq f_n(x) \leq 1$ für alle $n \in \mathbb{N}_0$ und alle $x \in [0,1]$ (so daß alle f_{n+1} wohldefiniert sind). Weiter ergibt sich $f_n(0) = 0$ für alle $n \in \mathbb{N}_0$ und daher $\lim\limits_{n\to\infty} f_n(0) = 0$. Analog folgt $\lim\limits_{n\to\infty} f_n(1) = 1$.
b) Es sei $0 < x < 1$. Dann ergibt sich $f_n(x) \leq f(f_n(x)) = f_{n+1}(x) \leq 1$ für alle $n \in \mathbb{N}_0$. Die Folge $\{f_n(x)\}$ ist also monoton wachsend, nach oben beschränkt und folglich nach dem Hauptsatz über monotone Folgen konvergent. Es sei $F(x) := \lim\limits_{n\to\infty} f_n(x)$. Wegen $x < f_0(x)$ folgt $0 < F(x) \leq 1$. Da die Funktion f stetig ist, ergibt sich aus der Rekursionsformel $F(x) = f(F(x))$. Wäre $F(x) < 1$, so ergäbe sich $F(x) < f(F(x))$; daher folgt $F(x) = 1$. Da $x \in (0,1)$ beliebig war, erhalten wir die Behauptung.

6.1.37 a) Es gelte $f_n(x) \underset{X}{\Longrightarrow} f(x)$.
1. Da jede Funktion f_n auf X stetig ist, muß auch f auf X stetig sein, d.h. (1) ist erfüllt.
2. Es sei ein $\varepsilon > 0$ gegeben. Dann gibt es ein $N \in \mathbb{N}$ mit $|f_n(x) - f(x)| < \varepsilon$ für alle $n > N$ und alle $x \in X$. Insbesondere ist $|f_{k+n}(x) - f(x)| < \varepsilon$ erfüllt für alle $x \in X$, $k \in \mathbb{N}$ und $n > N$. Die Bedingung (2) ist also erfüllt.
b) Es gelten die Bedingungen (1) und (2). Es sei ein $\varepsilon > 0$ gegeben, und die Zahlen N und δ seien gewählt wie in (2).
1. Wir zeigen, daß zu jedem $x_0 \in X$ eine Umgebung $U(x_0)$ von x_0 und ein $k = k(x_0) \in \mathbb{N}$ existieren mit $|f_k(x) - f(x)| < \delta$ für alle $x \in U(x_0) \cap X$. Es sei ein $x_0 \in X$ gegeben. Wir nehmen an, zu jedem $k \in \mathbb{N}$ gibt es eine (von k abhängige) Folge $\{x_\nu(k)\}$ in $U(x_0) \cap X$ mit $\lim\limits_{\nu\to\infty} x_\nu(k) = x_0$ für alle $k \in \mathbb{N}$ und

$$\Big|f_k(x_\nu(k)) - f(x_\nu(k))\Big| \geq \delta \quad \text{für alle } \nu \in \mathbb{N}\,. \tag{$*$}$$

Die Funktionen f_k sind an x_0 stetig. Daher gibt es zu jedem $k \in \mathbb{N}$ ein $\nu_k \in \mathbb{N}$ mit

$$\Big|x_{\nu_k}(k) - x_0\Big| < \frac{1}{k} \quad \text{und} \quad \Big|f_k(x_{\nu_k}(k)) - f_k(x_0)\Big| < \frac{\delta}{3}.$$

Es existiert eine Zahl K_1 mit $|f_k(x_0) - f(x_0)| < \dfrac{\delta}{3}$ für alle $k > K_1$. Da f stetig ist, gibt es schließlich ein $K_2 > K_1$ mit $|f(x_0) - f(x_{\nu_k}(k))| < \dfrac{\delta}{3}$ für alle $k > K_2$. Damit erhalten wir

$$\Big|f_k(x_{\nu_k}(k)) - f(x_{\nu_k}(k))\Big| \leq$$

$$\leq \Big|f_k(x_{\nu_k}(k)) - f_k(x_0)\Big| + \Big|f_k(x_0) - f(x_0)\Big| + \Big|f(x_0) - f(x_{\nu_k}(k))\Big| < 3\,\frac{\delta}{3} = \delta$$

für alle $k > K_2$, was im Widerspruch zu $(*)$ steht.

2. Die Menge X ist kompakt. Daher gibt es endlich viele Umgebungen $U(x_1), \dots, U(x_j)$, die X überdecken, sowie zugehörige natürliche Zahlen $k_1, \dots, k_j$, so daß für alle $i \in \{1, \dots, j\}$ und alle $x \in U(x_i) \cap X$ gilt $|f_{k_i}(x) - f(x)| < \delta$. Es sei nun $n > N + \max\{k_1, \dots, k_j\}$ und $x \in X$ beliebig. Dann gibt es ein $i \in \{1, \dots, j\}$ mit $x \in U(x_i)$. Folglich erhalten wir $|f_{k_i}(x) - f(x)| < \delta$, und mit Voraussetzung (2) ergibt sich $|f_{k_i+\nu}(x) - f(x)| < \varepsilon$ für alle $\nu > N$, also $|f_n(x) - f(x)| < \varepsilon$. Somit folgt $f_n(x) \underset{X}{\Longrightarrow} f(x)$.

6.1.38 Es sei X eine kompakte Menge sowie $\{f_n\}$ eine Folge von Funktionen, welche auf X stetig sind und in jedem Punkt von X monoton gegen eine stetige Funktion f konvergiert. Offensichtlich genügt es nachzuweisen, daß in Aufgabe 6.1.37 die Bedingung (2) erfüllt ist. Es sei ein $\varepsilon > 0$ gegeben. Wir wählen $N = 1$ und $\delta = \varepsilon$. Es sei x ein beliebiger Punkt von X. Wir können ein $k \in \mathbb{N}$ so wählen, daß gilt $|f_k(x) - f(x)| < \varepsilon$. Daraus ergibt sich mit der Monotonie der Folge $\{f_n(x)\}$ die Abschätzung $|f_{k+n}(x) - f(x)| \leq |f_k(x) - f(x)| < \varepsilon$ für alle $n > 1$ und damit die Behauptung.

6.1.39 Man zeigt zunächst leicht durch vollständige Induktion, daß für alle $n \in \mathbb{N}$ und alle $x \in [-1, 1]$ gilt

$$f_n(x) = x^{n-1} g(x) + h(x) \sum_{\nu=0}^{n-2} x^\nu. \qquad (*)$$

a) Für $x \in (-1, 1)$ ergibt sich aus $(*)$

$$\lim_{n\to\infty} f_n(x) = \frac{h(x)}{1-x}.$$

b) Aus $(*)$ erhalten wir

$$f_n(1) = g(1) + (n-1)h(1),$$
$$f_n(-1) = (-1)^{n-1}\Big\{g(-1) - \frac{1}{2}h(-1)\Big\} + \frac{1}{2}h(-1).$$

Daher existiert $\lim\limits_{n\to\infty} f_n(1)$ genau dann, wenn $h(1) = 0$ ist, und $\lim\limits_{n\to\infty} f_n(-1)$ existiert genau dann, wenn $h(-1) = 2g(-1)$ ist.

c) Aus $(*)$ ergibt sich für alle $x \in [-1, 1]$

$$f_n(x) = (1 - x^2)(1 + x) - (1 - x^2)x^n.$$

Wir zeigen, daß $f_n(x) \underset{[-1,1]}{\Longrightarrow} (1 - x^2)(1 + x)$ gilt. Dazu setzen wir $\varphi_n(x) := (1 - x^2)x^n$ und beweisen $\varphi_n(x) \underset{[-1,1]}{\Longrightarrow} 0$. Wegen $|\varphi_n(-x)| = |\varphi_n(x)|$ genügt es zu zeigen $\varphi_n(x) \underset{[0,1]}{\Longrightarrow} 0$; dies folgt jedoch unmittelbar aus Aufgabe 6.1.17.

6.1.40 a) Wir konstruieren eine Teilfolge $\{f_{m_i}\}$ von $\{f_n\}$, die an allen rationalen Punkten $r \in \mathbb{Q}$ konvergiert. Dazu betrachten wir eine Abzählung $\{r_k\}_{k=1}^{\infty}$ aller rationalen Zahlen. Die Folge $\{f_n(r_1)\}$ ist beschränkt. Daher gibt es eine konvergente Teilfolge $\{f_{m_i^{(1)}}(r_1)\}$. Die Folge $\{f_{m_i^{(1)}}(r_2)\}$ ist beschränkt. Also existiert wiederum eine Teilfolge $\{m_i^{(2)}\}$ von $\{m_i^{(1)}\}$ mit der Eigenschaft, daß $\{f_{m_i^{(2)}}(r)\}$ für $r \in \{r_1, r_2\}$ konvergiert. Durch Fortsetzung dieses Verfahrens erhalten wir nach k Schritten eine Teilfolge $\{f_{m_i^{(k)}}\}$ von $\{f_n\}$ mit der Eigenschaft, daß $\{f_{m_i^{(k)}}(r)\}$ für alle $r \in \{r_1, ..., r_k\}$ konvergiert. Setzen wir $m_i := m_i^{(i)}$, so konvergiert die "Diagonalfolge" $\{f_{m_i}(r)\}_{i=1}^{\infty}$ offensichtlich für jedes $r \in \mathbb{Q}$.
b) Wir definieren die Funktion f auf $\mathbb{R}$ durch

$$f(x) := \begin{cases} \lim\limits_{i\to\infty} f_{m_i}(x) & \text{falls} \quad x \in \mathbb{Q} \\ \sup\limits_{\substack{r<x \\ r\in\mathbb{Q}}} f(r) & \text{falls} \quad x \in \mathbb{R} \setminus \mathbb{Q} \end{cases}.$$

Wir zeigen, daß die Funktion f monoton wachsend ist und damit höchstens abzählbar viele Unstetigkeitsstellen besitzt. Es seien $x_1, x_2 \in \mathbb{R}$ mit $x_1 < x_2$. Im Falle $x_1, x_2 \in \mathbb{Q}$ folgt $f(x_1) \leq f(x_2)$ aufgrund der Monotonie der Funktionen f_{m_i}. In allen anderen Fällen ergibt sich $f(x_1) \leq f(x_2)$ direkt aus der Definition von f.
c) Es sei x eine Stelle, an der f stetig ist; wir zeigen $f_{m_i}(x) \to f(x)$. Wegen a) können wir $x \notin \mathbb{Q}$ annehmen. Es sei ein $\varepsilon > 0$ gegeben. Nach Definition von $f(x)$ gibt es ein $r_1 \in \mathbb{Q}$ mit $r_1 < x$ und $f(x) - \varepsilon < f(r_1)$; da f an x stetig ist, gibt es ein $r_2 \in \mathbb{Q}$ mit $r_2 > x$ und $f(r_2) < f(x) + \varepsilon$. Nun existiert ein $N \in \mathbb{N}$, so daß für alle $i \geq N$ gilt $f(x) - \varepsilon < f_{m_i}(r_1)$ und $f_{m_i}(r_2) < f(x) + \varepsilon$. Aufgrund der Monotonie der Funktionen f_n ergibt sich hieraus für alle $i \geq N$ die Abschätzung

$$f(x) - \varepsilon < f_{m_i}(r_1) \leq f_{m_i}(x) \leq f_{m_i}(r_2) < f(x) + \varepsilon,$$

also $f_{m_i}(x) \to f(x)$.
d) Es sei U die Menge der Unstetigkeitsstellen von f. Die Menge U ist höchstens abzählbar, und durch ein ähnliches Verfahren wie in a) ergibt sich eine Teilfolge $\{n_i\}$ von $\{m_i\}$, so daß $\{f_{n_i}(u)\}_{i=1}^{\infty}$ für jedes $u \in U$ konvergiert.

6.1.41 a) Nach I; Aufgabe 5.1.23 ist Φ und damit auch f_n für alle $n \in \mathbb{N}$ auf $\mathbb{R}$ stetig.
b) Es gilt $0 \leq \Phi(x) \leq \frac{1}{2}$, also auch $0 \leq f_n(x) \leq \frac{1}{2}$ für alle $x \in \mathbb{R}$.
c) Wir nehmen an, es gibt eine streng monoton wachsende Folge natürlicher Zahlen derart, daß $\{f_{n_k}(x)\}$ für alle $x \in [0,1]$ konvergiert. Es sei x_0 wie im Hinweis erklärt.
1. Es sei $k \in \mathbb{N}$ mit $3|k$. Dann ergibt sich $x_{n_k+1} = 1$ sowie $x_\nu = 0$ für $n_k+2 \leq \nu \leq n_{k+3}$, also insbesondere $x_{n_k+2} = x_{n_k+3} = 0$. Da Φ die Periode 1 hat, erhalten wir somit

$$f_{n_k}(x_0) = \Phi\Big(\sum_{\nu=1}^{n_k} 2^{n_k-\nu}x_\nu + \frac{1}{2} + \sum_{\nu=n_k+4}^{\infty} 2^{n_k-\nu}x_\nu\Big) = \Phi\Big(\frac{1}{2} + \sum_{\nu=n_k+4}^{\infty} 2^{n_k-\nu}x_\nu\Big).$$

Es gilt

$$\frac{1}{2} \le \frac{1}{2} + \sum_{\nu=n_k+4}^{\infty} 2^{n_k-\nu}x_\nu \le \frac{1}{2} + \sum_{\nu=n_k+4}^{\infty} 2^{n_k-\nu} = \frac{5}{8},$$

und damit erhalten wir

$$f_{n_k}(x_0) = \operatorname{dist}\Big(\frac{1}{2} + \sum_{\nu=n_k+4}^{\infty} 2^{n_k-\nu}x_\nu,\ \mathbb{Z}\Big) \ge \frac{3}{8}.$$

2. Es sei $k \in \mathbb{N}$ mit $3|(k-1)$. Dann ergibt sich $x_{n_{k-1}+1} = 1$ sowie $x_\nu = 0$ für alle ν mit $n_{k-1}+2 \le \nu \le n_{k+2}$. Wegen $n_{k-1}+1 \le n_k$ folgt hieraus

$$f_{n_k}(x_0) = \Phi\Big(\sum_{\nu=1}^{n_{k-1}+1} 2^{n_k-\nu}x_\nu + \sum_{\nu=n_{k+2}+1}^{\infty} 2^{n_k-\nu}x_\nu\Big) = \Phi\Big(\sum_{\nu=n_{k+2}+1}^{\infty} 2^{n_k-\nu}x_\nu\Big).$$

Es gilt

$$0 \le \sum_{\nu=n_{k+2}+1}^{\infty} 2^{n_k-\nu}x_\nu \le \sum_{\nu=n_k+3}^{\infty} 2^{n_k-\nu} = \frac{1}{4},$$

und damit erhalten wir

$$f_{n_k}(x_0) = \operatorname{dist}\Big(\sum_{\nu=n_{k+2}+1}^{\infty} 2^{n_k-\nu}x_\nu,\ \mathbb{Z}\Big) \le \frac{1}{4}.$$

Aus 1. und 2. folgt, daß $\{f_{n_k}(x_0)\}$ nicht konvergieren kann.

6.1.42 Die Funktion f ist auf dem kompakten Intervall $[a,b]$ stetig und daher gleichmäßig stetig. Folglich existiert zu einem gegebenen $\varepsilon > 0$ ein $\delta > 0$, so daß für alle $x, x^* \in [a,b]$ mit $|x - x^*| < \delta$ gilt $|f(x) - f(x^*)| < \varepsilon$. Wir wählen ein $N \in \mathbb{N}$ mit $N > \frac{b-a}{\delta}$ und setzen $x_\nu := a + \frac{\nu}{N}(b-a)$ für $\nu = 0, \ldots, N$ sowie

$$T_\varepsilon(x) := \begin{cases} f(x_0) & \text{falls} \quad x_0 \le x \le x_1 \\ f(x_\nu) & \text{falls} \quad x_\nu < x \le x_{\nu+1} \quad \text{für ein} \quad \nu \in \{1, \ldots, N-1\} \end{cases}.$$

Offensichtlich ist T_ε eine Treppenfunktion auf $[a,b]$. Zu jedem $x \in [a,b]$ gibt es ein $\nu \in \{0, \ldots, N-1\}$ mit $x_\nu \le x \le x_{\nu+1}$. Es folgt

$$|f(x) - T_\varepsilon(x)| = \begin{cases} |f(x) - f(x_0)| & \text{falls} \quad x_0 \le x \le x_1 \\ |f(x) - f(x_\nu)| & \text{falls} \quad x_\nu < x \le x_{\nu+1} \quad \text{für ein} \quad \nu \in \{1, \ldots, N-1\} \end{cases}.$$

Wegen $|x_{\nu+1} - x_\nu| < \delta$ erhalten wir $|f(x) - T_\varepsilon(x)| < \varepsilon$. Dies ist zur Behauptung äquivalent.

6.1.43 a) Wir nehmen an, es existiert eine nichtleere offene Menge $U \subset X$, so daß für jede offene Menge $U^* \subset U$ mit $U^* \neq \emptyset$ die Folge $\{f_n(x)\}$ auf U^* nicht gleichmäßig beschränkt ist.

1. Wir konstruieren natürliche Zahlen $n_1 < n_2 < \cdots$ und offene Mengen

$$U \supset U_1 \supset U_2 \supset \cdots \qquad \text{mit } \operatorname{diam} U_k < \frac{1}{k},$$

so daß für alle $k \in \mathbb{N}$ und alle $x \in \overline{U_k}$ gilt $|f_{n_k}(x)| \geq k$.
Nach unserer Annahme gibt es zu $U^* := U$ ein $x_1 \in U^*$ und ein $n_1 \in \mathbb{N}$ mit $|f_{n_1}(x_1)| > 1$. Da U^* offen und f_{n_1} an der Stelle x_1 stetig ist, existiert ein $\delta_1 \in (0, \frac{1}{2})$ mit $U_{2\delta_1}(x_1) \subset U^*$ und $|f_{n_1}(x)| > 1$ für alle $x \in U_{2\delta_1}(x_1)$. Setzen wir $U_1 := U_{\delta_1}(x_1)$, so ist U_1 offen, es gilt $\overline{U_1} \subset U$, und für alle $x \in \overline{U_1}$ ist $|f_{n_1}(x)| > 1$.
Sind n_k und die Menge U_k für ein $k \in \mathbb{N}$ bereits gewählt, so bestimmen wir U_{k+1} wie folgt: Zu $U^* := U_k$ gibt es ein $x_{k+1} \in U^*$ und ein $n_{k+1} > n_k$ mit $|f_{n_{k+1}}(x_{k+1})| > k+1$. Ferner existiert ein $\delta_{k+1} \in (0, \frac{1}{2(k+1)})$ mit $\overline{U_{\delta_{k+1}}(x_{k+1})} \subset U^*$ sowie $|f_{n_{k+1}}(x)| > k+1$ für alle $x \in \overline{U_{\delta_{k+1}}(x_{k+1})}$. Wir setzen $U_{k+1} := U_{\delta_{k+1}}(x_{k+1})$.

2. Nach I; Aufgabe 4.3.33 existiert ein $x^* \in \bigcap_{k=1}^{\infty} \overline{U_k} \subset U$. Für alle $k \in \mathbb{N}$ gilt $|f_{n_k}(x^*)| > k$, also ist die Folge $\{f_n(x^*)\}$ unbeschränkt. Widerspruch!

b) Die Funktion f sei auf $(0,1)$ folgendermaßen definiert:

$$f(x) := \begin{cases} 0 & \text{falls } x \notin \mathbb{Q} \\ q & \text{falls } x = \frac{p}{q} \text{ mit } p, q \in \mathbb{N},\ \ p, q \text{ teilerfremd} \end{cases}.$$

Aus I; Aufgabe 2.4.15 folgt, daß f in jedem Teilintervall von $(0,1)$ unbeschränkt ist. Setzen wir $f_n := f$ für alle $n \in \mathbb{N}$, so ist die Folge $\{f_n(x)\}$ für jedes $x \in (0,1)$ konstant, also beschränkt; die Aussage in a) gilt jedoch nicht.

6.2 Polynome; Approximation durch Polynome

6.2.1 a) Es sei $x > 0$. Dann folgt

$$|Q(x)| = \prod_{\nu=1}^{n} |x - a_\nu| \geq \prod_{\nu=1}^{n} \Big| x - |a_\nu| \Big| = |P(x)|.$$

b) Es sei $x < 0$. Dann folgt

$$|Q(x)| = \prod_{\nu=1}^{n} |x - a_\nu| \leq \prod_{\nu=1}^{n} \Big| |x| + |a_\nu| \Big| = \prod_{\nu=1}^{n} \Big| -x + |a_\nu| \Big| = |P(x)|.$$

6.2.2 Es sei $N := \max\{n, m\}$. Multiplizieren wir das Produkt $P(x)Q(x)$ aus und fassen jeweils die Terme mit derselben Potenz von x zusammen, so erhalten wir

$$\begin{aligned} P(x)Q(x) &= \left(\sum_{\nu=0}^{N} a_\nu x^\nu\right)\left(\sum_{\mu=0}^{N} b_\mu x^\mu\right) = \sum_{\substack{0\le\nu\le N\\ 0\le\mu\le N}} a_\nu b_\mu x^{\nu+\mu} = \\ &= \sum_{k=0}^{2N} x^k \sum_{\substack{\nu+\mu=k\\ 0\le\nu,\mu\le N}} a_\nu b_\mu = \sum_{k=0}^{2N} c_k x^k. \end{aligned}$$

Ist $k > m+n$, so folgt für jedes $\mu \in \mathbb{N}_0$ eine der beiden Ungleichungen $k-\mu > n$ oder $\mu > m$. Damit gilt $c_k = 0$ für alle $k > m+n$. Beachten wir ferner $a_{n+m-\mu} = 0$ für $\mu < m$ und $b_\mu = 0$ für $\mu > m$, so ergibt sich

$$c_{n+m} = \sum_{\mu=0}^{n+m} a_{n+m-\mu} b_\mu = a_n b_m \neq 0.$$

Damit ist $P \cdot Q$ ein Polynom vom Grad $n+m$.

6.2.3 a) 1. Es sei $k > m+n$. Dann gilt $\binom{n+m}{k} = 0$, und für jedes $\mu = 0, 1, ..., k$ muß eine der beiden Ungleichungen $k-\mu > n$ oder $\mu > m$ erfüllt sein, also gilt $\binom{n}{k-\mu}\binom{m}{\mu} = 0$. Damit haben die linke und die rechte Seite der betrachteten Beziehung den Wert 0.
2. Es sei $k \le m+n$. Setzen wir $P(x) = (1+x)^n$ und $Q(x) = (1+x)^m$, so erhalten wir mit Hilfe des binomischen Satzes und Aufgabe 6.2.2 die Beziehungen

$$(1+x)^{n+m} = \sum_{k=0}^{n+m} \binom{n+m}{k} x^k,$$

sowie

$$(1+x)^{n+m} = \sum_{\nu=0}^{n} \binom{n}{\nu} x^\nu \cdot \sum_{\nu=0}^{m} \binom{m}{\nu} x^\nu = \sum_{k=0}^{n+m} \left\{ \sum_{\mu=0}^{k} \binom{n}{k-\mu}\binom{m}{\mu} \right\} x^k.$$

Aus dem Identitätssatz für Polynome (siehe I; Aufgabe 1.7.34) folgt damit die Behauptung.
b) Setzen wir $k = m = n$ und beachten $\binom{n}{n-\mu} = \binom{n}{\mu}$, so ergibt sich die Behauptung sofort aus a).
c) Nach dem binomischen Satz ist $(1-x^2)^{2n} = \sum\limits_{\nu=0}^{2n} (-1)^\nu \binom{2n}{\nu} x^{2\nu}$. Andererseits gilt nach Aufgabe 6.2.2

$$(1-x^2)^{2n} = (1-x)^{2n}(1+x)^{2n} = \sum_{\mu=0}^{4n} \left\{ \sum_{\nu=0}^{\mu} \binom{2n}{\nu}\binom{2n}{\mu-\nu}(-1)^\nu \right\} x^\mu.$$

Der Vergleich des Koeffizienten bei x^{2n} in beiden Darstellungen ergibt

$$(-1)^n\binom{2n}{n} = \sum_{\nu=0}^{2n}\binom{2n}{\nu}\binom{2n}{2n-\nu}(-1)^\nu = \sum_{\nu=0}^{2n}(-1)^\nu\binom{2n}{\nu}^2.$$

Daraus folgt die Behauptung.

6.2.4 a) Nach dem binomischen Satz hat die betrachtete Summe den Wert $(x+1-x)^n = 1$.
b) Für $\nu \geq 1$ gilt $\binom{n}{\nu}\frac{\nu}{n} = \binom{n-1}{\nu-1}$, und daher erhalten wir mit a)

$$\begin{aligned}\sum_{\nu=0}^{n}\binom{n}{\nu}\frac{\nu}{n}\,x^\nu(1-x)^{n-\nu} &= \sum_{\nu=1}^{n}\binom{n-1}{\nu-1}x^\nu(1-x)^{n-\nu} = \\ &= x\sum_{\nu=0}^{n-1}\binom{n-1}{\nu}x^\nu(1-x)^{n-1-\nu} = x(x+1-x)^{n-1} = x.\end{aligned}$$

c) Für $n = 1$ ist die Behauptung richtig; es sei daher $n \geq 2$. Durch zweimalige Anwendung von b) erhalten wir

$$\begin{aligned}&\sum_{\nu=0}^{n}\binom{n}{\nu}\left(\frac{\nu}{n}\right)^2 x^\nu(1-x)^{n-\nu} = \sum_{\nu=1}^{n}\binom{n-1}{\nu-1}\frac{\nu}{n}\,x^\nu(1-x)^{n-\nu} = \\ &= \frac{1}{n}\sum_{\nu=1}^{n}\binom{n-1}{\nu-1}(\nu-1)x^\nu(1-x)^{n-\nu} + \frac{1}{n}\sum_{\nu=1}^{n}\binom{n-1}{\nu-1}x^\nu(1-x)^{n-\nu} = \\ &= \frac{n-1}{n}\,x\sum_{\nu=0}^{n-1}\binom{n-1}{\nu}\frac{\nu}{n-1}\,x^\nu(1-x)^{n-1-\nu} + \frac{x}{n} = \frac{n-1}{n}\,x^2 + \frac{1}{n}\,x.\end{aligned}$$

6.2.5 a) Aus Aufgabe 6.2.4 ergibt sich direkt

$$B_n(f_0, x) = 1, \qquad B_n(f_1, x) = x, \qquad B_n(f_2, x) = \frac{n-1}{n}x^2 + \frac{1}{n}\,x.$$

b) Aus a) erhalten wir

$$\begin{aligned}B_n(\varphi_x, x) &= \sum_{\nu=0}^{n}\binom{n}{\nu}\left(\frac{\nu}{n}-x\right)^2 x^\nu(1-x)^{n-\nu} = \\ &= B_n(f_2, x) - 2xB_n(f_1, x) + x^2B_n(f_0, x) = \frac{1}{n}\,x(1-x).\end{aligned}$$

c) Wegen $\sum\limits_{\nu=0}^{n}\binom{n}{\nu}x^\nu(1-x)^{n-\nu} = 1$ ergibt sich für $x \in [0,1]$

$$f(x) - B_n(f, x) = \sum_{\nu=0}^{n}\left\{f(x) - f\left(\frac{\nu}{n}\right)\right\}\binom{n}{\nu}x^\nu(1-x)^{n-\nu},$$

und hieraus folgt

$$|f(x) - B_n(f,x)| \le \sum_{\nu=0}^{n} \left|f(x) - f\Big(\frac{\nu}{n}\Big)\right| \binom{n}{\nu} x^\nu (1-x)^{n-\nu}. \tag{$*$}$$

d) Es sei M eine Konstante mit $|f(x)| \le M$ für alle $x \in [0,1]$. Wir spalten die in $(*)$ erhaltene Summe auf in $\sum_1 + \sum_2$, wobei $\sum_1$ die Summe über diejenigen ν ist, für welche gilt $|x - \nu/n| \le n^{-1/4}$, und $\sum_2$ die Summe über die restlichen Werte von ν darstellt.

1. Wir schätzen $\sum_2$ ab. Hier ist $|x - \nu/n| > n^{-1/4}$, und es folgt $1 < \sqrt{n}\Big(\frac{\nu}{n} - x\Big)^2$. Damit gilt

$$\begin{aligned} |\textstyle\sum_2| &\le 2M \cdot \sum_{|x-\nu/n|>n^{-1/4}} \binom{n}{\nu} x^\nu (1-x)^{n-\nu} \cdot 1 \le \\ &\le 2M\sqrt{n} \sum_{\nu=0}^{n} \binom{n}{\nu} x^\nu (1-x)^{n-\nu} \Big(\frac{\nu}{n} - x\Big)^2 = \\ &= 2M\sqrt{n} B_n(\varphi_x, x) = 2M\,\frac{x(1-x)}{\sqrt{n}} \le \frac{2M}{\sqrt{n}}. \end{aligned}$$

2. Wir schätzen $\sum_1$ ab. Dazu setzen wir

$$\varepsilon_n := \sup_{\substack{x_1,x_2 \in [0,1] \\ |x_1 - x_2| \le n^{-1/4}}} |f(x_1) - f(x_2)|$$

und erhalten

$$|\textstyle\sum_1| \le \varepsilon_n \cdot \displaystyle\sum_{|x-\nu/n|\le n^{-1/4}} \binom{n}{\nu} x^\nu (1-x)^{n-\nu} \le \varepsilon_n \sum_{\nu=0}^{n} \binom{n}{\nu} x^\nu (1-x)^{n-\nu} = \varepsilon_n.$$

Aus 1. und 2. folgt

$$|f(x) - B_n(f,x)| \le \frac{2M}{\sqrt{n}} + \varepsilon_n.$$

Da die Funktion f auf dem kompakten Intervall $[0,1]$ stetig ist, ist sie dort auch gleichmäßig stetig. Hieraus folgt $\varepsilon_n \to 0$ für $n \to \infty$, und es ergibt sich die Behauptung.

6.2.6 Die Funktion g sei auf dem Intervall $[0,1]$ definiert durch $g(t) = f(a + (b-a)t)$. Nach dem WEIERSTRASSschen Approximationssatz für das Intervall $[0,1]$ (vgl. Aufgabe 6.2.5) gibt es eine Folge von Polynomen $\{B_n(t)\}$ mit

$$B_n(t) \underset{[0,1]}{\Longrightarrow} g(t) = f\Big(a + (b-a)t\Big).$$

Für die Polynome $P_n(x) := B_n\left(\dfrac{x-a}{b-a}\right)$ gilt daher $P_n(x) \underset{[a,b]}{\Longrightarrow} f(x)$.

6.2.7 a) Es sei $x \in [-1,1]$. Wegen

$$0 \le 1 - \frac{x^2}{2} = P_1(x) \le P_0(x) = 1$$

ist die Behauptung für $n = 0$ richtig. Es gelte $0 \le P_{n+1}(x) \le P_n(x)$ für ein $n \in \mathbb{N}_0$. Dann folgt

$$0 \le P_{n+2}(x) = \frac{1}{2}\Big\{P_{n+1}^2(x) + 1 - x^2\Big\} \le \frac{1}{2}\Big\{P_n^2(x) + 1 - x^2\Big\} = P_{n+1}(x).$$

Mit vollständiger Induktion erhalten wir die Behauptung.

b) Mit dem Hauptsatz über monotone Folgen ergibt sich aus a), daß die Folge $\{P_n(x)\}$ für jedes $x \in [-1,1]$ gegen einen Wert $P(x)$ konvergiert. Für $P(x)$ erhalten wir aus der Rekursionsformel die Beziehung

$$P(x) = \frac{1}{2}\Big\{P^2(x) + 1 - x^2\Big\}.$$

Beachten wir, daß $0 \le P(x) \le 1$ gelten muß, so ergibt sich $P(x) = 1 - |x|$ als Lösung dieser quadratischen Gleichung.

c) Da P auf $[-1,1]$ stetig ist, folgt $P_n(x) \underset{[-1,1]}{\Longrightarrow} P(x)$ aus dem Satz von DINI (vgl. Aufgabe 6.1.34).

6.2.8 a) Für alle $n \in \mathbb{N}_0$ und alle $x \in \mathbb{R}$ gilt

$$|x| - P_{n+1}(x) = \Big\{|x| - P_n(x)\Big\} \cdot \Big\{1 - \frac{1}{2}\Big(|x| + P_n(x)\Big)\Big\}. \qquad (*)$$

Mit vollständiger Induktion erhalten wir hieraus für alle $n \in \mathbb{N}_0$ und alle $x \in [-1,1]$

$$0 \le P_n(x) \le |x|.$$

Weiter folgt

$$1 - \frac{1}{2}\Big(|x| + P_n(x)\Big) = \frac{\{2 + (n+1)|x|\} \cdot \{1 - \frac{1}{2}(|x| + P_n(x))\}}{2 + (n+1)|x|} \le \frac{2 + n|x|}{2 + (n+1)|x|}. \qquad (**)$$

b) Wir zeigen, daß für alle $n \in \mathbb{N}_0$ und alle $x \in [-1,1]$

$$|x| - P_n(x) \le \frac{2|x|}{2 + n|x|}$$

gilt. Diese Abschätzung ist trivial für $n = 0$; gilt sie für ein $n \in \mathbb{N}_0$, so folgt mit den Beziehungen $(*)$ und $(**)$

$$|x| - P_{n+1}(x) \le \frac{2|x|}{2 + n|x|} \cdot \Big\{1 - \frac{1}{2}\Big(|x| + P_n(x)\Big)\Big\} \le \frac{2|x|}{2 + (n+1)|x|}.$$

Mit vollständiger Induktion ergibt sich die behauptete Abschätzung.

c) Für $|x| \le 1$ gilt $2|x|(2+n) \le 2(2+n|x|)$, und daraus folgt

$$0 \le |x| - P_n(x) \le \frac{2|x|}{2+n|x|} \le \frac{2}{2+n}.$$

Folglich erhalten wir $P_n(x) \underset{[-1,1]}{\Longrightarrow} |x|$.

6.2.9 a) Für $\beta := (b_0, .., b_n) \in \mathbb{R}^{n+1}$ sei die Funktion ℓ_β wie im Hinweis definiert.
1. Wir zeigen, daß die Funktionenmenge $\{\ell_\beta : \beta \in \mathbb{R}^{n+1}\}$, mit der üblichen Addition und skalaren Multiplikation versehen, einen Vektorraum der Dimension $n+1$ über $\mathbb{R}$ bildet. Die Vektorraumstruktur folgt aus der für alle $t_1, t_2 \in \mathbb{R}$ und alle $\beta_1, \beta_2 \in \mathbb{R}^{n+1}$ gültigen Beziehung

$$t_1\ell_{\beta_1} + t_2\ell_{\beta_2} = \ell_{t_1\beta_1 + t_2\beta_2}.$$

Bezeichnet man ferner mit e_i den i-ten Einheitsvektor im $\mathbb{R}^{n+1}$, so erkennt man leicht, daß die Vektoren $\ell_{e_0}, \ell_{e_1}, ..., \ell_{e_n}$ eine Basis des betrachteten Vektorraumes bilden.
2. Wir zeigen, daß die Funktionen $\varphi_0(x) := |x - a_0|$, ..., $\varphi_n(x) := |x - a_n|$ in $[a_0, a_n]$ linear unabhängig sind. Dazu seien λ_0 , ..., λ_n reelle Konstanten mit $\sum_{k=0}^{n} \lambda_k\varphi_k(x) = 0$ für alle $x \in [a_0, a_n]$.
Ist $n = 1$, so ist $\lambda_0(x - a_0) + \lambda_1(a_1 - x) = 0$ für alle $x \in [a_0, a_1]$, und unter Beachtung von $a_0 < a_1$ ergibt sich hieraus $\lambda_0 = \lambda_1 = 0$. Es sei $n \ge 2$. Für jedes $j \in \{1, ..., n-1\}$ folgt

$$\sum_{k \ne j} \lambda_k|x - a_k| = -\lambda_j|x - a_j|. \qquad (*)$$

Da in $(*)$ die linke Seite auf dem Intervall $[a_{j-1}, a_{j+1}]$ linear ist (im Gegensatz zur rechten Seite von $(*)$), muß $\lambda_j = 0$ gelten. Es folgt also $\lambda_1 = \lambda_2 = ... = \lambda_{n-1} = 0$ und damit $\lambda_0(x - a_0) + \lambda_n(a_n - x) = 0$ für alle $x \in [a_0, a_n]$. Hieraus ergibt sich $\lambda_0 = \lambda_n = 0$.
3. Aus 1. und 2. folgt, daß jedes ℓ_β sich als Linearkombination von $\varphi_0, ..., \varphi_n$ darstellen läßt.
b) 1. Ist die Funktion f auf dem Intervall $[a, b]$ stetig, so ist sie dort gleichmäßig stetig. Zu gegebenem $\varepsilon > 0$ gibt es also ein $\delta > 0$ mit $|f(x) - f(y)| < \frac{\varepsilon}{4}$ für alle $x, y \in [a, b]$ mit $|x - y| < \delta$. Wir wählen ein festes $n > \frac{b-a}{\delta}$. Damit setzen wir für $k = 0, ..., n$

$$a_k := a + \frac{k}{n}(b - a), \qquad b_k := f(a_k),$$

und betrachten die Funktion ℓ_β mit $\beta := (b_0, ..., b_n)$. Zu jedem $x \in [a, b]$ gibt es ein $k \in \{1, ..., n\}$ mit $x \in [a_{k-1}, a_k]$. Hieraus folgt

$$|f(x) - \ell_\beta(x)| \le |f(x) - b_k| + |b_k - \ell_\beta(x)| < \frac{\varepsilon}{4} + \frac{\varepsilon}{4} = \frac{\varepsilon}{2}.$$

2. Nach Aufgabe 6.2.8 gibt es eine Folge von Polynomen $\{Q_\nu\}$ mit $Q_\nu(x) \underset{[-1,1]}{\Longrightarrow} |x|$. Es sei $r := b - a$; für jedes $k \in \{0, ..., n\}$ folgt dann

$$r \cdot Q_\nu\left(\frac{x - a_k}{r}\right) \underset{[a_k - r,\, a_k + r]}{\Longrightarrow} |x - a_k| \qquad (\nu \to \infty).$$

Ferner ist $[a_k - r, a_k + r] \supset [a, b]$ für alle $k = 0, ..., n$. Nach a) gibt es Zahlen $c_k \in \mathbb{R}$ mit $\ell_\beta(x) = \sum\limits_{k=0}^{n} c_k |x - a_k|$. Damit erhalten wir

$$P_\nu(x) := \sum_{k=0}^{n} c_k \cdot r \cdot Q_\nu\left(\frac{x - a_k}{r}\right) \underset{[a,\, b]}{\Longrightarrow} \ell_\beta(x) \qquad (\nu \to \infty),$$

wobei die Funktionen P_ν Polynome sind. Es sei nun ν_0 so gewählt, daß gilt

$$|P_{\nu_0}(x) - \ell_\beta(x)| < \frac{\varepsilon}{2} \qquad \text{für alle } x \in [a, b].$$

Mit 1. folgt $|f(x) - P_{\nu_0}(x)| < \varepsilon$ für alle $x \in [a, b]$ und damit die Behauptung.

6.2.10 Es sei $n \in \mathbb{N}$; da die Funktion f auf dem Intervall $[-n, n]$ stetig ist, gibt es nach dem WEIERSTRASSschen Approximationssatz ein Polynom P_n mit $|f(x) - P_n(x)| < \frac{1}{n}$ für alle $x \in [-n, n]$. Es sei eine beschränkte Menge X gegeben; wir wählen ein $N \in \mathbb{N}$ mit $X \subset [-N, N]$. Es gilt $|f(x) - P_n(x)| < \frac{1}{n}$ für alle $n \geq N$ und alle $x \in X$. Hieraus folgt die Behauptung.

6.2.11 a) Es gelte (1), und es sei ein $\varepsilon > 0$ gegeben. Die Funktion $\varphi(t) := f(\sqrt{t})$ ist auf $[0, a^2]$ stetig. Daher gibt es nach dem WEIERSTRASSschen Approximationssatz ein Polynom Q mit $|\varphi(t) - Q(t)| < \varepsilon$ für alle $t \in [0, a^2]$. Setzen wir $P(x) := Q(x^2)$, so gilt $P \in \mathcal{P}_g$, und wir erhalten $|f(x) - P(x)| = |\varphi(x^2) - Q(x^2)| < \varepsilon$ für alle $x \in [0, a]$. Wegen $f(-x) = f(x)$ und $P(-x) = P(x)$ ergibt sich $|f(x) - P(x)| < \varepsilon$ für alle $x \in [-a, a]$ und damit die Behauptung.

b) Es gelte (2).

1. Wir nehmen an, es existiert ein $x_0 \in [-a, a]$ mit $f(x_0) \neq f(-x_0)$. Zu

$$\varepsilon := \frac{1}{2}|f(x_0) - f(-x_0)|$$

gibt es dann ein $P \in \mathcal{P}_g$ mit $|f(x) - P(x)| < \varepsilon$ für alle $x \in [-a, a]$. Hieraus ergibt sich wegen $P(-x_0) = P(x_0)$

$$\begin{aligned} 2\varepsilon = |f(x_0) - f(-x_0)| &\leq |f(x_0) - P(x_0)| + |P(x_0) - f(-x_0)| = \\ &= |f(x_0) - P(x_0)| + |P(-x_0) - f(-x_0)| < \varepsilon + \varepsilon = 2\varepsilon. \end{aligned}$$

Widerspruch!

2. Zu $\varepsilon = \frac{1}{n}$ existiert ein $P_n \in \mathcal{P}_g$ mit $|f(x) - P_n(x)| < \frac{1}{n}$ für alle $x \in [-a, a]$. Die Polynomfolge $\{P_n\}$ konvergiert also auf $[-a, a]$ gleichmäßig gegen $f(x)$. Da alle P_n stetig sind, ist f auf $[-a, a]$ stetig.

6.2.12 Es genügt zu zeigen, daß für jedes $\varepsilon > 0$ ein Polynom Q mit rationalen Koeffizienten existiert, so daß gilt $|Q(x) - f(x)| < \varepsilon$ für alle $x \in [a, b]$.
Es sei ein $\varepsilon > 0$ gegeben. Nach dem WEIERSTRASSschen Approximationssatz gibt es ein Polynom $P(x) := \sum\limits_{\nu=0}^{n} p_\nu x^\nu$ mit $|P(x) - f(x)| < \frac{\varepsilon}{2}$ für alle $x \in [a, b]$. Es sei $M > 0$ so gewählt, daß $|x|^\nu < M$ gilt für alle $x \in [a, b]$ und alle $\nu = 0, 1, ..., n$.
Wir wählen rationale Zahlen q_ν so, daß für alle $\nu = 0, 1, ..., n$ gilt

$$|p_\nu - q_\nu| < \frac{\varepsilon}{2M(n+1)}$$

und setzen $Q(x) := \sum\limits_{\nu=0}^{n} q_\nu x^\nu$. Für alle $x \in [a, b]$ gilt dann

$$|P(x) - Q(x)| \leq \sum_{\nu=0}^{n} |p_\nu - q_\nu|\, |x|^\nu \leq M \sum_{\nu=0}^{n} |p_\nu - q_\nu| < M \frac{\varepsilon(n+1)}{2M(n+1)} = \frac{\varepsilon}{2}.$$

Hieraus folgt $|f(x) - Q(x)| \leq |f(x) - P(x)| + |P(x) - Q(x)| < \varepsilon$ für alle $x \in [a, b]$, und es ergibt sich die Behauptung.

6.2.13 Es sei ein $\varepsilon > 0$ gegeben. Wegen der Konvergenz von $\sum\limits_{\nu=0}^{\infty} b^\nu$ gibt es ein $N \in \mathbb{N}$ mit $\sum\limits_{\nu=N}^{\infty} b^\nu < \frac{\varepsilon}{2}$. Da die Funktion $\frac{f(x)}{x^N}$ auf $[a, b]$ stetig ist, gibt es nach dem WEIERSTRASSschen Approximationssatz ein Polynom $Q_\varepsilon(x) := \sum\limits_{\nu=0}^{m} a_\nu x^\nu$ mit

$$\max_{[a,b]} \left| Q_\varepsilon(x) - \frac{f(x)}{x^N} \right| < \frac{\varepsilon}{2}.$$

Wir setzen $R_\varepsilon(x) := \sum\limits_{\nu=0}^{m} [a_\nu] x^{\nu+N}$; dann ist R_ε ein Polynom mit ganzzahligen Koeffizienten. Es gilt

$$\max_{[a,b]} \left| R_\varepsilon(x) - x^N Q_\varepsilon(x) \right| = \max_{[a,b]} \left| \sum_{\nu=0}^{m} \{[a_\nu] - a_\nu\} x^{\nu+N} \right| \leq \sum_{\nu=0}^{\infty} b^{\nu+N} < \frac{\varepsilon}{2}$$

und

$$\max_{[a,b]} \left| x^N Q_\varepsilon(x) - f(x) \right| < \frac{\varepsilon}{2} \max_{[a,b]} |x|^N < \frac{\varepsilon}{2}.$$

Insgesamt ist also $\max\limits_{[a,b]} |R_\varepsilon(x) - f(x)| < \varepsilon$, was zur Behauptung äquivalent ist.

6.2.14 Es sei ein $\varepsilon > 0$ gegeben. Wegen $0 < a < 1$ gibt es eine ungerade Zahl $N \in \mathbb{N}$ mit $2a^N/(1-a^N) < \varepsilon$. Da die im Hinweis definierte Funktion φ stetig ist, gibt es nach dem WEIERSTRASSschen Approximationssatz ein Polynom $\tilde{Q}_\varepsilon(x) := \sum_{\nu=0}^{m} a_\nu x^\nu$ mit

$$\max_{[-a^N, a^N]} |\tilde{Q}_\varepsilon(x) - \varphi(x)| < \frac{\varepsilon}{4}.$$

Wegen $\varphi(0) = 0$ ist $|\tilde{Q}_\varepsilon(0)| < \frac{\varepsilon}{4}$, und mit $Q_\varepsilon(x) := \tilde{Q}_\varepsilon(x) - \tilde{Q}_\varepsilon(0) = \sum_{\nu=1}^{m} a_\nu x^\nu$ folgt

$$\max_{[-a^N, a^N]} |Q_\varepsilon(x) - \varphi(x)| < \frac{\varepsilon}{2}.$$

Wir setzen $R_\varepsilon(x) := \sum_{\nu=1}^{m} [a_\nu] x^{\nu N}$; dann ist R_ε ein Polynom mit ganzzahligen Koeffizienten. Es gilt

$$\max_{[-a,a]} \left| R_\varepsilon(x) - Q_\varepsilon(x^N) \right| \le \max_{[-a,a]} \left| \sum_{\nu=1}^{m} \{[a_\nu] - a_\nu\} x^{\nu N} \right| \le \sum_{\nu=1}^{\infty} a^{\nu N} = \frac{a^N}{1-a^N} < \frac{\varepsilon}{2}$$

und

$$\max_{[-a,a]} \left| Q_\varepsilon(x^N) - \varphi(x^N) \right| < \frac{\varepsilon}{2}.$$

Insgesamt ist also $\max_{[-a,a]} |R_\varepsilon(x) + f(0) - f(x)| < \varepsilon$, und wegen $f(0) \in \mathbb{Z}$ folgt die Behauptung.

6.2.15 a) Es sei $\{P_n\}$ eine Folge von Polynomen mit ganzzahligen Koeffizienten und $P_n(x) \underset{[0,1]}{\Longrightarrow} f(x)$. Da $\{P_n(0)\}$ konvergiert und $P_n(0)$ für alle $n \in \mathbb{N}$ ganzzahlig ist, gibt es ein $N \in \mathbb{N}$ mit $P_n(0) = P_N(0)$ für alle $n \ge N$. Daraus folgt $f(0) = P_N(0) \in \mathbb{Z}$. Analog ergibt sich $f(1) \in \mathbb{Z}$.

b) Es gelte $f(0) \in \mathbb{Z}$ und $f(1) \in \mathbb{Z}$. Wir betrachten die Funktion

$$g(x) := f(x) - f(0) + x\{f(0) - f(1)\}.$$

Offensichtlich gilt $g(0) = g(1) = 0$. Nach Aufgabe 6.2.5 konvergiert die Folge der BERNSTEIN-Polynome bezüglich g

$$B_n(g,x) = \sum_{\nu=0}^{n} \binom{n}{\nu} g\left(\frac{\nu}{n}\right) x^\nu (1-x)^{n-\nu} = \sum_{\nu=1}^{n-1} \binom{n}{\nu} g\left(\frac{\nu}{n}\right) x^\nu (1-x)^{n-\nu}$$

in $[0,1]$ gleichmäßig gegen $g(x)$. Wir setzen

$$R_n(x) := \sum_{\nu=1}^{n-1} \left[\binom{n}{\nu} g\left(\frac{\nu}{n}\right) \right] x^\nu (1-x)^{n-\nu}.$$

Es sei $n \geq 2$. Für $1 \leq \nu \leq n-1$ gilt $\binom{n}{\nu} \geq n$, und wir erhalten für alle $x \in [0,1]$

$$\begin{aligned}\Big|B_n(g,x) - R_n(x)\Big| &= \sum_{\nu=1}^{n-1} \Big\{\binom{n}{\nu} g\Big(\frac{\nu}{n}\Big) - \Big[\binom{n}{\nu} g\Big(\frac{\nu}{n}\Big)\Big]\Big\} x^\nu (1-x)^{n-\nu} \leq \\ &\leq \sum_{\nu=1}^{n-1} x^\nu (1-x)^{n-\nu} \leq \frac{1}{n} \sum_{\nu=1}^{n-1} \binom{n}{\nu} x^\nu (1-x)^{n-\nu} \leq \\ &\leq \frac{1}{n} \sum_{\nu=0}^{n} \binom{n}{\nu} x^\nu (1-x)^{n-\nu} = \frac{1}{n}.\end{aligned}$$

Damit gilt $R_n(x) \underset{[0,1]}{\Longrightarrow} g(x)$ und

$$P_n(x) := R_n(x) + f(0) - x\{f(0) - f(1)\} \underset{[0,1]}{\Longrightarrow} f(x).$$

Hierbei ist jedes P_n ein Polynom mit ganzzahligen Koeffizienten.

6.2.16 Es sei $n \in \mathbb{N}$. Wir wählen ein $M_n > 0$, so daß gilt

$$\bigcup_{k=1}^{n} [a_k, b_k] \subset [-M_n, M_n].$$

Offensichtlich existiert eine auf $\mathbb{R}$ stetige Funktion F_n mit $F_n(x) = f_k(x)$ für alle $x \in [a_k, b_k]$ und $k = 1, ..., n$. Nach dem WEIERSTRASSschen Approximationssatz gibt es ein Polynom P_n mit

$$\max_{[-M_n, M_n]} |P_n(x) - F_n(x)| < \frac{1}{n}.$$

Die Folge $\{P_n\}$ hat dann die gewünschten Eigenschaften.

6.2.17 Für $n \geq 4$ sei f_n eine in $[-1,1]$ stetige Funktion, welche erfüllt:

$$f_n(x) = \begin{cases} f(x) & \text{falls } -1 \leq x \leq 1/n \\ n & \text{falls } x = 2/n \\ f(x) & \text{falls } 3/n \leq x \leq 1 \end{cases}.$$

Nach dem WEIERSTRASSschen Approximationssatz existiert ein Polynom P_n mit

$$\max_{[-1,1]} |P_n(x) - f_n(x)| < \frac{1}{n}. \qquad (*)$$

Ist $x_0 \in [-1, 0]$, so gilt $x_0 \in [-1, \frac{1}{n}]$ für alle $n \in \mathbb{N}$, und aus $(*)$ folgt $|P_n(x_0) - f(x_0)| < \frac{1}{n}$, also $P_n(x_0) \to f(x_0)$. Zu $x_0 \in (0, 1]$ existiert ein n_0 mit $x_0 \in [\frac{3}{n}, 1]$ für alle $n \geq n_0$, und

für diese n folgt aus $(*)$ ebenfalls $|P_n(x_0) - f(x_0)| < \frac{1}{n}$ und damit $P_n(x_0) \to f(x_0)$.
Zu einem gegebenen $\delta > 0$ existiert ein n_1 mit $\frac{2}{n} \in [-\delta, \delta]$ für alle $n \geq n_1$, und es folgt aus $(*)$ für diese n

$$\left|P_n\Big(\frac{2}{n}\Big)\right| \geq n - \left|P_n\Big(\frac{2}{n}\Big) - n\right| \geq n - \max_{[-1,1]} |P_n(x) - f_n(x)| > n - \frac{1}{n}.$$

Also ist $\{P_n(x)\}$ in $[-\delta, \delta]$ unbeschränkt. Die Folge $\{P_n(x)\}_{n=4}^{\infty}$ hat damit die gewünschten Eigenschaften.

6.2.18 Aufgrund der Definition des Stetigkeitsmoduls gilt für $x_1, x_2 \in [0,1]$ die Beziehung $|f(x_1) - f(x_2)| \leq \omega(|x_1 - x_2|)$. Für ein festes $x \in [0,1]$ erhalten wir damit

$$\begin{aligned}|B_n(f,x) - f(x)| &\leq \sum_{\nu=0}^{n} \left|f\Big(\frac{\nu}{n}\Big) - f(x)\right| \binom{n}{\nu} x^\nu (1-x)^{n-\nu} \leq \\ &\leq \sum_{\nu=0}^{n} \omega\Big(\Big|\frac{\nu}{n} - x\Big|\Big) \binom{n}{\nu} x^\nu (1-x)^{n-\nu}.\end{aligned}$$

Nach I; Aufgabe 5.2.28 gilt

$$\omega\Big(\Big|\frac{\nu}{n} - x\Big|\Big) = \omega\Big(\sqrt{n} \cdot \Big|\frac{\nu}{n} - x\Big| \cdot \frac{1}{\sqrt{n}}\Big) \leq \Big(1 + \sqrt{n} \cdot \Big|\frac{\nu}{n} - x\Big|\Big)\omega\Big(\frac{1}{\sqrt{n}}\Big),$$

also folgt

$$\begin{aligned}|B_n(f,x) - f(x)| &\leq \omega\Big(\frac{1}{\sqrt{n}}\Big) \sum_{\nu=0}^{n} \Big(1 + \sqrt{n} \cdot \Big|\frac{\nu}{n} - x\Big|\Big) \binom{n}{\nu} x^\nu (1-x)^{n-\nu} = \\ &= \omega\Big(\frac{1}{\sqrt{n}}\Big) \Big\{1 + \sqrt{n} \sum_{\nu=0}^{n} \Big|\frac{\nu}{n} - x\Big| \binom{n}{\nu} x^\nu (1-x)^{n-\nu}\Big\}.\end{aligned}$$

Mit der SCHWARZschen Ungleichung und der Funktion $\varphi_x(t) := (t-x)^2$ erhalten wir nach Aufgabe 6.2.5

$$\begin{aligned}&\Big\{\sum_{\nu=0}^{n} \Big|\frac{\nu}{n} - x\Big| \binom{n}{\nu} x^\nu (1-x)^{n-\nu}\Big\}^2 = \\ &= \left\{\sum_{\nu=0}^{n} \Big|\frac{\nu}{n} - x\Big| \Big\{\binom{n}{\nu} x^\nu (1-x)^{n-\nu}\Big\}^{1/2} \Big\{\binom{n}{\nu} x^\nu (1-x)^{n-\nu}\Big\}^{1/2}\right\}^2 \leq \\ &\leq \sum_{\nu=0}^{n} \Big(\frac{\nu}{n} - x\Big)^2 \binom{n}{\nu} x^\nu (1-x)^{n-\nu} \cdot \sum_{\nu=0}^{n} \binom{n}{\nu} x^\nu (1-x)^{n-\nu} = \\ &= B_n(\varphi_x, x) \cdot 1 = \frac{x(1-x)}{n} \leq \frac{1}{n}.\end{aligned}$$

Insgesamt folgt also

$$|B_n(f,x) - f(x)| \le \omega\Big(\frac{1}{\sqrt{n}}\Big)\Big\{1 + \sqrt{n}\frac{1}{\sqrt{n}}\Big\} = 2\omega\Big(\frac{1}{\sqrt{n}}\Big).$$

Da diese Beziehung für alle $x \in [0,1]$ gilt, ergibt sich die Behauptung.

6.2.19 Es sei ein $\varepsilon > 0$ gegeben. Wir betrachten die LAGRANGE-Polynome

$$L_k(x) = \prod_{\substack{i=1\\ i\neq k}}^{n} \frac{x - x_i}{x_k - x_i} \qquad (k = 1, ..., n)$$

und setzen

$$M := \sum_{k=1}^{n} \max_{[a,b]} |L_k(x)|.$$

Nach dem WEIERSTRASSschen Approximationssatz gibt es ein Polynom P_1 mit

$$\max_{[a,b]} |P_1(x) - f(x)| < \frac{\varepsilon}{1+M}.$$

Für das Polynom $P_2(x) := \sum\limits_{k=1}^{n} \{f(x_k) - P_1(x_k)\} L_k(x)$ gilt

$$P_2(x_i) = f(x_i) - P_1(x_i) \qquad (i = 1, ..., n),$$

und für das Polynom $P := P_1 + P_2$ erhalten wir $P(x_i) = f(x_i)$ sowie

$$\begin{aligned}\max_{[a,b]} |P(x) &- f(x)| \le \max_{[a,b]} |P_1(x) - f(x)| + \max_{[a,b]} |P_2(x)| < \\ &< \frac{\varepsilon}{1+M} + \sum_{k=1}^{n} |f(x_k) - P_1(x_k)| \cdot \max_{[a,b]} |L_k(x)| < \\ &< \frac{\varepsilon}{1+M} + \frac{\varepsilon}{1+M} \sum_{k=1}^{n} \max_{[a,b]} |L_k(x)| = \frac{\varepsilon}{1+M} + \frac{\varepsilon}{1+M} M = \varepsilon.\end{aligned}$$

Daraus folgt die Behauptung.

6.2.20 Nach dem CAUCHYschen Kriterium für gleichmäßige Konvergenz gibt es ein N, so daß für alle $m, n \in \mathbb{N}$ mit $m \ge n \ge N$ und für alle $x \in \mathbb{R}$ gilt $|P_n(x) - P_m(x)| < 1$. Wir setzen $Q_n(x) := P_n(x) - P_N(x)$. Das Polynom Q_n muß konstant sein (andernfalls wäre $Q_n(x)$ nicht beschränkt). Es ist also $Q_n(x) = Q_n(0)$ für alle $x \in \mathbb{R}$. Wegen

$$P_n(x) = P_N(x) + Q_n(x) = P_N(x) - P_N(0) + P_n(0)$$

erhalten wir $\lim\limits_{n\to\infty} P_n(x) = P_N(x) - P_N(0) + \lim\limits_{n\to\infty} P_n(0)$, und die Behauptung folgt.

6.2.21 Wir benutzen aus der Linearen Algebra, daß die im Hinweis definierte VANDERMONDEsche Matrix für paarweise verschiedene $x_0, ..., x_n$ nichtsingulär ist. Setzen wir

$$P_k(x) = \sum_{\nu=0}^{n} a_\nu^{(k)} x^\nu \qquad (k \in \mathbb{N}),$$

so ergibt sich

$$\sum_{\nu=0}^{n} x_i^\nu a_\nu^{(k)} = P_k(x_i) \qquad (i = 0, ..., n).$$

Dies ist ein Gleichungssystem für die Unbekannten $a_0^{(k)}, ..., a_n^{(k)}$ mit der Lösung

$$\begin{pmatrix} a_0^{(k)} \\ a_1^{(k)} \\ \vdots \\ a_n^{(k)} \end{pmatrix} = V^{-1}(x_0, ..., x_n) \cdot \begin{pmatrix} P_k(x_0) \\ P_k(x_1) \\ \vdots \\ P_k(x_n) \end{pmatrix}.$$

Für jedes feste $\nu = 0, 1, ..., n$ konvergiert nun $\{P_k(x_\nu)\}_{k=1}^\infty$ und damit auch $\{a_\nu^{(k)}\}_{k=1}^\infty$. Hieraus folgt c). Für $\nu = 0, ..., n$ sei $a_\nu := \lim\limits_{k\to\infty} a_\nu^{(k)}$. Dann ergibt sich

$$P_k(x) \to P(x) := \sum_{\nu=0}^{n} a_\nu x^\nu \qquad (k \to \infty)$$

für alle $x \in \mathbb{R}$, und wir erhalten a) und b).

6.3 Funktionenreihen

6.3.1 Für die Differenz zwischen der geometrischen Reihe und ihrer n-ten Teilsumme ergibt sich für $n \in \mathbb{N}_0$ und $x \in (-1, 1)$

$$r_n(x) := \sum_{\nu=n+1}^{\infty} x^\nu = x^{n+1} \cdot \frac{1}{1-x}.$$

Es gilt

$$r_n\Big(1 - \frac{1}{n}\Big) = n\Big(1 - \frac{1}{n}\Big)^{n+1} \to \infty \qquad (n \to \infty).$$

Daher konvergiert $\{r_n(x)\}$ auf $(-1, 1)$ nicht gleichmäßig gegen 0, d.h. die Reihe ist auf $(-1, 1)$ nicht gleichmäßig konvergent.

6.3.2 Es sei ein $\varepsilon > 0$ gegeben. Nach dem CAUCHYschen Kriterium für die gleichmäßige Konvergenz von Funktionenreihen gibt es dann ein N, so daß für alle $n > N$ und alle $x \in X$ gilt $|a_n(x)| = \left|\sum\limits_{\nu=n}^{n} a_\nu(x)\right| < \varepsilon$. Das bedeutet $a_n(x) \underset{X}{\Longrightarrow} 0$.

Die Umkehrung ist im allgemeinen falsch. Zum Beispiel gilt $a_n(x) := \dfrac{x}{n+1} \underset{[1,2]}{\Longrightarrow} 0$, aber $\sum\limits_{n=0}^{\infty} a_n(x)$ divergiert für jedes $x \in [1,2]$.

6.3.3 a) Es sei $c > 0$. Dann folgt $a_\nu(x) := \dfrac{\nu x^2}{\nu^3 + x^3} \leq \dfrac{c^2}{\nu^2}$ für alle $x \in [0,c]$ und alle $\nu \in \mathbb{N}$. Aus dem WEIERSTRASSschen Majorantenkriterium ergibt sich daher die gleichmäßige Konvergenz von $\sum\limits_{\nu=1}^{\infty} a_\nu(x)$ auf $[0,c]$.

b) Wir nehmen an, die Reihe konvergiert auf $[0,\infty)$ gleichmäßig. Dann gibt es nach Aufgabe 6.3.2 ein $N \in \mathbb{N}$, so daß für alle $n > N$ und alle $x \in [0,\infty)$ gilt

$$|a_n(x)| = \left|\frac{nx^2}{n^3 + x^3}\right| < \frac{1}{2}.$$

Wir erhalten jedoch $a_n(n) = \dfrac{1}{2}$. Widerspruch!

6.3.4 a) 1. Es ist $x^\nu - x^{\nu+1} = x^\nu(1-x)$. Für $x = 1$ konvergiert die betrachtete Reihe also trivialerweise, und für $0 \leq x < 1$ konvergiert sie wegen der Konvergenz der geometrischen Reihe.

2. Es gilt $\sum\limits_{\nu=0}^{n}(x^\nu - x^{\nu+1}) = 1 - x^{n+1}$, und nach Aufgabe 6.1.3 kann die betrachtete Reihe auf $[0,1]$ nicht gleichmäßig konvergieren.

b) Wir wenden das CAUCHY-Kriterium für gleichmäßige Konvergenz an. Zu einem gegebenen $\varepsilon > 0$ bestimmen wir ein $N \in \mathbb{N}$, so daß gilt $|\varepsilon_\nu| < \dfrac{\varepsilon}{2}$ für alle $\nu > N$. Dann erhalten wir für alle $n > m > N$ und alle $x \in [0,1]$

$$\left|\sum_{\nu=m+1}^{n} \varepsilon_\nu(x^\nu - x^{\nu+1})\right| \leq \frac{\varepsilon}{2}\sum_{\nu=m+1}^{n}(x^\nu - x^{\nu+1}) = \frac{\varepsilon}{2}(x^{m+1} - x^{n+1}) < \varepsilon.$$

Daher ist die betrachtete Reihe auf $[0,1]$ gleichmäßig konvergent.

6.3.5 Wir zeigen, daß die Reihe $\sum\limits_{\nu=0}^{\infty}(-1)^\nu(x^\nu - x^{\nu+1})$ auf $[0,1]$ gleichmäßig konvergiert. Für

$$r_n(x) := \sum_{\nu=n+1}^{\infty}(-1)^\nu(x^\nu - x^{\nu+1}) = \sum_{\nu=n+1}^{\infty}(-x)^\nu(1-x)$$

erhalten wir $r_n(1) = 0$ und

$$r_n(x) = (-x)^{n+1}\frac{1-x}{1+x} \qquad \text{falls } x \in [0,1).$$

Hieraus ergibt sich $|r_n(x)| \leq x^n(1-x)$ für alle $x \in [0,1]$, und mit Aufgabe 6.1.17 folgt $r_n(x) \underset{[0,1]}{\Longrightarrow} 0$. Daher ist die betrachtete Reihe auf $[0,1]$ gleichmäßig konvergent.

6.3.6 Wir setzen $f_\nu(x) := \dfrac{\nu x}{1+\nu^4 x^2}$.

a) Es sei ein $a > 0$ gegeben. Dann gilt für alle $\nu \in \mathbb{N}$ und alle $x \geq a$

$$0 \leq f_\nu(x) = \frac{\nu x}{1+\nu^4 x^2} < \frac{\nu x}{\nu^4 x^2} \leq \frac{1}{\nu^3 a}.$$

Aus dem WEIERSTRASSschen Majorantenkriterium folgt, daß die betrachtete Reihe auf $[a, \infty)$ gleichmäßig konvergiert; da a beliebig war und die Reihe an der Stelle $x_0 = 0$ trivialerweise konvergiert, konvergiert sie auf $[0, \infty)$ punktweise.

b) Wir nehmen an, daß die Reihe $f(x) := \sum\limits_{\nu=1}^{\infty} f_\nu(x)$ auf $[0, \infty)$ gleichmäßig konvergiert. Da die Funktionen f_ν an der Stelle 0 stetig sind, muß auch f an der Stelle 0 stetig sein. Für jedes $n \in \mathbb{N}$ gilt

$$f\left(\frac{1}{n^2}\right) = \sum_{\nu=1}^{\infty} \frac{n^2 \nu}{n^4+\nu^4} \geq \sum_{\nu=n}^{2n} \frac{n^2\nu}{n^4+\nu^4} \geq \sum_{\nu=n}^{2n} \frac{n^3}{n^4+16n^4} > \frac{1}{17}.$$

Wegen $f(0) = 0$ ist daher f an der Stelle 0 unstetig. Widerspruch!

6.3.7 Es sei $\{r_n\}_{n=0}^{\infty}$ eine Abzählung der rationalen Zahlen. Für $n \in \mathbb{N}_0$ setzen wir

$$a_n(x) := \begin{cases} 0 & \text{falls} \quad x \neq r_n \\ 1 & \text{falls} \quad x = r_n \end{cases}.$$

Dann konvergiert die Reihe $A(x) := \sum\limits_{\nu=0}^{\infty} a_\nu(x)$ für jedes $x \in \mathbb{R}$. Wir zeigen, daß sie in keinem Teilintervall von $\mathbb{R}$ gleichmäßig konvergiert. Es sei $I \subset \mathbb{R}$ ein beliebiges Intervall. Wir wählen $\varepsilon_0 := \dfrac{1}{2}$. Es sei N eine beliebige natürliche Zahl. Dann gibt es ein $j > N$ mit $r_j \in I$, und wir erhalten

$$|A(r_j) - \sum_{\nu=0}^{N} a_\nu(r_j)| = A(r_j) = 1 > \varepsilon_0;$$

hieraus folgt, daß die betrachtete Reihe auf I nicht gleichmäßig konvergieren kann.

6.3.8 Wir setzen $r_n(x) := \sum\limits_{\nu=n+1}^{\infty} a_\nu(x)$.

a) Es sei $\sum\limits_{\nu=1}^{\infty} a_\nu(x)$ auf X gleichmäßig konvergent. Ferner seien eine Folge $\{x_n\}$ aus X und ein $\varepsilon > 0$ gegeben. Es existiert ein $N \in \mathbb{N}$, so daß für alle $n > N$ und alle $x \in X$ gilt

$$|r_n(x)| = \left|\sum_{\nu=1}^{\infty} a_\nu(x) - \sum_{\nu=1}^{n} a_\nu(x)\right| < \varepsilon.$$

Insbesondere folgt $|r_n(x_n)| < \varepsilon$ für alle $n > N$, also $r_n(x_n) \to 0$.

b) Für jede Folge $\{x_n\}$ aus X gelte $r_n(x_n) \to 0$. Wir nehmen an, daß die Funktionenreihe auf X nicht gleichmäßig konvergiert. Es gibt dann ein $\varepsilon_0 > 0$, so daß zu jedem $N \in \mathbb{N}$ ein $n > N$ und ein $x_n \in X$ existieren mit

$$|r_n(x_n)| = \left| \sum_{\nu=1}^{\infty} a_\nu(x_n) - \sum_{\nu=1}^{n} a_\nu(x_n) \right| \geq \varepsilon_0.$$

Dies führt auf eine Teilfolge $\{n_k\}$ der natürlichen Zahlen mit $|r_{n_k}(x_{n_k})| \geq \varepsilon_0$. Widerspruch!

6.3.9 Wir wenden Aufgabe 6.1.2 an.
Für $A_n(x) := \sum\limits_{\nu=0}^{n} a_\nu(x)$ gilt $A_n(x) \underset{X}{\Longrightarrow} A(x)$; also konvergiert die Folge $\left\{ \sum\limits_{\nu=0}^{n} g_\nu \right\}$ gegen ein $g \in \mathbb{R}$. Hieraus ergibt sich a). Ferner erhalten wir b) aus der Beziehung

$$\lim_{x \to x_0} A(x) = \lim_{x \to x_0} \left\{ \lim_{n \to \infty} A_n(x) \right\} = \lim_{n \to \infty} \left\{ \lim_{x \to x_0} A_n(x) \right\} = \lim_{n \to \infty} \sum_{\nu=0}^{n} g_\nu = g.$$

6.3.10 a) Wegen $0 \leq f_\nu(x) := \dfrac{\nu x - [\nu x]}{\nu^2} \leq \dfrac{1}{\nu^2}$ für alle $x \in [0,1]$ folgt aus dem WEIERSTRASSschen Majorantenkriterium, daß die betrachtete Reihe auf $[0,1]$ gleichmäßig gegen eine Funktion f konvergiert.
b) Es sei $x_0 \in [0,1] \setminus \mathbb{Q}$. Dann sind alle Funktionen f_ν an x_0 stetig. Da die betrachtete Reihe auf $[0,1]$ gleichmäßig konvergiert, muß auch f an x_0 stetig sein.
c) Es sei $x_0 = 0$. Für jedes $\nu \in \mathbb{N}$ gilt $\lim\limits_{x \to 0+} f_\nu(x) = f_\nu(0) = 0$. Daher erhalten wir mit Aufgabe 6.3.9

$$\lim_{x \to 0+} f(x) = \lim_{x \to 0+} \sum_{\nu=1}^{\infty} f_\nu(x) = \sum_{\nu=1}^{\infty} \lim_{x \to 0+} f_\nu(x) = 0 = f(0).$$

Also ist f an der Stelle 0 stetig.
d) Es sei $x_0 \in (0,1] \cap \mathbb{Q}$. Wir zeigen, daß die Funktion f an der Stelle x_0 unstetig ist. Es seien p, q teilerfremde natürliche Zahlen mit $x_0 = \dfrac{p}{q}$. Die Funktion f_ν ist an der Stelle x_0 genau dann unstetig, wenn $\nu x_0 \in \mathbb{N}$, d.h. $\nu \in \{q, 2q, 3q, ...\}$ gilt. Unter Benutzung von Aufgabe 6.3.9 erhalten wir

$$|f(x_0) - \lim_{x \to x_0-} f(x)| = \left| \sum_{\nu=1}^{\infty} \{f_\nu(x_0) - \lim_{x \to x_0-} f_\nu(x)\} \right| = \sum_{\mu=1}^{\infty} \frac{1}{(\mu q)^2} \neq 0.$$

Also ist f an der Stelle x_0 unstetig.

6.3.11 a) Wegen $|a_\nu\varphi(x-x_\nu)| \leq |a_\nu|$ für alle $x \in \mathbb{R}$ ergibt sich mit dem WEIERSTRASSschen Majorantenkriterium die gleichmäßige Konvergenz der betrachteten Reihe auf $\mathbb{R}$. Die Grenzfunktion bezeichnen wir mit f.

b) 1. Es sei $x_0 \notin \{x_1, x_2, ...\}$. Da alle Funktionen $a_\nu\varphi(x-x_\nu)$ an x_0 stetig sind, folgt aus der gleichmäßigen Konvergenz der Reihe $\sum\limits_{\nu=1}^{\infty} a_\nu\varphi(x-x_\nu)$ die Stetigkeit von f an x_0. Nach Aufgabe 6.3.9 ergibt sich für jedes $M \in \mathbb{N}$

$$\begin{aligned} f(x_M+) &= \lim_{x\to x_M+} \sum_{\nu=0}^{\infty} a_\nu\varphi(x-x_\nu) = \sum_{\nu=0}^{\infty} \lim_{x\to x_M+} a_\nu\varphi(x-x_\nu) = \\ &= a_M + \sum_{\substack{\nu=0 \\ \nu\neq M}}^{\infty} a_\nu\varphi(x_M-x_\nu) = a_M + f(x_M). \end{aligned}$$

Andere Möglichkeit (ohne Benutzung von Aufgabe 6.3.9): Es sei $M \in \mathbb{N}$. Wir zeigen, daß $f(x_M+) - f(x_M) = a_M$ gilt. Zu einem gegebenen $\varepsilon > 0$ existiert ein $N > M$ mit $\sum\limits_{\nu=N+1}^{\infty} |a_\nu| < \varepsilon/2$. Wir wählen $\delta > 0$ so, daß keiner der Punkte $x_1, ..., x_{M-1}, x_{M+1}, ..., x_N$ in $U_\delta(x_M)$ liegt, d.h. jede der Funktionen $\varphi(x-x_\nu)$ ist für $\nu \in \{1, ..., M-1, M+1, ..., N\}$ konstant auf $U_\delta(x_M)$. Für alle $x \in U_\delta(x_M)$ mit $x > x_M$ folgt dann

$$f(x) - f(x_M) = a_M + \sum_{\nu=N+1}^{\infty} a_\nu\{\varphi(x-x_\nu) - \varphi(x_M-x_\nu)\}$$

und damit

$$|f(x) - f(x_M) - a_M| \leq 2 \sum_{\nu=N+1}^{\infty} |a_\nu| < \varepsilon.$$

Da ε beliebig war, ergibt sich $f(x_M+) - f(x_M) = a_M$.

6.3.12 a) Für ein $c > 1$ sei $I \subset [c, \infty)$. Dann gilt $\dfrac{1}{\nu^x} \leq \dfrac{1}{\nu^c}$ für alle $x \in I$. Wegen $c > 1$ konvergiert die Reihe $\sum\limits_{\nu=1}^{\infty} \dfrac{1}{\nu^c}$. Nach dem WEIERSTRASSschen Kriterium konvergiert daher $A(x) := \sum\limits_{\nu=1}^{\infty} \dfrac{1}{\nu^x}$ auf I gleichmäßig.

b) Es sei I ein Intervall, auf welchem die betrachtete Reihe gleichmäßig konvergiert. Da $\sum\limits_{\nu=1}^{\infty} \dfrac{1}{\nu^x}$ für $x \leq 1$ divergiert, folgt $I \subset (1, \infty)$. Wir nehmen an, daß $1 \in \partial I$ gilt.

Die Funktionen A_n mit $A_n(x) = \sum\limits_{\nu=1}^{n} \dfrac{1}{\nu^x}$ sind auf I beschränkt. Wir zeigen, daß die Funktion A auf I unbeschränkt ist und daß $\{A_n(x)\}$ daher nach Aufgabe 6.1.1 auf I nicht gleichmäßig konvergieren kann. Es sei M eine beliebig große positive Zahl. Dann gibt es ein $N \in \mathbb{N}$ mit $A_N(1) = \sum\limits_{\nu=1}^{N} \dfrac{1}{\nu} > 2M$. Wegen der Stetigkeit von A_N an 1 existiert ein $x_0 \in I$ mit $A_N(x_0) > M$. Somit erhalten wir $A(x_0) \geq A_N(x_0) > M$, also ist A auf I unbeschränkt. Daher ist $1 \notin \partial I$, und folglich gibt es ein $c > 1$ mit $I \subset [c, \infty)$.

Hinweis: Die durch die betrachtete Reihe in $(1, \infty)$ definierte Funktion wird RIEMANNsche Zetafunktion genannt und meist mit

$$\zeta(x) = \sum_{\nu=1}^{\infty} \frac{1}{\nu^x}$$

bezeichnet. Sie spielt bei Untersuchungen über die Primzahlverteilung eine wesentliche Rolle.

6.3.13 Es sei $X \subset \mathbb{R}$ eine beschränkte Menge und $a > 0$ so gewählt, daß $X \subset [-a, a]$ gilt.
Wir zeigen mit vollständiger Induktion, daß $|f_n(x)| \le aq^n$ für alle $n \in \mathbb{N}$ und alle $x \in X$ gilt. Dies ist klar für $n = 1$; ist $|f_n(x)| \le aq^n$ für ein $n \in \mathbb{N}$, so ergibt sich für alle $x \in X$ die Abschätzung

$$|f_{n+1}(x)| = \left|f\Big(f_n(x)\Big)\right| \le q|f_n(x)| \le aq^{n+1}.$$

Da die Reihe $\sum\limits_{\nu=1}^{\infty} aq^\nu$ konvergiert, folgt mit dem WEIERSTRASSschen Kriterium die gleichmäßige Konvergenz der betrachteten Reihe auf X.

6.3.14 a) Die im Hinweis definierten Funktionen f_n sind auf $[0,1]$ stetig, und offensichtlich gilt $\max\limits_{[0,1]} |f_n(x)| = \gamma_n$. Wir zeigen, daß die Reihe $\sum\limits_{\nu=1}^{\infty} f_\nu(x)$ auf $[0,1]$ gleichmäßig konvergiert.
Es sei ein $\varepsilon > 0$ gegeben. Dann existiert ein N so, daß für alle $n \in \mathbb{N}$ mit $n > N$ gilt $\gamma_n < \varepsilon$. Für alle $n > N$ und alle $x \in [0,1]$ folgt hieraus

$$\left|\sum_{\nu=n+1}^{\infty} f_\nu(x)\right| = \begin{cases} f_k(x) & \text{falls} \quad \dfrac{1}{2k+2} \le x \le \dfrac{1}{2k} \quad \text{für ein} \quad k \ge n+1 \\ 0 & \text{sonst} \end{cases},$$

also ist $\left|\sum\limits_{\nu=n+1}^{\infty} f_\nu(x)\right| < \varepsilon$. Hieraus folgt die Behauptung.
b) Es sei $X = \{0\}$ und $\gamma_n = \dfrac{1}{n}$ für alle $n \in \mathbb{N}$. Dann muß gelten $f_n(0) = \dfrac{1}{n}$, und die Reihe $\sum\limits_{\nu=1}^{\infty} f_\nu(0)$ divergiert.

6.3.15 a) Setzen wir $I := \mathbb{R}$ und $a_\nu(x) := \dfrac{1}{\nu^2}$, so erfüllt die Reihe $\sum\limits_{\nu=1}^{\infty} a_\nu(x)$ die geforderten Bedingungen.
b) Setzen wir $I := \mathbb{R}$ und $a_\nu(x) := \dfrac{(-1)^\nu}{\nu}$, so erfüllt die Reihe $\sum\limits_{\nu=1}^{\infty} a_\nu(x)$ die geforderten Bedingungen.

c) Die Reihe $\sum\limits_{\nu=1}^{\infty} x^\nu$ konvergiert auf $I := (-1,1)$ absolut; da die Teilsummen beschränkte Funktionen sind und die Grenzfunktion $\frac{1}{1-x}$ auf I unbeschränkt ist, kann die Konvergenz auf $(-1,1)$ nicht gleichmäßig sein (vgl. Aufgabe 6.1.1).

d) Die Reihe $\sum\limits_{\nu=1}^{\infty} \frac{(-1)^\nu}{\nu x}$ ist auf $I := (0,\infty)$ konvergent, aber nicht absolut konvergent. Sie ist auch nicht gleichmäßig konvergent auf I, da die Reihenreste $\sum\limits_{\nu=n}^{\infty} \frac{(-1)^\nu}{\nu x}$ unbeschränkt sind, wie bei festem n der Grenzübergang $x \to 0+$ zeigt.

6.3.16 Für $x = 0$ hat die betrachtete Reihe trivialerweise den Wert 0. Für jedes $x \neq 0$ konvergiert die Reihe absolut aufgrund der Konvergenz der geometrischen Reihe, und es gilt

$$\sum_{\nu=0}^{\infty} \frac{x}{(1+x^2)^\nu} = x\sum_{\nu=0}^{\infty}\Big(\frac{1}{1+x^2}\Big)^\nu = \frac{1+x^2}{x}.$$

Da die Reihenglieder stetige Funktionen sind, die Grenzfunktion aber an 0 unstetig ist, kann keine gleichmäßige Konvergenz auf einem Intervall I mit $0 \in I$ vorliegen.

6.3.17 a) 1. Die absolute Konvergenz der Reihe $\sum\limits_{\nu=0}^{\infty} \frac{(-1)^\nu x^2}{(1+x^2)^\nu}$ ist für $x = 0$ trivial, für $x \neq 0$ folgt sie aus der Konvergenz der geometrischen Reihe.

2. Wir zeigen, daß die betrachtete Reihe auf $\mathbb{R}$ gleichmäßig konvergiert. Für die Reihenreste $r_n(x)$ gilt $r_n(0) = 0$ und im Falle $x \neq 0$

$$\begin{aligned}|r_n(x)| &= \Big|\sum_{\nu=n+1}^{\infty} \frac{(-1)^\nu x^2}{(1+x^2)^\nu}\Big| = \Big|x^2\Big(\frac{-1}{1+x^2}\Big)^{n+1}\sum_{\nu=0}^{\infty}\Big(\frac{-1}{1+x^2}\Big)^\nu\Big| = \\ &= \frac{x^2}{(1+x^2)^{n+1}}\cdot\frac{1+x^2}{2+x^2} \leq \frac{x^2}{(1+x^2)^n} \leq \frac{x^2}{1+nx^2} < \frac{1}{n}\end{aligned}$$

(hierbei haben wir im vorletzten Schritt die BERNOULLIsche Ungleichung verwendet). Die betrachtete Reihe konvergiert daher gleichmäßig auf $\mathbb{R}$.

b) Für die Reihenreste $\rho_n(x)$ der Reihe $\sum\limits_{\nu=0}^{\infty} \frac{x^2}{(1+x^2)^\nu}$ gilt im Falle $x \neq 0$

$$\rho_n(x) := \sum_{\nu=n+1}^{\infty} \frac{x^2}{(1+x^2)^\nu} = \Big(\frac{1}{1+x^2}\Big)^n.$$

Hieraus folgt $\rho_n\Big(\frac{1}{\sqrt{n}}\Big) \to \frac{1}{e}$; also konvergiert die Reihe auf $\mathbb{R}$ nicht gleichmäßig.

6.3.18 Die betrachtete Reihe konvergiert nach dem LEIBNIZ-Kriterium für jedes $x \in \mathbb{R}$. Andererseits folgt $\frac{1}{\nu+x^2} > \frac{1}{2\nu}$ für alle $\nu > x^2$, so daß die Reihe wegen der Divergenz der harmonischen Reihe für kein $x \in I\!R$ absolut konvergieren kann. Wir zeigen, daß die Reihe auf $I\!R$ gleichmäßig konvergiert. Dazu sei ein $\varepsilon > 0$ gegeben. Wir bestimmen N so, daß gilt

$$\sum_{\nu=N}^{\infty} \frac{1}{\nu^2} < \varepsilon.$$

Es sei $n > N$; dann folgt für alle $x \in I\!R$

$$\Big| \sum_{\nu=n+1}^{\infty} \frac{(-1)^{\nu-1}}{\nu + x^2} \Big| =$$

$$= \Big\{ \frac{1}{n+1+x^2} - \frac{1}{n+2+x^2} \Big\} + \Big\{ \frac{1}{n+3+x^2} - \frac{1}{n+4+x^2} \Big\} + \cdots =$$

$$= \sum_{\nu=0}^{\infty} \frac{1}{(n+2\nu+1+x^2)(n+2\nu+2+x^2)} \leq \sum_{\nu=0}^{\infty} \frac{1}{(n+\nu)^2} \leq \sum_{\nu=N}^{\infty} \frac{1}{\nu^2} < \varepsilon.$$

Hieraus ergibt sich die gleichmäßige Konvergenz der betrachteten Reihe.

6.3.19 a) Wir zeigen, daß die betrachtete Reihe auf $I\!R$ gleichmäßig konvergiert. Aus $(1 - \sqrt{\nu}|x|)^2 \geq 0$ folgt $1 + \nu x^2 \geq 2\sqrt{\nu}|x|$, und wir erhalten damit $\left| \frac{x}{\nu(1+\nu x^2)} \right| \leq \frac{1}{2}\nu^{-3/2}$ für alle $x \in I\!R$. Aus dem WEIERSTRASSschen Majorantenkriterium folgt, daß die betrachtete Reihe auf $I\!R$ gleichmäßig konvergiert. Da die Reihenglieder stetige Funktionen sind, muß auch die Summenfunktion A stetig sein.

b) Es gilt

$$\Big| xA(x) - \sum_{\nu=1}^{\infty} \frac{1}{\nu^2} \Big| = \sum_{\nu=1}^{\infty} \frac{1}{\nu^2(1+\nu x^2)} \leq \frac{1}{1+x^2} \sum_{\nu=1}^{\infty} \frac{1}{\nu^2}.$$

Hieraus folgt die Behauptung.

6.3.20 a) Für alle $x \in [0,1]$ und alle $\nu \in I\!N$ gilt $|f_\nu(x)| \leq \frac{2}{\nu^2}$. Nach dem WEIERSTRASSschen Majorantenkriterium konvergiert also die betrachtete Reihe auf $[0,1]$ gleichmäßig.

b) 1. Es seien $x_1, x_2 \in [0,1]$ mit $x_1 < x_2$. Dann gilt

$$f(x_2) - f(x_1) = \sum_{\nu=1}^{\infty} \{f_\nu(x_2) - f_\nu(x_1)\} > 0,$$

d.h. die Funktion f ist auf $[0,1]$ streng monoton wachsend.

2. Es sei $x_0 \in [0,1]$ und $x_0 \neq a_n$ für alle $n \in I\!N$. Dann ist jede Funktion f_n stetig an x_0. Da die betrachtete Reihe nach a) gleichmäßig konvergiert, muß f an x_0 stetig sein.

3. Es sei $N \in \mathbb{N}$ fest. Dann ist f_ν stetig an a_N für alle $\nu \neq N$ und damit auch die Funktion $\varphi_N(x) := \sum\limits_{\nu=1}^{N-1} f_\nu(x) + \sum\limits_{\nu=N+1}^{\infty} f_\nu(x)$. Hieraus folgt

$$\lim_{x \to a_N+} f(x) = \lim_{x \to a_N+} \varphi_N(x) + \lim_{x \to a_N+} f_N(x) = \varphi_N(a_N) + \frac{2a_N}{N^2},$$

$$\lim_{x \to a_N-} f(x) = \lim_{x \to a_N-} \varphi_N(x) + \lim_{x \to a_N-} f_N(x) = \varphi_N(a_N) + \frac{a_N}{N^2}.$$

Daher besitzt f an der Stelle a_N eine Unstetigkeitsstelle 1. Art.

6.3.21 a) Für $x = 0$ divergiert die betrachtete Reihe trivialerweise. Es sei $x \neq 0$. Dann folgt aus I; Aufgabe 3.2.3

$$\sum_{\nu=1}^{\infty} \nu e^{-\nu x^2} = \sum_{\nu=1}^{\infty} \nu (e^{-x^2})^\nu = \frac{e^{-x^2}}{(1 - e^{-x^2})^2}.$$

b) Es sei $|x| \neq 1$. Wegen

$$\frac{x^{2^\nu}}{1 - x^{2^{\nu+1}}} = \frac{1}{1 - x^{2^\nu}} - \frac{1}{1 - x^{2^{\nu+1}}}$$

gilt für alle $n \in \mathbb{N}$ die Beziehung

$$\sum_{\nu=0}^{n} \frac{x^{2^\nu}}{1 - x^{2^{\nu+1}}} = \frac{1}{1 - x} - \frac{1}{1 - x^{2^{n+1}}}.$$

Damit erhalten wir

$$\sum_{\nu=0}^{\infty} \frac{x^{2^\nu}}{1 - x^{2^{\nu+1}}} = \begin{cases} \dfrac{1}{1-x} - 1 & \text{falls} \quad |x| < 1 \\ \dfrac{1}{1-x} & \text{falls} \quad |x| > 1 \end{cases}.$$

6.3.22 Wir setzen $a_\nu(x) := x^\nu \{(1 - x^\nu)(1 - x^{\nu+1})\}^{-1}$.
a) Es sei $0 < r < 1$. Für alle x mit $|x| \leq r$ und alle $\nu \in \mathbb{N}$ folgt dann

$$|a_\nu(x)| \leq r^\nu (1 - r)^{-1} (1 - r^2)^{-1}.$$

Mit dem WEIERSTRASSschen Majorantenkriterium erhalten wir daher die gleichmäßige Konvergenz der betrachteten Reihe auf dem Intervall $[-r, r]$. Da r beliebig war, ergibt sich die gleichmäßige Konvergenz auf jeder kompakten Teilmenge von $(-1, 1)$.
b) Es sei $R > 1$ und N so, daß $R^N > 2$ gilt. Für $|x| > R$ und $\nu \geq N$ folgt dann

$$|a_\nu(x)| \leq \frac{|x|^\nu}{|x|^\nu - 1} \cdot \frac{1}{|x|^{\nu+1} - 1} < 2 \cdot \frac{1}{R^{\nu+1} - 1} < \frac{4}{R^\nu}.$$

Wie in a) ergibt sich hieraus die gleichmäßige Konvergenz auf jeder kompakten Teilmenge von $\mathbb{R} \setminus [-1,1]$.

c) Für alle $\nu \in \mathbb{N}$ erhalten wir

$$a_\nu(x) = \frac{1}{1-x^\nu} - \frac{1}{1-x^{\nu+1}} + x a_\nu(x).$$

Setzen wir $A_n(x) := \sum\limits_{\nu=1}^{n} a_\nu(x)$, so ergibt sich daher

$$A_n(x) = \frac{1}{1-x} - \frac{1}{1-x^{n+1}} + x A_n(x).$$

Für $|x| < 1$ erhalten wir

$$A(x) := \lim_{n\to\infty} A_n(x) = \frac{1}{1-x} - 1 + xA(x),$$

also $A(x) = \dfrac{x}{(1-x)^2}$.

Analog ergibt sich für $|x| > 1$ die Beziehung

$$A(x) := \lim_{n\to\infty} A_n(x) = \frac{1}{1-x} + xA(x),$$

also $A(x) = \dfrac{1}{(1-x)^2}$.

6.3.23 Durch ABELsche partielle Summation erhalten wir mit $g_0(x) := 0$ für alle $x \in X$ die folgende Beziehung

$$\sum_{\nu=1}^{n} f_\nu(x)\{g_\nu(x) - g_{\nu-1}(x)\} \;=\; f_n(x)g_n(x) - \sum_{\nu=1}^{n-1} g_\nu(x)\{f_{\nu+1}(x) - f_\nu(x)\}.$$

Hieraus ergibt sich unmittelbar die Behauptung.

6.3.24 Ohne Beschränkung der Allgemeinheit können wir annehmen, daß $\{a_n\}$ monoton fallend ist. Setzen wir $F_\nu(x) := \sum\limits_{\mu=1}^{\nu} f_\mu(x)$, so erhalten wir für jedes $n \in \mathbb{N}$ und jedes $x \in X$ durch ABELsche partielle Summation

$$\sum_{\nu=1}^{n} a_\nu f_\nu(x) = a_n F_n(x) + \sum_{\nu=1}^{n-1} F_\nu(x)(a_\nu - a_{\nu+1}). \qquad (*)$$

a) Wegen $|F_n(x)| \leq M$ für alle $n \in \mathbb{N}$ und alle $x \in X$ ergibt sich $a_n F_n(x) \underset{X}{\Longrightarrow} 0$.

b) Es gilt $|F_\nu(x)| \cdot |a_\nu - a_{\nu+1}| \leq M(a_\nu - a_{\nu+1})$ für alle $\nu \in \mathbb{N}$ und alle $x \in X$. Wir erhalten

$$\sum_{\nu=1}^{\infty} M(a_\nu - a_{\nu+1}) = M \cdot \lim_{n\to\infty} (a_1 - a_{n+1}) = M a_1.$$

Nach dem WEIERSTRASSschen Kriterium ist daher die Reihe $\sum_{\nu=1}^{\infty} F_\nu(x)(a_\nu - a_{\nu+1})$ auf X gleichmäßig konvergent.
Wegen $(*)$ ergibt sich aus a) und b) die Behauptung.

6.3.25 a) Setzen wir $F_\nu(x) := \sum_{\mu=1}^{\nu} f_\mu(x)$, so erhalten wir für alle $n \in \mathbb{N}$ und $x \in X$ durch ABELsche partielle Summation

$$\sum_{\nu=1}^{n} f_\nu(x) g_\nu(x) = F_n(x) g_n(x) - \sum_{\nu=1}^{n-1} F_\nu(x)\{g_{\nu+1}(x) - g_\nu(x)\}. \qquad (*)$$

1. Wir zeigen, daß $\{g_n(x)\}_{n=1}^{\infty}$ auf X gleichmäßig gegen eine Funktion g konvergiert. Dazu wenden wir das CAUCHYsche Kriterium für gleichmäßige Konvergenz an. Es sei ein $\varepsilon > 0$ gegeben. Wir wählen N so, daß für alle $m, n \in \mathbb{N}$ mit $n > m > N$ gilt

$$\sum_{\nu=m}^{n-1} \sup_X |g_{\nu+1}(x) - g_\nu(x)| < \varepsilon.$$

Dann ergibt sich für alle $m, n \in \mathbb{N}$ mit $n > m > N$ und alle $x \in X$ die Abschätzung

$$|g_n(x) - g_m(x)| = \Big|\sum_{\nu=m}^{n-1}\{g_{\nu+1}(x) - g_\nu(x)\}\Big| \leq \sum_{\nu=m}^{n-1} \sup_X |g_{\nu+1}(x) - g_\nu(x)| < \varepsilon.$$

Folglich existiert eine Funktion g mit $g_n(x) \underset{X}{\Longrightarrow} g(x)$.

2. Wir zeigen, daß jede Funktion g_n beschränkt ist. Dies folgt direkt aus der Abschätzung

$$\begin{aligned} |g_n(x)| &= \Big|g_1(x) + \sum_{\nu=1}^{n-1}\{g_{\nu+1}(x) - g_\nu(x)\}\Big| \leq \\ &\leq \sup_X |g_1(x)| + \sum_{\nu=1}^{\infty} \sup_X |g_{\nu+1}(x) - g_\nu(x)|. \end{aligned}$$

3. Da die Folge $\{F_n(x)\}$ auf X gleichmäßig gegen eine beschränkte Funktion konvergiert, gibt es ein N^* und ein $K > 0$, so daß für alle $n > N^*$ gilt $|F_n(x)| < K$ für alle $x \in X$.

4. Aus Aufgabe 6.1.13 ergibt sich, daß die Funktionenfolge $\{F_n(x) g_n(x)\}$ auf X gleichmäßig konvergiert; ferner erhalten wir für alle $\nu > N^*$ und alle $x \in X$ die Abschätzung

$$|F_\nu(x)| \cdot |g_{\nu+1}(x) - g_\nu(x)| \leq K \cdot \sup_X |g_{\nu+1}(x) - g_\nu(x)|$$

und daher mit Hilfe des WEIERSTRASSschen Majorantenkriteriums die gleichmäßige Konvergenz der Reihe $\sum_{\nu=1}^{\infty} F_\nu(x)\{g_{\nu+1}(x) - g_\nu(x)\}$ auf X. Aus $(*)$ ergibt sich damit die Behauptung.

b) Im allgemeinen kann auf die Beschränktheit von g_1 nicht verzichtet werden. Wir setzen $f_\nu(x) := \frac{1}{\nu^2}$ und $g_\nu(x) := \frac{1}{x}$ für alle $\nu \in I\!N$ und $x \in (0,1)$. Dann sind alle Voraussetzungen (abgesehen von der Beschränktheit von g_1) erfüllt, aber die Reihe $\sum\limits_{\nu=1}^{\infty} \frac{1}{x\nu^2}$ ist auf $(0,1)$ nicht gleichmäßig konvergent.

6.3.26 Es sei ein $\varepsilon > 0$ gegeben. Wir setzen $F_\nu(x) := \sum\limits_{\mu=1}^{\nu} f_\mu(x)$. Es gibt dann ein $M > 0$, so daß für alle $\nu \in I\!N$ und alle $x \in X$ gilt $|F_\nu(x)| \le M$. Ferner existiert ein N, so daß für alle $n \in I\!N$ mit $n > N$ und für alle $x \in X$ gilt $|g_n(x)| < \frac{\varepsilon}{4M}$. Durch ABELsche partielle Summation erhalten wir für alle $m, n \in I\!N$ mit $n > m > N$ und alle $x \in X$

$$\Big|\sum_{\nu=m+1}^{n} f_\nu(x)g_\nu(x)\Big| =$$

$$= \Big|F_n(x)g_n(x) - F_m(x)g_{m+1}(x) + \sum_{\nu=m+1}^{n-1} F_\nu(x)\{g_\nu(x) - g_{\nu+1}(x)\}\Big| \le$$

$$\le M\frac{\varepsilon}{4M} + M\frac{\varepsilon}{4M} + M\sum_{\nu=m+1}^{n-1}\{g_\nu(x) - g_{\nu+1}(x)\} =$$

$$= \frac{\varepsilon}{2} + M\{g_{m+1}(x) - g_n(x)\} < \frac{\varepsilon}{2} + M\frac{\varepsilon}{2M} = \varepsilon.$$

Mit dem CAUCHYschen Kriterium für gleichmäßige Konvergenz folgt hieraus die Behauptung.

6.3.27 Für alle $n \in I\!N$ gilt $\Big|\sum\limits_{\nu=1}^{n}(-1)^\nu\Big| \le 1$. Die Funktionenfolge $\{f_n(x)\}$ erfüllt die Voraussetzungen (2) und (3) des DIRICHLETschen Kriteriums aus Aufgabe 6.3.26. Damit ergibt sich direkt die Behauptung.

6.3.28 Die im Hinweis angegebene Beziehung ist leicht mit ABELscher partieller Summation zu verifizieren, wenn man berücksichtigt, daß diejenigen Terme, welche mit $F(x)$ multipliziert sind, sich zu Null addieren.
Es sei ein $\varepsilon > 0$ gegeben und $M > 0$ so gewählt, daß $|g_n(x)| < M$ für alle $n \in I\!N$ und alle $x \in X$ gilt. Dann gibt es ein N, so daß für alle $n > N$ und alle $x \in X$ folgt

$$|F_n(x) - F(x)| < \frac{\varepsilon}{4M}.$$

Es seien $m, n \in I\!N$ mit $n > m > N$. Dann erhalten wir mit der im Hinweis angegebenen

Beziehung für jedes $x \in X$

$$\Big|\sum_{\nu=m+1}^{n} f_\nu(x)g_\nu(x)\Big| < \frac{\varepsilon}{4M}M + \frac{\varepsilon}{4M}M + \frac{\varepsilon}{4M}\cdot\sum_{\nu=m+1}^{n} |g_\nu(x) - g_{\nu+1}(x)|.$$

Die rechts auftretende Summe ist wegen Voraussetzung (3) eine Teleskopsumme, und es ergibt sich $\Big|\sum\limits_{\nu=m+1}^{n} f_\nu(x)g_\nu(x)\Big| < \varepsilon$ für alle $x \in X$. Aus dem CAUCHYschen Kriterium für gleichmäßige Konvergenz folgt die Behauptung.

6.3.29 a) Es sei $0 < x < 1$. Die Funktionen $g_\nu(x) := \dfrac{x^\nu}{1+x^\nu}$ sind auf $(0,1)$ beschränkt durch die Konstante $M = 1$, und für jedes feste $x \in (0,1)$ ist $\{g_\nu(x)\}$ monoton fallend. Aus der Konvergenz der Reihe $\sum\limits_{\nu=1}^{\infty} \dfrac{(-1)^{\nu-1}}{\nu}$ ergibt sich also mit dem ABELschen Kriterium (siehe Aufgabe 6.3.28) die gleichmäßige Konvergenz der Reihe $\sum\limits_{\nu=1}^{\infty} \dfrac{(-1)^{\nu-1}}{\nu} g_\nu(x)$ auf $(0,1)$. Mit Aufgabe 6.3.9 folgt daher

$$\lim_{x\to 1-}\Big\{\sum_{\nu=1}^{\infty}\frac{(-1)^{\nu-1}}{\nu}\cdot\frac{x^\nu}{1+x^\nu}\Big\} = \sum_{\nu=1}^{\infty}\Big\{\frac{(-1)^{\nu-1}}{\nu}\cdot\lim_{x\to 1-}\frac{x^\nu}{1+x^\nu}\Big\} =$$

$$= \frac{1}{2}\sum_{\nu=1}^{\infty}\frac{(-1)^{\nu-1}}{\nu} = \frac{1}{2}\ln 2 = \ln\sqrt{2}.$$

b) Für $0 < x < 1$ setzen wir $g_\nu(x) := (1-x)\dfrac{x^\nu}{1-x^{2\nu}}$. Es gilt

$$0 \le g_\nu(x) = \frac{x^\nu}{1+x+x^2+\cdots+x^{2\nu-1}} \le \frac{x^\nu}{1+x+\cdots+x^\nu} \le \frac{x^\nu}{(\nu+1)x^\nu} < \frac{1}{\nu},$$

also ist $\{g_\nu(x)\}$ auf $(0,1)$ gleichmäßig konvergent gegen Null. Ferner ist $\{g_\nu(x)\}$ für jedes feste $x \in (0,1)$ monoton fallend. Wegen $\Big|\sum\limits_{\nu=1}^{n}(-1)^{\nu-1}\Big| \le 1$ für alle $n \in \mathbb{N}$ konvergiert nach dem DIRICHLETschen Kriterium die Reihe $\sum\limits_{\nu=1}^{\infty}(-1)^{\nu-1}g_\nu(x)$ gleichmäßig auf $(0,1)$. Mit Aufgabe 6.3.9 folgt daher

$$\lim_{x\to 1-}\Big\{(1-x)\sum_{\nu=1}^{\infty}(-1)^{\nu-1}\frac{x^\nu}{1-x^{2\nu}}\Big\} = \sum_{\nu=1}^{\infty}\Big\{(-1)^{\nu-1}\cdot\lim_{\nu\to 1-} g_\nu(x)\Big\} =$$

$$= \sum_{\nu=1}^{\infty}(-1)^{\nu-1}\frac{1}{2\nu} = \frac{1}{2}\ln 2 = \ln\sqrt{2}.$$

6.3.30 a) Für den Fall, daß die betrachtete DIRICHLET-Reihe für alle $x \in \mathbb{R}$ divergiert, setzen wir $\lambda = \infty$.

b) Die DIRICHLET-Reihe sei konvergent für ein $x_0 \in \mathbb{R}$.

1. Es gilt

$$\frac{a_n}{n^x} = \frac{a_n}{n^{x_0}} \cdot \frac{1}{n^{x-x_0}}.$$

Für alle $x \in [x_0, \infty)$ und alle $n \in \mathbb{N}$ sind die Funktionen $g_n(x) := \frac{1}{n^{x-x_0}}$ gleichmäßig beschränkt (durch die Konstante $M = 1$); ferner ist $\{g_n(x)\}$ für jedes feste $x \in [x_0, \infty)$ monoton fallend. Wegen der Konvergenz von $\sum\limits_{n=1}^{\infty} \frac{a_n}{n^{x_0}}$ ergibt sich aus dem ABELschen Kriterium (siehe Aufgabe 6.3.28) die gleichmäßige Konvergenz der Reihe $\sum\limits_{n=1}^{\infty} \frac{a_n}{n^{x_0}} \cdot \frac{1}{n^{x-x_0}}$ auf $[x_0, \infty)$.

2. Wir setzen

$$\lambda := \inf\left\{x_0 : \sum_{n=1}^{\infty} \frac{a_n}{n^{x_0}} \text{ ist konvergent }\right\}.$$

Gilt $\lambda = -\infty$, so ist die DIRICHLET-Reihe nach 1. für alle $x \in \mathbb{R}$ konvergent.
Gilt $\lambda \in \mathbb{R}$, so ist die DIRICHLET-Reihe nach 1. für alle $x > \lambda$ konvergent und muß aufgrund der Definition von λ für jedes $x < \lambda$ divergieren.
Aus 1. ergibt sich weiter, daß auf jedem Intervall $[x_0, \infty) \subset (\lambda, \infty)$ gleichmäßige Konvergenz vorliegt, woraus die Stetigkeit von f auf (λ, ∞) folgt.

6.3.31 a) 1. Die DIRICHLET-Reihe $\sum\limits_{n=1}^{\infty} \frac{n^n}{n^x}$ divergiert für alle $x \in \mathbb{R}$, da ihre Glieder keine Nullfolge bilden; also hat die Reihe die Konvergenzabszisse $\lambda = \infty$.
2. Die DIRICHLET-Reihe $\sum\limits_{n=1}^{\infty} \frac{1}{n^n n^x}$ konvergiert für alle $x \in \mathbb{R}$, denn für $n \geq 2 - x$ gilt $\frac{1}{n^n n^x} \leq \frac{1}{n^2}$; also hat die Reihe die Konvergenzabszisse $\lambda = -\infty$.
3. Die DIRICHLET-Reihe $\sum\limits_{n=1}^{\infty} \frac{n^{\lambda-1}}{n^x}$ konvergiert für $x > \lambda$ und divergiert für $x \leq \lambda$; also hat die Reihe die Konvergenzabszisse λ.
b) Die DIRICHLET-Reihe $\sum\limits_{n=1}^{\infty} \frac{(-1)^n}{n^x}$ ist für $x > 0$ aufgrund des LEIBNIZ-Kriteriums konvergent, aber für $0 < x \leq 1$ nicht absolut konvergent.

6.3.32 a) Wir setzen zur Abkürzung

$$f_\nu(x) := \frac{1}{4^\nu} g(4^\nu x).$$

Aus $0 \leq g(x) \leq 2$ ergibt sich $0 \leq f_\nu(x) \leq \frac{2}{4^\nu}$ für alle $x \in \mathbb{R}$; also konvergiert $\sum\limits_{\nu=1}^{\infty} f_\nu(x)$ gleichmäßig auf $\mathbb{R}$. Da alle Funktionen f_ν auf $\mathbb{R}$ stetig sind, ist f stetig auf $\mathbb{R}$.

b) Für alle $x_1, x_2 \in I\!R$ erfüllt die Funktion g die Ungleichung

$$g(x_1 + x_2) - g(x_1) \geq -|x_2|. \tag{$*$}$$

Es sei ein beliebiges Intervall I gegeben. Wir wählen ein Intervall $(a, b) \subset I$ und zeigen, daß f in (a, b) nicht monoton ist. Es existieren $k \in Z\!\!Z$ und $m \in I\!N$ mit $x_0 := k4^{-m} \in (a, b)$ (vgl. I; Aufgabe 4.3.21). Ohne Beschränkung der Allgemeinheit können wir annehmen, daß mit $h_m := 4^{-2m-1}$ gilt $[x_0 - h_m, x_0 + h_m] \subset (a, b)$; andernfalls ersetze man m durch $m + m_0$ und k durch $k4^{m_0}$ für ein genügend großes $m_0 \in I\!N$. Für $\nu > m$ gilt (man beachte, daß g die Periode 4 besitzt)

$$f_\nu(x_0) = \frac{1}{4^\nu} g(k4^{\nu-m}) = 0,$$

und für $\nu > 2m + 1$ erhalten wir

$$f_\nu(x_0 + h_m) = \frac{1}{4^\nu} g(k4^{\nu-m} + 4^\nu h_m) = \frac{1}{4^\nu} g(4^{\nu-2m-1}) = 0.$$

Also folgt unter Benutzung von $(*)$

$$\begin{aligned} f(x_0 + h_m) - f(x_0) &= \\ &= \sum_{\nu=1}^{m} \frac{1}{4^\nu} \Big\{ g(4^\nu x_0 + 4^\nu h_m) - g(4^\nu x_0) \Big\} + \sum_{\nu=m+1}^{2m+1} \frac{1}{4^\nu} g(4^\nu x_0 + 4^\nu h_m) \geq \\ &\geq -\sum_{\nu=1}^{m} \frac{1}{4^\nu} 4^\nu h_m + \sum_{\nu=m+1}^{2m+1} \frac{1}{4^\nu} g(4^\nu h_m) = -m h_m + (m+1) h_m = h_m > 0. \end{aligned}$$

Auf analoge Weise erhalten wir

$$f(x_0 - h_m) - f(x_0) \geq -m h_m + (m+1) h_m = h_m > 0.$$

Daher kann f in (a, b) nicht monoton sein.

6.3.33 a) Wir beweisen zunächst den im Hinweis formulierten Hilfssatz. Die Mengen $X^- := A^- \cup \{x \in I\!R : |x| \geq r\}$ und $X^+ := A^+ \cup \{x \in I\!R : |x| \geq r\}$ sind abgeschlossen, und es gilt $X^- \cap A^+ = \emptyset$ sowie $X^+ \cap A^- = \emptyset$. Nach dem Satz von URYSOHN (siehe I; Aufgabe 5.1.25) gibt es daher zwei auf $I\!R$ stetige Funktionen φ^+ und φ^- mit

$$\begin{aligned} &\varphi^+(x) = 1 \quad \text{falls} \quad x \in A^+, \\ &\varphi^+(x) = 0 \quad \text{falls} \quad x \in X^-, \qquad 0 \leq \varphi^+(x) \leq 1 \quad \text{für alle} \quad x \in I\!R, \end{aligned}$$

$$\begin{aligned} &\varphi^-(x) = 1 \quad \text{falls} \quad x \in A^-, \\ &\varphi^-(x) = 0 \quad \text{falls} \quad x \in X^+, \qquad 0 \leq \varphi^-(x) \leq 1 \quad \text{für alle} \quad x \in I\!R. \end{aligned}$$

Die Funktion $\varphi(x) := a\{\varphi^+(x) - \varphi^-(x)\}$ leistet dann das Gewünschte.

b) Die Funktion f ist auf K stetig, also beschränkt. Es gelte $-M \le f(x) \le M$ für alle $x \in K$. Wir setzen

$$K_1^+ := \Big\{x \in K : f(x) \ge \frac{1}{3}M\Big\}, \qquad K_1^- := \Big\{x \in K : f(x) \le -\frac{1}{3}M\Big\}.$$

Nach dem Hilfssatz gibt es eine auf $\mathbb{R}$ stetige Funktion f_1 mit

$$f_1(x) = \frac{1}{3}M, \quad \text{falls} \quad x \in K_1^+, \qquad f_1(x) = -\frac{1}{3}M, \quad \text{falls} \quad x \in K_1^-,$$

$$f_1(x) = 0, \quad \text{falls} \quad |x| \ge r, \qquad |f_1(x)| \le \frac{1}{3}M \quad \text{für alle} \quad x \in \mathbb{R}.$$

Es folgt

$$-\frac{2}{3}M \le f(x) - f_1(x) \le \frac{2}{3}M$$

für alle $x \in K$. Wir wenden das eben beschriebene Verfahren auf die Funktion $f - f_1$ anstelle von f an: Es sei

$$K_2^+ := \Big\{x \in K : f(x) - f_1(x) \ge \frac{1}{3}\cdot\frac{2}{3}M\Big\}, \qquad K_2^- := \Big\{x \in K : f(x) - f_1(x) \le -\frac{1}{3}\cdot\frac{2}{3}M\Big\}.$$

Nach dem Hilfssatz gibt es eine auf $\mathbb{R}$ stetige Funktion f_2 mit

$$f_2(x) = \frac{1}{3}\cdot\frac{2}{3}M, \quad \text{falls} \quad x \in K_2^+, \qquad f_2(x) = -\frac{1}{3}\cdot\frac{2}{3}M, \quad \text{falls} \quad x \in K_2^-,$$

$$f_2(x) = 0, \quad \text{falls} \quad |x| \ge r, \qquad |f_2(x)| \le \frac{1}{3}\cdot\frac{2}{3}M \quad \text{für alle} \quad x \in \mathbb{R}.$$

Es folgt

$$-\Big(\frac{2}{3}\Big)^2 M \le f(x) - f_1(x) - f_2(x) \le \Big(\frac{2}{3}\Big)^2 M$$

für alle $x \in K$. Nach n analogen Schritten erhalten wir Funktionen $f_1, f_2, \dots, f_n$ mit

$$-\Big(\frac{2}{3}\Big)^n M \le f(x) - \sum_{\nu=1}^{n} f_\nu(x) \le \Big(\frac{2}{3}\Big)^n M \quad \text{für alle } x \in K, \tag{$*$}$$

$$|f_n(x)| \le \frac{1}{3}\cdot\Big(\frac{2}{3}\Big)^{n-1} M. \tag{$**$}$$

Aus $(**)$ folgt, daß die Reihe $\sum_{\nu=1}^{\infty} f_\nu(x)$ auf $\mathbb{R}$ gleichmäßig konvergiert und dort eine stetige Funktion F darstellt. Aus $(*)$ ergibt sich $F(x) = f(x)$ für alle $x \in K$, und aus der Konstruktion der f_n folgt $F(x) = 0$, falls $|x| \ge r$.

6.4 Potenzreihen

6.4.1 Mit der Formel von CAUCHY-HADAMARD erkennt man unmittelbar:

a) Die Reihe $\sum_{\nu=0}^{\infty} \nu^\nu x^\nu$ hat den Konvergenzradius $R = 0$.

b) Die Reihe $\sum_{\nu=0}^{\infty} \frac{x^\nu}{\nu^\nu}$ hat den Konvergenzradius $R = \infty$.

c) Für $0 < R < \infty$ hat die Reihe $\sum_{\nu=0}^{\infty} \frac{x^\nu}{R^\nu}$ den Konvergenzradius R.

6.4.2 Wir wenden das Quotientenkriterium an. Es gilt

$$\frac{r_1 r_2 \cdots r_n}{r_1 r_2 \cdots r_n r_{n+1}} = \frac{1}{r_{n+1}} \to \frac{1}{r} \qquad (n \to \infty).$$

Damit folgt die Behauptung.

6.4.3 Wir berechnen den jeweiligen Konvergenzradius R unter Benutzung des Quotientenkriteriums. Es gilt:

a) $\dfrac{a_{\nu+1}}{a_\nu} = \left(1 + \dfrac{1}{\nu}\right)^\nu \to e$, also ist $R = e^{-1}$;

b) $\dfrac{a_{\nu+1}}{a_\nu} = \dfrac{2 + (\nu+1)^2/2^\nu}{1 + \nu^2/2^\nu} \to 2$, also ist $R = \dfrac{1}{2}$;

c) $\dfrac{a_{\nu+1}}{a_\nu} = \dfrac{1}{4} \cdot \dfrac{2\nu+1}{2\nu+2}\left(1 + \dfrac{2}{2\nu-1}\right)^{2\nu-1} \to \dfrac{e^2}{4}$, also ist $R = \dfrac{4}{e^2}$.

6.4.4 Wir berechnen den jeweiligen Konvergenzradius R unter Benutzung der Formel von CAUCHY-HADAMARD.

a) Es gilt $1^{1/\nu} \le a_\nu^{1/\nu} \le \nu^{1/\nu}$. Hieraus folgt $a_\nu^{1/\nu} \to 1$, also ist $R = 1$.

b) Es gilt $a_\nu^{1/\nu} = a^{(\nu-1)!}$. Für $0 < a < 1$ erhalten wir $a_\nu^{1/\nu} \to 0$, also $R = \infty$. Für $a = 1$ erhalten wir $a_\nu^{1/\nu} \to 1$, also $R = 1$. Für $a > 1$ ergibt sich $a_\nu^{1/\nu} \to \infty$, also $R = 0$.

c) Es gilt

$$\overline{\lim_{\nu\to\infty}} a_\nu^{1/\nu} = \overline{\lim_{\nu\to\infty}} a_{\nu^2}^{1/\nu^2} = \lim_{\nu\to\infty} (\nu^\nu)^{1/\nu^2} = \lim_{\nu\to\infty} \nu^{1/\nu} = 1,$$

also $R = 1$.

d) Es sei $\nu_0 > b + 1$. Für $\nu > \nu_0$ erhalten wir dann

$$\left| \prod_{\mu=\nu_0+1}^{\nu} \frac{b+1-\mu}{\mu} \right| = \prod_{\mu=\nu_0+1}^{\nu} \left(1 - \frac{b+1}{\mu}\right) \le 1,$$

und es folgt für $\nu \to \infty$

$$\left|\frac{1}{\nu}\binom{b}{\nu}\right| = \frac{1}{\nu}\left|\frac{b(b-1)(b-2)(b-\nu_0+1)}{1\cdot 2\cdot 3\cdots \nu_0}\right|\cdot\left|\prod_{\mu=\nu_0+1}^{\nu}\frac{b+1-\mu}{\mu}\right| \to 0.$$

Hieraus ergibt sich $a_\nu^{1/\nu} \to 1$, und wir erhalten $R = 1$.

6.4.5 Wir setzen $\xi := (x - x_0)^k$.

a) Es sei $R = \infty$. Dann konvergiert die Potenzreihe $\sum\limits_{\nu=0}^{\infty} a_\nu \xi^\nu$ für alle $\xi \in \mathbb{R}$. Damit konvergiert auch $A_k(x)$ für alle $x \in \mathbb{R}$.

b) Es sei $R < \infty$.

1. Ist $R = 0$, so konvergiert die Potenzreihe $\sum\limits_{\nu=0}^{\infty} a_\nu \xi^\nu$ nur für $\xi = 0$. Damit konvergiert die Reihe $A_k(x)$ nur für $x = x_0$, und sie besitzt daher den Konvergenzradius $0 = R^{1/k}$.

2. Ist $0 < R < \infty$, so konvergiert die Potenzreihe $\sum\limits_{\nu=0}^{\infty} a_\nu \xi^\nu$ für alle ξ mit $|\xi| < R$ und divergiert für alle ξ mit $|\xi| > R$. Damit konvergiert die Reihe $A_k(x)$ für alle x mit $|x - x_0| < R^{1/k}$ und divergiert für alle x mit $|x - x_0| > R^{1/k}$.

Hieraus folgt die Behauptung.

6.4.6 a) Wir setzen $\xi := (x+1)^2$ und berechnen den Konvergenzradius der Reihe $\sum\limits_{\nu=1}^{\infty} a_\nu \xi^\nu$ mit $a_\nu := \binom{2\nu}{\nu}$. Wir erhalten

$$\frac{a_{\nu+1}}{a_\nu} = 2\,\frac{2\nu+1}{\nu+1} \to 4.$$

Daher ist der Konvergenzradius der Reihe $\sum\limits_{\nu=1}^{\infty} a_\nu \xi^\nu$ gleich $\frac{1}{4}$, d.h. die Ausgangsreihe hat den Konvergenzradius $R = \frac{1}{2}$.

b) Wir setzen $\xi := x^5$ und berechnen den Konvergenzradius der Reihe $\sum\limits_{\nu=0}^{\infty} a_\nu \xi^\nu$ mit

$$a_\nu := \{4 + (-1)^\nu\}^{-3\nu}.$$

Es gilt

$$\overline{\lim_{\nu\to\infty}}\, a_\nu^{1/\nu} = \overline{\lim_{\nu\to\infty}}\{4 + (-1)^\nu\}^{-3} = \frac{1}{27}.$$

Daher ist der Konvergenzradius der Reihe $\sum\limits_{\nu=0}^{\infty} a_\nu \xi^\nu$ gleich 27. Somit ist der Konvergenzradius der Reihe $\sum\limits_{\nu=0}^{\infty} a_\nu x^{5\nu}$ (und folglich auch der Ausgangsreihe) gleich $27^{1/5}$.

6.4.7 a) Die Funktion Q besitzt als Polynom vom Grad q höchstens q reelle Nullstellen. Es existiert daher ein $N \in \mathbb{N}$ mit $Q(n) \neq 0$ für alle $n \geq N$.

b) Es sei $R(x) := \sum_{\nu=0}^{r} a_\nu x^\nu$ ein beliebiges Polynom mit dem Grad $r \in \mathbb{N}_0$. Dann gibt es ein $x_0 > 0$, so daß für alle $x > x_0$ gilt

$$\frac{1}{2} < 1 - \sum_{\nu=0}^{r-1} \left|\frac{a_\nu x^\nu}{a_r x^r}\right| \le \left|\frac{R(x)}{a_r x^r}\right| \le 1 + \sum_{\nu=0}^{r-1} \left|\frac{a_\nu x^\nu}{a_r x^r}\right| < 2.$$

Insbesondere ist

$$\frac{1}{2}|a_r|n^r \le |R(n)| \le 2|a_r|n^r \qquad \text{für alle } n > x_0. \qquad (**)$$

Hieraus folgt $|R(n)|^{1/n} \to 1$, und daraus erhalten wir speziell

$$\left|\frac{P(n)}{Q(n)}\right|^{1/n} \to 1 \qquad (n \to \infty).$$

Daher hat die betrachtete Reihe den Konvergenzradius $R = 1$.

c) Ist $q \ge p+2$, so ergibt sich aus $(**)$, daß die Folge $\left\{\frac{n^2 P(n)}{Q(n)}\right\}_{n=N}^{\infty}$ durch eine Konstante M beschränkt ist. Hieraus folgt für alle x mit $|x| = 1$ und alle $n \ge N$ die Abschätzung

$$\left|\frac{P(n)}{Q(n)}x^n\right| \le \frac{M}{n^2},$$

so daß die betrachtete Potenzreihe an $x = 1$ und $x = -1$ konvergiert.

d) Ist $q \le p$, so konvergiert die Folge $\left\{\frac{P(n)}{Q(n)}\right\}_{n=N}^{\infty}$ nach $(**)$ nicht gegen Null, und daher kann die betrachtete Reihe für $x = 1$ und $x = -1$ nicht konvergieren.

6.4.8 Es gilt $\sum_{\nu=0}^{\infty} a_\nu x^{\nu^2} = \sum_{\nu=0}^{\infty} b_\nu x^\nu$ mit

$$b_\nu = \begin{cases} a_\mu & \text{falls } \nu = \mu^2 \text{ für ein } \mu \in \mathbb{N}_0 \\ 0 & \text{falls } \nu \ne \mu^2 \text{ für alle } \mu \in \mathbb{N}_0 \end{cases}.$$

a) Wegen $\overline{\lim_{\mu\to\infty}} |a_\mu|^{1/\mu} = \frac{1}{R_A}$ ist die Folge $\{|a_\mu|^{1/\mu}\}$ nach oben beschränkt durch eine Konstante $M > 0$. Hieraus folgt

$$\overline{\lim_{\nu\to\infty}} |b_\nu|^{1/\nu} = \overline{\lim_{\mu\to\infty}} |a_\mu|^{1/\mu^2} \le \overline{\lim_{\mu\to\infty}} M^{1/\mu} = 1.$$

b) Es gibt eine Folge $\{\mu_k\}$ mit $|a_{\mu_k}|^{1/\mu_k} \to \frac{1}{R_A}$. Hieraus folgt

$$\left|b_{\mu_k^2}\right|^{1/\mu_k^2} = |a_{\mu_k}|^{1/\mu_k^2} \to 1.$$

Aus a) und b) ergibt sich $R_B = 1$.

6.4.9 a) Es sei x_0 fest, $|x_0| = R \geq 1$; ferner sei ein $\varepsilon > 0$ gegeben. Dann existiert eine Konstante $M > 0$, so daß $|a_\nu| \leq M(1+\varepsilon)^\nu$ für alle $\nu \in \mathbb{N}_0$ gilt. Wir erhalten

$$\begin{aligned} |s_n(x_0)| &\leq \max_{|x|\leq R} |s_n(x)| \leq \sum_{\nu=0}^{n} |a_\nu| R^\nu \leq M \sum_{\nu=0}^{n} (1+\varepsilon)^\nu R^\nu \leq \\ &\leq M(n+1)(1+\varepsilon)^n R^n. \end{aligned}$$

Hieraus folgt (da $\varepsilon > 0$ beliebig war)

$$\overline{\lim_{n\to\infty}} |s_n(x_0)|^{1/n} \leq \overline{\lim_{n\to\infty}} \Big\{ \max_{|x|\leq R} |s_n(x)| \Big\}^{1/n} \leq R. \qquad (*)$$

Wir nehmen an, daß $\overline{\lim\limits_{n\to\infty}} |s_n(x_0)|^{1/n} < R$ ist. Es existiert dann ein $R_0 \in (0, R)$ und ein $N \in \mathbb{N}$, so daß $|s_n(x_0)| \leq R_0^n$ für alle $n \geq N$ gilt. Für alle $n > N$ folgt

$$|a_n x_0^n| = |s_n(x_0) - s_{n-1}(x_0)| \leq R_0^n + R_0^{n-1} = \Big(1 + \frac{1}{R_0}\Big) R_0^n$$

und daraus

$$\overline{\lim_{n\to\infty}} |a_n|^{1/n} \leq \frac{R_0}{|x_0|} = \frac{R_0}{R} < 1.$$

Dieser Widerspruch zeigt, daß in beiden Ungleichungen von $(*)$ das Gleichheitszeichen stehen muß. Da x_0 mit $|x_0| \geq 1$ beliebig war, folgen die Aussagen (1) und (3).

b) Ist $x_0 = 0$, so gilt $r_n(0) = 0$ für alle $n \in \mathbb{N}_0$, und die Aussage (2) gilt trivialerweise. Es sei x_0 fest, $0 < |x_0| = r < 1$; ferner sei ein $\varepsilon > 0$ gegeben mit $r < 1 - \varepsilon < 1$. Dann existiert eine Konstante $M > 0$, so daß $|a_\nu| \leq M\Big(\frac{1}{1-\varepsilon}\Big)^\nu$ für alle $\nu \in \mathbb{N}_0$ gilt. Wir erhalten mit einer Konstanten $\tilde{M} > 0$

$$|r_n(x_0)| \leq \max_{|x|\leq r} |r_n(x)| \leq \sum_{\nu=n+1}^{\infty} |a_\nu| r^\nu \leq M \sum_{\nu=n+1}^{\infty} \Big(\frac{r}{1-\varepsilon}\Big)^\nu \leq \tilde{M} \Big(\frac{r}{1-\varepsilon}\Big)^n.$$

Hieraus folgt (da $\varepsilon > 0$ beliebig war)

$$\overline{\lim_{n\to\infty}} |r_n(x_0)|^{1/n} \leq \overline{\lim_{n\to\infty}} \Big\{ \max_{|x|\leq r} |r_n(x)| \Big\}^{1/n} \leq r. \qquad (**)$$

Wir nehmen an, daß $\overline{\lim\limits_{n\to\infty}} |r_n(x_0)|^{1/n} < r$ ist. Es existiert dann ein $r_0 \in (0, r)$ und ein $N \in \mathbb{N}$, so daß $|r_n(x_0)| \leq r_0^n$ für alle $n \geq N$ gilt. Für alle $n > N$ folgt

$$|a_n x_0^n| = |r_n(x_0) - r_{n-1}(x_0)| \leq r_0^n + r_0^{n-1} = \Big(1 + \frac{1}{r_0}\Big) r_0^n$$

und daraus

$$\overline{\lim_{n\to\infty}} |a_n|^{1/n} \leq \frac{r_0}{|x_0|} = \frac{r_0}{r} < 1.$$

Dieser Widerspruch zeigt, daß in beiden Ungleichungen von $(**)$ das Gleichheitszeichen stehen muß. Es folgen die Aussagen (2) und (4).

6.4.10 a) 1. Es sei A eine gerade Funktion. Dann folgt für alle $x \in (-R, R)$

$$0 = A(x) - A(-x) = \sum_{\nu=0}^{\infty} a_\nu\{x^\nu - (-x)^\nu\} = \sum_{\nu=1}^{\infty} 2a_{2\nu-1}x^{2\nu-1}.$$

Mit dem Identitätssatz für Potenzreihen ergibt sich $a_{2\nu-1} = 0$ für alle $\nu \in \mathbb{N}$.

2. Für alle $\nu \in \mathbb{N}$ gelte $a_{2\nu-1} = 0$. Dann folgt für alle $x \in (-R, R)$

$$A(-x) = \sum_{\nu=0}^{\infty} a_{2\nu}(-x)^{2\nu} = \sum_{\nu=0}^{\infty} a_{2\nu}x^{2\nu} = A(x),$$

und daher ist A eine gerade Funktion.

b) Der Beweis erfolgt analog zu a).

6.4.11 a) Für jedes $k \in \mathbb{N}_0$ gilt

$$\binom{\nu+1+k}{\nu+1}\Big/\binom{\nu+k}{\nu} = \frac{\nu+1+k}{\nu+1} \to 1 \qquad (\nu \to \infty).$$

Daher hat jede der betrachteten Reihen nach dem Quotientenkriterium den Konvergenzradius $R = 1$.

b) Wir zeigen die behauptete Identität durch vollständige Induktion nach k. Für $k = 0$ ergibt sich die geometrische Reihe. Die behauptete Identität sei für ein $k \in \mathbb{N}_0$ richtig. Mit der CAUCHY-Multiplikation von Reihen erhalten wir dann für alle x mit $|x| < 1$

$$\begin{aligned}\frac{1}{(1-x)^{k+1}} &= \frac{1}{1-x}\cdot\frac{1}{(1-x)^k} = \Big\{\sum_{\nu=0}^{\infty} x^\nu\Big\}\cdot\Big\{\sum_{\nu=0}^{\infty}\binom{\nu+k}{\nu}x^\nu\Big\} = \\ &= \sum_{\nu=0}^{\infty}\Big\{\sum_{\mu=0}^{\nu}\binom{\mu+k}{\mu}\Big\}x^\nu.\end{aligned}$$

Nach I; Aufgabe 1.7.8 gilt

$$\sum_{\mu=0}^{\nu}\binom{\mu+k}{\mu} = \binom{\nu+k+1}{\nu},$$

und daraus folgt die Behauptung.

6.4.12 a) Es gilt $\binom{\nu+1}{\nu} = \nu+1$. Mit Aufgabe 6.4.11 folgt daher

$$\sum_{\nu=1}^{\infty} \nu x^\nu = \sum_{\nu=0}^{\infty}(\nu+1)x^{\nu+1} = x\sum_{\nu=0}^{\infty}(\nu+1)x^\nu = \frac{x}{(1-x)^2}.$$

b) Es gilt

$$\nu^2 = 2\binom{\nu+2}{\nu} - 3\binom{\nu+1}{\nu} + \binom{\nu+0}{\nu}$$

für alle $\nu \in \mathbb{N}_0$. Aus Aufgabe 6.4.11 folgt daher

$$\sum_{\nu=1}^{\infty} \nu^2 x^\nu = \sum_{\nu=0}^{\infty} \nu^2 x^\nu = \frac{2}{(1-x)^3} - \frac{3}{(1-x)^2} + \frac{1}{1-x} = \frac{x(1+x)}{(1-x)^3}.$$

c) Wir erhalten unter Verwendung von a)

$$\sum_{\nu=0}^{\infty} (2\nu+1) x^{2\nu} = 2\sum_{\nu=1}^{\infty} \nu (x^2)^\nu + \sum_{\nu=0}^{\infty} (x^2)^\nu = \frac{1+x^2}{(1-x^2)^2}.$$

6.4.13 Es gilt

$$\sum_{\nu=0}^{\infty} \binom{\nu}{k} x^\nu = \sum_{\nu=k}^{\infty} \binom{\nu}{k} x^\nu = \sum_{\nu=k}^{\infty} \binom{\nu}{\nu-k} x^\nu = \sum_{\nu=0}^{\infty} \binom{\nu+k}{\nu} x^{\nu+k}.$$

Aus Aufgabe 6.4.11 folgt die Behauptung.

6.4.14 Aus Aufgabe 6.4.13 erhalten wir für $|x| < 1$ durch CAUCHY-Multiplikation

$$\begin{aligned} x^k &= \frac{x^k}{(1-x)^{k+1}} \cdot (1-x)^{k+1} = \\ &= \Big\{ \sum_{\nu=0}^{\infty} \binom{\nu}{k} x^\nu \Big\} \cdot \Big\{ \sum_{\nu=0}^{\infty} \binom{k+1}{\nu} (-1)^\nu x^\nu \Big\} =: \sum_{n=0}^{\infty} c_n x^n, \end{aligned}$$

wobei

$$c_n = \sum_{\nu=0}^{n} (-1)^{n-\nu} \binom{k+1}{n-\nu} \binom{\nu}{k} = (-1)^n \sum_{\nu=k}^{n} (-1)^\nu \binom{k+1}{n-\nu} \binom{\nu}{k}.$$

Mit dem Identitätssatz für Potenzreihen ergibt sich hieraus die Behauptung.

6.4.15 Es sei $x \in (-1, 1)$. Dann ergibt sich durch CAUCHY-Multiplikation

$$\frac{e^{-x}}{1-x} = \Big\{ \sum_{\nu=0}^{\infty} \frac{(-1)^\nu}{\nu!} x^\nu \Big\} \cdot \Big\{ \sum_{\nu=0}^{\infty} x^\nu \Big\} = \sum_{\nu=0}^{\infty} a_\nu x^\nu.$$

Hieraus folgt

$$\frac{1}{1-x} = e^x \sum_{\nu=0}^{\infty} a_\nu x^\nu = \Big\{ \sum_{\nu=0}^{\infty} \frac{x^\nu}{\nu!} \Big\} \cdot \Big\{ \sum_{\nu=0}^{\infty} a_\nu x^\nu \Big\} = \sum_{n=0}^{\infty} \Big(\sum_{\nu=0}^{n} \frac{a_\nu}{(n-\nu)!} \Big) x^n.$$

Andererseits gilt $\frac{1}{1-x} = \sum_{n=0}^{\infty} x^n$. Mit dem Identitätssatz für Potenzreihen ergibt sich also die Behauptung.

6.4.16 Für alle $x \in (-1,1)$ gilt unter Benutzung von Aufgabe 6.4.11

$$(x + x^2 + ... + x^N)^n = x^n\Big(\sum_{k=0}^{N-1} x^k\Big)^n = x^n(1-x^N)^n \cdot \frac{1}{(1-x)^n} =$$

$$= x^n(1-x^N)^n \cdot \sum_{\nu=0}^{\infty} \binom{n+\nu-1}{\nu} x^\nu. \qquad (*)$$

Nach dem polynomischen Lehrsatz (vgl. I; Aufgabe 1.7.30) gilt andererseits

$$(x + x^2 + ... + x^N)^n = \sum_{\nu_1+\nu_2+...+\nu_N=n} \frac{n!}{\nu_1!\nu_2!\cdots\nu_N!} x^{\nu_1 + 2\nu_2 + ... + N\nu_N}. \qquad (**)$$

Der Koeffizient von x^N ergibt sich, wenn in $(*)$ der Summationsindex ν den Wert $N-n$ annimmt; also beträgt er $\binom{n+N-n-1}{N-n} = \binom{N-1}{n-1}$. Vergleichen wir diesen Wert mit dem Koeffizienten von x^N in $(**)$, so folgt die Behauptung.

6.4.17 Es sei $x \in (-1,1)$. Dann gilt

$$\frac{1}{1-x} = \sum_{\nu=0}^{\infty} a_\nu x^\nu, \qquad \frac{x^k}{1-x^k} = \sum_{\nu=0}^{\infty} b_\nu x^\nu$$

mit $a_\nu = 1$ für alle $\nu \in \mathbb{N}_0$ und

$$b_\nu = \begin{cases} 1 & \text{falls} \quad \nu = k, 2k, 3k, ... \\ 0 & \text{sonst} \end{cases}.$$

Für die Koeffizienten c_n des CAUCHY-Produktes der beiden Reihen ergibt sich also

$$c_n = \sum_{\nu=0}^{n} a_{n-\nu} b_\nu = \sum_{\nu=1}^{n} b_\nu.$$

Somit ist c_n gleich der Anzahl der natürlichen Zahlen von 1 bis n, die durch k teilbar sind. Ist $n = qk + r$ mit $q, r \in \mathbb{N}_0$ und $0 \le r < k$, so folgt $c_n = q = \left[\frac{n}{k}\right]$ und damit die Behauptung.

6.4.18 Es gilt

$$f(x) = \frac{1-x}{(1-2x)(1+x)} = \frac{1}{3}\Big(\frac{1}{1-2x} + \frac{2}{1+x}\Big).$$

a) Wir betrachten $x_0 = 0$. Dann erhalten wir

$$\frac{1}{1-2x} = \sum_{\nu=0}^{\infty} 2^\nu x^\nu \qquad \text{für} \quad |x| < \frac{1}{2},$$

$$\frac{2}{1+x} = \sum_{\nu=0}^{\infty} 2(-1)^\nu x^\nu \qquad \text{für} \quad |x| < 1,$$

also gilt $f(x) = \frac{1}{3}\sum\limits_{\nu=0}^{\infty}\Big(2^\nu + 2(-1)^\nu\Big)x^\nu$ für $|x| < \frac{1}{2}$. Aus dem Quotientenkriterium ergibt sich $R_0 = \frac{1}{2}$.

b) Wir betrachten $x_1 = 2$. Dann erhalten wir

$$\frac{1}{1-2x} = -\frac{1}{3}\Big\{1 + \frac{2}{3}(x-2)\Big\}^{-1} = -\frac{1}{3}\sum_{\nu=0}^{\infty}(-1)^\nu\Big(\frac{2}{3}\Big)^\nu(x-2)^\nu \qquad \text{für } |x-2| < \frac{3}{2},$$

$$\frac{2}{1+x} = \frac{2}{3}\Big\{1 + \frac{1}{3}(x-2)\Big\}^{-1} = \frac{2}{3}\sum_{\nu=0}^{\infty}(-1)^\nu\Big(\frac{1}{3}\Big)^\nu(x-2)^\nu \qquad \text{für } |x-2| < 3.$$

Hieraus folgt $f(x) = \frac{1}{9}\sum\limits_{\nu=0}^{\infty}\Big(-\frac{1}{3}\Big)^\nu(2-2^\nu)(x-2)^\nu$ für $|x-2| < \frac{3}{2}$. Aus dem Quotientenkriterium ergibt sich $R_1 = \frac{3}{2}$.

6.4.19 a) Es sei $\cosh x \le e^{cx^2}$ für alle $x \in \mathbb{R}$; es gelte also

$$\cosh x = \sum_{\nu=0}^{\infty}\frac{x^{2\nu}}{(2\nu)!} \le \sum_{\nu=0}^{\infty}c^\nu\frac{x^{2\nu}}{\nu!} = e^{cx^2}.$$

Ist $x \neq 0$, so folgt

$$\sum_{\nu=1}^{\infty}\frac{x^{2\nu-2}}{(2\nu)!} \le \sum_{\nu=1}^{\infty}c^\nu\frac{x^{2\nu-2}}{\nu!}.$$

Für $x \to 0$ ergibt sich $c \ge \frac{1}{2}$.

b) Es sei $c \ge \frac{1}{2}$. Dann erhalten wir für alle $x \in \mathbb{R}$

$$\cosh x = \sum_{\nu=0}^{\infty}\frac{x^{2\nu}}{(2\nu)!} \le \sum_{\nu=0}^{\infty}\frac{x^{2\nu}}{2^\nu\nu!} = e^{x^2/2} \le e^{cx^2}.$$

Somit gilt $\cosh x \le e^{cx^2}$ für alle $x \in \mathbb{R}$ genau dann, wenn $c \ge \frac{1}{2}$ ist.

6.4.20 Es gibt Konstanten m, M mit $0 < m < M$ und ein $N \in \mathbb{N}$, so daß für alle $n > N$ gilt $m < |b_n| < M$. Daraus folgt $|b_n|^{1/n} \to 1$ und daher nach I; Aufgabe 2.3.6

$$\overline{\lim_{n\to\infty}}|a_nb_n|^{1/n} = \overline{\lim_{n\to\infty}}|a_n|^{1/n}\cdot\lim_{n\to\infty}|b_n|^{1/n} = \frac{1}{R}.$$

Hieraus ergibt sich die Behauptung.

6.4.21 Wir wählen eine Zahl $q \in (\frac{1}{R}, 1)$. Dann gibt es ein $N \in \mathbb{N}$, so daß für alle $n > N$ folgt $|a_n|^{1/n} < q$, also $|a_n| < q^n < 1$. Wegen $a_n \in \mathbb{Z}$ ergibt sich hieraus $a_n = 0$ für alle $n > N$, d.h. A ist ein Polynom.

6.4.22 Aus $R_A = \{\overline{\lim\limits_{n\to\infty}}|a_n|^{1/n}\}^{-1} > 0$ und $R_B = \{\overline{\lim\limits_{n\to\infty}}|b_n|^{1/n}\}^{-1} > 0$ erhalten wir, daß $\{|a_n|^{1/n}\}$ und $\{|b_n|^{1/n}\}$ beschränkte Folgen sind.

a) Nach I; Aufgabe 2.3.6 gilt

$$\overline{\lim_{n\to\infty}}|a_n b_n|^{1/n} \le \overline{\lim_{n\to\infty}}|a_n|^{1/n} \cdot \overline{\lim_{n\to\infty}}|b_n|^{1/n}.$$

Hieraus folgt $R_H \ge R_A R_B$.

b) Ist $R_Q = 0$, so ist trivialerweise $R_Q < \dfrac{R_A}{R_B}$. Es sei also $R_Q = \{\overline{\lim\limits_{n\to\infty}}|a_n/b_n|^{1/n}\}^{-1} > 0$; dann ergibt sich, daß $\{|a_n/b_n|^{1/n}\}$ eine beschränkte Folge ist. Nach I; Aufgabe 2.3.6 gilt

$$\overline{\lim_{n\to\infty}}|a_n|^{1/n} = \left|\overline{\lim_{n\to\infty}}\left|\frac{a_n}{b_n}b_n\right|^{1/n}\right| \le \left|\overline{\lim_{n\to\infty}}\left|\frac{a_n}{b_n}\right|^{1/n}\right| \cdot \overline{\lim_{n\to\infty}}|b_n|^{1/n}.$$

Hieraus ergibt sich zunächst $R_Q \ne \infty$ (andernfalls wäre $\overline{\lim\limits_{n\to\infty}}|a_n/b_n|^{1/n} = 0$ und damit $R_A = 0$). Ferner erhalten wir $R_A \ge R_Q R_B$, woraus die Behauptung folgt.

6.4.23 a) Es sei ein $r \in (0, R)$ gegeben. Wegen $\overline{\lim\limits_{\nu\to\infty}}|a_\nu|^{1/\nu} = \dfrac{1}{R}$ existiert eine Konstante $M(r)$ mit $|a_\nu| \le M(r)\dfrac{1}{r^\nu}$ für alle $\nu \in \mathbb{N}_0$. Für jedes $x \in \mathbb{R}$ erhalten wir also

$$\frac{|a_\nu||x|^\nu}{\nu!} \le M(r)\frac{1}{\nu!}\left(\frac{|x|}{r}\right)^\nu, \tag{$*$}$$

und aus der Konvergenz von $\sum\limits_{\nu=0}^{\infty}\dfrac{1}{\nu!}\left(\dfrac{|x|}{r}\right)^\nu$ folgt die Konvergenz von $\sum\limits_{\nu=0}^{\infty}\dfrac{a_\nu x^\nu}{\nu!}$. Da $x \in \mathbb{R}$ beliebig war, ist $R_f = \infty$.

b) Aus $(*)$ ergibt sich

$$|f(x)| \le \sum_{\nu=0}^{\infty}\frac{|a_\nu|}{\nu!}|x|^\nu \le M(r)\sum_{\nu=0}^{\infty}\frac{1}{\nu!}\left(\frac{|x|}{r}\right)^\nu = M(r)\exp\left(\frac{|x|}{r}\right).$$

6.4.24 a) Es sei ein $\varepsilon > 0$ gegeben. Wegen $\overline{\lim\limits_{\nu\to\infty}}|a_\nu|^{1/\nu} = 1$ existiert eine Konstante $M > 0$ mit der Eigenschaft $|a_\nu| \le M(1+\varepsilon)^\nu$ für alle $\nu \in \mathbb{N}_0$. Wir erhalten für alle $n \in \mathbb{N}_0$

$$|a_n| \le \sum_{\nu=0}^{n}|a_\nu| = \tilde{A}_n \le M(n+1)(1+\varepsilon)^n.$$

Es ergibt sich

$$1 = \overline{\lim_{n\to\infty}}|a_n|^{1/n} \le \overline{\lim_{n\to\infty}}\tilde{A}_n^{1/n} \le \overline{\lim_{n\to\infty}}\left\{M^{1/n}(n+1)^{1/n}(1+\varepsilon)\right\} = 1+\varepsilon.$$

Da $\varepsilon > 0$ beliebig war, folgt (2).

b) Wegen $|A_\nu| \le \tilde{A}_\nu$ erhalten wir $\overline{\lim\limits_{\nu\to\infty}}|A_\nu|^{1/\nu} \le \overline{\lim\limits_{\nu\to\infty}}\tilde{A}_\nu^{1/\nu} = 1$, und daraus folgt (1).

6.4.25 a) Für alle $n \geq 2$ gilt

$$\sum_{\nu=2}^{n} |a_\nu| \leq \sum_{\nu=2}^{\infty} \nu |a_\nu| \leq 1.$$

Daher konvergiert die Reihe $\sum\limits_{\nu=2}^{\infty} a_\nu x^\nu$ im Punkt $x = 1$, und folglich hat A den Konvergenzradius $R \geq 1$.

b) Wir nehmen an, es gibt $x_1, x_2 \in (-1, 1)$ mit $x_1 \neq x_2$ und $A(x_1) = A(x_2)$. Dann sind nicht alle a_ν gleich Null, und es folgt $x_1 - x_2 = \sum\limits_{\nu=2}^{\infty} a_\nu (x_2^\nu - x_1^\nu)$. Für $\nu \geq 2$ gilt

$$|x_2^\nu - x_1^\nu| = \left|(x_2 - x_1) \sum_{\mu=0}^{\nu-1} x_2^{\nu-1-\mu} x_1^\mu \right| < |x_2 - x_1| \cdot \nu.$$

Es ergibt sich

$$|x_1 - x_2| < |x_1 - x_2| \sum_{\nu=2}^{\infty} \nu |a_\nu|,$$

also $\sum\limits_{\nu=2}^{\infty} \nu |a_\nu| > 1$, was im Widerspruch zur Voraussetzung steht.

6.4.26 Es sei ein $\varepsilon > 0$ gegeben. Dann existiert ein $N \in \mathbb{N}$ mit $|a_n| < \frac{\varepsilon}{2}$ für alle $n > N$. Wir wählen eine Zahl $\delta \in (0, 1)$ mit $\delta \sum\limits_{\nu=0}^{N} |a_\nu| < \frac{\varepsilon}{2}$. Dann folgt für alle $x \in (1 - \delta, 1)$ die Abschätzung

$$\begin{aligned} (1-x)|A(x)| &\leq (1-x) \sum_{\nu=0}^{N} |a_\nu| x^\nu + (1-x) \sum_{\nu=N+1}^{\infty} |a_\nu| x^\nu \leq \\ &\leq \delta \sum_{\nu=0}^{N} |a_\nu| + (1-x) \frac{\varepsilon}{2} x^{N+1} \sum_{\nu=0}^{\infty} x^\nu < \\ &< \frac{\varepsilon}{2} + (1-x) \frac{\varepsilon}{2} \cdot \frac{1}{1-x} = \varepsilon. \end{aligned}$$

Daraus folgt die Behauptung.

6.4.27 Es sei ein $K > 0$ gegeben. Es gibt dann ein $N \in \mathbb{N}$ mit $\sum\limits_{\nu=0}^{N} a_\nu > 2K$. Ferner gibt es eine Zahl $\delta \in (0, 1)$ mit $\sum\limits_{\nu=0}^{N} a_\nu x^\nu > K$ für alle $x \in [1 - \delta, 1]$. Damit erhalten wir für alle $x \in [1 - \delta, 1)$ die Abschätzung $A(x) = \sum\limits_{\nu=0}^{\infty} a_\nu x^\nu \geq \sum\limits_{\nu=0}^{N} a_\nu x^\nu > K$. Da K beliebig war, ergibt sich die Behauptung.

6.4.28 a) Die Potenzreihe $\sum\limits_{\nu=0}^{\infty} a_\nu x^\nu$ konvergiert nach Voraussetzung an der Stelle $x_0 = 1$. Daher konvergiert sie auch auf $[0,1)$ punktweise. Wir setzen $r_n := \sum\limits_{\nu=n}^{\infty} a_\nu$; offensichtlich gilt $r_n \to 0$ für $n \to \infty$. Für $0 \le x < 1$ erhalten wir

$$\begin{aligned}\sum_{\nu=n}^{\infty} a_\nu x^\nu &= \sum_{\nu=n}^{\infty}(r_\nu - r_{\nu+1})x^\nu = \sum_{\nu=n}^{\infty} r_\nu x^\nu - \sum_{\nu=n}^{\infty} r_{\nu+1}x^\nu = \\ &= r_n x^n + \sum_{\nu=n+1}^{\infty} r_\nu x^\nu - \sum_{\nu=n+1}^{\infty} r_\nu x^{\nu-1} = \\ &= r_n x^n + (x-1)\sum_{\nu=n+1}^{\infty} r_\nu x^{\nu-1}.\end{aligned}$$

Es sei ein $\varepsilon > 0$ gegeben. Wir wählen ein N so, daß $|r_\nu| < \frac{\varepsilon}{2}$ für alle $\nu > N$ gilt. Für alle $n > N$ und alle x mit $0 \le x < 1$ folgt dann

$$\left|\sum_{\nu=n}^{\infty} a_\nu x^\nu\right| \le \frac{\varepsilon}{2}x^n + (1-x)\frac{\varepsilon}{2}x^n \sum_{\mu=0}^{\infty} x^\mu < \frac{\varepsilon}{2} + (1-x)\frac{\varepsilon}{2}\cdot\frac{1}{1-x} = \varepsilon.$$

Wegen $\left|\sum\limits_{\nu=n}^{\infty} a_\nu\right| = |r_n| < \frac{\varepsilon}{2} < \varepsilon$ gilt diese Beziehung auch für $x = 1$. Folglich haben wir für alle $n > N$ und alle $x \in [0,1]$

$$\left|A(x) - \sum_{\nu=0}^{n-1} a_\nu x^\nu\right| = \left|\sum_{\nu=n}^{\infty} a_\nu x^\nu\right| < \varepsilon,$$

woraus die gleichmäßige Konvergenz der Potenzreihe auf $[0,1]$ folgt.

b) Nach a) ist die Funktion A auf $[0,1]$ stetig; daraus folgt unmittelbar die Behauptung.

6.4.29 Es sei ein $K > 0$ gegeben. Setzen wir $A_n := \sum\limits_{\nu=0}^{n} a_\nu$, so gibt es ein $N \in \mathbb{N}$ mit $A_n > K$ für alle $n > N$. Für alle $x \in (0,1)$ gilt

$$\frac{1}{1-x}\sum_{\nu=0}^{\infty} a_\nu x^\nu = \Big\{\sum_{\nu=0}^{\infty} x^\nu\Big\}\cdot\Big\{\sum_{\nu=0}^{\infty} a_\nu x^\nu\Big\} = \sum_{\nu=0}^{\infty}\Big\{\sum_{\mu=0}^{\nu} a_\mu\Big\}x^\nu = \sum_{\nu=0}^{\infty} A_\nu x^\nu$$

und damit

$$\begin{aligned}A(x) = (1-x)\sum_{\nu=0}^{\infty} A_\nu x^\nu &\ge (1-x)\sum_{\nu=0}^{N} A_\nu x^\nu + (1-x)K\cdot\sum_{\nu=N+1}^{\infty} x^\nu = \\ &= (1-x)\sum_{\nu=0}^{N} A_\nu x^\nu + Kx^{N+1}.\end{aligned}$$

Hieraus ergibt sich $\varliminf\limits_{x\to 1-} A(x) \ge K$; da K beliebig war, folgt die Behauptung.

6.4.30 Es genügt zu zeigen, daß die Potenzreihe $\sum\limits_{\nu=0}^{\infty} a_\nu(-x)^\nu$ auf dem Intervall $[0,1]$ gleichmäßig konvergiert. Da $\{a_n\}$ eine monoton fallende Nullfolge ist, konvergiert die Reihe $\sum\limits_{\nu=0}^{\infty}(-1)^\nu a_\nu$ nach dem LEIBNIZ-Kriterium. Aus dem ABELschen Grenzwertsatz ergibt sich daher, daß die Reihe $\sum\limits_{\nu=0}^{\infty}(-1)^\nu a_\nu x^\nu$ auf $[0,1]$ gleichmäßig konvergiert.

6.4.31 a) Für jedes $n \in \mathbb{N}_0$ und jedes $x \in [0,1)$ gilt $\sum\limits_{\nu=0}^{n} a_\nu x^\nu \le A(x)$, und wir erhalten

$$s_n := \sum_{\nu=0}^{n} a_\nu = \lim_{x\to 1-} \sum_{\nu=0}^{n} a_\nu x^\nu \le \lim_{x\to 1-} A(x) = s.$$

Nach dem Hauptsatz über monotone Folgen ist die Folge $\{s_n\}$ und damit die Reihe $\sum\limits_{\nu=0}^{\infty} a_\nu$ konvergent.

b) Aus dem ABELschen Grenzwertsatz folgt direkt $\sum\limits_{\nu=0}^{\infty} a_\nu = s$.

6.4.32 Für $n \in \mathbb{N}_0$ setzen wir $\tilde{A}_n := \sum\limits_{\nu=0}^{n} A_\nu$.

a) Die erste der beiden im Hinweis angegebenen Identitäten ist der Spezialfall $k = 1$ in Aufgabe 6.4.11. Die zweite folgt durch zweimalige CAUCHYsche Reihenmultiplikation: Für alle $x \in \mathbb{R}$ mit $|x| < 1$ gilt

$$\frac{1}{(1-x)^2}A(x) = \frac{1}{1-x}\sum_{\nu=0}^{\infty} A_\nu x^\nu = \sum_{\nu=0}^{\infty} \tilde{A}_\nu x^\nu.$$

b) Es sei ein $\varepsilon > 0$ gegeben. Nach Voraussetzung existiert ein $N \in \mathbb{N}$, so daß für alle $n > N$ folgt $|\frac{1}{n+1}\tilde{A}_n - a| < \varepsilon$. Für alle $x \in (0,1)$ ergibt sich daher

$$\begin{aligned}
|A(x) - a| &= \left|(1-x)^2\sum_{\nu=0}^{\infty}\tilde{A}_\nu x^\nu - a(1-x)^2\sum_{\nu=0}^{\infty}(\nu+1)x^\nu\right| = \\
&= (1-x)^2\left|\sum_{\nu=0}^{\infty}(\nu+1)\Big(\frac{1}{\nu+1}\tilde{A}_\nu - a\Big)x^\nu\right| \le \\
&\le (1-x)^2\sum_{\nu=0}^{N}(\nu+1)\left|\frac{1}{\nu+1}\tilde{A}_\nu - a\right| + \\
&\quad + (1-x)^2\sum_{\nu=N+1}^{\infty}(\nu+1)\left|\frac{1}{\nu+1}\tilde{A}_\nu - a\right|x^\nu \le \\
&\le (1-x)^2\sum_{\nu=0}^{N}(\nu+1)\left|\frac{1}{\nu+1}\tilde{A}_\nu - a\right| + \varepsilon.
\end{aligned}$$

Hieraus folgt $\overline{\lim\limits_{x\to 1-}}|A(x) - a| \le \varepsilon$; und da $\varepsilon > 0$ beliebig war, ergibt sich die Behauptung.

6.4.33 Es gibt eine Konstante $M > 0$ mit $|A_n| < M$ für alle $n \in \mathbb{N}_0$.

a) Für alle $n \in \mathbb{N}$ gilt $|a_n| = |A_n - A_{n-1}| < 2M$, also $\overline{\lim\limits_{n\to\infty}}|a_n|^{1/n} \leq \overline{\lim\limits_{n\to\infty}}(2M)^{1/n} = 1$. Damit hat A den Konvergenzradius $R \geq 1$.

b) Für alle $x \in [0,1)$ gilt

$$\frac{1}{1-x}A(x) = \sum_{\nu=0}^{\infty} A_\nu x^\nu,$$

und es folgt

$$|A(x)| \leq (1-x)\sum_{\nu=0}^{\infty}|A_\nu|x^\nu \leq (1-x)M\sum_{\nu=0}^{\infty}x^\nu = M,$$

so daß A in $[0,1)$ beschränkt ist.

6.4.34 Es sei $A(x) := (1+x)^{-2}$. Die Funktion A ist im Intervall $[0,1)$ beschränkt. Für alle $x \in (-1,1)$ gilt nach Aufgabe 6.4.11 die Darstellung $A(x) = \sum\limits_{\nu=0}^{\infty}(-1)^\nu(\nu+1)x^\nu$. Wir erhalten

$$A_{2n-1} = \sum_{\nu=0}^{2n-1}(-1)^\nu(\nu+1) = (1-2)+(3-4)+...+(2n-1-2n) = -n.$$

Damit ist die Folge $\{A_n\}$ nicht beschränkt.

6.4.35 a) Mit $M := \max\{|M_0|,|M_1|\}$ gilt $|A_n| \leq M(n+1)$ für alle $n \in \mathbb{N}_0$. Es folgt $|a_n| = |A_n - A_{n-1}| \leq M(2n+1)$ für alle $n \in \mathbb{N}$, also $\overline{\lim\limits_{n\to\infty}}|a_n|^{1/n} \leq 1$. Daher hat A den Konvergenzradius $R \geq 1$.

b) Für alle $x \in (0,1)$ gilt (vgl. Aufgabe 6.4.11 für $k = 1$)

$$\frac{1}{1-x}A(x) = \sum_{\nu=0}^{\infty}A_\nu x^\nu \leq M_1\sum_{\nu=0}^{\infty}(\nu+1)x^\nu = M_1\frac{1}{(1-x)^2},$$

also $A(x) \leq M_1\dfrac{1}{1-x}$. Analog ergibt sich die Abschätzung von $A(x)$ nach unten.

6.4.36 Für $\alpha = 1$ ist die Behauptung trivial; es sei also $\alpha \neq 1$. Wir erhalten

$$\frac{A_{n+1}}{A_n} = \frac{A_n + a_{n+1}}{A_n} = 1 + \frac{a_{n+1}}{A_{n+1}}\cdot\frac{A_{n+1}}{A_n}, \qquad \text{also} \quad \frac{A_{n+1}}{A_n}\left(1-\frac{a_{n+1}}{A_{n+1}}\right) = 1.$$

Hieraus folgt $\left|\dfrac{A_{n+1}}{A_n}\right| \to \dfrac{1}{|1-\alpha|}$ Aus dem Quotientenkriterium ergibt sich daher, daß die Reihe $\sum\limits_{\nu=0}^{\infty}A_\nu x^\nu$ den Konvergenzradius $|1-\alpha|$ besitzt. Wegen $A(x) = (1-x)\sum\limits_{\nu=0}^{\infty}A_\nu x^\nu$ hat A den Konvergenzradius $R \geq |1-\alpha|$.

6.4.37 Es sei ein $\varepsilon > 0$ gegeben. Dann existiert ein N, so daß für alle $n \in \mathbb{N}$ mit $n > N$ gilt $n|a_n| < \frac{\varepsilon}{4}$ und $\frac{1}{n}\sum\limits_{\nu=0}^{n} \nu|a_\nu| < \frac{\varepsilon}{4}$ (vgl. I; Aufgabe 2.4.5). Für alle $x \in (0,1)$ und alle $n > N$ erhalten wir

$$\begin{aligned}\Big|\sum_{\nu=0}^{n} a_\nu - A(x)\Big| &= \Big|\sum_{\nu=0}^{n} a_\nu(1-x^\nu) - \sum_{\nu=n+1}^{\infty} a_\nu x^\nu\Big| \le \\ &\le (1-x)\Big|\sum_{\nu=1}^{n} a_\nu \sum_{\mu=0}^{\nu-1} x^\mu\Big| + \frac{1}{n}\sum_{\nu=n+1}^{\infty} \nu|a_\nu|x^\nu \le \\ &\le (1-x)\sum_{\nu=1}^{n} \nu|a_\nu| + \frac{\varepsilon x^{n+1}}{4n(1-x)} < (1-x)n\frac{\varepsilon}{4} + \frac{\varepsilon}{4n(1-x)}.\end{aligned}$$

Setzen wir speziell $x := 1 - \frac{1}{n}$, so ergibt sich $|\sum\limits_{\nu=0}^{n} a_\nu - A(1-\frac{1}{n})| < \frac{\varepsilon}{2}$ für alle $n > N$. Wählen wir ein $N_1 > N$, so daß für alle $n > N_1$ folgt $|A(1-\frac{1}{n}) - s| < \frac{\varepsilon}{2}$, so erhalten wir $\Big|\sum\limits_{\nu=0}^{n} a_\nu - s\Big| < \varepsilon$ für alle $n > N_1$. Hieraus ergibt sich die Behauptung.

6.4.38 Die Funktionen A, B, C seien auf $(-1, 1]$ definiert durch

$$A(x) := \sum_{\nu=0}^{\infty} a_\nu x^\nu, \qquad B(x) := \sum_{\nu=0}^{\infty} b_\nu x^\nu, \qquad C(x) := \sum_{\nu=0}^{\infty} c_\nu x^\nu.$$

Da alle drei Potenzreihen an der Stelle $x_0 = 1$ konvergieren, sind sie absolut konvergent für alle $x \in (-1, 1)$, und es gilt dort nach dem Satz von MERTENS

$$A(x) \cdot B(x) = C(x).$$

Mit dem ABELschen Grenzwertsatz ergibt sich

$$\lim_{x\to 1-} A(x) = a, \qquad \lim_{x\to 1-} B(x) = b, \qquad \lim_{x\to 1-} C(x) = c,$$

so daß wir

$$c = \lim_{x\to 1-} C(x) = \lim_{x\to 1-} \{A(x) \cdot B(x)\} = a \cdot b$$

erhalten.

6.4.39 Für $n \in \mathbb{N}_0$ gilt

$$\begin{aligned}\sum_{\nu=0}^{n} c_\nu &= \sum_{\nu=0}^{n}\sum_{\mu=0}^{\nu} a_\mu b_{\nu-\mu} = \sum_{\mu=0}^{n} a_\mu \sum_{\nu=\mu}^{n} b_{\nu-\mu} = \\ &= \sum_{\mu=0}^{n} a_\mu \sum_{\nu=0}^{n-\mu} b_\nu = \Big(\sum_{\mu=0}^{n} a_\mu\Big)\Big(\sum_{\nu=0}^{n} b_\nu\Big) - \rho_n.\end{aligned}$$

a) Ist $\{\rho_n\}$ eine Nullfolge, so konvergiert $\sum\limits_{\nu=0}^{\infty} c_\nu$ gegen $a \cdot b$.

b) Konvergiert $\sum\limits_{\nu=0}^{\infty} c_\nu$, so ergibt sich mit Aufgabe 6.4.38, daß $\sum\limits_{\nu=0}^{\infty} c_\nu = a \cdot b$ gelten muß. Daher folgt $\rho_n \to 0$.

6.4.40 a) Wir setzen $x = 1$ und $y = -1$ sowie $a_\nu = 1$, falls ν gerade ist, und $a_\nu = 0$, falls ν ungerade ist. Dann gilt

$$\sum_{\nu=0}^{\infty} a_\nu(x^\nu - y^\nu) = \sum_{\nu=0}^{\infty} 2a_{2\nu+1} = 0.$$

Andererseits ist die Reihe $\sum\limits_{\nu=0}^{\infty} a_\nu x^\nu = \sum\limits_{\nu=0}^{\infty} a_\nu$ divergent, da die Reihenglieder keine Nullfolge bilden.

b) Die Reihe $\sum\limits_{\nu=0}^{\infty} a_\nu(x^\nu - y^\nu)$ sei konvergent, und es seien x, y Zahlen mit gleichem Vorzeichen. Ohne Beschränkung der Allgemeinheit können wir einen der beiden Fälle $0 < y < x$ oder $x < y < 0$ annehmen. Dann ist die Folge $\{b_n\}$ mit $b_n = (1 - y^n/x^n)^{-1}$ monoton fallend und beschränkt. Da die Reihe $\sum\limits_{\nu=0}^{\infty} a_\nu(x^\nu - y^\nu)$ konvergiert, ergibt sich mit Hilfe des ABELschen Konvergenzkriteriums (vgl. I; Aufgabe 3.3.19), daß auch die Reihe

$$\sum_{\nu=0}^{\infty} a_\nu(x^\nu - y^\nu)(1 - y^\nu/x^\nu)^{-1} = \sum_{\nu=0}^{\infty} a_\nu x^\nu$$

konvergiert.

6.4.41 a) Wir zeigen $|a_n| \le 2^n(|a_0| + |a_1|)$ für alle $n \in \mathbb{N}_0$ durch vollständige Induktion. Die Behauptung stimmt offensichtlich für $n = 0$ und $n = 1$. Es sei $n \in \mathbb{N}$, und es gelte $|a_\nu| \le 2^\nu(|a_0| + |a_1|)$ für alle $\nu \le n$. Wir erhalten dann

$$|a_{n+1}| \le |a_n| + |a_{n-1}| \le (|a_0| + |a_1|)(2^n + 2^{n-1}) \le (|a_0| + |a_1|)2^{n+1}.$$

b) Aus a) folgt $\overline{\lim\limits_{n\to\infty}} |a_n|^{1/n} \le 2$, so daß für den Konvergenzradius R der Potenzreihe

$$A(x) = \sum_{\nu=0}^{\infty} a_\nu x^\nu$$

folgt $R \ge \dfrac{1}{2}$. Damit konvergiert diese Reihe sicherlich für alle x mit $|x| < \dfrac{1}{2}$.

c) Für alle x mit $|x| < \dfrac{1}{2}$ ergibt sich

$$A(x) = \sum_{\nu=0}^{\infty} a_\nu x^\nu = a_0 + a_1 x + \sum_{\nu=2}^{\infty}(a_{\nu-2} + a_{\nu-1})x^\nu =$$

$$= \quad a_0 + a_1 x + x^2 \sum_{\nu=0}^{\infty} a_\nu x^\nu + x\Big\{\sum_{\nu=0}^{\infty} a_\nu x^\nu - a_0\Big\} =$$

$$= \quad a_0 + a_1 x + x^2 A(x) + x\{A(x) - a_0\}.$$

Also erhalten wir

$$A(x) = \frac{a_0 + (a_1 - a_0)x}{1 - x - x^2}. \tag{$*$}$$

d) Wir entwickeln die rechte Seite von ($*$) in eine Potenzreihe um Null. Mit

$$a = \frac{1}{2}(1 + \sqrt{5}) \qquad \text{und} \qquad b = \frac{1}{2}(1 - \sqrt{5})$$

erhalten wir $1 - x - x^2 = -(x+a)(x+b)$. Weiter ergibt sich unter Beachtung von $ab = -1$ und $a + b = 1$

$$(a-b)\cdot A(x) = \frac{a_0 - (a_1 - a_0)a}{a + x} - \frac{a_0 - (a_1 - a_0)b}{b + x} =$$

$$= \sum_{\nu=0}^{\infty}\{a_0 - (a_1 - a_0)a\}\frac{1}{a}\Big(-\frac{1}{a}\Big)^\nu x^\nu - \sum_{\nu=0}^{\infty}\{a_0 - (a_1 - a_0)b\}\frac{1}{b}\Big(-\frac{1}{b}\Big)^\nu x^\nu =$$

$$= \sum_{\nu=0}^{\infty}\{(a_0 a - a_1)b^\nu + (a_1 - a_0 b)a^\nu\}x^\nu.$$

Für alle $n \in \mathbb{N}_0$ folgt hieraus mit dem Identitätssatz für Potenzreihen

$$a_n = \frac{1}{a-b}\{(a_1 - a_0 b)a^n + (a_0 a - a_1)b^n\}.$$

Bemerkung: Dasselbe Ergebnis hatten wir in I; Aufgabe 2.5.10 erhalten. Für $a_0 = 0$ und $a_1 = 1$ ist $\{a_n\}$ die Folge der FIBONACCI-Zahlen, und es ergibt sich die Darstellung (vgl. I; Aufgabe 2.5.7)

$$a_n = \frac{1}{\sqrt{5}}(a^n - b^n) \qquad\qquad (n \in \mathbb{N}_0).$$

6.4.42 Die Menge aller nichtverschwindenden Polynome mit rationalen Koeffizienten ist abzählbar, sie sei als Folge $\{Q_n\}$ geschrieben. Wir konstruieren induktiv eine Polynomfolge $\{P_n\}$. Es sei $P_0(x) = Q_0(x)$, und für ein $n \in \mathbb{N}$ seien $P_0, ..., P_{n-1}$ schon bekannt; der Grad von P_{n-1} sei g_n. Es sei ϕ_n eine in $[-n, n]$ stetige Funktion mit

$$\phi_n(x) = \Big\{Q_n(x) - \sum_{\nu=0}^{n-1} P_\nu(x)\Big\}\cdot\frac{1}{x^{g_n+1}} \qquad \text{für alle} \quad x \in M_n := [-n, -\frac{1}{n}] \cup [\frac{1}{n}, n].$$

Nach dem WEIERSTRASSschen Approximationssatz gibt es ein Polynom R_n mit

$$\max_{[-n,n]} |R_n(x) - \phi_n(x)| < \frac{1}{n^{g_n+2}}.$$

Für $P_n(x) := x^{g_n+1} R_n(x)$ folgt dann

$$\max_{M_n} \left| \sum_{\nu=0}^{n} P_\nu(x) - Q_n(x) \right| < \frac{1}{n}.$$

Gemäß dieser Konstruktion enthalten verschiedene Polynome P_n keine gleichen Potenzen, und die Polynomreihe $\sum_{\nu=0}^{\infty} P_\nu(x)$ kann formal (nach steigenden Potenzen) zu einer Potenzreihe $\sum_{\nu=0}^{\infty} a_\nu x^\nu$ geordnet werden.

Es sei ein Intervall $[a, b]$ mit $0 \notin [a, b]$ und eine auf $[a, b]$ stetige Funktion f gegeben. Wir können dann nach Aufgabe 6.2.12 eine Folge $\{m_k\}$ mit $m_k \to \infty$ so wählen, daß gilt

$$\max_{[a,b]} |f(x) - Q_{m_k}(x)| < \frac{1}{k}.$$

Es existiert ein K_0, so daß $[a, b] \subset M_{m_k}$ für alle $k \geq K_0$ gilt, und es folgt für diese k

$$\max_{[a,b]} \left| f(x) - \sum_{\nu=0}^{g_{m_k+1}} a_\nu x^\nu \right| \leq$$

$$\leq \max_{[a,b]} |f(x) - Q_{m_k}(x)| + \max_{M_{m_k}} \left| Q_{m_k}(x) - \sum_{\nu=0}^{m_k} P_\nu(x) \right| < \frac{1}{k} + \frac{1}{m_k}.$$

Setzen wir $n_k := g_{m_k+1}$, so folgt die Behauptung.

6.5 Trigonometrische Funktionen

6.5.1 Wir beweisen nur a); die Beweise der übrigen Identitäten erfolgen analog. Es gilt

$$\begin{aligned} \sin x \cos y + \cos x \sin y &= \frac{e^{ix} - e^{-ix}}{2i} \cdot \frac{e^{iy} + e^{-iy}}{2} + \frac{e^{ix} + e^{-ix}}{2} \cdot \frac{e^{iy} - e^{-iy}}{2i} = \\ &= \frac{e^{i(x+y)} - e^{-i(x+y)}}{2i} = \sin(x + y). \end{aligned}$$

6.5.2 Wir beweisen nur a); die Beweise der übrigen Identitäten erfolgen analog. Es gilt

$$\cos(x - y) = \cos x \cos y + \sin x \sin y,$$
$$\cos(x + y) = \cos x \cos y - \sin x \sin y,$$

und hieraus folgt a).

6.5.3 Wegen $\sin x \le 1$ ist die Aussage im Fall $x > 1$ trivial. Es sei also $0 < x \le 1$. Für alle $\nu \in \mathbb{N}_0$ folgt dann

$$\frac{x^{2\nu+1}}{(2\nu+1)!} > \frac{x^{2\nu+3}}{(2\nu+3)!},$$

und wir erhalten

$$\sin x = \sum_{\nu=0}^{\infty} (-1)^\nu \frac{x^{2\nu+1}}{(2\nu+1)!} = x - \left(\frac{x^3}{3!} - \frac{x^5}{5!}\right) - \left(\frac{x^7}{7!} - \frac{x^9}{9!}\right) - \cdots < x.$$

6.5.4 a) Aus Aufgabe 6.5.1 folgt

$$|\sin x - \sin y| = 2\left|\sin\frac{x-y}{2}\cos\frac{x+y}{2}\right| \le 2\left|\sin\frac{x-y}{2}\right| \le |x-y|.$$

Hierbei haben wir im letzten Schritt die Abschätzung $|\sin t| \le |t|$ benutzt.
b) Mit a) ergibt sich

$$|\cos x - \cos y| = \left|\sin\left(x+\frac{\pi}{2}\right) - \sin\left(y+\frac{\pi}{2}\right)\right| \le \left|\left(x+\frac{\pi}{2}\right) - \left(y+\frac{\pi}{2}\right)\right| = |x-y|.$$

6.5.5 a) Für die in der Voraussetzung angegebenen Werte von x, y gilt

$$\tan(x+y) = \frac{\sin(x+y)}{\cos(x+y)} = \frac{\sin x\cos y + \cos x \sin y}{\cos x \cos y - \sin x \sin y}.$$

Erweitert man diesen Bruch mit $(\cos x \cos y)^{-1}$, so folgt die Behauptung.
b) Der Beweis erfolgt analog zu a).

6.5.6 Es seien $x, y \in [-a, a]$. Dann gilt $\cos x \ge \cos a > 0$ und $\cos y \ge \cos a > 0$. Wir erhalten daher

$$|\tan x - \tan y| = \frac{|\sin x \cos y - \cos x \sin y|}{\cos x \cos y} \le \frac{1}{\cos^2 a}|\sin(x-y)| \le \frac{1}{\cos^2 a}|x-y|.$$

6.5.7 Ist $a = b = 0$, so kann $c = 0$ und d beliebig gewählt werden. Ohne Beschränkung der Allgemeinheit kann daher $a^2 + b^2 > 0$ angenommen werden. Es gilt

$$c\sin(x+d) = c\cos d \sin x + c \sin d \cos x.$$

Wir haben also c und d so zu wählen, daß gilt

$$c\cos d = a, \qquad c\sin d = b.$$

Quadrieren wir diese beiden Gleichungen und addieren Sie, so folgt $c^2 = a^2 + b^2$. Wir wählen

$$c := \begin{cases} \sqrt{a^2+b^2} & \text{falls } a \geq 0 \\ -\sqrt{a^2+b^2} & \text{falls } a < 0 \end{cases}.$$

Es ist $c \neq 0$ und $\left|\frac{b}{c}\right| \leq 1$. Folglich existiert ein $d \in [-\frac{\pi}{2}, \frac{\pi}{2}]$ mit $c \sin d = b$. Wegen

$$\cos^2 d = 1 - \sin^2 d = 1 - \frac{b^2}{c^2} = \frac{a^2}{c^2}$$

stimmen die Zahlen $\cos d$ und $\frac{a}{c}$ dem Betrage nach überein; da beide Zahlen aber nicht negativ sind, folgt $\cos d = \frac{a}{c}$.

6.5.8 a) Für $x \in [-1,1]$ gilt $|\arcsin x| \leq \frac{\pi}{2}$. Hieraus folgt $\cos(\arcsin x) \geq 0$ und daher $\cos(\arcsin x) = \sqrt{1 - \sin^2(\arcsin x)} = \sqrt{1-x^2}$.
b) Für $x \in [-1,1]$ gilt $0 \leq \arccos x \leq \pi$. Hieraus folgt $\sin(\arccos x) \geq 0$ und daher $\sin(\arccos x) = \sqrt{1 - \cos^2(\arccos x)} = \sqrt{1-x^2}$.

6.5.9 Offensichtlich gilt $-1 \leq a \leq 1$ und $-1 \leq b \leq 1$.
a) Es sei $b \geq 0$ und damit $b = \sqrt{1-a^2}$. In $[0, 2\pi)$ gibt es höchstens zwei Werte x mit $b = \sin x$, und es folgt $0 \leq x \leq \pi$. Die Funktion $\cos x$ ist in $[0,\pi]$ stetig und streng monoton fallend mit $\cos 0 = 1$ und $\cos \pi = -1$. Daher gibt es genau ein $x_0 \in [0,\pi]$ mit $\cos x_0 = a$. Wegen $\cos^2 x_0 + \sin^2 x_0 = 1$ muß $\sin x_0 = b$ gelten.
b) Ist $b < 0$, so gilt $b = -\sqrt{1-a^2}$, und die Behauptung folgt analog zu a).

6.5.10 a) Es gilt $\frac{z}{|z|} := a + bi$ mit $a^2 + b^2 = 1$. Nach Aufgabe 6.5.9 existiert genau ein $\varphi \in [0, 2\pi)$, so daß $z = |z|(\cos\varphi + i \sin\varphi)$ gilt . Hieraus folgt, daß z in der gewünschten Weise darstellbar ist.
b) Gilt umgekehrt $z = r(\cos\psi + i\sin\psi)$ mit einem $r > 0$ und einem $\psi \in [0, 2\pi)$, so ist $|z|^2 = r^2$, also $r = |z|$. Mit Aufgabe 6.5.9 folgt, daß ψ eindeutig bestimmt ist.

6.5.11 a) Es sei $x \in \mathbb{R}$. Wir beweisen $|\sin nx| \leq n|\sin x|$ durch vollständige Induktion nach n. Die Behauptung stimmt für $n = 0$. Es gelte $|\sin nx| \leq n|\sin x|$ für ein $n \in \mathbb{N}_0$. Dann erhalten wir

$$|\sin(n+1)x| = |\sin nx \cos x + \cos nx \sin x| \leq n|\sin x| + |\sin x| = (n+1)|\sin x|.$$

Hieraus folgt die Behauptung.

b) Wir wählen $a = \frac{1}{2}$ und $x = \pi$. Dann gilt

$$1 = |\sin ax| > a|\sin x| = 0.$$

6.5.12 Mit der SCHWARZschen Ungleichung erhalten wir

$$\begin{aligned} |a|\cos^2 x + |b|\sin^2 x &\leq \{(|a|\cos x)^2 + (|b|\sin x)^2\}^{1/2} \cdot \{\cos^2 x + \sin^2 x\}^{1/2} = \\ &= \{a^2\cos^2 x + b^2 \sin^2 x\}^{1/2} < \{c^2\}^{1/2} = |c|. \end{aligned}$$

6.5.13 Wir setzen $y = \alpha x$ und erhalten $0 < y < x < \pi$ sowie $\cot y > \cot x$. Unter Verwendung des Additionstheorems der Cotangensfunktion ergibt sich dann

$$\alpha^2 \cot y + (1-\alpha)^2 \cot(x-y) - \cot x =$$

$$= \alpha^2 \cot y + (1-\alpha)^2 \frac{\cot x \cot y + 1}{\cot y - \cot x} - \cot x =$$

$$= \frac{1}{\cot y - \cot x}\{(\cot x - \alpha \cot y)^2 + (1-\alpha)^2\} > 0.$$

Hieraus folgt die Behauptung.

6.5.14 a) Ist $x \in \mathbb{R}$ mit $x \neq 2m\pi$ für alle $m \in \mathbb{Z}$, so folgt $e^{ix} \neq 1$. Aus der geometrischen Summenformel ergibt sich also

$$\sum_{\nu=1}^{n} (e^{ix})^\nu = e^{ix}\frac{e^{inx}-1}{e^{ix}-1} = \frac{e^{i(n+\frac{1}{2})x} - e^{ix/2}}{e^{ix/2} - e^{-ix/2}} =$$

$$= \frac{\sin(n+\frac{1}{2})x - \sin\frac{x}{2} - i(\cos(n+\frac{1}{2})x - \cos\frac{x}{2})}{2\sin\frac{x}{2}}.$$

Durch den Vergleich von Real- und Imaginärteil ergeben sich die zu beweisenden Formeln.
b) Ist $x \in \mathbb{R}$ mit $x \neq m\pi$ für alle $m \in \mathbb{Z}$, so folgt $e^{i2x} \neq 1$. Daher erhalten wir

$$\sum_{\nu=1}^{n} e^{i(2\nu-1)x} = e^{-ix}\sum_{\nu=1}^{n} (e^{i2x})^\nu =$$

$$= e^{ix}\frac{e^{i2nx}-1}{e^{i2x}-1} = e^{inx}\frac{e^{inx}-e^{-inx}}{e^{ix}-e^{-ix}} = e^{inx}\frac{\sin nx}{\sin x}.$$

Durch den Vergleich von Real- und Imaginärteil ergeben sich die zu beweisenden Formeln.

6.5.15 a) Die Behauptung folgt unmittelbar aus Aufgabe 6.5.1.
b) Aus a) ergibt sich

$$2\sin\frac{x}{2}\sum_{\nu=1}^{n}\cos\nu x = \sum_{\nu=1}^{n}\left\{\sin\left(\nu+\frac{1}{2}\right)x - \sin\left(\nu-\frac{1}{2}\right)x\right\} = \sin\left(n+\frac{1}{2}\right)x - \sin\frac{x}{2}.$$

Ist x kein ganzzahliges Vielfaches von 2π, so folgt $\sin\frac{x}{2} \neq 0$, und durch Division erhalten wir die Behauptung.

6.5.16 Wir beweisen die Behauptung durch vollständige Induktion. Für $n = 0$ ist die Beziehung richtig. Gilt sie für ein $n \in \mathbb{N}_0$, so erhalten wir wegen $\sin y = 2\sin\frac{y}{2}\cos\frac{y}{2}$

$$\begin{aligned}\sin x = 2^n \sin\frac{x}{2^n}\prod_{\nu=1}^{n}\cos\frac{x}{2^\nu} &= 2^n\cdot 2\sin\frac{x}{2^{n+1}}\cos\frac{x}{2^{n+1}}\prod_{\nu=1}^{n}\cos\frac{x}{2^\nu} = \\ &= 2^{n+1}\sin\frac{x}{2^{n+1}}\prod_{\nu=1}^{n+1}\cos\frac{x}{2^\nu}.\end{aligned}$$

Hieraus folgt die Behauptung.

6.5.17 Für alle $x \in \mathbb{R}$ gilt

$$\sin nx\cos nx = \frac{1}{2}\sin 2nx, \qquad \sin nx\cos nx\cos 2nx = \frac{1}{4}\sin 4nx,$$

und mit vollständiger Induktion ergibt sich für alle $n \in \mathbb{N}$ und alle $x \in \mathbb{R}$

$$\sin nx\prod_{\nu=0}^{n-1}\cos 2^\nu nx = \frac{1}{2^n}\sin 2^n nx. \tag{$*$}$$

Wir setzen $f_n(x) := n\prod_{\nu=0}^{n-1}\cos 2^\nu nx$; wegen $(*)$ konvergiert dann $\{f_n(x)\sin nx\}$ auf $\mathbb{R}$ gleichmäßig gegen Null. Andererseits ist $\left|f_{n2^m}\left(\frac{\pi k}{2^m}\right)\right| = n2^m$ für alle $k \in \mathbb{Z}$ und $n, m \in \mathbb{N}$. Da die Menge der Zahlen $\frac{\pi k}{2^m}$ in $\mathbb{R}$ dicht liegt, ist die Folge $\{f_n(x)\}$ in jedem Intervall unbeschränkt.

6.5.18 Wir beweisen die Beziehungen mit vollständiger Induktion. Für $n = 1$ sind die Behauptungen mit $P_1(t) := t$ und $Q_1(t) := 1$ richtig.
Für ein $n \in \mathbb{N}$ gelte $\cos nx = P_n(\cos x)$ und $\sin nx = \sin x\, Q_n(\cos x)$ mit Polynomen P_n und Q_n. Wir erhalten dann

$$\cos(n+1)x = \cos x\cos nx - \sin x\sin nx =$$

$$\begin{aligned}\cos(n+1)x &= \cos x\cos nx - \sin x\sin nx = \\ &= \cos x\,P_n(\cos x) - \sin^2 x\,Q_n(\cos x) = \\ &= \cos x\,P_n(\cos x) - (1-\cos^2 x)Q_n(\cos x) =: P_{n+1}(\cos x);\end{aligned}$$

$$\begin{aligned}\sin(n+1)x &= \sin x\cos nx + \cos x\sin nx = \\ &= \sin x\{P_n(\cos x) + \cos x\,Q_n(\cos x)\} =: \\ &=: \sin x\,Q_{n+1}(\cos x).\end{aligned}$$

Hierbei sind P_{n+1} und Q_{n+1} Polynome.

6.5.19 Wir verwenden vollständige Induktion. Für $n = 0$ ist die Behauptung trivial. Wir nehmen an, sie gelte für ein $n \in \mathbb{N}_0$. Es seien $P_0, ..., P_{n+1}$ Polynome mit

$$\sum_{\nu=0}^{n+1} P_\nu(x)\sin^\nu x \equiv 0 \quad \text{auf } \mathbb{R},$$

dann ergibt sich $P_0(k\pi) = 0$ für alle $k \in \mathbb{Z}$, also $P_0(x) \equiv 0$. Es folgt

$$\sin x \sum_{\nu=0}^{n} P_{\nu+1}(x)\sin^\nu x \equiv 0 \quad \text{auf } \mathbb{R}.$$

Daher gilt $\varphi(x) := \sum\limits_{\nu=0}^{n} P_{\nu+1}(x)\sin^\nu x = 0$ für alle $x \in \mathbb{R}\setminus\{\pi k : k \in \mathbb{Z}\}$. Da die Funktion φ auf $\mathbb{R}$ stetig ist, ergibt sich $\varphi(x) \equiv 0$ auf $\mathbb{R}$. Aus der Induktionsannahme folgt $P_1(x) \equiv P_2(x) \equiv \cdots \equiv P_{n+1}(x) \equiv 0$, und daraus ergibt sich die Richtigkeit der Behauptung.

6.5.20 a) Wegen $\varepsilon_{n-\nu} = \dfrac{1}{\varepsilon_\nu}$ erhalten wir

$$\sum_{\nu=1}^{n-1}\frac{1}{1-\varepsilon_\nu} = \sum_{\nu=1}^{n-1}\frac{\varepsilon_{n-\nu}}{\varepsilon_{n-\nu}-1} = \sum_{\nu=1}^{n-1}\frac{\varepsilon_\nu}{\varepsilon_\nu - 1} = \sum_{\nu=1}^{n-1} 1 - \sum_{\nu=1}^{n-1}\frac{1}{1-\varepsilon_\nu},$$

hieraus folgt die Behauptung.

b) Es ist $P(z) := \prod\limits_{\nu=0}^{n-1}(z-\varepsilon_\nu)$ ein Polynom vom Grad n, dessen höchster Koeffizient 1 ist und das die Nullstellen $\varepsilon_0, ..., \varepsilon_{n-1}$ besitzt. Da das Polynom $Q(z) := z^n - 1$ dieselben Eigenschaften hat, ergibt sich $P(z) \equiv Q(z)$ und damit für alle $z \neq 1$ die Beziehung

$$\prod_{\nu=1}^{n-1}(z-\varepsilon_\nu) = \frac{z^n-1}{z-1} = \sum_{\nu=0}^{n-1} z^\nu.$$

Für $z \to 1$ erhalten wir hieraus die Behauptung.

6.5.21 Für $n = 1$ ist die Aussage trivial (da ein Produkt $\prod_{\nu=1}^{0}$ als 1 definiert ist). Es sei also $n \geq 2$. Mit Hilfe von Aufgabe 6.5.20 ergibt sich

$$\begin{aligned} n &= \prod_{\nu=1}^{n-1}(1 - e^{2\pi i\nu/n}) = (-1)^{n-1}\prod_{\nu=1}^{n-1}\left(e^{\pi i\nu/n}\,2i\sin\frac{\nu\pi}{n}\right) = \\ &= (-1)^{n-1}\exp\left\{\frac{\pi i}{n}\sum_{\nu=1}^{n-1}\nu\right\}2^{n-1}i^{n-1}\prod_{\nu=1}^{n-1}\sin\frac{\nu\pi}{n}. \end{aligned}$$

Wegen $\sum_{\nu=1}^{n-1}\nu = \dfrac{n(n-1)}{2}$ und $\exp\left\{\dfrac{\pi i}{2}(n-1)\right\} = i^{n-1}$ folgt hieraus die Behauptung.

6.5.22 Zunächst beachten wir, daß alle Ausdrücke $\sin 2^\nu x$ ungleich Null sind, die betrachtete Summe also wohldefiniert ist. Wir setzen $e^{ix} = z$ und erhalten

$$\begin{aligned} \sum_{\nu=0}^{n}\frac{1}{\sin 2^\nu x} &= 2i\sum_{\nu=0}^{n} z^{2^\nu}\left(z^{2^{\nu+1}} - 1\right)^{-1} = \\ &= 2i\sum_{\nu=0}^{n}\left\{\left(z^{2^\nu} - 1\right)^{-1} - \left(z^{2^{\nu+1}} - 1\right)^{-1}\right\} = \\ &= 2i\left\{(z-1)^{-1} - \left(z^{2^{n+1}} - 1\right)^{-1}\right\} = \\ &= 2i\left\{\left(e^{ix/2}2i\sin\frac{x}{2}\right)^{-1} - \left(e^{i2^n x}2i\sin 2^n x\right)^{-1}\right\} = \\ &= e^{-ix/2}/\sin\frac{x}{2} - e^{-i2^n x}/\sin 2^n x. \end{aligned}$$

Da die ursprüngliche Summe reell ist, genügt es, den Realteil des letzten Ausdrucks zu betrachten, und die Behauptung folgt.

6.5.23 a) Wir nehmen an, es gilt $\lim\limits_{n\to\infty}\sin n = s$.

1. Aus $\sin(n+1) = \sin n\cos 1 + \sin 1\cos n$ folgt

$$\{\sin(n+1) - \sin n\cos 1\}^2 = \sin^2 1\,(1 - \sin^2 n)$$

und damit $s^2(1-\cos 1)^2 = \sin^2 1(1-s^2)$. Hieraus ergibt sich $s^2 = \dfrac{1}{2}(1+\cos 1)$.

2. Aus $\sin^2(2n) = (2\sin n\cos n)^2 = 4\sin^2 n\,(1-\sin^2 n)$ folgt $s^2 = 4s^2(1-s^2)$, also muß $s = 0$ oder $s^2 = \dfrac{3}{4}$ gelten. Wegen $\cos 1 > \dfrac{1}{2}$ ergibt sich ein Widerspruch. Daher divergiert die Folge $\{\sin n\}$.

b) Wir nehmen an, die Folge $\{\cos n\}$ konvergiert. Wegen

$$\cos(n+1) = \cos n \cos 1 - \sin n \sin 1$$

muß dann auch die Folge $\{\sin n\}$ konvergieren. Widerspruch!

6.5.24 a) Wir zeigen, daß die Folge $\{\sin nx\}$ genau dann konvergiert, wenn $x = m\pi$ für ein $m \in \mathbb{Z}$ gilt.

1. Ist $x = m\pi$ für ein $m \in \mathbb{Z}$, so gilt trivialerweise $\sin nx \to 0$.

2. Wir betrachten ein festes x mit $x \neq m\pi$ für alle $m \in \mathbb{Z}$ und nehmen an, die Folge $\{\sin nx\}$ konvergiert gegen ein $s \in \mathbb{R}$. Aus Aufgabe 6.5.14 ergibt sich dann für $n \to \infty$

$$\sum_{\nu=1}^{n} \sin(2\nu - 1)x = \frac{\sin^2 nx}{\sin x} \to \frac{s^2}{\sin x}.$$

Hieraus folgt $\sin(2n-1)x \to 0$ und damit $\sin nx \to 0$, also $\cos^2 nx = 1 - \sin^2 nx \to 1$. Andererseits ergibt sich aber aus

$$\sin(n+1)x = \sin nx \cos x + \cos nx \sin x,$$

daß $\cos nx \to 0$ gilt. Widerspruch! Daher divergiert die Folge $\{\sin nx\}$.

b) Wir zeigen, daß die Folge $\{\cos nx\}$ genau dann konvergiert, wenn $x = m\pi$ mit einem geraden $m \in \mathbb{Z}$ gilt.

1. Ist $x = m\pi$ mit einem $m \in \mathbb{Z}$, so ist die Folge $\{\cos nx\}$ trivialerweise konvergent, wenn m gerade ist, und divergent, wenn m ungerade ist.

2. Es sei $x \neq m\pi$ für alle $m \in \mathbb{Z}$. Wegen $\sin x \neq 0$ und

$$\cos(n+1)x = \cos nx \cos x - \sin nx \sin x$$

muß dann auch $\{\sin nx\}$ konvergieren, was nach a) nicht möglich ist.

6.5.25 a) Es sei $\frac{x}{\pi} \in \mathbb{Q}$. Dann gibt es teilerfremde p, q mit $p \in \mathbb{Z}$ und $q \in \mathbb{N}$, so daß gilt $x = \frac{p}{q}\pi$. Für alle $n, \nu \in \mathbb{N}_0$ ergibt sich

$$\sin\{(n + 2q\nu)x\} = \sin nx.$$

Daher nimmt die Folge $\{\sin nx\}$ nur die Werte

$$\sin 0, \quad \sin x, \quad \sin 2x, \quad \ldots, \quad \sin(2q-1)x \tag{$*$}$$

an, und jede Zahl in $(*)$ tritt in der Folge $\{\sin nx\}$ unendlich oft auf. Daher sind die Verdichtungspunkte von $\{\sin nx\}$ gerade die Werte in $(*)$.

b) Es sei $\frac{x}{\pi} \notin \mathbb{Q}$. Wir beweisen, daß $V(\{\sin nx\}) = [-1,1]$ gilt. Aus $|\sin nx| \leq 1$ folgt $V(\{\sin nx\}) \subset [-1,1]$; wir zeigen $[-1,1] \subset V(\{\sin nx\})$. Es sei ein $y_0 \in [-1,1]$ gegeben und ein $x_0 \in [0,1]$ mit $\sin 2\pi x_0 = y_0$ gewählt. Wegen $\frac{x}{2\pi} \notin \mathbb{Q}$ existiert nach I; Aufgabe 4.3.40 eine streng monoton wachsende Folge natürlicher Zahlen $\{n_k\}$ mit

$$n_k\frac{x}{2\pi} - \left[n_k\frac{x}{2\pi}\right] \to x_0 \qquad (k \to \infty).$$

Wir erhalten $n_k x - 2\pi\left[n_k\frac{x}{2\pi}\right] \to 2\pi x_0$ und damit

$$\sin(n_k x) = \sin\left\{n_k x - 2\pi\left[n_k\frac{x}{2\pi}\right]\right\} \to \sin 2\pi x_0 = y_0.$$

Daher ist y_0 ein Verdichtungspunkt von $\{\sin nx\}$, und es folgt die Behauptung.

6.5.26 Wegen

$$\cos 2^{n+1}x = 1 - 2\sin^2 2^n x = 2\cos^2 2^n x - 1 \qquad (*)$$

genügt es, die Folge $\{\cos 2^n x\}$ zu untersuchen. Wir zeigen, daß die Folge $\{\cos 2^n x\}$ genau dann konvergiert, wenn ein $N \in \mathbb{N}_0$ existiert mit $\cos 2^N x = 1$ oder $\cos 2^N x = -\frac{1}{2}$.
Es sei ein $x \in \mathbb{R}$ gegeben. Wir setzen $a_n := \cos 2^n x$ und erhalten aus $(*)$ die Rekursionsformel

$$a_{n+1} = 2a_n^2 - 1. \qquad (**)$$

a) Gilt $a_N = 1$ oder $a_N = -\frac{1}{2}$ für ein $N \in \mathbb{N}_0$, so folgt aus $(**)$ induktiv, daß die Folge $\{a_n\}$ für $n \geq N$ konstant ist und damit konvergiert.
b) Es gelte $a_n \neq 1$ und $a_n \neq -\frac{1}{2}$ für alle $n \in \mathbb{N}_0$. Wir nehmen an, die Folge $\{a_n\}$ konvergiert gegen einen Wert a. Aus $(*)$ folgt dann $a = 2a^2 - 1$, also $a = 1$ oder $a = -\frac{1}{2}$.
1. Wir nehmen an, es sei $a = 1$. Wegen

$$\frac{a_{n+1} - 1}{a_n - 1} = 2(a_n - 1) + 4$$

muß dann $|a_{n+1} - 1| > 3|a_n - 1|$ für alle genügend großen n gelten. Daher kann $\{a_n - 1\}$ keine Nullfolge sein. Widerspruch!
2. Wir nehmen an, es sei $a = -\frac{1}{2}$. Wegen

$$\frac{a_{n+1} + \frac{1}{2}}{a_n + \frac{1}{2}} = 2\left(a_n + \frac{1}{2}\right) - 2$$

muß dann $|a_{n+1} + \frac{1}{2}| > |a_n + \frac{1}{2}|$ für genügend große n gelten. Daher kann $\{a_n + \frac{1}{2}\}$ keine Nullfolge sein. Widerspruch!

6.5.27 Wir zeigen, daß die Folge $\{\sin 2^n x\}$ genau dann konvergiert, wenn $2^N x$ für ein $N \in \mathbb{N}_0$ ein ganzzahliges Vielfaches von π ist.
a) Es sei $x \in \mathbb{R}$ so, daß $2^N x = m\pi$ für ein $N \in \mathbb{N}_0$ und ein $m \in \mathbb{Z}$ gilt. Dann folgt $\sin 2^n x = 0$ für alle $n \geq N$ und damit $\sin 2^n x \to 0$.
b) Es sei $x \in \mathbb{R}$ so, daß $2^n x \neq m\pi$ für alle $n \in \mathbb{N}_0$ und alle $m \in \mathbb{Z}$ gilt. Wir nehmen an, die Folge $\{\sin 2^n x\}$ konvergiert gegen ein $s \in \mathbb{R}$.
Mit dem Additionstheorem erhalten wir

$$\sin 2^{n+1}x = 2\sin 2^n x \cdot \cos 2^n x = 2\sin 2^n x \cdot (1 - 2\sin^2 2^{n-1}x) \qquad (*)$$

sowie

$$\sin^2 2^{n+1}x = 4\sin^2 2^n x \cdot \cos^2 2^n x = 4\sin^2 2^n x \cdot (1 - \sin^2 2^n x). \qquad (**)$$

1. Wir zeigen, daß $s \neq 0$ gilt; wäre $s = 0$, so folgt aus $(**)$, daß ein $n_0 \in \mathbb{N}$ existiert, so daß für alle $n \geq n_0$ gilt

$$\sin^2 2^{n+1}x > 4\sin^2 2^n x \cdot \Big(1 - \frac{1}{2}\Big) = 2\sin^2 2^n x$$

und damit $|\sin 2^{n+1}x| > |\sin 2^{n_0}x| > 0$. Widerspruch!
2. Aus $(**)$ ergibt sich $s^2 = 4s^2(1 - s^2)$, und wegen $s \neq 0$ folgt hieraus $s^2 = \frac{3}{4}$.
3. Aus $(*)$ ergibt sich $s = 2s(1 - 2s^2)$, und wegen $s \neq 0$ folgt hieraus $s^2 = \frac{1}{4}$. Widerspruch!

6.5.28 Für $z = e^{ix} = \cos x + i \sin x$ erhalten wir einerseits

$$e^z = \sum_{\nu=0}^{\infty} \frac{z^\nu}{\nu!} = \sum_{\nu=0}^{\infty} \frac{e^{i\nu x}}{\nu!} = \sum_{\nu=0}^{\infty} \frac{\cos \nu x + i \sin \nu x}{\nu!};$$

andererseits ist

$$e^z = e^{\cos x + i \sin x} = e^{\cos x} e^{i \sin x} = e^{\cos x}\{\cos(\sin x) + i \sin(\sin x)\}.$$

Durch den Vergleich von Real- und Imaginärteil in den beiden Darstellungen von e^z ergeben sich die Behauptungen.

6.5.29 a) Ist $y = m\pi$ für ein $m \in \mathbb{Z}$, so ist $\sin \nu y = 0$ für alle $\nu \in \mathbb{N}_0$, und damit hat A den Konvergenzradius ∞. Es gilt dann $A(x) = 0$ für alle $x \in \mathbb{R}$.
b) Es sei $y \neq m\pi$ für alle $m \in \mathbb{Z}$.
1. Wegen

$$\overline{\lim_{\nu\to\infty}} (|\sin \nu y|)^{1/\nu} \leq \overline{\lim_{\nu\to\infty}} 1^{1/\nu} = 1$$

hat A den Konvergenzradius $R \geq 1$.

Da die Folge $\{\sin ny\}$ nach Aufgabe 6.5.24 keine Nullfolge ist, ist die betrachtete Reihe an den Stellen 1 und -1 divergent. Folglich konvergiert $A(x)$ genau dann, wenn $x \in (-1,1)$ gilt, und der Konvergenzradius von A ist gleich 1.

2. Für alle $x \in (-1,1)$ konvergieren die Reihen $\sum_{\nu=0}^{\infty}(e^{iy}x)^\nu$ und $\sum_{\nu=0}^{\infty}(e^{-iy}x)^\nu$, so daß sich folgendes ergibt:

$$\begin{aligned} 2iA(x) &= \sum_{\nu=0}^{\infty}(e^{iy\nu} - e^{-iy\nu})x^\nu = \sum_{\nu=0}^{\infty}(e^{iy}x)^\nu - \sum_{\nu=0}^{\infty}(e^{-iy}x)^\nu = \\ &= \frac{1}{1-e^{iy}x} - \frac{1}{1-e^{-iy}x} = \frac{x(e^{iy}-e^{-iy})}{|1-e^{iy}x|^2}. \end{aligned}$$

Wir erhalten also $A(x) = \dfrac{x\sin y}{1-2x\cos y + x^2}$.

6.5.30 Wir erhalten $\sin 3y = Im\{e^{3iy}\} = Im\{(e^{iy})^3\} = 3\sin y - 4\sin^3 y$. Es folgt

$$\sin^3 y = \frac{1}{4}(3\sin y - \sin 3y).$$

Für ein $n \in I\!N$ ergibt sich daher

$$\begin{aligned} s_n(x) &:= \sum_{\nu=1}^{n} 3^{\nu-1}\sin^3\left(\frac{x}{3^\nu}\right) = \frac{1}{4}\sum_{\nu=1}^{n} 3^{\nu-1}\left(3\sin\frac{x}{3^\nu} - \sin\frac{3x}{3^\nu}\right) = \\ &= \frac{1}{4}\sum_{\nu=1}^{n}\left\{3^\nu \sin\frac{x}{3^\nu} - 3^{\nu-1}\sin\frac{x}{3^{\nu-1}}\right\} = \frac{1}{4}\left\{3^n\sin\frac{x}{3^n} - \sin x\right\}. \end{aligned}$$

a) Es sei $x \neq 0$. Wegen

$$\lim_{n\to\infty} 3^n \sin\frac{x}{3^n} = x \cdot \lim_{n\to\infty}\frac{\sin x/3^n}{x/3^n} = x$$

erhalten wir

$$\sum_{\nu=1}^{\infty} 3^{\nu-1}\sin^3\left(\frac{x}{3^\nu}\right) = \lim_{n\to\infty} s_n(x) = \frac{x - \sin x}{4}.$$

b) Ist $x = 0$, so konvergiert die Reihe trivialerweise zu diesem angegebenen Wert.

6.5.31 Es sei K eine beschränkte Teilmenge von $I\!R$. Dann gibt es ein $M > 0$ mit $|x| \le M$ für alle $x \in K$. Wir erhalten also

$$\left|2^\nu \sin\frac{x}{3^\nu}\right| \le 2^\nu\left|\frac{x}{3^\nu}\right| \le M\left(\frac{2}{3}\right)^\nu \qquad \text{für alle } x \in K \text{ und alle } \nu \in I\!N_0.$$

Mit dem WEIERSTRASSschen Majorantenkriterium folgt die Behauptung.

6.5.32 a) Für $x = 0$ ist die betrachtete Reihe trivialerweise konvergent. Ohne Beschränkung der Allgemeinheit können wir $x > 0$ annehmen. Wegen $\lim\limits_{t\to 0} \frac{\sin t}{t} = 1$ gibt es ein ν_0 mit $\sin \frac{x}{\nu} \geq \frac{x}{2\nu}$ für alle $\nu > \nu_0$. Somit divergiert die betrachtete Reihe.
b) Es gilt

$$\overline{\lim_{\nu\to\infty}} \left(\exp\left\{ \left(\sin \frac{2}{\nu} \right)^{-1} \right\} \right)^{1/\nu} = \overline{\lim_{\nu\to\infty}} \exp\left\{ \frac{1}{2} \left(\frac{\nu}{2} \sin \frac{2}{\nu} \right)^{-1} \right\} = e^{1/2};$$

hierbei haben wir $\lim\limits_{t\to 0} \frac{\sin t}{t} = 1$ und die Stetigkeit der Exponentialfunktion benutzt. Es folgt, daß die betrachtete Potenzreihe den Konvergenzradius $e^{-1/2}$ hat, daher für alle x mit $|x| < e^{-1/2}$ konvergiert und für alle x mit $|x| > e^{-1/2}$ divergiert. Für $|x| = e^{-1/2}$ ergibt sich wegen $0 < \sin \frac{2}{\nu} \leq \frac{2}{\nu}$ die Abschätzung

$$\left| \exp\left\{ \left(\sin \frac{2}{\nu} \right)^{-1} \right\} x^{\nu} \right| = \exp\left\{ \left(\sin \frac{2}{\nu} \right)^{-1} - \frac{\nu}{2} \right\} \geq 1;$$

daher kann die Reihe für $|x| = e^{-1/2}$ nicht konvergieren.

6.5.33 Für alle $n \in \mathbb{N}$ gilt mit der SCHWARZschen Ungleichung

$$\begin{aligned} \left\{ \sum_{\nu=1}^{n} |a_\nu| \right\}^2 &= \left\{ \sum_{\nu=1}^{n} \frac{1}{\nu^{\alpha/2}} \cdot \nu^{\alpha/2} |a_\nu| \right\}^2 \leq \\ &\leq \sum_{\nu=1}^{n} \frac{1}{\nu^\alpha} \cdot \sum_{\nu=1}^{n} \nu^\alpha a_\nu^2 \leq \sum_{\nu=1}^{\infty} \frac{1}{\nu^\alpha} \cdot \sum_{\nu=1}^{\infty} \nu^\alpha a_\nu^2 \,; \end{aligned}$$

also konvergiert die Reihe $\sum\limits_{\nu=1}^{\infty} |a_\nu|$. Ebenso ergibt sich die Konvergenz der Reihe $\sum\limits_{\nu=1}^{\infty} |b_\nu|$. Für alle $x \in \mathbb{R}$ gilt $|a_\nu \cos \nu x + b_\nu \sin \nu x| \leq |a_\nu| + |b_\nu|$, so daß die Reihe

$$\sum_{\nu=1}^{\infty} \{a_\nu \cos \nu x + b_\nu \sin \nu x\}$$

nach dem WEIERSTRASSschen Majorantenkriterium auf $\mathbb{R}$ absolut und gleichmäßig konvergiert.

6.5.34 Nach Aufgabe 6.5.14 gilt für $x \neq 2k\pi$

$$\left| \sum_{\nu=1}^{n} \sin \nu x \right| = \left| \frac{\cos \frac{x}{2} - \cos(n + \frac{1}{2})x}{2 \sin \frac{x}{2}} \right| \leq \frac{1}{|\sin \frac{x}{2}|}.$$

Ist I ein kompaktes Intervall mit $2\pi k \notin I$ für alle $k \in \mathbb{Z}$, so existiert eine Konstante $\delta > 0$ mit $|\sin \frac{x}{2}| \geq \delta$ für alle $x \in I$. Also gilt

$$\left|\sum_{\nu=1}^{n} \sin \nu x\right| \leq \frac{1}{\delta} \qquad \text{für alle } x \in I \text{ und alle } n \in \mathbb{N},$$

und mit dem DIRICHLETschen Kriterium (siehe Aufgabe 6.3.26) ergibt sich die gleichmäßige Konvergenz der Reihe $\sum\limits_{\nu=1}^{\infty} a_\nu \sin \nu x$ auf I.

Für die Reihe $\sum\limits_{\nu=1}^{\infty} a_\nu \cos \nu x$ wird die Behauptung analog bewiesen.

6.5.35 Für $n \in \mathbb{N}$ setzen wir $x_n := \dfrac{\pi}{4n}$ und erhalten wegen der Monotonie der Sinusfunktion in $[0, \pi/2]$

$$\sum_{\nu=n+1}^{2n} \frac{1}{\nu} \sin \nu x_n \geq \left(\sin \frac{\pi}{4}\right) \frac{1}{2n} \sum_{\nu=n+1}^{2n} 1 = \frac{1}{2} \sin \frac{\pi}{4} = \frac{\sqrt{2}}{4} > 0.$$

Daher kann die betrachtete Reihe nach dem CAUCHYschen Kriterium für gleichmäßige Konvergenz auf keinem Intervall $(-\varepsilon, \varepsilon)$ gleichmäßig konvergieren.

6.5.36 a) Wir nehmen an, daß die betrachtete Reihe auf $\mathbb{R}$ gleichmäßig konvergiert. Setzen wir $x_n := \dfrac{\pi}{2n}$, so ergibt sich

$$\sum_{\nu=[n/2]+1}^{n} a_\nu \sin \nu x_n \ \geq\ \sin\left(\frac{\pi}{4}\right) a_n \sum_{\nu=[n/2]+1}^{n} 1 \ \geq\ \frac{\sqrt{2}}{2} a_n (n - [n/2]) \ \geq\ \frac{\sqrt{2}}{4} n a_n.$$

Mit dem CAUCHYschen Kriterium für gleichmäßige Konvergenz folgt hieraus $n a_n \to 0$.
b) Es gelte $n a_n \to 0$. Die Reihe $\sum\limits_{\nu=1}^{\infty} a_\nu \sin \nu x$ konvergiert für alle $x \in \mathbb{R}$ (man beachte Aufgabe 6.5.34), außerdem gilt $\sin(-x) = -\sin x$. Daher genügt es nachzuweisen, daß die Folge $\{r_n(x)\}$ mit

$$r_n(x) := \sum_{\nu=n}^{\infty} a_\nu \sin \nu x$$

auf $(0, \pi]$ für $n \to \infty$ gleichmäßig gegen Null konvergiert. Dazu setzen wir $b_n := \sup\limits_{\nu \geq n} \nu a_\nu$, so daß $\lim\limits_{n \to \infty} b_n = 0$ gilt. Zu jedem $x \in (0, \pi]$ gibt es ein $N = N_x \in \mathbb{N}$ mit

$$\frac{\pi}{N+1} < x \leq \frac{\pi}{N}.$$

Damit erhalten wir

$$r_n(x) = \sum_{\nu=n}^{n+N-1} a_\nu \sin \nu x + \sum_{\nu=n+N}^{\infty} a_\nu \sin \nu x =: R_1(x) + R_2(x).$$

Wir schätzen $R_1(x)$ und $R_2(x)$ ab.

1. Aus $|\sin \nu x| \leq \nu x$ ergibt sich

$$|R_1(x)| \leq x \sum_{\nu=n}^{n+N-1} \nu a_\nu \leq xNb_n \leq \pi b_n.$$

2. Zur Abschätzung von $R_2(x)$ setzen wir $A_n(x) := \sum\limits_{\nu=1}^{n} \sin \nu x$. Wegen $\lim\limits_{t\to 0} \dfrac{\sin t}{t} = 1$ und $\sin t \neq 0$ auf $(0, \pi/2]$ gibt es ein $C > 0$, so daß für alle $t \in (0, \pi/2]$ gilt $\dfrac{\sin t}{t} \geq C$. Mit Aufgabe 6.5.14 ergibt sich für alle $n \in \mathbb{N}$ und alle $x \in (0, \pi]$

$$|A_n(x)| = \left|\frac{\cos \frac{x}{2} - \cos(n + \frac{1}{2})x}{2 \sin \frac{x}{2}}\right| \leq \frac{1}{\sin \frac{x}{2}} \leq \frac{2}{Cx},$$

und mit ABELscher partieller Summation erhalten wir

$$\begin{aligned}
|R_2(x)| &= \lim_{m\to\infty} \left| \sum_{\nu=n+N}^{m} a_\nu \sin \nu x \right| = \\
&= \lim_{m\to\infty} \left| \sum_{\nu=n+N}^{m-1} (a_\nu - a_{\nu+1}) A_\nu(x) + a_m A_m(x) - a_{n+N} A_{n+N-1}(x) \right| \leq \\
&\leq \frac{2}{Cx} \sum_{\nu=n+N}^{\infty} (a_\nu - a_{\nu+1}) + \frac{2}{Cx} a_{n+N} = \\
&= \frac{4}{Cx} a_{n+N} \leq \frac{4(N+1)}{C\pi} a_{n+N} \leq \frac{4}{C\pi} b_{n+N} \leq \frac{4}{C\pi} b_n.
\end{aligned}$$

3. Aus 1. und 2. folgt

$$|r_n(x)| \leq \left(\pi + \frac{4}{C\pi}\right) b_n,$$

damit konvergiert $\{r_n(x)\}$ auf $(0, \pi]$ gleichmäßig gegen Null.

6.5.37 Wir setzen $b_\nu := \dfrac{1}{\nu} \sum\limits_{\mu=1}^{\nu} \dfrac{1}{\mu}$. Aus I; Aufgabe 2.4.5 folgt, daß $\{b_n\}$ eine (streng) monoton fallende Nullfolge ist. Daher konvergiert $\sum\limits_{\nu=1}^{\infty} b_\nu \sin \nu x$ nach Aufgabe 6.5.34 gleichmäßig auf jedem Intervall, das keinen Punkt $2\pi k$ mit $k \in \mathbb{Z}$ enthält oder als Randpunkt besitzt. Wir nehmen an, daß die betrachtete Reihe auf einem Intervall I, das einen Punkt $2\pi k$ enthält oder als Randpunkt besitzt, gleichmäßig konvergiert. Dann muß die Reihe auf $\mathbb{R}$ gleichmäßig konvergieren, wie die Fallunterscheidung $2\pi k \in I^0$ und $2\pi k \in \partial I$ zeigt (man beachte im zweiten Fall $\sin(-\nu x) = -\sin \nu x$). Wegen $\nu b_\nu = \sum\limits_{\mu=1}^{\nu} \dfrac{1}{\mu} \to \infty$ ergibt sich ein Widerspruch zu Aufgabe 6.5.36.

6.5.38 Es sei K eine kompakte Teilmenge von $\mathbb{R}$. Dann gibt es ein $x_0 > 0$ mit $|x| \leq x_0$ für alle $x \in K$. Es sei $N \in \mathbb{N}$ so groß gewählt, daß $\frac{x_0}{N} < \frac{\pi}{2} - 1$ gilt.

Wir zeigen, daß die Reihe $\sum\limits_{\nu=N}^{\infty} \frac{(-1)^\nu}{\sqrt{\nu}} \sin(1 + \frac{x}{\nu})$ und damit auch die betrachtete Reihe auf K gleichmäßig konvergiert. Dazu setzen wir

$$f_\nu(x) := \frac{(-1)^\nu}{\sqrt{\nu}} \qquad \text{sowie} \qquad g_\nu(x) := \sin(1 + \frac{x}{\nu})$$

und wenden das ABELsche Kriterium für gleichmäßige Konvergenz an (vgl. Aufgabe 6.3.28).

a) Die Reihe $\sum\limits_{\nu=N}^{\infty} f_\nu(x)$ ist auf K trivialerweise gleichmäßig konvergent.

b) Wegen $|\sin(1 + \frac{x}{n})| \leq 1$ für alle $x \in K$ und alle $n \in \mathbb{N}$ ist die Folge $\{g_n(x)\}_{n=N}^{\infty}$ auf K gleichmäßig beschränkt.

c) Für alle $x \in K$ und alle $\nu \geq N$ gilt $1 + \frac{x}{\nu} \in (0, \pi/2)$ nach der Wahl von N. Da die Sinusfunktion auf $(0, \pi/2)$ monoton wachsend ist, ist die Folge $\{\sin(1 + \frac{x}{n})\}_{n=N}^{\infty}$ für jedes feste $x \in K$ monoton.

Damit sind die Voraussetzungen des ABELschen Kriteriums für gleichmäßige Konvergenz erfüllt, und die Behauptung folgt.

6.5.39 Es sei ein $x \in \mathbb{R}$ gegeben. Dann gilt

$$r_n := n\Big\{\cos\frac{x}{\sqrt{n}} - \Big(1 - \frac{x^2}{2n}\Big)\Big\} = \sum_{\nu=2}^{\infty} \frac{(-1)^\nu}{(2\nu)!} \frac{x^{2\nu}}{n^{\nu-1}}.$$

Daraus folgt für $n \to \infty$

$$|r_n| \leq \frac{1}{n} \sum_{\nu=2}^{\infty} \frac{x^{2\nu}}{(2\nu)!} \leq \frac{1}{n} \sum_{\nu=0}^{\infty} \frac{x^{2\nu}}{\nu!} = \frac{1}{n} e^{x^2} \to 0.$$

Mit I; Aufgabe 2.2.4 erhalten wir daher

$$\Big(\cos\frac{x}{\sqrt{n}}\Big)^n = \Big(1 - \frac{x^2/2}{n} + \frac{r_n}{n}\Big)^n \to e^{-x^2/2}.$$

6.5.40 a) Es sei $n \in \mathbb{N}$ und $x \in [-1, 1]$. Dann erhalten wir unter Benutzung des Additionstheorems der Cosinusfunktion

$$T_{n+1}(x) = \cos(n \arccos x)\cos(\arccos x) - \sin(n \arccos x)\sin(\arccos x),$$
$$T_{n-1}(x) = \cos(n \arccos x)\cos(\arccos x) + \sin(n \arccos x)\sin(\arccos x).$$

Addieren wir die beiden Gleichungen, so folgt die Behauptung.

b) Wir führen den Beweis durch vollständige Induktion. Es gilt $T_0(x) \equiv 1$ und $T_1(x) \equiv x$. Es sei $n \in \mathbb{N}$, und für jedes $\nu \leq n$ sei T_ν ein Polynom vom Grad ν mit höchstem Koeffizienten $2^{\nu-1}$. Aus a) ergibt sich dann, daß T_{n+1} ein Polynom vom Grad $n+1$ mit höchstem Koeffizienten $2 \cdot 2^{n-1} = 2^n$ ist.

c) Die Funktion T_n besitzt wegen b) nach I; Aufgabe 1.7.34 auf $[-1,1]$ höchstens n Nullstellen. Setzen wir $t_{n\nu} := \cos(\frac{2\nu-1}{2n}\pi)$, so ergibt sich $T_n(t_{n\nu}) = 0$ für alle $\nu = 1, ..., n$. Da diese Zahlen paarweise verschieden sind, haben wir damit alle Nullstellen von T_n erhalten.

6.5.41 a) Für $k = 0, ..., n$ setzen wir $\xi_{nk} := \cos \dfrac{k}{n}\pi$. Dann folgt $T_n(\xi_{nk}) = \cos k\pi = (-1)^k$. Wegen $|T_n(x)| \leq 1$ für alle $x \in [-1,1]$ ergibt sich insbesondere

$$\max_{[-1,1]} \left| \frac{1}{2^{n-1}} T_n(x) \right| = \frac{1}{2^{n-1}}.$$

b) Es sei P_n ein Polynom vom Grad n mit höchstem Koeffizienten 1. Wir nehmen an, es gilt $|P_n(x)| < \dfrac{1}{2^{n-1}}$ für alle $x \in [-1,1]$, und betrachten das Polynom

$$Q_n(x) := \frac{1}{2^{n-1}} T_n(x) - P_n(x).$$

Dann hat Q_n höchstens den Grad $n-1$. Wir erhalten

$$Q_n(\xi_{nk}) = \frac{(-1)^k}{2^{n-1}} - P_n(\xi_{nk}) = (-1)^k \left\{ \frac{1}{2^{n-1}} - (-1)^k P_n(\xi_{nk}) \right\},$$

wobei $\{\ \} > 0$ ist. Das Polynom Q_n hat also an $n+1$ verschiedenen Stellen ξ_{nk} abwechselnd positives und negatives Vorzeichen. Nach dem Zwischenwertsatz besitzt Q_n mindestens n verschiedene Nullstellen. Hieraus folgt $Q_n(x) \equiv 0$ und damit $P_n(x) \equiv \dfrac{1}{2^{n-1}} T_n(x)$, also insbesondere $\max\limits_{[-1,1]} |P_n(x)| = \dfrac{1}{2^{n-1}}$. Widerspruch!

6.5.42 Wir substituieren $x = \dfrac{b+a}{2} + \dfrac{b-a}{2} t$; dann gilt $x \in [a,b]$ genau dann, wenn $t \in [-1,1]$ ist. Es folgt

$$P_n(x) = \sum_{\nu=0}^{n} a_\nu \left(\frac{b+a}{2} + \frac{b-a}{2} t \right)^\nu =: \sum_{\nu=0}^{n} A_\nu t^\nu.$$

Hierbei ist $A_n = \left(\dfrac{b-a}{2} \right)^n a_n \neq 0$, und daher gilt

$$P_n(x) = A_n Q_n(t),$$

wobei Q_n ein Polynom vom Grad n ist, dessen höchster Koeffizient 1 ist. Nach Aufgabe 6.5.41 erhalten wir daher

$$\max_{[a,b]} |P_n(x)| = |A_n| \cdot \max_{[-1,1]} |Q_n(t)| \geq |A_n| \cdot \frac{1}{2^{n-1}} = |a_n| \cdot \frac{(b-a)^n}{2^{2n-1}}.$$

6.5.43 a) Es sei $\{P_n\}$ eine Folge von Polynomen P_n, deren Grad höchstens n ist, mit

$$a_n x^n - P_{n-1}(x) \underset{[0,1]}{\Longrightarrow} 0.$$

Aus Aufgabe 6.5.42 folgt

$$0 \le \frac{|a_n|}{4^n} \le \frac{1}{2} \cdot \max_{[0,1]} |a_n x^n - P_{n-1}(x)|$$

und damit $\lim\limits_{n\to\infty} \frac{a_n}{4^n} = 0$.

b) Es gelte $\lim\limits_{n\to\infty} \frac{a_n}{4^n} = 0$. Wir betrachten das n-te TSCHEBYSCHEFF-Polynom T_n und wählen $P_{n-1}(x) := a_n x^n - \frac{a_n}{2^{2n-1}} T_n(2x-1)$. Nach Aufgabe 6.5.40 ist P_{n-1} ein Polynom vom Grad höchstens $n-1$. Ferner gilt

$$\max_{[0,1]} |a_n x^n - P_{n-1}(x)| = \frac{|a_n|}{2^{2n-1}} \max_{[0,1]} |T_n(2x-1)| = \frac{|a_n|}{2^{2n-1}} \max_{[-1,1]} |T_n(t)| = 2\frac{|a_n|}{4^n} \to 0.$$

Hieraus folgt $a_n x^n - P_{n-1}(x) \underset{[0,1]}{\Longrightarrow} 0$.

6.5.44 Wir nehmen an, f ist kein Polynom mit ganzzahligen Koeffizienten. Dann gibt es zwei verschiedene Polynome P_{n_1} und P_{n_2} mit

$$\max_{[a,b]} |f(x) - P_{n_i}(x)| < \frac{1}{2} \qquad (i = 1,2).$$

Hieraus folgt

$$\max_{[a,b]} |P_{n_1}(x) - P_{n_2}(x)| < 1. \tag{$*$}$$

Ferner gilt $P_{n_1}(x) - P_{n_2}(x) = \sum\limits_{\nu=0}^{m} a_\nu x^\nu$ mit ganzzahligen a_ν und $a_m \neq 0$. Ist $m = 0$, so gilt

$$|P_{n_1}(x) - P_{n_2}(x)| \equiv |a_0| \ge 1.$$

Ist $m \in \mathbb{N}$, so folgt mit Aufgabe 6.5.42

$$\max_{[a,b]} |P_{n_1}(x) - P_{n_2}(x)| \ge |a_m| \cdot \frac{(b-a)^m}{2^{2m-1}} \ge |a_m| \cdot \frac{2^{2m}}{2^{2m-1}} = 2|a_m| \ge 2.$$

Beides ist ein Widerspruch zu $(*)$.

6.5.45 a) Es gilt für jedes $n \in \mathbb{N}$

$$en! = \sum_{\nu=0}^{n} \frac{n!}{\nu!} + n! \sum_{\nu=n+1}^{\infty} \frac{1}{\nu!} =: g_n + \frac{1+\delta_n}{n+1},$$

wobei g_n ganzzahlig ist und $\delta_n \to 0$ gilt. Wir erhalten damit

$$\begin{aligned} n \cdot \sin(2\pi e n!) &= n \cdot \sin\left(2\pi g_n + 2\pi \frac{1+\delta_n}{n+1}\right) = n \cdot \sin\left(2\pi \frac{1+\delta_n}{n+1}\right) = \\ &= 2\pi(1+\delta_n)\frac{n}{n+1} \cdot \left\{\frac{n+1}{2\pi(1+\delta_n)} \cdot \sin\left(2\pi\frac{1+\delta_n}{n+1}\right)\right\} \to 2\pi. \end{aligned}$$

b) Ist $x = \frac{p}{q}$ eine rationale Zahl mit $p \in \mathbb{Z}$ und $q \in \mathbb{N}$, so ist $xn!$ für alle $n \geq q$ eine ganze Zahl und damit $n \cdot \sin(2\pi x n!) = 0$. Daraus folgt die Behauptung.

6.5.46 a) Es sei $x \in \mathbb{R} \setminus \mathbb{Q}$. Dann folgt $m!\pi x \neq k\pi$ für alle $m \in \mathbb{N}$ und alle $k \in \mathbb{Z}$, und daher ist $|\cos(m!\pi x)| < 1$ für alle $m \in \mathbb{N}$. Hieraus ergibt sich $\lim\limits_{n\to\infty} f_{mn}(x) = 0$ für alle $m \in \mathbb{N}$, also ist $\lim\limits_{m\to\infty} \{\lim\limits_{n\to\infty} f_{mn}(x)\} = 0$.
b) Es sei $x \in \mathbb{Q}$. Dann gibt es Zahlen $p \in \mathbb{Z}$ und $q \in \mathbb{N}$ mit $x = \frac{p}{q}$. Damit ist $m!x$ gerade für alle $m \geq 2q$, also $\cos(m!\pi x) = 1$. Wir erhalten $\lim\limits_{n\to\infty} f_{mn}(x) = 1$ für alle $m \geq 2q$ und daher $\lim\limits_{m\to\infty} \{\lim\limits_{n\to\infty} f_{mn}(x)\} = 1$. Insgesamt ergibt sich also

$$\lim_{m\to\infty} \{\lim_{n\to\infty} f_{mn}(x)\} = \begin{cases} 0 & \text{falls} \quad x \notin \mathbb{Q} \\ 1 & \text{falls} \quad x \in \mathbb{Q} \end{cases}.$$

6.5.47 a) Für alle $t \in [0, \pi/2]$ gilt $\sqrt{1-\cos^2 t} = \sin t \leq t$; substituieren wir $t = \arccos x$, so ergibt sich $\sqrt{1-x^2} \leq \arccos x$ für alle $x \in [0,1]$. Hieraus folgt $\arccos x_\nu \geq \sqrt{1-x_\nu}$ für alle $\nu \in \mathbb{N}$.
b) Wegen $0 < x_\nu \leq 1$ und $x_\nu \to 1$ gibt es ein $N \in \mathbb{N}$, so daß für alle $\nu \geq N$ gilt

$$\sqrt{1-x_\nu} \geq \frac{1-x_\nu}{x_\nu} = \frac{1}{x_\nu} - 1.$$

Nach a) genügt es also zu zeigen, daß die Reihe $\sum\limits_{\nu=1}^{\infty} \left(\frac{1}{x_\nu} - 1\right)$ divergiert. Aus $\prod\limits_{\nu=1}^{n} x_\nu \to 0$ folgt $\sum\limits_{\nu=1}^{n} \ln \frac{1}{x_\nu} = -\ln \prod\limits_{\nu=1}^{n} x_\nu \to \infty$, und mit I; Aufgabe 3.1.15 ergibt sich die Behauptung.

6.5.48 Ist a_0 ein ganzzahliges Vielfaches von π, so folgt $a_n = 0$ für alle $n \in \mathbb{N}$ und damit $na_n^2 \to 0$. Wir können also voraussetzen, daß a_0 kein ganzzahliges Vielfaches von π ist und ohne Beschränkung der Allgemeinheit $a_0 \in (-\pi, 0) \cup (0, \pi)$ annehmen.
a) 1. Es sei $0 < a_0 < \pi$. Dann gilt offensichtlich $a_n > 0$ für alle n, und es folgt $a_n - a_{n+1} = a_n - \sin a_n > 0$ für alle $n \in \mathbb{N}$. Damit ist die Folge $\{a_n\}$ streng monoton fallend, nach unten beschränkt durch 0 und folglich konvergent. Für $s := \lim\limits_{n\to\infty} a_n$ gilt $s = \sin s$ und daher $s = 0$.
2. Es sei $-\pi < a_0 < 0$. Ähnlich wie in 1. zeigt man, daß $\{a_n\}$ streng monoton wachsend ist und gegen 0 konvergiert.

b) Es sei $a_0 \in (-\pi, 0) \cup (0, \pi)$. Wegen

$$\sin^2 x = (x - \frac{1}{6}x^3 + -...)^2 = x^2 - \frac{1}{3}x^4 + -...$$

folgt dann

$$\lim_{n\to\infty} \left(\frac{1}{a_{n+1}^2} - \frac{1}{a_n^2}\right) = \lim_{x\to 0} \frac{x^2 - \sin^2 x}{x^2 \sin^2 x} = \frac{1}{3}.$$

Nach I; Aufgabe 2.4.5 gilt auch

$$\frac{1}{3} = \lim_{n\to\infty} \frac{1}{n} \sum_{\nu=1}^{n} \left\{\frac{1}{a_\nu^2} - \frac{1}{a_{\nu-1}^2}\right\} = \lim_{n\to\infty} \frac{1}{n}\left(\frac{1}{a_n^2} - \frac{1}{a_0^2}\right) = \lim_{n\to\infty} \frac{1}{na_n^2}.$$

Insgesamt ergibt sich $na_n^2 \to 3$, wenn a_0 kein ganzzahliges Vielfaches von π ist, und $na_n^2 \to 0$, wenn a_0 ein ganzzahliges Vielfaches von π ist.

6.5.49 Wegen $a_n \neq 0$ gilt für alle $z \neq 0$

$$\frac{P(z)}{a_n z^n} = 1 + \sum_{\nu=0}^{n-1} \frac{a_\nu}{a_n} z^{\nu-n}. \tag{$*$}$$

Es sei ein $\varepsilon \in (0,1)$ gegeben. Wir wählen $R > 0$ so, daß $\max\limits_{0\le\nu\le n-1} \left|\frac{a_\nu}{a_n}\right| R^{\nu-n} < \frac{\varepsilon}{n}$ gilt. Dann folgt aus $(*)$ für alle $z \in \mathbb{C}$ mit $|z| > R$ die Abschätzung

$$\left|\frac{P(z)}{a_n z^n} - 1\right| \le \sum_{\nu=0}^{n-1} \left|\frac{a_\nu}{a_n}\right| |z|^{\nu-n} < \varepsilon.$$

Hieraus folgt

$$|P(z)| \le (1+\varepsilon)|a_n| \cdot |z|^n,$$

und aus $|P(z)| \ge |a_n| \cdot |z|^n - |P(z) - a_n z^n|$ erhalten wir

$$|P(z)| \ge (1-\varepsilon)|a_n| \cdot |z|^n.$$

6.5.50 Wir nehmen an, es gilt $P(z) \neq 0$ für alle $z \in \mathbb{C}$.

a) Wir zeigen, daß ein $z_0 \in \mathbb{C}$ existiert mit $|P(z_0)| \le |P(z)|$ für alle $z \in \mathbb{C}$. Nach Aufgabe 6.5.49 gibt es ein $R > 0$, so daß für alle z mit $|z| > R$ gilt

$$|P(z)| \ge \frac{1}{2}|a_n| \cdot |z|^n > |a_0|.$$

Da die Funktion $|P(z)|$ auf $\overline{K_R} := \{z \in \mathbb{C} : |z| \le R\}$ stetig ist, gibt es ein $z_0 \in \overline{K_R}$, so daß für alle $z \in \overline{K_R}$ gilt $|P(z_0)| \le |P(z)|$. Wegen $|P(z_0)| \le |P(0)| = |a_0|$ folgt $|P(z_0)| \le |P(z)|$ für alle $z \in \mathbb{C}$.

b) Wir bestimmen $b_0, ..., b_m$ so, daß gilt

$$P(z) - P(z_0) = \sum_{\nu=0}^{n} a_\nu (z^\nu - z_0^\nu) = \sum_{\nu=0}^{n} b_\nu (z - z_0)^\nu.$$

Hierbei ist $b_0 = 0$, und es existiert ein $m \in \{1, ..., n\}$ mit $b_m \neq 0$ und

$$P(z) - P(z_0) = \sum_{\nu=m}^{n} b_\nu (z - z_0)^\nu.$$

Hieraus folgt

$$P(z) - P(z_0) = a(z - z_0)^m \{1 + (z - z_0) g(z)\}$$

mit einem $a \neq 0$ und einem gewissen Polynom $g(z)$.

c) Wegen $P(z_0) \neq 0$ gilt nach Aufgabe 6.5.10 mit einem $\rho > 0$ und einem $\varphi \in [0, 2\pi)$

$$-\frac{P(z_0)}{a} = \rho e^{i\varphi}.$$

Für $\zeta := \rho^{1/m} e^{i\varphi/m}$ erhalten wir also $a\zeta^m = -P(z_0)$, und es folgt für alle $t \in [0, 1]$

$$\frac{P(z_0 + t\zeta)}{P(z_0)} = 1 + \frac{a t^m \zeta^m}{P(z_0)} \{1 + t\zeta g(z_0 + t\zeta)\} = 1 - t^m \{1 + t\zeta g(z_0 + t\zeta)\}.$$

Es existiert eine Konstante $K > 0$, so daß $|\zeta g(z_0 + t\zeta)| \leq K$ für alle $t \in [0, 1]$ gilt. Wählen wir ein $t_0 \in (0, 1]$ mit $t_0 K \leq \frac{1}{2}$, so folgt

$$\frac{|P(z_0 + t_0\zeta)|}{|P(z_0)|} = |1 - t_0^m - t_0^{m+1} \zeta g(z_0 + t_0\zeta)| \leq 1 - t_0^m + t_0^m t_0 K \leq 1 - \frac{1}{2} t_0^m < 1.$$

Es ist also $|P(z_0 + t_0\zeta)| < |P(z_0)|$, was der Definition von z_0 widerspricht.

Daher hat P mindestens eine Nullstelle.

7 Differentialrechnung

7.1 Differenzierbarkeit; elementare Eigenschaften der Ableitung

7.1.1 Für die Funktion f mit $f(x) = |x|$ und eine beliebige Nullfolge $\{x_n\}$ mit $x_n \neq 0$ gilt an der Stelle $x_0 = 0$

$$\lim_{n\to\infty} \frac{f(x_0 + x_n) - f(x_0 - x_n)}{2x_n} = \lim_{n\to\infty} \frac{|x_n| - |-x_n|}{2x_n} = 0,$$

aber f ist nicht differenzierbar an $x_0 = 0$.

7.1.2 Es existiert ein $\delta > 0$ mit $g(x) \neq g(x_0) = 0$ für alle x mit $0 < |x - x_0| < \delta$ (sonst wäre $g'(x_0) = 0$). Für $0 < |x - x_0| < \delta$ ist dann $\dfrac{f(x)}{g(x)}$ definiert, und für $x \to x_0$ folgt

$$\frac{f(x)}{g(x)} = \frac{f(x) - f(x_0)}{x - x_0} \cdot \frac{x - x_0}{g(x) - g(x_0)} \longrightarrow \frac{f'(x_0)}{g'(x_0)}.$$

7.1.3 Die Funktion f sei in $(-1, 1)$ definiert durch

$$f(x) = \begin{cases} 1 & \text{falls} \quad x \neq 0 \\ 0 & \text{falls} \quad x = 0 \end{cases}.$$

Für alle Folgen $\{x_n^+\}$ und $\{x_n^-\}$ mit $-1 < x_n^- < 0 < x_n^+ < 1$ gilt dann

$$\frac{f(x_n^+) - f(x_n^-)}{x_n^+ - x_n^-} = 0,$$

daher existiert der betrachtete Grenzwert, aber f ist unstetig an $x_0 = 0$, also insbesondere nicht differenzierbar an $x_0 = 0$.

7.1.4 a) Eine elementare Umformung ergibt

$$\frac{f(x_n^+) - f(x_n^-)}{x_n^+ - x_n^-} = \frac{f(x_n^-) - f(x_0)}{x_n^- - x_0} + \frac{x_n^+ - x_0}{x_n^+ - x_n^-} \left\{ \frac{f(x_n^+) - f(x_0)}{x_n^+ - x_0} - \frac{f(x_n^-) - f(x_0)}{x_n^- - x_0} \right\}.$$

Für $n \to \infty$ konvergiert der erste Summand gegen $f'(x_0)$, der Ausdruck in geschweiften Klammern konvergiert gegen $f'(x_0) - f'(x_0) = 0$. Wegen $0 < \dfrac{x_n^+ - x_0}{x_n^+ - x_n^-} < 1$ konvergiert der gesamte Ausdruck gegen $f'(x_0)$.

b) Wir beweisen, daß f an x_0 differenzierbar ist.

1. Zunächst zeigen wir, daß der Grenzwert

$$\lim_{n\to\infty} \frac{f(x_n^+) - f(x_n^-)}{x_n^+ - x_n^-}$$

für alle Folgen $\{x_n^+\}$ und $\{x_n^-\}$ mit den geforderten Eigenschaften den gleichen Wert $c \in \mathbb{R}$ hat. Andernfalls gäbe es solche Folgen $\{x_n^+\}, \{x_n^-\}$ und $\{y_n^+\}, \{y_n^-\}$ mit

$$\lim_{n\to\infty} \frac{f(x_n^+) - f(x_n^-)}{x_n^+ - x_n^-} \neq \lim_{n\to\infty} \frac{f(y_n^+) - f(y_n^-)}{y_n^+ - y_n^-}.$$

Für die Folgen

$$\{z_n^+\}: \; x_1^+, y_1^+, x_2^+, y_2^+, x_3^+, y_3^+, \dots,$$
$$\{z_n^-\}: \; x_1^-, y_1^-, x_2^-, y_2^-, x_3^-, y_3^-, \dots$$

würde dann aber

$$\lim_{n\to\infty} \frac{f(z_n^+) - f(z_n^-)}{z_n^+ - z_n^-}$$

nicht existieren (im Gegensatz zur Voraussetzung).

2. Es sei $\{x_n^-\}$ eine beliebige Folge mit $a < x_n^- < x_0$ und $x_n^- \to x_0$. Wir behaupten, daß dann

$$\lim_{n\to\infty} \frac{f(x_n^-) - f(x_0)}{x_n^- - x_0} = c$$

gilt. Für festes n ist (wegen der Stetigkeit von f an x_0) die Funktion

$$\varphi_n(x) := \frac{f(x_n^-) - f(x)}{x_n^- - x} \qquad (x \in (a,b), \quad x \neq x_n^-)$$

stetig an x_0; wir können daher ein s_n^+ mit $x_0 < s_n^+ < x_0 + \dfrac{1}{n}$ finden, für welches die Ungleichung $|\varphi_n(s_n^+) - \varphi_n(x_0)| < \dfrac{1}{n}$ gilt. Wir erhalten dann $\lim\limits_{n\to\infty} \varphi_n(s_n^+) = c$, und aus

$$\frac{f(x_n^-) - f(x_0)}{x_n^- - x_0} = \left\{\varphi_n(x_0) - \varphi_n(s_n^+)\right\} + \varphi_n(s_n^+)$$

folgt die Behauptung.

3. Es sei $\{x_n^+\}$ eine beliebige Folge mit $x_0 < x_n^+ < b$ und $x_n^+ \to x_0$. Analog wie in 2. erhalten wir

$$\lim_{n\to\infty} \frac{f(x_n^+) - f(x_0)}{x_n^+ - x_0} = c.$$

4. Aus 2. und 3. folgt nun sofort, daß f an x_0 differenzierbar ist und daß $f'(x_0) = c$ gilt.

7.1.5 a) Ist $x_0 \neq 0$, so ist f an x_0 unstetig und daher nicht differenzierbar.
b) Es sei $x_0 = 0$ und $\{x_n\}$ eine Folge mit $x_n \to 0$ und $x_n \neq 0$ für alle n. Dann gilt

$$\frac{f(x_n) - f(x_0)}{x_n - x_0} = \left\{ \begin{array}{lll} 0 & \text{falls} & x_n \in \mathbb{Q} \\ x_n & \text{falls} & x_n \in \mathbb{R} \setminus \mathbb{Q} \end{array} \right\} \to 0 \qquad (n \to \infty).$$

Also ist f differenzierbar an $x_0 = 0$, und es gilt $f'(0) = 0$.

7.1.6 Trivialerweise ist f an jeder Stelle $x_0 \neq 0$ differenzierbar. Es sei also $x_0 = 0$.
a) Wir nehmen an, daß $\alpha \leq 1$ gilt. Für die Folge $\{x_n\}$ mit $x_n = \dfrac{(-1)^n}{n}$ erhalten wir dann

$$\frac{f(x_n) - f(x_0)}{x_n - x_0} = \left\{ \begin{array}{lll} 0 & \text{falls} \; n & \text{ungerade} \\ n^{1-\alpha} & \text{falls} \; n & \text{gerade} \end{array} \right. ,$$

so daß f an x_0 nicht differenzierbar sein kann.
b) Wir nehmen an, daß $\alpha > 1$ gilt. Es sei $\{x_n\}$ eine beliebige Folge mit $x_n \to 0$ und $x_n \neq 0$ für alle n. Wir erhalten für $n \to \infty$

$$\frac{f(x_n) - f(x_0)}{x_n - x_0} = \left\{ \begin{array}{lll} 0 & \text{falls} & x_n < 0 \\ x_n^{\alpha-1} & \text{falls} & x_n > 0 \end{array} \right\} \to 0.$$

Daher ist f an $x_0 = 0$ differenzierbar, und es gilt $f'(0) = 0$.

7.1.7 Es gilt

$$f(x) = \left\{ \begin{array}{ll} x^{m+1} & \text{falls} \; x \geq 0 \\ -x^{m+1} & \text{falls} \; x < 0 \end{array} \right. . \qquad (*)$$

Daher ist f an jeder Stelle $x_0 \neq 0$ beliebig oft differenzierbar. Wir zeigen, daß f an der Stelle $x_0 = 0$ genau m-mal differenzierbar ist.
a) Aus $(*)$ erhalten wir für $0 \leq k \leq m$

$$f^{(k)}(x) = \frac{(m+1)!}{(m-k+1)!} x^{m-k} |x| \qquad \text{falls} \quad x \neq 0.$$

Hieraus ergibt sich sukzessive $f^{(k)}(0) = 0$ für $1 \leq k \leq m$, denn für $\nu + 1 \leq m$ gilt

$$f^{(\nu+1)}(0) = \lim_{x \to 0} \frac{f^{(\nu)}(x) - f^{(\nu)}(0)}{x - 0} = \lim_{x \to 0} \frac{(m+1)!}{(m-\nu+1)!} x^{m-\nu-1} |x| = 0.$$

b) Für die Folge $\{x_n\}$ mit $x_n = \dfrac{(-1)^n}{n}$ gilt

$$\frac{f^{(m)}(x_n) - f^{(m)}(0)}{x_n - 0} = (m+1)! \frac{|x_n|}{x_n} = (-1)^n (m+1)! \, ,$$

so daß f an der Stelle 0 nicht $(m+1)$-mal differenzierbar sein kann.

7.1.8 a) Die Funktion

$$f(x) = \begin{cases} 1 & \text{falls} \quad x \in \mathbb{Q} \\ -1 & \text{falls} \quad x \in \mathbb{R} \setminus \mathbb{Q} \end{cases}$$

ist an jeder Stelle unstetig, also nirgends differenzierbar; aber $|f(x)| \equiv 1$ ist differenzierbar auf $\mathbb{R}$.

b) Wir zeigen, daß aus der Differenzierbarkeit von $|f|$ an x_0 und der Stetigkeit von f an x_0 die Differenzierbarkeit von f an x_0 folgt. Nach Voraussetzung gilt

$$\frac{|f(x)| - |f(x_0)|}{x - x_0} \longrightarrow |f|'(x_0) \qquad (x \to x_0). \tag{$*$}$$

1. Es sei $f(x_0) = 0$. Dann folgt aus $(*)$, daß $|f|'(x_0) = 0$ gelten muß. Wir erhalten damit

$$\left| \frac{f(x) - f(x_0)}{x - x_0} - 0 \right| = \left| \frac{|f(x)|}{x - x_0} \right| \longrightarrow 0 \qquad (x \to x_0).$$

Also ist f differenzierbar an x_0, und es gilt $f'(x_0) = 0$.

2. Es sei $f(x_0) > 0$, also $|f(x_0)| = f(x_0)$. Da f an x_0 stetig ist, gibt es eine Umgebung U von x_0 mit $|f(x)| = f(x) > 0$ für alle $x \in U$. Für alle $x \in U$ mit $x \neq x_0$ erhalten wir

$$\frac{f(x) - f(x_0)}{x - x_0} = \frac{|f(x)| - |f(x_0)|}{x - x_0} \longrightarrow |f|'(x_0) \qquad (x \to x_0).$$

Also ist f an x_0 differenzierbar, und es gilt $f'(x_0) = |f|'(x_0)$.

3. Es sei $f(x_0) < 0$. Dann ist die Funktion $g(x) := -f(x)$ nach 2. an x_0 differenzierbar. Also ist auch f an x_0 differenzierbar, und es folgt $f'(x_0) = -g'(x_0) = -|f|'(x_0)$.

7.1.9 a) Es gilt

$$\Big(\max\{f, g\}\Big)(x) = \frac{1}{2}\Big\{f(x) + g(x) + |f(x) - g(x)|\Big\},$$

$$\Big(\min\{f, g\}\Big)(x) = \frac{1}{2}\Big\{f(x) + g(x) - |f(x) - g(x)|\Big\}.$$

Daher reicht es, folgendes zu zeigen: Ist φ differenzierbar an x_0 und gilt $\varphi(x_0) \neq 0$, so ist $|\varphi|$ differenzierbar an x_0.

1. Es gelte $\varphi(x_0) > 0$. Da φ an x_0 stetig ist, gibt es eine Umgebung $U(x_0)$ von x_0 mit $\varphi(x) > 0$ für alle $x \in U(x_0)$, und es gilt hier

$$\frac{|\varphi(x)| - |\varphi(x_0)|}{x - x_0} = \frac{\varphi(x) - \varphi(x_0)}{x - x_0} \longrightarrow \varphi'(x_0) \qquad (x \to x_0).$$

Also ist $|\varphi|$ differenzierbar an x_0, und es gilt $|\varphi|'(x_0) = \varphi'(x_0)$.

2. Es gelte $\varphi(x_0) < 0$. Dann ist die Funktion $|-\varphi| = |\varphi|$ differenzierbar an x_0, und es gilt $|\varphi|'(x_0) = -\varphi'(x_0)$.

b) Für $f(x) = x$ und $g(x) = -x$ erhalten wir $f(0) = g(0)$ und

$$\Big(\max\{f,g\}\Big)(x) = |x|, \qquad \Big(\min\{f,g\}\Big)(x) = -|x|.$$

Beide Funktionen sind an $x_0 = 0$ nicht differenzierbar.

7.1.10 Wegen $P(x_0) = 0$ existiert ein Polynom R vom Grad $n-1$ mit $P(x) = (x-x_0)R(x)$ (siehe I; Lösung zu Aufgabe 1.7.34). Wegen

$$P'(x) = R(x) + (x - x_0)R'(x)$$

muß $R(x_0) = P'(x_0) = 0$ gelten. Folglich existiert ein Polynom Q vom Grad $n-2$ mit $R(x) = (x - x_0)Q(x)$, und es folgt $P(x) = (x - x_0)^2 Q(x)$.

7.1.11 a) Es sei $P \in \mathcal{P}$, und es gelte $P(x) = ax^2 + bx + c$. Dann gilt

$$P(0) = c, \qquad P\Big(\frac{1}{2}\Big) = \frac{a}{4} + \frac{b}{2} + c, \qquad P(1) = a + b + c,$$

und man erhält

$$P'(0) = b = 4P\Big(\frac{1}{2}\Big) - 3P(0) - P(1).$$

Also ist $|P'(0)| \le 8$.

b) Wir betrachten das Polynom $P_0(x) = 8x^2 - 8x + 1$. Es ist $P_0(0) = P_0(1) = -P_0\Big(\frac{1}{2}\Big) = 1$ und damit $P_0 \in \mathcal{P}$. Weiter gilt $P_0'(0) = -8$.

7.1.12 a) Die Funktionen f und g mit

$$f(x) = \begin{cases} \sqrt{x} & \text{falls } x \ge 0 \\ \sqrt{-x} & \text{falls } x < 0 \end{cases}, \qquad g(x) = \begin{cases} \sqrt{x} & \text{falls } x \ge 0 \\ -\sqrt{-x} & \text{falls } x < 0 \end{cases}$$

sind stetig auf $\mathbb{R}$ und erfüllen $f(x)g(x) = x$ für alle $x \in \mathbb{R}$.

b) Gäbe es differenzierbare Funktionen mit den gleichen Eigenschaften, so wäre

$$1 = \{f(x)g(x)\}' = f'(x)g(x) + f(x)g'(x),$$

was für $x = 0$ zu einem Widerspruch führt.

7.1.13 a) Wegen $x_0 \ne 0$ gilt in einer Umgebung von x_0 die Beziehung $f(x) = \dfrac{g(x)}{x}$. Somit ist f als Quotient von an x_0 differenzierbaren Funktionen wieder differenzierbar an x_0, und aus der Quotientenregel folgt

$$f'(x_0) = \frac{x_0 g'(x_0) - g(x_0)}{x_0^2} = \frac{g'(x_0) - f(x_0)}{x_0}.$$

b) Es sei $f(x) = |x|$. Dann ist die Funktion g mit $g(x) = xf(x)$ nach Aufgabe 7.1.7 differenzierbar an $x_0 = 0$, aber f ist dort nicht differenzierbar.

7.1.14 Nach dem Zerlegungssatz existiert eine in I definierte Funktion f_0, so daß für alle $x \in I$ folgendes gilt:

$$f_0(x_0) = \lim_{x \to x_0} f_0(x) = 0,$$
$$f(x) - f(x_0) = f'(x_0) \cdot (x - x_0) + |x - x_0| \cdot f_0(x).$$

Es sei ein $\varepsilon > 0$ gegeben. Wir können ein $\delta > 0$ so wählen, daß für alle $x \in I$ mit $|x - x_0| < \delta$ gilt $|f_0(x)| < \varepsilon$. Für diese x erhalten wir dann

$$\begin{aligned} |f(x) - f(x_0)| &= |f'(x_0) \cdot (x - x_0) + |x - x_0| \cdot f_0(x)| \le \\ &\le \{|f'(x_0)| + |f_0(x)|\} \cdot |x - x_0| \le \{|f'(x_0)| + \varepsilon\} \cdot |x - x_0|. \end{aligned}$$

Daraus folgt die Behauptung.

7.1.15 Es sei N_f die Menge der Nullstellen von f in $[a, b]$. Wir nehmen an, N_f sei unendlich. Dann existiert eine abzählbare Teilmenge $M \subset N_f$; es sei $\{y_n\}$ eine Abzählung von M (die y_n sind also paarweise verschieden). Für alle n gilt $y_n \in [a, b]$, daher existiert eine Teilfolge $\{x_n\}$ von $\{y_n\}$ und ein $x_0 \in [a, b]$ mit $x_n \to x_0$ (dabei kann $x_n = x_0$ höchstens für ein $n \in \mathbb{N}$ gelten). Aus $f(x_n) = 0$ und der Stetigkeit von f an x_0 erhalten wir auch $f(x_0) = 0$. Es folgt

$$f'(x_0) = \lim_{n \to \infty} \frac{f(x_n) - f(x_0)}{x_n - x_0} = 0.$$

Damit ist $|f(x_0)| + |f'(x_0)| = 0$. Widerspruch!

7.1.16 Es sei $\{x_k\}$ eine Folge aus M mit $x_k \neq 0$ und $x_k \to 0$. Dann gilt

$$|f'(0)| = \lim_{k \to \infty} \left| \frac{f(x_k) - f(0)}{x_k - 0} \right| = \lim_{k \to \infty} \left| \frac{f(x_k)}{x_k} \right| \le \lim_{k \to \infty} \left| \frac{\sin x_k}{x_k} \right| = 1.$$

Andererseits ist $f'(x) = a_1 \cos x + 2a_2 \cos 2x + \cdots + na_n \cos nx$, und es folgt

$$|a_1 + 2a_2 + \cdots + na_n| = |f'(0)| \le 1.$$

7.1.17 Wegen $f(x_0) \neq 0$ gibt es ein N, so daß $f(x_0 + \frac{1}{n})$ und $f(x_0)$ für alle $n > N$ gleiches Vorzeichen haben. Es folgt dann für diese n

$$\ln x_n = \ln \left| \frac{f(x_0 + \frac{1}{n})}{f(x_0)} \right|^n = \frac{\ln |f(x_0 + \frac{1}{n})| - \ln |f(x_0)|}{1/n}.$$

Der Ausdruck auf der rechten Seite konvergiert gegen die Ableitung von $\ln|f(x)|$ an der Stelle x_0. Also gilt

$$\ln x_n \to \frac{f'(x_0)}{f(x_0)} \qquad \text{und} \qquad x_n \to \exp\left(\frac{f'(x_0)}{f(x_0)}\right).$$

7.1.18 Sukzessive erhält man für $1 \le k \le n$

$$f_n^{(k)}(x) = x^{n-k}\frac{1}{(n-k)!}\cdot\left\{\sum_{\nu=n-k+1}^{n}\frac{1}{\nu}+\ln x\right\}.$$

Insbesondere ist also

$$f_n^{(n)}(x) = \sum_{\nu=1}^{n}\frac{1}{\nu}+\ln x.$$

Es folgt

$$f_n^{(n)}\left(\frac{1}{n}\right) = \sum_{\nu=1}^{n}\frac{1}{\nu}-\ln n,$$

und die betrachtete Folge konvergiert gegen die EULER-MASCHERONIsche Konstante $C = 0,577...$ (vgl. I; Aufgabe 2.2.17).

7.1.19 Die Behauptung ist trivial für $n = 0$; gilt sie für ein $n \in \mathbb{N}_0$, so erhalten wir

$$\frac{d^{n+1}}{dx^{n+1}}\left\{P(x)e^{rx}\right\} = \frac{d}{dx}\left\{P_n(x)e^{rx}\right\} = P_n'(x)e^{rx} + r\,P_n(x)e^{rx} =$$

$$= \left\{P_n'(x) + r\,P_n(x)\right\}e^{rx} =: P_{n+1}e^{rx}.$$

Hierbei hat das Polynom $P_{n+1}(x) = P_n'(x) + r\,P_n(x)$ denselben Grad wie P_n, also denselben Grad wie P. Mit vollständiger Induktion folgt die Behauptung.
Hinweis: Das Ergebnis gilt insbesondere in dem Trivialfall, daß $P(x) \equiv 0$, also der Grad von P gleich $-\infty$ ist.

7.1.20 Eine beliebige Linearkombination der betrachteten Funktionen hat die Form

$$P_1(x)e^{r_1x} + P_2(x)e^{r_2x} + \cdots + P_n(x)e^{r_nx},$$

wobei P_ν ein Polynom vom Grad höchstens m_ν ist. Die lineare Unabhängigkeit ist gezeigt, wenn wir nachweisen, daß die Funktionen $e^{r_\nu x}$ die Eigenschaft haben, daß aus einer Beziehung $\sum\limits_{\nu=1}^{n} P_\nu(x)e^{r_\nu x} \equiv 0$ in einem Intervall I folgt, daß alle Polynome P_ν auf I identisch Null sind. Aus I; Aufgabe 1.7.34 folgt dann, daß die Koeffizienten aller Polynome gleich Null sein müssen.

Wir beweisen die Behauptung mit vollständiger Induktion.
a) Gilt $P_1(x)e^{r_1x} \equiv 0$, so folgt (da $e^{r_1x} \neq 0$ ist), daß $P_1(x) \equiv 0$ sein muß.
b) Die behauptete Eigenschaft gelte für $n-1 \in \mathbb{N}$. Es werde auf I die Gleichung

$$P_1(x)e^{r_1x} + P_2(x)e^{r_2x} + \cdots + P_{n-1}(x)e^{r_{n-1}x} + P_n(x)e^{r_nx} \equiv 0$$

betrachtet. Multiplikation mit e^{-r_nx} ergibt

$$P_1(x)e^{(r_1-r_n)x} + P_2(x)e^{(r_2-r_n)x} + \cdots + P_{n-1}(x)e^{(r_{n-1}-r_n)x} + P_n(x) \equiv 0\,. \quad (*)$$

Differenzieren wir diese Beziehung (m_n+1)-mal, so erhalten wir eine Gleichung der Form

$$\tilde{P}_1(x)e^{(r_1-r_n)x} + \tilde{P}_2(x)e^{(r_2-r_n)x} + \cdots + \tilde{P}_{n-1}(x)e^{(r_{n-1}-r_n)x} \equiv 0,$$

wobei jedes Polynom $\tilde{P}_\nu$ nach Aufgabe 7.1.19 denselben Grad wie P_ν hat. Aus der Induktionsannahme folgt

$$\tilde{P}_1(x) \equiv \tilde{P}_2(x) \equiv \cdots \equiv \tilde{P}_{n-1}(x) \equiv 0,$$

so daß jedes Polynom $\tilde{P}_\nu$ und folglich auch P_ν den Grad $-\infty$ hat. Also gilt

$$P_1(x) \equiv P_2(x) \equiv \cdots \equiv P_{n-1}(x) \equiv 0,$$

und aus $(*)$ folgt auch $P_n(x) \equiv 0$.

7.1.21 Für $x \neq 0$ gilt $f'(x) = \alpha x^{\alpha-1}\sin\frac{1}{x} - x^{\alpha-2}\cos\frac{1}{x}$, so daß f auf $(-\infty,0)$ und $(0,\infty)$ stetig differenzierbar ist. Es bleibt die Untersuchung von f an $x_0=0$.
a) Gilt $\alpha = 0$, so ist f unstetig an $x_0=0$. Für die Nullfolge $\{x_n\}$ mit $x_n = \dfrac{2}{(2n+1)\pi}$ gilt nämlich $f(x_n) = \sin\dfrac{2n+1}{2}\pi = (-1)^n$.
b) Gilt $\alpha > 0$, so ist f an $x_0 = 0$ stetig. Für $x \neq 0$ ist nämlich

$$|f(x)| = |x^\alpha| \cdot \left|\sin\frac{1}{x}\right| \leq |x^\alpha|,$$

also haben wir $\lim\limits_{x\to 0} f(x) = 0 = f(0)$.
c) Gilt $\alpha = 1$, so ist f an $x_0=0$ nicht differenzierbar. Für $x \neq 0$ ist nämlich

$$\frac{f(x)-f(0)}{x-0} = \sin\frac{1}{x},$$

und wie in a) existiert für $x \to 0$ kein Grenzwert.
d) Gilt $\alpha > 1$, so ist f differenzierbar an $x_0 = 0$. Für $x \neq 0$ ist nämlich

$$\left|\frac{f(x)-f(0)}{x-0}\right| = |x^{\alpha-1}| \cdot \left|\sin\frac{1}{x}\right| \leq |x^{\alpha-1}|,$$

und hieraus folgt $f'(0) = 0$.

e) Gilt $\alpha = 2$, so ist f' an $x_0 = 0$ nicht stetig. Für die Nullfolge $\{x_n\}$ mit $x_n = \dfrac{1}{n\pi}$ gilt nämlich $f'(x_n) = -\cos n\pi = (-1)^{n+1}$.

f) Gilt $\alpha > 2$, so ist f' an x_0 stetig. Für $x \neq 0$ ist nämlich

$$|f'(x)| \leq \alpha|x^{\alpha-1}| + |x^{\alpha-2}|,$$

also $\lim\limits_{x\to 0} f'(x) = 0 = f'(0)$.

7.1.22 Die Funktionen

$$f(x) = \begin{cases} x^2 \sin\frac{1}{x} & \text{falls} \quad x \neq 0 \\ 0 & \text{falls} \quad x = 0 \end{cases} \qquad \text{und} \qquad g(x) = x$$

besitzen die Eigenschaften (1) und (2).

7.1.23 Nach Aufgabe 7.1.21 ist die Funktion

$$f(x) = \begin{cases} x^2 \sin\frac{1}{x} & \text{falls} \quad x \neq 0 \\ 0 & \text{falls} \quad x = 0 \end{cases}$$

an der Stelle $x_0 = 0$ differenzierbar, und es gilt $f'(0) = 0$. Betrachten wir die Folgen $\{x_n\}$ und $\{y_n\}$ mit

$$x_n = \frac{2}{(2n+1)\pi}, \qquad y_n = \frac{1}{n\pi},$$

so gilt $x_n \to 0$ und $y_n \to 0$ sowie $x_n \neq y_n$ für alle $n \in \mathbb{N}$. Ferner erhalten wir

$$\frac{f(x_n) - f(y_n)}{x_n - y_n} = \frac{4}{\pi} \cdot \frac{(-1)^{n+1}}{2 + \frac{1}{n}},$$

so daß der fragliche Grenzwert nicht existiert.

7.1.24 a) Die Funktion

$$f(x) = \begin{cases} x^2 \sin\frac{1}{x} & \text{falls} \quad x \neq 0 \\ 0 & \text{falls} \quad x = 0 \end{cases}$$

hat die Ableitung (vgl. Aufgabe 7.1.21):

$$f'(x) = \begin{cases} 2x \sin\frac{1}{x} - \cos\frac{1}{x} & \text{falls} \quad x \neq 0 \\ 0 & \text{falls} \quad x = 0 \end{cases}.$$

Es gilt $|f'(x)| \le 3$ für alle $x \in (-1,1)$; an der Stelle $x_0 = 0$ ist die Funktion f' unstetig.
b) Die Funktion

$$g(x) = \begin{cases} x^2 \sin \frac{1}{x^2} & \text{falls} \quad x \neq 0 \\ 0 & \text{falls} \quad x = 0 \end{cases}$$

hat die Ableitung

$$g'(x) = 2x \sin \tfrac{1}{x^2} - \tfrac{2}{x} \cos \tfrac{1}{x^2} \quad \text{falls} \quad x \neq 0,$$

$$g'(0) = \lim_{x \to 0} \frac{x^2 \sin \frac{1}{x^2}}{x} = 0.$$

Für die Folge $\{x_n\}$ mit $x_n = \dfrac{1}{\sqrt{2n\pi}}$ gilt $x_n \to 0$ sowie $g'(x_n) = -2\sqrt{2n\pi} \to -\infty$. Damit ist g in jeder Umgebung von $x_0 = 0$ unbeschränkt.

7.1.25 a) Für die Ableitung von f erhalten wir

$$f'(x) = \exp\Big(-\frac{x^2}{4}\Big) \Big\{ 4x^3 \sin \frac{8}{x^3} - \frac{x^5}{2} \sin \frac{8}{x^3} - 24 \cos \frac{8}{x^3} \Big\} \qquad \text{falls} \quad x \neq 0$$

und

$$f'(0) = \lim_{x \to 0} \frac{f(x)}{x} = \lim_{x \to 0} x^3 \exp\Big(-\frac{x^2}{4}\Big) \sin \frac{8}{x^3} = 0.$$

b) 1. Aus der elementaren Ungleichung $e^{y^2} > 1 + y^2$ für $y \neq 0$ erhalten wir für $0 < |x| \le 1$

$$\exp\Big(-\frac{x^2}{4}\Big) < \Big(1 + \frac{x^2}{4}\Big)^{-1},$$

und damit folgt für $0 < |x| \le 1$

$$|f'(x)| < \Big(1 + \frac{x^2}{4}\Big)^{-1} \Big\{ 4|x|^3 + \frac{|x|^5}{2} + 24 \Big\} \le \Big(1 + \frac{x^2}{4}\Big)^{-1} \Big(24 + \frac{9}{2}x^2\Big) < 24. \qquad (*)$$

Da $|f'(0)| = 0$ ist, gilt $|f'(x)| < 24$ für alle $x \in [-1,1]$.

2. Für $x_n = \dfrac{2}{\sqrt[3]{(2n+1)\pi}}$ gilt $f'(x_n) = 24 \exp\Big(-\dfrac{x_n^2}{4}\Big) \to 24$, und für $y_n = \dfrac{2}{\sqrt[3]{2n\pi}}$ gilt $f'(y_n) = -24 \exp\Big(-\dfrac{y_n^2}{4}\Big) \to -24$. Zusammen mit $(*)$ folgt also

$$\inf_{[-1,1]} f'(x) = -24, \qquad \sup_{[-1,1]} f'(x) = +24,$$

aber wegen $(*)$ nimmt f' weder das Supremum noch das Infimum an.

7.1.26 Die Behauptung ist für $n = 1$ trivial (für $n = 2$ ergibt sich die Produktregel). Gilt die Behauptung für ein $n \in \mathbb{N}$, so folgt (mit der Produktregel für zwei Faktoren)

$$\left\{\prod_{\nu=1}^{n+1} f_\nu(x)\right\}' = \left\{f_{n+1}(x)\cdot\prod_{\nu=1}^{n} f_\nu(x)\right\}' =$$

$$= f'_{n+1}(x)\cdot\prod_{\nu=1}^{n} f_\nu(x) + f_{n+1}(x)\cdot\prod_{\nu=1}^{n} f_\nu(x)\cdot\sum_{\nu=1}^{n}\frac{f'_\nu(x)}{f_\nu(x)} =$$

$$= \prod_{\nu=1}^{n+1} f_\nu(x)\cdot\left\{\frac{f'_{n+1}(x)}{f_{n+1}(x)} + \sum_{\nu=1}^{n}\frac{f'_\nu(x)}{f_\nu(x)}\right\} = \prod_{\nu=1}^{n+1} f_\nu(x)\cdot\sum_{\nu=1}^{n+1}\frac{f'_\nu(x)}{f_\nu(x)}.$$

Division durch $\prod_{\nu=1}^{n+1} f_\nu(x)$ liefert die Behauptung.

7.1.27 Die Behauptung ist klar für $n = 0$ (auf beiden Seiten steht $f(x)g(x)$). Die Funktionen f und g seien $(n+1)$-mal differenzierbar, und es gelte die LEIBNIZsche Formel für ein $n \in \mathbb{N}_0$. Dann ist $\left\{f(x)g(x)\right\}^{(n)} = \sum_{\nu=0}^{n}\binom{n}{\nu} f^{(\nu)}(x)g^{(n-\nu)}(x)$ differenzierbar, da die Funktionen $f^{(\nu)}(x)g^{(n-\nu)}(x)$ für $\nu = 0, ..., n$ differenzierbar sind, und es folgt

$$\left\{f(x)g(x)\right\}^{(n+1)} = \frac{d}{dx}\left\{f(x)g(x)\right\}^{(n)} =$$

$$= \sum_{\nu=0}^{n}\binom{n}{\nu} f^{(\nu+1)}(x)g^{(n-\nu)}(x) + \sum_{\nu=0}^{n}\binom{n}{\nu} f^{(\nu)}(x)g^{(n-\nu+1)}(x) =$$

$$= f^{(n+1)}(x)g(x) + f(x)g^{(n+1)}(x) + \sum_{\nu=1}^{n}\left\{\binom{n}{\nu-1} + \binom{n}{\nu}\right\} f^{(\nu)}(x)g^{(n-\nu+1)}(x) =$$

$$= \sum_{\nu=0}^{n+1}\binom{n+1}{\nu} f^{(\nu)}(x)g^{(n+1-\nu)}(x).$$

7.1.28 a) Da die Funktion f an x_0 stetig ist, gibt es eine Umgebung $U(x_0)$ von x_0 mit $f(x) \in U(y_0)$ für alle $x \in U(x_0)$. Für $x \in U(x_0)$ mit $x \neq x_0$ folgt

$$\left|\frac{h(x) - h(x_0)}{x - x_0}\right| = \left|\frac{g(f(x)) - g(f(x_0))}{x - x_0}\right| \leq M\cdot\frac{|f(x) - f(x_0)|}{|x - x_0|}.$$

Wegen $\frac{|f(x) - f(x_0)|}{|x - x_0|} \to |f'(x_0)| = 0$ ergibt sich $\frac{h(x) - h(x_0)}{x - x_0} \to 0$ für $x \to x_0$. Daher ist h an x_0 differenzierbar, und es gilt $h'(x_0) = 0$.

b) Die Funktion $g(y) = |y|$ erfüllt für alle y, $y_0 \in \mathbb{R}$ die Beziehung

$$|g(y) - g(y_0)| = \big||y| - |y_0|\big| \leq |y - y_0|.$$

Insbesondere gilt dies für die Stelle $y_0 = 0$, an der g nicht differenzierbar ist.
c) Für $f(x) = x$ und $g(y) = |y|$ erhalten wir $h(x) = |x|$, so daß die Aussage a) im Punkt $x_0 = 0$ nicht gilt.

7.1.29 Nach der Kettenregel ist das Ergebnis richtig für $n = 1$. Wir nehmen an, für ein $n \in \mathbb{N}$ gelte die Behauptung; h sei $(n+1)$-mal differenzierbar an x_0 und g sei $(n+1)$-mal differenzierbar an $h(x_0)$. Dann ist $g' \circ h$ nach der Induktionsvoraussetzung n-mal differenzierbar an x_0; mit Aufgabe 7.1.27 ist folglich $(g' \circ h) \cdot h'$ ebenfalls n-mal differenzierbar an x_0, und es gilt

$$\Big(g \circ h\Big)^{(n+1)}(x_0) = \Big((g \circ h)'\Big)^{(n)}(x_0) = \Big((g' \circ h) \cdot h'\Big)^{(n)}(x_0).$$

Mit vollständiger Induktion ergibt sich hieraus die Behauptung.

7.1.30 a) Bekanntlich gilt für jedes $m \in \mathbb{N}_0$ (siehe I; Aufgabe 2.2.15)

$$\lim_{x \to 0} \frac{f(x)}{x^m} = \lim_{x \to 0} \frac{e^{-1/x^2}}{x^m} = 0.$$

Wir zeigen mit vollständiger Induktion, daß für alle $n \in \mathbb{N}$ Konstanten $c_\nu^{(n)}$ existieren mit

$$f^{(n)}(x) = f(x) \sum_{\nu=1}^{m_n} c_\nu^{(n)} x^{-\nu} \qquad \text{falls} \quad x \neq 0; \qquad f^{(n)}(0) = 0.$$

1. Für $x \neq 0$ erhalten wir $f'(x) = f(x) \cdot \dfrac{2}{x^3}$, und für $x = 0$ ergibt sich

$$f'(0) = \lim_{x \to 0} \frac{f(x)}{x} = 0,$$

also stimmt die Behauptung für $n = 1$.
2. Die Behauptung gelte für ein $n \in \mathbb{N}$; dann folgt zunächst für $x \neq 0$

$$\begin{aligned} f^{(n+1)}(x) &= f'(x) \sum_{\nu=1}^{m_n} c_\nu^{(n)} x^{-\nu} + f(x) \sum_{\nu=1}^{m_n} c_\nu^{(n)} (-\nu) x^{-\nu-1} = \\ &= f(x) \sum_{\nu=1}^{m_n} \left\{ \frac{2}{x^3} c_\nu^{(n)} x^{-\nu} - \nu c_\nu^{(n)} x^{-\nu-1} \right\} =: f(x) \sum_{\nu=1}^{m_{n+1}} c_\nu^{(n+1)} x^{-\nu}. \end{aligned}$$

Für $x = 0$ erhalten wir

$$\lim_{x \to 0} \frac{f^{(n)}(x) - f^{(n)}(0)}{x} = \sum_{\nu=1}^{m_n} c_\nu^{(n)} \cdot \lim_{x \to 0} \frac{f(x)}{x^{\nu+1}} = 0.$$

Also ist f auch im Nullpunkt $(n+1)$-mal differenzierbar, und es gilt $f^{(n+1)}(0) = 0$. Mit vollständiger Induktion ergibt sich die Behauptung.

b) Es ist klar, daß die Funktion g auf $(0,\infty)$ und auf $(-\infty,0)$ beliebig oft differenzierbar ist und daß für jedes $k \in \mathbb{N}_0$ gilt $g^{(k)}(x) = 0$ in $(-\infty,0)$ sowie $g^{(k)}(x) = f^{(k)}(x)$ in $(0,\infty)$. Für $x_0 = 0$ erhalten wir für jedes $n \in \mathbb{N}$

$$\lim_{x\to 0+} \frac{g^{(n-1)}(x)}{x} = \lim_{x\to 0+} \frac{f^{(n-1)}(x)}{x} = 0; \qquad \lim_{x\to 0-} \frac{g^{(n-1)}(x)}{x} = 0,$$

woraus $g^{(n)}(0) = 0$ folgt.

7.1.31 Die Funktion

$$\varphi_0(x) := \begin{cases} e^{-1/x^2} & \text{falls } x > 0 \\ 0 & \text{falls } x \le 0 \end{cases}$$

ist nach Aufgabe 7.1.30 beliebig oft differenzierbar auf $\mathbb{R}$. Setzen wir

$$\varphi(x) := \frac{\varphi_0(x-a)}{\varphi_0(x-a) + \varphi_0(b-x)},$$

so ist φ auf $\mathbb{R}$ beliebig oft differenzierbar (beachten Sie, daß der Nenner stets ungleich Null ist), und es gilt

$$\varphi(x) \equiv 0 \quad \text{für} \quad x \le a, \qquad \varphi(x) \equiv 1 \quad \text{für} \quad x \ge b.$$

Die Funktion

$$f(x) := \{1 - \varphi(x)\} f_1(x) + \varphi(x) f_2(x)$$

hat daher die gewünschten Eigenschaften.

7.1.32 Wir betrachten die Polynome

$$L_\nu(x) := \prod_{\substack{\mu=0 \\ \mu\neq\nu}}^{n} \frac{x - x_\mu}{x_\nu - x_\mu}$$

und

$$H_\nu(x) := \{1 - 2(x - x_\nu)L'_\nu(x_\nu)\}L^2_\nu(x), \qquad \tilde{H}_\nu(x) := (x - x_\nu)L^2_\nu(x).$$

Die Polynome H_ν und $\tilde{H}_\nu$ haben den Grad $2n+1$, und es gilt

$$H'_\nu(x) = -2L'_\nu(x_\nu)L^2_\nu(x) + 2\{1 - 2(x - x_\nu)L'_\nu(x_\nu)\}L_\nu(x)L'_\nu(x),$$
$$\tilde{H}'_\nu(x) = L^2_\nu(x) + 2(x - x_\nu)L_\nu(x)L'_\nu(x).$$

Wegen $L_\nu(x_\mu) = 0$ für $\nu \neq \mu$ und $L_\nu(x_\nu) = 1$ erhalten wir daher für $\nu, \mu = 0, 1, ..., n$

$$H_\nu(x_\mu) = \tilde{H}'_\nu(x_\mu) = 0 \quad \text{für} \quad \nu \neq \mu; \qquad H_\nu(x_\nu) = \tilde{H}'_\nu(x_\nu) = 1;$$
$$\tilde{H}_\nu(x_\mu) = H'_\nu(x_\mu) = 0 \quad \text{für alle} \quad \nu, \mu.$$

Daher ist

$$P(x) := \sum_{\nu=0}^{n} \{w_\nu H_\nu(x) + w'_\nu \tilde{H}_\nu(x)\}$$

ein Polynom, dessen Grad höchstens $2n+1$ ist und welches $P(x_\nu) = w_\nu$ sowie $P'(x_\nu) = w'_\nu$ für $\nu = 0, 1, ..., n$ erfüllt.
Ist Q ein Polynom mit den gleichen Eigenschaften wie P, so haben $P - Q$ und $P' - Q'$ Nullstellen an $x_0, x_1, ..., x_n$, und daher muß nach Aufgabe 7.1.10 gelten $P(x) \equiv Q(x)$.

7.1.33 Es gilt

$$f'(x) = \sum_{\nu=1}^{n} a'_\nu(x) \sin \nu x + \sum_{\nu=1}^{n} \nu a_\nu(x) \cos \nu x,$$

also erhalten wir

$$\left| \sum_{\nu=1}^{n} \nu a_\nu(0) \right| = |f'(0)| = \lim_{x\to 0} \left| \frac{f(x) - f(0)}{x - 0} \right| = \lim_{x\to 0} \left| \frac{f(x)}{x} \right| \le \lim_{x\to 0} \left| \frac{\sin x}{x} \right| = 1.$$

7.2 Der Satz von ROLLE; Mittelwertsätze

7.2.1 Es sei $x_0 \in (a, b)$ beliebig, aber fest. Für alle $x \in (a, b)$ mit $x \neq x_0$ folgt

$$\left| \frac{f(x) - f(x_0)}{x - x_0} \right| \le M|x - x_0|^{\alpha-1}.$$

Hieraus ergibt sich $f'(x_0) = \lim\limits_{x\to x_0} \dfrac{f(x) - f(x_0)}{x - x_0} = 0$; da $x_0 \in (a, b)$ beliebig war, ist f in $[a, b]$ konstant.

7.2.2 a) Hat f an $x_0 = a$ ein lokales Minimum, so gilt $f(a + h) - f(a) \ge 0$ für alle genügend kleinen $h > 0$, und es folgt

$$f'(a) = \lim_{h\to 0} \frac{f(a + h) - f(a)}{h} \ge 0.$$

Hat f an $x_0 = b$ ein lokales Minimum, so gilt $f(b-h)-f(b) \ge 0$ für alle genügend kleinen $h > 0$, und es folgt

$$f'(b) = \lim_{h\to 0} \frac{f(b - h) - f(b)}{-h} \le 0.$$

b) Der Nachweis der zweiten Aussage ergibt sich sofort aus a) durch Betrachtung der Funktion $g(x) := -f(x)$.

7.2.3 Da die Funktion f^2 auf $\mathbb{R}$ stetig ist und die Periode p besitzt, gibt es ein $\xi \in [0,p]$ mit

$$f^2(\xi) = \max_{[0,p]} f^2(x) = \sup_{\mathbb{R}} f^2(x).$$

Wegen der Differenzierbarkeit von f^2 gilt $(f^2)'(\xi) = 2f(\xi)f'(\xi) = 0$.
Ist $f(\xi) = 0$, so ergibt sich $f(x) \equiv 0$ auf $\mathbb{R}$, und die Behauptung ist trivialerweise richtig.
Ist $f(\xi) \neq 0$, so folgt $f'(\xi) = 0$, und wir erhalten

$$\sup_{\mathbb{R}} f^2(x) = f^2(\xi) = |f(\xi) - f'(\xi)|^2 \leq \left\{ \sup_{\mathbb{R}} |f(x) - f'(x)| \right\}^2.$$

Hieraus folgt die Behauptung.

7.2.4 Die Funktion $f(x) := \ln\left(1 + \frac{1}{x}\right) - \frac{1}{1+x}$ ist differenzierbar in $(0,\infty)$, und es gilt für alle $x \in (0,\infty)$

$$f'(x) = -\frac{1}{x(1+x)^2} < 0.$$

Also ist f streng monoton fallend in $(0,\infty)$. Wegen $\lim_{x\to\infty} f(x) = 0$ folgt $f(x) > 0$ für alle $x \in (0,\infty)$, und daraus ergibt sich die Behauptung.

7.2.5 Wir betrachten $h(x) := f(x) - g(x)$ und erhalten $h'(x) > 0$, so daß h in (a,b) streng monoton wachsend ist. Wegen $h(x_0) = 0$ folgt $h(x) < 0$ für alle $x \in (a,x_0)$ und $h(x) > 0$ für alle $x \in (x_0,b)$. Daraus ergibt sich die Behauptung.

7.2.6 Wir zeigen, daß $f'(x) > 0$ für alle $x \in (0,\infty)$ gilt. Es folgt dann, daß f in jedem Intervall $[\alpha,\beta]$ mit $\alpha > 0$ streng monoton wachsend ist, und daraus ergibt sich die Behauptung.
Es gilt

$$f'(x) = \frac{a(bx+1)\ln(bx+1) - b(ax+1)\ln(ax+1)}{(ax+1)(bx+1)\{\ln(bx+1)\}^2} =: \frac{g(x)}{h(x)}.$$

Hierbei ist $h(x) > 0$ für alle $x > 0$. Die Funktion g ist stetig auf $[0,\infty)$, differenzierbar auf $(0,\infty)$, und es ist $g(0) = 0$. Für alle $x \in (0,\infty)$ erhalten wir

$$g'(x) = ab \cdot \ln\frac{bx+1}{ax+1} > 0,$$

daher ist g streng monoton wachsend in $[0,\infty)$, also gilt $g(x) > 0$ und damit $f'(x) > 0$ für alle $x \in (0,\infty)$.

7.2.7 a) Wir zeigen zunächst, daß für $x,y \in \mathbb{R}$ gilt $|x+y|^\alpha \leq |x|^\alpha + |y|^\alpha$. Für $\alpha = 0$ und $\alpha = 1$ ist diese Beziehung trivialerweise richtig. Ferner gilt sie für $x = 0$ oder $y = 0$ und für den Fall, daß x und y verschiedene Vorzeichen haben. Wir können also ohne Beschränkung der Allgemeinheit annehmen, daß $\alpha \in (0,1)$ sowie $x > 0$ und $y > 0$ gilt. Es muß dann gezeigt werden, daß

$$x^\alpha\left(1+\frac{y}{x}\right)^\alpha = (x+y)^\alpha \leq x^\alpha + y^\alpha = x^\alpha\left\{1+\left(\frac{y}{x}\right)^\alpha\right\}$$

gilt. Wir setzen $t := \dfrac{y}{x}$ und haben zu beweisen

$$f(t) := 1 + t^\alpha - (1+t)^\alpha \geq 0.$$

Die Funktion f ist stetig in $[0,\infty)$ und differenzierbar in $(0,\infty)$. Für alle $t \in (0,\infty)$ folgt (beachte $\alpha - 1 < 0$)

$$f'(t) = \alpha\left\{t^{\alpha-1} - (1+t)^{\alpha-1}\right\} > 0.$$

Daher ist f in $[0,\infty)$ streng monoton wachsend, und wir erhalten $f(t) > f(0) = 0$ für alle $t > 0$. Hieraus ergibt sich die Behauptung.

b) Die allgemeine Ungleichung ist für $n = 1$ trivialerweise richtig. Gilt sie für ein $n \in \mathbb{N}$, so folgt mit a)

$$\begin{aligned}\left|\sum_{\nu=1}^{n+1} x_\nu\right|^\alpha &= \left|\sum_{\nu=1}^{n} x_\nu + x_{n+1}\right|^\alpha \leq \left|\sum_{\nu=1}^{n} x_\nu\right|^\alpha + |x_{n+1}|^\alpha \leq \\ &\leq \sum_{\nu=1}^{n} |x_\nu|^\alpha + |x_{n+1}|^\alpha = \sum_{\nu=1}^{n+1} |x_\nu|^\alpha.\end{aligned}$$

Mit vollständiger Induktion ergibt sich die Behauptung.

7.2.8 Nach den Eigenschaften des Infimums und Supremums gibt es Stellen $a, b \in I$ mit $\inf_I f'(x) \leq f'(a) < \eta < f'(b) \leq \sup_I f'(x)$. Offensichtlich ist $a \neq b$.

a) Wir nehmen an, daß $a < b$ gilt. Die Funktion $g(x) := f(x) - \eta x$ ist dann differenzierbar in $[a,b]$, und es gilt

$$g'(a) = f'(a) - \eta < 0 < f'(b) - \eta = g'(b).$$

Ferner ist g stetig in $[a,b]$, und folglich existiert ein $\xi \in [a,b]$ mit $g(\xi) = \min_{[a,b]} g(x)$. Wegen $g'(a) < 0$ gibt es ein $x_1 \in (a,b)$ mit $g(x_1) < g(a)$, und wegen $g'(b) > 0$ gibt es ein $x_2 \in (a,b)$ mit $g(x_2) < g(b)$. Das bedeutet aber, daß das Minimum von g nicht an den Intervallgrenzen von $[a,b]$ angenommen wird, daß also $\xi \in (a,b)$ gilt. Hieraus folgt $g'(\xi) = f'(\xi) - \eta = 0$, also $f'(\xi) = \eta$.

b) Gilt $b < a$, so verläuft der Beweis analog. Man betrachtet dann $\max_{[b,a]} g(x)$.

7.2.9 a) Hat f' keine Nullstellen, so gilt $f'(x) \neq 0$ für alle $x \in (a,b)$. Da f' die Zwischenwerteigenschaft besitzt, gilt entweder $f'(x) > 0$ oder $f'(x) < 0$ für alle $x \in (a,b)$. Folglich ist f in (a,b) streng monoton.
b) Die Nullstellen von f' seien $a_1, ..., a_n$, und es gelte $a := a_0 < a_1 < \cdots < a_n < a_{n+1} =: b$. Dann ist $f'(x) \neq 0$ in jedem Intervall $(a_\nu, a_{\nu+1})$, und wie in a) folgt, daß f in $(a_\nu, a_{\nu+1})$ streng monoton ist.

7.2.10 Die im Hinweis angegebene Funktion hat die Ableitung

$$f'(x) = \begin{cases} 1 + 4x \sin\frac{1}{x} - 2\cos\frac{1}{x} & \text{falls} \quad x \neq 0 \\ 1 & \text{falls} \quad x = 0 \end{cases}.$$

Für die Nullfolge $\{x_n\}$ mit $x_n = \dfrac{(-1)^n}{n\pi}$ gilt $f'(x_n) = 1 - 2(-1)^n$, so daß f' in jeder Umgebung U von $x_0 = 0$ die Werte $+3$ und -1 annimmt. Folglich existieren in U Punkte $\xi_1 < \xi_2$ mit $f(\xi_1) < f(\xi_2)$ und Punkte $\xi_1^* < \xi_2^*$ mit $f(\xi_1^*) > f(\xi_2^*)$.

7.2.11 a) Ist f' konstant, so besteht $f'(I)$ aus genau einem Punkt. Es sei f' nicht konstant, und es seien $\eta_1, \eta_2 \in f'(I)$ mit $\eta_1 < \eta_2$. Aus Aufgabe 7.2.8 folgt, daß dann $[\eta_1, \eta_2] \subset f'(I)$ gilt. Daher ist $f'(I)$ ein Intervall.
b) Hätte f' eine Sprungstelle an x_0, so würde f' in einem hinreichend klein gewählten Intervall $[\alpha, \beta] \subset I$ mit $x_0 \in [\alpha, \beta]$ die Zwischenwerteigenschaft verletzen.

7.2.12 Da f' monoton ist, hat f' höchstens Sprungstellen als Unstetigkeitsstellen. Nach Aufgabe 7.2.11 kann f' aber keine Sprungstellen haben. Also ist f' auf I stetig.

7.2.13 Für

$$Q(x) := \sum_{\nu=0}^{n} \frac{a_\nu}{\nu+1} x^{\nu+1}$$

gilt $Q(0) = Q(1) = 0$. Also existiert nach dem Satz von ROLLE ein $\xi \in (0,1)$ mit $Q'(\xi) = 0$. Wegen $Q'(x) = P(x)$ folgt die Behauptung.

7.2.14 Es gilt $f'(x) = nx^{n-1} + a$. Ist n gerade, so hat die Gleichung $x^{n-1} = -\dfrac{a}{n}$ genau eine reelle Lösung. Nach dem Satz von ROLLE hat daher f höchstens zwei verschiedene reelle Nullstellen. Ist n ungerade, so hat die Gleichung $x^{n-1} = -\dfrac{a}{n}$ entweder keine reelle Lösung (falls $a > 0$) oder genau eine Lösung (falls $a = 0$) oder zwei verschiedene reelle Lösungen (falls $a < 0$). Folglich hat f nach dem Satz von ROLLE höchstens drei verschiedene reelle Nullstellen.

7.2.15 Für die Funktion $f(x) := ax^7 - bx^4 + cx^2 - (a - b + c)x$ gilt $f(0) = f(1) = 0$, also gibt es nach dem Satz von ROLLE ein $x \in (0,1)$ mit

$$0 = f'(x) = 7ax^6 - 4bx^3 + 2cx - (a - b + c).$$

7.2.16 Für die Funktion $f(x) := 2^x - 1 - x^2$ gilt:

$$f(0) = 0, \qquad f(1) = 0, \qquad f(2) = -1 < 0, \qquad f(5) = 6 > 0.$$

Nach dem Zwischenwertsatz hat also f mindestens drei verschiedene Nullstellen. Es gilt

$$f'(x) = 2^x \ln 2 - 2x, \qquad f''(x) = 2^x (\ln 2)^2 - 2.$$

Da f'' genau eine Nullstelle hat, kann nach dem Satz von ROLLE f' höchstens zwei verschiedene Nullstellen und daher f höchstens drei verschiedene Nullstellen haben. Folglich hat die betrachtete Gleichung genau drei verschiedene reelle Lösungen.

7.2.17 Wir nehmen $f(0) > 0$ an; der Beweis im Falle $f(0) < 0$ verläuft analog.
a) Nach dem Mittelwertsatz gibt es ein $\xi \in (-cf(0), 0)$ mit

$$\frac{f(0) - f(-cf(0))}{cf(0)} = f'(\xi) > \frac{1}{c}.$$

Hieraus folgt $f(-cf(0)) < 0$. Nach dem Zwischenwertsatz gibt es also eine Stelle x_0 im Intervall $(-cf(0), 0)$ mit $f(x_0) = 0$.
b) Wegen $f'(x) > 0$ für alle $x \in \mathbb{R}$ ist die Funktion f auf $\mathbb{R}$ streng monoton wachsend, und daher kann f höchstens eine Nullstelle besitzen.

7.2.18 Für die Funktion $f(x) := x^2 - x \sin x - \cos x$ gilt

$$f\Big(\frac{\pi}{2}\Big) = \frac{\pi^2}{4} - \frac{\pi}{2} > 0, \qquad f(0) = -1, \qquad f\Big(-\frac{\pi}{2}\Big) = \frac{\pi^2}{4} - \frac{\pi}{2} > 0,$$

also hat f nach dem Zwischenwertsatz mindestens zwei verschiedene Nullstellen. Wegen

$$f'(x) = 2x - \sin x - x \cos x + \sin x = x(2 - \cos x)$$

hat f' genau eine Nullstelle. Nach dem Satz von ROLLE hat f höchstens zwei verschiedene Nullstellen und damit die betrachtete Gleichung genau zwei Lösungen.

7.2.19 Wir nehmen an, P habe $n + 1$ verschiedene Nullstellen. Zwischen je zwei solcher Nullstellen muß nach dem Satz von ROLLE eine Nullstelle von $P'(x) = \sum\limits_{\nu=1}^{n} \nu a_\nu x^{\nu-1}$ liegen. Also hat P' mindestens n verschiedene Nullstellen. Ebenso ergibt sich, daß

$P''(x) = \sum_{\nu=2}^{n} \nu(\nu-1)a_\nu x^{\nu-2}$ mindestens $n-1$ verschiedene Nullstellen hat. Setzen wir diesen Prozeß fort, so erhalten wir, daß $P^{(n)}(x) = n!a_n$ mindestens eine Nullstelle haben muß, was aber nur im Falle $a_n = 0$ möglich ist. Widerspruch!

7.2.20 Es sei $P(x) := \sum_{\nu=0}^{n} a_\nu x^\nu$. Ist $n = 0$, so ist die Aussage trivial. Wir können also $n \geq 1$ annehmen. Dann muß n gerade sein, und es muß $a_n > 0$ gelten. Wir setzen

$$\sum_{\nu=0}^{n} P^{(\nu)}(x) =: \varphi(x) =: \sum_{\nu=0}^{n} a_\nu^* x^\nu \tag{$*$}$$

und nehmen an, es gibt ein $x_0 \in \mathbb{R}$ mit $\varphi(x_0) < 0$.
Aus $(*)$ folgt $a_n^* = a_n > 0$ und daher $\lim_{x\to\infty} \varphi(x) = \lim_{x\to-\infty} \varphi(x) = \infty$. Nach dem Zwischenwertsatz muß φ mindestens zwei reelle Nullstellen x_1, x_2 mit $x_1 < x_0 < x_2$ besitzen. Da φ auf $[x_1, x_2]$ stetig ist, gibt es ein $\xi \in [x_1, x_2]$ mit $\varphi(\xi) = \min_{[x_1,x_2]} \varphi(x)$. Aus $\varphi(x_0) < 0$ folgt $\xi \in (x_1, x_2)$ und

$$0 > \varphi(\xi) = \sum_{\nu=0}^{n} P^{(\nu)}(\xi), \qquad 0 = \varphi'(\xi) = \sum_{\nu=1}^{n} P^{(\nu)}(\xi).$$

Hieraus ergibt sich $P(\xi) = P(\xi) + \sum_{\nu=1}^{n} P^{(\nu)}(\xi) < 0$. Widerspruch! Also muß $\varphi(x) \geq 0$ für alle $x \in \mathbb{R}$ gelten.

7.2.21 a) Für $x \geq 0$ gilt offensichtlich $P_n(x) \geq 1$, also hat P_n keine Nullstelle in $[0, \infty)$. Ferner erhalten wir für $n \in \mathbb{N}$

$$P_n'(x) = \sum_{\nu=1}^{n} \frac{\nu\, x^{\nu-1}}{\nu!} = P_{n-1}(x).$$

1. Wir zeigen, daß für alle $n \in \mathbb{N}_0$ und alle $x \in (-\infty, 0)$ gilt

$$f_n(x) := P_{2n}(x) - e^x > 0. \tag{$*$}$$

Für $n = 0$ ist diese Beziehung trivial; gilt $(*)$ für ein $n \in \mathbb{N}_0$, so folgt

$$\begin{aligned} f_{n+1}'(x) &= P_{2n+1}(x) - e^x, \\ f_{n+1}''(x) &= P_{2n}(x) - e^x = f_n(x) > 0 \qquad \text{für alle} \quad x \in (-\infty, 0). \end{aligned}$$

Also ist f_{n+1}' streng monoton wachsend in $(-\infty, 0)$. Speziell ist $f_{n+1}'(x) < f_{n+1}'(0) = 0$ für alle $x \in (-\infty, 0)$, und daher ist f_{n+1} streng monoton fallend in $(-\infty, 0)$. Folglich erhalten wir $f_{n+1}(x) > f_{n+1}(0) = 0$ für alle $x \in (-\infty, 0)$. Vollständige Induktion ergibt die Gültigkeit von $(*)$ für alle $n \in \mathbb{N}_0$. Wegen $P_{2n}(x) > e^x > 0$ hat dann P_{2n} keine Nullstelle in $(-\infty, 0)$.

2. Das Polynom P_{2n+1} hat ungeraden Grad; da es positive Koeffizienten hat, gilt

$$P_{2n+1}(x) \to -\infty \qquad \text{für} \quad x \to -\infty.$$

Aus dem Zwischenwertsatz ergibt sich wegen $P_{2n+1}(0) = 1$ die Existenz einer Stelle $x_{2n+1} \in (-\infty, 0)$ mit $P_{2n+1}(x_{2n+1}) = 0$. Hätte P_{2n+1} eine weitere Nullstelle, so hätte nach dem Satz von ROLLE $P'_{2n+1} = P_{2n}$ mindestens eine Nullstelle, was nach 1. nicht möglich ist.

Insgesamt ergibt sich, daß P_n für gerades n keine reellen Nullstellen und für ungerades n genau eine (negative) Nullstelle hat.

b) Wegen $Q_n(x) = P_n(-x)$ hat Q_n nach a) für gerades $n \in \mathbb{N}_0$ keine reelle Nullstelle und für ungerades $n \in \mathbb{N}$ genau eine (positive) Nullstelle.

c) Es gilt $R_n(x) = Q_n(x^2)$, und daher hat R_n für gerades $n \in \mathbb{N}_0$ keine reelle Nullstelle. Für ungerades $n \in \mathbb{N}$ existiert genau ein $y_n > 0$ mit $Q_n(y_n) = 0$. Also hat R_n genau zwei reelle Nullstellen, nämlich $\xi_n^{(1)} = \sqrt{y_n}$ und $\xi_n^{(2)} = -\sqrt{y_n}$.

7.2.22 Wir betrachten für $x > -1$ die Funktion

$$f(x) = \left(\frac{x+1}{x+3}\right)^x + \left(\frac{x+2}{x+3}\right)^x - 1.$$

Gesucht sind alle $x > -1$ mit $f(x) = 0$. Es gilt

$$\begin{aligned} f'(x) &= \left(\frac{x+1}{x+3}\right)^x \cdot \left\{\ln\left(\frac{x+1}{x+3}\right) + \frac{2x}{(x+1)(x+3)}\right\} + \\ &+ \left(\frac{x+2}{x+3}\right)^x \cdot \left\{\ln\left(\frac{x+2}{x+3}\right) + \frac{x}{(x+2)(x+3)}\right\}. \end{aligned}$$

Wegen $\ln(1+y) < y$ für $0 < 1+y \neq 1$ gilt $\ln\left(\frac{x+1}{x+3}\right) < -\frac{2}{x+3}$ und $\ln\left(\frac{x+2}{x+3}\right) < -\frac{1}{x+3}$, so daß wir erhalten

$$f'(x) < -\frac{2}{x+3} \cdot \left\{\frac{1}{x+1} \cdot \left(\frac{x+1}{x+3}\right)^x + \frac{1}{x+2} \cdot \left(\frac{x+2}{x+3}\right)^x\right\} < 0.$$

Die Funktion f ist daher streng monoton fallend.

Wegen $f(2) = 0$ ist folglich $x = 2$ die einzige Lösung der betrachteten Gleichung.

7.2.23 Es existiere ein $x_0 \in \mathbb{R}$ mit $f(x_0) = 0$.

a) Wegen $f'(x) \geq 0$ ist die Funktion f auf $\mathbb{R}$ monoton wachsend, und aus $f(x) \geq 0$ und $f(x_0) = 0$ folgt $f(x) \equiv 0$ für $x \leq x_0$.

b) Die Funktion $g(x) := e^{-x} f(x)$ ist wegen $g'(x) = e^{-x}\{f'(x) - f(x)\} \leq 0$ auf $\mathbb{R}$ monoton fallend. Wegen $g(x) \geq 0$ und $g(x_0) = 0$ folgt $g(x) \equiv 0$, also $f(x) \equiv 0$ für $x \geq x_0$.
Aus a) und b) ergibt sich $f(x) \equiv 0$ auf $\mathbb{R}$.

7.2.24 Es gilt $T_{x_0}(x) = f'(x_0)(x - x_0) + f(x_0)$, also ist $T_{x_0}(x_0) = f(x_0)$.
Wir nehmen an, für $x_1 \in (a, b)$ mit $x_1 \neq x_0$ wäre ebenfalls $T_{x_0}(x_1) = f(x_1)$. Es sei $h(x) := T_{x_0}(x) - f(x)$; dann existiert nach dem Satz von ROLLE ein $\xi \neq x_0$ mit

$$0 = h'(\xi) = T'_{x_0}(\xi) - f'(\xi) = f'(x_0) - f'(\xi).$$

Wegen der strengen Monotonie von f' ist dies aber nicht möglich.

7.2.25 Die Beziehung $(x + y)^n = x^n + y^n$ ist richtig für $y = 0$; wir können daher $y \neq 0$ annehmen. Für ein festes $y \neq 0$ untersuchen wir die Nullstellen der Funktion f mit $f(x) = (x + y)^n - x^n - y^n$; offensichtlich ist $f(0) = 0$.
a) Es sei n eine gerade Zahl. Wir nehmen an, für ein $x_0 \neq 0$ sei $f(x_0) = 0$. Dann hat die Funktion f' nach dem Satz von ROLLE mindestens eine Nullstelle. Da $n - 1$ ungerade ist, hat aber die Gleichung

$$f'(x) = n \cdot \left\{(x + y)^{n-1} - x^{n-1}\right\} = 0$$

nur die Lösung $x + y = x$, was wegen $y \neq 0$ nicht möglich ist.
b) Es sei n eine ungerade Zahl. Dann gilt $f(0) = f(-y) = 0$. Wir nehmen an, es gäbe ein x_0 mit $f(x_0) = 0$ und $x_0 \neq 0$ und $x_0 \neq -y$. Dann hat f' nach dem Satz von ROLLE mindestens zwei verschiedene Nullstellen. Da $n - 1$ gerade ist, hat aber die Gleichung

$$f'(x) = n \cdot \left\{(x + y)^{n-1} - x^{n-1}\right\} = 0$$

(wegen $y \neq 0$) nur die Lösung $x + y = -x$.
Insgesamt ergibt sich also folgendes: Für gerades n gilt $(x + y)^n = x^n + y^n$ genau dann, wenn $x = 0$ oder $y = 0$. Für ungerades n gilt $(x + y)^n = x^n + y^n$ genau dann, wenn $x = 0$ oder $y = 0$ oder $y = -x$.

7.2.26 a) Es sei $n = 0$. Hat $f_0(x) = a_0 e^{r_0 x}$ eine reelle Nullstelle, so muß $a_0 = 0$, also $f_0(x) \equiv 0$ gelten.
b) Die Behauptung gelte für ein $n - 1 \in \mathbb{N}_0$. Die Funktion $f_n(x) = \sum_{\nu=0}^{n} a_\nu e^{r_\nu x}$ habe $n + 1$ verschiedene reelle Nullstellen. Dann hat auch

$$g_n(x) := f_n(x) e^{-r_n x} = \sum_{\nu=0}^{n-1} a_\nu e^{(r_\nu - r_n)x} + a_n$$

$n+1$ verschiedene Nullstellen, und nach dem Satz von ROLLE hat

$$g_n'(x) = \sum_{\nu=0}^{n-1} a_\nu(r_\nu - r_n)\, e^{(r_\nu - r_n)x}$$

n verschiedene Nullstellen. Daher muß gemäß der Induktionsannahme $g_n'(x) \equiv 0$, also $g_n(x) \equiv A_n$ mit einer Konstanten A_n gelten. Es folgt

$$f_n(x) = A_n e^{r_n x};$$

da f_n mindestens eine Nullstelle besitzt, ist $A_n = 0$ und damit $f_n(x) \equiv 0$.

7.2.27 Für ein festes $x \in [a, b]$ und variables $t \in [a, b]$ setzen wir

$$\omega(t) := \prod_{\nu=0}^{n}(t - x_\nu), \qquad F(t) := \omega(x)\Big\{f(t) - P(t)\Big\} - \omega(t)\Big\{f(x) - P(x)\Big\}.$$

Gilt $x \in \{x_0, x_1, ..., x_n\}$, so ist $f(x) - P(x) = 0 = \omega(x)$, und die Behauptung ist trivial. Wir können also $x \notin \{x_0, x_1, ..., x_n\}$ voraussetzen. Es gilt dann

$$F(x_\nu) = 0 \qquad \text{für} \quad \nu = 0, 1, ..., n; \qquad F(x) = 0.$$

Also hat F in $[a, b]$ mindestens $n+2$ verschiedene Nullstellen. Durch $(n+1)$-malige Anwendung des Satzes von ROLLE erhalten wir, daß ein $\xi \in (a, b)$ existiert mit $F^{(n+1)}(\xi) = 0$. Mit $\omega^{(n+1)}(t) = (n+1)!$ und $P^{(n+1)}(t) \equiv 0$ ergibt sich

$$F^{(n+1)}(\xi) = \omega(x) f^{(n+1)}(\xi) - (n+1)!\{f(x) - P(x)\} = 0,$$

also

$$\begin{aligned} |f(x) - P(x)| &= |f^{(n+1)}(\xi)| \cdot \frac{1}{(n+1)!} \cdot |\omega(x)| \leq \\ &\leq \max_{[a,b]} |f^{(n+1)}(t)| \cdot \frac{1}{(n+1)!} \cdot \prod_{\nu=0}^{n} |x - x_\nu|. \end{aligned}$$

7.2.28 a) Für $f(x) = ce^{\alpha x}$ gilt $f'(x) = \alpha c e^{\alpha x} = \alpha f(x)$.
b) Es sei f eine Funktion, welche auf I der Beziehung $f'(x) = \alpha f(x)$ genügt. Für die Hilfsfunktion $\varphi(x) := f(x)e^{-\alpha x}$ gilt dann für alle $x \in I$

$$\varphi'(x) = f'(x)e^{-\alpha x} - \alpha f(x)e^{-\alpha x} = 0.$$

Daher gilt $\varphi(x) = c$ mit einer Konstanten c für alle $x \in I$. Es folgt

$$f(x) = \varphi(x)e^{\alpha x} = c\, e^{\alpha x}.$$

7.2.29 a) Wir setzen $f(x) := 2\arctan x + \arcsin \dfrac{2x}{1+x^2}$ und erhalten nach kurzer Rechnung (unter Beachtung von $\sqrt{(1-x^2)^2} = x^2 - 1$), daß für $|x| > 1$ gilt $f'(x) \equiv 0$. Also ist $f(x)$ für $x > 1$ und $x < -1$ konstant. Ferner gilt $\lim\limits_{x\to\infty} f(x) = \pi = -\lim\limits_{x\to-\infty} f(x)$. Hieraus folgt $f(x) = \pi$ für $x > 1$ und $f(x) = -\pi$ für $x < -1$.
b) Wir setzen $f(x) := 2\arctan x - \arcsin \dfrac{2x}{1+x^2}$. Wie in a) folgt, daß f auf $(-1,1)$ konstant ist. Wegen $f(0) = 0$ ergibt sich die Behauptung.

7.2.30 a) Es sei $\varphi(x) := c^2(x) + s^2(x)$. Dann gilt für alle $x \in (-a,a)$

$$\varphi'(x) = 2c(x)c'(x) + 2s(x)s'(x) = -2c(x)s(x) + 2s(x)c(x) \equiv 0,$$

also ist $\varphi(x) \equiv \varphi(0) = 1$.
b) Es seien $c_1(x)$ und $s_1(x)$ Funktionen, die die gleichen Voraussetzungen erfüllen. Wir betrachten

$$\psi(x) := \{c(x) - c_1(x)\}^2 + \{s(x) - s_1(x)\}^2$$

und erhalten für alle $x \in (-a,a)$

$$\begin{aligned}\psi'(x) &= 2\{c(x) - c_1(x)\}\{c'(x) - c_1'(x)\} + 2\{s(x) - s_1(x)\}\{s'(x) - s_1'(x)\} = \\ &= -2\{c(x) - c_1(x)\}\{s(x) - s_1(x)\} + 2\{s(x) - s_1(x)\}\{c(x) - c_1(x)\} \equiv 0.\end{aligned}$$

Also gilt $\psi(x) \equiv \psi(0) = 0$. Hieraus folgt $c(x) \equiv c_1(x)$ und $s(x) \equiv s_1(x)$. Da $c(x) = \cos x$ und $s(x) = \sin x$ den Voraussetzungen genügen, gibt es keine anderen Lösungsfunktionen.

7.2.31 a) Für $f(x) = a\cos\omega x + b\sin\omega x$ erhalten wir

$$\begin{aligned}f'(x) &= -a\omega\sin\omega x + b\omega\cos\omega x, \\ f''(x) &= -a\omega^2\cos\omega x - b\omega^2\sin\omega x = -\omega^2 f(x).\end{aligned}$$

b) Es sei f im Intervall I eine zweimal differenzierbare Funktion mit $f''(x) + \omega^2 f(x) = 0$. Wir betrachten die im Hinweis angegebenen Hilfsfunktionen φ und ψ und erhalten für alle $x \in I$

$$\begin{aligned}\varphi'(x) &= f'(x)\sin\omega x + \omega f(x)\cos\omega x + \frac{1}{\omega}f''(x)\cos\omega x - f'(x)\sin\omega x = \\ &= \frac{1}{\omega}\Big\{f''(x) + \omega^2 f(x)\Big\}\cos\omega x = 0,\end{aligned}$$

$$\begin{aligned}\psi'(x) &= f'(x)\cos\omega x - \omega f(x)\sin\omega x - \frac{1}{\omega}f''(x)\sin\omega x - f'(x)\cos\omega x = \\ &= -\frac{1}{\omega}\Big\{f''(x) + \omega^2 f(x)\Big\}\sin\omega x = 0.\end{aligned}$$

Es gibt also Konstanten a und b mit $\varphi(x) = b$ und $\psi(x) = a$ für alle $x \in I$. Damit gilt für alle $x \in I$

$$\begin{aligned} f(x) &= f(x)\Big\{\cos^2 \omega x + \sin^2 \omega x\Big\} = \psi(x)\cos\omega x + \varphi(x)\sin\omega x = \\ &= a\cos\omega x + b\sin\omega x. \end{aligned}$$

7.2.32 a) Es sei $y \in I\!R$ fest gewählt und x variabel. Wir betrachten die Funktion f mit $f(x) := \sin(x+y)$. Es gilt

$$f'(x) = \cos(x+y), \qquad f''(x) = -\sin(x+y) = -f(x).$$

Nach Aufgabe 7.2.31 gibt es daher Konstanten a, b mit

$$f(x) = \sin(x+y) = a\cos x + b\sin x.$$

Für $x = 0$ erhalten wir $a = \sin y$. Durch Differentiation folgt

$$f'(x) = \cos(x+y) = -a\sin x + b\cos x,$$

und für $x = 0$ erhalten wir $b = \cos y$. Insgesamt ergibt sich

$$\sin(x+y) = \sin x\cos y + \cos x\sin y.$$

b) Der Nachweis der zweiten Aussage erfolgt analog zu a).

7.2.33 a) Es seien $x_1, x_2 \in I$ Nullstellen von f mit $x_1 < x_2$. Aus den Voraussetzungen folgt dann $g(x_1) \neq 0$ und $g(x_2) \neq 0$. Wir nehmen an, g habe in (x_1, x_2) keine Nullstelle. Dann ist $\frac{f}{g}$ differenzierbar in $[x_1, x_2]$, und wegen $\frac{f(x_1)}{g(x_1)} = \frac{f(x_2)}{g(x_2)} = 0$ existiert nach dem Satz von ROLLE ein $\xi \in (x_1, x_2)$ mit

$$\left(\frac{f}{g}\right)'(\xi) = \frac{f'(\xi)g(\xi) - f(\xi)g'(\xi)}{\{g(\xi)\}^2} = 0.$$

Dies ist ein Widerspruch zur Voraussetzung.
b) Der Nachweis erfolgt analog zu a) durch Betrachtung der Funktion $\frac{g}{f}$.

7.2.34 a) Die Funktion $\varphi(x) := f(x)\exp\Big\{-\frac{1}{2}g^2(x)\Big\}$ erfüllt die Voraussetzungen des Satzes von ROLLE. Es existiert also ein $\xi_1 \in (a, b)$ mit $\varphi'(\xi_1) = 0$. Aus

$$\varphi'(x) = \exp\Big\{-\frac{1}{2}g^2(x)\Big\} \cdot \Big\{-g(x)g'(x)f(x) + f'(x)\Big\}$$

folgt die erste Behauptung.

b) Die Funktion $\psi(x) := \dfrac{f(x)}{g(x)}$ erfüllt ebenfalls die Voraussetzungen des Satzes von ROLLE. Es existiert also ein $\xi_2 \in (a,b)$ mit $\psi'(\xi_2) = 0$. Aus

$$\psi'(x) = \frac{f'(x)g(x) - f(x)g'(x)}{g^2(x)}$$

folgt die zweite Behauptung.

7.2.35 Für $\varphi(x) := f(x)g(b) + g(x)f(a) - f(x)g(x)$ gilt $\varphi(a) = \varphi(b) = f(a)g(b)$. Ferner ist φ stetig in $[a,b]$ und differenzierbar in (a,b). Nach dem Satz von ROLLE existiert daher ein $\xi \in (a,b)$ mit $\varphi'(\xi) = 0$, also erhalten wir

$$0 = f'(\xi)g(b) + g'(\xi)f(a) - f'(\xi)g(\xi) - f(\xi)g'(\xi). \qquad (*)$$

Wegen $g'(x) \neq 0$ für alle $x \in (a,b)$ gilt $g(b) \neq g(\xi)$, so daß aus $(*)$ die Behauptung folgt.

7.2.36 Die Funktion $\varphi_n(x) = f^n(x)f(1-x)$ ist stetig in $[0,1]$, differenzierbar in $(0,1)$, und es gilt $\varphi_n(0) = \varphi_n(1) = 0$. Nach dem Satz von ROLLE existiert also ein $\xi_n \in (0,1)$ mit $\varphi_n'(\xi_n) = 0$. Aus

$$\varphi_n'(x) = n\, f^{n-1}(x)f'(x)f(1-x) - f^n(x)f'(1-x)$$

folgt durch Einsetzen von $x = \xi_n$ sofort die Behauptung.

7.2.37 Nach dem Satz von ROLLE existiert ein $\eta \in (a,b)$ mit $f'(\eta) = 0$. Ebenfalls nach dem Satz von ROLLE existieren ein $\xi_1 \in (a,\eta)$ und ein $\xi_2 \in (\eta,b)$ mit $f''(\xi_1) = f''(\xi_2) = 0$. Daher existiert wieder nach dem Satz von ROLLE ein $\xi \in (\xi_1,\xi_2)$ mit $f'''(\xi) = 0$.

7.2.38 Für die Funktion $F(x) := e^{-x} \sum\limits_{\nu=0}^{n} f^{(\nu)}(x)$ gilt $F(a) = F(b) = 0$. Daher gibt es nach dem Satz von ROLLE ein $\xi \in (a,b)$ mit

$$0 = F'(\xi) = e^{-\xi}\left\{-\sum_{\nu=0}^{n} f^{(\nu)}(\xi) + \sum_{\nu=1}^{n+1} f^{(\nu)}(\xi)\right\} = e^{-\xi}\left\{f^{(n+1)}(\xi) - f(\xi)\right\}.$$

Hieraus folgt die Behauptung.

7.2.39 Die Funktion f ist stetig in $[a,b]$. Also existiert ein $\xi \in [a,b]$ mit $f(\xi) = \max\limits_{[a,b]} f(x)$. Wegen $f(b) < f(a)$ ist $\xi \neq b$. Aus

$$0 < f'(a) = \lim_{x\to a} \frac{f(x) - f(a)}{x - a}$$

folgt die Existenz eines $\delta > 0$ mit $f(x) > f(a)$ für alle $x \in (a, a+\delta)$. Hieraus ergibt sich, daß $\xi \neq a$ sein muß. Also hat f an $\xi \in (a,b)$ ein Extremum, und es gilt $f'(\xi) = 0$.

7.2.40 Es sei ein $\lambda \in \mathbb{R}$ gegeben. Die Funktion $g(x) := e^{-\lambda x} f(x)$ erfüllt in $[a,b]$ die Voraussetzungen des Satzes von ROLLE. Es gibt also ein $\xi \in (a,b)$ mit

$$g'(\xi) = -\lambda e^{-\lambda\xi} f(\xi) + e^{-\lambda\xi} f'(\xi) = 0.$$

Hieraus folgt $f'(\xi) = \lambda f(\xi)$.

7.2.41 Es seien g und h Funktionen, die in $[a,b]$ differenzierbar sind. Die Hilfsfunktion

$$\varphi(x) := e^{g(x)} f(x) h(x)$$

erfüllt die Voraussetzungen des Satzes von ROLLE. Also gibt es mindestens ein $\xi \in (a,b)$ mit $\varphi'(\xi) = 0$. Wir erhalten

$$\varphi'(x) = e^{g(x)} \Big\{ f(x)h(x)g'(x) + f'(x)h(x) + f(x)h'(x) \Big\}.$$

a) Wählen wir $g(x) = \dfrac{1}{n+1} x^{n+1}$ und $h(x) \equiv 1$, so folgt, daß $f'(x) + x^n f(x)$ eine Nullstelle in (a,b) hat.
b) Wählen wir $g(x) = \sin x$ und $h(x) \equiv 1$, so folgt, daß $f'(x) + f(x)\cos x$ eine Nullstelle in (a,b) hat.
c) Wählen wir $g(x) = \sin x$ und $h(x) = \cos x$, so folgt, daß

$$f(x)\cos^2 x + f'(x)\cos x - f(x)\sin x$$

eine Nullstelle in (a,b) hat.
d) Wählen wir $g(x) = e^{-x^2}$ und $h(x) = e^{x^2}$, so folgt, daß $-2xf(x) + f'(x)e^{x^2} + 2xe^{x^2} f(x)$ eine Nullstelle in (a,b) hat.

7.2.42 Für die Funktion $f(x) = x^3$ gilt $f'(0) = 0$, aber es gibt keine Punkte $x_1 \neq x_2$, welche die Gleichung $\dfrac{x_2^3 - x_1^3}{x_2 - x_1} = 0$ erfüllen.

7.2.43 a) Zu jedem $x \in (a,b)$ mit $x \neq x_0$ gibt es nach dem Mittelwertsatz ein ξ_x zwischen x_0 und x mit $f(x) - f(x_0) = f'(\xi_x)(x - x_0)$. Für $x \to x_0$ gilt $\xi_x \to x_0$, und daher folgt

$$\lim_{x \to x_0} \frac{f(x) - f(x_0)}{x - x_0} = \lim_{x \to x_0} f'(\xi_x) = \lim_{x \to x_0} f'(x). \qquad (*)$$

Also ist f an x_0 differenzierbar.

b) Aus $(*)$ folgt sofort $f'(x_0) = g$.

c) 1. Die Funktion f mit

$$f(x) := \begin{cases} x^2 \sin \frac{1}{x} & \text{falls} \quad x \neq 0 \\ 0 & \text{falls} \quad x = 0 \end{cases}$$

ist differenzierbar an $x_0 = 0$, aber $\lim\limits_{x \to 0} f'(x)$ existiert nicht.

2. Es sei N so gewählt, daß $x_0 + \dfrac{1}{n} < b$ für alle $n > N$ gilt. Zu jedem $n > N$ gibt es nach dem Mittelwertsatz ein x_n mit $x_0 < x_n < x_0 + \dfrac{1}{n}$, für welches gilt

$$\frac{f(x_0 + \frac{1}{n}) - f(x_0)}{1/n} = f'(x_n).$$

Es folgt $\lim\limits_{n \to \infty} f'(x_n) = f'(x_0)$.

7.2.44 a) Wir beweisen die Existenz einer Stelle ξ mit $f(\xi) = \xi$. Ist $f(0) = 0$, so wählen wir $\xi = 0$; ist $f(1) = 1$, so wählen wir $\xi = 1$. Wir können also $f(0) > 0$ und $f(1) < 1$ annehmen. Die Funktion g mit $g(x) := x - f(x)$ ist stetig in $[0, 1]$, und es gilt $g(0) < 0 < g(1)$. Nach dem Zwischenwertsatz gibt es ein $\xi \in (0, 1)$ mit $g(\xi) = 0$; damit erhalten wir $f(\xi) = \xi$.

b) Wir beweisen, daß ξ eindeutig bestimmt ist. Nehmen wir an, daß Stellen $\xi_1, \xi_2 \in [0, 1]$ mit $\xi_1 < \xi_2$ und $f(\xi_1) = \xi_1$ sowie $f(\xi_2) = \xi_2$ existieren, so gibt es nach dem Mittelwertsatz ein $\eta \in (\xi_1, \xi_2)$ mit

$$1 = \frac{f(\xi_2) - f(\xi_1)}{\xi_2 - \xi_1} = f'(\eta).$$

Widerspruch!

c) Aus Teil a) folgt, daß die Stetigkeit von f zur Existenz einer Stelle ξ mit $f(\xi) = \xi$ ausreicht. Das Beispiel $f(x) = x$ zeigt, daß die Eindeutigkeit schon beim Verzicht auf die Zusatzbedingung $f'(x) \neq 1$ im allgemeinen nicht gewährleistet ist.

7.2.45 Wir zeigen, daß a), b) falsch und c), d) richtig sind.

a) Für $f(x) = \dfrac{\sin x^2}{x}$ gilt $\lim\limits_{x \to \infty} f(x) = 0$. Wir erhalten

$$f'(x) = 2 \cos x^2 - \frac{\sin x^2}{x^2},$$

und es folgt, daß $\lim\limits_{x \to \infty} f'(x)$ nicht existiert.

b) Für $f(x) = \sin(\ln x)$ gilt $f'(x) = \dfrac{1}{x} \cos(\ln x)$. Also ist $\lim\limits_{x \to \infty} f'(x) = 0$, während $\lim\limits_{x \to \infty} f(x)$ nicht existiert.

c) Nach dem Mittelwertsatz gibt es zu jedem $n \in \mathbb{N}$ ein $\xi_n \in (n, 2n)$ mit

$$f'(\xi_n) = \frac{f(2n) - f(n)}{n}.$$

Aus der Beschränktheit von f folgt $\lim\limits_{n\to\infty} f'(\xi_n) = 0$, und daher muß $g = 0$ sein.
d) Nach dem Mittelwertsatz gibt es zu jedem $n \in \mathbb{N}$ mit $n \geq 2$ ein $\xi_n \in (n-1, n)$ und ein $\eta_n \in (2n, 2n+1)$ mit

$$f(n) - f(n-1) = f'(\xi_n), \qquad f(2n+1) - f(2n) = f'(\eta_n).$$

Wenden wir den Mittelwertsatz auf f' an, so erhalten wir mit einem $\gamma_n \in (\xi_n, \eta_n)$

$$f(2n+1) - f(2n) - f(n) + f(n-1) = f'(\eta_n) - f'(\xi_n) = f''(\gamma_n)(\eta_n - \xi_n).$$

Da der Ausdruck auf der linken Seite beschränkt und $\eta_n - \xi_n > n$ ist, muß $\lim\limits_{n\to\infty} f''(\gamma_n) = 0$ gelten. Folglich muß $h = 0$ sein.

7.2.46 a) Es sei $x > 0$. Dann existiert nach dem Mittelwertsatz ein $\xi \in (0, x)$ mit

$$\frac{f(x) - f(0)}{x - 0} = f'(\xi), \qquad \text{also} \quad f(x) = xf'(\xi) + f(0).$$

Da f' monoton wachsend ist, gilt $f'(x) \geq f'(\xi)$. Es folgt

$$g'(x) = \frac{xf'(x) - f(x)}{x^2} = \frac{f'(x) - f'(\xi)}{x} - \frac{f(0)}{x^2} \geq 0.$$

Also ist g in $(0, \infty)$ monoton wachsend.
b) Für die Funktion $f(x) \equiv 1$ ist $g(x)$ streng monoton fallend. Die Voraussetzung $f(0) \leq 0$ kann also nicht weggelassen werden.

7.2.47 Wir wählen $\varepsilon := \dfrac{M_f}{2M_g}$. Es seien $x_1 < x_2$ Punkte in $[a, b]$. Durch Anwendung des Mittelwertsatzes erhalten wir mit einem geeigneten $\xi \in (x_1, x_2)$

$$\begin{aligned} \left|\frac{\varphi(x_2) - \varphi(x_1)}{x_2 - x_1}\right| &= |\varphi'(\xi)| = |f'(\xi) + \varepsilon g'(\xi)| \geq \\ &\geq |f'(\xi)| - \varepsilon|g'(\xi)| \geq M_f - \frac{M_f}{2M_g} M_g = \frac{1}{2} M_f > 0. \end{aligned}$$

Hieraus folgt die Behauptung.

7.2.48 Die Funktion f ist in $[0, 1]$ offensichtlich monoton wachsend.
a) Wir nehmen an, daß $f(\frac{1}{2}) \geq 0$ gilt. Dann gibt es nach dem Mittelwertsatz eine Stelle $\xi \in (\frac{1}{2}, \frac{3}{4})$ mit

$$\frac{f(\frac{3}{4}) - f(\frac{1}{2})}{\frac{3}{4} - \frac{1}{2}} = f'(\xi) \geq M.$$

Für alle $x \in [\frac{3}{4}, 1]$ folgt dann

$$f(x) \geq f(\frac{3}{4}) \geq \frac{M}{4} + f(\frac{1}{2}) \geq \frac{M}{4}.$$

b) Wir nehmen an, daß $f(\frac{1}{2}) < 0$ gilt. Dann gibt es nach dem Mittelwertsatz eine Stelle $\xi \in (\frac{1}{4}, \frac{1}{2})$ mit

$$\frac{f(\frac{1}{2}) - f(\frac{1}{4})}{\frac{1}{2} - \frac{1}{4}} = f'(\xi) \geq M.$$

Für alle $x \in [0, \frac{1}{4}]$ folgt dann

$$f(x) \leq f(\frac{1}{4}) \leq f(\frac{1}{2}) - \frac{M}{4} < -\frac{M}{4}.$$

7.2.49 Es seien $x_1 \neq x_2$ Punkte in (a, b). Nach dem Mittelwertsatz gibt es ein $\xi \in (a, b)$ mit

$$|f(x_2) - f(x_1)| = |f'(\xi)| \cdot |x_2 - x_1| \leq M|x_2 - x_1|.$$

Trivialerweise gilt diese Beziehung auch für $x_1 = x_2 \in (a, b)$.
a) Es sei ein $\varepsilon > 0$ gegeben. Für alle $x_1, x_2 \in (a, b)$ mit $|x_1 - x_2| < \frac{\varepsilon}{M}$ gilt dann $|f(x_2) - f(x_1)| < \varepsilon$. Das bedeutet, daß f in (a, b) gleichmäßig stetig ist.
b) Wir beweisen die Existenz von $\lim\limits_{x\to a+} f(x)$; die Existenz von $\lim\limits_{x\to b-} f(x)$ wird analog gezeigt.
1. Es sei $\{x_n\}$ eine Folge mit $a < x_n < b$ und $x_n \to a$. Aus $|f(x_n) - f(x_m)| \leq M|x_n - x_m|$ ergibt sich dann sofort, daß $\{f(x_n)\}$ eine CAUCHY-Folge ist und daher konvergiert.
2. Wir zeigen, daß für jede Folge $\{x_n\}$ mit obiger Eigenschaft $\lim\limits_{n\to\infty} f(x_n)$ den gleichen Wert hat. Gäbe es solche Folgen $\{x_n^{(1)}\}$ und $\{x_n^{(2)}\}$ mit $\lim\limits_{n\to\infty} f(x_n^{(1)}) \neq \lim\limits_{n\to\infty} f(x_n^{(2)})$, so würde für die Folge

$$\{y_n\}: \qquad x_1^{(1)},\ x_1^{(2)},\ x_2^{(1)},\ x_2^{(2)},\ x_3^{(1)},\ x_3^{(2)}, \ldots$$

gelten $a < y_n < b$ und $y_n \to a$, aber $\{f(y_n)\}$ wäre divergent.
3. Aus 1. und 2. folgt die Existenz von $\lim\limits_{x\to a+} f(x)$.
b) Analog wird bewiesen, daß $\lim\limits_{x\to b-} f(x)$ existiert.

7.2.50 a) Es seien $p \in \mathbb{Z}$ und $q \in \mathbb{N}$ mit $\frac{p}{q} \in I := \left(\sqrt{2} - 1, \sqrt{2} + 1\right)$. Dann folgt

$$\left|\frac{p^2}{q^2} - 2\right| = \left|\frac{p}{q} - \sqrt{2}\right| \left|\frac{p}{q} + \sqrt{2}\right| < \left|\frac{p}{q} - \sqrt{2}\right| \left(2\sqrt{2} + 1\right).$$

Der Ausdruck $p^2 - 2q^2$ ist ganzzahlig und verschieden von Null, und wir erhalten

$$\left|\frac{p}{q}-\sqrt{2}\right| > \frac{|p^2-2q^2|}{q^2(2\sqrt{2}+1)} \geq \frac{1}{q^2(2\sqrt{2}+1)}.$$

b) Gilt $\frac{p}{q} \notin I$, so erhalten wir

$$\left|\frac{p}{q}-\sqrt{2}\right| \geq 1 > \frac{1}{2q^2}.$$

Insgesamt ergibt sich die Behauptung.

7.2.51 a) Es sei P ein Polynom vom Grad n mit ganzzahligen Koeffizienten und $P(a)=0$. Dann gilt für jedes $r \in \mathbb{Q}$, daß $P(r) \neq 0$ ist; andernfalls wäre $P(x)=(x-r)Q(x)$ mit einem Polynom Q vom Grad $n-1$ und $Q(a)=0$. Da Q rationale Koeffizienten hat, ergibt sich (nach Multiplikation der Koeffizienten von Q mit einer geeigneten natürlichen Zahl), daß a einen kleineren Grad als n hätte. Hieraus folgt ferner $n \geq 2$.
Wir wählen ein $N \in \mathbb{N}$ so, daß für alle x mit $|a-x| \leq 1$ gilt $|P'(x)| < N$.
b) Es seien $p \in \mathbb{Z}$ und $q \in \mathbb{N}$ so, daß $\left|a-\frac{p}{q}\right| \leq 1$ gilt. Da P ganzzahlige Koeffizienten hat und $P\left(\frac{p}{q}\right) \neq 0$ ist, gilt (mit einem ξ zwischen a und $\frac{p}{q}$)

$$1 \leq q^n \cdot \left|P\left(\frac{p}{q}\right)\right| = q^n \cdot \left|P(a)-P\left(\frac{p}{q}\right)\right| = q^n \cdot \left|P'(\xi)\right| \cdot \left|a-\frac{p}{q}\right| < q^n \cdot N \cdot \left|a-\frac{p}{q}\right|.$$

Hieraus folgt $\left|a-\frac{p}{q}\right| > \frac{1}{Nq^n}$.

c) Es seien $p \in \mathbb{Z}$ und $q \in \mathbb{N}$ so, daß $\left|a-\frac{p}{q}\right| > 1$ gilt. Dann folgt insbesondere auch $\left|a-\frac{p}{q}\right| > \frac{1}{N \cdot q^n}$.

7.2.52 Es sei $\{x_n\}$ eine Folge mit $x_n \to \alpha$ und $x_n \neq \alpha$. Sie zerfällt möglicherweise in Teilfolgen $\{x_n'\}$ und $\{x_n''\}$, für welche gilt $x_n'' \notin \mathbb{Q}$ und $x_n' = \frac{p_n}{q_n}$ mit teilerfremden $p_n \in \mathbb{Z}$ und $q_n \in \mathbb{N}$.
Für x_n'' gilt $\frac{f(x_n'')-f(\alpha)}{x_n''-\alpha} = 0$. Für x_n' erhalten wir

$$\left|\frac{f(x_n')-f(\alpha)}{x_n'-\alpha}\right| = \frac{1}{q_n^3 \cdot \left|\frac{p_n}{q_n}-\alpha\right|} < \frac{1}{cq_n}.$$

Wegen $\frac{p_n}{q_n} \to \alpha$ muß $q_n \to \infty$ gelten (siehe I; Aufgabe 2.4.15). Wir erhalten also

$$\frac{f(x_n)-f(\alpha)}{x_n-\alpha} \to 0.$$

Damit ist f an der Stelle α differenzierbar, und es gilt $f'(\alpha)=0$.

7.2.53 Nach dem Zwischenwertsatz für stetige Funktionen gibt es Stellen $c_1, ..., c_{n-1}$ mit folgenden Eigenschaften:

$$\begin{aligned}
&c_1 \in (0,1) && \text{und} \quad f(c_1) = 1/n,\\
&c_2 \in (c_1,1) && \text{und} \quad f(c_2) = 2/n,\\
&\vdots\\
&c_{n-1} \in (c_{n-2},1) && \text{und} \quad f(c_{n-1}) = (n-1)/n.
\end{aligned}$$

Wir setzen $c_0 = 0$ und $c_n = 1$. Für $i = 1, ..., n$ existiert nach dem Mittelwertsatz ein $x_i \in (c_{i-1}, c_i)$ mit

$$f'(x_i) = \frac{f(c_i) - f(c_{i-1})}{c_i - c_{i-1}} = \frac{1}{n(c_i - c_{i-1})}.$$

Es folgt $0 < x_1 < x_2 < ... < x_n < 1$ und $\sum\limits_{i=1}^{n} \frac{1}{f'(x_i)} = n \sum\limits_{i=1}^{n} (c_i - c_{i-1}) = n.$

7.2.54 Wir nehmen an, es wäre $g(x) \neq 0$ für ein $x \in (a, b]$. Aus der Stetigkeit von g folgt die Existenz eines Intervalls $(\alpha', \beta) \subset (a, b]$ mit $g(x) \neq 0$ in (α', β).
Es sei $\alpha := \sup\{x : x \in [a, \alpha'],\ g(x) = 0\}$; dann folgt $g(\alpha) = 0$ und $g(x) \neq 0$ in (α, β).
Daher gilt in (α, β)

$$\left| f(x) + \lambda \frac{g'(x)}{g(x)} \right| \leq 1.$$

Setzen wir $\varphi(x) := \ln |g(x)|$, so bedeutet dies

$$|f(x) + \lambda\varphi'(x)| \leq 1 \qquad \text{für alle} \quad x \in (\alpha, \beta).$$

Da die Funktion f in $[a, b]$ beschränkt ist, folgt hieraus (wegen $\lambda \neq 0$), daß auch φ' in (α, β) beschränkt sein muß.
Es sei $x_0 \in (\alpha, \beta)$ und $\{x_n\}$ eine Folge mit $\alpha < x_n < x_0$ und $x_n \to \alpha$. Nach dem Mittelwertsatz gibt es ein $\xi_n \in (x_n, x_0)$ mit

$$\varphi'(\xi_n) = \frac{\varphi(x_0) - \varphi(x_n)}{x_0 - x_n},$$

da aber $\varphi(x_n) \to -\infty$ gilt, kann hiernach φ' nicht beschränkt sein. Widerspruch!

7.2.55 a) Es gelte (1). Zu $\varepsilon > 0$ existiert dann ein $\delta > 0$, so daß für alle $x_1, x_2 \in (a, b)$ mit $|x_1 - x_2| < \delta$ gilt $|f'(x_1) - f'(x_2)| < \varepsilon$.
Es sei $x \in (a, b)$, es gelte $|h| < \delta$ und $|k| < \delta$ sowie $x + h \in (a, b)$ und $x + k \in (a, b)$. Nach dem Mittelwertsatz gibt es dann ein ξ mit $|x - \xi| < \delta$ und

$$f(x + h) - f(x + k) = f'(\xi)(h - k).$$

Hieraus folgt

$$|f(x+h)-f(x+k)-f'(x)(h-k)| = |f'(\xi)-f'(x)|\cdot|h-k| \le \varepsilon\cdot|h-k|.$$

b) Es gelte (2). Für beliebige $x_1, x_2 \in (a,b)$ ist

$$f'(x_2)-f'(x_1) = \lim_{n\to\infty} \frac{f(x_1+\{x_2-x_1+\frac{1}{n}\})-f(x_1+\{x_2-x_1\})-\frac{1}{n}f'(x_1)}{1/n}.$$

Zu einem gegebenen $\varepsilon > 0$ bestimmen wir ein $\delta > 0$, für welches (2) gilt. Es seien x_1, x_2 Punkte in (a,b) mit $|x_2-x_1| < \delta$; es gibt dann ein N so, daß $|x_2-x_1+\frac{1}{n}| < \delta$ für alle $n > N$ gilt, und für diese n folgt

$$\left|f\Big(x_1+\{x_2-x_1+\frac{1}{n}\}\Big)-f\Big(x_1+\{x_2-x_1\}\Big)-\frac{1}{n}f'(x_1)\right| \le \varepsilon\cdot\frac{1}{n}.$$

Wir erhalten $|f'(x_2)-f'(x_1)| \le \lim\limits_{n\to\infty}\dfrac{\varepsilon\cdot n}{n} = \varepsilon$. Also ist f' in (a,b) gleichmäßig stetig.

7.2.56 Die Behauptung ist klar, wenn f konstant ist. Es sei also f nicht konstant.
a) Es existiert ein $x_0 > 0$ mit $f(x_0) < f(0)$. Nach dem Mittelwertsatz gibt es ein $\xi_1 \in (0, x_0)$ mit

$$f'(\xi_1) = \frac{f(x_0)-f(0)}{x_0} < 0.$$

Nach dem Satz von DARBOUX existiert ein $\xi_0 \in (0,\xi_1)$ mit $f'(\xi_0) = f'(\xi_1)/2 > f'(\xi_1)$. Ferner existiert ein $\xi_2 > \xi_1$ mit $f'(\xi_2) > f'(\xi_1)$. Wäre nämlich $f'(t) \le f'(\xi_1)$ für alle $t > \xi_1$, so gäbe es zu jedem $x > \xi_1$ ein $\tau > \xi_1$ mit

$$\frac{f(x)-f(\xi_1)}{x-\xi_1} = f'(\tau) \le f'(\xi_1).$$

Es wäre also $f(x) \le f(\xi_1)+f'(\xi_1)(x-\xi_1)$ für alle $x > \xi_1$. Da $f'(\xi_1) < 0$ ist, würde folglich $f(x) < 0$ für genügend große x sein. Widerspruch!
Die Funktion f' muß also an einer Stelle $\xi \in (\xi_0,\xi_2)$ ein Minimum haben (man beachte die Stetigkeit von f' auf $[\xi_0,\xi_2]$); es folgt $f''(\xi) = 0$.
b) Die Funktion $f_1(x) = 1-x^2$ erfüllt nur (2) und (3); es gilt $f_1''(x) \equiv -2$.
Die Funktion $f_2(x) = 1+x^2$ erfüllt nur (1) und (3); es gilt $f_2''(x) \equiv 2$.
Die Funktion $f_3(x) = e^{-x}$ erfüllt nur (1) und (2); es gilt $f_3''(x) = e^{-x}$.

7.2.57 a) Nach dem Mittelwertsatz existieren Stellen $\xi_1 \in (-2,0)$ und $\xi_2 \in (0,2)$ mit

$$f'(\xi_1) = \frac{f(0)-f(-2)}{2}, \qquad f'(\xi_2) = \frac{f(2)-f(0)}{2}.$$

Hieraus folgt $|f'(\xi_1)| \le 1$ und $|f'(\xi_2)| \le 1$.

b) Wir betrachten die Funktion F mit $F(x) := \{f(x)\}^2 + \{f'(x)\}^2$. Es gilt $0 \le F(\xi_1) \le 2$ und $0 \le F(\xi_2) \le 2$. Die Funktion F ist differenzierbar in $[\xi_1, \xi_2]$; es sei $\xi \in [\xi_1, \xi_2]$ so gewählt, daß $F(\xi) = \max\limits_{[\xi_1,\xi_2]} F(x)$ gilt. Wegen $F(0) > 2$ muß $F(\xi) > 2$ sein und folglich $\xi \in (\xi_1, \xi_2)$ gelten. Daher erhalten wir

$$0 = F'(\xi) = 2f'(\xi)\Big\{f(\xi) + f''(\xi)\Big\}.$$

Wäre $f'(\xi) = 0$, so folgt $F(\xi) = \{f(\xi)\}^2 \le 1$, was nicht sein kann; also ist $f(\xi) + f''(\xi) = 0$.

7.2.58 Wir nehmen an, daß $|f''(x)| \le 2$ für alle $x \in (0,1)$ gilt.

a) Es sei ein $x \in (0,1]$ sowie ein $\varepsilon > 0$ gegeben. Nach dem Satz von DARBOUX (siehe Aufgabe 7.2.8) existiert ein $x_\varepsilon \in (0, x)$ mit $|f'(x_\varepsilon)| \le \varepsilon$. Ferner gibt es nach dem Mittelwertsatz ein $\xi \in (x_\varepsilon, x)$, so daß gilt

$$|f'(x)| \le (x - x_\varepsilon) \cdot \left|\frac{f'(x) - f'(x_\varepsilon)}{x - x_\varepsilon}\right| + |f'(x_\varepsilon)| = (x - x_\varepsilon) \cdot |f''(\xi)| + |f'(x_\varepsilon)| \le 2x + \varepsilon.$$

Da $\varepsilon > 0$ beliebig war, folgt $|f'(x)| \le 2x$.

Ferner existiert ein $\eta \in (0, x)$ mit der Eigenschaft

$$|f(x)| = x \cdot \left|\frac{f(x) - f(0)}{x - 0}\right| = x \cdot |f'(\eta)| \le x \cdot 2\eta < 2x^2.$$

Hieraus folgt $f\left(\frac{1}{2}\right) < \frac{1}{2}$.

b) Für $g(y) := 1 - f(1 - y)$ gilt $g(0) = 0$ und $g(1) = 1$ sowie $g'(0) = g'(1) = 0$, ferner ist $|g''(y)| \le 2$ für alle $y \in (0,1)$. Daher folgt wie in a), daß $g\left(\frac{1}{2}\right) < \frac{1}{2}$ ist. Also gilt $f\left(\frac{1}{2}\right) = 1 - g\left(\frac{1}{2}\right) > \frac{1}{2}$. Widerspruch!

7.2.59 Wir nehmen an, daß ein $x_0 \in \mathbb{R}$ existiert, so daß für $\varphi(x) := \{f(x)\}^2 + \{f'(x)\}^2$ gilt $\varphi(x_0) > \max\{A, B\}$.

Die Funktion f ist beschränkt auf $\mathbb{R}$, also ergibt sich

$$\lim_{n\to\infty} \frac{f(n) - f(x_0)}{n - x_0} = 0 \qquad \text{und} \qquad \lim_{n\to\infty} \frac{f(x_0) - f(-n)}{x_0 + n} = 0.$$

Nach dem Mittelwertsatz gibt es daher Folgen $\{\xi_n\}$ und $\{\eta_n\}$ mit $\xi_n < x_0 < \eta_n$ und $f'(\xi_n) \to 0$ sowie $f'(\eta_n) \to 0$. Hieraus folgt, daß Punkte $x_1 < x_0 < x_2$ existieren mit $\varphi(x_1) < \varphi(x_0)$ und $\varphi(x_2) < \varphi(x_0)$.

Die Funktion φ ist stetig in $[x_1, x_2]$ und nimmt ihr Maximum an einer Stelle $\xi \in [x_1, x_2]$ an; hierbei muß sogar $\xi \in (x_1, x_2)$ gelten. Außerdem ist $\varphi(\xi) \ge \varphi(x_0)$. Es folgt

$$0 = \varphi'(\xi) = 2f'(\xi)\Big\{f(\xi) + f''(\xi)\Big\}.$$

Gilt hierbei $f'(\xi) = 0$, so ist $\varphi(\xi) = \{f(\xi)\}^2 \le A < \varphi(x_0)$; gilt $f(\xi) = -f''(\xi)$, so ist $\varphi(\xi) = \{-f''(\xi)\}^2 + \{f'(\xi)\}^2 \le B < \varphi(x_0)$. Beides liefert einen Widerspruch.

7.2.60 Wir beweisen die Behauptung für den Fall, daß f' streng monoton wachsend ist; falls f' streng monoton fallend ist, betrachte man die Funktion $-f$.

Es sei ein $\xi \in (a,b)$ gegeben. Da die Funktion f' in $[a,b]$ streng monoton wachsend ist, gilt (mit den im Hinweis angegebenen Funktionen g und h)

$$g(a) = f'(a) < f'(\xi) < f'(b) = h(b).$$

Nach dem Mittelwertsatz gibt es ein $\eta \in (a,b)$ mit

$$h(a) = g(b) = \frac{f(b) - f(a)}{b - a} = f'(\eta),$$

und aus der Monotonie von f' folgt hieraus

$$g(a) = f'(a) < g(b) = h(a) < f'(b) = h(b).$$

Für $f'(\xi)$ gilt also

$$g(a) < f'(\xi) \le g(b) \tag{$*$}$$

oder

$$h(a) \le f'(\xi) < h(b). \tag{$**$}$$

Gilt $(*)$, so ergibt sich aus der Stetigkeit von g durch Anwendung des Zwischenwertsatzes die Existenz einer Stelle $x_0 \in (a,b]$ mit $g(x_0) = f'(\xi)$, also mit

$$f'(\xi) = \frac{f(x_0) - f(a)}{x_0 - a}.$$

Analog geht man vor, wenn $(**)$ gilt.

7.2.61 a) Wir nehmen zunächst an, daß $f(x_0) > f(a)$ gilt und betrachten die in $[a,b]$ stetige Hilfsfunktion

$$\varphi(x) := f'(x) - \frac{f(x) - f(a)}{b - a}.$$

Die Funktion f ist stetig in $[a, x_0]$, also existiert eine Stelle $\xi_1 \in [a, x_0]$, an der f das Maximum bezüglich $[a, x_0]$ annimmt. Wegen $f(x_0) > f(a)$ gilt $\xi_1 \in (a, x_0]$. Ferner ist $f'(\xi_1) = 0$ (dies ist klar, wenn $\xi_1 \in (a, x_0)$ gilt; ist $\xi_1 = x_0$, so folgt $f'(\xi_1) = f'(x_0) = 0$). Nach dem Mittelwertsatz gibt es ein $\xi_2 \in (a, \xi_1)$ mit

$$f'(\xi_2) = \frac{f(\xi_1) - f(a)}{\xi_1 - a} \ge \frac{f(\xi_1) - f(a)}{b - a},$$

und es folgt

$$\varphi(\xi_2) = f'(\xi_2) - \frac{f(\xi_2) - f(a)}{b-a} \geq \frac{f(\xi_1) - f(\xi_2)}{b-a}.$$

Wegen $f(\xi_1) \geq f(\xi_2)$ gilt $\varphi(\xi_2) \geq 0$. Ferner ist

$$\varphi(x_0) = f'(x_0) - \frac{f(x_0) - f(a)}{b-a} = -\frac{f(x_0) - f(a)}{b-a} < 0.$$

Also existiert nach dem Zwischenwertsatz ein $\xi \in [\xi_2, x_0)$ mit $\varphi(\xi) = 0$. Daraus folgt die Behauptung.

b) Gilt $f(x_0) < f(a)$, so erhält man die Behauptung aus a) durch Betrachtung von $g(x) := -f(x)$.

c) Ist $f(x_0) = f(a)$, so existiert nach dem Satz von ROLLE ein $\tilde{x}_0 \in (a, x_0)$ mit $f'(\tilde{x}_0) = 0$. Gilt $f(\tilde{x}_0) \neq f(a)$, so folgt die Behauptung wie oben durch die Untersuchung von f im Intervall $[a, \tilde{x}_0]$; gilt $f(\tilde{x}_0) = f(a)$, so wählen wir $\xi = \tilde{x}_0$.

7.2.62 a) Wir beweisen zuerst, daß $D \supset (m, M)$ gilt.

Es sei ein $\gamma \in (m, M)$ gegeben. Da die Funktion f' die Zwischenwerteigenschaft erfüllt (vgl. Aufgabe 7.2.8), gibt es ein $\xi \in (a, b)$ mit $f'(\xi) = \gamma$.

Wir betrachten $g(x) := f(x) - \gamma x$. Es gilt $g'(\xi) = 0$ und (aufgrund der Definition von m und M) existieren Stellen $\xi_1, \xi_2 \in (a, b)$ und $g'(\xi_1) < 0 < g'(\xi_2)$.

1. Wir nehmen an, daß $\xi_1 < \xi_2$ gilt. Die Funktion g nimmt dann ihr Minimum in $[\xi_1, \xi_2]$ an einer Stelle $\xi^* \in (\xi_1, \xi_2)$ an. Hieraus folgt die Existenz von Punkten $x_1 \in (\xi_1, \xi^*)$ und $x_2 \in (\xi^*, \xi_2)$ mit $g(x_1) = g(x_2)$. Damit gilt

$$\frac{f(x_2) - f(x_1)}{x_2 - x_1} = \frac{g(x_2) + \gamma x_2 - g(x_1) - \gamma x_1}{x_2 - x_1} = \gamma.$$

2. Der Fall $\xi_1 > \xi_2$ wird analog behandelt, indem man das Maximum von g in $[\xi_2, \xi_1]$ betrachtet.

b) Wir beweisen jetzt, daß $D \subset (m, M)$ gilt. Es seien $x_1, x_2 \in [a, b]$ gegeben mit $x_1 < x_2$, und es sei $D(x_1, x_2) := \dfrac{f(x_2) - f(x_1)}{x_2 - x_1}$.

1. Wir zeigen, daß $D(x_1, x_2) < M$ ist. Dies ist klar, wenn $M = \infty$ gilt, es sei also $M \neq \infty$. Nach dem Mittelwertsatz gibt es ein $\xi \in (x_1, x_2)$ mit $D(x_1, x_2) = f'(\xi)$, und hieraus folgt $D(x_1, x_2) \leq M$.

Wir nehmen an, es wäre $D(x_1, x_2) = M$, und zeigen, daß dann $D(x_1^*, x_2^*) = M$ für alle $x_1^*, x_2^* \in [x_1, x_2]$ gelten muß. Gäbe es $x_1^*, x_2^* \in [x_1, x_2]$ mit $x_1^* < x_2^*$ und $D(x_1^*, x_2^*) < M$, so folgt

$$\begin{aligned} f(x_2) - f(x_1) &= \left\{f(x_2) - f(x_2^*)\right\} + \left\{f(x_1^*) - f(x_1)\right\} + \left\{f(x_2^*) - f(x_1^*)\right\} < \\ &< M(x_2 - x_2^*) + M(x_1^* - x_1) + M(x_2^* - x_1^*) = M(x_2 - x_1). \end{aligned}$$

Wir haben also $D(x_1^*, x_2^*) = M$ für alle $x_1^*, x_2^* \in [x_1, x_2]$, und daraus folgt $f'(x) \equiv M$ für alle $x \in (x_1, x_2)$, also ist f linear in $[x_1, x_2]$.
Aus den Voraussetzungen ergibt sich daher $D(x_1, x_2) < M$.
2. Analog zeigt man, daß $D(x_1, x_2) > m$ gilt.

7.2.63 a) 1. Wir nehmen zunächst an, daß $f(a) = f(b)$ gilt. Ist f konstant, so ist die Aussage klar. Es sei also f nicht konstant; es gibt dann ein $x_0 \in (a, b)$ mit $f(x_0) \neq f(a)$. Da $F' = f$ die Zwischenwerteigenschaft erfüllt, muß es Stellen $x_1 \in (a, x_0)$ und $x_2 \in (x_0, b)$ geben mit

$$f(x_1) = f(x_2) = \frac{1}{2}\Big\{f(a) + f(x_0)\Big\}.$$

Die Funktion f ist differenzierbar auf $[x_1, x_2]$; nach dem Mittelwertsatz der Differentialrechnung gibt es also ein $\xi \in (x_1, x_2)$ mit

$$0 = \frac{f(x_2) - f(x_1)}{x_2 - x_1} = f'(\xi), \quad \text{also auch} \quad \frac{f(b) - f(a)}{b - a} = f'(\xi).$$

2. Wir nehmen an, daß $f(a) \neq f(b)$ gilt. Auf $[a, b]$ betrachten wir die Hilfsfunktion

$$G(x) := F(x) - x f(a) - \frac{1}{2}\frac{f(b) - f(a)}{b - a}(x - a)^2.$$

Für alle $x \in [a, b]$ gilt

$$g(x) := G'(x) = f(x) - f(a) - \frac{f(b) - f(a)}{b - a}(x - a),$$

und wir erhalten $g(a) = g(b) = 0$. Da g auf (a, b) differenzierbar ist und in $[a, b]$ die Stammfunktion G besitzt, gibt es nach 1. ein $\xi \in (a, b)$ mit $g'(\xi) = 0$, also mit

$$\frac{f(b) - f(a)}{b - a} = f'(\xi).$$

b) Beim ersten Mittelwertsatz wird vorausgesetzt, daß f in $[a, b]$ stetig und in (a, b) differenzierbar ist. Hier ist die Funktion f zwar in (a, b), aber nicht notwendigerweise in $[a, b]$ stetig. Die Stetigkeit von f in $[a, b]$ wird dadurch ersetzt, daß f in $[a, b]$ die Ableitung einer Funktion ist. Die Funktion

$$f(x) := \begin{cases} 2x \sin\frac{1}{x} - \cos\frac{1}{x} & \text{falls} \quad x \in (0, 1] \\ 0 & \text{falls} \quad x = 0 \end{cases}$$

ist ein typisches Beispiel einer solchen Funktion; sie ist unstetig in $[0, 1]$, besitzt aber in $[0, 1]$ die Stammfunktion

$$F(x) = \begin{cases} x^2 \sin\frac{1}{x} & \text{falls} \quad x \in (0, 1] \\ 0 & \text{falls} \quad x = 0 \end{cases}.$$

7.2.64 a) Es sei f streng monoton wachsend auf I. Dann gilt für alle inneren Punkte x von I

$$f'(x) = \lim_{h \to 0+} \frac{f(x+h) - f(x)}{h} \geq 0.$$

Wäre M nicht total unzusammenhängend, so existiert ein Intervall $[a,b]$ mit $[a,b] \subset M$. Nach dem Mittelwertsatz gibt es ein $\xi \in (a,b)$ mit $f(b) - f(a) = f'(\xi)(b-a) = 0$. Also ist f nicht streng monoton wachsend.
b) Es gelte $f'(x) \geq 0$ für alle inneren Punkte von I und M sei total unzusammenhängend. Für Punkte $x_1, x_2 \in I$ mit $x_1 < x_2$ existiert nach dem Mittelwertsatz ein $\xi \in I^0$ mit

$$\frac{f(x_2) - f(x_1)}{x_2 - x_1} = f'(\xi) \geq 0,$$

so daß f auf I jedenfalls monoton wachsend ist. Wir nehmen an, daß f nicht streng monoton wachsend ist. Es gibt dann Punkte $a, b \in I$ mit $a < b$ und $f(a) = f(b)$. Da f monoton wachsend ist, gilt $f(x) = f(a) = f(b)$ für alle $x \in (a,b)$, und damit ist $(a,b) \subset M$. Widerspruch!

7.2.65 Wir verwenden vollständige Induktion. Für $n = 1$ und $n = 2$ ist die Behauptung wegen

$$f'(x) = \frac{x}{\sqrt{x^2-1}} > 0, \qquad f''(x) = \frac{-1}{\left(x^2-1\right)^{3/2}} < 0$$

richtig; gilt sie für ein $n \in \mathbb{N}$ mit $n \geq 2$, so ergibt sich aus der Beziehung $f^2(x) = x^2 - 1$ mit der LEIBNIZschen Differentiationsformel (vgl. Aufgabe 7.1.27)

$$\frac{d^{n+1}}{dx^{n+1}}\Big(f(x) \cdot f(x)\Big) = 2f(x)f^{(n+1)}(x) + \sum_{\nu=1}^{n} \binom{n+1}{\nu} f^{(\nu)}(x) f^{(n+1-\nu)}(x) \equiv 0.$$

Es gilt $f(x) > 0$, und die Terme $f^{(\nu)}(x)f^{(n+1-\nu)}(x)$ haben nach Induktionsvoraussetzung dasselbe Vorzeichen, und zwar das Vorzeichen von $f'(x)f^{(n)}(x)$. Wegen $f'(x) > 0$ gilt $\operatorname{sgn}\Big(f^{(n)}(x)\Big) = -\operatorname{sgn}\Big(f^{(n+1)}(x)\Big)$, und die Behauptung folgt.

7.2.66 Im Falle $n = 1$ lautet die zu beweisende Beziehung

$$f(a) - f(b) = (a-b)f'(\xi);$$

sie ergibt sich unmittelbar aus dem Mittelwertsatz. Wir nehmen an, die Behauptung sei richtig für $n - 1 \in \mathbb{N}$. Zur Abkürzung setzen wir $h := \dfrac{b-a}{n}$ und betrachten die Funktion

$g(x) := f(x+h) - f(x)$ im Intervall $[a, b-h]$. Es existiert dann ein $\eta \in (a, b-h)$ mit

$$\sum_{\nu=0}^{n-1} (-1)^\nu \binom{n-1}{\nu} g\Big(a + \frac{b-h-a}{n-1}\nu\Big) = \Big(\frac{a-(b-h)}{n-1}\Big)^{n-1} g^{(n-1)}(\eta). \qquad (*)$$

Wegen $\dfrac{b-h-a}{n-1} = \dfrac{b-a}{n} = h$ erhalten wir für den Ausdruck auf der linken Seite von $(*)$

$$\sum_{\nu=0}^{n-1} (-1)^\nu \binom{n-1}{\nu} \Big\{ f(a+h\nu+h) - f(a+h\nu) \Big\} =$$

$$= \sum_{\nu=1}^{n} (-1)^{\nu-1} \binom{n-1}{\nu-1} f(a+h\nu) \;-\; \sum_{\nu=0}^{n-1} (-1)^\nu \binom{n-1}{\nu} f(a+h\nu) =$$

$$= \sum_{\nu=1}^{n-1} (-1)^{\nu-1} \Big\{ \binom{n-1}{\nu-1} + \binom{n-1}{\nu} \Big\} f(a+h\nu) \;+\; (-1)^{n-1} f(a+hn) - f(a) =$$

$$= -\sum_{\nu=0}^{n} (-1)^\nu \binom{n}{\nu} f\Big(a + \frac{b-a}{n}\nu\Big).$$

Für den Ausdruck auf der rechten Seite von $(*)$ erhalten wir durch Anwendung des Mittelwertsatzes auf $f^{(n-1)}$ mit einem $\xi \in (\eta, \eta+h) \subset (a,b)$

$$\Big(\frac{a-b}{n}\Big)^{n-1} \Big\{ f^{(n-1)}(\eta+h) - f^{(n-1)}(\eta) \Big\} =$$

$$= \Big(\frac{a-b}{n}\Big)^{n-1} \cdot h \cdot f^{(n)}(\xi) = -\Big(\frac{a-b}{n}\Big)^{n} f^{(n)}(\xi).$$

Mit vollständiger Induktion ergibt sich die Behauptung.

7.2.67 In Aufgabe 7.2.66 setzen wir $f(x) = x^p$ sowie $a = 0$ und $b = n$ und erhalten mit einem $\xi \in (0, n)$

$$\sum_{\nu=0}^{n} (-1)^\nu \binom{n}{\nu} \nu^p = (-1)^n f^{(n)}(\xi).$$

Hieraus folgt die Behauptung.

7.2.68 a) Wäre $\gamma < 0$, so wäre $\{k^\gamma\}_{k=1}^\infty$ eine Nullfolge und daher $0 < k^\gamma < 1$ für alle hinreichend großen k, was aber wegen $k^\gamma \in \mathbb{Z}$ nicht sein kann.

b) Es muß also $\gamma \geq 0$ sein. Wir wählen zunächst ein $n \in \mathbb{N}$ mit $n > \gamma$ und sodann ein $a \in \mathbb{N}$ mit $|\gamma(\gamma-1)\cdots(\gamma-n+1)| < a^{n-\gamma}$. Setzen wir $f(x) = x^\gamma$ in Aufgabe 7.2.66 und

$b = a + n$, so erhalten wir mit einem $\xi \in (a, a+n)$

$$\begin{aligned}\left|\sum_{\nu=0}^{n}(-1)^\nu\binom{n}{\nu}(a+\nu)^\gamma\right| &= \left|(-1)^n\cdot\gamma(\gamma-1)\cdots(\gamma-n+1)\xi^{\gamma-n}\right| \\ &< a^{n-\gamma}\xi^{\gamma-n} < a^{n-\gamma}a^{\gamma-n} = 1.\end{aligned}$$

Wegen $\binom{n}{\nu} \in \mathbb{N}$ und $(a+\nu)^\gamma \in \mathbb{Z}$ ist der Ausdruck auf der linken Seite ganzzahlig, und daher gilt

$$\sum_{\nu=0}^{n}(-1)^\nu\binom{n}{\nu}(a+\nu)^\gamma = 0.$$

Wegen $\xi^{\gamma-n} \neq 0$ ist folglich auch

$$\gamma(\gamma-1)\cdots(\gamma-n+1) = 0$$

und damit $\gamma \in \mathbb{N}_0$.

7.2.69 a) Wir zeigen, daß f auf $\mathbb{R}$ differenzierbar ist. Es sei $x_1 \in \mathbb{R}$ beliebig; für $h \neq 0$ gilt dann

$$\frac{f(x_1+h)-f(x_1)}{h} = \frac{f\Big(x_0+h+(x_1-x_0)\Big)-f\Big(x_0+(x_1-x_0)\Big)}{h} = \frac{f(x_0+h)-f(x_0)}{h}.$$

Hieraus folgt die Differenzierbarkeit von f an x_1 und $f'(x_1) = f'(x_0)$. Da x_1 beliebig war, ist f differenzierbar auf $\mathbb{R}$, und es gilt $f'(x) \equiv f'(x_0) =: a$.
b) Für $g(x) := f(x) - ax$ gilt $g'(x) \equiv 0$ auf $\mathbb{R}$, also existiert eine Konstante b mit $g(x) \equiv b$ bzw. $f(x) \equiv ax + b$ auf $\mathbb{R}$. Aus $f(0) = f(0+0) = 2f(0)$ folgt $f(0) = 0$, und daraus erhalten wir $b = 0$.
Hinweis: Die in I; Aufgabe 5.2.37 angegebene (kompliziertere) Lösung dieser Aufgabe zeigt, daß es genügt, an der Stelle x_0 lediglich die Stetigkeit von f vorauszusetzen.

7.2.70 Offensichtlich besitzt $g(x) \equiv 0$ die angegebenen Eigenschaften.
a) Es sei g eine auf $\mathbb{R}$ definierte Funktion, die die angegebenen Eigenschaften besitzt und nicht identisch Null ist. Dann gibt es ein $x_1 \in \mathbb{R}$ mit $g(x_1) \neq 0$. Aus der Beziehung $g(x_1) = g(x_1 - x + x) = g(x_1 - x)g(x)$ folgt, daß $g(x) \neq 0$ für alle $x \in \mathbb{R}$ gilt. Wegen $g(x) = g\left(\frac{x}{2}+\frac{x}{2}\right) = g^2\left(\frac{x}{2}\right) \geq 0$ muß sogar $g(x) > 0$ für alle $x \in \mathbb{R}$ gelten. Wir setzen $f(x) := \ln g(x)$. Dann ist f auf $\mathbb{R}$ definiert, nach der Kettenregel ist f an der Stelle x_0 differenzierbar, und für alle $x, y \in \mathbb{R}$ gilt $f(x+y) = f(x) + f(y)$. Nach Aufgabe 7.2.69 existiert eine Konstante $a \in \mathbb{R}$ mit $f(x) = ax$ für alle $x \in \mathbb{R}$. Hieraus folgt mit $b := e^a$, daß $b > 0$ und $g(x) = b^x$ ist.
b) Umgekehrt hat $f(x) = b^x$ mit einer Konstanten $b > 0$ die angegebenen Eigenschaften.

7.2.71 a) Es sei g eine auf $(0,\infty)$ definierte Funktion, die die angegebenen Eigenschaften besitzt. Wir setzen $f(t) := g(e^t)$. Dann ist f auf $\mathbb{R}$ definiert, nach der Kettenregel ist f an der Stelle $\ln x_0$ differenzierbar, und für alle $s,t \in \mathbb{R}$ gilt

$$f(s+t) = g(e^s e^t) = g(e^s) + g(e^t) = f(s) + f(t).$$

Nach Aufgabe 7.2.69 existiert eine Konstante $a \in \mathbb{R}$ mit $f(t) = at$ für alle $t \in \mathbb{R}$. Hieraus folgt, daß für alle $x > 0$ gilt $g(x) = f(\ln x) = a \ln x$.
b) Umgekehrt hat $f(x) = a \ln x$ mit einer Konstanten a die angegebenen Eigenschaften.

7.2.72 Es gilt $\dfrac{f(1)-f(0)}{g(1)-g(0)} = 0 \neq \dfrac{f'(\xi)}{g'(\xi)} = \xi$ für alle $\xi \in (0,1)$. Man beachte jedoch, daß der zweite Mittelwertsatz nicht anwendbar ist, da wegen $g'(1) = 4$ und $g'(0) = -2$ die Funktion g' eine Nullstelle in (0,1) hat.

7.2.73 a) Es gibt ein $\xi \in (0,x)$ mit

$$\frac{\sqrt{1+x}-1}{x-0} = \frac{1}{2}\cdot\frac{1}{\sqrt{1+\xi}} < \frac{1}{2}.$$

b) Es gibt ein $\xi \in (a,b)$ mit

$$\frac{e^b - e^a}{b-a} = e^\xi.$$

Mit $e^a < e^\xi < e^b$ folgt die Behauptung.
c) Es gilt $\left(x - \dfrac{x^2}{2}\right)' = 1 - x \neq 0$ für alle $x \in (0,1)$. Daher gibt es nach dem zweiten Mittelwertsatz ein $\xi \in (0,x)$ mit

$$\frac{\ln(1+x) - \ln 1}{x - \frac{x^2}{2}} = \frac{1}{(1+\xi)(1-\xi)} = \frac{1}{1-\xi^2}.$$

Wegen $1 - x^2 < 1 - \xi^2 < 1$ folgt die Behauptung.

7.2.74 a) Die Behauptung ist im Falle $m = n$ trivial. Es sei $m > n$ und $x \in (0,1)$; ferner seien $f(x) := (1-x^n)(1+x^m)$ und $g(x) := 1 - x^{m+n}$ gesetzt. Nach dem zweiten Mittelwertsatz gibt es ein $\xi \in (x,1)$ mit

$$\frac{f(x)-f(1)}{g(x)-g(1)} = \frac{m\xi^{m-1} - n\xi^{n-1} - (m+n)\xi^{m+n-1}}{-(m+n)\xi^{m+n-1}} = \frac{n\xi^{-m} - m\xi^{-n} + m + n}{m+n}.$$

Daher genügt es, für $t \in (0,1)$ die Ungleichung $nt^{-m} - mt^{-n} + m + n > 2n$, also

$$nt^{-m} - mt^{-n} + m - n > 0 \qquad (*)$$

nachzuweisen.

b) Die Funktion $\varphi(t) := t^m(nt^{-m} - mt^{-n} + m - n)$ ist auf $(0,1]$ wegen

$$\varphi'(t) = m(m-n)\Big\{t^{m-1} - t^{m-1-n}\Big\} < 0$$

streng monoton fallend, und es gilt $\varphi(1) = 0$. Hieraus ergibt sich $\varphi(t) > 0$ für $t \in (0,1)$, und es folgt $(*)$.

7.2.75 a) Es sei $c \neq e$; dann gilt

$$\lim_{x\to c} f(x) = \lim_{x\to c} \frac{2(x-c)}{\ln x - 1} = 0.$$

b) Es sei $c = e$; dann gilt

$$\lim_{x\to e} f(x) = \lim_{x\to e} \frac{2(x-e)}{\ln x - 1} = \lim_{x\to e} 2x = 2e.$$

7.2.76 Nach Division durch x ergibt sich mit $r := \dfrac{y}{x}$, daß die behaupteten Ungleichungen dazu äquivalent sind, daß für alle $r > 1$ gilt:

$$\sqrt{r} < \frac{r-1}{\ln r} < \frac{1}{e} r^{r/(r-1)} < \frac{r+1}{2}. \qquad (*)$$

a) Für die erste Ungleichung in $(*)$ genügt es zu zeigen, daß $g(r) := \ln r - \sqrt{r} + \dfrac{1}{\sqrt{r}} < 0$ gilt für $r > 1$. Wegen $g'(r) = -(1-\sqrt{r})^2/(2r^{3/2}) < 0$ ist g streng monoton fallend, und es gilt $g(1) = 0$. Hieraus folgt $g(r) < 0$ für alle $r > 1$.

b) Für die zweite Ungleichung in $(*)$ genügt es zu zeigen, daß $h(r) := \dfrac{\ln r}{r-1} r^{r/(r-1)} > e$ gilt für $r > 1$.

1. Mit der Regel von DE L'HOSPITAL folgt

$$\lim_{r\to 1+} r^{r/(r-1)} = \exp\left\{\lim_{r\to 1+} r \cdot \lim_{r\to 1+} \frac{\ln r}{r-1}\right\} = e,$$

hieraus erhalten wir $\lim\limits_{r\to 1+} h(r) = e$.

2. Es gilt $h(r) > 0$ für alle $r > 1$, wegen

$$\frac{h'(r)}{h(r)} = \frac{d}{dr} \ln h(r) = \frac{1}{r \ln r}\left\{1 - r\Big(\frac{\ln r}{r-1}\Big)^2\right\}$$

und der ersten Ungleichung in $(*)$ folgt $h'(r) > 0$. Daher ist h streng monoton wachsend. Aus 1. ergibt sich $h(r) > e$ für alle $r > 1$.

c) Für die dritte Ungleichung in $(*)$ genügt es zu zeigen, daß $f(r) := \dfrac{1}{r+1} r^{r/(r-1)} < \dfrac{e}{2}$ gilt für $r > 1$.

1. Wie in b) folgt zunächst $\lim\limits_{r\to 1+} f(r) = \dfrac{e}{2}$.

2. Es gilt $f(r) > 0$ für $r > 1$, und wir erhalten

$$\frac{f'(r)}{f(r)} = \frac{d}{dr} \ln f(r) = \frac{1}{(r-1)^2}\Big\{2\frac{r-1}{r+1} - \ln r\Big\} =: \frac{1}{(r-1)^2} k(r).$$

Wegen $k(1) = 0$ und

$$k'(r) = -\frac{(r-1)^2}{r(r+1)^2} < 0 \qquad \text{für } r > 1$$

folgt $k(r) < 0$, also $f'(r) < 0$ für $r > 1$. Wegen 1. ergibt sich $f(r) < \frac{e}{2}$ für alle $r > 1$. Damit sind alle Ungleichungen bewiesen.

7.2.77 Mit der Regel von DE L'HOSPITAL ergibt sich sukzessive, daß die folgenden Ausdrücke für $x \to \infty$ alle gegen A konvergieren:

$$\frac{f^{(n)}(x)}{1}, \quad \frac{f^{(n-1)}(x)}{x}, \quad \frac{f^{(n-2)}(x)}{\frac{1}{2}x^2}, \quad \frac{f^{(n-3)}(x)}{\frac{1}{2\cdot 3}x^3}, \quad \ldots, \quad \frac{f(x)}{\frac{1}{n!}x^n}.$$

Hieraus folgt die Behauptung.

7.2.78 Mit der Regel von DE L'HOSPITAL gilt

$$\lim_{x\to\infty} \frac{f(x)}{x} = \lim_{x\to\infty} f'(x) = a.$$

Da $\dfrac{|f(x)|}{x} \le \dfrac{A}{x} + x^{\gamma-1}$ für $x > 0$ gilt, folgt andererseits $\lim\limits_{x\to\infty} \dfrac{f(x)}{x} = 0$. Also ist $a = 0$.

7.2.79 a) Aus $\lim\limits_{x\to 0} g(x) = \lim\limits_{x\to 0} \dfrac{f(x)-f(0)}{x-0} = f'(0)$ folgt die Stetigkeit von g an $x_0 = 0$. Die Stetigkeit von g für $x_0 \neq 0$ ist klar.

b) Wenn $f''(0)$ existiert, ergibt sich mit der Regel von DE L'HOSPITAL

$$g'(0) = \lim_{x\to 0} \frac{g(x)-g(0)}{x-0} = \lim_{x\to 0} \frac{f(x)-xf'(0)}{x^2} = \lim_{x\to 0} \frac{f'(x)-f'(0)}{2x} = \frac{f''(0)}{2}$$

(die letzte Identität folgt aus der Definition von $f''(0)$). Für $x \neq 0$ gilt

$$g'(x) = \frac{xf'(x)-f(x)}{x^2}.$$

c) Wenn f'' an $x_0 = 0$ stetig ist, ergibt sich mit der Regel von DE L'HOSPITAL

$$\begin{aligned}
\lim_{x\to 0} g'(x) &= \lim_{x\to 0} \frac{xf'(x)-f(x)}{x^2} = \lim_{x\to 0} \frac{f'(x)+xf''(x)-f'(x)}{2x} = \\
&= \lim_{x\to 0} \frac{f''(x)}{2} = \frac{f''(0)}{2},
\end{aligned}$$

also ist g' stetig an $x_0 = 0$. Die Stetigkeit von g' für $x_0 \neq 0$ ist klar.

7.2.80 Es gilt

$$f'(x) = 2\cos^2 x, \qquad g'(x) = e^{\sin x}\cos x \Big\{ f(x) + 2\cos x \Big\},$$

so daß die Funktion g' an $x_n = (2n+1)\pi/2$ Nullstellen hat. Die Funktion f' hat dort ebenfalls Nullstellen, so daß diese bei $\dfrac{f'(x)}{g'(x)}$ scheinbar "gekürzt" werden.
Das Beispiel zeigt, daß die Voraussetzung $g'(x) \neq 0$ bei der Regel von DE L'HOSPITAL sehr wichtig ist.

7.2.81 a) Im Falle $\lambda = 0$ ist die Behauptung trivial; es sei also $\lambda > 0$ und $\mu = \dfrac{1}{\lambda}$. Wir setzen $h(x) := f(x)e^{\mu x}$ und $g(x) = e^{\mu x}$. Dann ist die Regel von DE L'HOSPITAL auf $\dfrac{h(x)}{g(x)}$ anwendbar, und wir erhalten

$$\lim_{x\to\infty} \frac{h'(x)}{g'(x)} = \lim_{x\to\infty} \frac{e^{\mu x}\{f'(x) + \mu f(x)\}}{\mu e^{\mu x}} = \lim_{x\to\infty} \{f(x) + \lambda f'(x)\} = A.$$

Also gilt auch

$$\lim_{x\to\infty} \frac{h(x)}{g(x)} = \lim_{x\to\infty} f(x) = A.$$

b) Die Aussage gilt im allgemeinen nicht mehr, wenn $\lambda < 0$ ist. Für $f(x) = e^x$ und $\lambda = -1$ erhalten wir $\lim\limits_{x\to\infty} \{f(x) - f'(x)\} = 0$, aber $\lim\limits_{x\to\infty} f(x) = \infty$.

7.2.82 Nach der Regel von DE L'HOSPITAL gilt zunächst

$$\lim_{x\to 0+} x \ln x = \lim_{x\to 0+} \frac{\ln x}{\frac{1}{x}} = \lim_{x\to 0+} \frac{-x^2}{x} = 0.$$

Es existieren Konstanten M und $\delta > 0$ mit $\left|\dfrac{f(x)}{x}\right| \leq M$ für alle $x \in (0, \delta)$. Wegen

$$|f(x) \ln x| = \left|\frac{f(x)}{x}\right| \cdot |x \ln x| \leq M \cdot |x \ln x|$$

gilt $\lim\limits_{x\to 0+} f(x) \cdot \ln x = 0$, und es folgt

$$\lim_{x\to 0+} x^{f(x)} = \exp\left\{\lim_{x\to 0+} f(x) \cdot \ln x\right\} = e^0 = 1.$$

7.2.83 a) Für $\alpha > 1$ ist $\lim\limits_{x\to 0+} \dfrac{x^\alpha \sin\frac{1}{x}}{x} = 0$, und mit Aufgabe 7.2.82 folgt

$$\lim_{x\to 0+} x^{x^\alpha \sin\frac{1}{x}} = 1.$$

b) Mit $f(x) := \frac{1}{2}e^{-1/x^2}$ für $x \neq 0$ und $f(0) := 0$ gilt $\lim\limits_{x\to 0+} \dfrac{f(x)}{x} = f'(0) = 0$, und aus Aufgabe 7.2.82 folgt

$$\lim_{x\to 0+} \left(\sqrt{x}\right)^{e^{-1/x^2}} = \lim_{x\to 0+} x^{f(x)} = 1.$$

7.2.84 Für $n \in \mathbb{N}_0$ und $x \neq 0$ gilt nach der LEIBNIZschen Differentiationsformel (siehe Aufgabe 7.1.27)

$$\left(\frac{f(x)}{x}\right)^{(n)} = \sum_{\nu=0}^{n} \binom{n}{\nu} (-1)^\nu \nu! x^{-\nu-1} f^{(n-\nu)}(x) = \frac{g_n(x)}{x^{n+1}},$$

wobei wir $g_n(x) := \sum\limits_{\nu=0}^{n} \binom{n}{\nu}(-1)^\nu \nu! x^{n-\nu} f^{(n-\nu)}(x)$ gesetzt haben. Es ist $g_n(0) = 0$ und

$$\begin{aligned} g_n'(x) &= \sum_{\nu=0}^{n-1} \binom{n}{\nu} (-1)^\nu \nu! (n-\nu) x^{n-\nu-1} f^{(n-\nu)}(x) + \sum_{\nu=0}^{n} \binom{n}{\nu} (-1)^\nu \nu! x^{n-\nu} f^{(n-\nu+1)}(x) = \\ &= x^n f^{(n+1)}(x) + \sum_{\nu=0}^{n-1} (-1)^\nu \nu! \left\{ \binom{n}{\nu}(n-\nu) - \binom{n}{\nu+1}(\nu+1) \right\} x^{n-\nu-1} f^{(n-\nu)}(x) = \\ &= x^n f^{(n+1)}(x). \end{aligned}$$

Nach der Regel von DE L'HOSPITAL gilt nun

$$\lim_{x\to 0} \left(\frac{f(x)}{x}\right)^{(n)} = \lim_{x\to 0} \frac{g_n(x)}{x^{n+1}} = \lim_{x\to 0} \frac{g_n'(x)}{(n+1)x^n} = \lim_{x\to 0} \frac{x^n f^{(n+1)}(x)}{(n+1)x^n} = \frac{f^{(n+1)}(0)}{n+1}.$$

7.2.85 a) Die Funktion f sei monoton in $[a, b]$, und es sei $P = \{x_0, x_1, ..., x_n\}$ eine beliebige Partition von $[a, b]$. Wegen der Monotonie von f haben alle Ausdrücke $f(x_i) - f(x_{i-1})$ gleiches Vorzeichen, und es ergibt sich

$$\sum_{i=1}^{n} |f(x_i) - f(x_{i-1})| = \left| \sum_{i=1}^{n} \left\{ f(x_i) - f(x_{i-1}) \right\} \right| = |f(b) - f(a)|.$$

Daraus folgt $f \in BV[a, b]$.

b) Die Funktion f sei in $[0, 2]$ definiert durch

$$f(x) := \begin{cases} 0 & \text{falls } x = 0 \\ x \sin \frac{\pi}{x} & \text{falls } 0 < x \leq 2 \end{cases}.$$

Dann ist f stetig in $[0, 2]$. Wir behaupten, daß $f \notin BV[0, 2]$ gilt. Dazu betrachten wir für ein $n \in \mathbb{N}$ die Partition $P = \{x_0, x_1, ..., x_n\}$ von $[0, 2]$ mit

$$x_0 = 0, \qquad x_i = \frac{2}{2n+1-2i} \qquad (i = 1, ..., n).$$

Für $n > 2$ erhalten wir

$$\sum_{i=1}^{n}\left|f(x_i)-f(x_{i-1})\right| \geq \sum_{i=2}^{n}\left|f(x_i)-f(x_{i-1})\right| =$$

$$= \sum_{i=2}^{n}\left|\frac{2}{2n+1-2i}\sin\frac{2n+1-2i}{2}\pi - \frac{2}{2n+3-2i}\sin\frac{2n+3-2i}{2}\pi\right| =$$

$$= \sum_{i=2}^{n}\left|\sin\left((n-i)\pi+\frac{\pi}{2}\right)\right|\cdot\left\{\frac{2}{2n+1-2i}+\frac{2}{2n+3-2i}\right\} >$$

$$> \sum_{i=2}^{n}\frac{1}{2n+1-2i} = \sum_{\nu=0}^{n-2}\frac{1}{1+2\nu} > \frac{1}{3}\sum_{\nu=1}^{n-2}\frac{1}{\nu}.$$

Wegen der Divergenz der Reihe $\sum\limits_{\nu=1}^{\infty}\frac{1}{\nu}$ kann der zuletzt auftretende Ausdruck beliebig groß gemacht werden, also gilt $f \notin BV[0,2]$.

c) Die Funktion f sei stetig in $[a,b]$, differenzierbar in (a,b), und es gelte $|f'(x)| \leq M$ für alle $x \in (a,b)$. Es sei $P = \{x_0, x_1, ..., x_n\}$ eine beliebige Partition von $[a,b]$. Nach dem Mittelwertsatz gibt es zu $i = 1, ..., n$ ein $\xi_i \in (x_{i-1}, x_i)$, so daß folgendes gilt:

$$\sum_{i=1}^{n}|f(x_i)-f(x_{i-1})| = \sum_{i=1}^{n}|f'(\xi_i)|(x_i-x_{i-1}) \leq M\sum_{i=1}^{n}(x_i-x_{i-1}) = M(b-a).$$

Daraus folgt $f \in BV[a,b]$.

7.3 TAYLORscher Satz; Differentiation von Funktionenfolgen und Funktionenreihen

7.3.1 a) Ist f ein Polynom vom Grad höchstens n, so folgt $f^{(n+1)}(x) \equiv 0$ auf $\mathbb{R}$.

b) Es gelte $f^{(n+1)}(x) \equiv 0$. Mit dem TAYLORschen Satz und den üblichen Bezeichnungen erhalten wir $f(x) = T_n(x) + R_n(x)$. Wegen $f^{(n+1)}(x) \equiv 0$ ergibt sich $R_n(x) \equiv 0$ und somit $f(x) \equiv T_n(x)$ auf $\mathbb{R}$.

7.3.2 a) Zunächst betrachten wir ein festes $x \in [0,1)$. Nach dem TAYLORschen Satz gilt $f(x) = T_n(x) + R_n(x)$. Hierbei ist

$$T_n(x) = \sum_{\nu=0}^{n}\frac{f^{(\nu)}(0)}{\nu!}x^\nu \leq \sum_{\nu=0}^{n+1}\frac{f^{(\nu)}(0)}{\nu!}x^\nu = T_{n+1}(x),$$

und mit einem $\xi \in (0,1)$ gilt

$$f(0) \leq T_n(x) = f(x) - R_n(x) = f(x) - \frac{f^{(n+1)}(\xi)}{(n+1)!}x^{n+1} \leq f(x).$$

Die Folge $\{T_n(x)\}$ ist also monoton wachsend und beschränkt und daher konvergent.
b) Für $x \in (-1,0)$ und $m, n \in \mathbb{N}$ mit $m < n$ erhalten wir

$$\Big|T_n(x) - T_m(x)\Big| = \left|\sum_{\nu=m+1}^{n} \frac{f^{(\nu)}(0)}{\nu!}x^\nu\right| \leq \sum_{\nu=m+1}^{n} \frac{f^{(\nu)}(0)}{\nu!}|x|^\nu = T_n(|x|) - T_m(|x|).$$

Nach a) konvergiert die Folge $\{T_n(|x|)\}$; mit dem CAUCHY-Kriterium ergibt sich also die Konvergenz von $\{T_n(x)\}$.

7.3.3 Es sei $x > 0$ und $n \in \mathbb{N}_0$. Dann gilt nach der TAYLORschen Formel (Entwicklungsmitte x) mit einem $\xi \in (0,x)$

$$1 = f(0) = \sum_{\nu=0}^{n} \frac{f^{(\nu)}(x)}{\nu!}(-1)^\nu x^\nu + \frac{(-1)^{n+1}x^{n+1}}{(n+1)!}f^{(n+1)}(\xi). \qquad (*)$$

Nach der LEIBNIZschen Differentiationsformel (siehe Aufgabe 7.1.27) erhalten wir ferner

$$\begin{aligned} g^{(n)}(x) &= \sum_{\nu=0}^{n} \binom{n}{\nu} \Big\{1 - f(x)\Big\}^{(\nu)} \Big(\frac{1}{x}\Big)^{(n-\nu)} = \\ &= \frac{n!(-1)^n}{x^{n+1}} \sum_{\nu=0}^{n} \frac{1}{\nu!}\Big\{1 - f(x)\Big\}^{(\nu)}(-1)^\nu x^\nu = \\ &= \frac{n!(-1)^n}{x^{n+1}} \left\{1 - \sum_{\nu=0}^{n} \frac{f^{(\nu)}(x)}{\nu!}(-1)^\nu x^\nu\right\}. \end{aligned}$$

Mit $(*)$ ergibt sich nun

$$g^{(n)}(x) = -\frac{1}{n+1} \cdot f^{(n+1)}(\xi),$$

und hieraus folgt die Behauptung.

7.3.4 Es sei $x > 1$. Nach der TAYLORschen Formel erhalten wir mit $\xi_1 \in (x, x+1)$ und $\xi_2 \in (x-1, x)$ die Beziehungen

$$f(x+1) = f(x) + f'(x) + \frac{1}{2}f''(x) + \frac{1}{6}f'''(\xi_1),$$

$$f(x-1) = f(x) - f'(x) + \frac{1}{2}f''(x) - \frac{1}{6}f'''(\xi_2).$$

Nach Addition der beiden Ausdrücke erhält man

$$f''(x) = f(x+1) + f(x-1) - 2f(x) - \frac{1}{6}\Big\{f'''(\xi_1) - f'''(\xi_2)\Big\}$$

und nach Subtraktion

$$2f'(x) = f(x+1) - f(x-1) - \frac{1}{6}\Big\{f'''(\xi_1) + f'''(\xi_2)\Big\}.$$

Aus diesen Beziehungen ergibt sich sofort die Behauptung.

7.3.5 Wir setzen zur Abkürzung

$$F(x) := f(x) - \sum_{\nu=0}^{n-1} \frac{f^{(\nu)}(x_0)}{\nu!}(x-x_0)^\nu, \qquad G(x) := (x-x_0)^n$$

und müssen dann zeigen, daß gilt

$$\lim_{x\to x_0} \frac{F(x)}{G(x)} = \frac{f^{(n)}(x_0)}{n!}.$$

Es gilt offensichtlich für $k = 0, 1, ..., n-2$

$$F^{(k)}(x_0) = G^{(k)}(x_0) = 0$$

und

$$F^{(n-1)}(x) = f^{(n-1)}(x) - f^{(n-1)}(x_0), \qquad G^{(n-1)}(x) = n!(x-x_0).$$

Durch $(n-1)$-malige Anwendung der Regel von DE L'HOSPITAL erhalten wir (unter Beachtung der Definition von $f^{(n)}(x_0)$)

$$\lim_{x\to x_0} \frac{F(x)}{G(x)} = \lim_{x\to x_0} \frac{f^{(n-1)}(x) - f^{(n-1)}(x_0)}{n!(x-x_0)} = \frac{f^{(n)}(x_0)}{n!}.$$

7.3.6 Es sei T_n das n-te TAYLOR-Polynom von f bezüglich x_0. Dann gilt für alle $x \in I$ mit einem ξ zwischen x_0 und x

$$f(x) - T_n(x) = \frac{f^{(n+1)}(\xi)}{(n+1)!}(x-x_0)^{n+1}.$$

Wir wählen ein $\delta > 0$ so, daß $J := [x_0-\delta, x_0+\delta] \subset U(x_0)$ ist. Es gibt dann eine Konstante M^*, so daß für alle $x \in J$ gilt

$$|f(x) - T_n(x)| \le M^*|x-x_0|^{n+1}.$$

Es existiert daher eine Konstante $\tilde{M}$, so daß für alle $x \in J$ gilt

$$|P(x) - T_n(x)| \le \tilde{M}|x-x_0|^{n+1}. \qquad (*)$$

Wir schreiben das Polynom $P - T_n$ in der Form

$$P(x) - T_n(x) = \sum_{\nu=0}^{n} a_\nu (x-x_0)^\nu$$

und zeigen, daß alle $a_\nu = 0$ sein müssen. Ist dies nicht der Fall, so gibt es ein kleinstes ν_0 mit $0 \le \nu_0 \le n$ und $a_{\nu_0} \ne 0$. Aus $(*)$ erhalten wir dann für $x \in J \setminus \{x_0\}$

$$|a_{\nu_0} + \sum_{\nu=\nu_0+1}^{n} a_\nu (x - x_0)^{\nu-\nu_0}| \le \tilde{M}|x - x_0|^{n-\nu_0+1}.$$

Für $x \to x_0$ folgt $a_{\nu_0} = 0$. Aus diesem Widerspruch ergibt sich, daß $P = T_n$ sein muß.

7.3.7 Wir setzen $f(x) := f_1(x) - f_2(x)$. Dann gilt $\sum_{\nu=0}^{n} c_\nu f^{(\nu)}(x) = 0$ für alle $x \in I$ und $f^{(\nu)}(x_0) = 0$ für $\nu = 0, 1, ..., n-1$. Wegen $c_n \ne 0$ erhalten wir

$$f^{(n)}(x) = \sum_{\nu=0}^{n-1} a_\nu f^{(\nu)}(x) \qquad \text{mit} \quad a_\nu := -\frac{c_\nu}{c_n}.$$

a) Wir zeigen, daß f für alle $k \ge 0$ in I sogar $(n+k)$-mal differenzierbar ist und daß mit Konstanten $a_\nu^{(k)}$ gilt

$$f^{(n+k)}(x) = \sum_{\nu=0}^{n-1} a_\nu^{(k)} f^{(\nu)}(x). \qquad (*)$$

Wir zeigen ferner, daß mit $M := \max\left\{|a_0|, ..., |a_{n-1}|, 1\right\}$ für die Koeffizienten $a_\nu^{(k)}$ folgende Abschätzung gilt

$$|a_\nu^{(k)}| \le 2^k M^{k+1} \qquad (\nu = 0, 1, ..., n-1). \qquad (**)$$

Die Behauptungen sind offensichtlich richtig für $k = 0$. Gelten sie für ein $k \in \mathbb{N}_0$, so folgt (da der Ausdruck auf der rechten Seite von $(*)$ differenzierbar ist), wenn wir $a_{-1}^{(k)} := 0$ und $a_\nu^{(k+1)} := a_{\nu-1}^{(k)} + a_{n-1}^{(k)} a_\nu$ setzen:

$$\begin{aligned} f^{(n+k+1)}(x) &= \sum_{\nu=0}^{n-1} a_\nu^{(k)} f^{(\nu+1)}(x) = \sum_{\nu=0}^{n-1} a_{\nu-1}^{(k)} f^{(\nu)}(x) + a_{n-1}^{(k)} f^{(n)}(x) = \\ &= \sum_{\nu=0}^{n-1} a_{\nu-1}^{(k)} f^{(\nu)}(x) + a_{n-1}^{(k)} \sum_{\nu=0}^{n-1} a_\nu f^{(\nu)}(x) = \sum_{\nu=0}^{n-1} a_\nu^{(k+1)} f^{(\nu)}(x). \end{aligned}$$

Hierbei gilt ferner

$$|a_\nu^{(k+1)}| \le |a_{\nu-1}^{(k)}| + |a_{n-1}^{(k)}||a_\nu| \le 2^k M^{k+1}\Big(1 + |a_\nu|\Big) \le 2^{k+1} M^{k+2}.$$

Mit vollständiger Induktion ergeben sich die Behauptungen.

b) Es sei $[a, b] \subset I$ ein beliebiges Intervall mit $x_0 \in (a, b)$. Mit $(*)$ und $(**)$ ergibt sich für alle $k \in \mathbb{N}_0$

$$\max_{[a,b]} |f^{(n+k)}(x)| \le \sum_{\nu=0}^{n-1} |a_\nu^{(k)}| \cdot \max_{[a,b]} |f^{(\nu)}(x)| \le 2^k M^k \cdot C,$$

mit einer von k unabhängigen Konstanten C. Aus den Voraussetzungen und $(*)$ folgt $f^{(m)}(x_0) = 0$ für alle $m \in \mathbb{N}_0$. Mit dem TAYLORschen Satz erhalten wir für $k \in \mathbb{N}$ und $x \in [a, b]$ mit einem $\xi_k \in (a, b)$

$$|f(x)| = \left| \frac{f^{(n+k)}(\xi_k)}{(n+k)!}(x - x_0)^{n+k} \right| \le C\, \frac{2^k M^k (b-a)^{n+k}}{(n+k)!}.$$

Da für $k \to \infty$ die rechte Seite hierbei gegen Null konvergiert, ist $f(x) = 0$ für alle $x \in [a, b]$, und da $[a, b] \subset I$ beliebig war, ist $f(x) = 0$ für alle $x \in I$. Daraus folgt die Behauptung.

7.3.8 a) Es sei $f(x) := \sum_{k=1}^{n} \alpha_k e^{r_k x}$ mit beliebigen Konstanten $\alpha_1, ..., \alpha_n$. Dann gilt für alle $\nu = 0, ..., n$

$$f^{(\nu)}(x) = \sum_{k=1}^{n} \alpha_k r_k^{\nu} e^{r_k x},$$

und es folgt für alle $x \in (-\infty, \infty)$

$$\sum_{\nu=0}^{n} c_\nu f^{(\nu)}(x) = \sum_{\nu=0}^{n} c_\nu \sum_{k=1}^{n} \alpha_k r_k^{\nu} e^{r_k x} = \sum_{k=1}^{n} \alpha_k P(r_k) e^{r_k x} = 0.$$

b) Es sei F eine Lösung der Differentialgleichung. Wir versuchen, die Konstanten $\alpha_1, ..., \alpha_n$ so zu bestimmen, daß $F^{(\nu)}(0) = f^{(\nu)}(0)$ für $\nu = 0, ..., n-1$ gilt. Dies führt auf das Gleichungssystem

$$\begin{aligned} F(0) &= \sum_{k=1}^{n} \alpha_k, \\ F'(0) &= \sum_{k=1}^{n} \alpha_k r_k, \\ &\vdots \\ F^{(n-1)}(0) &= \sum_{k=1}^{n} \alpha_k r_k^{n-1}. \end{aligned}$$

Aus der Linearen Algebra ist bekannt, daß dieses Gleichungssystem eindeutig lösbar ist (die Koeffizientendeterminante ist nämlich eine VANDERMONDE-Determinante). Mit Aufgabe 7.3.7 ergibt sich, daß F die Form $F(x) = \sum_{k=1}^{n} \alpha_k e^{r_k x}$ mit eindeutig bestimmten α_k haben muß.

7.3.9 Wir setzen zur Abkürzung $f_\nu(x) := \frac{1}{4^\nu} g(4^\nu x)$.
Die Funktion g erfüllt $|g(x_1) - g(x_2)| = |x_1 - x_2|$ für alle $x_1, x_2 \in \mathbb{R}$ mit der Eigenschaft, daß das offene Intervall mit den Endpunkten x_1 und x_2 keine gerade Zahl enthält. Es sei ein beliebiges $x_0 \in \mathbb{R}$ gegeben. Zu jedem $n \in \mathbb{N}$ können wir ein $\delta_n \in \{-1, 1\}$ so wählen, daß das offene Intervall mit den Endpunkten $4^n x_0$ und $4^n x_0 + \delta_n$ keine gerade

Zahl enthält. Es folgt, daß für $\nu = 1, ..., n$ zwischen $4^\nu x_0$ und $4^\nu x_0 + 4^{\nu-n}\delta_n$ auch keine gerade Zahl liegen kann. Daher gilt für $\nu = 1, ..., n$

$$\begin{aligned} \Big|f_\nu(x_0 + 4^{-n}\delta_n) - f_\nu(x_0)\Big| &= \frac{1}{4^\nu}\Big|g(4^\nu x_0 + 4^{\nu-n}\delta_n) - g(4^\nu x_0)\Big| = \\ &= \frac{|4^\nu x_0 + 4^{\nu-n}\delta_n - 4^\nu x_0|}{4^\nu} = \frac{1}{4^n}. \end{aligned}$$

Für $\nu > n$ erhalten wir aufgrund der Periodizität von g

$$f_\nu(x_0 + 4^{-n}\delta_n) - f_\nu(x_0) = \frac{1}{4^\nu}\Big\{g(4^\nu x_0 + 4^{\nu-n}\delta_n) - g(4^\nu x_0)\Big\} = 0.$$

Es ergibt sich

$$\frac{f(x_0 + 4^{-n}\delta_n) - f(x_0)}{4^{-n}\delta_n} = \sum_{\nu=1}^{n} \frac{f_\nu(x_0 + 4^{-n}\delta_n) - f_\nu(x_0)}{4^{-n}\delta_n} =: \sum\nolimits_n.$$

Hierbei ist $\sum_n$ gerade, falls n gerade ist, und $\sum_n$ ist ungerade, falls n ungerade ist. Es folgt, daß f an x_0 nicht differenzierbar sein kann.

7.3.10 a) Für alle $x \in \mathbb{R}$ gilt $|f_n(x)| \le \frac{1}{\sqrt{n}}$, und damit gilt $f_n(x) \underset{\mathbb{R}}{\Longrightarrow} 0$.

b) Es gilt $f_n'(x) = \sqrt{n}\cos nx$. Wir zeigen, daß $\{f_n'(x)\}$ für jedes $x \in \mathbb{R}$ unbeschränkt ist. Es sei $x \in \mathbb{R}$ und $n \in \mathbb{N}$. Gilt $|\cos nx| < \frac{1}{2}$, so folgt

$$|\cos(2nx)| = |\cos^2 nx - \sin^2 nx| = |2\cos^2 nx - 1| = 1 - 2\cos^2 nx > \frac{1}{2}.$$

Also ist für ein $n \in \mathbb{N}$ entweder $|\cos nx| \ge \frac{1}{2}$ oder $|\cos(2nx)| \ge \frac{1}{2}$. Zu jedem $x \in \mathbb{R}$ gibt es daher unendlich viele $n \in \mathbb{N}$ mit $|f_n'(x)| \ge \frac{1}{2}\sqrt{n}$. Daraus folgt die Behauptung.

7.3.11 Der Fall $\lambda = 0$ ist trivial; dann gilt nämlich $f'(x) = f(0) =: a$ für alle $x \in \mathbb{R}$, also ist $f(x) = ax + b$, und $f'(0) = f(0)$ ergibt $f(x) = a(1 + x)$. Wir können daher $\lambda \ne 0$ voraussetzen.

a) Aus der Differenzierbarkeit von f und der Beziehung $f'(x) = f(\lambda x)$ ergibt sich sofort durch vollständige Induktion

$$f^{(n)}(x) = \lambda^{n(n-1)/2} \cdot f(\lambda^n x) \qquad (n \in \mathbb{N}_0,\ x \in \mathbb{R}). \qquad (*)$$

Damit ist f auf $\mathbb{R}$ beliebig oft differenzierbar.

b) Für die TAYLOR-Koeffizienten erhalten wir aus $(*)$ mit $a_0 := f(0)$ für alle $n \in \mathbb{N}_0$

$$a_n = \frac{f^{(n)}(0)}{n!} = \frac{\lambda^{n(n-1)/2}}{n!}a_0.$$

Die TAYLOR-Reihe von f ist also formal gegeben durch

$$a_0 \sum_{n=0}^{\infty} \frac{\lambda^{n(n-1)/2}}{n!} x^n.$$

Aus $\left|\frac{a_n}{a_{n-1}}\right| = \frac{|\lambda|^{n-1}}{n}$ ergibt sich sofort, daß im Falle $|\lambda| \leq 1$ die betrachtete Reihe für alle $x \in \mathbb{R}$ konvergiert und im Falle $|\lambda| > 1$ für alle $x \neq 0$ divergiert.

c) Es sei $|\lambda| \leq 1$. Für jedes $R > 0$ gilt dann wegen $(*)$ mit $M(R) := \max\limits_{[-R,R]} |f(x)|$ die Abschätzung $\max\limits_{[-R,R]} |f^{(n)}(x)| \leq M(R)$ für alle $n \in \mathbb{N}_0$. Für das Restglied im TAYLORschen Satz gilt für $x \in [-R, R]$ mit einem $\xi \in (-R, R)$

$$|R_n(x)| = \left|\frac{f^{(n+1)}(\xi)}{(n+1)!} x^{n+1}\right| \leq M(R) \frac{R^{n+1}}{(n+1)!} \to 0,$$

so daß die TAYLOR-Reihe für alle $x \in [-R, R]$, und da $R > 0$ beliebig war, für alle $x \in \mathbb{R}$ gegen $f(x)$ konvergiert.

7.3.12 Es gilt

$$f(\lambda x) = \sum_{n=0}^{\infty} a_n \lambda^n x^n, \qquad f'(x) = \sum_{n=1}^{\infty} n a_n x^{n-1} = \sum_{n=0}^{\infty} (n+1) a_{n+1} x^n.$$

Hieraus folgt

$$a_0 = f(0) \qquad \text{und} \qquad a_{n+1} = \frac{\lambda^n}{n+1} a_n \qquad \text{für} \qquad n \geq 0.$$

Ist $f(0) = 0$, so gilt $a_n = 0$ für alle $n \in \mathbb{N}_0$. Es sei $f(0) \neq 0$; wäre $|\lambda| > 1$, so wäre $a_n \neq 0$ für alle $n \in \mathbb{N}_0$, und wegen

$$\left|\frac{a_{n+1}}{a_n}\right| = \frac{|\lambda|^n}{n+1} \to \infty$$

würde die Potenzreihe von f nach dem Quotientenkriterium im Punkt $x = 1$ divergieren. Widerspruch!

7.3.13 a) Für $|x| < 1$ setzen wir $f(x) := \ln(1-x)$ und $\varphi(x) := -\sum\limits_{n=1}^{\infty} \frac{x^n}{n}$. Es ergibt sich $f'(x) \equiv \varphi'(x) \equiv \frac{-1}{1-x}$. Also ist $f(x) \equiv \varphi(x) + c$ mit einer Konstanten c. Wegen $f(0) = \varphi(0) = 0$ erhalten wir $f(x) \equiv \varphi(x)$ für $|x| < 1$. Nach dem LEIBNIZ-Kriterium ist die betrachtete Potenzreihe im Punkt $x = -1$ konvergent; für ihren Wert ergibt sich mit dem ABELschen Grenzwertsatz

$$\sum_{n=1}^{\infty} \frac{(-1)^{n-1}}{n} = \lim_{x \to -1+} \ln(1-x) = \ln 2.$$

b) Für $|x| < 1$ erhalten wir mit a)

$$\begin{aligned}\ln\sqrt{\frac{1+x}{1-x}} &= \frac{1}{2}\{\ln(1+x) - \ln(1-x)\} = \\ &= \frac{1}{2}\left\{\sum_{n=1}^{\infty}\frac{(-1)^{n-1}x^n}{n} + \sum_{n=1}^{\infty}\frac{x^n}{n}\right\} = \sum_{n=0}^{\infty}\frac{x^{2n+1}}{2n+1}.\end{aligned}$$

Offensichtlich divergiert die erhaltene Reihe im Punkt $x = -1$.

c) Mit dem Satz von MERTENS ergibt sich für $|x| < 1$

$$\{\ln(1-x)\}^2 = \Big\{-\sum_{n=1}^{\infty}\frac{x^n}{n}\Big\}\Big\{-\sum_{n=1}^{\infty}\frac{x^n}{n}\Big\} = \sum_{n=1}^{\infty} c_n x^n,$$

wobei

$$c_n := \sum_{\nu=1}^{n-1}\frac{1}{\nu}\cdot\frac{1}{n-\nu} = \frac{1}{n}\sum_{\nu=1}^{n-1}\left\{\frac{1}{\nu} + \frac{1}{n-\nu}\right\} = \frac{2}{n}\sum_{\mu=1}^{n-1}\frac{1}{\mu}.$$

Hieraus folgt die behauptete Reihendarstellung.

Es ist $c_{n+1} \le c_n$ äquivalent zu $1 \le \sum\limits_{\mu=1}^{n-1}\frac{1}{\mu}$, und diese Ungleichung ist für $n \ge 2$ richtig. Daher ist die Folge $\{c_n\}_{n=2}^{\infty}$ monoton fallend, und sie konvergiert nach I; Aufgabe 2.4.5 gegen Null. Nach dem LEIBNIZ-Kriterium ist also die betrachtete Potenzreihe im Punkt $x = -1$ konvergent; für ihren Wert ergibt sich mit dem ABELschen Grenzwertsatz

$$2\sum_{n=1}^{\infty}\Big\{\frac{1}{n+1}\sum_{\nu=1}^{n}\frac{1}{\nu}\Big\}(-1)^{n+1} = \lim_{x\to -1+}\{\ln(1-x)\}^2 = \{\ln 2\}^2.$$

7.3.14 a) Die Potenzreihe $\varphi(x) := \sum\limits_{n=0}^{\infty}\frac{(-1)^n x^{2n+1}}{2n+1}$ konvergiert offensichtlich für $|x| \le 1$. Für $|x| < 1$ erhalten wir

$$\varphi'(x) = \sum_{n=0}^{\infty}(-1)^n x^{2n} = \frac{1}{1+x^2}.$$

Die Funktionen $f(x) = \arctan x$ und $\varphi(x)$ haben daher in $|x| < 1$ die gleiche Ableitung, folglich gilt $f(x) \equiv \varphi(x) + c$ mit einer Konstanten c. Wegen $f(0) = \varphi(0) = 0$ ist $c = 0$, und damit erhalten wir für $|x| < 1$

$$f(x) = \arctan x = \sum_{n=0}^{\infty}\frac{(-1)^n x^{2n+1}}{2n+1}.$$

Mit dem ABELschen Grenzwertsatz folgt weiter für $x = 1$

$$\sum_{n=0}^{\infty}\frac{(-1)^n}{2n+1} = \lim_{x\to 1^-}\arctan x = \arctan 1 = \frac{\pi}{4}.$$

Analog ergibt sich für $x = -1$

$$-\sum_{n=0}^{\infty}\frac{(-1)^n}{2n+1} = -\frac{\pi}{4} = \arctan(-1).$$

b) Die Potenzreihe $\varphi(x) := \frac{x}{2} + \sum\limits_{n=1}^{\infty}\frac{(-1)^{n-1}x^{2n+1}}{(2n-1)(2n+1)}$ konvergiert offensichtlich für $|x| \le 1$. Für $|x| < 1$ erhalten wir

$$\varphi'(x) = \frac{1}{2} + \sum_{n=1}^{\infty}\frac{(-1)^{n-1}(2n+1)x^{2n}}{(2n-1)(2n+1)} = \frac{1}{2} + x\sum_{n=0}^{\infty}\frac{(-1)^n x^{2n+1}}{2n+1} = \frac{1}{2} + x\arctan x.$$

Für die Funktion $f(x) = \dfrac{x^2+1}{2}\arctan x$ gilt $f'(x) \equiv \varphi'(x)$, also ist $f(x) \equiv \varphi(x) + c$ mit einer Konstanten c. Wegen $f(0) = \varphi(0) = 0$ ist $c = 0$. Analog wie in a) folgt mit dem ABELschen Grenzwertsatz für $|x| \le 1$

$$\frac{x^2+1}{2}\arctan x = \frac{x}{2} + \sum_{n=1}^{\infty}\frac{(-1)^{n-1}x^{2n+1}}{(2n-1)(2n+1)}.$$

c) Die Potenzreihe $\varphi(x) := \sum\limits_{n=0}^{\infty}(-1)^{[\frac{1}{4}+\frac{n}{2}]}\dfrac{x^{2n+1}}{2n+1}$ konvergiert für $|x| < 1$ und dort gilt

$$\begin{aligned}\varphi'(x) &= \sum_{n=0}^{\infty}(-1)^{[\frac{1}{4}+\frac{n}{2}]}x^{2n} = 1 + x^2 - x^4 - x^6 + x^8 + x^{10} - - + + \cdots = \\ &= (1+x^2) - x^4(1+x^2) + x^8(1+x^2) - + \cdots = \\ &= (1+x^2)\sum_{n=0}^{\infty}(-1)^n x^{4n} = \frac{1+x^2}{1+x^4}.\end{aligned}$$

Für $f(x) := \dfrac{1}{\sqrt{2}}\arctan\dfrac{x\sqrt{2}}{1-x^2}$ erhält man nach einer einfachen Rechnung $f'(x) \equiv \varphi'(x)$, also ist $f(x) \equiv \varphi(x) + c$ mit einer Konstanten c. Wegen $f(0) = \varphi(0) = 0$ gilt

$$\frac{1}{\sqrt{2}}\arctan\frac{x\sqrt{2}}{1-x^2} = \sum_{n=0}^{\infty}(-1)^{[\frac{1}{4}+\frac{n}{2}]}\frac{x^{2n+1}}{2n+1}.$$

7.3.15 Ohne Beschränkung der Allgemeinheit können wir $g = 0$ annehmen; andernfalls betrachte man $\varphi(x) := f(x) - g$.

a) Es gelte $|na_n| < M$ für alle $n \in \mathbb{N}$. Für alle $x \in (0,1)$ folgt dann

$$|f'(x)| \le \sum_{\nu=1}^{\infty}|\nu a_\nu| x^{\nu-1} < \frac{M}{1-x}.$$

Es sei ein $\varepsilon > 0$ gegeben. Wegen $\lim\limits_{n\to\infty} f(1-\frac{1}{n}) = 0$ existiert ein $N \in \mathbb{N}$ mit $N \ge 2$, so daß $|f(1-\frac{1}{n})| < \dfrac{\varepsilon}{2}$ für alle $n \ge N$ gilt. Wir wählen $\delta_\varepsilon := \min\left\{\dfrac{\varepsilon}{4M}, \dfrac{1}{N}\right\}$.

b) Es sei $x \in (1-\delta_\varepsilon, 1)$. Dann ist $x > \frac{1}{2}$, und folglich existiert ein $n \in \mathbb{N}$ mit

$$1 - \frac{1}{n-1} < x \le 1 - \frac{1}{n};$$

insbesondere ist $\frac{1}{n} < \delta_\varepsilon \le \frac{1}{N}$, also $n > N$. Wegen $n - 1 \ge N$ folgt $|f(1-\frac{1}{n-1})| < \frac{\varepsilon}{2}$. Nach dem Mittelwertsatz erhalten wir mit einem $\xi \in (1-\frac{1}{n-1}, 1-\frac{1}{n})$ ferner

$$\left|f(x) - f\left(1 - \frac{1}{n-1}\right)\right| = |f'(\xi)| \cdot \left|x - \left(1 - \frac{1}{n-1}\right)\right| \le$$

$$\le \frac{M}{1-(1-\frac{1}{n})}\left\{1 - \frac{1}{n} - \left(1 - \frac{1}{n-1}\right)\right\} = \frac{M}{n-1} < \frac{2M}{n} < 2M\delta_\varepsilon \le \frac{\varepsilon}{2}.$$

Daher gilt $|f(x)| < \varepsilon$ für alle $x \in (1-\delta_\varepsilon, 1)$, und es ergibt sich $\lim\limits_{x \to 1-} f(x) = 0$.

7.3.16 Für $|x| < 1$ gilt $f(x) = \sum\limits_{n=0}^{\infty} x^n$. Ist $k = 1$, so erhalten wir

$$(D^1 f)(x) = x f'(x) = x \sum_{n=1}^{\infty} n x^{n-1} = \sum_{n=1}^{\infty} n x^n,$$

also stimmt die behauptete Beziehung für $k = 1$. Gilt sie für ein $k \in \mathbb{N}$, so folgt

$$\begin{aligned} \left(D^{k+1} f\right)(x) &= x\left\{(D^k f)'(x)\right\} = x \frac{d}{dx} \sum_{n=1}^{\infty} n^k x^n = \\ &= x \sum_{n=1}^{\infty} n^k n x^{n-1} = \sum_{n=1}^{\infty} n^{k+1} x^n. \end{aligned}$$

7.3.17 Es sei ein $\varepsilon > 0$ gegeben. Wir betrachten eine Zerlegung von $[a, b]$:

$$a = x_0 < x_1 < \cdots < x_k = b$$

mit $0 < x_i - x_{i-1} < \frac{\varepsilon}{3M}$ für $i = 1, ..., k$. In jedem Intervall (x_{i-1}, x_i) wählen wir eine rationale Zahl ξ_i. Da $\{f_n(\xi_i)\}$ konvergiert, gibt es ein $N_i = N_i(\xi)$ mit

$$|f_n(\xi_i) - f_m(\xi_i)| < \frac{\varepsilon}{3} \qquad \text{für alle} \quad n, m > N_i.$$

Wir setzen $N = \max\{N_1, ..., N_k\}$. Es sei ein beliebiges $x \in [a, b]$ gegeben; dann existiert ein i mit $x \in [x_{i-1}, x_i]$, und wir erhalten für alle $n, m > N$ durch Anwendung des Mittelwertsatzes

$$\begin{aligned} |f_n(x) - f_m(x)| &\le |f_n(x) - f_n(\xi_i)| + |f_n(\xi_i) - f_m(\xi_i)| + |f_m(\xi_i) - f_m(x)| \le \\ &\le M|x - \xi_i| + \frac{\varepsilon}{3} + M|\xi_i - x| < 2M(x_i - x_{i-1}) + \frac{\varepsilon}{3} < \varepsilon. \end{aligned}$$

Daraus folgt die Behauptung.

7.3.18 Für alle $x \in \mathbb{R}$ gilt $\sin x = \sum\limits_{n=0}^{\infty} \frac{(-1)^n}{(2n+1)!} x^{2n+1}$. Hieraus ergibt sich (auch für $x = 0$):

$$f(x) = \sum_{n=0}^{\infty} \frac{(-1)^n}{(2n+1)!} x^{2n} = \sum_{n=0}^{\infty} a_n x^n,$$

hierbei ist

$$a_n = \begin{cases} \dfrac{(-1)^{n/2}}{(n+1)!} & \text{falls} \quad n = 0, 2, 4, \ldots \\ 0 & \text{falls} \quad n = 1, 3, 5, \ldots \end{cases} .$$

Die Funktion f wird also durch eine Potenzreihe dargestellt, die den Konvergenzradius $R = \infty$ hat; folglich ist f auf $\mathbb{R}$ beliebig oft differenzierbar. Für die Ableitungen im Nullpunkt erhalten wir

$$f^{(n)}(0) = n! a_n = \begin{cases} \dfrac{(-1)^{n/2}}{n+1} & \text{falls} \quad n = 0, 2, 4, \ldots \\ 0 & \text{falls} \quad n = 1, 3, 5, \ldots \end{cases} .$$

7.3.19 a) Wir setzen $f_n(x) := \frac{\cos(n^2 x)}{2^n}$. Für alle $k \in \mathbb{N}_0$ und alle $x \in \mathbb{R}$ gilt dann

$$|f_n^{(k)}(x)| \le \frac{n^{2k}}{2^n},$$

so daß jede der Reihen $\sum\limits_{n=0}^{\infty} f_n^{(k)}(x)$ auf $\mathbb{R}$ gleichmäßig konvergiert. Hieraus folgt, daß f auf $\mathbb{R}$ beliebig oft differenzierbar ist.

b) Offensichtlich gilt

$$f_n^{(2k)}(0) = (-1)^k \cdot \frac{n^{4k}}{2^n} \qquad \text{für alle } k, n \in \mathbb{N}_0,$$

so daß wir erhalten

$$|f^{(2k)}(0)| = \left| (-1)^k \sum_{n=0}^{\infty} \frac{n^{4k}}{2^n} \right| \ge \frac{(2k)^{4k}}{2^{2k}}.$$

Mit der trivialen Ungleichung $n! \le n^n$ folgt daher für $x \ne 0$ und alle $k > \frac{1}{|x|}$

$$\left| \frac{f^{(2k)}(0)}{(2k)!} x^{2k} \right| \ge \frac{(2k)^{4k} |x|^{2k}}{2^{2k} (2k)^{2k}} = \Big(k|x|\Big)^{2k} > 1,$$

so daß $\left\{ \frac{f^{(n)}(0)}{n!} x^n \right\}$ keine Nullfolge ist und daher die TAYLOR-Reihe $\sum\limits_{n=0}^{\infty} \frac{f^{(n)}(0)}{n!} x^n$ divergiert.

7.3.20 a) Aus der Stetigkeit von f und $x_n \to 0$ sowie $f(x_n) = 0$ folgt $f(0) = 0$. Nach dem Satz von ROLLE gibt es zu jedem $n \in \mathbb{N}$ ein ξ_n zwischen 0 und x_n mit $f'(\xi_n) = 0$. Aus

$\xi_n \to 0$ und der Stetigkeit von f' folgt $f'(0) = 0$. Mit vollständiger Induktion ergibt sich $f^{(k)}(0) = 0$ für alle $k \in \mathbb{N}_0$.
Die TAYLOR-Reihe von f ist also identisch Null und stellt daher in keiner Umgebung von $x_0 = 0$ die Funktion f dar.
b) Wäre M_δ für ein $\delta > 0$ beschränkt, so gäbe es eine Konstante K mit $|f^{(n)}(x)| \le K$ für alle x mit $|x| \le \delta$ und alle $n \in \mathbb{N}$. In diesem Falle wird f in $|x| \le \delta$ durch die TAYLOR-Reihe bezüglich $x_0 = 0$ dargestellt.
c) Für die Funktion

$$f(x) := \begin{cases} e^{-1/x^2} \sin \dfrac{\pi}{x} & \text{falls} \quad x \neq 0 \\ 0 & \text{falls} \quad x = 0 \end{cases}$$

zeigt man wie in Aufgabe 7.1.30, daß f auf $\mathbb{R}$ beliebig oft differenzierbar ist. Wegen $f(\frac{1}{n}) = 0$ und $f(\frac{2}{1+4n}) > 0$ erfüllt f die Voraussetzungen von a).

7.3.21 a) Für $x = x_0$ ist die Aussage trivial. Es sei $x \neq x_0$ und ohne Beschränkung der Allgemeinheit $x_0 < x$. Wir betrachten die folgende Hilfsfunktion

$$g(t) := f(x) - \sum_{\nu=0}^{n} \frac{f^{(\nu)}(t)}{\nu!}(x-t)^\nu;$$

diese ist stetig auf $[x_0, x]$, differenzierbar auf (x_0, x), und wir erhalten durch Differentiation nach der Variablen t

$$g'(t) = -\frac{f^{(n+1)}(t)}{n!}(x-t)^n.$$

Es gilt $g(x) = 0$ und $g(x_0) = R_n(x)$ sowie $\varphi'(t) \neq 0$ in (x_0, x). Nach dem zweiten Mittelwertsatz existiert also ein $\xi \in (x_0, x)$ mit

$$\begin{aligned} R_n(x) &= \frac{g(x) - g(x_0)}{\varphi(x) - \varphi(x_0)}\{\varphi(x_0) - \varphi(x)\} = \frac{g'(\xi)}{\varphi'(\xi)}\{\varphi(x_0) - \varphi(x)\} = \\ &= \frac{\varphi(x) - \varphi(x_0)}{\varphi'(\xi)} \frac{f^{(n+1)}(\xi)}{n!}(x-\xi)^n. \end{aligned}$$

b) Wählen wir $\varphi(t) = (x-t)^p$ mit einem $p \in \mathbb{N}$, so erhalten wir

$$R_n(x) = \frac{f^{(n+1)}(\xi)}{n!} \frac{(x-x_0)^p}{p}(x-\xi)^{n+1-p}.$$

Für $p = n+1$ ergibt sich

$$R_n(x) = \frac{f^{(n+1)}(\xi)}{(n+1)!}(x-x_0)^{n+1}.$$

Für $p = 1$ ergibt sich

$$R_n(x) = \frac{f^{(n+1)}(\xi)}{n!}(x-x_0)(x-\xi)^n.$$

Bemerkung: Wir weisen darauf hin, daß die in verschiedenen Restgliedern auftretenden Zwischenstellen ξ natürlich von den speziellen Funktionen φ abhängig sind.

7.3.22 a) Die Funktion $f(x) := (1+x)^\alpha$ ist auf $(-1,\infty)$ beliebig oft differenzierbar, und wir erhalten dort für alle $\nu \in \mathbb{N}$

$$f^{(\nu)}(x) = \alpha(\alpha-1)\cdots(\alpha-\nu+1)\cdot(1+x)^{\alpha-\nu}.$$

Es gilt also für alle $\nu \in \mathbb{N}_0$

$$\frac{f^{(\nu)}(0)}{\nu!} = \binom{\alpha}{\nu}.$$

Das TAYLOR-Polynom von f bezüglich der Entwicklungsmitte $x_0 = 0$ ist daher

$$T_n(x) = \sum_{\nu=0}^{n} \binom{\alpha}{\nu} x^\nu.$$

b) Zur Untersuchung des Restgliedes $R_n(x)$ benutzen wir dessen Darstellung in der Form von CAUCHY (vgl. Aufgabe 7.3.21). Zu jedem $x \in (-1,1)$ mit $x \neq 0$ gibt es also ein ξ zwischen 0 und x mit

$$\begin{aligned} R_n(x) &= \frac{f^{(n+1)}(\xi)}{n!} x(x-\xi)^n = \\ &= \alpha\frac{(\alpha-1)(\alpha-2)\cdots(\alpha-n)}{n!}(1+\xi)^{\alpha-n-1}x(x-\xi)^n = \\ &= \alpha\binom{\alpha-1}{n}(1+\xi)^{\alpha-1}x^{n+1}\left\{\frac{x-\xi}{x(1+\xi)}\right\}^n. \end{aligned}$$

Hierbei liegt der Ausdruck in geschweiften Klammern zwischen 0 und 1. Daher gilt für jedes $x \in (-1,1)$ mit einer von n unabhängigen Konstanten M_x die Abschätzung

$$|R_n(x)| \le M_x \cdot \left|\binom{\alpha-1}{n} x^n\right|.$$

Nach dem Quotientenkriterium konvergiert die Potenzreihe $\sum\limits_{n=1}^{\infty} \binom{\alpha-1}{n} x^n$ für alle $x \in (-1,1)$. Also gilt $\lim\limits_{n\to\infty} \binom{\alpha-1}{n} x^n = 0$, und damit ergibt sich auch $\lim\limits_{n\to\infty} R_n(x) = 0$. Daraus folgt $(1+x)^\alpha = \sum\limits_{\nu=0}^{\infty} \binom{\alpha}{\nu} x^\nu$ für alle x mit $|x| < 1$.

7.3.23 Ist $\alpha \in \mathbb{N}_0$, so gilt $\binom{\alpha}{\nu} = 0$ für alle $\nu > \alpha$, und nach dem binomischen Satz ist

$$(1+x)^\alpha = \sum_{\nu=0}^{\alpha} \binom{\alpha}{\nu} x^\nu$$

für alle $x \in \mathbb{R}$, insbesondere also für $|x| = 1$.

Die Reihe $\sum_{\nu=0}^{\infty}(-1)^\nu\binom{\alpha}{\nu}$ ist nach I; Aufgabe 3.3.13 konvergent für $\alpha \geq 0$; für $\alpha < 0$ ist sie divergent.

Es reicht also, das Verhalten der Reihe $\sum_{\nu=0}^{\infty}\binom{\alpha}{\nu}$ im Fall $\alpha \notin \mathbb{N}_0$ zu diskutieren. Für jedes $\nu_0 \in \mathbb{N}$ mit $\nu_0 > |\alpha+1|$ gilt für alle $\nu > \nu_0$

$$\left|\binom{\alpha}{\nu}\right| = \prod_{\mu=1}^{\nu_0}\left|1 - \frac{\alpha+1}{\mu}\right| \cdot c_\nu, \qquad \text{wobei} \quad c_\nu = \prod_{\mu=\nu_0+1}^{\nu}\left(1 - \frac{\alpha+1}{\mu}\right). \tag{$*$}$$

a) Für $\alpha \leq -1$, also $\alpha + 1 \leq 0$, gilt $c_\nu \geq 1$. Aus $(*)$ folgt dann, daß $\{\binom{\alpha}{\nu}\}$ keine Nullfolge ist. Daher divergiert $\sum_{\nu=0}^{\infty}\binom{\alpha}{\nu}$.

b) Es gelte $-1 < \alpha < 0$, also $0 < \alpha + 1 < 1$. Wegen $\lim_{y\to 0+}\dfrac{\ln(1-y)}{-y} = 1$ können wir ein $\nu_0 \in \mathbb{N}$ mit $\nu_0 > \alpha + 1$ so wählen, daß für alle $\mu > \nu_0$ gilt

$$\ln\left(1 - \frac{\alpha+1}{\mu}\right) > -\frac{\alpha+1}{\mu}\cdot\frac{1}{\alpha+1} = -\frac{1}{\mu}.$$

Aus $(*)$ folgt dann für alle $\nu > \nu_0$

$$c_\nu = \exp\left\{\sum_{\mu=\nu_0+1}^{\nu}\ln\left(1 - \frac{\alpha+1}{\mu}\right)\right\} > \exp\left\{-\sum_{\mu=\nu_0+1}^{\nu}\frac{1}{\mu}\right\}. \tag{$**$}$$

Nach I; Aufgabe 2.2.17 existiert eine Konstante c^*, so daß für alle $\nu \in \mathbb{N}$ gilt

$$\sum_{\mu=1}^{\nu}\frac{1}{\mu} < \ln\nu + c^*.$$

Aus $(**)$ erhalten wir also die Abschätzung

$$c_\nu > \exp\{-\ln\nu - c^*\} = \frac{e^{-c^*}}{\nu}.$$

Daher konvergiert die Reihe $\sum_{\nu=0}^{\infty}\binom{\alpha}{\nu}$ für $-1 < \alpha < 0$ nicht absolut.

c) Es gelte $\alpha > -1$. Für $1 > y \neq 0$ gilt $\ln(1-y) < -y$; daher können wir ein $\nu_0 \in \mathbb{N}$ so wählen, daß für alle $\mu > \nu_0$ gilt

$$\ln\left(1 - \frac{\alpha+1}{\mu}\right) < -\frac{\alpha+1}{\mu}.$$

Aus $(*)$ folgt dann für alle $\nu > \nu_0$

$$c_\nu = \exp\left\{\sum_{\mu=\nu_0+1}^{\nu}\ln\left(1 - \frac{\alpha+1}{\mu}\right)\right\} < \exp\left\{-(\alpha+1)\sum_{\mu=\nu_0+1}^{\nu}\frac{1}{\mu}\right\}. \tag{$***$}$$

Nach I; Aufgabe 2.2.17 existiert eine Konstante c^{**}, so daß für alle $\nu > \nu_0$ gilt

$$\sum_{\mu=\nu_0+1}^{\nu}\frac{1}{\mu} > \ln\nu + c^{**}.$$

Aus $(***)$ erhalten wir also die Abschätzung

$$c_\nu < \exp\{-(\alpha+1)\ln\nu - (\alpha+1)c^{**}\} = \frac{\exp\{-(\alpha+1)c^{**}\}}{\nu^{\alpha+1}}.$$

Hieraus ergibt sich, daß die Reihe $\sum_{\nu=0}^{\infty}\binom{\alpha}{\nu}$ für $\alpha > 0$ absolut konvergiert.
Weiter folgt aus dieser Abschätzung, daß $\{\binom{\alpha}{\nu}\}$ für $\alpha > -1$ eine Nullfolge ist. Wegen

$$\binom{\alpha}{\nu+1} = -\binom{\alpha}{\nu}\cdot\left\{1 - \frac{\alpha+1}{\nu+1}\right\}$$

konvergiert $\sum_{\nu=0}^{\infty}\binom{\alpha}{\nu}$ im Falle $-1 < \alpha < 0$ nach dem LEIBNIZ-Kriterium.
Insgesamt ergibt sich, daß die Reihe $\sum_{\nu=0}^{\infty}\binom{\alpha}{\nu}x^\nu$ für $|x| = 1$ genau dann absolut konvergiert, wenn $\alpha \geq 0$ ist, und daß die Reihe genau dann konvergiert, wenn $x = 1$ und $\alpha > -1$ ist oder $x = -1$ und $\alpha \geq 0$ ist.
Die Identität $(1+x)^\alpha = \sum_{\nu=0}^{\infty}\binom{\alpha}{\nu}x^\nu$ für $|x| = 1$ ist trivial, wenn $\alpha = 0$ ist. Im Falle $\alpha \neq 0$ erhalten wir mit dem ABELschen Grenzwertsatz

$$\text{für } x = 1: \qquad 2^\alpha = \sum_{\nu=0}^{\infty}\binom{\alpha}{\nu}, \qquad \text{falls } \alpha > -1;$$

$$\text{für } x = -1: \qquad 0 = \sum_{\nu=0}^{\infty}\binom{\alpha}{\nu}(-1)^\nu, \qquad \text{falls } \alpha > 0.$$

7.3.24 a) 1. Wir setzen $f(x) := \arcsin x$. Mit Aufgabe 7.3.22 erhalten wir für $|x| < 1$ die Potenzreihenentwicklung

$$f'(x) = \frac{1}{\sqrt{1-x^2}} = \sum_{n=0}^{\infty}(-1)^n\binom{-1/2}{n}x^{2n}.$$

Für $n \geq 1$ ist hierbei

$$\binom{-1/2}{n} = \frac{1}{n!}\left(-\frac{1}{2}\right)\left(-\frac{3}{2}\right)\cdots\left(-\frac{1}{2}-n+1\right) =$$

$$= \frac{(-1)^n}{n!\,2^n}\cdot 1\cdot 3\cdot 5\cdots(2n-1) = (-1)^n u_n.$$

Es ergibt sich also

$$f'(x) = \sum_{n=0}^{\infty} u_n x^{2n}.$$

2. Die Potenzreihe $\varphi(x) := \sum_{n=0}^{\infty}\frac{u_n}{2n+1}x^{2n+1}$ konvergiert trivialerweise an $x = 0$; die formal gliedweise differenzierte Reihe konvergiert nach 1. für jedes $r \in (0,1)$ gleichmäßig in

$[-r, r]$. Es folgt, daß φ in $[-r, r]$ differenzierbar ist und daß dort gilt

$$\varphi'(x) = \sum_{n=0}^{\infty} u_n x^{2n} = f'(x).$$

Da $r \in (0,1)$ beliebig war, erhalten wir für alle $x \in (-1,1)$

$$\varphi(x) - f(x) \equiv \varphi(0) - f(0) = 0.$$

Es gilt also für alle $x \in (-1,1)$

$$\arcsin x = \sum_{n=0}^{\infty} \frac{u_n}{2n+1} x^{2n+1}.$$

3. Wir zeigen, daß die Reihe $\sum\limits_{n=0}^{\infty} \frac{u_n}{2n+1}$ konvergiert. Wegen $u_n \geq 0$ für alle $n \in \mathbb{N}_0$ gilt für alle $N \in \mathbb{N}$ und alle $x \in (0,1)$

$$\sum_{n=0}^{N} \frac{u_n}{2n+1} x^{2n+1} \leq \arcsin x \leq \frac{\pi}{2}.$$

Führen wir den Grenzübergang $x \to 1-$ durch, so erhalten wir auch

$$\sum_{n=0}^{N} \frac{u_n}{2n+1} \leq \frac{\pi}{2}.$$

Nach dem Hauptsatz über monotone Folgen konvergiert daher $\sum\limits_{n=0}^{\infty} \frac{u_n}{2n+1}$.

4. Die Reihe $\sum\limits_{n=0}^{\infty} \frac{u_n}{2n+1} x^{2n+1}$ ist folglich absolut konvergent für $x \in [-1,1]$. Mit dem ABELschen Grenzwertsatz erhalten wir

$$\frac{\pi}{2} = \arcsin(1) = \lim_{x \to 1-} \sum_{n=0}^{\infty} \frac{u_n}{2n+1} x^{2n+1} = \sum_{n=0}^{\infty} \frac{u_n}{2n+1},$$

$$-\frac{\pi}{2} = \arcsin(-1) = \lim_{x \to -1+} \sum_{n=0}^{\infty} \frac{u_n}{2n+1} x^{2n+1} = -\sum_{n=0}^{\infty} \frac{u_n}{2n+1}.$$

b) Für $g(x) := \operatorname{arsinh} x = \ln\{x + \sqrt{1+x^2}\}$ gilt

$$g'(x) = \frac{1 + \dfrac{x}{\sqrt{1+x^2}}}{x + \sqrt{1+x^2}} = \frac{1}{\sqrt{1+x^2}} \cdot \frac{\sqrt{1+x^2}+x}{x+\sqrt{1+x^2}} = \frac{1}{\sqrt{1+x^2}}.$$

Daher ergibt sich die Behauptung analog wie in a).

7.3.25 Die Richtigkeit der Beweisschritte a), b) ergibt sich unmittelbar durch elementare Rechnungen.

c) Für alle $k \in \mathbb{N}$ gilt $|f_\nu(k)| \leq |x|^\nu$, also ist für jedes $k \in \mathbb{N}$ die Reihe $\sum\limits_{\nu=1}^{\infty} |x|^\nu$ eine (von k unabhängige) konvergente Majorante zu $\sum\limits_{\nu=1}^{\infty} f_\nu(k)$, so daß die Funktionenreihe nach dem WEIERSTRASSschen Majorantenkriterium für $k \in \mathbb{N}$ gleichmäßig konvergiert.

d) Mit der Regel von DE L'HOSPITAL folgt

$$\lim_{y\to 0} \frac{(1+x)^y - 1}{y} = \lim_{y\to 0} \frac{(1+x)^y \cdot \ln(1+x)}{1} = \ln(1+x),$$

also ist $\lim\limits_{k\to\infty} k\{(1+x)^{1/k} - 1\} = \ln(1+x)$.

e) Die Vertauschung der beiden Grenzprozesse ist möglich nach Aufgabe 6.3.9.

7.3.26 Nach dem WEIERSTRASSschen Approximationssatz gibt es eine Folge $\{p_n(x)\}$ von Polynomen

$$p_n(x) = \sum_{\nu=0}^{m_n} a_\nu^{(n)} x^\nu \qquad (m_n \in \mathbb{N}_0;\ a_\nu^{(n)} \in \mathbb{R}),$$

welche auf $[a,b]$ gleichmäßig gegen $f(x)$ konvergiert. Betrachten wir die Polynome

$$P_n(x) := \sum_{\nu=0}^{m_n} \frac{a_\nu^{(n)}}{\nu+1}(x^{\nu+1} - a^{\nu+1}),$$

so konvergiert $\{P_n'(x)\} = \{p_n(x)\}$ auf $[a,b]$ gleichmäßig gegen $f(x)$, und wegen $P_n(a) = 0$ für alle n konvergiert $\{P_n(a)\}$. Also konvergiert $\{P_n(x)\}$ auf $[a,b]$ gleichmäßig gegen eine differenzierbare Funktion F; für diese gilt

$$F'(x) = \lim_{n\to\infty} P_n'(x) = f(x).$$

7.3.27 Für die k-te Ableitung von $f_n(x) := \dfrac{1}{n^x} = e^{-x\ln n}$ ergibt sich in $(1,\infty)$

$$f_n^{(k)}(x) = (-1)^k \cdot \frac{(\ln n)^k}{n^x}.$$

Es sei $\delta > 0$; dann erhalten wir für alle $x \in [1+\delta, \infty)$

$$|f_n^{(k)}(x)| \leq \frac{(\ln n)^k}{n^{1+\delta}} = \frac{(\ln n)^k}{n^{\delta/2}} \cdot \frac{1}{n^{1+\delta/2}}.$$

Wegen $\dfrac{(\ln n)^k}{n^{\delta/2}} \to 0$ für $n \to \infty$ und der Konvergenz von $\sum\limits_{n=1}^{\infty} \dfrac{1}{n^{1+\delta/2}}$ ist die Reihe $\sum\limits_{n=1}^{\infty} f_n^{(k)}(x)$ für jedes $k \in \mathbb{N}_0$ in $[1+\delta,\infty)$ (absolut und) gleichmäßig konvergent. Mit vollständiger Induktion ergibt sich, daß in $[1+\delta,\infty)$ alle Ableitungen der Funktion ζ existieren. Da

$\delta > 0$ beliebig war, ist ζ in $(1, \infty)$ beliebig oft differenzierbar. Die k-te Ableitung von ζ ist gegeben durch

$$\zeta^{(k)}(x) = (-1)^k \sum_{n=1}^{\infty} \frac{(\ln n)^k}{n^x}.$$

7.3.28 a) Die Reihe $\sum\limits_{n=1}^{\infty} \frac{a_n}{n^x}$ konvergiert nach Aufgabe 6.3.30 für alle $x > \lambda$. Durch formale Differentiation entsteht die Reihe

$$-\sum_{n=2}^{\infty} \frac{a_n \ln n}{n^x}.$$

Es sei ein $x_0 > \lambda$ gegeben und ein x_1 mit $\lambda < x_1 < x_0$ gewählt. Für alle $x \geq x_0$ gilt

$$g_n(x) := \frac{\ln n}{n^{x-x_1}} = \frac{\ln n}{n^{x_0-x_1}} \cdot \frac{1}{n^{x-x_0}} \leq \frac{\ln n}{n^{x_0-x_1}} \to 0 \qquad (n \to \infty),$$

so daß die Funktionen $g_n(x)$ auf $[x_0, \infty)$ gleichmäßig beschränkt sind. Ferner ist die Folge $\left\{\frac{\ln n}{n^{x_0-x_1}}\right\}$ von einer Stelle n_0 an monoton fallend. Für alle $x \in [x_0, \infty)$ ergibt sich daher, daß die Folge $\{g_n(x)\}_{n=n_0}^{\infty}$ monoton fallend ist. Da die Reihe $\sum\limits_{n=1}^{\infty} \frac{a_n}{n^{x_1}}$ konvergiert, ist nach dem ABELschen Kriterium (siehe Aufgabe 6.3.28) die Reihe

$$\sum_{n=2}^{\infty} \frac{a_n \ln n}{n^x} = \sum_{n=2}^{\infty} \frac{a_n}{n^{x_1}} g_n(x)$$

auf $[x_0, \infty)$ gleichmäßig konvergent. Es folgt, daß f auf $[x_0, \infty)$ differenzierbar ist und daß dort gilt

$$f'(x) = -\sum_{n=2}^{\infty} \frac{a_n \ln n}{n^x}. \qquad (*)$$

Da $x_0 > \lambda$ beliebig war, ist f auf (λ, ∞) differenzierbar und f' wird durch die DIRICHLET-Reihe $(*)$ dargestellt.

b) Es sei λ' die Konvergenzabszisse der Reihe $(*)$. Aus a) folgt sofort, daß $\lambda' \leq \lambda$ gelten muß. Wir nehmen an, es wäre $\lambda' < \lambda$ und wählen x_2, x_3 mit $\lambda' < x_2 < x_3 < \lambda$. Die Reihe $\sum\limits_{n=2}^{\infty} \frac{a_n \ln n}{n^{x_2}}$ ist dann konvergent, und wegen

$$\frac{a_n}{n^{x_3}} = \frac{a_n \ln n}{n^{x_2}} \cdot \frac{1}{n^{x_3-x_2} \cdot \ln n}$$

folgt nach einem analogen (aber einfacheren) Schluß wie in a), daß die Reihe $\sum\limits_{n=1}^{\infty} \frac{a_n}{n^{x_3}}$ konvergieren muß, was aber wegen $x_3 < \lambda$ nicht möglich ist. Folglich gilt $\lambda' = \lambda$.

Bemerkung: Aus dem Bewiesenen ergibt sich natürlich sofort, daß f auf (λ, ∞) beliebig oft differenzierbar ist, daß für jedes $k \in \mathbb{N}$ die Darstellung

$$f^{(k)}(x) = (-1)^k \sum_{n=2}^{\infty} \frac{a_n (\ln n)^k}{n^x}$$

gilt und daß diese DIRICHLET-Reihe wieder die Konvergenzabszisse λ hat.

7.3.29 a) Wir setzen $f_n(x) := \dfrac{1}{n^2 + x^2}$. Es gilt für alle $x \in \mathbb{R}$

$$f_n'(x) = -\frac{2x}{(n^2 + x^2)^2},$$

und wir erhalten wegen $0 \le (n - |x|)^2$, also $2n|x| \le n^2 + x^2$, die Abschätzung

$$|f_n'(x)| \le \frac{1}{n} \cdot \frac{2n|x|}{(n^2 + x^2)^2} \le \frac{1}{n^3}.$$

Also konvergiert $\sum\limits_{n=1}^{\infty} f_n'(x)$ gleichmäßig auf $\mathbb{R}$. Da $\sum\limits_{n=1}^{\infty} f_n(0)$ konvergiert, ist f auf $\mathbb{R}$ differenzierbar, und es gilt

$$f'(x) = -2x \sum_{n=1}^{\infty} \frac{1}{(n^2 + x^2)^2}.$$

b) Wir behaupten, daß die Funktion g auf der Menge $X := \{x : |x| \notin \mathbb{N}\}$ differenzierbar ist. Die Funktion $g_n(x) := \dfrac{1}{n^2 - x^2}$ ist definiert für $|x| \neq n$, dort gilt

$$g_n'(x) = \frac{2x}{(n^2 - x^2)^2} = \frac{2x}{(n - x)^2 (n + x)^2},$$

und es folgt

$$|g_n'(x)| \le \frac{2|x|}{(n - |x|)^4}.$$

Es sei x_0 ein fester Punkt von X. Wir wählen ein $k \in \mathbb{N}$ mit $|x_0| < k$. Für alle $n > k$ und alle $x \in [-k, k]$ gilt dann

$$|g_n'(x)| \le \frac{2k}{(n - k)^4}.$$

Also ist die Reihe $\sum\limits_{n=k+1}^{\infty} g_n'(x)$ gleichmäßig konvergent auf $[-k, k]$, und da $\sum\limits_{n=k+1}^{\infty} g_n(x_0)$ offensichtlich konvergiert, ist die Funktion

$$G_2(x) := \sum_{n=k+1}^{\infty} g_n(x)$$

differenzierbar auf $(-k, k)$. Ferner ist insbesondere

$$G_2'(x_0) = \sum_{n=k+1}^{\infty} g_n'(x_0).$$

Die Funktion

$$G_1(x) := \sum_{n=1}^{k} g_n(x)$$

ist trivialerweise differenzierbar an x_0; folglich ist $g(x) = G_1(x) + G_2(x)$ differenzierbar an x_0, und es gilt

$$g'(x_0) = \sum_{n=1}^{\infty} g_n'(x_0) = 2x_0 \sum_{n=1}^{\infty} \frac{1}{(n^2 - x_0^2)^2}.$$

Da $x_0 \in X$ beliebig war, ergibt sich die Behauptung.

7.3.30 Für alle $x \in I\!R$ gilt $0 \leq \left(1 - \sqrt{n}|x|\right)^2 = 1 + nx^2 - 2\sqrt{n}|x|$, also $2\sqrt{n}|x| \leq 1 + nx^2$, und es folgt $|f_n(x)| \leq \dfrac{1}{2\sqrt{n}}$. Hieraus ergibt sich die gleichmäßige Konvergenz von $\{f_n\}$ auf $I\!R$; die Grenzfunktion ist $f(x) \equiv 0$. Wir erhalten für $n \to \infty$

$$f_n'(x) = \frac{1 - nx^2}{(1 + nx^2)^2} \to g(x) = \begin{cases} 1 & \text{falls} \quad x = 0 \\ 0 & \text{falls} \quad x \neq 0 \end{cases}.$$

Also gilt $\lim\limits_{n\to\infty} f_n'(x) = f'(x)$ für alle $x \neq 0$, jedoch nicht für $x = 0$.
Es ergibt sich hieraus, daß $\{f_n'(x)\}$ auf $I\!R$ nicht gleichmäßig konvergieren kann. Man zeigt jedoch leicht, daß die Folge $\{f_n'(x)\}$ für jedes $\delta > 0$ auf $\{x : \delta < |x|\}$ gleichmäßig konvergiert.

7.3.31 a) Da f durch eine Potenzreihe mit dem Konvergenzradius 1 dargestellt wird, ist f in $(0, 1)$ differenzierbar. Wir erhalten (unter Verwendung von Aufgabe 7.3.13)

$$f'(x) = \sum_{n=1}^{\infty} \frac{x^{n-1}}{n} = -\frac{1}{x} \ln(1 - x)$$

und

$$f'(1 - x) = -\frac{1}{1 - x} \ln x.$$

b) Für die Funktion $\varphi(x) := f(x) + f(1 - x) + \ln x \cdot \ln(1 - x)$ gilt in $(0, 1)$

$$\varphi'(x) = f'(x) + \frac{1}{x} \ln(1 - x) - f'(1 - x) - \frac{1}{1 - x} \ln x,$$

und aus a) folgt $\varphi'(x) \equiv 0$. Es existiert also eine Konstante C mit $\varphi(x) \equiv C$ auf $(0, 1)$.
c) Durch Anwendung der Regel von DE L'HOSPITAL erhält man leicht $\lim\limits_{x\to 1-} \{\ln x \cdot \ln(1 - x)\} = 0$. Da die Reihe $\sum\limits_{n=1}^{\infty} \dfrac{1}{n^2}$ konvergiert, folgt mit dem ABELschen Grenzwertsatz

$$C = \lim_{x\to 1-} \{f(x) + f(1 - x) + \ln x \cdot \ln(1 - x)\} = \lim_{x\to 1-} f(x) = \sum_{n=1}^{\infty} \frac{1}{n^2}.$$

7.3.32 a) Wir nehmen zunächst an, daß $x_0 = 0$ ist. Setzen wir $a_n := P_n(0)$, so folgt aus der vorausgesetzten Rekursionsformel mit vollständiger Induktion

$$P_n(x) = \sum_{\nu=0}^{n} \frac{a_{n-\nu}}{\nu!} x^\nu.$$

Es sei eine kompakte Menge X gegeben und ein $R > 0$ so gewählt, daß $|x| \leq R$ für alle $x \in X$ gilt; ferner sei ein $\varepsilon > 0$ gegeben. Wir wählen zunächst ein $N \in \mathbb{N}$ so, daß gilt

$$\Big(|a| + \sup_{\mu \geq 0} |a_\mu|\Big) \sum_{\nu=N+1}^{\infty} \frac{R^\nu}{\nu!} < \frac{\varepsilon}{3},$$

sodann bestimmen wir ein $N_0 > N$, so daß für alle $n > N_0$ gilt

$$\sup_{\mu \geq n-N} |a_\mu - a| \cdot e^R < \frac{\varepsilon}{3} \qquad \text{und} \qquad |a| \sum_{\nu=n+1}^{\infty} \frac{R^\nu}{\nu!} < \frac{\varepsilon}{3}.$$

Für alle $n > N_0$ und alle $x \in X$ erhalten wir dann

$$\begin{aligned} |P_n(x) - ae^x| &= \Big| \sum_{\nu=0}^{n} \frac{a_{n-\nu}}{\nu!} x^\nu - \sum_{\nu=0}^{\infty} \frac{a}{\nu!} x^\nu \Big| \leq \\ &\leq \sum_{\nu=0}^{N} \frac{|a_{n-\nu} - a|}{\nu!} |x|^\nu + \sum_{\nu=N+1}^{n} \frac{|a_{n-\nu} - a|}{\nu!} |x|^\nu + \sum_{\nu=n+1}^{\infty} \frac{|a|}{\nu!} |x|^\nu \leq \\ &\leq \sup_{\mu \geq n-N} |a_\mu - a| \sum_{\nu=0}^{\infty} \frac{R^\nu}{\nu!} + \Big(|a| + \sup_{\mu \geq 0} |a_\mu|\Big) \sum_{\nu=N+1}^{\infty} \frac{R^\nu}{\nu!} + |a| \sum_{\nu=n+1}^{\infty} \frac{R^\nu}{\nu!} < \\ &< \frac{\varepsilon}{3} + \frac{\varepsilon}{3} + \frac{\varepsilon}{3} = \varepsilon. \end{aligned}$$

Also gilt $P_n(x) \underset{X}{\Longrightarrow} ae^x$.

b) Es sei $x_0 \neq 0$. Wir setzen $Q_n(x) := P_n(x + x_0)$. Es gilt dann $Q_n(0) \to a$, und aus a) folgt für jedes Kompaktum $X \subset \mathbb{R}$

$$Q_n(x) \underset{X}{\Longrightarrow} ae^x.$$

Also erhalten wir für jedes Kompaktum $X \subset \mathbb{R}$

$$P_n(x) = Q_n(x - x_0) \underset{X}{\Longrightarrow} ae^{x - x_0}.$$

7.3.33 Es gilt $f'(x) = f(x)P'(x)$. Wegen $P^{(\mu)}(x) \equiv 0$ für $\mu > m$ folgt aus Aufgabe 7.1.27 für alle $n \in \mathbb{N}$ und alle $x \in \mathbb{R}$

$$f^{(n+m)}(x) = \{f(x)P'(x)\}^{n+m-1} = \sum_{\nu=0}^{n+m-1} \binom{n+m-1}{\nu} P^{(n+m-\nu)}(x) f^{(\nu)}(x) =$$

$$= \sum_{\nu=n}^{n+m-1} \binom{n+m-1}{\nu} P^{(n+m-\nu)}(x) f^{(\nu)}(x). \qquad (*)$$

Wir nehmen an, für ein $x_0 \in I\!R$ und ein $n_0 \in I\!N$ gilt

$$a_{n_0} = a_{n_0+1} = \cdots = a_{n_0+m-1} = 0;$$

wegen $n!a_n = f^{(n)}(x_0)$ gilt auch

$$f^{(n_0)}(x_0) = f^{(n_0+1)}(x_0) = \cdots = f^{(n_0+m-1)}(x_0) = 0.$$

Aus $(*)$ folgt aber $f^{(n)}(x_0) = 0$ für alle $n \geq n_0$. Damit ist f ein Polynom, was nicht möglich ist (da f nicht konstant ist und keine Nullstelle besitzt).

7.4 Die geometrische Bedeutung der Ableitung; Monotonie und Konvexität

7.4.1 Es gilt $f'(g(x))g'(x) = e^x$, also ist $g'(x) \neq 0$ für alle $x \in (a, b)$. Daher hat g keine Extremstelle in (a, b).

7.4.2 Es gilt $f'(x) = 2\sum_{\nu=1}^{n} b_\nu(x - a_\nu)$, und es ist $f'(x_0) = 0$ genau dann, wenn gilt

$$x_0 = \left\{\sum_{\nu=1}^{n} b_\nu a_\nu\right\} \cdot \left\{\sum_{\nu=1}^{n} b_\nu\right\}^{-1}.$$

Wegen $f''(x_0) = 2\sum_{\nu=1}^{n} b_\nu \neq 0$ besitzt f an x_0 ein Extremum. Ist $\sum_{\nu=1}^{n} b_\nu > 0$, so handelt es sich um ein Minimum, ist $\sum_{\nu=1}^{n} b_\nu < 0$, so handelt es sich um ein Maximum. Da f auf (x_0, ∞) und $(-\infty, x_0)$ streng monoton ist, liegt an x_0 das absolute Minimum bzw. das absolute Maximum von f auf $I\!R$.

7.4.3 Es gilt

$$X = \{x \in I\!R : (x-3)(x-2)(x+2)(x+3) \leq 0\} = [-3, -2] \cup [2, 3].$$

Wegen $f'(x) = 3(x^2 - 1)$ ist f in den Intervallen $[-3, -2]$ und $[2, 3]$ streng monoton wachsend. Hieraus folgt $\max_X f(x) = \max\{f(-2), f(3)\} = 18$.

7.4.4 a) Da f in $[a,b]$ stetig ist, existiert ein $x_0 \in [a,b]$ mit $f(x_0) = \max\limits_{[a,b]} f(x)$. Gilt $x_0 = a$ oder $x_0 = b$, so ist $\max\limits_{[a,b]} f(x) = 0$. Gilt $x_0 \in (a,b)$, so ist $f'(x_0) = 0$ und $f''(x_0) \leq 0$. Aus $f''(x_0) - f(x_0) = 0$ folgt dann $f(x_0) \leq 0$, so daß $\max\limits_{[a,b]} f(x) = 0$ gilt.
b) Analog ergibt sich, daß $\min\limits_{[a,b]} f(x) = 0$ ist.

7.4.5 Ist f eine Konstante, so nimmt f ein Extremum an. Die Funktion f nehme ein Extremum an. Im Definitionsbereich von f gilt

$$f'(x) = \frac{ad - bc}{(cx+d)^2},$$

und f' hat nur dann eine Nullstelle, wenn $ad = bc$ ist. Ist $c \neq 0$, so gilt $b = \dfrac{da}{c}$ und

$$f(x) = \frac{ax + \frac{da}{c}}{cx+d} = \frac{1}{c} \cdot \frac{cax + da}{cx + d} = \frac{a}{c}.$$

Ist $c = 0$, so gilt $d \neq 0$ und $a = 0$, also $f(x) = \dfrac{b}{d}$.

7.4.6 Wir erhalten

$$f'(x) = (x-a)^{p-1}(b-x)^{q-1}\{p(b-x) - q(x-a)\}.$$

Für

$$x_0 := \frac{bp + aq}{p + q}$$

gilt $a < x_0 < b$ und $f'(x_0) = 0$. Wegen $f'(x) > 0$ für $a < x < x_0$ und $f'(x) < 0$ für $x_0 < x < b$ nimmt f das absolute Maximum (im Intervall $[a,b]$) an der Stelle x_0 an. Aus $f(a) = f(b) = 0$ folgt, daß an a und b das absolute Minimum von f angenommen wird.

7.4.7 Zunächst gilt für alle $x \in (a,b)$

$$h'(x) = \frac{f'(x)g(x) - f(x)g'(x)}{g^2(x)} = \frac{g'(x)}{g(x)}\left\{\frac{f'(x)}{g'(x)} - h(x)\right\}. \qquad (*)$$

a) Wir nehmen an, h hätte an der Stelle $\xi \in (a,b)$ ein lokales Maximum. Es gibt dann eine Umgebung $U(\xi)$ von ξ mit $h(\xi) \geq h(x)$ für alle $x \in U(\xi)$. Ferner ist $h'(\xi) = 0$, also erhalten wir mit $(*)$

$$\frac{f'(\xi)}{g'(\xi)} = h(\xi).$$

Es sei $x^* \in U(\xi)$ mit $x^* > \xi$. Dann existiert nach dem Mittelwertsatz ein $\xi^* \in (\xi, x^*)$ mit

$$0 \geq h(x^*) - h(\xi) = (x^* - \xi)h'(\xi^*) = (x^* - \xi)\frac{g'(\xi^*)}{g(\xi^*)}\Big\{\frac{f'(\xi^*)}{g'(\xi^*)} - h(\xi^*)\Big\}.$$

Inbesondere folgt hieraus $\dfrac{f'(\xi^*)}{g'(\xi^*)} \leq h(\xi^*)$. Andererseits ergibt sich aber wegen der strengen Monotonie von $\dfrac{f'}{g'}$

$$\frac{f'(\xi^*)}{g'(\xi^*)} > \frac{f'(\xi)}{g'(\xi)} = h(\xi) \geq h(\xi^*).$$

Widerspruch! Also hat h in (a, b) kein lokales Maximum.

b) Die Funktion h kann in (a, b) höchstens ein lokales Minimum haben (andernfalls müßte sie auch ein lokales Maximum besitzen; vgl. I; Aufgabe 5.2.30).

1. Wir nehmen an, h habe in (a, b) kein lokales Minimum. Für alle $x_1, x_2 \in (a, b)$ mit $x_1 \neq x_2$ gilt dann $h(x_1) \neq h(x_2)$. Also ist h eineindeutig in (a, b) und folglich nach I; Aufgabe 5.3.13 streng monoton wachsend oder streng monoton fallend in (a, b).

2. Wir nehmen an, h habe an $x_0 \in (a, b)$ ein lokales Minimum. Dann muß die Funktion h nach 1. sowohl in (a, x_0) als auch in (x_0, b) streng monoton sein. Da an x_0 ein lokales Minimum vorliegt, ist h streng monoton fallend in (a, x_0) und streng monoton wachsend in (x_0, b).

3. Das Beispiel der Funktionen $f(x) = 1 + x^2$ und $g(x) = x$ in den Intervallen $(0, 1), (0, 2)$ und $(1, 2)$ zeigt, daß tatsächlich jede der drei Möglichkeiten auftreten kann. Hier ist nämlich $h(x) = x + \dfrac{1}{x}$, und h ist streng monoton fallend in $(0, 1)$, hat in $(0, 2)$ genau ein Minimum (an $x_0 = 1$) und ist streng monoton wachsend in $(1, 2)$.

7.4.8 Die im Hinweis angegebene Funktion f nimmt an der Stelle $x_0 = 0$ ihr absolutes Minimum an, sie ist differenzierbar auf $\mathbb{R}$, und es gilt

$$f'(x) = \begin{cases} x^2\Big\{4x(2 + \sin\frac{1}{x}) - \cos\frac{1}{x}\Big\} & \text{falls} \quad x \neq 0 \\ 0 & \text{falls} \quad x = 0 \end{cases}.$$

Für die Folge $\{x_n\}$ mit $x_n = \dfrac{(-1)^n}{n\pi}$ gilt

$$f'(x_n) = \frac{(-1)^{n+1}}{n^2\pi^2}\Big\{1 - \frac{8}{n\pi}\Big\},$$

und daher nimmt f' in jeder Umgebung von $x_0 = 0$ sowohl positive als auch negative Werte an.

7.4.9 a) Für $x \in (0,1)$ setzen wir $f(x) := x^x(1-x)^{1-x}$ und

$$\varphi(x) := \ln f(x) = x \ln x + (1-x)\ln(1-x).$$

Es gilt

$$\varphi'(x) = \ln x + 1 - \ln(1-x) - 1 = \ln \frac{x}{1-x},$$

und es folgt $\varphi'(\frac{1}{2}) = 0$ und $\varphi'(x) < 0$ für alle $x \in (0, \frac{1}{2})$ sowie $\varphi'(x) > 0$ für alle $x \in (\frac{1}{2}, 1)$. Damit ergibt sich für alle $x \in (0,1)$

$$\varphi(x) \geq \varphi\Big(\frac{1}{2}\Big) = \frac{1}{2}\ln\frac{1}{2} + \frac{1}{2}\ln\frac{1}{2} = \ln\frac{1}{2}$$

und

$$f(x) = e^{\varphi(x)} \geq \frac{1}{2}.$$

Das Gleichheitszeichen gilt nur für $x = \dfrac{1}{2}$.

b) Setzen wir $x := \dfrac{q}{q+r}$, so ist $1 - x = \dfrac{r}{q+r}$, und aus a) folgt

$$\Big(\frac{1}{2}\Big)^{q+r} \leq \Big(\frac{q}{q+r}\Big)^q \cdot \Big(\frac{r}{q+r}\Big)^r = \frac{q^q r^r}{(q+r)^{q+r}}.$$

Wegen $q + r = 2p$ ist dies äquivalent zu

$$\Big(\frac{1}{2}\Big)^{q+r} \leq \Big(\frac{1}{2}\Big)^{q+r}\frac{q^q r^r}{p^{q+r}},$$

woraus die zu beweisende Ungleichung folgt. Das Gleichheitszeichen gilt nur im Fall $x = \dfrac{q}{q+r} = \dfrac{1}{2}$, also nur für $p = q = r$.

7.4.10 Die zu beweisende Ungleichung ist äquivalent zu den Beziehungen

$$\frac{1}{2^{x+y}} \leq \frac{x^x y^y}{(x+y)^x (x+y)^y} = \Big(\frac{x}{x+y}\Big)^x \Big(\frac{y}{x+y}\Big)^y$$

bzw.

$$\frac{1}{2} \leq \Big(\frac{x}{x+y}\Big)^{\frac{x}{x+y}} \Big(\frac{y}{x+y}\Big)^{\frac{y}{x+y}}.$$

Setzen wir $t := \dfrac{x}{x+y}$, so gilt $0 < t < 1$ und $\dfrac{y}{x+y} = 1 - t$. Wir müssen also zeigen, daß für $t \in (0,1)$ gilt

$$f(t) := t^t(1-t)^{1-t} \geq \frac{1}{2}.$$

In Aufgabe 7.4.9 wurde die Gültigkeit dieser Ungleichung gezeigt. Das Gleichheitszeichen gilt genau dann, wenn $t = \dfrac{1}{2}$ ist; dies ist äquivalent zu $x = y$.

7.4.11 a) Aus der für alle $t \in \mathbb{R}$ gültigen Abschätzung $e^t \geq 1 + t$ ergibt sich

$$\frac{1}{p}e^{px} + \frac{1}{q}e^{-qx} \geq \frac{1}{p}(1 + px) + \frac{1}{q}(1 - qx) = 1,$$

also die linke Ungleichung.

b) Zum Beweis der rechten Ungleichung setzen wir

$$f(x) := \left\{\frac{1}{p}e^{px} + \frac{1}{q}e^{-qx}\right\}e^{-x^2p^2q^2/8}.$$

Es muß gezeigt werden, daß $f(x) \leq 1 = f(0)$ für alle $x \in \mathbb{R}$ gilt. Aus Symmetriegründen reicht es zu zeigen, daß $f(x) \leq f(0)$ für alle $x \geq 0$ gilt. Es ist $f(x) > 0$ für alle $x \geq 0$. Wir betrachten $g(x) := \ln f(x)$ und erhalten nach einer elementaren Rechnung

$$g'(x) = \frac{f'(x)}{f(x)} = \frac{pq(e^{pqx} - 1)}{qe^{pqx} + p} - \frac{1}{4}xp^2q^2,$$

$$g''(x) = -\frac{1}{4}p^2q^2\left\{\frac{qe^{pqx} - p}{qe^{pqx} + p}\right\}^2.$$

Also gilt $g''(x) \leq 0$ und damit $g'(x) \leq g'(0) = 0$ für alle $x \geq 0$. Folglich erhalten wir $f'(x) = f(x)g'(x) \leq 0$, und damit ist f monoton fallend in $[0, \infty)$. Daher gilt $f(x) \leq f(0)$ für alle $x \geq 0$, und es ergibt sich die Behauptung.

7.4.12 Für $0 < x \leq 1$ ist $\ln x \leq 0 < x^\alpha$, so daß die betrachtete Gleichung in diesem Fall keine Lösung besitzt. Wir können daher $x > 1$ voraussetzen. Mit der Substitution $x = e^t$ ist dann $\ln x = x^\alpha$ äquivalent zu $t = e^{\alpha t}$ oder $\ln t = \alpha t$. Für $t \in (0, \infty)$ betrachten wir die Funktion

$$f(t) := \frac{\ln t}{t}.$$

Es gilt

$$f'(t) = \frac{1 - \ln t}{t^2},$$

und wir erhalten $f'(e) = 0$ sowie $f'(t) > 0$ für $0 < t < e$ und $f'(t) < 0$ für $e < t < \infty$. Also ist f streng monoton wachsend in $(0, e]$ und streng monoton fallend in $[e, \infty)$. Ferner gilt $f(1) = 0$ und $f(e) = \frac{1}{e}$ sowie $f(t) \to -\infty$ für $t \to 0$ und $f(t) \to 0$ für $t \to \infty$.

a) Es sei $\alpha \in (-\infty, 0]$. Dann gibt es genau ein $t \in (0, 1]$ mit $f(t) = \alpha$. Die betrachtete Gleichung hat daher genau eine Lösung $x = e^t \in (1, e]$.

b) Zu $\alpha = \frac{1}{e}$ gibt es nur die Lösung $f(e) = \frac{1}{e}$. Also gilt $\ln x = x^{1/e}$ nur für $t = e$ bzw. für $x = e^e$.

c) Zu $\alpha > \frac{1}{e}$ gibt es kein $t > 0$ mit $f(t) = \alpha$; also gibt es kein $x > 1$ mit $\ln x = x^\alpha$.

d) Es sei $0 < \alpha < \frac{1}{e}$. Es gibt dann genau ein $t_\alpha^{(1)} \in (1, e)$ und genau ein $t_\alpha^{(2)} \in (e, \infty)$ mit $f(t_\alpha^{(1)}) = f(t_\alpha^{(2)}) = \alpha$. Hierbei gilt

$$t_\alpha^{(1)} \to 1, \qquad t_\alpha^{(2)} \to \infty \qquad \text{für} \quad \alpha \to 0;$$

$$t_\alpha^{(1)} \to e, \qquad t_\alpha^{(2)} \to e \qquad \text{für} \quad \alpha \to \frac{1}{e}.$$

Die Gleichung $\ln x = x^\alpha$ hat daher die beiden Lösungen $x_\alpha^{(1)} := e^{t_\alpha^{(1)}} < e^{t_\alpha^{(2)}} =: x_\alpha^{(2)}$, welche überdies die behaupteten Beziehungen erfüllen.

7.4.13 Für $x > 0$ und $y > 0$ ist $x^y < y^x$ äquivalent zu $\frac{\ln x}{x} < \frac{\ln y}{y}$. Die Funktion $f(t) := \frac{\ln t}{t}$ ist streng monoton wachsend in $(0, e]$ und streng monoton fallend in $[e, \infty)$ (siehe auch Aufgabe 7.4.12). Daher ergibt sich folgendes:

$$\begin{array}{llll}
\text{aus} & \sqrt{2} < \sqrt{3} < e & \text{folgt} & \sqrt{2}^{\sqrt{3}} < \sqrt{3}^{\sqrt{2}}; \\
\text{aus} & \sqrt{e} < \sqrt{\pi} < e & \text{folgt} & \sqrt{e}^{\sqrt{\pi}} < \sqrt{\pi}^{\sqrt{e}}; \\
\text{aus} & 2,71 < e & \text{folgt} & 2,71^e < e^{2,71}; \\
\text{aus} & e < 2,72 & \text{folgt} & e^{2,72} > 2,72^e; \\
\text{aus} & e < \pi & \text{folgt} & e^\pi > \pi^e; \\
\text{aus} & e < 99 < 100 & \text{folgt} & 99^{100} > 100^{99}.
\end{array}$$

Die Gleichung $n^m = m^n$ ist äquivalent zu $f(n) = \frac{\ln n}{n} = \frac{\ln m}{m} = f(m)$. Da f in $(0, e]$ streng monoton wachsend und in $[e, \infty)$ streng monoton fallend ist, kommen nur n und m in Frage mit $n < e < m$. Für $n = 1$ gilt $f(1) = 0$, aber es folgt $f(m) > 0$ für alle $m > e$. Im Falle $n = 2$ erhalten wir $2^4 = 4^2$, also ist $m = 4$ eine Lösung; eine weitere kann wegen der strengen Monotonie von f nicht existieren. Das einzige Paar natürlicher Zahlen $n < m$ und $n^m = m^n$ ist also $n = 2$ und $m = 4$.

7.4.14 a) Für $x > 0$ und $y > 0$ betrachten wir die Gleichung $x^y = y^x$. Diese ist äquivalent zu $\frac{\ln x}{x} = \frac{\ln y}{y}$. Wir untersuchen die Funktion g, die in $(0, \infty)$ durch $g(x) := \frac{\ln x}{x}$ definiert ist. Es gilt

$$g'(x) = \frac{1 - \ln x}{x^2},$$

und wir erhalten $g'(x) > 0$ für $0 < x < e$, ferner $g'(e) = 0$ und $g'(x) < 0$ für $x > e$. Die Funktion g hat also an $x_0 = e$ das absolute Maximum; sie ist streng monoton wachsend in $(0, e]$ und streng monoton fallend in $[e, \infty)$. Außerdem erhalten wir $g(e) = \frac{1}{e}$ und $g(1) = 0$, ferner $g(x) \to -\infty$ für $x \to 0$ sowie $g(x) \to 0$ für $x \to \infty$.

Für $x \in (1, e)$ gilt $0 < g(x) < \frac{1}{e}$, und da g in (e, ∞) stetig ist, gibt es ein $y \in (e, \infty)$ mit $g(y) = g(x)$; da g streng monoton ist, gibt es genau ein solches y. Setzen wir $f(x) := y$, so ergibt sich $x^{f(x)} = \{f(x)\}^x$.

b) Wir betrachten die Funktionen

$$\varphi(x) := \frac{\ln x}{x}, \quad 1 < x < e; \qquad \psi(x) := \frac{\ln x}{x}, \quad e < x < \infty.$$

Offensichtlich gilt $f(x) = \psi^{-1}\Big(\varphi(x)\Big)$ für alle $x \in (1, e)$. Die Funktionen φ und ψ sind in ihrem jeweiligen Definitionsbereich differenzierbar, und es ergibt sich $\psi'(y) \neq 0$ für alle $y \in (e, \infty)$. Daraus folgt die Differenzierbarkeit von f. Wir erhalten

$$\begin{aligned} f'(x) &= (\psi^{-1})'\Big(\varphi(x)\Big) \cdot \varphi'(x) = \frac{1}{\psi'\Big(\psi^{-1}\big(\varphi(x)\big)\Big)} \cdot \varphi'(x) = \\ &= \frac{1}{\psi'\Big(f(x)\Big)} \cdot \varphi'(x) = \frac{f^2(x)}{1 - \ln\{f(x)\}} \cdot \frac{1 - \ln x}{x^2}. \end{aligned}$$

7.4.15 a) Für die Summenfunktion ergibt sich

$$f_\alpha(x) := \sum_{\nu=0}^{\infty} (1-x)^\alpha x^\nu = \begin{cases} 0 & \text{falls } x = 1 \\ (1-x)^{\alpha-1} & \text{falls } 0 \leq x < 1 \end{cases}.$$

1. Es sei $0 < \alpha \leq 1$. Dann ist f_α an der Stelle $x_0 = 1$ unstetig, alle Reihenglieder sind aber stetige Funktionen. Also kann die Reihe auf $[0, 1]$ nicht gleichmäßig konvergieren.

2. Es sei $\alpha > 1$. Die Funktion $\varphi_{\alpha,\nu}(x) := (1-x)^\alpha x^\nu$ besitzt an der Stelle $\frac{\nu}{\alpha + \nu}$ das absolute Maximum auf $[0, 1]$; dies erkennt man leicht, indem man $\varphi_{\alpha,\nu}$ anhand der ersten Ableitung auf Monotonie untersucht. Für alle $\nu \geq 1$ und alle $x \in [0, 1]$ gilt daher

$$0 \leq (1-x)^\alpha x^\nu \leq \varphi_{\alpha,\nu}\Big(\frac{\nu}{\nu + \alpha}\Big) = \Big(\frac{\alpha}{\alpha + \nu}\Big)^\alpha \Big(\frac{\nu}{\alpha + \nu}\Big)^\nu \leq \Big(\frac{\alpha}{\alpha + \nu}\Big)^\alpha 1^\nu < \Big(\frac{\alpha}{\nu}\Big)^\alpha.$$

Da die Reihe $\sum\limits_{\nu=1}^{\infty} \frac{1}{\nu^\alpha}$ konvergiert, folgt aus dem WEIERSTRASSschen Majorantenkriterium, daß die betrachtete Reihe auf $[0, 1]$ gleichmäßig konvergiert.

b) Für $\mu \geq 2$ sei $\varphi_\mu(x) := \frac{x}{1 + x^\mu}$. Wie in a) zeigt man, daß φ_μ an der Stelle $\Big\{\frac{1}{\mu - 1}\Big\}^{1/\mu}$ das absolute Maximum auf $[0, \infty)$ besitzt. Daher ergibt sich für alle $x \geq 0$

$$\begin{aligned} &\frac{x^\nu}{(1+x)(1+x^2)\cdots(1+x^\nu)} \leq 1 \cdot \prod_{\mu=2}^{\nu} \varphi_\mu\Big(\Big\{\frac{1}{\mu-1}\Big\}^{1/\mu}\Big) = \\ &= \prod_{\mu=2}^{\nu} \frac{\mu - 1}{\mu} \prod_{\mu=2}^{\nu} \Big\{\frac{1}{\mu - 1}\Big\}^{1/\mu} = \frac{1}{\nu} \exp\Big\{-\sum_{\mu=2}^{\nu} \frac{1}{\mu} \ln(\mu - 1)\Big\}. \end{aligned}$$

Für $\nu > 2$ gilt

$$\sum_{\mu=2}^{\nu} \frac{1}{\mu} \ln(\mu - 1) \geq \sum_{\nu/2 \leq \mu \leq \nu} \frac{1}{\mu} \ln(\mu - 1) \geq \frac{\nu}{2} \cdot \frac{1}{\nu} \ln\left(\frac{\nu}{2} - 1\right) = \frac{1}{2} \ln\left(\frac{\nu}{2} - 1\right).$$

Also erhalten wir für alle $x \geq 0$ und alle $\nu > 2$

$$\frac{x^\nu}{(1+x)(1+x^2)\cdots(1+x^\nu)} \leq \frac{1}{\nu} \exp\left\{-\frac{1}{2}\ln\left(\frac{\nu}{2} - 1\right)\right\} = \frac{\sqrt{2}}{\nu\sqrt{\nu - 2}} < \frac{3}{\nu^{3/2}},$$

und mit dem WEIERSTRASSschen Majorantenkriterium folgt, daß die betrachtete Reihe auf $[0, \infty)$ gleichmäßig konvergiert.

7.4.16 a) Gilt $M_2 = \infty$, so ist nichts zu zeigen; es sei also $M_2 < \infty$. Für ein festes $x_0 \in (a, b)$ existieren ein $\xi \in (a, b)$ und ein $\eta \in (a, b)$, so daß gilt

$$f(a) - f(x_0) = f'(x_0)(a - x_0) + \frac{f''(\xi)}{2}(a - x_0)^2,$$

$$f(b) - f(x_0) = f'(x_0)(b - x_0) + \frac{f''(\eta)}{2}(b - x_0)^2.$$

Durch Subtraktion der ersten Gleichung von der zweiten und eine elementare Abschätzung folgt

$$|f'(x_0)| \cdot (b - a) \leq 2M_0 + \frac{M_2}{2}\{(b - x_0)^2 + (x_0 - a)^2\}.$$

Da $x_0 \in (a, b)$ beliebig war, gilt die behauptete Ungleichung in (a, b), da f' in $[a, b]$ stetig ist, gilt sie auch in $[a, b]$.

b) Die Funktion $\varphi(x) := (b - x)^2 + (x - a)^2$ nimmt ihr Maximum in $[a, b]$ an $x = a$ und $x = b$ an. Die Aussage b) folgt daher direkt aus a).

c) Das Beispiel der Funktion $f(x) = x$ in $[-1, 1]$ zeigt, daß die Abschätzungen bestmöglich sind.

7.4.17 a) Im Falle $M_0 = 0$ ist nichts zu zeigen. Es sei also $M_0 > 0$. Wir wählen ein beliebiges $x \in I$ und ein Intervall $[a, b]$ mit $x \in [a, b] \subset I$. Nach Aufgabe 7.4.16 gilt dann

$$|f'(x)| \leq \frac{2M_0}{b - a} + \frac{M_2}{2}(b - a).$$

Die Funktion $h(t) := \dfrac{2M_0}{t} + \dfrac{M_2}{2}t$ nimmt auf $(0, \infty)$ ihr absolutes Minimum genau an der Stelle $t_0 = 2\sqrt{M_0/M_2}$ an. Dabei gilt $h(t_0) = 2\sqrt{M_0 M_2}$.

Enthält also I ein Intervall $[a, b]$ mit $b - a \geq t_0$, so gilt $|f'(x)| \leq 2\sqrt{M_0 M_2}$ für alle $x \in I$.

Enthält I kein solches Intervall (z.B. wenn $I = (a, b)$ gilt mit $b - a = t_0$), so existiert eine Folge $\{[a_n, b_n]\}$ von Intervallen mit $[a_n, b_n] \subset I$ und $b_n - a_n \to t_0$. Die Behauptung folgt dann durch die entsprechende Grenzwertbetrachtung.
b) Für $f(x) := \frac{x^2}{2} - 1$ in $[0, 2]$ gilt $M_0 = M_2 = 1$ und $f'(2) = 2$. Also ist die in der Abschätzung auftretende Konstante 2 bestmöglich.

7.4.18 a) Zur Abkürzung setzen wir $s_n := \sum_{\nu=1}^{n} a_\nu$ und betrachten auf $(0, \infty)$ die im Hinweis angegebene Funktion

$$f(x) := \frac{(s_n + x)^{n+1}}{x}.$$

Wir erhalten für $x \in (0, \infty)$

$$f'(x) = \frac{(n+1)(s_n + x)^n x - (s_n + x)^{n+1}}{x^2} = \frac{(s_n + x)^n}{x^2}(nx - s_n).$$

Die einzige Nullstelle von f' ist $x_0 = \frac{1}{n} s_n$; ferner gilt $f'(x) < 0$ für $0 < x < x_0$ und $f'(x) > 0$ für $x_0 < x$. Daraus folgt $f(x) \geq f(x_0)$ für alle $x > 0$ mit Gleichheit genau dann, wenn $x = x_0$ ist. Man erhält

$$f(x_0) = (n+1)^{n+1} \left(\frac{s_n}{n}\right)^n,$$

und die Beziehung $f(x) \geq f(x_0)$ liefert

$$\frac{(s_n + x)^{n+1}}{x} \geq (n+1)^{n+1} \left(\frac{s_n}{n}\right)^n,$$

was zu (∗) äquivalent ist.
b) Setzen wir $x = a_{n+1}$, so erhalten wir mit (∗)

$$\left(\frac{a_1 + \cdots + a_n + a_{n+1}}{n+1}\right)^{n+1} \geq a_{n+1} \left(\frac{a_1 + \cdots + a_n}{n}\right)^n \geq \cdots \geq a_{n+1} a_n \cdots a_2 \left(\frac{a_1}{1}\right)^1.$$

Das ist äquivalent zur Ungleichung zwischen arithmetischem und geometrischem Mittel.

7.4.19 a) 1. Die Funktion φ mit $\varphi(t) := t - 1 - \ln t$ hat in $(0, \infty)$ das absolute Minimum an $t_0 = 1$. Hieraus folgt $\ln t \leq t - 1$ für alle $t > 0$, wobei genau dann Gleichheit gilt, wenn $t = 1$ ist.
2. Wir setzen $A := \sum_{\nu=1}^{n} \alpha_\nu x_\nu$ und erhalten mit 1.

$$\ln \frac{x_\nu}{A} \leq \frac{x_\nu}{A} - 1,$$

also nach Multiplikation mit α_ν und Aufsummieren

$$\sum_{\nu=1}^{n} \ln x_\nu^{\alpha_\nu} - \ln A \cdot \sum_{\nu=1}^{n} \alpha_\nu \leq \frac{1}{A} \sum_{\nu=1}^{n} \alpha_\nu x_\nu - \sum_{\nu=1}^{n} \alpha_\nu = 0.$$

Es folgt

$$\ln\Big(\prod_{\nu=1}^{n} x_\nu^{\alpha_\nu}\Big) \leq \ln A = \ln\Big(\sum_{\nu=1}^{n} \alpha_\nu x_\nu\Big),$$

und daraus ergibt sich die behauptete Ungleichung.

b) Nach a) 1. kann das Gleichheitszeichen dann und nur dann gelten, wenn $x_\nu = A$ für alle $\nu = 1, ..., n$ gilt, das heißt $x_1 = x_2 = \cdots = x_n$.

c) Im Falle $\alpha_\nu = \dfrac{1}{n}$ für $\nu = 1, ..., n$ ergibt sich die Ungleichung zwischen arithmetischem und geometrischem Mittel.

7.4.20 Die Ungleichung ist trivial, wenn $x = 0$ oder $y = 0$ gilt; das Gleichheitszeichen steht dann nur für $x = y = 0$.

Es seien also $x > 0$ und $y > 0$. Für $t \geq 0$ betrachten wir die Funktion

$$f(t) := \frac{1}{p} + \frac{t^q}{q} - t.$$

Es gilt $f(1) = 0$ und $f'(t) = t^{q-1} - 1$, also $f'(t) < 0$ für $0 \leq t < 1$ und $f'(t) > 0$ für $t > 1$. Daher ist $f(t) \geq 0$ für $t \geq 0$ und $f(t) = 0$ genau dann, wenn $t = 1$ ist. Wir erhalten speziell

$$0 \leq x^p f(yx^{-p/q}) = x^p \Big\{\frac{1}{p} + \frac{x^{-p}y^q}{q} - yx^{-p/q}\Big\} = \frac{x^p}{p} + \frac{y^q}{q} - xy.$$

Daraus folgt die behauptete Ungleichung. Das Gleichheitszeichen gilt genau dann, wenn $yx^{-p/q} = 1$, also $x^p = y^q$ ist.

Andere Möglichkeit: Die Ungleichung ist trivial, wenn $x = 0$ oder $y = 0$ gilt; das Gleichheitszeichen steht dann für $x = y = 0$. Es seien also $x > 0$ und $y > 0$. Wir setzen

$$x_1 = x^p, \qquad x_2 = y^q; \qquad \alpha_1 = \frac{1}{p}, \qquad \alpha_2 = \frac{1}{q}$$

und erhalten mit der Ungleichung $x_1^{\alpha_1} x_2^{\alpha_2} \leq \alpha_1 x_1 + \alpha_2 x_2$ aus Aufgabe 7.4.19 sofort die Behauptung. Das Gleichheitszeichen gilt genau dann, wenn $x^p = x_1 = x_2 = y^q$ ist.

7.4.21 a) Wir setzen $X := \Big\{\sum\limits_{\nu=1}^{n} |x_\nu|^p\Big\}^{1/p}$ und $Y := \Big\{\sum\limits_{\nu=1}^{n} |y_\nu|^q\Big\}^{1/q}$. Die zu beweisende Ungleichung ist trivial, falls $X = 0$ oder $Y = 0$ ist. Wir können also $X > 0$ und $Y > 0$ voraussetzen. Nach Aufgabe 7.4.20 erhalten wir für $\nu = 1, ..., n$

$$\frac{|x_\nu|}{X} \cdot \frac{|y_\nu|}{Y} \leq \frac{1}{p} \cdot \frac{|x_\nu|^p}{X^p} + \frac{1}{q} \cdot \frac{|y_\nu|^q}{Y^q}.$$

Summation von $\nu = 1$ bis $\nu = n$ ergibt

$$\begin{aligned}\frac{1}{XY}\sum_{\nu=1}^{n}|x_\nu y_\nu| &\leq \frac{1}{p}\cdot\frac{1}{X^p}\cdot\sum_{\nu=1}^{n}|x_\nu|^p+\frac{1}{q}\cdot\frac{1}{Y^q}\cdot\sum_{\nu=1}^{n}|y_\nu|^q = \\ &= \frac{1}{p}\cdot\frac{X^p}{X^p}+\frac{1}{q}\cdot\frac{Y^q}{Y^q}=1.\end{aligned}$$

Das ist äquivalent zur Behauptung.

b) Die HÖLDERsche Ungleichung für Reihen ergibt sich sofort aus a) durch Betrachtung der n-ten Teilsummen der betreffenden Reihen und dem Grenzübergang $n \to \infty$.

7.4.22 Im Falle $\alpha = 0$ oder $\alpha = 1$ gelten die drei behaupteten Beziehungen mit dem Gleichheitszeichen. Wir können also $\alpha \neq 0$ und $\alpha \neq 1$ voraussetzen. Die Funktion

$$f(x) = (1+x)^\alpha - (1+\alpha x)$$

ist in $(-1, \infty)$ beliebig oft differenzierbar, und es gilt

$$\begin{aligned}f'(x) &= \alpha\{(1+x)^{\alpha-1}-1\},\\ f''(x) &= \alpha(\alpha-1)(1+x)^{\alpha-2}.\end{aligned}$$

Es ist $f'(x_0) = 0$ genau dann, wenn $x_0 = 0$ ist. Ist $\alpha < 0$ oder $\alpha > 1$, so erhalten wir $f''(0) = \alpha(\alpha-1) > 0$ und f hat an $x_0 = 0$ ein (absolutes) Minimum; also ergibt sich $f(x) \geq f(0) = 0$ und daher $(1+x)^\alpha \geq 1+\alpha x$. Ist $0 < \alpha < 1$, so gilt $f''(0) = \alpha(\alpha-1) < 0$ und f hat an $x_0 = 0$ ein (absolutes) Maximum; also gilt $f(x) \leq f(0) = 0$ und daher $(1+x)^\alpha \leq 1+\alpha x$. Das Gleichheitszeichen tritt in allen Fällen nur für $x = 0$ auf.

7.4.23 a) Es sei zunächst $p \leq 0 \leq q$; wir zeigen, daß dann $M_p \leq M_0 \leq M_q$ gilt. Die Ungleichung zwischen arithmetischem und geometrischem Mittel (siehe I; Aufgabe 1.8.9) liefert für $r \neq 0$

$$M_0^r = \Big\{\Big(\prod_{\nu=1}^{n}x_\nu\Big)^{1/n}\Big\}^r = \Big\{\prod_{\nu=1}^{n}x_\nu^r\Big\}^{1/n} \leq \frac{1}{n}\sum_{\nu=1}^{n}x_\nu^r = M_r^r.$$

Für $r = q > 0$ folgt hieraus $M_0 \leq M_q$, und für $r = p < 0$ ergibt sich $M_p \leq M_0$.

Es sei $p < q < 0$ oder $0 < p < q$; in beiden Fällen ist $s := \frac{q}{p} > 0$. Wir setzen $y_\nu := \Big(\frac{x_\nu}{M_p}\Big)^p$ und erhalten

$$\sum_{\nu=1}^{n}y_\nu = n, \qquad \text{also} \qquad \sum_{\nu=1}^{n}(y_\nu - 1) = 0,$$

sowie

$$\sum_{\nu=1}^{n}y_\nu^s = \sum_{\nu=1}^{n}\Big(\frac{x_\nu}{M_p}\Big)^q = \frac{1}{M_p^q}\sum_{\nu=1}^{n}x_\nu^q = n\Big(\frac{M_q}{M_p}\Big)^q.$$

1. Es sei $0 < p < q$; dann ist $s > 1$, und aus der allgemeinen BERNOULLIschen Ungleichung (siehe Aufgabe 7.4.22) folgt

$$y_\nu^s = \{1 + (y_\nu - 1)\}^s \geq 1 + s(y_\nu - 1).$$

Wir erhalten

$$n\left(\frac{M_q}{M_p}\right)^q = \sum_{\nu=1}^{n} y_\nu^s \geq n + s\sum_{\nu=1}^{n}(y_\nu - 1) = n,$$

und wegen $q > 0$ folgt hieraus $M_p \leq M_q$.

2. Es sei $p < q < 0$; dann ist $0 < s < 1$, und jetzt folgt

$$y_\nu^s = \{1 + (y_\nu - 1)\}^s \leq 1 + s(y_\nu - 1).$$

Wir erhalten

$$n\left(\frac{M_q}{M_p}\right)^q = \sum_{\nu=1}^{n} y_\nu^s \leq n + s\sum_{\nu=1}^{n}(y_\nu - 1) = n,$$

und wegen $q < 0$ folgt hieraus $M_p \leq M_q$.

b) Ohne Beschränkung der Allgemeinheit kann $0 < x_1 \leq x_2 \leq \cdots \leq x_n$ angenommen werden.

1. Für $p > 0$ erhalten wir

$$x_n^p \leq \sum_{\nu=1}^{n} x_\nu^p \leq n x_n^p,$$

und daraus folgt $n^{-1/p} x_n \leq M_p \leq x_n$. Wegen $n^{1/p} \to 1$ für $p \to \infty$ ergibt sich

$$\lim_{p\to\infty} M_p = x_n = \max\{x_1, ..., x_n\}.$$

2. Für $p < 0$ erhalten wir

$$x_1^p \leq \sum_{\nu=1}^{n} x_\nu^p \leq n x_1^p,$$

und daraus folgt $x_1 \leq M_p \leq n^{-1/p} x_1$. Wegen $n^{-1/p} \to 1$ für $p \to -\infty$ ergibt sich

$$\lim_{p\to-\infty} M_p = x_1 = \min\{x_1, ..., x_n\}.$$

Bemerkung: Es gilt $M_p = M_q$ für $p \neq q$ genau dann, wenn $x_1 = \cdots = x_n$ ist. Dies ergibt sich leicht aus der Beurteilung der Frage, wann in der BERNOULLIschen Ungleichung bzw. der Ungleichung zwischen arithmetischem und geometrischem Mittel das Gleichheitszeichen auftritt. Außer in dem Trivialfall, daß alle x_ν übereinstimmen, ist also die Funktion M_p streng monoton wachsend auf $\mathbb{R}$, und insbesondere gilt dann für alle $p \in \mathbb{R}$

$$\min\{x_1, ..., x_n\} < M_p < \max\{x_1, ..., x_n\}.$$

7.4.24 An einer Stelle $p_0 \neq 0$ ist die Funktion M_p trivialerweise stetig. Wir zeigen, daß M_p auch an der Stelle $p_0 = 0$ stetig ist; dies ist äquivalent zur Beziehung:

$$\lim_{p\to 0} \frac{1}{p} \ln \left\{ \frac{1}{n} \sum_{\nu=1}^{n} x_\nu^p \right\} = \frac{1}{n} \sum_{\nu=1}^{n} \ln x_\nu. \qquad (*)$$

Wir setzen $\varphi(p) := \frac{1}{n} \sum\limits_{\nu=1}^{n} (x_\nu^p - 1)$. Es gilt $\lim\limits_{p\to 0} \varphi(p) = 0$, und aus $\varphi'(p) = \frac{1}{n} \sum\limits_{\nu=1}^{n} x_\nu^p \ln x_\nu$ erhält man mit der Regel von DE L'HOSPITAL

$$\lim_{p\to 0} \frac{1}{p} \ln \left\{ \frac{1}{n} \sum_{\nu=1}^{n} x_\nu^p \right\} = \lim_{p\to 0} \frac{\ln(1+\varphi(p))}{p} = \lim_{p\to 0} \frac{\varphi'(p)}{1+\varphi(p)} = \frac{1}{n} \sum_{\nu=1}^{n} \ln x_\nu.$$

Hieraus folgt $(*)$, und damit ist die Behauptung bewiesen.

7.4.25 Es gilt $x_2 = \lambda x_1 + (1-\lambda)x_3$ mit $\lambda := \dfrac{x_3 - x_2}{x_3 - x_1} \in (0,1)$. Daher folgt

$$f(x_2) \leq \lambda f(x_1) + (1-\lambda) f(x_3) = \frac{x_3 - x_2}{x_3 - x_1} f(x_1) + \frac{x_2 - x_1}{x_3 - x_1} f(x_3).$$

Hieraus ergeben sich die beiden behaupteten Ungleichungen.

7.4.26 a) Es sei $[a,b] \subset I$, und es gelte $a \leq x_1 < x_2 \leq b$. Da I offen ist, gibt es in I Punkte $\alpha, \alpha^*, \beta, \beta^*$ mit $\alpha < \alpha^* < a < b < \beta^* < \beta$. Aus der in Aufgabe 7.4.25 bewiesenen Ungleichung folgt

$$\frac{f(\alpha^*) - f(\alpha)}{\alpha^* - \alpha} \leq \frac{f(x_2) - f(x_1)}{x_2 - x_1} \leq \frac{f(\beta) - f(\beta^*)}{\beta - \beta^*}.$$

Hiermit erhalten wir

$$\left| \frac{f(x_2) - f(x_1)}{x_2 - x_1} \right| \leq \max \left\{ \left| \frac{f(\alpha^*) - f(\alpha)}{\alpha^* - \alpha} \right|, \left| \frac{f(\beta) - f(\beta^*)}{\beta - \beta^*} \right| \right\} =: L.$$

Es ergibt sich also $|f(x_2) - f(x_1)| \leq L|x_2 - x_1|$. Folglich genügt die Funktion f in $[a,b]$ einer LIPSCHITZ-Bedingung, sie ist damit in $[a,b]$ (gleichmäßig) stetig, und da $[a,b]$ beliebig war, ist f in I stetig.

b) Die Funktion f sei im Intervall $[a,b]$ definiert durch

$$f(x) := \begin{cases} 0 & \text{falls} \quad a \leq x < b \\ 1 & \text{falls} \quad x = b \end{cases};$$

dann ist f in $[a,b]$ konvex, aber nicht stetig.

7.4.27 Die Funktion $f(x) := -\sqrt{x}$ ist im Intervall $[0,1]$ konvex. Es sei I ein offenes Intervall mit $I \supset [0,1]$. Wir nehmen an, es gibt eine in I konvexe Funktion F mit $F(x) = f(x)$ für alle $x \in [0,1]$. Aus Aufgabe 7.4.25 folgt dann für alle hinreichend kleinen $h \in (0,1)$

$$\frac{F(0) - F(-h)}{0 - (-h)} \leq \frac{F(h^4) - F(0)}{h^4 - 0};$$

wegen $F(0) = 0$ und $F(h^4) = -h^2$ ist dies äquivalent zu $\frac{1}{h} \leq F(-h)$. Da F nach Aufgabe 7.4.26 an $x_0 = 0$ stetig ist, ergibt sich für $h \to 0$ ein Widerspruch.

7.4.28 a) Wegen $\lim_{x\to\infty} f(x) = \infty$ existiert eine Folge $\{x_n\}_{n=1}^{\infty}$ mit $0 < x_n < 1$ und

$$x_{n+1} \geq \frac{1}{2}(1 + x_n) \qquad \text{für alle } n \in \mathbb{N}, \qquad (*)$$

so daß $f(x) \geq n + 1$ für alle $x \in [x_n, 1)$ gilt. Offensichtlich ist $\{x_n\}$ streng monoton wachsend. Die Funktion φ sei in $(0,1)$ wie folgt definiert:

$$\varphi(x) := 0 \qquad \text{falls } x \in (0, x_1),$$

$$\varphi(x) := \frac{x - x_n}{x_{n+1} - x_n} + n - 1 \qquad \text{falls } x \in [x_n, x_{n+1}) \text{ für ein } n \in \mathbb{N}.$$

Diese Funktion φ ist stetig in $(0,1)$ und erfüllt $\varphi(x) \leq f(x)$ für alle $x \in (0,1)$. Aus $(*)$ folgt, daß φ im Intervall $[x_n, x_{n+1}]$ eine größere Steigung hat als im Intervall $[x_{n-1}, x_n]$; daraus ergibt sich, daß φ in $(0,1)$ konvex ist. Außerdem gilt $\lim_{x\to 1} \varphi(x) = \infty$.
b) Wir nehmen an, zur Funktion $f(x) := \ln(1 + x)$ würde eine konvexe Funktion φ mit den gewünschten Eigenschaften existieren. Dann gilt für alle $n \in \mathbb{N}$

$$\begin{aligned} 0 \;&\leq\; \varphi\Big((1 - \frac{1}{n}) + \frac{1}{n}e^n\Big) \leq (1 - \frac{1}{n})\varphi(1) + \frac{1}{n}\varphi(e^n) \leq \\ &\leq\; \varphi(1) + \frac{1}{n}\ln(1 + e^n) \leq \varphi(1) + \frac{1}{n}\ln(e^{2n}) = \varphi(1) + 2. \end{aligned}$$

Damit ist aber $\lim_{x\to\infty} \varphi(x) = \infty$ nicht möglich. Widerspruch!

7.4.29 Es seien $x_1, x_2 \in I$ mit $x_1 < x_2$.
a) Wir zeigen, daß für alle $n \in \mathbb{N}_0$ und für alle $k \in \mathbb{N}_0$ mit $k \leq 2^n$ gilt

$$f\Big(\frac{k}{2^n}x_1 + (1 - \frac{k}{2^n})x_2\Big) \leq \frac{k}{2^n}f(x_1) + (1 - \frac{k}{2^n})f(x_2).$$

Wir beweisen dies durch vollständige Induktion nach n. Für $n = 0$ ist die Behauptung trivial. Die Ungleichung gelte für ein $n \in \mathbb{N}_0$ und alle $k \leq 2^n$. Es sei ein $k \leq 2^{n+1}$ gegeben.

1. Ist $k = 2\mu$ mit $\mu \leq 2^n$, so folgt die Behauptung trivialerweise für $n+1$.

2. Es sei $k = 2\mu+1$ mit $\mu \leq 2^n - 1$. Dann erhalten wir unter Benutzung der vorausgesetzten Ungleichung für f und der Induktionsvoraussetzung

$$f\Big(\frac{k}{2^{n+1}}x_1 + (1-\frac{k}{2^{n+1}})x_2\Big) =$$

$$= f\Big(\frac{1}{2}\Big\{\frac{\mu}{2^n}x_1 + (1-\frac{\mu}{2^n})x_2 + \frac{\mu+1}{2^n}x_1 + (1-\frac{\mu+1}{2^n})x_2\Big\}\Big) \leq$$

$$\leq \frac{1}{2}\Big\{f\Big(\frac{\mu}{2^n}x_1 + (1-\frac{\mu}{2^n})x_2\Big) + f\Big(\frac{\mu+1}{2^n}x_1 + (1-\frac{\mu+1}{2^n})x_2\Big)\Big\} \leq$$

$$\leq \frac{k}{2^{n+1}}f(x_1) + (1-\frac{k}{2^{n+1}})f(x_2).$$

Mit vollständiger Induktion folgt also die Behauptung.

b) Es sei $E = \{t : t = \frac{k}{2^n};\ k, n \in I\!N_0,\ k \leq 2^n\}$. Die Menge E ist dicht in $[0,1]$. Zu einem gegebenen $\lambda \in [0,1]$ existiert eine Folge $\{\lambda_\nu\}$ mit $\lambda_\nu \in E$ und $\lambda_\nu \to \lambda$. Für jedes $\nu \in I\!N$ erhalten wir nach a) die Abschätzung

$$f(\lambda_\nu x_1 + (1-\lambda_\nu)x_2) \leq \lambda_\nu f(x_1) + (1-\lambda_\nu)f(x_2).$$

Da f stetig ist, ergibt sich für $\nu \to \infty$ die Ungleichung

$$f(\lambda x_1 + (1-\lambda)x_2) \leq \lambda f(x_1) + (1-\lambda)f(x_2).$$

Damit ist f in I konvex.

7.4.30 Für ein festes $x \in I$ und variables $h \neq 0$ mit $x + h \in I$ setzen wir

$$\varphi(h) := d_f(x+h, x) := \frac{f(x+h) - f(x)}{h}.$$

Aus Aufgabe 7.4.25 folgt sofort, daß φ monoton wachsend ist, und wir erhalten

$$f'_-(x) = \lim_{h\to 0-} \varphi(h) = \sup_{h_1<0} \varphi(h_1) \leq \inf_{h_2>0} \varphi(h_2) = \lim_{h\to 0+} \varphi(h) = f'_+(x).$$

Es sei $y \in I$ mit $x < y$. Dann gilt (wieder mit Aufgabe 7.4.25)

$$f'_+(x) = \lim_{h\to 0+} d_f(x+h, x) \leq d_f(y, x) \leq \lim_{h\to 0+} d_f(y+h, y) = f'_+(y).$$

Es folgt, daß f'_+ monoton wachsend ist; der Beweis für f'_- verläuft analog. Weiter gilt

$$f'_+(x) = \lim_{h\to 0+} d_f(x+h, x) \leq \lim_{h\to 0-} d_f(y+h, y) = f'_-(y).$$

Damit sind alle Behauptungen bewiesen.

7.4.31 Wir können ohne Beschränkung der Allgemeinheit annehmen, daß I ein offenes Intervall ist. Nach Aufgabe 7.4.30 existiert die Funktion f'_-; sie ist monoton wachsend in I und hat daher höchstens abzählbar viele Unstetigkeitsstellen. Es sei $x_0 \in I$ eine Stetigkeitsstelle von f'_- und $h > 0$ so gewählt, daß $x_0 + h \in I$ ist. Nach Aufgabe 7.4.30 gilt dann

$$f'_-(x_0) \le f'_+(x_0) \le f'_-(x_0 + h).$$

Für $h \to 0$ erhalten wir $f'_-(x_0) = f'_+(x_0)$, und daraus folgt die Differenzierbarkeit von f an x_0.

7.4.32 a) Es sei f' in I monoton wachsend. Wir nehmen an, f wäre nicht konvex. Dann gibt es Punkte $a, b \in I$ mit $a < b$ und ein $\lambda \in [0,1]$ mit

$$f(\lambda a + (1-\lambda)b) > \lambda f(a) + (1-\lambda)f(b).$$

Offensichtlich muß hierbei $\lambda \in (0,1)$ sein; es ist dann $c := \lambda a + (1-\lambda)b \in (a,b)$. Wir erhalten

$$f(c) > \frac{b-c}{b-a}f(a) + \left(1 - \frac{b-c}{b-a}\right)f(b) = \frac{b-c}{b-a}f(a) + \frac{c-a}{b-a}f(b)$$

bzw.

$$\frac{f(c)-f(a)}{c-a} > \frac{f(b)-f(c)}{b-c}.$$

Nach dem Mittelwertsatz gibt es ein $\xi_1 \in (a,c)$ und ein $\xi_2 \in (c,b)$ mit $f'(\xi_1) > f'(\xi_2)$. Also ist f' nicht monoton wachsend. Widerspruch!

b) Es sei f in I konvex. Nach Aufgabe 7.4.30 sind dann die Funktionen $f'_-(x)$ und $f'_+(x)$ auf I monoton wachsend. Da f differenzierbar ist, gilt $f'(x) = f'_-(x) = f'_+(x)$.

7.4.33 a) Wir nehmen an, eine Funktion f habe die geforderten Eigenschaften. Es gibt dann ein $x_0 \in (0,1]$ mit $f(x_0) < f(0)$. Für alle h mit $0 < h < x_0$ gilt nach Aufgabe 7.4.25

$$\frac{f(h)-f(0)}{h} \le \frac{f(x_0)-f(0)}{x_0}.$$

Da der Ausdruck auf der rechten Seite negativ ist, ergibt sich $f'(0) < 0$. Widerspruch!

b) Wir nehmen an, eine Funktion f habe die geforderten Eigenschaften. Es gibt dann ein $x_0 > 0$ mit $f(x_0) < f(0)$.

Für alle $x > x_0$ gilt nach Aufgabe 7.4.25 (da $-f$ konvex ist)

$$\frac{f(x_0)-f(0)}{x_0} \ge \frac{f(x)-f(0)}{x},$$

also erhalten wir

$$f(x) \leq f(0) + x \cdot \frac{f(x_0) - f(0)}{x_0}.$$

Hieraus folgt $f(x) < 0$, falls x genügend groß ist. Widerspruch!

7.4.34 Die Funktion f ist nach Aufgabe 7.4.32 in I genau dann konvex, wenn f' monoton wachsend ist; dies ist (da f zweimal differenzierbar ist) genau dann der Fall, wenn $f''(x) \geq 0$ für alle $x \in I$ gilt.

7.4.35 a) Es seien $x_1, x_2 \in I$ und $\lambda \in [0, 1]$. Dann folgt wegen der Konvexität von f

$$f(\lambda x_1 + (1-\lambda)x_2) \leq \lambda f(x_1) + (1-\lambda)f(x_2).$$

Unter Benutzung der Monotonie und der Konvexität von g ergibt sich hieraus

$$\begin{aligned} g\Big(f(\lambda x_1 + (1-\lambda)x_2)\Big) &\leq g\Big(\lambda f(x_1) + (1-\lambda)f(x_2)\Big) \leq \\ &\leq \lambda(g \circ f)(x_1) + (1-\lambda)(g \circ f)(x_2), \end{aligned}$$

d.h. die Verknüpfung $g \circ f$ ist in I konvex.

b) Die Funktion $f(x) := e^{-x}$ ist wegen $f''(x) > 0$ konvex in $I = (0, \infty)$; die Funktion $g(x) = x^2$ ist konvex und monoton wachsend in $J = (0, \infty)$. Ferner ist $g(J) = I$. Es gilt $(f \circ g)(x) = e^{-x^2}$; da $(f \circ g)''(x)$ sowohl positive als auch negative Werte annimmt, ist $f \circ g$ in J nicht konvex.

7.4.36 a) Die Funktion f besitze für jedes $x_0 \in I$ eine Stützgerade. Es seien $a, b \in I$ mit $a < b$, und es sei $\lambda \in [0, 1]$. Wir setzen $x_0 := \lambda a + (1-\lambda)b$. Es sei $\ell(x) = f(x_0) + m(x - x_0)$ eine Stützgerade von f an x_0. Dann gilt

$$\begin{aligned} f(\lambda a + (1-\lambda)b) &= f(x_0) = \ell(x_0) = \lambda\ell(a) + (1-\lambda)\ell(b) \leq \\ &\leq \lambda f(a) + (1-\lambda)f(b). \end{aligned}$$

Also ist f konvex in I.

b) Es sei f konvex in I, und es sei ein $x_0 \in I$ gegeben. Nach Aufgabe 7.4.30 existiert $m := f'_+(x_0)$. Wir zeigen, daß $\ell(x) := f(x_0) + m(x - x_0)$ eine Stützgerade im Punkt x_0 ist. Es seien $x_1, x_2 \in I$ mit $x_1 < x_0 < x_2$; dann folgt aus den Aufgaben 7.4.25 und 7.4.30

$$\frac{f(x_1) - f(x_0)}{x_1 - x_0} \leq f'_+(x_0) \leq \frac{f(x_2) - f(x_0)}{x_2 - x_0}.$$

Hieraus ergibt sich sowohl $\ell(x_1) \leq f(x_1)$ als auch $\ell(x_2) \leq f(x_2)$.

7.4.37 Für Punkte $t_1 < t_2 < t_3$ in I gilt nach Aufgabe 7.4.25

$$\frac{f(t_2)-f(t_1)}{t_2-t_1} \leq \frac{f(t_3)-f(t_1)}{t_3-t_1} \leq \frac{f(t_3)-f(t_2)}{t_3-t_2}. \qquad (*)$$

a) Ist f in I nicht monoton, so muß es Punkte $a < b < c$ in I geben mit der Eigenschaft

$$f(a) > f(b) \quad \text{und} \quad f(c) > f(b) \qquad (**)$$

oder

$$f(a) < f(b) \quad \text{und} \quad f(c) < f(b).$$

Die zweite Möglichkeit würde aber $(*)$ widersprechen (wenn wir dort $t_1 = a,\ t_2 = b,\ t_3 = c$ setzen); also gilt $(**)$. Da f in I stetig ist, gibt es ein $x_0 \in [a,c]$ mit $f(x_0) \leq f(x)$ für alle $x \in [a,c]$. Wegen $f(x_0) \leq f(b)$ muß $x_0 \in (a,c)$ gelten.

b) Wir behaupten, daß sogar $f(x_0) \leq f(x)$ für alle $x \in I$ gilt. Dies ist klar, wenn $x \in [a,c]$ ist. Ist $x < a$, so erhalten wir aus $(*)$ für $t_1 = x,\ t_2 = a,\ t_3 = x_0$

$$\frac{f(x_0)-f(x)}{x_0-x} \leq \frac{f(x_0)-f(a)}{x_0-a},$$

und wegen $f(x_0) \leq f(a)$ ist $f(x_0) \leq f(x)$. Ist $x > c$, so erhalten wir aus $(*)$ für $t_1 = x_0$, $t_2 = c,\ t_3 = x$

$$\frac{f(c)-f(x_0)}{c-x_0} \leq \frac{f(x)-f(x_0)}{x-x_0},$$

und wegen $f(c) \geq f(x_0)$ ist $f(x) \geq f(x_0)$. Damit ist diese Behauptung bewiesen.

c) Es seien x_1, x_2 Punkte in I mit $x_1 < x_2 < x_0$. Dann folgt aus $(*)$ für $t_1 = x_1,\ t_2 = x_2,\ t_3 = x_0$

$$\frac{f(x_2)-f(x_1)}{x_2-x_1} \leq \frac{f(x_0)-f(x_2)}{x_0-x_2}.$$

Wegen $f(x_0) \leq f(x_2)$ gilt $f(x_2) \leq f(x_1)$, und damit ist f monoton fallend in $I \cap (-\infty, x_0]$. Es seien x_1, x_2 Punkte in I mit $x_0 < x_1 < x_2$. Dann folgt aus $(*)$ für $t_1 = x_0,\ t_2 = x_1$, $t_3 = x_2$

$$\frac{f(x_1)-f(x_0)}{x_1-x_0} \leq \frac{f(x_2)-f(x_1)}{x_2-x_1}.$$

Wegen $f(x_1) \geq f(x_0)$ gilt $f(x_2) \geq f(x_1)$, und damit ist f monoton wachsend in $I \cap [x_0, \infty)$.

7.4.38 a) Die Funktion f sei in $[0,2]$ definiert durch $f(0) := 0$ und $f(x) := x \sin \frac{\pi}{x}$, falls $0 < x \leq 2$. Dann ist f in $[0,2]$ stetig. Wir nehmen an, f wäre in $[0,2]$ absolut stetig und wählen zu $\varepsilon = \frac{1}{4}$ ein korrespondierendes $\delta > 0$. Es sei $n \in \mathbb{N}$ so gewählt, daß $n > \frac{1}{\delta} + 2$ ist. Wir setzen

$$x_0 = 0, \qquad x_\nu = \frac{2}{4n+1-2\nu} \qquad (\nu = 1, ..., n)$$

sowie $a_\nu = x_{\nu-1}$ und $b_\nu = x_\nu$. Es ergibt sich dann

$$\sum_{\nu=1}^{n}(b_\nu - a_\nu) = \frac{2}{4n+1-2n} < \delta.$$

Wegen $n > 2$ erhalten wir

$$\sum_{\nu=1}^{n} |f(b_\nu) - f(a_\nu)| \geq$$

$$\geq \sum_{\nu=2}^{n} \left| \frac{2}{4n+1-2\nu} \sin \frac{4n+1-2\nu}{2}\pi - \frac{2}{4n+3-2\nu} \sin \frac{4n+3-2\nu}{2}\pi \right| =$$

$$= \sum_{\nu=2}^{n} \left| \sin\left((2n-\nu)\pi + \frac{\pi}{2}\right)\right| \cdot \left\{ \frac{2}{4n+1-2\nu} + \frac{2}{4n+3-2\nu} \right\} >$$

$$> \sum_{\nu=2}^{n} \frac{2}{4n+1-2\nu} > \frac{2(n-1)}{4n+1} > \frac{1}{4}.$$

Widerspruch! Es folgt, daß f in $[0,2]$ zwar stetig, aber nicht absolut stetig ist.
b) Es sei ein $\varepsilon > 0$ gegeben. Wir können dann nach Aufgabe 7.4.37 ein $\gamma \in (0, \frac{b-a}{4})$ so wählen, daß f sowohl in $[a, a+2\gamma]$ als auch in $[b-2\gamma, b]$ monoton ist und überdies (aufgrund der Stetigkeit von f) noch gilt

$$|f(x) - f(a)| < \frac{\varepsilon}{3} \qquad \text{für alle} \quad x \in [a, a+2\gamma],$$

$$|f(x) - f(b)| < \frac{\varepsilon}{3} \qquad \text{für alle} \quad x \in [b-2\gamma, b].$$

Nach Aufgabe 7.4.26 existiert ein $M > 0$, so daß gilt

$$|f(x) - f(y)| \leq M|x-y| \qquad \text{für alle} \quad x, y \in [a+\gamma, b-\gamma].$$

Wir wählen $\delta := \min\left\{\gamma, \frac{\varepsilon}{3M}\right\}$. Es seien $(a_1, b_1), ..., (a_n, b_n)$ endlich viele paarweise disjunkte Teilintervalle von $[a, b]$ mit $\sum_{\nu=1}^{n}(b_\nu - a_\nu) < \delta$. Ohne Beschränkung der Allgemeinheit gelte $a \leq a_1 < b_1 \leq a_2 < b_2 \leq \cdots < b_n \leq b$. Ferner können wir annehmen, daß geeignete p und q existieren mit

$$a_p < a + \gamma \leq a_{p+1} < \cdots < b_{q-1} \leq b - \gamma < b_q$$

(was man erforderlichenfalls durch Hinzufügen von zwei weiteren Teilintervallen erreichen kann). Wir erhalten dann

$$a < b_p = (b_p - a_p) + a_p < \delta + a_p < \delta + a + \gamma \leq a + 2\gamma,$$

und aufgrund der Monotonie von f in $[a, a + 2\gamma]$ folgt

$$\sum_{\nu=1}^{p} |f(b_\nu) - f(a_\nu)| = \Big|\sum_{\nu=1}^{p} \{f(b_\nu) - f(a_\nu)\}\Big| \leq |f(b_p) - f(a)| < \frac{\varepsilon}{3}.$$

Analog ergibt sich

$$\sum_{\nu=q}^{n} |f(b_\nu) - f(a_\nu)| < \frac{\varepsilon}{3}.$$

Insgesamt folgt

$$\begin{aligned}
&\sum_{\nu=1}^{n} |f(b_\nu) - f(a_\nu)| = \\
&\quad = \sum_{\nu=1}^{p} |f(b_\nu) - f(a_\nu)| + \sum_{\nu=p+1}^{q-1} |f(b_\nu) - f(a_\nu)| + \sum_{\nu=q}^{n} |f(b_\nu) - f(a_\nu)| < \\
&\quad < \frac{\varepsilon}{3} + M \sum_{\nu=p+1}^{q-1} (b_\nu - a_\nu) + \frac{\varepsilon}{3} \leq \frac{2\varepsilon}{3} + M\delta \leq \varepsilon.
\end{aligned}$$

Daraus ergibt sich die Behauptung.

7.4.39 a) Ohne Beschränkung der Allgemeinheit sei $x_1 \leq x_2 \leq \cdots \leq x_n$. Setzen wir $x_0 := \sum\limits_{\nu=1}^{n} p_\nu x_\nu$, so gilt $x_1 \leq x_0 \leq x_n$, insbesondere ist also $x_0 \in I$. Es sei

$$\ell(x) := f(x_0) + (x - x_0)m$$

eine Stützgerade von f im Punkt x_0 (siehe Aufgabe 7.4.36). Wir erhalten sofort

$$\ell(x_0) = \ell\Big(\sum_{\nu=1}^{n} p_\nu x_\nu\Big) = \sum_{\nu=1}^{n} p_\nu \ell(x_\nu),$$

und es ergibt sich (wegen $\ell(x) \leq f(x)$ für alle $x \in I$)

$$f\Big(\sum_{\nu=1}^{n} p_\nu x_\nu\Big) = f(x_0) = \ell(x_0) = \sum_{\nu=1}^{n} p_\nu \ell(x_\nu) \leq \sum_{\nu=1}^{n} p_\nu f(x_\nu).$$

b) Ist die Funktion g in I konkav, so ist $f := -g$ konvex und aus a) folgt

$$\sum_{\nu=1}^{n} p_\nu g(x_\nu) \leq g\Big(\sum_{\nu=1}^{n} p_\nu x_\nu\Big).$$

Bemerkung: Die JENSENsche Ungleichung gilt auch für allgemeine Intervalle I, und sie kann auch mit vollständiger Induktion bewiesen werden. Aus der JENSENschen Ungleichung können (durch Spezialisierung der Funktion f) zahlreiche bekannte Ungleichungen gefolgert werden (z.B. die Ungleichungen von BERNOULLI und HÖLDER, die Ungleichung zwischen arithmetischem und geometrischem Mittel usw.). Es ist jedoch zu beachten, daß der Zugang zur JENSENschen Ungleichung einen theoretischen Hintergrund benötigt, der für diese elementaren Ungleichungen eigentlich nicht erforderlich ist.

7.4.40 a) In $(0,\infty)$ betrachten wir die Funktion $f(x) := x^\alpha$. Wir erhalten dann $f'(x) = \alpha x^{\alpha-1}$ und $f''(x) = \alpha(\alpha-1)x^{\alpha-2}$. Daher ist f konvex für $\alpha \geq 1$ und $\alpha \leq 0$. Es sei $X := \sum\limits_{\nu=1}^{n} x_\nu$ und $p_\nu := \dfrac{x_\nu}{X}$; es ist dann $\sum\limits_{\nu=1}^{n} p_\nu = 1$, und wir erhalten mit der JENSENschen Ungleichung (siehe Aufgabe 7.4.39) im Falle $\alpha \geq 1$ bzw. $\alpha \leq 0$

$$\frac{1}{X^\alpha}\Big\{\sum_{\nu=1}^{n} x_\nu y_\nu\Big\}^\alpha = \Big\{\sum_{\nu=1}^{n} p_\nu y_\nu\Big\}^\alpha \leq \sum_{\nu=1}^{n} p_\nu y_\nu^\alpha = \frac{1}{X}\sum_{\nu=1}^{n} x_\nu y_\nu^\alpha.$$

Dies ist äquivalent zur behaupteten Ungleichung.
b) Ist $0 < \alpha < 1$, so ist $f(x) := -x^\alpha$ in $(0,\infty)$ konvex, und es ergibt sich analog

$$\Big\{\sum_{\nu=1}^{n} x_\nu\Big\}^{\alpha-1} \cdot \sum_{\nu=1}^{n} x_\nu y_\nu^\alpha \leq \Big\{\sum_{\nu=1}^{n} x_\nu y_\nu\Big\}^\alpha.$$

7.4.41 Wir beweisen die im Hinweis angegebene allgemeinere Ungleichung. Die Funktion $f(x) := \sin x$ ist wegen $f''(x) = -\sin x \leq 0$ für $x \in [0,\pi]$ konkav in $[0,\pi]$. Aus der JENSENschen Ungleichung folgt daher

$$\frac{1}{n}\sum_{\nu=1}^{n} \sin x_\nu \leq \sin\Big(\frac{1}{n}\sum_{\nu=1}^{n} x_\nu\Big).$$

Im Falle $\sum\limits_{\nu=1}^{n} x_\nu = \pi$ ergibt sich speziell die Behauptung.

7.4.42 Die Funktion $f(x) := \ln \dfrac{x}{\sin x}$ erfüllt $f''(x) > 0$ für alle $x \in (0,\pi)$ und ist folglich konvex. Nach der JENSENschen Ungleichung gilt daher

$$\frac{1}{n}\sum_{\nu=1}^{n} f(x_\nu) \geq f\Big(\frac{1}{n}\sum_{\nu=1}^{n} x_\nu\Big) = f(x).$$

Hieraus folgt

$$\frac{1}{n}\ln\Big\{\prod_{\nu=1}^{n} \frac{x_\nu}{\sin x_\nu}\Big\} \geq \ln\Big\{\frac{x}{\sin x}\Big\},$$

was zur Behauptung äquivalent ist.

7.4.43 Wir betrachten die Funktion $f(y) = (1+e^y)^{-1}$. Es gilt

$$f''(y) = \frac{e^y(e^y-1)}{(1+e^y)^3}.$$

Wegen $f''(y) < 0$ für $y < 0$ ist f in $(-\infty, 0)$ konkav, und wegen $f''(y) > 0$ für $y > 0$ ist f in $(0, \infty)$ konvex.

a) Es sei $0 < x_\nu < 1$ für $\nu = 1, ..., n$. Dann ist $y_\nu := \ln x_\nu < 0$, und wir erhalten mit der JENSENschen Ungleichung aufgrund der Konkavität von f in $(-\infty, 0)$

$$\sum_{\nu=1}^{n} \frac{a_\nu}{1+x_\nu} = \sum_{\nu=1}^{n} a_\nu(1+e^{y_\nu})^{-1} \leq \left\{1+\exp\left(\sum_{\nu=1}^{n} a_\nu y_\nu\right)\right\}^{-1} =$$

$$= \left\{1+\prod_{\nu=1}^{n} e^{a_\nu y_\nu}\right\}^{-1} = \left\{1+\prod_{\nu=1}^{n} x_\nu^{a_\nu}\right\}^{-1}.$$

b) Gilt $x_\nu > 1$ für $\nu = 1, ..., n$, so folgt die entsprechende Behauptung analog aufgrund der Konvexität von f in $(0, \infty)$.

8 Integralrechnung

8.1 Definition des RIEMANN-Integrals

8.1.1 Es sei $P = \{x_0, x_1, ..., x_n\}$ eine beliebige Partition von $[a, b]$. Wir erhalten

$$\overline{S}_P(f) = \sum_{i=1}^{n} \sup_{[x_{i-1},x_i]} f(x)\{x_i - x_{i-1}\} = 1 \cdot \sum_{i=1}^{n} \{x_i - x_{i-1}\} = b - a,$$

$$\underline{S}_P(f) = \sum_{i=1}^{n} \inf_{[x_{i-1},x_i]} f(x)\{x_i - x_{i-1}\} = 0 \cdot \sum_{i=1}^{n} \{x_i - x_{i-1}\} = 0.$$

Daher kann f auf $[a, b]$ nicht integrierbar sein.

8.1.2 Wir betrachten die Folge der Partitionen

$$P_n = \left\{x_0^{(n)}, x_1^{(n)}, ..., x_n^{(n)}\right\} \qquad \text{mit} \qquad x_i^{(n)} = \frac{i}{n}.$$

Es gilt $x_i^{(n)} - x_{i-1}^{(n)} = \dfrac{1}{n}$ und damit $||P_n|| \to 0$ für $n \to \infty$. Da $f(x) = e^x$ in $[0, 1]$ monoton wachsend ist, ist f integrierbar in $[0, 1]$. Daher muß die Folge der Untersummen

$$\underline{S}_{P_n}(f) = \sum_{i=1}^{n} \inf_{[x_{i-1}^{(n)},x_i^{(n)}]} f(x)\{x_i^{(n)} - x_{i-1}^{(n)}\}$$

gegen den Wert des Integrals $\int\limits_0^1 e^x dx$ konvergieren. Aus der Monotonie von f folgt

$$\inf_{[x_{i-1}^{(n)},x_i^{(n)}]} f(x) = f(x_{i-1}^{(n)}) = e^{(i-1)/n},$$

und damit erhalten wir für $n \to \infty$

$$\begin{aligned}\underline{S}_{P_n}(f) &= \sum_{i=1}^{n} e^{(i-1)/n} \cdot \frac{1}{n} = \frac{1}{n} \cdot \sum_{i=1}^{n} (e^{1/n})^{i-1} = \\ &= \frac{1}{n} \cdot \frac{e^{n/n} - 1}{e^{1/n} - 1} = (e - 1)\frac{1/n}{e^{1/n} - 1} \to e - 1.\end{aligned}$$

Es gilt also $\int\limits_0^1 e^x dx = e - 1.$

8.1.3 Wir betrachten die Folge der Partitionen

$$P_n = \left\{x_0^{(n)}, x_1^{(n)}, ..., x_n^{(n)}\right\} \qquad \text{mit} \qquad x_i^{(n)} = y^{i/n}.$$

Es gilt

$$x_i^{(n)} - x_{i-1}^{(n)} = y^{(i-1)/n} \cdot (y^{1/n} - 1)$$

und damit $||P_n|| \to 0$ für $n \to \infty$. Da $f(x) = \dfrac{1}{x}$ in $[1, y]$ stetig ist, ist f integrierbar in $[1, y]$, und daher muß die Folge der RIEMANNschen Summen

$$S_{P_n}(f, \xi^{(n)}) = \sum_{i=1}^{n} f(\xi_i^{(n)})\{x_i^{(n)} - x_{i-1}^{(n)}\}$$

bei jeder Wahl der Zwischenstellen $\xi_i^{(n)} \in [x_{i-1}^{(n)}, x_i^{(n)}]$ gegen den Wert des Integrals $\int\limits_1^y \dfrac{dx}{x}$ konvergieren. Wählen wir

$$\xi_i^{(n)} = x_{i-1}^{(n)} = y^{(i-1)/n} \qquad (i = 1, ..., n),$$

so erhalten wir für $n \to \infty$

$$\begin{aligned} S_{P_n}(f, \xi^{(n)}) &= \sum_{i=1}^{n} y^{-(i-1)/n} \cdot y^{(i-1)/n} \cdot (y^{1/n} - 1) = \\ &= n(y^{1/n} - 1) = \frac{y^{1/n} - 1}{1/n} \to \ln y. \end{aligned}$$

Es gilt also $\int\limits_1^y \dfrac{dx}{x} = \ln y$.

8.1.4 Es sei $P = \{x_0, x_1, ..., x_n\}$ eine Partition von $[a, b]$ und φ eine in $[a, b]$ beschränkte Funktion. Wir setzen wie üblich

$$\underline{m}_i(\varphi) := \inf_{[x_{i-1}, x_i]} \varphi(x); \qquad \overline{m}_i(\varphi) := \sup_{[x_{i-1}, x_i]} \varphi(x).$$

Es sei ein $\varepsilon > 0$ gegeben. Da f in $[a, b]$ integrierbar ist, gibt es eine Partition P von $[a, b]$ mit

$$\overline{S}_P(f) - \underline{S}_P(f) = \sum_{i=1}^{n} \{\overline{m}_i(f) - \underline{m}_i(f)\}(x_i - x_{i-1}) < \varepsilon\delta^2.$$

Die Funktion $\dfrac{1}{f}$ ist in $[a, b]$ beschränkt; wir erhalten

$$\overline{S}_P\Big(\frac{1}{f}\Big) - \underline{S}_P\Big(\frac{1}{f}\Big) = \sum_{i=1}^{n} \Big\{\overline{m}_i\Big(\frac{1}{f}\Big) - \underline{m}_i\Big(\frac{1}{f}\Big)\Big\}(x_i - x_{i-1}) =$$

$$= \sum_{i=1}^{n} \left\{ \frac{1}{\underline{m}_i(f)} - \frac{1}{\overline{m}_i(f)} \right\} (x_i - x_{i-1}) = \sum_{i=1}^{n} \frac{\overline{m}_i(f) - \underline{m}_i(f)}{\underline{m}_i(f) \cdot \overline{m}_i(f)} (x_i - x_{i-1}) \leq$$

$$\leq \frac{1}{\delta^2} \cdot \sum_{i=1}^{n} \{\overline{m}_i(f) - \underline{m}_i(f)\}(x_i - x_{i-1}) = \frac{1}{\delta^2} \cdot \{\overline{S}_P(f) - \underline{S}_P(f)\} < \varepsilon.$$

Mit dem RIEMANNschen Integrabilitätskriterium folgt die Behauptung.

8.1.5 Wir wählen $[a, b] = [0, 1]$ und

$$f(x) := \begin{cases} 1 & \text{falls} \quad x \in [0,1] \cap \mathbb{Q} \\ 0 & \text{falls} \quad x \in [0,1] \setminus \mathbb{Q} \end{cases}.$$

Es sei ein $\varepsilon > 0$ gegeben und ein beliebiges $\delta > 0$ gewählt. Ist $P = \{x_0, x_1, ..., x_n\}$ irgendeine Partition von $[0, 1]$ mit $||P|| < \delta$, so finden wir in jedem Intervall $[x_{i-1}, x_i]$ ein $\xi_i \in \mathbb{R} \setminus \mathbb{Q}$, und es gilt

$$\left| \sum_{i=1}^{n} f(\xi_i)(x_i - x_{i-1}) \right| = 0 < \varepsilon.$$

Die Funktion f ist jedoch nicht integrierbar in $[0, 1]$.

8.1.6 Für alle $x \in [a, b]$ gilt

$$(\max\{f, g\})(x) = \frac{1}{2}\{f(x) + g(x) + |f(x) - g(x)|\},$$

$$(\min\{f, g\})(x) = \frac{1}{2}\{f(x) + g(x) - |f(x) - g(x)|\}.$$

Mit f und g sind alle in diesen Linearkombinationen auftretenden Funktionen integrierbar in $[a, b]$. Also sind beide Funktionen $\max\{f, g\}$ und $\min\{f, g\}$ integrierbar in $[a, b]$.

8.1.7 Es sei $\{P_m\}$ eine Folge von Partitionen $P_m = \left\{x_0^{(m)}, ..., x_{n(m)}^{(m)}\right\}$ von $[a, b]$ mit $\lim\limits_{m\to\infty} ||P_m|| = 0$. In jedem Intervall $[x_{i-1}^{(m)}, x_i^{(m)}]$ existiert ein $\xi_i^{(m)} \in X$, so daß also $f(\xi_i^{(m)}) = g(\xi_i^{(m)})$ gilt. Die RIEMANNschen Summen

$$S_{P_m}(f, \xi^{(m)}) = \sum_{i=1}^{n^{(m)}} f(\xi_i^{(m)})(x_i^{(m)} - x_{i-1}^{(m)})$$

und

$$S_{P_m}(g, \xi^{(m)}) = \sum_{i=1}^{n^{(m)}} g(\xi_i^{(m)})(x_i^{(m)} - x_{i-1}^{(m)})$$

stimmen daher überein. Es folgt

$$\int_a^b f(x)dx = \lim_{m\to\infty} S_{P_m}(f,\xi^{(m)}) = \lim_{m\to\infty} S_{P_m}(g,\xi^{(m)}) = \int_a^b g(x)dx.$$

8.1.8 Die Existenz der beiden auftretenden Integrale ist wegen der strengen Monotonie von f in $[a,b]$ und von f^{-1} in $[f(a),f(b)]$ klar.

a) Es sei $P = \{x_0, x_1, ..., x_n\}$ eine Partition von $[a,b]$. Dann ist

$$Q := f(P) = \{f(x_0), f(x_1), ..., f(x_n)\}$$

eine Partition von $[f(a), f(b)]$. Wir erhalten

$$\begin{aligned}\overline{S}_P(f) + \underline{S}_Q(f^{-1}) &= \sum_{i=1}^n f(x_i)\{x_i - x_{i-1}\} + \sum_{i=1}^n f^{-1}(f(x_{i-1}))\{f(x_i) - f(x_{i-1})\} = \\ &= \sum_{i=1}^n \{x_i f(x_i) - x_{i-1} f(x_{i-1})\} = bf(b) - af(a).\end{aligned}$$

b) Es sei $\{P_m\}$ eine Folge von Partitionen von $[a,b]$ mit $\lim\limits_{m\to\infty} ||P_m|| = 0$. Für $Q_m := f(P_m)$ gilt aufgrund der gleichmäßigen Stetigkeit von f auch $\lim\limits_{m\to\infty} ||Q_m|| = 0$. Wir erhalten

$$\lim_{m\to\infty} \left\{\overline{S}_{P_m}(f) + \underline{S}_{Q_m}(f^{-1})\right\} = \int_a^b f(x)dx + \int_{f(a)}^{f(b)} f^{-1}(x)dx.$$

Mit a) folgt also die Behauptung.

8.1.9 Wir nehmen im folgenden an, daß alle rationalen Zahlen $x = \frac{p}{q} \in (0,1)$ mit teilerfremden $p, q \in \mathbb{N}$ dargestellt sind.

a) Die Funktion f nimmt an $x = 0$ und $x = 1$ offenbar ein absolutes Maximum an. Es sei $x_0 = \frac{p}{q} \in \mathbb{Q} \cap (0,1)$. Dann gibt es höchstens endlich viele rationale Zahlen $x_\nu = \frac{p_\nu}{q_\nu} \in [0,1]$ mit

$$f\Big(\frac{p}{q}\Big) = \frac{1}{q} < f\Big(\frac{p_\nu}{q_\nu}\Big) = \frac{1}{q_\nu}.$$

Setzen wir $2\delta := \min\limits_\nu |x_0 - x_\nu|$, so ist $\delta > 0$, und für alle $x \in [0,1]$ mit $|x_0 - x| < \delta$ erhalten wir $f(x_0) \geq f(x)$.

b) Es sei $x_0 \in (0,1)$ eine irrationale Zahl und ein $\varepsilon > 0$ gegeben. Dann gibt es höchstens endlich viele rationale Zahlen $x_\nu = \frac{p_\nu}{q_\nu} \in [0,1]$ mit $f(x_\nu) = \frac{1}{q_\nu} \geq \varepsilon$. Wählen wir

$$2\delta := \min_\nu |x_0 - x_\nu|,$$

so ist $\delta > 0$, und für alle $x \in [0,1]$ mit $|x_0 - x| < \delta$ folgt $|f(x_0) - f(x)| < \varepsilon$. Also ist f stetig an x_0. (Man vergleiche hierzu auch I; Aufgabe 5.2.12.)

c) Es sei ein ε mit $0 < \varepsilon < 1$ gegeben. Es gibt dann höchstens endlich viele rationale Zahlen $x_\nu \in [0,1]$ mit $f(x_\nu) \geq \varepsilon$. Die Anzahl dieser Stellen sei K_ε; es ist $K_\varepsilon > 0$. Es sei P eine Partition von $[0,1]$ mit $||P|| := \delta < \dfrac{\varepsilon}{2K_\varepsilon}$. Die Menge der Punkte x_ν ist in höchstens $2K_\varepsilon$ der von P erzeugten Teilintervallen von $[0,1]$ enthalten. Es folgt daher

$$\overline{S}_P(f) - \underline{S}_P(f) < 2K_\varepsilon\delta + \varepsilon < 2\varepsilon.$$

Nach dem RIEMANNschen Integrabilitätskriterium ist f integrierbar auf $[0,1]$. Wegen $\underline{S}_P(f) = 0$ für jede Partition von $[0,1]$ muß $\int\limits_0^1 f(x)dx = 0$ gelten.

8.1.10 a) Es sei ein $\varepsilon > 0$ gegeben; wegen der Integrierbarkeit von f in $[0,a]$ existiert eine Partition $P_0 = \{x_0, x_1, ..., x_n\}$ von $[0,a]$ mit

$$\overline{S}_{P_0}(f) - \underline{S}_{P_0}(f) < \frac{\varepsilon}{2}. \tag{*}$$

Dann bildet

$$P = \{-x_n, ..., -x_1, x_0, x_1, ..., x_n\}$$

eine Partition von $[-a,a]$. Mit $I_i = [x_{i-1}, x_i]$ und $J_i = [-x_i, -x_{i-1}]$ gilt

$$\begin{aligned}
\overline{S}_P(f) &= \sum_{i=1}^{n} \sup_{J_i} f(x)(-x_{i-1} - (-x_i)) + \sum_{i=1}^{n} \sup_{I_i} f(x)(x_i - x_{i-1}) = \\
&= \sum_{i=1}^{n} \sup_{I_i} f(-x)(x_i - x_{i-1}) + \sum_{i=1}^{n} \sup_{I_i} f(x)(x_i - x_{i-1}) = \\
&= 2\sum_{i=1}^{n} \sup_{I_i} f(x)(x_i - x_{i-1}) = 2\overline{S}_{P_0}(f).
\end{aligned}$$

Analog ist $\underline{S}_P(f) = 2\underline{S}_{P_0}(f)$. Es folgt mit $(*)$

$$\overline{S}_P(f) - \underline{S}_P(f) = 2\{\overline{S}_{P_0}(f) - \underline{S}_{P_0}(f)\} < \varepsilon,$$

und nach dem RIEMANNschen Integrabilitätskriterium ist f integrierbar in $[-a,a]$. Weiter folgt mit $(*)$

$$\int\limits_{-a}^{a} f(x)dx - 2\int\limits_{0}^{a} f(x)dx \leq \overline{S}_P(f) - 2\underline{S}_{P_0}(f) = 2\{\overline{S}_{P_0}(f) - \underline{S}_{P_0}(f)\} < \varepsilon,$$

$$2\int\limits_{0}^{a} f(x)dx - \int\limits_{-a}^{a} f(x)dx \leq 2\overline{S}_{P_0}(f) - \underline{S}_P(f) = 2\{\overline{S}_{P_0}(f) - \underline{S}_{P_0}(f)\} < \varepsilon.$$

Da $\varepsilon > 0$ beliebig war, ergibt sich

$$\int_{-a}^{a} f(x)dx = 2\int_{0}^{a} f(x)dx.$$

b) Der Nachweis von b) verläuft analog zu a).

8.1.11 a) Wir zeigen zunächst, daß f für jedes $m \in \mathbb{Z}$ in $[mp,(m+1)p]$ integrierbar ist. Da f in $[0,p]$ integrierbar ist, gibt es zu $\varepsilon > 0$ eine Partition $P_0 = \{y_0, y_1, ..., y_n\}$ von $[0,p]$ mit $\overline{S}_{P_0}(f) - \underline{S}_{P_0}(f) < \varepsilon$. Für $i = 0, ..., n$ setzen wir $x_i := y_i + mp$; dann bildet $P = \{x_0, x_1, ..., x_n\}$ eine Partition von $[mp,(m+1)p]$. Aufgrund der Periodizität von f gilt

$$\overline{S}_P(f) = \sum_{i=1}^{n} \sup_{[x_{i-1},x_i]} f(x)(x_i - x_{i-1}) = \sum_{i=1}^{n} \sup_{[y_{i-1},y_i]} f(x)(y_i - y_{i-1}) = \overline{S}_{P_0}(f).$$

Analog ist $\underline{S}_P(f) = \underline{S}_{P_0}(f)$, und wir erhalten

$$\overline{S}_P(f) - \underline{S}_P(f) = \overline{S}_{P_0}(f) - \underline{S}_{P_0}(f) < \varepsilon.$$

Nach dem RIEMANNschen Integrabilitätskriterium ist f integrierbar in $[mp,(m+1)p]$.
b) Es sei ein Intervall $[a,b]$ gegeben. Dann existieren $m_1, m_2 \in \mathbb{Z}$ mit $[a,b] \subset [m_1p, m_2p]$. Aus a) folgt sofort die Integrierbarkeit von f auf $[m_1p, m_2p] = \bigcup_{m=m_1}^{m_2-1} [mp,(m+1)p]$ und damit auch auf $[a,b]$.
c) Es sei ein $c \in \mathbb{R}$ gegeben. Ohne Beschränkung der Allgemeinheit sei $c > 0$. Es gilt dann

$$\int_{c}^{c+p} f(x)dx = \int_{0}^{p} f(x)dx + \int_{p}^{c+p} f(x)dx - \int_{0}^{c} f(x)dx.$$

Weiter erhalten wir

$$\int_{0}^{c} f(x)dx = \lim_{n\to\infty} \frac{c}{n}\sum_{i=1}^{n} f\Big(\frac{c}{n}i\Big) = \lim_{n\to\infty} \frac{c}{n}\sum_{i=1}^{n} f\Big(\frac{c}{n}i + p\Big) = \int_{p}^{p+c} f(x)dx.$$

Daraus folgt die Behauptung.

8.1.12 a) Die Funktion f sei integrierbar in $[a,b]$, und es sei ein $\varepsilon > 0$ gegeben. Dann gibt es nach dem RIEMANNschen Integrabilitätskriterium eine Partition $P = \{x_0, x_1, ..., x_n\}$ von $[a,b]$ mit $\overline{S}_P(f) - \underline{S}_P(f) < \varepsilon$. Wir setzen

$$\underline{t}(x) := \begin{cases} \underline{m}_i(f) & \text{falls } x_{i-1} \le x < x_i \qquad (i = 1, ..., n) \\ f(b) & \text{falls } x = b \end{cases},$$

$$\overline{t}(x) := \begin{cases} \overline{m}_i(f) & \text{falls } x_{i-1} \le x < x_i \quad (i = 1, ..., n) \\ f(b) & \text{falls } x = b \end{cases}.$$

Dann sind $\underline{t}$ und $\overline{t}$ Treppenfunktionen mit $\underline{t}(x) \le f(x) \le \overline{t}(x)$ für alle $x \in [a, b]$ und

$$\underline{S}_P(f) = \sum_{i=1}^{n} \underline{m}_i(f)(x_i - x_{i-1}) = \int_a^b \underline{t}(x)dx,$$

$$\overline{S}_P(f) = \sum_{i=1}^{n} \overline{m}_i(f)(x_i - x_{i-1}) = \int_a^b \overline{t}(x)dx.$$

Wegen $\int_a^b f(x)dx - \underline{S}_P(f) < \varepsilon$ und $\overline{S}_P(f) - \int_a^b f(x)dx < \varepsilon$ folgt hieraus die Behauptung.

b) Die Funktion f sei definiert in $[a, b]$, es sei ein $\varepsilon > 0$ gegeben, und es seien $\underline{t}$ und $\overline{t}$ Treppenfunktionen mit $\underline{t}(x) \le f(x) \le \overline{t}(x)$ für alle $x \in [a, b]$ und

$$\int_a^b \overline{t}(x)dx - \int_a^b \underline{t}(x)dx < \varepsilon.$$

Wir wählen Partitionen P_1 und P_2 von $[a, b]$ mit $\overline{S}_{P_1}(\overline{t}) - \underline{S}_{P_2}(\underline{t}) < \varepsilon$. Es sei P eine Verfeinerung sowohl von P_1 als auch von P_2. Dann gilt auch $\overline{S}_P(\overline{t}) - \underline{S}_P(\underline{t}) < \varepsilon$. Da Treppenfunktionen beschränkt sind, muß f ebenfalls beschränkt sein. Ferner erhalten wir

$$\overline{S}_P(f) - \underline{S}_P(f) \le \overline{S}_P(\overline{t}) - \underline{S}_P(\underline{t}) < \varepsilon,$$

und nach dem RIEMANNschen Integrabilitätskriterium ist f in $[a, b]$ integrierbar.

8.1.13 Es sei M so gewählt, daß $|f(x)| < M$ ist für alle $x \in [a, b]$. Die Funktion f sei stetig in $[a, b]$ mit Ausnahme der Stellen $x_1, ..., x_N$, von denen wir annehmen, daß

$$a \le x_1 < x_2 < \cdots < x_N \le b$$

gilt. Es reicht zu zeigen, daß f in jedem der Intervalle $[x_k, x_{k+1}]$ sowie $[a, x_1]$, falls $a < x_1$, und $[x_N, b]$, falls $x_N < b$, integrierbar ist. Wir wählen eines dieser Intervalle aus und bezeichnen es mit $[\alpha, \beta]$.

Es sei ein $\varepsilon > 0$ gegeben. Wir wählen ein δ mit $0 < \delta < \frac{\varepsilon}{8M}$, so daß $\alpha + \delta < \beta - \delta$ gilt. Da f in $[\alpha + \delta, \beta - \delta]$ stetig und damit integrierbar ist, gibt es nach Aufgabe 8.1.12 Treppenfunktionen $\underline{t}_0$ und $\overline{t}_0$ in $[\alpha + \delta, \beta - \delta]$ mit $\underline{t}_0(x) \le f(x) \le \overline{t}_0(x)$ für alle $x \in [\alpha + \delta, \beta - \delta]$ und

$$\int_{\alpha+\delta}^{\beta-\delta} \{\overline{t}_0(x) - \underline{t}_0(x)\}dx < \frac{\varepsilon}{2}.$$

Wir betrachten die Treppenfunktionen

$$\underline{t}(x) := \begin{cases} \underline{t}_0(x) & \text{falls} \quad x \in [\alpha+\delta, \beta-\delta] \\ -M & \text{falls} \quad x \in [\alpha, \alpha+\delta) \cup (\beta-\delta, \beta] \end{cases},$$

$$\overline{t}(x) := \begin{cases} \overline{t}_0(x) & \text{falls} \quad x \in [\alpha+\delta, \beta-\delta] \\ +M & \text{falls} \quad x \in [\alpha, \alpha+\delta) \cup (\beta-\delta, \beta] \end{cases}.$$

Es gilt $\underline{t}(x) \le f(x) \le \overline{t}(x)$ für alle $x \in [\alpha, \beta]$, und es ist

$$\int_\alpha^\beta \{\overline{t}(x) - \underline{t}(x)\}dx = \int_{\alpha+\delta}^{\beta-\delta} \{\overline{t}_0(x) - \underline{t}_0(x)\}dx + 2\delta \cdot 2M < \varepsilon.$$

Nach Aufgabe 8.1.12 ist f integrierbar in $[\alpha, \beta]$.

8.1.14 Es sei M so gewählt, daß $|f(x)| < M$ ist für alle $x \in [a, b]$. Die Häufungspunkte von A in $[a, b]$ seien $x_1, ..., x_N$, und wir nehmen an, daß gilt

$$a \le x_1 < x_2 < \cdots < x_N \le b.$$

Es reicht zu zeigen, daß f in jedem der Intervalle $[x_k, x_{k+1}]$ sowie $[a, x_1]$, falls $a < x_1$, und $[x_N, b]$, falls $x_N < b$, integrierbar ist. Wir wählen eines dieser Intervalle und bezeichnen es mit $[\alpha, \beta]$.

Es sei ein $\varepsilon > 0$ gegeben. Wir wählen ein δ mit $0 < \delta < \frac{\varepsilon}{8M}$, so daß $\alpha + \delta < \beta - \delta$ gilt. Da f in $[\alpha+\delta, \beta-\delta]$ nur endlich viele Unstetigkeitsstellen hat und damit nach Aufgabe 8.1.13 integrierbar ist, gibt es nach Aufgabe 8.1.12 Treppenfunktionen $\underline{t}_0$ und $\overline{t}_0$ in $[\alpha+\delta, \beta-\delta]$ mit $\underline{t}_0(x) \le f(x) \le \overline{t}_0(x)$ für alle $x \in [\alpha+\delta, \beta-\delta]$ und

$$\int_{\alpha+\delta}^{\beta-\delta} \{\overline{t}_0(x) - \underline{t}_0(x)\}dx < \frac{\varepsilon}{2}.$$

Wir betrachten die Treppenfunktionen

$$\underline{t}(x) := \begin{cases} \underline{t}_0(x) & \text{falls} \quad x \in [\alpha+\delta, \beta-\delta] \\ -M & \text{falls} \quad x \in [\alpha, \alpha+\delta) \cup (\beta-\delta, \beta] \end{cases},$$

$$\overline{t}(x) := \begin{cases} \overline{t}_0(x) & \text{falls} \quad x \in [\alpha+\delta, \beta-\delta] \\ +M & \text{falls} \quad x \in [\alpha, \alpha+\delta) \cup (\beta-\delta, \beta] \end{cases}.$$

Es gilt $\underline{t}(x) \le f(x) \le \overline{t}(x)$ für alle $x \in [\alpha, \beta]$, und es ist

$$\int_\alpha^\beta \{\overline{t}(x) - \underline{t}(x)\}dx = \int_{\alpha+\delta}^{\beta-\delta} \{\overline{t}_0(x) - \underline{t}_0(x)\} + 2\delta \cdot 2M < \varepsilon.$$

Nach Aufgabe 8.1.12 ist f integrierbar in $[\alpha, \beta]$.

8.1.15 Wir wählen eine Partition $P = \{x_0, x_1, ..., x_n\}$ von $[a, b]$ mit

$$\underline{S}_P(f) = \sum_{i=1}^{n} \inf_{[x_{i-1},x_i]} f(x)(x_i - x_{i-1}) > \frac{1}{2}\int_a^b f(x)dx > 0.$$

Gibt es kein Intervall mit der behaupteten Eigenschaft, so ist $\inf\limits_{[x_{i-1},x_i]} f(x) \leq 0$ für jedes $i = 1, ..., n$ und damit $\underline{S}_P(f) \leq 0$. Widerspruch!

8.1.16 Die Funktion $h(x) := g(x) - f(x)$ ist stetig in $[a, b]$. Es gilt $h(x) \geq 0$ und $h(x_0) > 0$. Daher gibt es ein Intervall $[c, d] \subset [a, b]$ und ein $\varepsilon > 0$ mit $h(x) \geq \varepsilon$ für alle $x \in [c, d]$. Wir erhalten

$$\int_a^b g(x)dx - \int_a^b f(x)dx = \int_a^b h(x)dx \geq \int_c^d h(x)dx \geq \varepsilon(d - c) > 0;$$

daraus folgt die Behauptung.

8.1.17 Wir nehmen an, für ein $x_0 \in [a, b]$ gelte $f(x_0) =: 2\varepsilon > 0$. Aufgrund der Stetigkeit von f existiert dann ein Intervall $[c, d] \subset [a, b]$ mit $f(x) \geq \varepsilon$ für alle $x \in [c, d]$. Es folgt

$$\int_a^b f(x)dx \geq \int_c^d f(x)dx \geq \varepsilon(d - c) > 0.$$

Widerspruch!

8.1.18 Wir nehmen an, daß ein $x_0 \in [1, \infty)$ existiert mit $f(x_0) \neq 0$. Wegen der Stetigkeit von f gibt es dann ein Intervall $[a, b] \subset (1, \infty)$ und eine Konstante $\gamma > 0$ mit $|f(x)| \geq \gamma$ für alle $x \in [a, b]$. Für alle $n \geq b$ erhalten wir

$$\begin{aligned} M &\geq \int_0^n x^n|f(x)|dx \geq \int_a^b x^n|f(x)|dx \geq \gamma\int_a^b x^n dx \geq \\ &\geq \gamma a^n \int_a^b dx = \gamma a^n(b - a) \to \infty \qquad (n \to \infty). \end{aligned}$$

Widerspruch! Es folgt, daß $f(x) = 0$ für alle $x \in [1, \infty)$ gelten muß.

8.1.19 Da f in $[a,b]$ stetig ist und $f(b)<0$ gilt, existiert ein $c\in(a,b)$ mit $f(x)<0$ für alle $x\in[c,b]$. Es folgt

$$\int_c^b f(x)dx<0,$$

und es muß $\int_a^c f(x)dx>0$ gelten. Damit gibt es ein $x_1\in(a,c)$ mit $f(x_1)>0$. Wegen $f(a)\le 0$ und $f(b)<0$ gibt es nach dem Zwischenwertsatz Stellen x_2 und x_3 mit $a\le x_2<x_1<x_3<b$ sowie $f(x_2)=f(x_3)=0$. Nach dem Satz von ROLLE existiert ein $\xi\in(x_2,x_3)$ mit $f'(\xi)=0$.

8.1.20 Da $g(x):=f(x)$ in $[a,b]$ integrierbar ist, gilt

$$\int_a^b f(x)g(x)dx=\int_a^b f^2(x)dx=0.$$

Mit Aufgabe 8.1.17 folgt hieraus $f^2(x)=0$ und damit $f(x)=0$ für alle $x\in[a,b]$.

8.1.21 Wir nehmen an, es wäre $f(x_0)\neq 0$ für ein $x_0\in[a,b]$. Ohne Beschränkung der Allgemeinheit gelte $f(x_0)>0$. Aufgrund der Stetigkeit von f gibt es dann ein Intervall $[c,d]\subset(a,b)$ mit $f(x)>0$ für alle $x\in[c,d]$. Die Funktion g mit $g(x):=(x-c)(d-x)$, falls $x\in[c,d]$, und $g(x)=0$, falls $x\notin[c,d]$, ist stetig in $[a,b]$ und erfüllt $g(a)=g(b)=0$. Wegen $g(x)>0$ für $x\in(c,d)$ erhalten wir

$$\int_a^b f(x)g(x)dx=\int_c^d f(x)g(x)dx>0.$$

Widerspruch!

8.1.22 Wir nehmen an, f sei eine Funktion mit der gewünschten Eigenschaft. Dann gilt

$$\int_a^b (x-r)^{2n}f(x)dx=\int_a^b\left\{\sum_{\nu=0}^{2n}(-1)^\nu\binom{2n}{\nu}x^\nu r^{2n-\nu}\right\}f(x)dx=$$

$$=\sum_{\nu=0}^{2n}(-1)^\nu\binom{2n}{\nu}r^{2n-\nu}\int_a^b x^\nu f(x)dx=r^{2n}\sum_{\nu=0}^{2n}(-1)^\nu\binom{2n}{\nu}=0.$$

Aus Aufgabe 8.1.17 folgt $(x-r)^{2n}f(x)=0$ für alle $x\in[a,b]$. Wegen der Stetigkeit von

f muß daher $f(x) = 0$ für alle $x \in [a,b]$ gelten. Dies ist aber ein Widerspruch zu

$$\int_a^b x^0 f(x)dx = r^0 = 1.$$

Es kann also keine Funktion geben, die die genannte Eigenschaft besitzt.

8.1.23 Wir setzen $M := \max\limits_{[a,b]} |f(x)|$ und können annehmen, daß $M > 0$ ist (andernfalls gilt $f(x) = 0$ für alle $x \in [a,b]$, und die Behauptung ist trivial).
Es sei ein ε mit $0 < \varepsilon < M$ gegeben. Da f in $[a,b]$ stetig ist, gibt es ein Intervall $[c,d] \subset [a,b]$, so daß gilt

$$|f(x)| \geq M - \varepsilon \qquad \text{für alle } x \in [c,d].$$

Es folgt

$$(M-\varepsilon)^n(d-c) \leq \int_c^d |f(x)|^n dx \leq \int_a^b |f(x)|^n dx \leq M^n(b-a).$$

Hieraus erhalten wir

$$M - \varepsilon \leq \underline{\lim_{n\to\infty}} \Big\{ \int_a^b |f(x)|^n dx \Big\}^{1/n} \leq \overline{\lim_{n\to\infty}} \Big\{ \int_a^b |f(x)|^n dx \Big\}^{1/n} \leq M,$$

und da $\varepsilon > 0$ beliebig war, ergibt sich die Behauptung.

8.1.24 a) Es sei ein $\varepsilon > 0$ gegeben. Da f in $[a,b]$ integrierbar ist, gibt es eine Partition $P = \{x_0, x_1, ..., x_n\}$ von $[a,b]$ mit $\overline{S}_P(f) - \underline{S}_P(f) < \dfrac{\varepsilon}{2}$.
Die Funktion g_ε erfülle $g_\varepsilon(x_i) = f(x_i)$ für $i = 0,1,...,n$ und sei für $i = 1,...,n$ linear in $I_i := [x_{i-1}, x_i]$. Offensichtlich ist g_ε stetig in $[a,b]$. Wir erhalten für jedes $x \in I_i$

$$\begin{aligned} |f(x) - g_\varepsilon(x)| &= \Big| f(x) - f(x_{i-1}) - (x - x_{i-1})\frac{f(x_i) - f(x_{i-1})}{x_i - x_{i-1}} \Big| \leq \\ &\leq |f(x) - f(x_{i-1})| + |f(x_i) - f(x_{i-1})| \leq 2 \cdot \Big\{ \sup_{I_i} f(x) - \inf_{I_i} f(x) \Big\}. \end{aligned}$$

Hieraus ergibt sich

$$\overline{S}_P(|f - g_\varepsilon|) \leq 2\{\overline{S}_P(f) - \underline{S}_P(f)\} < \varepsilon.$$

Wegen

$$\int_a^b |f(x) - g_\varepsilon(x)| dx \leq \overline{S}_P(|f - g_\varepsilon|)$$

folgt die Behauptung.

b) Es sei ein $\varepsilon > 0$ gegeben. Nach a) existiert eine stetige Funktion $g_{\varepsilon/2}$ mit

$$\int_a^b |f(x) - g_{\varepsilon/2}(x)|dx < \frac{\varepsilon}{2}.$$

Nach dem WEIERSTRASSschen Approximationssatz gibt es ein Polynom P_ε mit

$$\max_{[a,b]} |g_{\varepsilon/2}(x) - P_\varepsilon(x)| < \frac{\varepsilon}{2(b-a)}.$$

Es folgt

$$\begin{aligned}\int_a^b |f(x) - P_\varepsilon(x)|dx &\leq \int_a^b |f(x) - g_{\varepsilon/2}(x)|dx + \int_a^b |g_{\varepsilon/2}(x) - P_\varepsilon(x)|dx < \\ &< \frac{\varepsilon}{2} + (b-a)\cdot \max_{[a,b]} |g_{\varepsilon/2}(x) - P_\varepsilon(x)| < \varepsilon.\end{aligned}$$

8.1.25 a) Es sei zunächst $(a,b) \subset [0,1]$ und s eine in $[0,1]$ definierte Funktion mit $s(x) = 1$ für $x \in (a,b)$ und $s(x) = 0$ für $x \notin (a,b)$. Dann gilt

$$\frac{1}{n}\sum_{\nu=1}^{n} s(x_\nu) = \frac{A_n(a,b)}{n},$$

und wir erhalten

$$\lim_{n\to\infty} \frac{1}{n}\sum_{\nu=1}^{n} s(x_\nu) = \lim_{n\to\infty} \frac{A_n(a,b)}{n} = b - a = \int_0^1 s(x)dx.$$

b) Es sei t eine in $[0,1]$ definierte Treppenfunktion. Dann gibt es endlich viele Funktionen $s_1, ..., s_m$ von der in a) betrachteten Form und Konstanten $c_1, ..., c_m$, so daß die Treppenfunktion

$$t^*(x) := t(x) - \sum_{\mu=1}^{m} c_\mu s_\mu(x)$$

höchstens an endlich vielen Stellen von Null verschieden ist. Es gilt dann $\int_0^1 t^*(x)dx = 0$, und mit a) folgt

$$\begin{aligned}\int_0^1 t(x)dx &= \sum_{\mu=1}^{m} c_\mu \int_0^1 s_\mu(x)dx = \sum_{\mu=1}^{m} c_\mu \Big\{\lim_{n\to\infty} \frac{1}{n}\sum_{\nu=1}^{n} s_\mu(x_\nu)\Big\} = \\ &= \lim_{n\to\infty} \frac{1}{n}\sum_{\nu=1}^{n}\sum_{\mu=1}^{m} c_\mu s_\mu(x_\nu) = \lim_{n\to\infty} \frac{1}{n}\sum_{\nu=1}^{n}\{t(x_\nu) - t^*(x_\nu)\} = \lim_{n\to\infty} \frac{1}{n}\sum_{\nu=1}^{n} t(x_\nu).\end{aligned}$$

(Beim letzten Schritt wurde die Definition der Gleichverteilung benutzt.)

c) Es sei ein $\varepsilon > 0$ gegeben. Dann existieren nach Aufgabe 8.1.12 Treppenfunktionen $\underline{t}$ und $\overline{t}$ mit $\underline{t}(x) \leq f(x) \leq \overline{t}(x)$ und

$$\int_0^1 \overline{t}(x)dx - \varepsilon < \int_0^1 f(x)dx < \int_0^1 \underline{t}(x)dx + \varepsilon. \qquad (*)$$

Wegen

$$\frac{1}{n}\sum_{\nu=1}^{n} \underline{t}(x_\nu) \leq \frac{1}{n}\sum_{\nu=1}^{n} f(x_\nu) \leq \frac{1}{n}\sum_{\nu=1}^{n} \overline{t}(x_\nu)$$

folgt mit b)

$$\begin{aligned}\int_0^1 \underline{t}(x)dx &= \lim_{n\to\infty} \frac{1}{n}\sum_{\nu=1}^{n} \underline{t}(x_\nu) \leq \varliminf_{n\to\infty} \frac{1}{n}\sum_{\nu=1}^{n} f(x_\nu) \leq \\ &\leq \varlimsup_{n\to\infty} \frac{1}{n}\sum_{\nu=1}^{n} f(x_\nu) \leq \lim_{n\to\infty} \frac{1}{n}\sum_{\nu=1}^{n} \overline{t}(x_\nu) = \int_0^1 \overline{t}(x)dx.\end{aligned}$$

Da $\varepsilon > 0$ beliebig war, ergibt sich mit $(*)$ die Behauptung.

8.1.26 a) Die Funktion f sei integrierbar in $[a, b]$. Es seien ein $\varepsilon > 0$ und ein $\delta > 0$ gegeben. Dann gibt es nach dem RIEMANNschen Integrabilitätskriterium eine Partition $P = \{x_0, x_1, ..., x_n\}$ von $[a, b]$ mit $\overline{S}_P(f) - \underline{S}_P(f) < \varepsilon\delta$. Für diejenigen Teilintervalle $[x_{i-1}, x_i]$, in denen $\overline{m}_i(f) - \underline{m}_i(f) \geq \varepsilon$ ist, gilt dann

$$\sum_i \varepsilon(x_i - x_{i-1}) \leq \sum_i \{\overline{m}_i(f) - \underline{m}_i(f)\}(x_i - x_{i-1}) \leq \overline{S}_P(f) - \underline{S}_P(f) < \varepsilon\delta.$$

Also ist $\sum_i (x_i - x_{i-1}) < \delta$.

b) Es gelte die in der Aufgabenstellung genannte Bedingung. Wir können annehmen, daß f keine Konstante ist.

Es sei ein $\varepsilon > 0$ gegeben. Wir setzen

$$\varepsilon^* := \frac{\varepsilon}{2(b-a)}, \qquad \delta^* := \frac{\varepsilon/2}{\sup\limits_{[a,b]} f(x) - \inf\limits_{[a,b]} f(x)}.$$

Es existiert dann nach Voraussetzung eine Partition $P = \{x_0, x_1, ..., x_n\}$ von $[a, b]$, so daß für diejenigen Teilintervalle $[x_{i-1}, x_i]$ mit $\overline{m}_i(f) - \underline{m}_i(f) \geq \varepsilon^*$ gilt $\sum_i (x_i - x_{i-1}) < \delta^*$. Wir erhalten dann

$$\overline{S}_P(f) - \underline{S}_P(f) < \varepsilon^*(b-a) + \delta^*\Big\{\sup_{[a,b]} f(x) - \inf_{[a,b]} f(x)\Big\} = \varepsilon.$$

Nach dem RIEMANNschen Integrabilitätskriterium ist daher f in $[a, b]$ integrierbar.

8.1.27 Zum Beweis der Behauptung genügt es zu zeigen, daß in jedem offenen Teilintervall von $[a, b]$ eine Stetigkeitsstelle von f liegt.

a) Es sei ein Intervall $(\alpha, \beta) \subset [a, b]$ gegeben. Wir betrachten ein abgeschlossenes Intervall $[a_0, b_0] \subset (\alpha, \beta)$. Da f auf $[a_0, b_0]$ integrierbar ist, gibt es nach Aufgabe 8.1.26 zu $\varepsilon_1 = \frac{1}{2}$ und $\delta_1 = \frac{1}{2}(b_0 - a_0)$ ein Intervall $[a_1, b_1] \subset (a_0, b_0)$ mit

$$b_1 - a_1 < \frac{b_0 - a_0}{2} \qquad \text{und} \qquad \sup_{[a_1,b_1]} f(x) - \inf_{[a_1,b_1]} f(x) < \frac{1}{2}.$$

Zu $\varepsilon_2 = \frac{1}{2^2}$ und $\delta_2 = \frac{1}{2}(b_1 - a_1)$ gibt es analog ein Intervall $[a_2, b_2] \subset (a_1, b_1)$ mit

$$b_2 - a_2 < \frac{b_1 - a_1}{2} \qquad \text{und} \qquad \sup_{[a_2,b_2]} f(x) - \inf_{[a_2,b_2]} f(x) < \frac{1}{2^2}.$$

Auf diese Weise fortfahrend erhalten wir zu jeder natürlichen Zahl n ein Intervall $[a_n, b_n] \subset (a_{n-1}, b_{n-1})$ mit

$$b_n - a_n < \frac{b_0 - a_0}{2^n} \qquad \text{und} \qquad \sup_{[a_n,b_n]} f(x) - \inf_{[a_n,b_n]} f(x) < \frac{1}{2^n}.$$

b) Es existiert ein $\xi \in (a_0, b_0)$ mit $\lim_{n\to\infty} a_n = \lim_{n\to\infty} b_n = \xi$. Wir zeigen, daß f an dieser Stelle ξ stetig ist.

Es sei ein $\varepsilon > 0$ gegeben. Wir betrachten ein festes $n \in \mathbb{N}$ mit $\frac{1}{2^n} < \varepsilon$. Wegen $\xi \in (a_n, b_n)$ gilt

$$\delta := \min\{\xi - a_n, b_n - \xi\} > 0.$$

Für alle x mit $|x - \xi| < \delta$ ist $x \in (a_n, b_n)$, und es folgt

$$|f(x) - f(\xi)| \leq \sup_{[a_n,b_n]} f(x) - \inf_{[a_n,b_n]} f(x) < \frac{1}{2^n} < \varepsilon;$$

also ist f an der Stelle $\xi \in (\alpha, \beta)$ stetig.

Da das Intervall (α, β) beliebig war, folgt die Behauptung.

8.1.28 Wir betrachten die Funktion $h(x) := g(x) - f(x)$ und zeigen, daß $\int_a^b h(x)dx > 0$ gilt.

Nach Aufgabe 8.1.27 existiert ein $x_0 \in (a, b)$, an dem h stetig ist. Wegen $h(x_0) > 0$ gibt es ein Intervall $[c, d] \subset [a, b]$ mit $h(x) \geq \frac{1}{2}h(x_0)$ für alle $x \in [c, d]$. Es folgt

$$\int_a^b h(x)dx \geq \int_c^d h(x)dx \geq \frac{1}{2}h(x_0)(d - c) > 0.$$

Bemerkung: Eine andere Lösung dieser Aufgabe (ohne Verwendung von Aufgabe 8.1.27) ergibt sich folgendermaßen: Man nimmt an, es wäre $\int_a^b h(x)dx = 0$. Es existiert dann eine Partition P_1 von $[a,b]$ mit $\overline{S}_{P_1}(h) < b-a$, und folglich muß ein Intervall $[a_1,b_1] \subset (a,b)$ existieren mit $\sup\limits_{[a_1,b_1]} h(x) < 1$. Man beachte jetzt, daß h auf $[a_1,b_1]$ integrierbar ist und ebenfalls $\int_{a_1}^{b_1} h(x)dx = 0$ gilt. Daher gibt es wiederum eine Partition P_2 von $[a_1,b_1]$ mit $\overline{S}_{P_2}(h) < \frac{b_1-a_1}{2}$, und folglich muß ein Intervall $[a_2,b_2] \subset (a_1,b_1)$ existieren mit $\sup\limits_{[a_2,b_2]} h(x) < \frac{1}{2}$. Die Wiederholung dieses Schlusses führt zu einer Folge ineinandergeschachtelter Intervalle $[a_n,b_n]$ mit $\sup\limits_{[a_n,b_n]} h(x) < \frac{1}{n}$. In einem Punkt $\xi \in \bigcap\limits_{n=1}^{\infty} [a_n,b_n]$ muß dann $h(\xi) = 0$ gelten, im Widerspruch zur Voraussetzung.

8.1.29 Die in Aufgabe 8.1.9 betrachtete Funktion f ist in $[0,1]$ integrierbar. Dabei gilt $f(x) \in [0,1]$ für alle $x \in [0,1]$. Die Funktion

$$g(x) := \begin{cases} 0 & \text{falls} \quad x \in (0,1] \\ 1 & \text{falls} \quad x = 0 \end{cases}$$

ist offensichtlich integrierbar in $[0,1]$. Wir erhalten

$$(g \circ f)(x) = \begin{cases} 1 & \text{falls} \quad x \in [0,1] \setminus \mathbb{Q} \\ 0 & \text{falls} \quad x \in [0,1] \cap \mathbb{Q} \end{cases}.$$

Für jede Partition P von $[0,1]$ ist $\overline{S}_P(g \circ f) = 1$ und $\underline{S}_P(g \circ f) = 0$. Daher ist $g \circ f$ nicht integrierbar in $[0,1]$.

8.1.30 Die Funktion $g \circ f$ ist offensichtlich auf $[a,b]$ beschränkt. Zum Nachweis ihrer Integrierbarkeit benutzen wir Aufgabe 8.1.26 und verwenden die dort eingeführten Bezeichnungen. Es seien ein $\varepsilon > 0$ und ein $\delta > 0$ gegeben.
a) Da g in $[c,d]$ gleichmäßig stetig ist, existiert ein $\delta_\varepsilon > 0$, so daß für alle $y_1, y_2 \in [c,d]$ mit $|y_1 - y_2| < \delta_\varepsilon$ gilt $|g(y_1) - g(y_2)| < \varepsilon$.
b) Da f in $[a,b]$ integrierbar ist, gibt es nach Aufgabe 8.1.26 zu dem gegebenen δ und dem in a) konstruierten δ_ε eine Partition $P = \{x_0, x_1, ..., x_n\}$ von $[a,b]$ mit der Eigenschaft, daß die Summe der Längen derjenigen Teilintervalle $[x_{i-1}, x_i]$ mit $\overline{m}_i(f) - \underline{m}_i(f) \geq \delta_\varepsilon$ kleiner ist als δ. Höchstens für diese Teilintervalle gilt dann nach a)

$$\overline{m}_i(g \circ f) - \underline{m}_i(g \circ f) \geq \varepsilon.$$

Aus Aufgabe 8.1.26 folgt daher die Behauptung.

8.1.31 a) Man erhält sofort

$$L_n = 1 - \sum_{\nu=1}^{n} \frac{2^{\nu-1}}{4^\nu} = \frac{2^n+1}{2^{n+1}}$$

und damit $L_n \to \frac{1}{2}$ für $n \to \infty$. Überdies gilt

$$L_{nk} = \frac{1}{2^n} L_n = \frac{2^n+1}{2^{2n+1}} \qquad (k = 1, ..., 2^n).$$

b) 1. Die Intervalle I_{nk} sind abgeschlossen, also ist $I_n := \bigcup_{k=1}^{2^n} I_{nk}$ und damit auch $C = \bigcap_{n=1}^{\infty} I_n$ abgeschlossen. Wegen $C \subset [0,1]$ ist C beschränkt und folglich kompakt.
2. Wir nehmen an, daß C innere Punkte besitzt. Dann existiert ein Intervall $(\alpha, \beta) \subset C$. Wählen wir $N \in \mathbb{N}$ so groß, daß $\frac{2^N+1}{2^{2N+1}} < \beta - \alpha$ ist, so gilt $(\alpha, \beta) \not\subset I_N$ und folglich

$$(\alpha, \beta) \not\subset \bigcap_{n=1}^{\infty} I_n.$$

Widerspruch!
c) Es sei ein $x_0 \in [0,1]$ gegeben. Ist $x_0 \notin C$, so ist f (da $(0,1) \setminus C$ eine offene Menge ist) trivialerweise stetig an x_0. Es sei also $x_0 \in C$. Wir zeigen, daß dann

$$|f(x) - f(x_0)| \le |x - x_0| \qquad \text{für alle} \quad x \in [0,1]$$

gilt (daraus folgt die Stetigkeit von f an x_0). Diese Ungleichung ist richtig, wenn $x \in C$ ist. Ist $x \notin C$, so existiert genau ein Intervall (a,b), das aus $[0,1]$ entfernt wurde, mit $x \in (a,b)$. Gilt dann $x \ge \frac{a+b}{2}$, so erhalten wir

$$|f(x) - f(x_0)| = \left| \left\{ 1 - \frac{b-a}{2} + x - \frac{a+b}{2} \right\} - 1 \right| = |x - b| \le |x - x_0|.$$

Ist $x < \frac{a+b}{2}$, so folgt

$$|f(x) - f(x_0)| = \left| \left\{ 1 - \frac{b-a}{2} + \frac{a+b}{2} - x \right\} - 1 \right| = |a - x| \le |x - x_0|.$$

Also ist die Funktion f stetig auf $[0,1]$.
d) Die Funktion f erfüllt $f(x) = 1$ für $x \in C$ und $0 < f(x) < 1$ für $x \in [0,1] \setminus C$. Daher gilt für $h := g \circ f$

$$h(x) = \begin{cases} 0 & \text{falls} \quad x \notin C \\ 1 & \text{falls} \quad x \in C \end{cases}.$$

Für ein $n \in \mathbb{N}$ bilden die Endpunkte der Intervalle I_{nk} eine Partition von $[0,1]$. Wir bezeichnen diese Punkte ihrer Anordnung entsprechend mit $y_0^{(n)}, ..., y_{m_n}^{(n)}$; dabei gilt

$$0 = y_0^{(n)} < y_1^{(n)} < \cdots < y_{m_n}^{(n)} = 1.$$

Die Menge der Intervalle $[y_{j-1}^{(n)}, y_j^{(n)}]$ mit ungeradem j bildet genau die Menge der Intervalle I_{nk} n-ten Ranges; hierbei gilt daher $y_j^{(n)} - y_{j-1}^{(n)} = \frac{2^n+1}{2^{2n+1}}$. In jedes Intervall $[y_{j-1}^{(n)}, y_j^{(n)}]$ mit geradem j fügen wir zusätzlich Unterteilungspunkte so ein, daß insgesamt eine Partition $P_n = \{x_0^{(n)}, x_1^{(n)}, ..., x_{M_n}^{(n)}\}$ von $[0,1]$ so entsteht, daß $||P_n|| = \frac{2^n+1}{2^{2n+1}}$ gilt.
Wir betrachten nun spezielle RIEMANNsche Summen bezüglich der Partitionen P_n. Für $\xi_i^{(n)} = \frac{1}{2}\left(x_{i-1}^{(n)} + x_i^{(n)}\right)$ gilt $\xi_i^{(n)} \notin C$, also $h(\xi_i^{(n)}) = 0$. Wir erhalten daher

$$S_{P_n}(h,\xi) = \sum_{i=1}^{M_n} h(\xi_i^{(n)})(x_i^{(n)} - x_{i-1}^{(n)}) = 0.$$

Für $\eta_i^{(n)} := x_i^{(n)}$ gilt, wenn wir mit J die Menge aller ungeraden Zahlen bezeichnen,

$$\begin{aligned} S_{P_n}(h,\eta) &= \sum_{i=1}^{M_n} h(\eta_i^{(n)})(x_i^{(n)} - x_{i-1}^{(n)}) \geq \sum_{\substack{j=1\\ j\in J}}^{m_n} h(y_j^{(n)})(y_j^{(n)} - y_{j-1}^{(n)}) = \\ &= \sum_{\substack{j=1\\ j\in J}}^{m_n} (y_j^{(n)} - y_{j-1}^{(n)}) = \sum_{k=1}^{2^n} L_{nk} = L_n. \end{aligned}$$

Wegen $L_n \to \frac{1}{2}$ für $n \to \infty$ folgt, daß h auf $[0,1]$ nicht integrierbar sein kann.

8.2 Der Zusammenhang zwischen Differential- und Integralrechnung

8.2.1 a) Die Konstante M sei so gewählt, daß $|f(x)| < M$ für alle $x \in [a,b]$ gilt. Es seien $x, y \in [a,b]$, dann erhalten wir

$$\begin{aligned} |F(y) - F(x)| &= \left|\int_a^y f(t)dt - \int_a^x f(t)dt\right| = \left|\int_x^y f(t)dt\right| \leq \\ &\leq \left|\int_x^y |f(t)|dt\right| \leq M|y-x|. \end{aligned}$$

Daraus folgt die Behauptung.

b) Es sei ein $\varepsilon > 0$ gegeben; wir wählen $\delta = \varepsilon/M$. Sind $(a_1, b_1), ..., (a_n, b_n)$ endlich viele paarweise disjunkte Teilintervalle von $[a, b]$ mit $\sum_{\nu=1}^{n}(b_\nu - a_\nu) < \delta$, so folgt mit a)

$$\sum_{\nu=1}^{n} |F(b_\nu) - F(a_\nu)| \leq M \sum_{\nu=1}^{n}(b_\nu - a_\nu) < \delta M = \varepsilon.$$

Bemerkung: Der Beweis in b) zeigt, daß jede Funktion, die einer LIPSCHITZ-Bedingung der Ordnung $\alpha = 1$ genügt, absolut stetig ist.

8.2.2 Die im Hinweis angegebene Funktion f ist integrierbar in $[-1, 1]$, da sie monoton ist. Wir nehmen an, es gibt eine Funktion F mit $F'(x) = f(x)$ für alle $x \in [-1, 1]$. Es ist dann

$$0 = f(0) = F'(0) = \lim_{n\to\infty} \frac{F(1/n) - F(0)}{1/n}.$$

Nach dem Mittelwertsatz der Differentialrechnung ist aber

$$\frac{F(1/n) - F(0)}{1/n} = 1 \qquad \text{für alle } n \in \mathbb{N}.$$

Widerspruch!

8.2.3 Die im Hinweis angegebene Funktion ist differenzierbar in $[0, 1]$, und es gilt

$$f'(x) = \begin{cases} 2x \sin \frac{1}{x^2} - \frac{2}{x} \cos \frac{1}{x^2} & \text{falls} \quad x \in (0, 1] \\ 0 & \text{falls} \quad x = 0 \end{cases}$$

(vgl. auch Aufgabe 7.1.21). Für die Folge $x_n = \dfrac{1}{\sqrt{2n\pi}}$ gilt $f'(x_n) = -2\sqrt{2n\pi} \to -\infty$. Also ist f' in $[0, 1]$ nicht beschränkt und daher nicht integrierbar.

8.2.4 Die Funktion $F(x) = \sin x + 2$ ist auf $\mathbb{R}$ eine Stammfunktion zu $f(x) = \cos x$. Für beliebiges $x_0 \in \mathbb{R}$ gilt

$$\int_{x_0}^{x} f(t)dt = \int_{x_0}^{x} \cos t \, dt = \sin x - \sin x_0,$$

so daß F nicht in der angegebenen Form dargestellt werden kann.

8.2.5 Die Funktion f sei in $[0, 1]$ definiert durch

$$f(x) := \begin{cases} 1 & \text{falls} \quad x = 0 \\ 0 & \text{falls} \quad x \notin \mathbb{Q} \\ \frac{1}{q} & \text{falls} \quad x = \frac{p}{q} \text{ mit teilerfremden } p, q \in \mathbb{N} \end{cases}$$

Dann ist f nach Aufgabe 8.1.9 integrierbar in $[0,1]$, und es gilt $\int_0^1 f(x)dx = 0$. Ferner erhalten wir für alle $x \in [0,1]$

$$0 \le F(x) = \int_0^x f(t)dt \le \int_0^1 f(t)dt = 0.$$

Damit ist $F(x) \equiv 0$, folglich $F'(x) \equiv 0$ in $[0,1]$ und $F'(x) \neq f(x)$ für alle $x \in [0,1] \cap \mathbb{Q}$; diese Menge ist dicht in $[0,1]$.

8.2.6 Es sei $\{r_n\}_{n=1}^{\infty}$ eine Abzählung der Menge aller rationalen Zahlen in $[0,1]$. Für $x \in [0,1]$ sei

$$A(x) := \{n : n \in \mathbb{N},\ r_n \le x\},$$

und die Funktion f sei auf $[0,1]$ definiert durch

$$f(x) := \sum_{n \in A(x)} \frac{1}{2^n}.$$

Dann ist f nach I; Aufgabe 5.3.11 monoton wachsend und damit integrierbar in $[0,1]$. Ferner ist $f(x-) < f(x)$ für jedes $x \in (0,1) \cap \mathbb{Q}$. Wir nehmen an, f besitzt in einem Intervall $I \subset [0,1]$ eine Stammfunktion F. Es sei $x_0 \in \mathbb{Q}$ ein innerer Punkt von I. Dann gilt

$$\lim_{h \to 0+} \frac{F(x_0 - h) - F(x_0)}{-h} = F'(x_0) = f(x_0). \qquad (*)$$

Für alle hinreichend kleinen $h > 0$ ist $x_0 - h \in I$, und nach dem Mittelwertsatz der Differentialrechnung existiert ein $\xi_h \in (x_0 - h, x_0)$ mit

$$\frac{F(x_0 - h) - F(x_0)}{-h} = F'(\xi_h) = f(\xi_h).$$

Da f in $[0,1]$ monoton wachsend ist, gilt $f(\xi_h) \le f(x_0-) < f(x_0)$; dies steht jedoch im Widerspruch zu $(*)$.

Bemerkung: Die in Aufgabe 8.2.5 betrachtete Funktion f nimmt offensichtlich nur rationale Funktionswerte an. Aus dem Satz von DARBOUX (siehe Aufgabe 7.2.8) folgt sofort, daß keine Funktion F existieren kann mit der Eigenschaft, daß es ein Teilintervall I von $[0,1]$ gibt mit $F'(x) = f(x)$ für alle $x \in I$. Also hat auch diese Funktion f die gewünschte Eigenschaft.

8.2.7 Nach dem Hauptsatz der Differential- und Integralrechnung gilt

$$f'(x) = \frac{1+\sin x}{2+x^2},$$

$$f''(x) = \frac{(2+x^2)\cos x - 2x(1+\sin x)}{(2+x^2)^2}.$$

Wir erhalten daher $f(0) = 1$ und $f'(0) = f''(0) = \frac{1}{2}$. Das Polynom $P(x) = 1 + \frac{1}{2}x + \frac{1}{4}x^2$ hat daher die gewünschten Eigenschaften (und ist eindeutig bestimmt).

8.2.8 Wir erhalten für alle $x \in (-\infty, \infty)$

$$f'(x) = (1+4x)e^{x^2} + e^{x^2} + 2x^2e^{x^2} = 2(1+x)^2e^{x^2}.$$

Es gilt $f'(-1) = 0$ und $f'(x) > 0$ für alle $x \neq -1$. Die Funktion f ist also sowohl auf $(-\infty, -1]$ als auch auf $[-1, \infty)$ streng monoton wachsend und besitzt daher keine Extremstellen.

8.2.9 Wir betrachten die Funktion

$$\phi(x) := nx + \int_0^x f^n(t)dt - (n-1) - \int_0^{x^n} f(t)dt.$$

Es gilt $\phi(0) = -(n-1) < 0$, und wegen $f(t) - f^n(t) < 1$ für $t \in (0,1)$ folgt

$$\phi(1) = 1 - \int_0^1 \{f(t) - f^n(t)\}dt > 0.$$

Nach dem Zwischenwertsatz existiert (mindestens) ein $\xi \in [0,1]$ mit $\phi(\xi) = 0$; offensichtlich ist $\xi \neq 0$ und $\xi \neq 1$. Für $x \in (0,1)$ erhalten wir

$$\phi'(x) = n + f^n(x) - nx^{n-1}f(x^n) > n\{1 - x^{n-1}f(x^n)\} > 0.$$

Daher ist ϕ streng monoton wachsend in $[0,1]$ und besitzt folglich nur die eine Nullstelle ξ. Dies ist zur Behauptung äquivalent.

8.2.10 Wir fassen a als fest, b als variabel auf und setzen

$$\phi(b) := \int_a^b xf''(x)dx + \{bf'(b) - af'(a)\} + \{f(b) - f(a)\}.$$

Es ergibt sich $\phi'(b) = bf''(b) - f'(b) - bf''(b) + f'(b) = 0$ für alle $b \in \mathbb{R}$. Damit ist $\phi(b) \equiv \phi(a) = 0$, und hieraus folgt die Behauptung.

8.2.11 Es sei $P = \{x_0, x_1, ..., x_n\}$ eine Partition von $[a, b]$, welche die Punkte $\xi_1, ..., \xi_m$ enthält. Dann ist F in jedem der Intervalle $[x_{\nu-1}, x_\nu]$ stetig und in $(x_{\nu-1}, x_\nu)$ differenzierbar. Nach dem Mittelwertsatz der Differentialrechnung existiert ein $x_\nu^* \in (x_{\nu-1}, x_\nu)$ mit

$$vspace * -0.15cm F(x_\nu) - F(x_{\nu-1}) = F'(x_\nu^*)(x_\nu - x_{\nu-1}) = f(x_\nu^*)(x_\nu - x_{\nu-1}),$$

und es folgt

$$F(b) - F(a) = \sum_{\nu=1}^{n} \{F(x_\nu) - F(x_{\nu-1})\} = \sum_{\nu=1}^{n} f(x_\nu^*)(x_\nu - x_{\nu-1}) =: S_P(f, x^*).$$

Der Ausdruck $S_P(f, x^*)$ ist eine RIEMANNsche Summe von f bezüglich der Partition P und der Zwischenpunktmenge $x^* = \{x_1^*, ..., x_n^*\}$. Da f in $[a, b]$ integrierbar ist, ergibt sich für die speziell betrachteten Partitionen P, wenn $||P|| \to 0$ gilt:

$$S_P(f, x^*) \to \int_a^b f(x)dx,$$

und hieraus folgt die Behauptung.

8.2.12 a) Für die Nullfolge $\{x_n\}$ mit

$$x_n := \begin{cases} \frac{1}{2n\pi} & \text{falls } 0 \in [a, b) \\ -\frac{1}{2n\pi} & \text{falls } b = 0 \end{cases}$$

gilt $x_n \in [a, b]$ für alle hinreichend großen n und $f(x_n) = 1$, also ist f unstetig an $x_0 = 0$.
b) Die Funktion f ist auf $\mathbb{R}$ beschränkt und stetig mit Ausnahme der Stelle $x_0 = 0$. Aus Aufgabe 8.1.13 folgt, daß f auf $[a, b]$ integrierbar ist.
c) Wir betrachten die Funktion

$$g(x) := \begin{cases} x^2\{\sin\frac{1}{x} - \cos\frac{1}{x}\} & \text{falls } x \neq 0 \\ 0 & \text{falls } x = 0 \end{cases}.$$

Diese Funktion ist auf $\mathbb{R}$ differenzierbar, und es gilt

$$g'(x) = \begin{cases} 2x\{\sin\frac{1}{x} - \cos\frac{1}{x}\} - \cos\frac{1}{x} - \sin\frac{1}{x} & \text{falls } x \neq 0 \\ 0 & \text{falls } x = 0 \end{cases}.$$

Setzen wir

$$h(x) := \begin{cases} 2x\{\sin\frac{1}{x} - \cos\frac{1}{x}\} & \text{falls } x \neq 0 \\ 0 & \text{falls } x = 0 \end{cases},$$

so erhalten wir für alle $x \in \mathbb{R}$

$$f(x) = h(x) - g'(x).$$

Da h auf $\mathbb{R}$ stetig ist, besitzt f auf $\mathbb{R}$ (und damit insbesondere auf $[a, b]$) die Stammfunktion

$$F(x) = \int_0^x h(t)dt - g(x).$$

8.2.13 Durch partielle Integration erhalten wir (wegen der Stetigkeit von f)

$$\int_0^x \Big\{ \int_0^u f(t)dt \Big\} du = u \int_0^u f(t)dt \Big|_0^x - \int_0^x u f(u)du = \int_0^x (x-u)f(u)du.$$

8.2.14 Nach Aufgabe 8.2.13 gilt die Behauptung für $n = 1$.
Wir nehmen an, die Beziehung sei richtig für ein $n \in \mathbb{N}$ und jede auf $\mathbb{R}$ stetige Funktion. Es sei

$$F(u) := \int_0^u f(t)dt;$$

dann ist F eine Stammfunktion zu f, und wir erhalten mit partieller Integration

$$\int_0^x f(t)\frac{(x-t)^{n+1}}{(n+1)!}dt = F(u)\frac{(x-u)^{n+1}}{(n+1)!}\Big|_0^x + \int_0^x F(u)\frac{(x-u)^n}{n!}du = \int_0^x F(u)\frac{(x-u)^n}{n!}du.$$

Aus der Induktionsannahme ergibt sich

$$\begin{aligned}
\int_0^x f(t)\frac{(x-t)^{n+1}}{(n+1)!}dt &= \int_0^x \Big\{ \int_0^{x_n} \Big\{ \cdots \int_0^{x_1} F(u)du \cdots \Big\} dx_{n-1} \Big\} dx_n = \\
&= \int_0^x \Big\{ \int_0^{x_n} \Big\{ \cdots \int_0^{x_1} \Big\{ \int_0^u f(t)dt \Big\} du \cdots \Big\} dx_{n-1} \Big\} dx_n = \\
&= \int_0^x \Big\{ \int_0^{x_{n+1}} \Big\{ \cdots \int_0^{x_2} \Big\{ \int_0^{x_1} f(t)dt \Big\} dx_1 \cdots \Big\} dx_n \Big\} dx_{n+1}.
\end{aligned}$$

Mit vollständiger Induktion folgt also die Behauptung.

8.2.15 Ist $x = 0$, so ist die Behauptung trivial. Es sei $x > 0$. Dann gilt

$$\int_0^x |t|dt = \int_0^x t dt = \frac{t^2}{2}\Big|_0^x = \frac{x^2}{2} = \frac{x|x|}{2}.$$

Ist $x < 0$, so folgt

$$\int_0^x |t|dt = -\int_x^0 |t|dt = \int_x^0 t dt = \frac{t^2}{2}\Big|_x^0 = -\frac{x^2}{2} = \frac{x|x|}{2}.$$

8.2.16 Ist f in $[0,1]$ integrierbar, so gilt

$$\int_0^1 f(t)dt = \lim_{n\to\infty} \frac{1}{n}\sum_{\nu=1}^{n} f(\nu/n).$$

Hieraus erhalten wir

a) $$\sum_{\nu=1}^{n} \frac{n}{n^2+\nu^2} = \frac{1}{n}\sum_{\nu=1}^{n} \frac{1}{1+(\nu/n)^2} \to \int_0^1 \frac{dx}{1+x^2} = \arctan 1 = \frac{\pi}{4},$$

b) $$\sum_{\nu=1}^{n} \frac{\nu}{n^2+\nu^2} = \frac{1}{n}\sum_{\nu=1}^{n} \frac{\nu/n}{1+(\nu/n)^2} \to \int_0^1 \frac{xdx}{1+x^2} = \frac{1}{2}\ln 2,$$

c) $$\sum_{\nu=1}^{n} \frac{\nu^\alpha}{n^{\alpha+1}} = \frac{1}{n}\sum_{\nu=1}^{n} (\nu/n)^\alpha \to \int_0^1 x^\alpha dx = \frac{1}{1+\alpha},$$

d) $$\sum_{\nu=1}^{n} \frac{1}{n\alpha+\nu\beta} = \frac{1}{n}\sum_{\nu=1}^{n} \frac{1}{\alpha+\beta\nu/n} \to \int_0^1 \frac{dx}{\alpha+\beta x} = \frac{1}{\beta}\cdot\ln\left(1+\frac{\beta}{\alpha}\right).$$

8.2.17 Gilt $t \in [\nu, \nu+1]$ für ein $\nu \in \mathbb{N}$, so folgt $\frac{1}{\nu+1} \le \frac{1}{t} \le \frac{1}{\nu}$ und damit

$$\frac{1}{\nu+1} \le \int_\nu^{\nu+1} \frac{dt}{t} \le \frac{1}{\nu}.$$

Durch Addition ergibt sich

$$\sum_{\nu=n}^{2n-1} \frac{1}{\nu+1} \le \int_n^{2n} \frac{dt}{t} \le \sum_{\nu=n}^{2n-1} \frac{1}{\nu}.$$

Hieraus folgt

$$s_n + \frac{1}{2n} - \frac{1}{n} \le \ln(2n) - \ln n \le s_n,$$

also $\ln 2 \le s_n \le \ln 2 + \frac{1}{2n}$, und wir erhalten $\lim\limits_{n\to\infty} s_n = \ln 2$.

8.2.18 a) Es gilt

$$s_n = \sum_{\nu=1}^{n^2} \frac{n}{n^2+\nu^2} = \frac{1}{n}\sum_{\nu=1}^{n^2} \frac{1}{1+\{\nu/n\}^2}.$$

Für $n, \nu \in \mathbb{N}$ und $x \in [\frac{\nu-1}{n}, \frac{\nu}{n}]$ erhalten wir

$$\frac{1}{1+\{\nu/n\}^2} \le \frac{1}{1+x^2} \le \frac{1}{1+\{(\nu-1)/n\}^2},$$

also

$$\frac{1}{n}\cdot\frac{1}{1+\{\nu/n\}^2} \le \int\limits_{(\nu-1)/n}^{\nu/n} \frac{dx}{1+x^2} \le \frac{1}{n}\cdot\frac{1}{1+\{(\nu-1)/n\}^2}.$$

Durch Summation dieser Ungleichungen folgt einerseits

$$s_n = \frac{1}{n}\sum_{\nu=1}^{n^2}\frac{1}{1+\{\nu/n\}^2} \le \sum_{\nu=1}^{n^2}\int\limits_{(\nu-1)/n}^{\nu/n}\frac{dx}{1+x^2} = \int\limits_0^n \frac{dx}{1+x^2} = \arctan n.$$

Andererseits ergibt sich

$$\begin{aligned}\arctan n &= \int\limits_0^n \frac{dx}{1+x^2} = \sum_{\nu=1}^{n^2}\int\limits_{(\nu-1)/n}^{\nu/n}\frac{dx}{1+x^2} \le \frac{1}{n}\sum_{\nu=1}^{n^2}\frac{1}{1+\{(\nu-1)/n\}^2} = \\ &= \frac{1}{n}+\frac{1}{n}\sum_{\nu=1}^{n^2-1}\frac{1}{1+(\nu/n)^2} < \frac{1}{n}+s_n.\end{aligned}$$

Wegen $\lim\limits_{n\to\infty} \arctan n = \frac{\pi}{2}$ folgt also $\lim\limits_{n\to\infty} s_n = \frac{\pi}{2}$.

b) Es gilt

$$t_n = \sum_{\nu=1}^{n^2}\frac{\nu}{n^2+\nu^2} = \frac{1}{n}\sum_{\nu=1}^{n^2}\frac{\nu/n}{1+\{\nu/n\}^2}.$$

Analog wie in a) erhalten wir

$$\begin{aligned}\int\limits_0^n \frac{xdx}{1+x^2} &\le \frac{1}{n}\sum_{\nu=1}^{n^2}\frac{\nu/n}{1+\{(\nu-1)/n\}^2} = \\ &= \frac{1}{n^2}+\frac{1}{n}\sum_{\nu=1}^{n^2-1}\frac{\nu/n}{1+\{\nu/n\}^2}+\frac{1}{n^2}\sum_{\nu=1}^{n^2-1}\frac{1}{1+\{\nu/n\}^2} < \\ &< \frac{1}{n^2}+t_n+\frac{n^2-1}{n^2} = t_n+1.\end{aligned}$$

Wegen $\int\limits_0^n \frac{xdx}{1+x^2} = \frac{1}{2}\ln(1+n^2) \to \infty$ gilt daher $t_n \to \infty$.

8.2.19 a) 1. Für $m = n = 0$ ist die Beziehung trivial.

2. Es sei $m = n \ne 0$. Dann gilt

$$\int\limits_{-\pi}^{\pi}(\cos mx)^2 dx = \frac{1}{2}\int\limits_{-\pi}^{\pi}\{1+\cos(2mx)\}dx = \frac{1}{2}\Big\{x+\frac{\sin(2mx)}{2m}\Big\}\Big|_{-\pi}^{\pi} = \pi.$$

3. Es sei $m \neq n$. Dann gilt

$$\int_{-\pi}^{\pi} \cos mx \cos nx \, dx = \frac{1}{2}\int_{-\pi}^{\pi} \{\cos(m+n)x + \cos(m-n)x\} dx =$$

$$= \frac{1}{2}\left\{\frac{\sin(m+n)x}{m+n} + \frac{\sin(m-n)x}{m-n}\right\}\Big|_{-\pi}^{\pi} = 0.$$

Hieraus folgt die Behauptung.

b) Die Beziehung wird analog zu a) bewiesen.

c) Da der Integrand für alle $m, n \in \mathbb{N}_0$ ungerade ist, folgt die Behauptung.

8.2.20 Wir setzen $f(x) := \sum_{\nu=1}^{n} a_\nu \sin 2\nu x - \sum_{\nu=1}^{m} b_\nu \cos \nu x$ und nehmen an, es ist $f(x) \neq 0$ für alle $x \in [0, \pi]$. Da die Funktion f in $[0, \pi]$ stetig ist, gilt dann entweder $f(x) > 0$ für alle $x \in [0, \pi]$ oder $f(x) < 0$ für alle $x \in [0, \pi]$. In beiden Fällen folgt

$$\int_0^{\pi} f(x) dx \neq 0.$$

Andererseits erhalten wir jedoch

$$\int_0^{\pi} f(x) dx = \sum_{\nu=1}^{n} a_\nu \int_0^{\pi} \sin 2\nu x \, dx - \sum_{\nu=1}^{m} b_\nu \int_0^{\pi} \cos \nu x \, dx = 0.$$

Widerspruch!

8.2.21 Wir nehmen an, es wäre $|f(x)| < 12$ für alle $x \in (0, 1)$. Dann gilt (unter Benutzung von Aufgabe 8.1.28)

$$1 = \int_0^1 f(x)\left(x - \frac{1}{2}\right)^2 dx \leq \int_0^1 |f(x)|\left(x - \frac{1}{2}\right)^2 dx < 12 \int_0^1 \left(x - \frac{1}{2}\right)^2 dx = 1.$$

Widerspruch!

8.2.22 Wegen $f'(x) - f(x) = e^x \cdot \frac{d}{dx}\{f(x)e^{-x}\}$ erhalten wir

$$\int_0^1 |f'(x) - f(x)| dx = \int_0^1 e^x \left|\frac{d}{dx}\{f(x)e^{-x}\}\right| dx \geq \int_0^1 \frac{d}{dx}\{f(x)e^{-x}\} dx = f(x)e^{-x}\Big|_0^1 = \frac{1}{e}.$$

8.2.23 Für $p \in \mathbb{N}_0$ gilt $\int_0^1 x^p dx = \frac{1}{p+1}$. Wir erhalten daher

$$\begin{aligned} s_{nm} &:= \sum_{\nu=0}^{n} (-1)^\nu \binom{n}{\nu} \frac{1}{\nu+m+1} = \sum_{\nu=0}^{n} (-1)^\nu \binom{n}{\nu} \int_0^1 x^{\nu+m} dx = \\ &= \int_0^1 \Big\{ \sum_{\nu=0}^{n} (-1)^\nu \binom{n}{\nu} x^\nu \Big\} x^m dx = \int_0^1 (1-x)^n x^m dx. \end{aligned}$$

Mit der Substitution $t := 1 - x$ ergibt sich

$$\begin{aligned} s_{nm} &= \int_0^1 t^n (1-t)^m dt = \int_0^1 \Big\{ \sum_{\nu=0}^{m} (-1)^\nu \binom{m}{\nu} t^\nu \Big\} t^n dt = \\ &= \sum_{\nu=0}^{m} (-1)^\nu \binom{m}{\nu} \int_0^1 t^{\nu+n} dt = \sum_{\nu=0}^{m} (-1)^\nu \binom{m}{\nu} \frac{1}{\nu+n+1}, \end{aligned}$$

und hieraus folgt die Behauptung.

8.2.24 Die Funktion

$$f(x) := \begin{cases} \dfrac{1-(1-x)^n}{x} & \text{falls } \; 0 < x \le 1 \\ n & \text{falls } \; x = 0 \end{cases}$$

ist stetig (und damit integrierbar) in $[0, 1]$. Mit dem binomischen Satz erhält man

$$f(x) = \sum_{\nu=1}^{n} (-1)^{\nu+1} \binom{n}{\nu} x^{\nu-1}.$$

Einerseits gilt also

$$\int_0^1 f(x) dx = \sum_{\nu=1}^{n} (-1)^{\nu+1} \binom{n}{\nu} \int_0^1 x^{\nu-1} dx = \sum_{\nu=1}^{n} (-1)^{\nu+1} \frac{1}{\nu} \binom{n}{\nu}. \qquad (*)$$

Andererseits ergibt sich mit der geometrischen Summenformel

$$\int_0^1 f(x) dx = \int_0^1 \Big\{ \sum_{\nu=0}^{n-1} (1-x)^\nu \Big\} dx = \sum_{\nu=0}^{n-1} \int_0^1 (1-x)^\nu dx = \sum_{\nu=0}^{n-1} \frac{1}{\nu+1} = \sum_{\mu=1}^{n} \frac{1}{\mu}. \qquad (**)$$

Aus $(*)$ und $(**)$ folgt die Behauptung.

8.2.25 Für $n = 0$ gilt

$$\int_0^x e^{x-t}dt = -e^{x-t}\Big|_0^x = e^x - 1 = \sum_{\nu=0}^{\infty}\frac{x^\nu}{\nu!} - 1 = 0!\sum_{\nu=1}^{\infty}\frac{x^\nu}{\nu!}.$$

Daher gilt die zu beweisende Behauptung für $n = 0$. Ist diese Beziehung für ein $n \in \mathbb{N}_0$ richtig, so folgt mit partieller Integration

$$\begin{aligned}\int_0^x e^{x-t}t^{n+1}dt &= -e^{x-t}t^{n+1}\Big|_0^x + (n+1)\int_0^x e^{x-t}t^n dt = \\ &= -x^{n+1} + (n+1)n!\sum_{\nu=n+1}^{\infty}\frac{x^\nu}{\nu!} = (n+1)!\sum_{\nu=n+2}^{\infty}\frac{x^\nu}{\nu!}.\end{aligned}$$

Mit vollständiger Induktion ergibt sich die Behauptung.

8.2.26 Wegen $f'(x) \geq f^2(x) \geq 0$ für alle $x \in (0,\infty)$ muß jede Funktion mit den angegebenen Eigenschaften in $[0,\infty)$ monoton wachsend sein. Speziell ist $f(x) \geq f(0)$ für alle $x \in (0,\infty)$.

a) Es sei $f(0) > 0$. Wir zeigen, daß keine Funktion mit den angegebenen Eigenschaften existiert; andernfalls würde folgendes gelten:

$$\frac{1}{f(0)} = \int_0^{1/f(0)} 1\,dx \leq \int_0^{1/f(0)} \frac{f'(x)}{f^2(x)}dx = -\frac{1}{f(x)}\Big|_0^{1/f(0)} = \frac{1}{f(0)} - \frac{1}{f(1/f(0))} < \frac{1}{f(0)}.$$

Widerspruch!

b) Es sei $f(0) = 0$. Die Funktion $f(x) \equiv 0$ hat dann die gewünschten Eigenschaften. Wir nehmen an, daß eine Funktion $f(x) \not\equiv 0$ ebenfalls die angegebenen Eigenschaften besitzt. Da f monoton wachsend ist, existiert ein $x_0 > 0$ mit $f(x_0) > 0$. Die Funktion $g(x) := f(x + x_0)$ erfüllt dann $g(0) > 0$ und $g'(x) \geq g^2(x)$ für alle $x \in (0,\infty)$, was nach a) nicht möglich ist.

8.2.27 Ist $M = \infty$, so ist die Behauptung trivial; wir können also annehmen, daß $M < \infty$ gilt.

Es sei ein festes $x \in (a,b)$ gewählt, und die Funktion g sei für $t \in [a,b]$ definiert durch

$$g(t) := (t-a)(t-b)f(x) - (x-a)(x-b)f(t).$$

Es gilt $g(a) = g(x) = g(b) = 0$. Nach dem Satz von ROLLE existieren Stellen $\tau_1 \in (a,x)$ und $\tau_2 \in (x,b)$ mit $g'(\tau_1) = g'(\tau_2) = 0$. Also gibt es (wieder nach dem Satz von ROLLE) ein $\tau \in (\tau_1,\tau_2) \subset (a,b)$ mit $g''(\tau) = 0$. Es folgt

$$0 = g''(\tau) = 2f(x) - (x-a)(x-b)f''(\tau),$$

und damit erhalten wir für alle $x \in (a,b)$

$$|f(x)| \leq \frac{M}{2}(x-a)(b-x).$$

(Wegen $f(a) = f(b) = 0$ gilt dies auch für $x \in [a,b]$.) Durch Integration ergibt sich

$$\Big|\int_a^b f(x)dx\Big| \leq \int_a^b |f(x)|dx \leq \frac{M}{2}\int_a^b (x-a)(b-x)dx = \frac{M}{12}(b-a)^3.$$

8.2.28 Ist $\sup\limits_{(a,b)} |f'(x)| = \infty$, so ist die Behauptung trivial; wir können also $\sup\limits_{(a,b)} |f'(x)| < \infty$ voraussetzen. Es sei F eine Stammfunktion zu f, die nicht monoton ist. Dann kann weder $F'(x) \geq 0$ noch $F'(x) \leq 0$ für alle $x \in [a,b]$ gelten. Es gibt also Stellen $\xi_1, \xi_2 \in [a,b]$ mit $F'(\xi_1) = f(\xi_1) < 0 < f(\xi_2) = F'(\xi_2)$, und nach dem Zwischenwertsatz existiert ein $\xi \in (a,b)$ mit $f(\xi) = 0$. Wir erhalten mit dem Mittelwertsatz der Differentialrechnung

$$\begin{aligned} |f(a)| &= |f(\xi) - f(a)| \leq (\xi - a) \cdot \sup_{(a,b)} |f'(x)|, \\ |f(b)| &= |f(b) - f(\xi)| \leq (b - \xi) \cdot \sup_{(a,b)} |f'(x)|. \end{aligned}$$

Addition der beiden Ungleichungen ergibt die Behauptung.

8.2.29 Wir zeigen, daß $F'(x) = f(x) > 0$ ist für alle $x \in (0,\infty)$. Es folgt dann sofort, daß F auf $[0,\infty)$ streng monoton wachsend ist. Wir behaupten dazu, daß für alle $n \in I\!N$ und alle $x \in (2(n-1)\pi, 2n\pi]$ gilt $f(x) > 0$.

a) Für $t \in (0,\pi)$ gilt $\frac{\sin t}{1+t} > 0$, und damit ist $f(x) = \int\limits_0^x \frac{\sin t}{1+t}dt > 0$ für alle $x \in (0,\pi]$. Ist $x \in (\pi, 2\pi]$, so folgt

$$\begin{aligned} f(x) &= \int_0^x \frac{\sin t}{1+t}dt \geq \int_0^\pi \frac{\sin t}{1+t}dt - \int_\pi^{2\pi} \frac{|\sin t|}{1+t}dt > \\ &> \frac{1}{1+\pi}\int_0^\pi \sin t\, dt - \frac{1}{1+\pi}\int_\pi^{2\pi} |\sin t|\, dt = \frac{2}{1+\pi} - \frac{2}{1+\pi} = 0. \end{aligned}$$

Daher ist die Behauptung richtig für $n = 1$.

b) Gilt die Behauptung für ein $n \in I\!N$, so folgt für $x \in (2n\pi, 2n\pi + \pi]$

$$f(x) = f(2n\pi) + \int_{2n\pi}^x \frac{\sin t}{1+t}dt > f(2n\pi) > 0.$$

Für $x \in (2n\pi + \pi, 2(n+1)\pi]$ erhalten wir

$$\begin{aligned} f(x) &= f(2n\pi) + \int_{2n\pi}^{x} \frac{\sin t}{1+t}dt > \int_{2n\pi}^{2n\pi+\pi} \frac{\sin t}{1+t}dt - \int_{2n\pi+\pi}^{2(n+1)\pi} \frac{|\sin t|}{1+t}dt > \\ &> \frac{1}{1+2n\pi+\pi} \int_{2n\pi}^{2n\pi+\pi} \sin t\, dt - \frac{1}{1+2n\pi+\pi} \int_{2n\pi+\pi}^{2(n+1)\pi} |\sin t|\, dt = \\ &= \frac{2}{1+2n\pi+\pi} - \frac{2}{1+2n\pi+\pi} = 0. \end{aligned}$$

Mit vollständiger Induktion folgt die Behauptung.

8.2.30 Es sei $M := \sup\limits_{[a,b]} |f''(x)|$. Wir können $M < \infty$ annehmen (andernfalls ist die Behauptung trivial). Ferner gilt $M > 0$; aus $M = 0$ würde nämlich $f'(x) = 0$ für alle $x \in [a, b]$ folgen, was einen Widerspruch zu $f(a) \neq f(b)$ ergibt.

a) Es sei $c := \frac{a+b}{2}$. Nach dem Mittelwertsatz der Differentialrechnung gilt

$$|f'(x)| = |f'(x) - f'(a)| \leq M(x-a) \quad \text{für alle } x \in [a, c],$$

$$|f'(x)| = |f'(b) - f'(x)| \leq M(b-x) \quad \text{für alle } x \in [c, b].$$

Die Funktion f' ist stetig in $[a, b]$, und es ergibt sich

$$\begin{aligned} 1 = \left| \int_a^b f'(x)dx \right| &\leq \int_a^c |f'(x)|dx + \int_c^b |f'(x)|dx \leq \\ &\leq M \int_a^c (x-a)dx + M \int_c^b (b-x)dx = M\frac{(b-a)^2}{4}. \end{aligned} \qquad (*)$$

Es folgt $M \geq \frac{4}{(b-a)^2}$.

b) Wir zeigen, daß $M > \frac{4}{(b-a)^2}$ sein muß. Dazu nehmen wir an, daß $M = \frac{4}{(b-a)^2}$ gilt. In der Ungleichungskette $(*)$ steht dann überall das Gleichheitszeichen. Das ergibt

$$\int_a^c \{M(x-a) - |f'(x)|\}dx + \int_c^b \{M(b-x) - |f'(x)|\}dx = 0.$$

Da die beiden auftretenden Integranden nichtnegativ sind, muß jedes der Integrale den Wert Null haben. Mit Aufgabe 8.1.17 folgt daher

$$|f'(x)| = \begin{cases} M(x-a) & \text{falls } x \in [a, c] \\ M(b-x) & \text{falls } x \in [c, b] \end{cases}.$$

Damit ist entweder

$$f'(x) = \begin{cases} M(x-a) & \text{falls } x \in [a,c] \\ M(b-x) & \text{falls } x \in [c,b] \end{cases}$$

oder

$$f'(x) = \begin{cases} M(a-x) & \text{falls } x \in [a,c] \\ M(x-b) & \text{falls } x \in [c,b] \end{cases}$$

(die anderen Möglichkeiten widersprechen der Stetigkeit von f' im Punkt c). In beiden Fällen ist jedoch

$$\lim_{x\to c+} \frac{f'(x)-f'(c)}{x-c} \neq \lim_{x\to c-} \frac{f'(x)-f'(c)}{x-c},$$

so daß $f''(c)$ nicht existiert. Widerspruch!

c) Es gilt also $M > \frac{4}{(b-a)^2}$, und gemäß der Definition von M existiert ein $\xi \in [a,b]$ mit $|f''(\xi)| > \frac{4}{(b-a)^2}$.

(Aus dem Satz von DARBOUX folgt sogar, daß $\xi \in (a,b)$ gewählt werden kann.)

8.2.31 a) Es sei g eine in $[a,b]$ stetige Funktion. Nach dem WEIERSTRASSschen Approximationssatz gibt es eine Folge $\{P_m\}$ von Polynomen mit

$$\max_{[a,b]} |g(x) - P_m(x)| \to 0 \qquad \text{für } m \to \infty.$$

Aus der Voraussetzung folgt

$$\int_a^b P_m(x) f(x) dx = 0 \qquad \text{für jedes } m \in \mathbb{N},$$

und wir erhalten

$$\left| \int_a^b g(x)f(x)dx \right| = \left| \int_a^b P_m(x)f(x)dx + \int_a^b \{g(x) - P_m(x)\} f(x)dx \right| =$$

$$= \left| \int_a^b \{g(x) - P_m(x)\} f(x)dx \right| \le (b-a) \cdot \sup_{[a,b]} |f(x)| \cdot \max_{[a,b]} |g(x) - P_m(x)| \to 0.$$

Folglich ist $\int_a^b g(x)f(x)dx = 0$.

b) Ist f stetig in $[a,b]$, so erhalten wir aus a), wenn wir $g(x) := f(x)$ setzen,

$$\int_a^b f^2(x)dx = 0.$$

Mit Aufgabe 8.1.17 folgt $f(x) = 0$ für alle $x \in [a, b]$. Demnach hat nur die Nullfunktion die Eigenschaft $(*)$.

8.2.32 Wegen $\int_0^1 x^n \cdot x\,dx = \frac{1}{n+2}$ hat die Funktion $g(x) := f(x) - x$ die Eigenschaft

$$\int_0^1 x^n g(x)dx = 0 \qquad \text{für alle } n \in \mathbb{N}_0.$$

Aus Aufgabe 8.2.31 folgt daher $g(x) = 0$, also $f(x) = x$ für alle $x \in [0, 1]$.

8.2.33 Offensichtlich gilt $F'_{n+1}(x) = F_n(x)$ für alle $n \in \mathbb{N}_0$, und mit vollständiger Induktion folgt $F_n^{(n)}(x) = f(x)$ für alle $n \in \mathbb{N}_0$; wir erhalten daher mit n partiellen Integrationen

$$\begin{aligned} F_{n+1}(x) &= \int_0^x F_n(t)dt = -(x-t)F_n(t)\Big|_0^x + \int_0^x (x-t)F'_n(t)dt = \\ &= -\frac{(x-t)^2}{2}F'_n(t)\Big|_0^x + \frac{1}{2}\int_0^x (x-t)^2 F''_n(t)dt = \cdots = \\ &= \frac{1}{n!}\int_0^x (x-t)^n F_n^{(n)}(t)dt = \frac{1}{n!}\int_0^x (x-t)^n f(t)dt. \end{aligned}$$

Wegen $F_{n+1}(1) = 0$ für alle $n \in \mathbb{N}_0$ ist

$$0 = \int_0^1 (1-t)^n f(t)dt = \int_0^1 t^n f(1-t)dt \qquad \text{für alle } n \in \mathbb{N}_0.$$

Aus Aufgabe 8.2.31 erhalten wir also $f(1-t) = 0$ für alle $t \in [0, 1]$, und daher ist $f(x) \equiv 0$ auf $[0, 1]$.

Bemerkung: Die Beziehung $F_{n+1}(x) = \frac{1}{n!}\int_0^x (x-t)^n f(t)dt$ ergibt sich natürlich auch sofort aus Aufgabe 8.2.14.

8.2.34 Aus der speziellen Form von f' folgt, daß f' sogar stetig ist. Ferner gilt $f'(x) > 0$ für alle $x \in [1, \infty)$, und damit ist f streng monoton wachsend. Insbesondere ergibt sich $f(x) \geq f(1) = 1$ für alle $x \in [1, \infty)$. Weiter erhalten wir

$$\begin{aligned} f(x) - 1 &= f(x) - f(1) = \int_1^x f'(t)dt = \int_1^x \frac{dt}{t^2 + f^2(t)} \leq \\ &\leq \int_1^x \frac{dt}{t^2+1} = \arctan x - \arctan 1 < \frac{\pi}{2} - \frac{\pi}{4} = \frac{\pi}{4}. \end{aligned}$$

Da f streng monoton wachsend und nach oben durch $1+\frac{\pi}{4}$ beschränkt ist, existiert $g := \lim_{x\to\infty} f(x)$, und es muß $g \le 1+\frac{\pi}{4}$ gelten.

8.2.35 a) Eine Stammfunktion zu $\frac{\cos x}{\sin^{n+1} x}$ ist $-\frac{1}{n}\cdot\frac{1}{\sin^n x}$. Wir erhalten daher mit partieller Integration

$$\int_a^b \frac{\cos^{m+1} x}{\sin^{n+1} x}dx = \int_a^b \cos^m x \cdot \frac{\cos x}{\sin^{n+1} x}dx = -\frac{1}{n}\cdot \frac{\cos^m x}{\sin^n x}\Big|_a^b - \frac{m}{n}\int_a^b \frac{\cos^{m-1} x}{\sin^{n-1} x}dx.$$

b) Die zweite Rekursionsformel ergibt sich analog.

8.2.36 Mit der Substitution $x := \pi - t$ erhalten wir wegen $\sin(\pi - t) = \sin t$

$$\begin{aligned}\int_0^\pi x f(\sin x)dx &= -\int_\pi^0 (\pi - t) f(\sin(\pi - t))dt = \\ &= \pi\int_0^\pi f(\sin t)dt - \int_0^\pi t f(\sin t)dt.\end{aligned}$$

Hieraus folgt die Behauptung.

8.2.37 Durch Umformung mit partieller Integration erhalten wir

$$\int_0^\pi \frac{x\sin x}{1+\cos^2 x}dx = -x\cdot\arctan(\cos x)\Big|_0^\pi + \int_0^\pi \arctan(\cos x)dx.$$

Für $f(x) := \arctan(\cos x)$ gilt $f(\pi - x) + f(x) \equiv 0$, daher ist

$$I := \int_0^\pi f(x)dx = -\int_0^\pi f(\pi - x)dx = -\int_0^\pi f(t)dt,$$

und es muß $I = 0$ gelten. Wir erhalten also

$$\int_0^\pi \frac{x\sin x}{1+\cos^2 x}dx = -\pi\cdot\arctan(\cos\pi) = \frac{\pi^2}{4}.$$

8.2.38 Mit der Substitution $t := p - x$ erhalten wir

$$I := \int_0^p f(x)g(x)dx = \int_0^p f(x)g(p-x)dx = \int_0^p f(p-t)g(t)dt.$$

Also folgt

$$2I = \int_0^p \{f(x) + f(p-x)\}g(x)dx = q\int_0^p g(x)dx.$$

Hieraus ergibt sich die Behauptung.

8.2.39 Für $0 \le x < \pi/2$ ist $f(x) = \dfrac{(\cos x)^r}{(\cos x)^r + (\sin x)^r}$, und daraus folgt die Stetigkeit von f in $[0, \pi/2]$. Wir erhalten $f(\pi/2) + f(0) = 1$, und für $0 < x < \pi/2$ gilt

$$\begin{aligned} f\Big(\frac{\pi}{2} - x\Big) + f(x) &= \frac{1}{1 + (\cot x)^r} + \frac{1}{1 + (\tan x)^r} = \\ &= \frac{(\tan x)^r}{1 + (\tan x)^r} + \frac{1}{1 + (\tan x)^r} = 1. \end{aligned}$$

Aus Aufgabe 8.2.38 folgt also (wenn wir dort $g(x) \equiv 1$ setzen)

$$\int_0^{\pi/2} f(x)dx = \frac{1}{2}\int_0^{\pi/2} dx = \frac{\pi}{4}.$$

8.2.40 a) Es gilt

$$\begin{aligned} \ln P_n &= \frac{1}{n}\sum_{\nu=1}^{2n} \ln(n^2 + \nu^2) - 4\ln n = \\ &= \frac{1}{n}\sum_{\nu=1}^{2n} \Big\{\ln n^2 + \ln\Big(1 + \frac{\nu^2}{n^2}\Big)\Big\} - 4\ln n = \frac{1}{n}\sum_{\nu=1}^{2n} \ln\Big(1 + \frac{\nu^2}{n^2}\Big). \end{aligned}$$

Ferner erhalten wir

$$\int_0^2 \ln(1 + x^2)dx = \lim_{n\to\infty} \frac{1}{n}\sum_{\nu=1}^{2n} \ln\Big(1 + \frac{\nu^2}{n^2}\Big).$$

b) Mit partieller Integration ergibt sich

$$\begin{aligned} \int_0^2 \ln(1 + x^2)dx &= x\ln(1 + x^2)\Big|_0^2 - \int_0^2 \frac{2x^2}{1 + x^2}dx = \\ &= 2\ln 5 - 2\int_0^2 \Big\{1 - \frac{1}{1 + x^2}\Big\}dx = \ln 25 - 4 + 2\arctan 2. \end{aligned}$$

c) Damit erhalten wir

$$\lim_{n\to\infty} P_n = \exp\{\ln 25 - 4 + 2\arctan 2\} = \frac{25}{e^4} \cdot \exp\{2\arctan 2\}.$$

8.2.41 Es gilt zunächst

$$x\int\limits_0^x e^{t^2-x^2}dt = \frac{x\int\limits_0^x e^{t^2}dt}{e^{x^2}} =: \frac{f(x)}{g(x)}.$$

Wir erhalten

$$\frac{f'(x)}{g'(x)} = \frac{\int\limits_0^x e^{t^2}dt + xe^{x^2}}{2xe^{x^2}} = \frac{\int\limits_0^x e^{t^2}dt}{2xe^{x^2}} + \frac{1}{2}.$$

Mit der Regel von DE L'HOSPITAL folgt

$$\lim_{x\to\infty}\frac{\int\limits_0^x e^{t^2}dt}{2xe^{x^2}} = \lim_{x\to\infty}\frac{e^{x^2}}{2e^{x^2}+4x^2e^{x^2}} = 0.$$

Also ist $\lim\limits_{x\to\infty}\dfrac{f'(x)}{g'(x)} = \dfrac{1}{2}$ und daher auch $\lim\limits_{x\to\infty} x\int\limits_0^x e^{t^2-x^2}dt = \dfrac{1}{2}$.

8.2.42 a) Es sei $h > 0$; mit der Substitution $x = th$ erhalten wir zunächst

$$\int\limits_{-1}^{1}\frac{h}{h^2+x^2}dx = \int\limits_{-1/h}^{+1/h}\frac{dt}{1+t^2} = \arctan\Big(\frac{1}{h}\Big) - \arctan\Big(-\frac{1}{h}\Big) < \pi.$$

b) Da f in $[-1,1]$ integrierbar ist, existiert eine Konstante M mit $|f(x)| \le M$ für alle $x \in [-1,1]$. Es sei ein $\varepsilon > 0$ gegeben. Wir können dann ein $\delta \in (0,1)$ so finden, daß $|f(x) - f(0)| < \dfrac{\varepsilon}{\pi}$ gilt für alle x mit $|x| \le \delta$. Wir erhalten damit für $h > 0$

$$\Big|\int\limits_{-1}^{1}\frac{hf(x)}{h^2+x^2}dx - \Big\{\arctan\Big(\frac{1}{h}\Big) - \arctan\Big(-\frac{1}{h}\Big)\Big\}f(0)\Big| =$$

$$= \Big|\int\limits_{-1}^{1}\frac{h}{h^2+x^2}\{f(x)-f(0)\}dx\Big| \le$$

$$\le \int\limits_{-\delta}^{\delta}\frac{h}{h^2+x^2}|f(x)-f(0)|dx + \int\limits_{\delta\le|x|\le1}\frac{h}{h^2+x^2}|f(x)-f(0)|dx \le$$

$$\le \frac{\varepsilon}{\pi}\int\limits_{-\delta}^{\delta}\frac{h}{h^2+x^2}dx + 2M\int\limits_{\delta\le|x|\le1}\frac{h}{h^2+\delta^2}dx < \varepsilon + 4M\frac{h}{h^2+\delta^2}.$$

Für $h \to 0$ strebt der zweite Summand gegen Null, und wegen

$$\arctan\left(\frac{1}{h}\right) - \arctan\left(-\frac{1}{h}\right) \to \pi$$

folgt die Behauptung.

8.2.43 Für $x \in [0,a]$ setzen wir $\lambda(x) := \int\limits_0^x \varphi(t)dt$. Wegen $0 \le \varphi(t) \le 1$ für alle $t \in [0,a]$ gilt dann $0 \le \lambda(x) \le x$ für alle $x \in [0,a]$ sowie $\lambda(0) = 0 \le \lambda \le a$ und $\lambda'(x) = \varphi(x)$.

a) Für $x \in [0,a]$ setzen wir

$$\phi(x) := \int\limits_0^{\lambda(x)} f(t)dt - \int\limits_0^x f(t)\varphi(t)dt.$$

Es gilt

$$\phi'(x) = f(\lambda(x))\lambda'(x) - f(x)\varphi(x) = \{f(\lambda(x)) - f(x)\}\varphi(x).$$

Da f monoton fallend ist und $0 \le \lambda(x) \le x$ gilt, folgt $f(\lambda(x)) \ge f(x)$, und mit $\varphi(x) \ge 0$ ergibt sich $\phi'(x) \ge 0$ für alle $x \in [0,a]$. Die Funktion ϕ ist daher monoton wachsend in $[0,a]$; also ist $\phi(a) \ge \phi(0) = 0$, und daraus folgt die eine der zu beweisenden Ungleichungen.

b) Für $x \in [0,a]$ setzen wir

$$\begin{aligned}\psi(x) &:= \int\limits_0^x f(t)\varphi(t)dt - \int\limits_{x-\lambda(x)}^x f(t)dt = \\ &= \int\limits_0^x f(t)\varphi(t)dt - \int\limits_0^x f(t)dt + \int\limits_0^{x-\lambda(x)} f(t)dt.\end{aligned}$$

Es gilt

$$\begin{aligned}\psi'(x) &= f(x)\varphi(x) - f(x) + f(x-\lambda(x)) \cdot \{1 - \lambda'(x)\} = \\ &= \{1 - \varphi(x)\} \cdot \{f(x-\lambda(x)) - f(x)\}.\end{aligned}$$

Wegen $0 \le x - \lambda(x) \le x$ ist $f(x-\lambda(x)) \ge f(x)$, und mit $\varphi(x) \le 1$ folgt $\psi'(x) \ge 0$ für alle $x \in [0,a]$. Die Funktion ψ ist daher monoton wachsend in $[0,a]$; also ist $\psi(a) \ge \psi(0) = 0$, und daraus ergibt sich die andere Ungleichung.

8.2.44 Nach Aufgabe 7.1.30 ist die Funktion φ mit $\varphi(x) = e^{-1/x^2}$ für $x > 0$ und $\varphi(x) = 0$ für $x \le 0$ auf $(-\infty, \infty)$ beliebig oft differenzierbar. Die Funktion

$$F(x) := \int\limits_0^x \varphi(t)\varphi(1-t)dt$$

erfüllt $F'(x) = \varphi(x)\varphi(1-x)$ für alle $x \in \mathbb{R}$. Folglich ist F auf $(-\infty, \infty)$ beliebig oft differenzierbar. Es gilt $F'(x) = 0$ für alle $x \leq 0$ und für alle $x \geq 1$. Wir erhalten daher

$$\begin{aligned} F(x) &= F(0) = 0 && \text{für alle } x \leq 0, \\ F(x) &= F(1) && \text{für alle } x \geq 1. \end{aligned}$$

Wegen $F'(x) > 0$ für $x \in (0,1)$ ist F in $[0,1]$ streng monoton wachsend, insbesondere ist $F(1) > 0$. Die Funktion

$$f(x) := \frac{F(x)}{F(1)}$$

hat daher alle gewünschten Eigenschaften.

8.2.45 a) Offensichtlich existiert eine Konstante M mit $|f(x)| \leq M$ für alle $x \in [0, \infty)$. Es sei ein $\varepsilon > 0$ gegeben. Wir wählen ein $x_0 > 0$ mit

$$|f(x) - g| < \frac{\varepsilon}{2} \qquad \text{für alle } x \geq x_0.$$

Sodann bestimmen wir ein $x_1 > x_0$ mit

$$\frac{x_0}{x}(M + |g|) < \frac{\varepsilon}{2} \qquad \text{für alle } x \geq x_1.$$

Es folgt dann für alle $x \geq x_1$

$$\begin{aligned} \left|\frac{1}{x}\int_0^x f(t)dt - g\right| &= \frac{1}{x}\left|\int_0^x \{f(t) - g\}dt\right| \leq \\ &\leq \frac{1}{x}\int_0^{x_0} |f(t) - g|dt + \frac{1}{x}\int_{x_0}^x |f(t) - g|dt < \\ &< \frac{x_0}{x}(M + |g|) + \frac{x - x_0}{x} \cdot \frac{\varepsilon}{2} < \varepsilon. \end{aligned}$$

Hieraus folgt die Behauptung.

b) Für $f(x) = \cos x$ erhalten wir $\int_0^x \cos t\, dt = \sin x$; also gilt

$$\lim_{x \to \infty} \frac{1}{x}\int_0^x \cos t\, dt = 0,$$

aber $\lim\limits_{x \to \infty} f(x)$ existiert nicht.

Bemerkung: Unter der stärkeren Voraussetzung, daß die Funktion f stetig ist, ist $F(x) := \int_0^x f(t)dt$ differenzierbar, und mit der Regel von DE L'HOSPITAL folgt

$$\lim_{x \to \infty} \frac{F(x)}{x} = \lim_{x \to \infty} \frac{f(x)}{1} = g.$$

8.2.46 Es sei $F(x) := \int_0^x f(t)dt$. Wir nehmen an, es sei $\lim_{x\to\infty} \dfrac{F(x)}{f(x)} > \dfrac{1}{\alpha}$. Dann existieren ein $\beta > \dfrac{1}{\alpha}$ und ein $x_0 > 0$, so daß gilt

$$F(x) \geq \beta f(x) \qquad \text{für alle } x \geq x_0.$$

Wegen $F'(x) = f(x)$ folgt

$$\frac{d}{dx} \ln F(x) = \frac{F'(x)}{F(x)} = \frac{f(x)}{F(x)} \leq \frac{1}{\beta},$$

und Integration ergibt für alle $x > x_0$

$$\ln F(x) - \ln F(x_0) = \int_{x_0}^{x} \frac{F'(t)}{F(t)} dt \leq \frac{1}{\beta} \cdot (x - x_0).$$

Es folgt für alle $x > x_0$

$$\frac{\ln f(x)}{x} + \frac{\ln \beta}{x} \leq \frac{\ln F(x)}{x} \leq \frac{\ln F(x_0)}{x} + \frac{1}{\beta} \cdot \frac{x - x_0}{x},$$

und hieraus erhalten wir den Widerspruch

$$\overline{\lim_{x\to\infty}} \frac{\ln f(x)}{x} \leq \frac{1}{\beta} < \alpha.$$

8.2.47 a) Für $x \in [0, \infty)$ setzen wir

$$\phi(x) := \int_0^x \varphi(t)dt.$$

Offensichtlich ist $\phi(x) > 0$ für alle $x \in (0, \infty)$. Wir nehmen an, f sei beschränkt. Es existiert dann eine positive Konstante M_1 mit $0 \leq f(x) \leq M_1$ für alle $x \in [0, \infty)$, und wir erhalten für alle $x \in (0, \infty)$

$$\frac{\phi(x)}{\{\varphi(x)\}^{1/\gamma}} \leq M_1 \qquad \text{bzw.} \qquad \varphi(x)\{\phi(x)\}^{-\gamma} \geq \frac{1}{M_1^\gamma} =: M > 0.$$

Damit folgt aber

$$\frac{d}{dx}\Big\{\{\phi(x)\}^{1-\gamma} + (\gamma - 1)Mx\Big\} \leq 0,$$

und die Funktion $\{\phi(x)\}^{1-\gamma} + (\gamma - 1)Mx$ ist in $(0, \infty)$ monoton fallend. Für alle $x \geq 1$ gilt dann

$$(\gamma - 1)Mx < \{\phi(x)\}^{1-\gamma} + (\gamma - 1)Mx \leq \{\phi(1)\}^{1-\gamma} + (\gamma - 1)M.$$

Dies ist ein Widerspruch (der Ausdruck auf der linken Seite der Ungleichungskette ist nicht beschränkt). Es folgt, daß f unbeschränkt sein muß.
b) Im Falle $\gamma = 1$ kann f beschränkt sein. Für $\varphi(x) := e^x$ erhält man

$$f(x) = e^{-x} \int_0^x e^t dt = e^{-x}(e^x - 1) = 1 - e^{-x}$$

und damit $0 \leq f(x) < 1$ für alle $x \in [0, \infty)$.

8.2.48 Die Funktion $(f \circ \varphi)\varphi'$ ist offensichtlich beschränkt auf $[\alpha, \beta]$.

a) Wir setzen $I := \int_a^b f(x)dx$. Es sei ein $\varepsilon > 0$ gegeben. Dann existiert ein $\delta^* > 0$, so daß für alle Partitionen $Q = \{x_0, x_1, ..., x_n\}$ von $[a, b]$ mit $||Q|| < \delta^*$ und jede Wahl $\xi = \{\xi_1, ..., \xi_n\}$ von Zwischenpunkten $\xi_\nu \in [x_{\nu-1}, x_\nu]$ die RIEMANNschen Summen

$$S_Q(f, \xi) = \sum_{\nu=1}^{n} f(\xi_\nu)(x_\nu - x_{\nu-1})$$

folgendes erfüllen

$$|S_Q(f, \xi) - I| < \frac{\varepsilon}{2}.$$

b) Da φ auf $[\alpha, \beta]$ gleichmäßig stetig ist, existiert ein $\delta_1 > 0$ so, daß $|\varphi(t) - \varphi(t^*)| < \delta^*$ für alle $t, t^* \in [\alpha, \beta]$ mit $|t - t^*| < \delta_1$ gilt.
c) Es sei M so gewählt, daß $|f(x)| < M$ gilt für alle $x \in [a, b]$. Da die Funktion φ' auf $[\alpha, \beta]$ gleichmäßig stetig ist, existiert ein $\delta_2 > 0$, so daß für alle $t, t^* \in [\alpha, \beta]$ mit $|t - t^*| < \delta_2$ gilt

$$|\varphi'(t) - \varphi'(t^*)| < \frac{\varepsilon}{2M(\beta - \alpha)}.$$

d) Es sei $P = \{t_0, t_1, ..., t_n\}$ eine Partition von $[\alpha, \beta]$ mit $||P|| < \min\{\delta_1, \delta_2\} =: \delta$. Wir setzen $x_\nu := \varphi(t_\nu)$; nach b) ist dann $Q = \{x_0, ..., x_n\}$ eine Partition von $[a, b]$ mit $||Q|| < \delta^*$.
e) Es sei $\tau = \{\tau_1, ..., \tau_n\}$ eine beliebige Menge von Zwischenpunkten $\tau_\nu \in [t_{\nu-1}, t_\nu]$ und $\xi_\nu := \varphi(\tau_\nu)$ sowie $\xi := \{\xi_1, ..., \xi_n\}$ gesetzt. Wir vergleichen die RIEMANNsche Summe

$$S_P((f \circ \varphi)\varphi', \tau) = \sum_{\nu=1}^{n} f(\varphi(\tau_\nu))\varphi'(\tau_\nu)(t_\nu - t_{\nu-1}) = \sum_{\nu=1}^{n} f(\xi_\nu)\varphi'(\tau_\nu)(t_\nu - t_{\nu-1})$$

mit der RIEMANNschen Summe

$$S_Q(f, \xi) = \sum_{\nu=1}^{n} f(\xi_\nu)(x_\nu - x_{\nu-1}).$$

Nach dem Mittelwertsatz der Differentialrechnung existiert ein $\tau_\nu^* \in (t_{\nu-1}, t_\nu)$ mit

$$x_\nu - x_{\nu-1} = \varphi(t_\nu) - \varphi(t_{\nu-1}) = \varphi'(\tau_\nu^*)(t_\nu - t_{\nu-1}).$$

Wegen $||P|| < \delta_2$ erhalten wir mit c)

$$|S_Q(f,\xi) - S_P((f\circ\varphi)\varphi',\tau)| = \Big|\sum_{\nu=1}^{n} f(\xi_\nu)\{\varphi'(\tau_\nu^*) - \varphi'(\tau_\nu)\}(t_\nu - t_{\nu-1})\Big| \le$$

$$\le M\frac{\varepsilon}{2M(\beta-\alpha)}(\beta-\alpha) = \frac{\varepsilon}{2}.$$

Somit ergibt sich für jede Partition P von $[\alpha,\beta]$ mit $||P|| < \delta$ und jede Wahl von Zwischenpunkten τ

$$|S_P((f\circ\varphi)\varphi',\tau) - I| < \varepsilon.$$

Hieraus folgt die Existenz des Integrals $\int\limits_\alpha^\beta f(\varphi(t))\varphi'(t)dt$ und die Gültigkeit der Beziehung

$$\int\limits_\alpha^\beta f(\varphi(t))\varphi'(t)dt = \int\limits_a^b f(x)dx.$$

8.2.49 Sind f und g stetig differenzierbar in $[a,b]$, so folgt durch partielle Integration

$$\int\limits_a^b f(x)g'(x)dx = f(x)g(x)\Big|_a^b - \int\limits_a^b f'(x)g(x)dx,$$

so daß die behauptete Beziehung für $n = 0$ richtig ist. Die Behauptung gelte für ein $n \in \mathbb{N}_0$ und alle $(n+1)$-mal stetig differenzierbaren Funktionen in $[a,b]$.
Es seien f und g in $[a,b]$ wenigstens $(n+2)$-mal stetig differenzierbar. Mit der Induktionsvoraussetzung (angewendet auf f' und g) erhalten wir dann

$$\int\limits_a^b f(x)g^{(n+2)}(x)dx = f(x)g^{(n+1)}(x)\Big|_a^b - \int\limits_a^b f'(x)g^{(n+1)}(x)dx =$$

$$= f(x)g^{(n+1)}(x)\Big|_a^b - \sum_{\nu=0}^{n}(-1)^\nu f^{(\nu+1)}(x)g^{(n-\nu)}(x)\Big|_a^b - (-1)^{n+1}\int\limits_a^b f^{(n+2)}(x)g(x)dx =$$

$$= \sum_{\nu=0}^{n+1}(-1)^\nu f^{(\nu)}(x)g^{(n+1-\nu)}(x)\Big|_a^b + (-1)^{n+2}\int\limits_a^b f^{(n+2)}(x)g(x)dx.$$

Mit vollständiger Induktion ergibt sich die Behauptung.

8.2.50 Da P ein Polynom vom Grad n ist, gilt $P^{(n+1)}(x) \equiv 0$; wir erhalten daher durch mehrmalige partielle Integration gemäß Aufgabe 8.2.49, wenn wir $g^{(n+1)}(t) := \sin t$ setzen:

$$\int_0^x P(t)\sin t\,dt = \sum_{\nu=0}^{n}(-1)^\nu P^{(\nu)}(t)g^{(n-\nu)}(t)\Big|_0^x,$$

$$\int_0^x P(t)\cos t\,dt = \sum_{\nu=0}^{n}(-1)^\nu P^{(\nu)}(t)g^{(n+1-\nu)}(t)\Big|_0^x.$$

Betrachten wir das Polynom $Q(x) := P(x) - P''(x) + P^{(4)}(x) \mp \cdots$ vom Grad n, so folgt hieraus

$$\int_0^x P(t)\sin t\,dt = -Q(x)\cos x + Q'(x)\sin x + Q(0),$$

$$\int_0^x P(t)\cos t\,dt = Q(x)\sin x + Q'(x)\cos x - Q'(0).$$

Das betrachtete Gleichungssystem ist daher äquivalent zu

$$-Q(x)\cos x + Q'(x)\sin x + Q(0) = a,$$
$$Q(x)\sin x + Q'(x)\cos x - Q'(0) = b.$$

Multiplikation der ersten Gleichung mit $-\cos x$, der zweiten mit $\sin x$ und anschließende Addition ergibt, daß jede Lösung des Ausgangssystems auch die Beziehung

$$Q(x) = \{Q(0) - a\}\cos x + \{Q'(0) + b\}\sin x \qquad (*)$$

erfüllen muß. Der Ausdruck auf der rechten Seite ist beschränkt, während $\lim_{x\to\infty}|Q(x)| = \infty$ gilt. Das bedeutet, daß eine Konstante $M > 0$ existiert, so daß jede Lösung x von $(*)$ und damit jede Lösung des Ausgangssystems $|x| \le M$ erfüllen muß.

Hätte jetzt etwa die Funktion $\int_0^x P(t)\sin t\,dt - a$ unendlich viele Nullstellen in $|x| \le M$, so hätte nach dem Satz von ROLLE auch $P(x)\sin x$ unendlich viele Nullstellen in $|x| < M$. Dies ist jedoch nicht möglich, da sowohl $P(x)$ als auch $\sin x$ nur endlich viele Nullstellen in $|x| < M$ haben.

8.2.51 a) 1. Auf $(a, \frac{a+b}{2}]$ gilt $\varphi_a'(x) = 2(x-a)\sin\frac{1}{x-a} - \cos\frac{1}{x-a}$. Diese Funktion ist auf $(a, \frac{a+b}{2}]$ stetig und nimmt positive und negative Werte an. Nach dem Zwischenwertsatz ist daher die Menge der $x \in (a, \frac{a+b}{2}]$ mit $\varphi_a'(x) = 0$ nicht leer und beschränkt, also existiert

$$\xi_a = \sup\left\{x : x \in (a, \tfrac{a+b}{2}],\ \varphi_a'(x) = 0\right\}.$$

Wegen der Stetigkeit von φ_a' gilt $\varphi_a'(\xi_a) = 0$.

2. Analog wird die Existenz von η_b nachgewiesen. Es gilt offensichtlich $\xi_a - a = b - \eta_b$ und damit $\varphi_a(\xi_a) = \psi_b(\eta_b)$.
b) Es sei ein $x_0 \in [0,1]$ gegeben. Ist $x_0 \notin C$, so existiert genau ein Intervall (a,b), das zur Definition von C aus $[0,1]$ entfernt wurde, mit $x_0 \in (a,b)$; es ergibt sich

$$f'(x_0) = \begin{cases} 2(x_0 - a)\sin\frac{1}{x_0-a} - \cos\frac{1}{x_0-a} & \text{falls } a < x_0 < \xi_a \\ 0 & \text{falls } \xi_a \le x_0 \le \eta_b \\ -2(b - x_0)\sin\frac{1}{b-x_0} + \cos\frac{1}{b-x_0} & \text{falls } \eta_b < x_0 < b \end{cases} . \qquad (*)$$

(An allen Stellen $x_0 \neq \xi_a$ und $x_0 \neq \eta_b$ ist dies unmittelbar klar, für $x_0 = \xi_a$ bzw. $x_0 = \eta_b$ ergeben sich aus der stetigen Differenzierbarkeit von φ_a bzw. ψ_b die Beziehungen $f'(\xi_a-) = f'(\eta_b+) = 0$.)
Es sei $x_0 \in C$. Wir zeigen, daß dann

$$\left|\frac{f(x) - f(x_0)}{x - x_0}\right| \le |x - x_0|$$

für $x \in [0,1] \setminus \{x_0\}$ gilt (daraus folgt die Differenzierbarkeit von f an x_0 und $f'(x_0) = 0$). Diese Ungleichung ist sicher richtig, wenn $x \in C$ ist. Ist $x \notin C$, so existiert genau ein Intervall (a,b), das zur Definition von C aus $[0,1]$ entfernt wurde, mit $x \in (a,b)$.
1. Wir nehmen zunächst an, daß $x_0 \le a$ ist. Es ergibt sich dann

$$\left|\frac{f(x) - f(x_0)}{x - x_0}\right| \le \frac{(x-a)^2}{x - x_0} < x - x_0, \qquad \text{falls } a < x \le \xi_a,$$

$$\left|\frac{f(x) - f(x_0)}{x - x_0}\right| \le \frac{(\xi_a-a)^2}{x - x_0} < x - x_0, \qquad \text{falls } \xi_a < x < \eta_b,$$

$$\left|\frac{f(x) - f(x_0)}{x - x_0}\right| \le \frac{(b-x)^2}{x - x_0} < x - x_0, \qquad \text{falls } \eta_b \le x < b.$$

2. Im Falle $x_0 \ge b$ beweist man die Ungleichung analog.
Die Funktion f ist also differenzierbar an $x_0 \in C$, und es gilt $f'(x_0) = 0$. Insgesamt haben wir gezeigt, daß f auf $[0,1]$ differenzierbar ist; mit $(*)$ folgt $|f'(x_0)| \le 3$ für alle $x_0 \in [0,1]$.
3. Wir knüpfen an die Lösung zu Aufgabe 8.1.31 an und verwenden die dort eingeführten Bezeichnungen.
Aufgrund der Definition von C enthält jedes der Intervalle I_{nk} n-ten Ranges ein Teilintervall (a,b), in dem die Ableitung von f gegeben ist durch $(*)$. Es folgt daher

$$\sup_{I_{nk}} f'(x) - \inf_{I_{nk}} f'(x) \ge 2.$$

Wir erhalten damit

$$\overline{S}_{P_n}(f') - \underline{S}_{P_n}(f') = \sum_{i=1}^{M_n} \Big\{ \sup_{[x_{i-1}^{(n)}, x_i^{(n)}]} f'(x) - \inf_{[x_{i-1}^{(n)}, x_i^{(n)}]} f'(x) \Big\} (x_i^{(n)} - x_{i-1}^{(n)}) \geq$$

$$\geq \sum_{k=1}^{2^n} \Big\{ \sup_{I_{nk}} f'(x) - \inf_{I_{nk}} f'(x) \Big\} L_{nk} \geq 2 \sum_{k=1}^{2^n} L_{nk} = 2L_n.$$

Wegen $L_n \to \frac{1}{2}$ für $n \to \infty$ folgt, daß f auf $[0,1]$ nicht integrierbar sein kann.

8.3 Mittelwertsätze; Ungleichungen zwischen Integralen

8.3.1 a) Wegen $f'(x) \geq 0$ für alle $x \in [a,b]$ ist f in $[a,b]$ monoton wachsend; folglich gilt $0 = f(a) \leq f(x)$ für alle $x \in [a,b]$.
b) Wir betrachten die Funktion

$$F(x) := \int_a^x f^3(t)dt - \Big\{ \int_a^x f(t)dt \Big\}^2$$

und erhalten

$$F'(x) = f^3(x) - 2f(x) \int_a^x f(t)dt = f(x)\Big\{ f^2(x) - 2\int_a^x f(t)dt \Big\}.$$

Für die Funktion

$$G(x) := f^2(x) - 2\int_a^x f(t)dt$$

gilt (wegen $0 \leq f'(x) \leq 1$) für alle $x \in [a,b]$

$$G'(x) = 2f(x)f'(x) - 2f(x) = 2f(x)\{f'(x) - 1\} \leq 0.$$

Also ist G monoton fallend in $[a,b]$, und damit ist $G(x) \leq G(a) = 0$ für alle $x \in [a,b]$. Hieraus erhalten wir $F'(x) = f(x)G(x) \leq 0$ für alle $x \in [a,b]$, und F ist monoton fallend in $[a,b]$. Es gilt also $F(b) \leq F(a) = 0$, und daraus folgt die Behauptung.

8.3.2 Eine elementare Rechnung ergibt

$$I := \int_a^b \Big\{ \int_a^b \{f(y) - f(x)\}\{g(y) - g(x)\}dy \Big\} dx =$$

$$= 2(b-a) \cdot \int_a^b f(x)g(x)dx - 2\int_a^b f(x)dx \cdot \int_a^b g(x)dx.$$

a) Die Funktionen f und g seien beide monoton wachsend. Es sei $x \in [a,b]$ ein fester Punkt. Dann gilt:

$$\begin{array}{llll} f(y)-f(x)\le 0 & \text{und} & g(y)-g(x)\le 0 & \text{für alle } y \text{ mit } a\le y\le x,\\ f(y)-f(x)\ge 0 & \text{und} & g(y)-g(x)\ge 0 & \text{für alle } y \text{ mit } x\le y\le b. \end{array}$$

Daher ist $\{f(y)-f(x)\}\{g(y)-g(x)\}\ge 0$ für alle $x,y\in[a,b]$. Es folgt $I\ge 0$ und damit

$$\int_a^b f(x)dx\cdot\int_a^b g(x)dx \le (b-a)\int_a^b f(x)g(x)dx.$$

b) Die gleiche Beziehung ergibt sich, wenn f und g beide monoton fallend sind.

c) Ist etwa f monoton wachsend und g monoton fallend, so folgt mit a)

$$\int_a^b f(x)dx\cdot\int_a^b \{-g(x)\}dx \le (b-a)\int_a^b f(x)\{-g(x)\}dx,$$

und daher ist

$$(b-a)\int_a^b f(x)g(x)dx \le \int_a^b f(x)dx\cdot\int_a^b g(x)dx.$$

8.3.3 Ist $x=0$, so ist die Behauptung trivialerweise richtig. Es sei also $0<x\le a$.

a) Wir zeigen, daß für alle $t\in[0,x]$ gilt $xf(t)\ge tf(x)$. Dies ist klar für $t=0$ und $t=x$; für $0<t<x$ erhalten wir aus Aufgabe 7.4.25

$$\frac{f(t)-f(0)}{t-0}\ge\frac{f(x)-f(t)}{x-t},$$

was zu $xf(t)\ge tf(x)$ äquivalent ist.

b) Die Funktion f ist nach Aufgabe 7.4.26 stetig in $(0,a)$, beschränkt in $[0,a]$ und damit integrierbar in $[0,a]$. Mit a) erhalten wir

$$\int_0^x f(t)dt \ \ge\ \frac{f(x)}{x}\int_0^x t\,dt \ =\ \frac{xf(x)}{2}.$$

8.3.4 a) Für die in $[a,b]$ stetige Funktion $F(x):=\int_a^x f(t)dt$ gilt

$$F(a)=0,\qquad F(b)=\int_a^b f(t)dt.$$

Ist $F(b)\ne 0$, so existiert nach dem Zwischenwertsatz ein $\xi\in(a,b)$ mit $F(\xi)=\frac{1}{2}F(b)$, d.h. es gilt

$$\int_a^\xi f(t)dt = F(b)-\frac{1}{2}F(b)=\int_a^b f(t)dt-\int_a^\xi f(t)dt=\int_\xi^b f(t)dt.$$

Ist $F(b) = 0$, so wählen wir $\xi = a$ oder $\xi = b$.

b) Im allgemeinen kann ξ nicht in (a, b) gewählt werden. Für $f(x) := 2x$ in $[-1, 1]$ gilt

$$\int_{-1}^{\xi} 2x dx = \xi^2 - 1, \qquad \int_{\xi}^{1} 2x dx = 1 - \xi^2,$$

so daß die Gleichheit der beiden Integrale nur für $\xi = -1$ oder $\xi = +1$ möglich ist.

8.3.5 a) Es seien $x, y \in [0, a]$, und es sei $xy \leq a$. Wir erhalten zunächst

$$0 \leq f(y) = \int_0^y f'(u) du \leq \int_0^y 1 du = y.$$

Also gilt $0 \leq x f(y) \leq xy \leq a$. Es ergibt sich mit Aufgabe 8.2.48

$$\begin{aligned} f(x)f(y) &= f(y) \int_0^x f'(t) dt \leq f(y) \int_0^x f'(tf(y)) dt = \\ &= \int_0^{xf(y)} f'(u) du = f(xf(y)) \leq f(xy). \end{aligned}$$

b) Die Funktion $f(x) = \sin x$ erfüllt in $[0, a] = [0, \pi/2]$ die Voraussetzungen von a). Damit ergibt sich unmittelbar die Behauptung.

c) Die Funktion $f(x) = \dfrac{2}{\pi} \arctan\left(\dfrac{\pi}{2} x\right)$ erfüllt in jedem Intervall $[0, a]$ die Voraussetzungen von a). Damit ergibt sich für alle $x, y \in [0, \infty)$

$$\frac{4}{\pi^2} \arctan x \arctan y = f\left(\frac{2}{\pi} x\right) f\left(\frac{2}{\pi} y\right) \leq f\left(\frac{4}{\pi^2} xy\right) = \frac{2}{\pi} \arctan\left(\frac{2xy}{\pi}\right),$$

und daraus folgt die Behauptung.

d) Wir beweisen die Ungleichung mit vollständiger Induktion. Die Behauptung ist trivial für $n = 1$. Sie gelte für ein $n \in \mathbb{N}$, und es sei $0 \leq x \leq (\pi/2)^{1/(n+1)}$. Dann ist

$$0 \leq x \leq \frac{\pi}{2}, \qquad 0 \leq x^n \leq \frac{\pi}{2}, \qquad 0 \leq x \cdot x^n \leq \frac{\pi}{2}.$$

Mit der Induktionsannahme und b) folgt

$$\sin^{n+1} x = \sin x \cdot \sin^n x \leq \sin x \cdot \sin(x^n) \leq \sin(x \cdot x^n) = \sin(x^{n+1}).$$

8.3.6 Wir setzen zur Abkürzung

$$A := \int_a^b f^2(x) dx, \qquad B := \int_a^b g^2(x) dx, \qquad C := \int_a^b f(x) g(x) dx.$$

a) Wir müssen zeigen, daß $C^2 \leq A \cdot B$ ist. Offensichtlich ist $A \geq 0$ und $B \geq 0$. Für alle $\lambda \in \mathbb{R}$ gilt

$$0 \leq \int_a^b \{f(x) - \lambda g(x)\}^2 dx = A - 2\lambda C + \lambda^2 B. \qquad (*)$$

1. Ist $B = 0$, so gilt $2\lambda C \leq A$ für alle $\lambda \in \mathbb{R}$, was jedoch nur möglich ist, wenn $C = 0$ ist. In diesem Fall gilt also $C^2 = A \cdot B$.

2. Es sei $B > 0$. Setzen wir $\lambda := \frac{C}{B}$, so erhalten wir

$$0 \leq A - 2\frac{C^2}{B} + \frac{C^2}{B^2}B = A - \frac{C^2}{B},$$

was zur Behauptung äquivalent ist.

b) Es seien f und g stetige Funktionen, und es gelte $C^2 = A \cdot B$. Ist $B = \int_a^b g^2(x)dx = 0$, so folgt $g(x) = 0$ für alle $x \in [a, b]$. Gilt $B > 0$, so steht für $\lambda = C/B$ in $(*)$ das Gleichheitszeichen. Es folgt $f(x) = \lambda g(x)$ für alle $x \in [a, b]$.

Ist umgekehrt $g(x) = 0$ oder $f(x) = \lambda g(x)$ mit einem $\lambda \in \mathbb{R}$ für alle $x \in [a, b]$, so folgt trivialerweise $C^2 = A \cdot B$.

c) Es seien $x_1, ..., x_n$ und $y_1, ..., y_n$ reelle Zahlen. Wir definieren Treppenfunktionen f und g in $[0, 1]$ folgendermaßen

$$f(x) := \begin{cases} x_\nu & \text{falls } \frac{\nu - 1}{n} \leq x < \frac{\nu}{n} \text{ für ein } \nu \in \{1, ..., n\} \\ 0 & \text{falls } x = 1 \end{cases},$$

$$g(x) := \begin{cases} y_\nu & \text{falls } \frac{\nu - 1}{n} \leq x < \frac{\nu}{n} \text{ für ein } \nu \in \{1, ..., n\} \\ 0 & \text{falls } x = 1 \end{cases}.$$

Dann sind f und g in $[0, 1]$ integrierbar, und es gilt

$$A = \frac{1}{n}\sum_{\nu=1}^{n} x_\nu^2, \qquad B = \frac{1}{n}\sum_{\nu=1}^{n} y_\nu^2, \qquad C = \frac{1}{n}\sum_{\nu=1}^{n} x_\nu y_\nu.$$

Aus $C^2 \leq A \cdot B$ ergibt sich die SCHWARZsche Ungleichung für Summen.

8.3.7 Mit der SCHWARZschen Ungleichung ergibt sich für $x \in [0, 1]$

$$|f(x)|^2 = |f(x) - f(0)|^2 = \Big\{ \int_0^x f'(t)dt \Big\}^2 \leq \int_0^x |f'(t)|^2 dt \cdot \int_0^x 1^2 dt \leq \int_0^1 \{f'(t)\}^2 dt.$$

Hieraus folgt die Behauptung.

8.3.8 Mit partieller Integration erhalten wir

$$\int_a^b x\cdot\{f(x)f'(x)\}dx = \frac{x}{2}f^2(x)\Big|_a^b - \frac{1}{2}\int_a^b f^2(x)dx = -\frac{1}{2}.$$

Wir wenden nun die SCHWARZsche Ungleichung an und erhalten

$$\frac{1}{4} = \Big|\int_a^b xf(x)f'(x)dx\Big|^2 \le \int_a^b f^2(x)dx\cdot\int_a^b x^2\{f'(x)\}^2dx = \int_a^b x^2\{f'(x)\}^2dx$$

sowie

$$\frac{1}{4} = \Big|\int_a^b xf(x)f'(x)dx\Big|^2 \le \int_a^b x^2f^2(x)dx\cdot\int_a^b \{f'(x)\}^2dx.$$

Hieraus folgen die Behauptungen.

8.3.9 a) Mit Hilfe der SCHWARZschen Ungleichung erhalten wir für alle $f \in C_0^1$

$$1 = |f(1)-f(0)|^2 = \Big|\int_0^1 f'(x)dx\Big|^2 \le \int_0^1\{f'(x)\}^2dx\cdot\int_0^1 1^2dx = \int_0^1\{f'(x)\}^2dx.$$

Hieraus folgt $m \ge 1$. Für $f_0(x) = x$ gilt $\int_0^1\{f_0'(x)\}^2dx = 1$. Also ist $m = 1$.
b) Die Funktion $f_0(x) = x$ hat die gewünschte Eigenschaft.
c) Wir nehmen an, $g_0 \in C_0^1$ sei eine weitere Funktion mit $\int_0^1\{g_0'(x)\}^2dx = 1$. Mit der Funktion $r(x) := g_0(x) - x$ gilt dann $r(0) = r(1) = 0$ und

$$\begin{aligned}\int_0^1\{r'(x)\}^2dx &= \int_0^1\{g_0'(x)\}^2dx - 2\int_0^1 g_0'(x)dx + \int_0^1 1dx = \\ &= 1 - 2\{g_0(1)-g_0(0)\} + 1 = 0.\end{aligned}$$

Also muß $r'(x) \equiv 0$ gelten, und wir erhalten $r(x) \equiv r(0) = 0$. Damit ist $g_0(x) \equiv f_0(x)$, und es existiert genau eine Funktion mit der gewünschten Minimaleigenschaft.

8.3.10 Mit der SCHWARZschen Ungleichung erhalten wir für $x \in [0,1]$

$$F^2(x) = \Big\{\int_0^x f(t)dt\Big\}^2 \le \int_0^x 1^2dt\cdot\int_0^x f^2(t)dt \le x\int_0^1 f^2(t)dt = x\cdot||f||_2^2.$$

Die Funktion F ist stetig (also integrierbar) in $[0,1]$, und es folgt

$$||F||_2^2 = \int_0^1 F^2(x)dx \le ||f||_2^2 \int_0^1 x dx = \frac{1}{2} \cdot ||f||_2^2.$$

Hieraus ergibt sich die Behauptung.

8.3.11 a) Wegen $\underline{m} \le f(x) \le \overline{m}$ gilt offensichtlich

$$\underline{m} \cdot (b-a) \le \int_a^b f(x)dx \le \overline{m} \cdot (b-a).$$

Setzen wir $\eta := \frac{1}{b-a} \int_a^b f(x)dx$, so ergibt sich die behauptete Ungleichung.

b) Es sei F eine Stammfunktion zu f in $[a,b]$. Nach dem zweiten Hauptsatz der Differential- und Integralrechnung gilt dann

$$\int_a^b f(x)dx = F(b) - F(a).$$

Aus dem Mittelwertsatz der Differentialrechnung folgt die Existenz einer Stelle $\xi \in (a,b)$ mit

$$F(b) - F(a) = F'(\xi) \cdot (b-a) = f(\xi) \cdot (b-a).$$

Daraus ergibt sich die Behauptung.

c) Die Funktion

$$f(x) := \begin{cases} 1 & \text{falls } x \in [0,1] \\ -1 & \text{falls } x \in [-1,0) \end{cases}$$

ist integrierbar in $[-1,1]$, es gilt $\int_{-1}^{1} f(x)dx = 0$, aber es existiert kein $\xi \in [-1,1]$ mit der Eigenschaft $f(\xi) = 0$.

8.3.12 Für alle $x \in [a,b]$ gilt $\underline{m}\, g(x) \le f(x)g(x) \le \overline{m}\, g(x)$, und es folgt

$$\underline{m} \int_a^b g(x)dx \le \int_a^b f(x)g(x)dx \le \overline{m} \int_a^b g(x)dx. \qquad (*)$$

Ist $\int_a^b g(x)dx = 0$, so ist auch $\int_a^b f(x)g(x)dx = 0$. Die erste Behauptung gilt dann für jedes η mit $\underline{m} \le \eta \le \overline{m}$, und die zweite Behauptung gilt für jedes $\xi \in (a,b)$. Wir können also für das Folgende annehmen, daß $\int_a^b g(x)dx > 0$ gilt. Wir definieren

$$\eta := \int_a^b f(x)g(x)dx \Big/ \int_a^b g(x)dx. \qquad (**)$$

a) Aus (*) folgt $\underline{m} \le \eta \le \overline{m}$, und für dieses η gilt die erste Behauptung.
b) Die Funktion f sei stetig in $[a,b]$. Wir setzen in a)

$$\underline{m} := \min_{[a,b]} f(x), \qquad \overline{m} := \max_{[a,b]} f(x).$$

Für das in (**) definierte η gilt $\underline{m} \le \eta \le \overline{m}$.
1. Gilt $\underline{m} < \eta < \overline{m}$, so existiert nach dem Zwischenwertsatz ein $\xi \in (a,b)$ mit $f(\xi) = \eta$.
2. Es gelte $\eta = \underline{m}$; dann folgt $\int_a^b \{f(x) - \underline{m}\}g(x)dx = 0$. Nach Aufgabe 8.1.15 gibt es ein Intervall $[\alpha,\beta] \subset (a,b)$ mit $g(x) > 0$ für alle $x \in [\alpha,\beta]$. Wir zeigen, daß ein $\xi \in [\alpha,\beta]$ existiert mit $f(\xi) = \underline{m} = \eta$. Wäre dies nicht der Fall, so folgt $f(x) - \underline{m} > 0$ für alle $x \in [\alpha,\beta]$, und damit gilt nach Aufgabe 8.1.28

$$0 = \int_a^b \{f(x) - \underline{m}\}g(x)dx \ge \int_\alpha^\beta \{f(x) - \underline{m}\}g(x)dx > 0.$$

Widerspruch! Es existiert also ein $\xi \in (a,b)$ mit $f(\xi) = \eta$.
3. Gilt $\eta = \overline{m}$, so geht man analog vor.
In allen drei Fällen existiert also ein $\xi \in (a,b)$ mit $f(\xi) = \eta$, und gemäß (**) gilt

$$\int_a^b f(x)g(x)dx = f(\xi)\int_a^b g(x)dx.$$

Hinweis: Es ist klar, daß die entsprechenden Ergebnisse auch dann gelten, wenn $g(x) \le 0$ ist für alle $x \in [a,b]$.

8.3.13 a) Wir betrachten die Funktion

$$\varphi(x) := \begin{cases} f(x) & \text{falls } x \in (a,b] \\ A & \text{falls } x = a \end{cases}.$$

Es ist $\varphi(x) \ge 0$ für alle $x \in [a,b]$, ferner ist φ monoton fallend, und es gilt

$$I := \int_a^b f(x)g(x)dx = \int_a^b \varphi(x)g(x)dx.$$

Es sei $P = \{x_0, x_1, ..., x_n\}$ eine Partition von $[a, b]$. Wir erhalten

$$\begin{aligned} I &= \sum_{\nu=0}^{n-1} \int_{x_\nu}^{x_{\nu+1}} \varphi(x)g(x)dx = \\ &= \sum_{\nu=0}^{n-1} \varphi(x_\nu) \int_{x_\nu}^{x_{\nu+1}} g(x)dx + \sum_{\nu=0}^{n-1} \int_{x_\nu}^{x_{\nu+1}} \{\varphi(x) - \varphi(x_\nu)\}g(x)dx =: \sum\nolimits_1 + \sum\nolimits_2. \end{aligned}$$

1. Es gilt aufgrund der Monotonie von φ

$$\begin{aligned} \left|\sum\nolimits_2\right| &\le \sup_{[a,b]} |g(x)| \cdot \sum_{\nu=0}^{n-1} \{\varphi(x_\nu) - \varphi(x_{\nu+1})\}(x_{\nu+1} - x_\nu) \le \\ &\le \sup_{[a,b]} |g(x)| \cdot ||P|| \cdot \{\varphi(a) - \varphi(b)\}. \end{aligned}$$

Somit gilt $\sum_2 \to 0$ für $||P|| \to 0$, und daher folgt $\sum_1 \to I$ für $||P|| \to 0$.

2. Die Funktion $G(x) := \int_a^x g(t)dt$ ist stetig in $[a, b]$. Wir erhalten

$$\begin{aligned} \sum\nolimits_1 &= \sum_{\nu=0}^{n-1} \varphi(x_\nu)\{G(x_{\nu+1}) - G(x_\nu)\} = \\ &= \sum_{\nu=1}^{n-1} G(x_\nu)\{\varphi(x_{\nu-1}) - \varphi(x_\nu)\} + G(x_n)\varphi(x_{n-1}) - G(x_0)\varphi(x_0) = \\ &= \sum_{\nu=1}^{n-1} G(x_\nu)\{\varphi(x_{\nu-1}) - \varphi(x_\nu)\} + G(b)\varphi(x_{n-1}). \end{aligned}$$

Es sei $\underline{m} := \min_{[a,b]} G(x)$ und $\overline{m} := \max_{[a,b]} G(x)$. Da φ positiv und monoton ist, folgt

$$\begin{aligned} \underline{m} \cdot \varphi(a) &= \underline{m} \cdot \left\{ \sum_{\nu=1}^{n-1} \{\varphi(x_{\nu-1}) - \varphi(x_\nu)\} + \varphi(x_{n-1}) \right\} \le \sum\nolimits_1 \le \\ &\le \overline{m} \cdot \left\{ \sum_{\nu=1}^{n-1} \{\varphi(x_{\nu-1}) - \varphi(x_\nu)\} + \varphi(x_{n-1}) \right\} = \overline{m} \cdot \varphi(a). \end{aligned}$$

Wegen $\sum_1 \to I$ für $||P|| \to 0$ muß daher auch gelten

$$\underline{m} \cdot \varphi(a) \le I \le \overline{m} \cdot \varphi(a).$$

Es existiert also ein η mit $\underline{m} \le \eta \le \overline{m}$, so daß $I = \eta\varphi(a)$ gilt. Andererseits gibt es nach dem Zwischenwertsatz ein $\xi \in [a, b]$, für das $G(\xi) = \eta$ ist. Es folgt also

$$\int_a^b f(x)g(x)dx = \int_a^b \varphi(x)g(x)dx = \varphi(a)G(\xi) = A \int_a^\xi g(x)dx.$$

b) Die zweite Aussage wir analog bewiesen.

8.3.14 a) Es sei zunächst f monoton fallend. Wir setzen

$$\varphi(x) := \begin{cases} A-B & \text{falls } x = a \\ f(x)-B & \text{falls } a < x < b \\ 0 & \text{falls } x = b \end{cases}.$$

Dann ist die Funktion φ in $[a,b]$ monoton fallend, und es gilt $\varphi(x) \geq 0$ für alle $x \in [a,b]$. Nach dem Satz von BONNET (siehe Aufgabe 8.3.13) existiert daher ein $\xi \in [a,b]$ mit der Eigenschaft

$$\int_a^b \varphi(x)g(x)dx = \varphi(a)\int_a^\xi g(x)dx = (A-B)\int_a^\xi g(x)dx,$$

und es folgt

$$\begin{aligned} \int_a^b f(x)g(x)dx &= \int_a^b \varphi(x)g(x)dx + B\int_a^b g(x)dx = \\ &= A\int_a^\xi g(x)dx - B\int_a^\xi g(x)dx + B\int_a^b g(x)dx = \\ &= A\int_a^\xi g(x)dx + B\int_\xi^b g(x)dx. \end{aligned}$$

b) Ist f monoton wachsend, so ergibt sich die Behauptung durch Anwendung von a) auf die Funktion $-f(x)$.

8.3.15 Es reicht zu zeigen, daß f auf $[a,b]$ konstant ist.
a) Es sei $x \in [a,b]$; dann gilt für $h \to 0$

$$\frac{1}{h}\int_a^x |f(t+h)-f(t)|dt \leq \frac{1}{h}\int_a^b |f(t+h)-f(t)|dt \to 0$$

und folglich auch

$$\frac{1}{h}\int_a^x \{f(t+h)-f(t)\}dt \to 0 \qquad \text{für } h \to 0.$$

b) Wir erhalten

$$\int_a^x \{f(t+h)-f(t)\}dt = \int_a^x f(t+h)dt - \int_a^x f(t)dt =$$

$$= \int_{a+h}^{x+h} f(t)dt - \int_{a}^{x} f(t)dt = \int_{x}^{x+h} f(t)dt - \int_{a}^{a+h} f(t)dt.$$

Nach dem 1. Mittelwertsatz der Integralrechnung gibt es ein ξ_1 zwischen x und $x+h$ und ein ξ_2 zwischen a und $a+h$ mit

$$\int_{x}^{x+h} f(t)dt = h \cdot f(\xi_1), \qquad \int_{a}^{a+h} f(t)dt = h \cdot f(\xi_2).$$

Für $h \to 0$ gilt $\xi_1 \to x$ und $\xi_2 \to a$, und wir erhalten für $h \to 0$

$$\frac{1}{h}\int_{a}^{x} \{f(t+h) - f(t)\}dt = f(\xi_1) - f(\xi_2) \to f(x) - f(a).$$

Mit a) folgt hieraus $f(x) = f(a)$ für jedes $x \in [a,b]$.

8.3.16 Die Funktion $\varphi := \dfrac{1}{f'}$ ist monoton wachsend in $[a,b]$, und es gilt $\varphi(b) \leq \dfrac{1}{m}$. Nach dem Satz von BONNET (siehe Aufgabe 8.3.13) existiert daher ein $\xi \in [a,b]$ mit

$$\begin{aligned}\int_{a}^{b} \sin\{f(x)\}dx &= \int_{a}^{b} \frac{f'(x)\sin\{f(x)\}}{f'(x)}dx = \frac{1}{m}\int_{\xi}^{b} f'(x)\sin\{f(x)\}dx = \\ &= -\frac{1}{m}\cos\{f(x)\}\Big|_{\xi}^{b} = \frac{1}{m}\Big\{\cos\{f(\xi)\} - \cos\{f(b)\}\Big\}.\end{aligned}$$

Hieraus folgt die Behauptung.

8.3.17 Nach dem Satz von BONNET (siehe Aufgabe 8.3.13) existiert ein $\xi \in [a,b]$, so daß gilt

$$\begin{aligned}\left|\int_{a}^{b} \cos(e^x)dx\right| &= \left|\int_{a}^{b} e^{-x}e^x\cos(e^x)dx\right| = \left|e^{-a}\int_{a}^{\xi} e^x\cos(e^x)dx\right| = \\ &= e^{-a}\cdot\left|\sin(e^{\xi}) - \sin(e^a)\right| \leq 2e^{-a} \leq \frac{2}{1+a}.\end{aligned}$$

8.3.18 Für $\alpha \geq 0$, $\beta \geq 0$ und $t > 0$ gilt nach Aufgabe 7.4.20 die Ungleichung

$$\alpha\beta = (\alpha t)\left(\frac{\beta}{t}\right) \leq \frac{t^p}{p}\alpha^p + \frac{1}{qt^q}\beta^q. \qquad (*)$$

Aus der Integrierbarkeit von f und g in $[a,b]$ folgt die Integrierbarkeit von $|fg|$ und nach Aufgabe 8.1.30 auch die Integrierbarkeit von $|f|^p$ und $|g|^q$ in $[a,b]$. Wir setzen zur Abkürzung

$$I := \int_a^b |f(x)g(x)|dx; \qquad A := \int_a^b |f(x)|^p dx; \qquad B := \int_a^b |g(x)|^q dx.$$

a) Aus (*) erhalten wir zunächst für alle $t > 0$

$$|f(x)g(x)| \ \leq \ \frac{t^p}{p}|f(x)|^p + \frac{1}{qt^q}|g(x)|^q,$$

und daraus folgt durch Integration

$$I \ \leq \ \frac{t^p}{p}A + \frac{1}{qt^q}B. \tag{**}$$

Ist $A = 0$ oder $B = 0$, so muß auch $I = 0$ sein, andernfalls kann die Beziehung (**) nicht für alle $t > 0$ gelten. In diesen Fällen ist dann die Gültigkeit der HÖLDERschen Ungleichung klar.
b) Wir können also $A > 0$ und $B > 0$ annehmen. Aus (*) erhalten wir dann für $t = 1$ und $\alpha = |f(x)|A^{-1/p}$ sowie $\beta = |g(x)|B^{-1/q}$ die Ungleichung

$$\frac{|f(x)g(x)|}{A^{1/p}B^{1/q}} \ \leq \ \frac{1}{pA}|f(x)|^p + \frac{1}{qB}|g(x)|^q.$$

Hieraus ergibt sich durch Integration

$$\frac{I}{A^{1/p}B^{1/q}} \ \leq \ \frac{1}{p}\cdot\frac{A}{A} + \frac{1}{q}\cdot\frac{B}{B} \ = \ \frac{1}{p} + \frac{1}{q} = 1,$$

und daraus folgt die Behauptung.

8.3.19 Die Behauptung ist klar, wenn $p = 1$ ist. Wir können daher $p > 1$ voraussetzen; es sei $q > 1$ so gewählt, daß $\frac{1}{p} + \frac{1}{q} = 1$ und damit $(p-1)q = p$ gilt.
Aus Aufgabe 8.1.30 folgt die Integrierbarkeit der Funktionen

$$|f|^p, \qquad |g|^p, \qquad |f+g|^p, \qquad |f+g|^{p-1}.$$

Gilt $I := \int_a^b |f(x) + g(x)|^p dx = 0$, so ist die Behauptung trivial, wir können daher $I > 0$ voraussetzen. Es folgt durch Anwendung der HÖLDERschen Ungleichung

$$I \ \leq \ \int_a^b |f(x)| \cdot |f(x) + g(x)|^{p-1} dx + \int_a^b |g(x)| \cdot |f(x) + g(x)|^{p-1} dx \leq$$

$$\leq \Big\{\int_a^b |f(x)|^p dx\Big\}^{1/p} \cdot \Big\{\int_a^b |f(x)+g(x)|^{(p-1)q} dx\Big\}^{1/q} +$$

$$+ \Big\{\int_a^b |g(x)|^p dx\Big\}^{1/p} \cdot \Big\{\int_a^b |f(x)+g(x)|^{(p-1)q} dx\Big\}^{1/q} =$$

$$= I^{1/q} \cdot \Big(\Big\{\int_a^b |f(x)|^p dx\Big\}^{1/p} + \Big\{\int_a^b |g(x)|^p dx\Big\}^{1/p}\Big).$$

Division durch $I^{1/q}$ ergibt (wegen $1 - \frac{1}{q} = \frac{1}{p}$) die Behauptung.

8.3.20 Aus Aufgabe 8.1.30 folgt, daß die Funktionen $|f|^r$ und $|f|^s$ in $[a,b]$ integrierbar sind. Nach der HÖLDERschen Ungleichung gilt, wenn wir dort $p = s/r$, also $q = s/(s-r)$ setzen:

$$\int_a^b |f(x)|^r \cdot 1 dx \leq \Big\{\int_a^b |f(x)|^{rs/r} dx\Big\}^{r/s} \cdot \Big\{\int_a^b 1^{s/(s-r)} dx\Big\}^{(s-r)/s} =$$

$$= \Big\{\int_a^b |f(x)|^s dx\Big\}^{r/s} \cdot (b-a)^{1-r/s}.$$

Durch eine elementare Umformung folgt hieraus die Behauptung.

8.3.21 a) Für $p = 1$ ist die Behauptung trivial. Es sei ein $p > 1$ gegeben und $q > 1$ so gewählt, daß $\frac{1}{p} + \frac{1}{q} = 1$ ist. Mit der HÖLDERschen Ungleichung folgt dann

$$\Big|\int_a^b f(x)dx\Big|^p \leq \Big\{\int_a^b 1^q dx\Big\}^{p/q} \cdot \Big\{\int_a^b |f(x)|^p dx\Big\}^{p/p} = (b-a)^{p-1} \int_a^b |f(x)|^p dx.$$

b) Für ein $\gamma \in (0,1)$ und jedes Intervall $[a,b]$ gelte

$$\Big|\int_a^b f(x)dx\Big|^p \leq \gamma(b-a)^{p-1} \int_a^b |f(x)|^p dx.$$

Es sei $x_0 \in I\!R$ und $h > 0$. Dann gilt

$$\Big|\frac{1}{h}\int_{x_0}^{x_0+h} f(x)dx\Big|^p \leq \gamma\frac{h^{p-1}}{h^p} \int_{x_0}^{x_0+h} |f(x)|^p dx = \gamma\frac{1}{h} \int_{x_0}^{x_0+h} |f(x)|^p dx.$$

Für $h \to 0$ erhalten wir hieraus $|f(x_0)|^p \leq \gamma|f(x_0)|^p$, so daß $f(x_0) = 0$ gelten muß. Da $x_0 \in I\!R$ beliebig war, folgt die Behauptung.

8.3.22 Wegen $h(x) > 0$ für alle $x \in [a,b]$ folgt aus Aufgabe 8.1.28 , daß $\int_a^b h(x)dx > 0$ ist, und eine elementare Abschätzung zeigt (unter Benutzung der gleichen Aufgabe), daß gilt

$$\int_a^b g(x)h(x)dx \Big/ \int_a^b h(x)dx \in I. \tag{$*$}$$

Es sei $P = \{x_0, x_1, ..., x_n\}$ eine Partition von $[a,b]$. Wir wählen $\xi = \{x_1, x_2, ..., x_n\}$ und betrachten für eine in $[a,b]$ integrierbare Funktion φ die RIEMANNschen Summen

$$S_P(\varphi, \xi) := \sum_{i=1}^n \varphi(x_i)(x_i - x_{i-1}).$$

Wegen $(*)$ gilt für alle genügend feinen Partitionen

$$S_P(g \cdot h,\, \xi) \Big/ S_P(h, \xi) \in I.$$

Aus Aufgabe 7.4.39 erhalten wir

$$\begin{aligned} f\Big(S_P(g \cdot h,\, \xi) \Big/ S_P(h, \xi)\Big) &\leq \sum_{i=1}^n f(g(x_i))h(x_i)(x_i - x_{i-1}) \Big/ S_P(h, \xi) = \\ &= S_P(\{f \circ g\} \cdot h,\, \xi) \Big/ S_P(h,\, \xi). \end{aligned} \tag{$**$}$$

Nach Aufgabe 7.4.26 ist f stetig in I, und für $||P|| \to 0$ ergibt sich aus $(**)$, da $f \circ g$ in $[a,b]$ integrierbar ist,

$$f\Big(\int_a^b g(x)h(x)dx \Big/ \int_a^b h(x)dx\Big) \leq \int_a^b f(g(x))h(x)dx \Big/ \int_a^b h(x)dx.$$

Bemerkung: Aus Aufgabe 7.4.26 und Aufgabe 8.1.30 ergibt sich, daß die in der Voraussetzung geforderte Integrierbarkeit von $f \circ g$ stets erfüllt ist.

8.3.23 Es reicht offensichtlich, b) zu beweisen; für $g(x) \equiv 1$ folgt dann sofort a).
Da die Exponentialfunktion auf $I\!R$ konvex und die Funktion $\ln f(x)$ auf $[a,b]$ integrierbar ist, folgt aus der JENSENschen Ungleichung (siehe Aufgabe 8.3.22)

$$\begin{aligned} \exp\Big\{\int_a^b g(x)\ln f(x)dx \Big/ \int_a^b g(x)dx\Big\} &\leq \int_a^b \exp\{\ln f(x)\}g(x)dx \Big/ \int_a^b g(x)dx = \\ &= \int_a^b f(x)g(x)dx \Big/ \int_a^b g(x)dx. \end{aligned}$$

8.4 Integration von Funktionenfolgen und Funktionenreihen

8.4.1 Es gilt für alle $t \in \mathbb{R}$

$$e^{-t^2} = \sum_{\nu=0}^{\infty} \frac{(-1)^\nu t^{2\nu}}{\nu!},$$

und diese Potenzreihe konvergiert gleichmäßig auf jedem Kompaktum. Durch gliedweise Integration erhalten wir

$$\int_0^x e^{-t^2} dt = \sum_{\nu=0}^{\infty} \frac{(-1)^\nu}{\nu!} \int_0^x t^{2\nu} dt = \sum_{\nu=0}^{\infty} \frac{(-1)^\nu x^{2\nu+1}}{(2\nu+1)\nu!}.$$

Es ergibt sich also

$$\operatorname{erf}(x) = \frac{2}{\sqrt{\pi}} \sum_{\nu=0}^{\infty} \frac{(-1)^\nu x^{2\nu+1}}{(2\nu+1)\nu!};$$

diese Potenzreihe konvergiert für alle $x \in \mathbb{R}$.

8.4.2 a) Wir setzen $f(t) := \dfrac{\sin t}{t}$ für $t \neq 0$ und $f(0) := 1$. Aus der TAYLOR-Entwicklung der Sinusfunktion ergibt sich dann sofort

$$f(t) = \sum_{\nu=0}^{\infty} \frac{(-1)^\nu}{(2\nu+1)!} t^{2\nu},$$

wobei diese Reihe auf jedem Kompaktum gleichmäßig konvergiert. Es folgt für alle $x \in \mathbb{R}$

$$\operatorname{Si}(x) = \int_0^x \frac{\sin t}{t} dt = \int_0^x f(t) dt = \sum_{\nu=0}^{\infty} \frac{(-1)^\nu}{(2\nu+1)!} \int_0^x t^{2\nu} dt = \sum_{\nu=0}^{\infty} \frac{(-1)^\nu x^{2\nu+1}}{(2\nu+1)(2\nu+1)!}.$$

b) Es gilt

$$\sin(t^2) = \sum_{\nu=0}^{\infty} \frac{(-1)^\nu}{(2\nu+1)!} (t^2)^{2\nu+1} = \sum_{\nu=0}^{\infty} \frac{(-1)^\nu}{(2\nu+1)!} t^{4\nu+2},$$

wobei diese Reihe auf jedem Kompaktum gleichmäßig konvergiert. Es folgt für alle $x \in \mathbb{R}$

$$\operatorname{S}(x) = \int_0^x \sin(t^2) dt = \sum_{\nu=0}^{\infty} \frac{(-1)^\nu}{(2\nu+1)!} \int_0^x t^{4\nu+2} dt = \sum_{\nu=0}^{\infty} \frac{(-1)^\nu x^{4\nu+3}}{(4\nu+3)(2\nu+1)!}.$$

8.4.3 Es gilt

$$\int_0^1 f_n(x) dx = \int_0^1 \frac{2nx}{(1+nx^2)^2} dx = \int_1^{1+n} \frac{dt}{t^2} = 1 - \frac{1}{1+n}.$$

Daher ist $\lim\limits_{n\to\infty} \int_0^1 f_n(x) dx = 1$. Es gilt $\lim\limits_{n\to\infty} f_n(x) = f(x) \equiv 0$, also $\int_0^1 \{\lim\limits_{n\to\infty} f_n(x)\} dx = 0$. Da die beiden Werte verschieden sind, kann $\{f_n\}$ in $[0,1]$ nicht gleichmäßig konvergieren.

8.4.4 a) Die Folge $\{f_n(x)\}$ konvergiert in $[0,1]$ offensichtlich genau dann punktweise, wenn $\alpha \leq 4$ ist. Die Grenzfunktion f ist gegeben durch

$$f(x) \equiv 0 \qquad \text{für } \alpha < 4; \qquad f(x) = \begin{cases} 0 & \text{falls } x = 0 \\ 1/x^3 & \text{falls } 0 < x \leq 1 \end{cases} \qquad \text{für } \alpha = 4.$$

b) Da alle Funktionen f_n in $[0,1]$ stetig sind, die Grenzfunktion f im Falle $\alpha = 4$ unstetig ist, kann für $\alpha = 4$ keine gleichmäßige Konvergenz vorliegen. Es sei also $\alpha < 4$. Wir erhalten dann

$$\{f_n(x) - f(x)\}' = f_n'(x) = \frac{n^\alpha}{(1+n^2x^2)^3} \cdot \{1 - 3n^2x^2\}.$$

Hieraus folgt (man beachte, daß keine Randextrema vorliegen)

$$s_n := \max_{[0,1]} |f_n(x) - f(x)| = f_n\Big(\frac{1}{\sqrt{3}n}\Big) = \frac{9}{16\sqrt{3}} \cdot n^{\alpha-1},$$

und wir erhalten $s_n \to 0$ und damit $f_n(x) \underset{[0,1]}{\Longrightarrow} f(x)$ genau dann, wenn $\alpha < 1$ ist.

c) Es gilt

$$\int_0^1 f_n(x)dx = n^\alpha \int_0^1 \frac{x\,dx}{(1+n^2x^2)^2} = \frac{n^\alpha}{2n^2} \int_1^{1+n^2} \frac{dt}{t^2} = \frac{n^{\alpha-2}}{2}\Big(1 - \frac{1}{1+n^2}\Big),$$

und wir erhalten $\int_0^1 f_n(x)dx \to 0 = \int_0^1 f(x)dx$ genau dann, wenn $\alpha < 2$ ist.

8.4.5 a) Für jedes $x \in [a,b]$ gilt

$$\sin\{f(x)\} = \sum_{n=0}^{\infty} \frac{(-1)^n}{(2n+1)!} \{f(x)\}^{2n+1}.$$

Da f in $[a,b]$ beschränkt ist, gibt es eine Konstante M mit $|f(x)| \leq M$ für alle $x \in [a,b]$. Aus der Konvergenz der Reihe $\sum\limits_{n=0}^{\infty} \frac{M^{2n+1}}{(2n+1)!}$ folgt die gleichmäßige Konvergenz der obigen Funktionenreihe. Da jede Funktion $\{f(x)\}^{2n+1}$ in $[a,b]$ integrierbar ist, ist auch $\sin\{f(x)\}$ in $[a,b]$ integrierbar, und es folgt

$$\int_a^b \sin\{f(x)\}dx = \sum_{n=0}^{\infty} \frac{(-1)^n}{(2n+1)!} \int_a^b \{f(x)\}^{2n+1}dx.$$

b) Nach a) gilt

$$\int_0^1 \sin\{e^x\}dx = \sum_{n=0}^{\infty} \frac{(-1)^n}{(2n+1)!} \int_0^1 e^{(2n+1)x}dx = \sum_{n=0}^{\infty} \frac{(-1)^n(e^{2n+1}-1)}{(2n+1)(2n+1)!}.$$

8.4.6 a) Die Funktion f mit $f(0) := 1$ und $f(x) := \dfrac{\ln(1+x)}{x}$ für $x \in (0,1]$ ist stetig in $[0,1]$; also existiert das Integral $\int\limits_0^1 f(x)dx$. Wegen $\ln(1+x) = \sum\limits_{\nu=1}^{\infty} \dfrac{(-1)^{\nu-1}}{\nu} x^\nu$ gilt ferner

$$f(x) = \sum_{\nu=1}^{\infty} \frac{(-1)^{\nu-1}}{\nu} x^{\nu-1}.$$

Diese Reihe konvergiert für $x = 1$, so daß nach dem ABELschen Grenzwertsatz (siehe Aufgabe 6.4.28) gleichmäßige Konvergenz in $[0,1]$ vorliegt. Gliedweise Integration ergibt daher

$$\begin{aligned}\int_0^1 \frac{\ln(1+x)}{x} dx &= \int_0^1 \sum_{\nu=1}^{\infty} \frac{(-1)^{\nu-1}}{\nu} x^{\nu-1} dx = \sum_{\nu=1}^{\infty} \frac{(-1)^{\nu-1}}{\nu} \int_0^1 x^{\nu-1} dx = \\ &= \sum_{\nu=1}^{\infty} \frac{(-1)^{\nu-1}}{\nu^2}.\end{aligned}$$

b) Die Funktion g mit $g(0) := 1$ und $g(x) := \dfrac{\arctan x}{x}$ für $x \in (0,1]$ ist stetig in $[0,1]$; also existiert das Integral $\int\limits_0^1 g(x)dx$. Nach Aufgabe 7.3.14 gilt $\arctan x = \sum\limits_{\nu=0}^{\infty} \dfrac{(-1)^\nu}{2\nu+1} x^{2\nu+1}$, so daß wir erhalten

$$g(x) = \sum_{\nu=0}^{\infty} \frac{(-1)^\nu}{2\nu+1} x^{2\nu}.$$

Diese Reihe konvergiert für $x = 1$, so daß nach dem ABELschen Grenzwertsatz gleichmäßige Konvergenz in $[0,1]$ vorliegt. Gliedweise Integration ergibt daher

$$\begin{aligned}\int_0^1 \frac{\arctan x}{x} dx &= \int_0^1 \sum_{\nu=0}^{\infty} \frac{(-1)^\nu}{2\nu+1} x^{2\nu} dx = \sum_{\nu=0}^{\infty} \frac{(-1)^\nu}{2\nu+1} \int_0^1 x^{2\nu} dx = \\ &= \sum_{\nu=0}^{\infty} \frac{(-1)^\nu}{(2\nu+1)^2}.\end{aligned}$$

Bemerkung: Der Wert des Integrals $G := \int\limits_0^1 \dfrac{\arctan x}{x} dx$ heißt CATALANsche Konstante. Es gilt $G = 0,915965\ldots$.

8.4.7 Da die auftretende Reihe nach dem LEIBNIZ-Kriterium konvergiert, ist die Reihe $\sum\limits_{\nu=0}^{\infty} \dfrac{(-1)^\nu y^\nu}{1+\alpha\nu}$ nach dem ABELschen Grenzwertsatz gleichmäßig konvergent für $y \in [0,1]$.

Daher gilt

$$\begin{aligned}
\sum_{\nu=0}^{\infty} \frac{(-1)^\nu}{1+\alpha\nu} &= \lim_{y\to 1-} \sum_{\nu=0}^{\infty} \frac{(-1)^\nu y^\nu}{1+\alpha\nu} = \lim_{x\to 1-} \sum_{\nu=0}^{\infty} \frac{(-1)^\nu (x^\alpha)^\nu}{1+\alpha\nu} = \\
&= \lim_{x\to 1-} x \sum_{\nu=0}^{\infty} \frac{(-1)^\nu x^{\alpha\nu}}{1+\alpha\nu} = \lim_{x\to 1-} \sum_{\nu=0}^{\infty} (-1)^\nu \int_0^x t^{\alpha\nu} dt = \\
&= \lim_{x\to 1-} \int_0^x \Big\{ \sum_{\nu=0}^{\infty} (-1)^\nu (t^\alpha)^\nu \Big\} dt = \lim_{x\to 1-} \int_0^x \frac{dt}{1+t^\alpha} = \\
&= \int_0^1 \frac{dt}{1+t^\alpha}.
\end{aligned}$$

8.4.8 Aufgrund der gleichmäßigen Konvergenz der betrachteten Reihe ist die Funktion f integrierbar in $[a,b]$. Für ein festes $n \in \mathbb{N}$ ist (wegen der Beschränktheit von f_n) auch die Reihe $\sum_{\nu=1}^{\infty} a_\nu f_\nu(x) f_n(x)$ gleichmäßig konvergent in $[a,b]$, und daher erhalten wir

$$\int_a^b f(x) f_n(x) dx = \int_a^b \Big\{ \sum_{\nu=1}^{\infty} a_\nu f_\nu(x) f_n(x) \Big\} dx = \sum_{\nu=1}^{\infty} a_\nu \int_a^b f_\nu(x) f_n(x) dx = a_n.$$

Bemerkung: Aus Aufgabe 8.2.19 folgt, daß das System der Funktionen

$$\frac{1}{\sqrt{2\pi}}, \quad \frac{1}{\sqrt{\pi}} \sin x, \quad \frac{1}{\sqrt{\pi}} \cos x, \quad \frac{1}{\sqrt{\pi}} \sin 2x, \quad \frac{1}{\sqrt{\pi}} \cos 2x, \quad \cdots$$

in $[-\pi,\pi]$ und folglich in jedem Intervall der Form $[a, a+2\pi]$ orthonormal ist.

8.4.9 a) Es sei $m \in \mathbb{N}$ und $n \in \mathbb{N}_0$; wir setzen $\varphi_{m,n}(x) := x^m \{\ln x\}^n$ für $0 < x \le 1$ und $\varphi_{m,n}(0) := 0$. Diese Funktionen sind dann stetig in $[0,1]$, so daß die zu untersuchenden Integrale existieren. Es sei $m \in \mathbb{N}$ fest. Für $n = 0$ gilt

$$\int_0^1 \varphi_{m,0}(x) dx = \int_0^1 x^m dx = \frac{1}{m+1},$$

so daß die zu beweisende Beziehung für $n = 0$ richtig ist. Gilt sie für ein $n \in \mathbb{N}_0$, so folgt mit partieller Integration

$$\begin{aligned}
\int_0^1 \varphi_{m,n+1}(x) dx &= \frac{1}{m+1} \varphi_{m+1,n+1}(x) \Big|_0^1 - \frac{n+1}{m+1} \int_0^1 \varphi_{m,n}(x) dx = \\
&= 0 - \frac{n+1}{m+1} \cdot \frac{(-1)^n n!}{(m+1)^{n+1}} = \frac{(-1)^{n+1}(n+1)!}{(m+1)^{n+2}}.
\end{aligned}$$

Mit vollständiger Induktion ergibt sich also die Behauptung.

b) Die Funktion φ mit $\varphi(x) := x^x$ für $0 < x \le 1$ und $\varphi(0) := 1$ ist stetig in $[0,1]$, und es gilt

$$\varphi(x) = e^{\varphi_{1,1}(x)} = 1 + \sum_{\nu=1}^{\infty} \frac{\{\varphi_{1,1}(x)\}^\nu}{\nu!} = 1 + \sum_{\nu=1}^{\infty} \frac{\varphi_{\nu,\nu}(x)}{\nu!}.$$

Da $|\varphi_{1,1}(x)|$ in $[0,1]$ beschränkt ist, konvergiert die auftretende Reihe gleichmäßig in $[0,1]$, und wir erhalten

$$\begin{aligned}\int_0^1 x^x dx &= \int_0^1 \Big\{1 + \sum_{\nu=1}^{\infty} \frac{\varphi_{\nu,\nu}(x)}{\nu!}\Big\} dx = \\ &= 1 + \sum_{\nu=1}^{\infty} \frac{1}{\nu!} \int_0^1 \varphi_{\nu,\nu}(x) dx = 1 + \sum_{\nu=1}^{\infty} \frac{1}{\nu!} \cdot \frac{(-1)^\nu \nu!}{(\nu+1)^{\nu+1}} = \sum_{\nu=1}^{\infty} \frac{(-1)^{\nu+1}}{\nu^\nu}.\end{aligned}$$

c) Die Funktion ψ mit $\psi(x) := x^{-x}$ für $0 < x \le 1$ und $\psi(0) := 1$ ist stetig in $[0,1]$, und es gilt

$$\psi(x) = e^{-\varphi_{1,1}(x)} = 1 + \sum_{\nu=1}^{\infty} \frac{(-1)^\nu \{\varphi_{1,1}(x)\}^\nu}{\nu!} = 1 + \sum_{\nu=1}^{\infty} \frac{(-1)^\nu \varphi_{\nu,\nu}(x)}{\nu!}.$$

Ebenso wie in b) erhalten wir

$$\int_0^1 x^{-x} dx = 1 + \sum_{\nu=1}^{\infty} \frac{(-1)^\nu}{\nu!} \int_0^1 \varphi_{\nu,\nu}(x) dx = \sum_{\nu=1}^{\infty} \frac{1}{\nu^\nu}.$$

8.4.10 Es sei $\{x_n\}$ eine Abzählung von $\mathbb{Q} \cap [0,1]$. Die Funktionen f_n seien definiert durch

$$f_n(x) := \begin{cases} 1 & \text{falls } x \in \{x_1, x_2, ..., x_n\} \\ 0 & \text{sonst} \end{cases}.$$

Dann ist jede Funktion f_n integrierbar in $[0,1]$, es gilt $\int_0^1 f_n(x)dx = 0$, aber die Grenzfunktion

$$f(x) = \begin{cases} 1 & \text{falls } x \in \mathbb{Q} \cap [0,1] \\ 0 & \text{sonst} \end{cases}$$

ist nicht integrierbar in $[0,1]$.

8.4.11 Für die Funktionen $f_n(x) := 2n^2 x e^{-nx^2}$ gilt nach I; Aufgabe 2.2.15

$$\lim_{n\to\infty} f_n(x) = 0 \qquad \text{für alle } x \in [0,1].$$

Wir erhalten

$$I_n := \int_0^1 f_n(x)dx = n\int_0^1 2nxe^{-nx^2}dx = n\int_0^n e^{-t}dt = n(1-e^{-n}) \to 0 \qquad (n\to\infty).$$

und daraus folgt $\lim\limits_{n\to\infty} I_n = \infty$.

8.4.12 Die Funktionen g_n seien auf $[-1,1]$ definiert durch

$$g_n(x) := \begin{cases} -1 & \text{falls} \quad -1 \le x \le -1/n \\ 2nx+1 & \text{falls} \quad -1/n \le x \le 0 \\ +1 & \text{falls} \quad 0 \le x \le 1 \end{cases}.$$

Dann sind die Funktionen $f_n(x) := (-1)^n g_n(x)$ stetig auf $[-1,1]$, und wir erhalten

$$\int_{-1}^1 f_n(x)dx = \frac{(-1)^n}{n}.$$

Für $x \in [0,1]$ ist $f_n(x) = (-1)^n$ für alle $n \in I\!N$; zu $x \in [-1,0)$ gibt es ein N mit $f_n(x) = (-1)^{n+1}$ für alle $n \ge N$. Also divergiert $\{f_n(x)\}$ für alle $x \in [-1,1]$.

8.4.13 Wir setzen $M := \sup\limits_{[0,1]} |f(x)|$. Es sei ein $\varepsilon > 0$ gegeben; wir können ein $\xi \in (0,1)$ so wählen, daß gilt

$$|f(x) - g| < \varepsilon \qquad \text{für alle } x \in [\xi, 1).$$

Wegen $n\int_0^1 x^{n-1}dx = 1$ erhalten wir

$$\begin{aligned} \left|n\int_0^1 x^{n-1}f(x)dx - g\right| &= \left|n\int_0^1 x^{n-1}\{f(x)-g\}dx\right| \le \\ &\le n\int_0^\xi x^{n-1}|f(x)-g|dx + n\int_\xi^1 x^{n-1}|f(x)-g|dx \le \\ &\le (M+|g|)n\int_0^\xi x^{n-1}dx + \varepsilon n\int_\xi^1 x^{n-1}dx = \\ &= (M+|g|)\xi^n + \varepsilon(1-\xi^n). \end{aligned}$$

Hieraus folgt

$$\overline{\lim_{n\to\infty}}\left|n\int_0^1 x^{n-1}f(x)dx - g\right| \le \varepsilon,$$

und da $\varepsilon > 0$ beliebig war, ergibt sich die Behauptung.

8.4.14 Wir erhalten zunächst

$$\begin{aligned}\int_0^1 f(x)g(nx)dx &= \sum_{\nu=0}^{n-1}\int_{\nu/n}^{(\nu+1)/n} f(x)g(nx)dx = \\ &= \sum_{\nu=0}^{n-1} f\Big(\frac{\nu}{n}\Big)\int_{\nu/n}^{(\nu+1)/n} g(nx)dx + \sum_{\nu=0}^{n-1}\int_{\nu/n}^{(\nu+1)/n}\Big\{f(x)-f\Big(\frac{\nu}{n}\Big)\Big\}g(nx)dx =: \\ &=: s_n + t_n.\end{aligned}$$

a) Es gilt (da g die Periode 1 hat)

$$\begin{aligned}s_n &= \frac{1}{n}\sum_{\nu=0}^{n-1} f\Big(\frac{\nu}{n}\Big)\int_{\nu}^{\nu+1} g(t)dt = \int_0^1 g(t)dt\cdot\frac{1}{n}\sum_{\nu=0}^{n-1} f\Big(\frac{\nu}{n}\Big)\to \\ &\to \int_0^1 g(t)dt\cdot\int_0^1 f(t)dt \qquad (n\to\infty).\end{aligned}$$

b) Es sei ein $\varepsilon > 0$ gegeben. Da f in $[0,1]$ gleichmäßig stetig ist, gibt es ein N, so daß für alle $n > N$ und alle $x_1, x_2 \in [0,1]$ mit $|x_1 - x_2| \le \frac{1}{n}$ gilt

$$|f(x_1) - f(x_2)| < \varepsilon.$$

Es folgt dann für alle $n > N$

$$\begin{aligned}|t_n| &\le \sum_{\nu=0}^{n-1}\int_{\nu/n}^{(\nu+1)/n}\Big|f(x)-f\Big(\frac{\nu}{n}\Big)\Big||g(nx)|dx \le \varepsilon\sum_{\nu=0}^{n-1}\int_{\nu/n}^{(\nu+1)/n}|g(nx)|dx = \\ &= \frac{\varepsilon}{n}\sum_{\nu=0}^{n-1}\int_{\nu}^{\nu+1}|g(t)|dt = \frac{\varepsilon}{n}\sum_{\nu=0}^{n-1}\int_0^1|g(t)|dt = \varepsilon\int_0^1|g(t)|dt.\end{aligned}$$

Also gilt $\lim\limits_{n\to\infty} t_n = 0$, und daraus folgt die Behauptung.

8.4.15 a) Die Funktion f sei stetig differenzierbar auf $\mathbb{R}$. Es seien ein Intervall $[a,b]$ und ein $\varepsilon > 0$ gegeben. Wir wählen ein $B > b$. Da f' in $[a,B]$ gleichmäßig stetig ist, existiert ein $\delta > 0$, so daß $|f'(x)-f'(y)| < \varepsilon$ für alle $x,y \in [a,B]$ mit $|x-y| < \delta$ gilt. Wir wählen ein N so, daß $\frac{1}{n} < \min\{B-b,\delta\}$ ist für alle $n > N$; für alle $x \in [a,b]$ ist dann $x + \frac{1}{n} \in [a,B]$. Nach dem Mittelwertsatz der Differentialrechnung gibt es ein $\xi_n \in (x, x+\frac{1}{n})$, so daß für alle $n > N$ folgendes gilt:

$$|g_n(x) - f'(x)| = \left|\frac{f(x+\frac{1}{n}) - f(x)}{1/n} - f'(x)\right| = |f'(\xi_n) - f'(x)| < \varepsilon.$$

Also konvergiert $\{g_n(x)\}$ auf $[a, b]$ gleichmäßig gegen $f'(x)$.

b) Auf jedem kompakten Intervall sei $\{g_n(x)\}$ gleichmäßig konvergent. Es gibt dann eine auf $\mathbb{R}$ stetige Funktion g mit $g_n(x) \underset{[a,b]}{\Longrightarrow} g(x)$ für jedes Intervall $[a, b]$, und es folgt

$$\int_a^b g_n(x)dx \to \int_a^b g(x)dx. \qquad (*)$$

Andererseits erhalten wir

$$\int_a^b g_n(x)dx = n\int_a^b \left\{f\left(x+\frac{1}{n}\right) - f(x)\right\}dx =$$

$$= n \int_{a+\frac{1}{n}}^{b+\frac{1}{n}} f(t)dt - n\int_a^b f(t)dt = n\int_b^{b+\frac{1}{n}} f(t)dt - n\int_a^{a+\frac{1}{n}} f(t)dt.$$

Durch Anwendung des Mittelwertsatzes der Integralrechnung auf die zuletzt erhaltenen Integrale folgt wegen der Stetigkeit von f

$$\int_a^b g_n(x)dx \to f(b) - f(a). \qquad (**)$$

Aus $(*)$ und $(**)$ ergibt sich insbesondere, daß für alle $x \in \mathbb{R}$ gilt

$$\int_0^x g(t)dt = f(x) - f(0).$$

Da g stetig ist, gilt $\frac{d}{dx}\int_0^x g(t)dt = g(x)$, also ist auch f differenzierbar und $f' = g$ ist auf $\mathbb{R}$ stetig.

8.4.16 a) Wir betrachten die Funktion $F(b) := \int_{-\pi}^{\pi} \{f(x) - b\sin nx\}^2 dx$.

1. Ist $n = 0$, so gilt $F(b) = \int_{-\pi}^{\pi} f^2(x)dx$ für alle $b \in \mathbb{R}$.

2. Es sei $n > 0$. Dann folgt mit Aufgabe 8.2.19

$$\begin{aligned} F(b) &= \int_{-\pi}^{\pi} f^2(x)dx - 2b\int_{-\pi}^{\pi} f(x)\sin nx\,dx + b^2\pi, \\ F'(b) &= -2\int_{-\pi}^{\pi} f(x)\sin nx\,dx + 2b\pi, \\ F''(b) &= 2\pi. \end{aligned}$$

Daher wird $F(b)$ genau dann minimal, wenn gilt

$$b = \frac{1}{\pi}\int_{-\pi}^{\pi} f(x)\sin nx\,dx.$$

b) In analoger Weise zeigt man, daß $G(a) := \int_{-\pi}^{\pi}\{f(x) - a\cos nx\}^2dx$ genau dann minimal wird, wenn gilt

$$a = \frac{1}{2\pi}\int_{-\pi}^{\pi} f(x)dx, \quad \text{falls } n = 0; \qquad a = \frac{1}{\pi}\int_{-\pi}^{\pi} f(x)\cos nx\,dx, \quad \text{falls } n > 0.$$

8.4.17 a) Wir erhalten durch eine elementare Rechnung

$$\int_{-\pi}^{\pi} S_n^2(x)dx = \int_{-\pi}^{\pi}\Big\{\frac{A_0^2}{4} + \sum_{\nu=1}^{n}(A_\nu^2\cos^2\nu x + B_\nu^2\sin^2\nu x)\Big\}dx;$$

man beachte hierbei, daß nach Aufgabe 8.2.19 die Integrale über alle anderen Terme verschwinden. Ebenfalls mit Aufgabe 8.2.19 ergibt sich also

$$\int_{-\pi}^{\pi} S_n^2(x)dx = \pi\Big\{\frac{A_0^2}{2} + \sum_{\nu=1}^{n}(A_\nu^2 + B_\nu^2)\Big\}.$$

Ferner erhalten wir

$$\begin{aligned} \int_{-\pi}^{\pi} f(x)S_n(x)dx &= \frac{A_0}{2}\int_{-\pi}^{\pi} f(x)dx + \sum_{\nu=1}^{n}\Big\{A_\nu\int_{-\pi}^{\pi} f(x)\cos\nu x\,dx + B_\nu\int_{-\pi}^{\pi} f(x)\sin\nu x\,dx\Big\} = \\ &= \pi\Big\{\frac{a_0A_0}{2} + \sum_{\nu=1}^{n}(a_\nu A_\nu + b_\nu B_\nu)\Big\}. \end{aligned}$$

Daher gilt

$$\int_{-\pi}^{\pi}\{f(x)-S_n(x)\}^2dx=\int_{-\pi}^{\pi}f^2(x)dx \;-\; \pi\Big\{\frac{a_0^2}{2}+\sum_{\nu=1}^{n}(a_\nu^2+b_\nu^2)\Big\}+$$

$$+\;\pi\Big\{\frac{(A_0-a_0)^2}{2}+\sum_{\nu=1}^{n}\{(A_\nu-a_\nu)^2+(B_\nu-b_\nu)^2\}\Big\}.$$

Dieser Ausdruck wird genau dann minimal, wenn $A_\nu=a_\nu$ für $\nu=0,1,...,n$ und $B_\nu=b_\nu$ für $\nu=1,...,n$ gewählt wird. Weiterhin ergibt sich

$$\int_{-\pi}^{\pi}\{f(x)-s_n(x)\}^2dx=\int_{-\pi}^{\pi}f^2(x)dx-\pi\Big\{\frac{a_0^2}{2}+\sum_{\nu=1}^{n}(a_\nu^2+b_\nu^2)\Big\}.$$

b) Aus dieser Beziehung folgt sofort für alle $n\in\mathbb{N}_0$

$$\frac{a_0^2}{2}+\sum_{\nu=1}^{n}(a_\nu^2+b_\nu^2)\le\frac{1}{\pi}\int_{-\pi}^{\pi}f^2(x)dx.$$

Mit dem Hauptsatz über monotone Folgen ergibt sich also die Konvergenz der betrachteten Reihe und die Gültigkeit der BESSELschen Ungleichung.

Bemerkung: Mit komplizierteren Methoden kann man zeigen, daß für jede in $[a,b]$ integrierbare Funktion f gilt

$$\frac{a_0^2}{2}+\sum_{\nu=1}^{\infty}(a_\nu^2+b_\nu^2)=\frac{1}{\pi}\int_{-\pi}^{\pi}f^2(x)dx.$$

Diese Beziehung wird PARSEVALsche Gleichung genannt.

8.4.18 a) Es seien $f,g,h\in C[a,b]$. Dann ist trivialerweise $d_p(f,g)=d_p(g,f)\ge 0$, und es gilt $d_p(f,g)=0$ genau dann, wenn

$$|f(x)-g(x)|^p\equiv 0,$$

also $f(x)\equiv g(x)$ ist. Die Dreiecksungleichung

$$d_p(f,g)\le d_p(f,h)+d_p(h,g)$$

ist äquivalent zur Beziehung

$$\Big\{\int_a^b|f(x)-g(x)|^pdx\Big\}^{1/p}\le\Big\{\int_a^b|f(x)-h(x)|^pdx\Big\}^{1/p}+\Big\{\int_a^b|h(x)-g(x)|^pdx\Big\}^{1/p},$$

deren Richtigkeit sofort aus der MINKOWSKIschen Ungleichung (siehe Aufgabe 8.3.19) folgt.

Damit ist gezeigt, daß $(C[a,b], d_p)$ ein metrischer Raum ist.

b) Wir zeigen, daß $(C[a,b], d_p)$ nicht vollständig ist. Ohne Beschränkung der Allgemeinheit nehmen wir dazu $[a,b] = [-1,1]$ an. Für $n \geq 2$ seien die Funktionen $f_n \in C[-1,1]$ folgendermaßen definiert:

$$f_n(x) := \begin{cases} -1 & \text{falls } x \in [-1, -\frac{1}{n}] \\ nx & \text{falls } x \in (-\frac{1}{n}, \frac{1}{n}) \\ +1 & \text{falls } x \in [\frac{1}{n}, 1] \end{cases} .$$

Für $n > m \geq 2$ gilt

$$d_p(f_n, f_m) = \Big\{ \int_{-1}^{1} |f_n(x) - f_m(x)|^p dx \Big\}^{1/p} \leq \Big(\frac{2}{m}\Big)^{1/p},$$

und daher ist $\{f_n\}$ eine CAUCHY-Folge in $(C[-1,1], d_p)$.

Wir nehmen an, der metrische Raum $(C[-1,1], d_p)$ wäre vollständig. Es gibt also ein $f \in C[-1,1]$ mit $\lim_{n\to\infty} d_p(f_n, f) = 0$. Wir können dann eine Teilfolge $\{n_k\}$ mit $n_k > k$ so wählen, daß gilt

$$\int_{-1}^{1} |f_{n_k}(x) - f(x)|^p dx < \frac{1}{k^2}. \qquad (*)$$

1. Für $k \geq 2$ gibt es nach dem Mittelwertsatz ein $\xi_k \in (\frac{1}{k}, \frac{2}{k})$, so daß mit $(*)$ folgt

$$\begin{aligned} \frac{1}{k}|1 - f(\xi_k)|^p &= \frac{1}{k}|f_{n_k}(\xi_k) - f(\xi_k)|^p = \int_{1/k}^{2/k} |f_{n_k}(x) - f(x)|^p dx \leq \\ &\leq \int_{-1}^{1} |f_{n_k}(x) - f(x)|^p dx < \frac{1}{k^2}. \end{aligned}$$

Aus der Stetigkeit von f ergibt sich damit $f(0) = \lim_{k\to\infty} f(\xi_k) = 1$.

2. Analog folgt aus $(*)$ die Existenz eines $\eta_k \in (-\frac{2}{k}, -\frac{1}{k})$ mit

$$\frac{1}{k}|-1 - f(\eta_k)|^p < \frac{1}{k^2},$$

und es ergibt sich $f(0) = \lim_{k\to\infty} f(\eta_k) = -1$. Widerspruch!

c) Die Menge $\mathcal{P}$ aller Polynome mit rationalen Koeffizienten ist eine abzählbare Teilmenge von $C[a,b]$. Ist ein $f \in C[a,b]$ und ein $\varepsilon > 0$ gegeben, so existiert nach dem WEIERSTRASSschen Approximationssatz (siehe Aufgabe 6.2.12) ein $Q \in \mathcal{P}$ mit

$$\max_{[a,b]} |f(x) - Q(x)| < \frac{\varepsilon}{(b-a)^{1/p}}.$$

Es folgt

$$d_p(f,Q) = \left\{ \int_a^b |f(x) - Q(x)|^p dx \right\}^{1/p} < \left\{ \frac{\varepsilon^p}{b-a}(b-a) \right\}^{1/p} = \varepsilon,$$

und damit ist $(C[a,b], d_p)$ ein separabler metrischer Raum.

8.4.19 Es sei x ein beliebiger Punkt von I.

a) Für $n = 0$ erhalten wir

$$f(x) = f(x_0) + \int_{x_0}^{x} f'(t)dt = T_0(x) + R_0(x).$$

b) Gilt $f(x) = T_k(x) + R_k(x)$ für ein $k \in I\!N_0$ mit $0 \le k < n$, so ergibt sich mit partieller Integration

$$\begin{aligned} R_k(x) &= \frac{1}{k!} \int_{x_0}^{x} (x-t)^k f^{(k+1)}(t)dt = \\ &= \frac{1}{k!} \left\{ \frac{-(x-t)^{k+1}}{k+1} f^{(k+1)}(t) \Big|_{x_0}^{x} + \int_{x_0}^{x} \frac{(x-t)^{k+1}}{k+1} f^{(k+2)}(t)dt \right\} = \\ &= \frac{f^{(k+1)}(x_0)}{(k+1)!}(x-x_0)^{k+1} + R_{k+1}(x). \end{aligned}$$

Also ist $f(x) = T_{k+1}(x) + R_{k+1}(x)$. Mit vollständiger Induktion folgt die Behauptung.

8.4.20 a) Es sei ein festes $x \in [0,1)$ gegeben und ein $a \in (x,1)$ gewählt. Mit der in Aufgabe 8.4.19 angegebenen Form des Restgliedes im TAYLORschen Satz erhalten wir für jedes $n \in I\!N_0$, wenn wir $t = \frac{x}{a}y$ substituieren,

$$0 \le R_n(x) = \frac{1}{n!} \int_0^x (x-t)^n f^{(n+1)}(t)dt = \frac{x^{n+1}}{a^{n+1}n!} \int_0^a (a-y)^n f^{(n+1)}\left(\frac{x}{a}y\right)dy.$$

Wegen $f^{(n+2)}(y) \ge 0$ für alle $y \in [0,1)$ ist $f^{(n+1)}$ monoton wachsend, und es folgt

$$0 \le R_n(x) \le \frac{x^{n+1}}{a^{n+1}n!} \int_0^a (a-y)^n f^{(n+1)}(y)dy = \left(\frac{x}{a}\right)^{n+1} R_n(a).$$

Andererseits gilt

$$R_n(a) = f(a) - T_n(a) = f(a) - f(0) - \sum_{\nu=1}^{n} \frac{f^{(\nu)}(0)}{\nu!} a^\nu \le f(a) - f(0).$$

Hieraus folgt $R_n(x) \to 0$ für $n \to \infty$; dies ist äquivalent zur Behauptung.

b) Unter den angegebenen Voraussetzungen konvergiert die TAYLOR-Reihe nach Aufgabe 7.3.2 für alle $x \in (-1,1)$. Die Grenzfunktion muß jedoch in $(-1,0)$ nicht mit $f(x)$ übereinstimmen. Ein Beispiel ist die Funktion

$$f(x) := \begin{cases} e^{-1/x^2} & \text{falls} \quad -1 < x < 0 \\ 0 & \text{falls} \quad 0 \le x < 1 \end{cases} .$$

Nach Aufgabe 7.1.30 gilt $f^{(n)}(x) = 0$ für alle $n \in \mathbb{N}_0$ und alle $x \in [0,1)$. Die TAYLOR-Reihe von f konvergiert jedoch nur in $[0,1)$ gegen f.

8.4.21 a) Es sei f eine gerade Funktion. Dann ist $f^{(2\nu+1)}$ für alle $\nu \in \mathbb{N}_0$ eine ungerade Funnktion. Also gilt $f^{(2\nu+1)}(0) = 0$ für alle $\nu \in \mathbb{N}_0$, und der TAYLORsche Satz ergibt für $x \in (-1,1)$ und $n \in \mathbb{N}_0$

$$T_{2n+1}(x) = T_{2n}(x) = \sum_{\nu=0}^{n} \frac{f^{(2\nu)}(0)}{(2\nu)!} x^{2\nu}$$

und

$$R_{2n+1}(x) = R_{2n}(x) = \frac{1}{(2n)!} \int_0^x (x-t)^{2n} f^{(2n+1)}(t)dt.$$

Es sei $x \in [0,1)$ und $a \in (x,1)$. Da $f^{(2n+1)}$ in $[0,1)$ monoton wachsend ist, ergibt sich genau wie in der Lösung zu Aufgabe 8.4.20

$$R_{2n}(x) \le \left(\frac{x}{a}\right)^{2n+1} R_{2n}(a).$$

Ferner ist

$$R_{2n}(x) = R_{2n+1}(x) = \frac{1}{(2n+1)!} \int_0^x (x-t)^{2n+1} f^{(2n+2)}(t)dt \ge 0,$$

und wegen

$$R_{2n}(a) = f(a) - f(0) - \sum_{\nu=1}^{n} \frac{f^{(2\nu)}(0)}{(2\nu)!} a^{2\nu} \le f(a) - f(0)$$

ist $\{R_{2n}(x)\}$ und damit auch $\{R_n(x)\}$ eine Nullfolge.
Die TAYLOR-Reihe konvergiert also für jedes $x \in [0,1)$ gegen $f(x)$. Da sowohl f als auch die TAYLOR-Reihe gerade Funktionen sind, folgt die Behauptung.
b) Ist die Funktion f ungerade, so verläuft der Beweis analog zu a).
c) Wir zerlegen die Funktion f folgendermaßen:

$$f(x) = \frac{1}{2}\{f(x) + f(-x)\} + \frac{1}{2}\{f(x) - f(-x)\} =: f_1(x) + f_2(x).$$

Hierbei ist f_1 gerade und f_2 ungerade. Ferner gilt

$$f_1^{(2n)}(x) = \frac{1}{2}\{f^{(2n)}(x) + f^{(2n)}(-x)\} \geq 0 \qquad \text{für alle } x \in [0,1),$$

$$f_2^{(2n+1)}(x) = \frac{1}{2}\{f^{(2n+1)}(x) + f^{(2n+1)}(-x)\} \geq 0 \qquad \text{für alle } x \in [0,1).$$

Aus a) und b) folgt damit die Behauptung.

8.4.22 a) 1. Wir zeigen zunächst

$$\int_a^b f'(x)[x]dx = -\sum_{n=[a]+1}^{[b]} f(n) - [a]f(a) + [b]f(b). \qquad (*)$$

Gilt $[a]+1 > [b]$, so ist $[x] = [a]$ für alle $x \in (a,b]$, und es ergibt sich $(*)$, da in diesem Fall die Summe $\sum\limits_{n=[a]+1}^{[b]} f(n)$ (definitionsgemäß) den Wert Null hat.

Gilt $[a]+1 = [b]$, so erhalten wir

$$\int_a^b f'(x)[x]dx = [a]\int_a^{[b]} f'(x)dx + [b]\int_{[b]}^b f'(x)dx = -f([b]) - [a]f(a) + [b]f(b),$$

und hieraus folgt ebenfalls $(*)$.

Gilt $[a]+1 < [b]$ und damit $[a]+1 \leq [b]-1$, so ergibt sich

$$\int_a^b f'(x)[x]dx = \sum_{n=[a]+1}^{[b]-1} n\int_n^{n+1} f'(x)dx + [a]\int_a^{[a]+1} f'(x)dx + [b]\int_{[b]}^b f'(x)dx =$$

$$= \sum_{n=[a]+1}^{[b]-1} n\{f(n+1) - f(n)\} + [a]\{f([a]+1) - f(a)\} + [b]\{f(b) - f([b])\} =$$

$$= -\sum_{n=[a]+1}^{[b]} f(n) - [a]f(a) + [b]f(b).$$

2. Es gilt

$$\int_a^b f'(x)xdx = xf(x)\Big|_a^b - \int_a^b f(x)dx = bf(b) - af(a) - \int_a^b f(x)dx.$$

Zusammen mit (*) erhalten wir damit für den Ausdruck auf der rechten Seite der behaupteten Identität

$$\int_a^b f(x)dx \; + \; bf(b) - af(a) - \int_a^b f(x)dx + \sum_{n=[a]+1}^{[b]} f(n) +$$

$$+ \; [a]f(a) - [b]f(b) + f(a)\{a-[a]\} - f(b)\{b-[b]\} =$$

$$= \sum_{n=[a]+1}^{[b]} f(n) = \sum_{a<n\le b} f(n).$$

b) Gilt $a, b \in \mathbb{Z}$, so ist $a - [a] = b - [b] = 0$, und wir erhalten mit a)

$$\sum_{n=a}^{b} f(n) \; = \; f(a) + \int_a^b f(x)dx + \int_a^b f'(x)\{x-[x]\}dx =$$

$$= \int_a^b f(x)dx + \int_a^b f'(x)\{x-[x]-\frac{1}{2}\}dx + \frac{1}{2}\{f(a)+f(b)\}.$$

8.4.23 a) Es gilt $s_0 = \frac{\pi}{2}$ und $s_1 = 1$. Für $n \ge 2$ erhalten wir mit partieller Integration

$$s_n \; = \; \int_0^{\pi/2} \sin^n x\,dx = \int_0^{\pi/2} \sin^{n-1} x \cdot \sin x\,dx =$$

$$= \; -\sin^{n-1} x \cdot \cos x \Big|_0^{\pi/2} + (n-1)\int_0^{\pi/2} \sin^{n-2} x \cdot \cos^2 x dx =$$

$$= \; (n-1)\int_0^{\pi/2} \sin^{n-2} x \cdot (1-\sin^2 x)dx = (n-1)s_{n-2} - (n-1)s_n.$$

Also gilt für $n \ge 2$

$$s_n = \frac{n-1}{n} s_{n-2}.$$

Mit vollständiger Induktion ergibt sich hieraus

$$s_{2n} = \frac{\pi}{2}\prod_{\nu=1}^{n}\frac{2\nu-1}{2\nu}; \qquad s_{2n+1} = \prod_{\nu=1}^{n}\frac{2\nu}{2\nu+1}. \qquad (*)$$

b) Für $n \in \mathbb{N}$ gilt

$$\int_0^{\pi/2} \sin^{2n+1} x\,dx \le \int_0^{\pi/2} \sin^{2n} x\,dx \le \int_0^{\pi/2} \sin^{2n-1} x\,dx,$$

und das bedeutet mit (*)

$$1 \geq \frac{s_{2n+1}}{s_{2n}} \geq \frac{s_{2n+1}}{s_{2n-1}} = \frac{2n}{2n+1}.$$

Es ist also $\lim\limits_{n\to\infty} \frac{s_{2n+1}}{s_{2n}} = 1$. Wir erhalten daher mit (*)

$$\lim_{n\to\infty} \frac{s_{2n+1}}{s_{2n}} = \frac{2}{\pi} \lim_{n\to\infty} \prod_{\nu=1}^{n} \frac{(2\nu)\cdot(2\nu)}{(2\nu-1)\cdot(2\nu+1)} = 1;$$

dies ist äquivalent zur Behauptung.

8.4.24 Wir setzen $P(x) := (x^2-1)^n$. Mit vollständiger Induktion ergibt sich, daß für $k = 0, 1, ..., n$ mit einem Polynom R_k vom Grad k gilt:

$$P^{(k)}(x) = (x^2-1)^{n-k} R_k(x). \qquad (*)$$

a) Aus (*) folgt insbesondere $P^{(k)}(1) = P^{(k)}(-1) = 0$ für $k = 0, 1, ..., n-1$. Ist Q zunächst ein beliebiges Polynom, so erhalten wir für $n \geq 0$ durch n partielle Integrationen

$$\begin{aligned}
\int_{-1}^{1} P_n(x)Q(x)dx &= \int_{-1}^{1} P^{(n)}(x)Q(x)dx = \\
&= P^{(n-1)}(x)Q(x)\Big|_{-1}^{1} - \int_{-1}^{1} P^{(n-1)}(x)Q'(x)dx = \\
&= -\int_{-1}^{1} P^{(n-1)}(x)Q'(x)dx = +\int_{-1}^{1} P^{(n-2)}(x)Q''(x)dx = \\
&= \cdots = (-1)^n \int_{-1}^{1} P^{(0)}(x)Q^{(n)}(x)dx.
\end{aligned}$$

Ist speziell $Q(x) = \Pi(x)$ ein Polynom vom Grad $m < n$, so ist $Q^{(n)}(x) \equiv 0$, und es folgt

$$\int_{-1}^{1} P_n(x)\Pi(x)dx = 0.$$

b) Wir wählen $Q(x) = P_n(x)$ und erhalten wegen $\frac{d^n}{dx^n} P_n(x) = \frac{d^{2n}}{dx^{2n}}(x^2-1)^n = (2n)!$ aus der obigen Formel

$$\int_{-1}^{1} P_n^2(x)dx = (-1)^n \int_{-1}^{1} (x^2-1)^n \frac{d^n}{dx^n} P_n(x)dx = (-1)^n (2n)! \int_{-1}^{1} (x^2-1)^n dx =$$

$$= (2n)! \int_{-1}^{1} (1-x^2)^n dx = 2(2n)! \int_{0}^{1} (1-x^2)^n dx =$$

$$= 2(2n)! \int_{0}^{\pi/2} \sin^{2n+1} t \, dt$$

(wobei wir im letzten Schritt $x = \cos t$ substituiert haben). Nach Aufgabe 8.4.23 gilt

$$2(2n)! \int_{0}^{\pi/2} \sin^{2n+1} t \, dt = 2(2n)! \prod_{\nu=1}^{n} \frac{2\nu}{2\nu+1} =: \frac{1}{c_n^2}.$$

Für $\tilde{P}_n(x) := c_n P_n(x)$ ist daher $\int\limits_{-1}^{1} \tilde{P}_n^2(x)dx = 1$.

c) Das Polynom P hat die Nullstellen $+1$ und -1, also hat P' nach dem Satz von ROLLE eine Nullstelle in $(-1,1)$. Wegen $P'(1) = P'(-1) = 0$ hat P'' ebenfalls nach dem Satz von ROLLE zwei verschiedene Nullstellen in $(-1,1)$. So fortfahrend erhält man, daß $P^{(n-1)}$ in $(-1,1)$ an $n-1$ verschiedenen Stellen verschwindet. Wegen $P^{(n-1)}(1) = P^{(n-1)}(-1) = 0$ folgt nach dem Satz von ROLLE, daß $P^{(n)} = P_n$ in $(-1,1)$ mindestens n verschiedene Nullstellen hat. Da P_n ein Polynom vom Grad n ist (und folglich höchstens n reelle Nullstellen haben kann), können keine weiteren Nullstellen auftreten, überdies müssen sie alle einfach sein.

d) Für ein $n \in \mathbb{N}_0$ gelte mit Konstanten $\lambda_0, \ldots, \lambda_n$

$$\sum_{\nu=0}^{n} \lambda_\nu P_\nu(x) = 0 \qquad \text{für alle} \quad x \in \mathbb{R}. \qquad (**)$$

Zum Nachweis der linearen Unabhängigkeit von $P_0, P_1, \ldots, P_n$ müssen wir zeigen, daß $\lambda_0 = \lambda_1 = \cdots = \lambda_n = 0$ gelten muß. Es sei ein beliebiges $\mu \in \mathbb{N}_0$ mit $\mu \leq n$ gegeben. Multiplizieren wir die Beziehung in $(**)$ mit P_μ und integrieren, so folgt nach a) und b)

$$0 = \int_{-1}^{1} \Big\{ \sum_{\nu=0}^{n} \lambda_\nu P_\nu(x) P_\mu(x) \Big\} dx = \sum_{\nu=0}^{n} \lambda_\nu \int_{-1}^{1} P_\nu(x) P_\mu(x) dx = \lambda_\mu \frac{1}{c_\mu^2}.$$

Nach b) gilt also $\lambda_\mu = 0$; da μ beliebig war, folgt die Behauptung.

8.4.25 Ohne Beschränkung der Allgemeinheit können wir annehmen, daß $[a,b] = [-1,1]$ ist. Die Polynome Q_n haben mit geeigneten Konstanten $a_\nu^{(n)}$ die Form

$$Q_n(x) = \sum_{\nu=0}^{N} a_\nu^{(n)} x^\nu.$$

Da die normierten LEGENDRE-Polynome $\tilde{P}_0, \tilde{P}_1, ..., \tilde{P}_N$ nach Aufgabe 8.4.24 linear unabhängig sind, ist jede der Potenzen $x^0, x^1, ..., x^N$ eine Linearkombination dieser Polynome, und daher existieren Konstanten $b_\nu^{(n)}$ mit

$$Q_n(x) = \sum_{\nu=0}^{N} b_\nu^{(n)} \tilde{P}_\nu(x).$$

Da $\{Q_n(x)\}$ auf $[-1,1]$ gleichmäßig gegen $f(x)$ konvergiert, folgt für $m = 0, 1, ..., N$

$$\int_{-1}^{1} Q_n(x)\tilde{P}_m(x)dx \to \int_{-1}^{1} f(x)\tilde{P}_m(x)dx =: b_m \qquad (n \to \infty).$$

Nach Aufgabe 8.4.24 gilt aber für $m = 0, 1, ..., N$

$$\int_{-1}^{1} Q_n(x)\tilde{P}_m(x)dx = \sum_{\nu=0}^{N} b_\nu^{(n)} \int_{-1}^{1} \tilde{P}_\nu(x)\tilde{P}_m(x)dx = b_m^{(n)},$$

so daß $\lim\limits_{n\to\infty} b_m^{(n)} = b_m$ ist. Wir setzen $Q(x) := \sum\limits_{\nu=0}^{N} b_\nu \tilde{P}_\nu(x)$ und wählen eine Konstante M, so daß $|\tilde{P}_\nu(x)| \le M$ für alle $x \in [-1,1]$ und alle $\nu = 0, 1, ..., N$ gilt. Es folgt

$$\begin{aligned} \max_{[-1,1]} |Q_n(x) - Q(x)| &= \max_{[-1,1]} \left| \sum_{\nu=0}^{N} \{b_\nu^{(n)} - b_\nu\} \tilde{P}_\nu(x) \right| \le \\ &\le M \sum_{\nu=0}^{N} |b_\nu^{(n)} - b_\nu| \to 0 \qquad (n \to \infty). \end{aligned}$$

Damit konvergiert $\{Q_n(x)\}$ gegen das Polynom $Q(x)$.

8.4.26 Wir beweisen $\lim\limits_{|y|\to\infty} \int_a^b f(x)\cos yx\,dx = 0$. Der Nachweis der anderen Behauptung verläuft analog.

a) Für ein beliebiges Intervall $[\alpha, \beta]$ gilt

$$\lim_{|y|\to\infty} \int_\alpha^\beta \cos yx\,dx = \lim_{|y|\to\infty} \left\{ \frac{\sin\beta y - \sin\alpha y}{y} \right\} = 0.$$

b) Es sei t eine Treppenfunktion in $[a,b]$ und eine Partition $P = \{x_0, x_1, ..., x_n\}$ von $[a,b]$ so gewählt, daß $t(x) = t_i$ für $x \in (x_{i-1}, x_i)$ gilt. Dann folgt nach a)

$$\lim_{|y|\to\infty} \int_a^b t(x)\cos yx\,dx = \lim_{|y|\to\infty} \sum_{i=1}^{n} t_i \int_{x_{i-1}}^{x_i} \cos yx\,dx = \sum_{i=1}^{n} t_i \lim_{|y|\to\infty} \int_{x_{i-1}}^{x_i} \cos yx\,dx = 0.$$

c) Es sei ein $\varepsilon > 0$ gegeben. Da f integrierbar ist, gibt es nach Aufgabe 8.1.12 eine Treppenfunktion t mit $t(x) \le f(x)$ und

$$0 \le \int_a^b \{f(x) - t(x)\}dx < \frac{\varepsilon}{2}.$$

Nach b) existiert ein $Y > 0$, so daß gilt

$$\Big|\int_a^b t(x)\cos yx\,dx\Big| < \frac{\varepsilon}{2} \qquad \text{für alle } |y| > Y.$$

Es folgt für alle $|y| > Y$

$$\Big|\int_a^b f(x)\cos yx\,dx\Big| \le \Big|\int_a^b t(x)\cos yx\,dx\Big| + \int_a^b |f(x) - t(x)|\cdot|\cos yx|dx <$$

$$< \frac{\varepsilon}{2} + \int_a^b \{f(x) - t(x)\}dx < \varepsilon.$$

Daraus ergibt sich die Behauptung.

8.4.27 Es existiert eine Konstante M, so daß für alle $y_1, y_2 \in \mathbb{R}$ gilt

$$|G(y_1) - G(y_2)| \le M|y_1 - y_2|^\alpha.$$

Für ein beliebiges Intervall $[c, d]$ und $y \ne 0$ gilt

$$\Big|\int_c^d g(xy)dx\Big| = \Big|\frac{G(dy) - G(cy)}{y}\Big| \le \frac{M}{|y|}|dy - cy|^\alpha = M|d - c|^\alpha |y|^{\alpha - 1}.$$

Daraus folgt $\lim\limits_{|y|\to\infty} \int\limits_c^d g(xy)dx = 0$.

Der weitere Beweis verläuft genauso wie in Aufgabe 8.4.26 (Beweisschritte b) und c)).

8.4.28 a) Mit $\cos(2\varphi) = 2\cos^2\varphi - 1$ ergibt sich

$$2\int_a^b f(x)\cos^2(nx + \alpha_n)dx - \int_a^b f(x)dx = \int_a^b f(x)\{2\cos^2(nx + \alpha_n) - 1\}dx =$$

$$= \int_a^b f(x)\cos(2nx + 2\alpha_n)dx =$$

$$= \cos(2\alpha_n)\int_a^b f(x)\cos(2nx)dx - \sin(2\alpha_n)\int_a^b f(x)\sin(2nx)dx.$$

Nach dem RIEMANNschen Lemma (siehe Aufgabe 8.4.26) konvergieren die beiden zuletzt auftretenden Integrale für $n \to \infty$ gegen Null, und es folgt die eine Behauptung.
b) Aus der Beziehung

$$\int_a^b f(x)\sin^2(nx+\alpha_n)dx = \int_a^b f(x)dx - \int_a^b f(x)\cos^2(nx+\alpha_n)dx$$

folgt sofort die andere Behauptung.

8.4.29 a) 1. Es gilt $Q_n(t) \geq 0$ für alle $t \in [-1,1]$ und $\int_{-1}^{1} Q_n(t)dt = 1$. Ferner erhalten wir

$$q_n = \int_{-1}^{1}(1-t^2)^n dt = 2\int_0^1 (1-t^2)^n dt \geq 2\int_0^1 (1-t)^n dt = \frac{2}{n+1} \geq \frac{1}{n}.$$

Für jedes $\delta \in (0,1)$ gilt daher

$$0 < \max_{[\delta,1]} Q_n(t) = n \cdot \max_{[\delta,1]}(1-t^2)^n = n(1-\delta^2)^n.$$

2. Es sei ein $\varepsilon > 0$ gegeben. Dann können wir wegen der gleichmäßigen Stetigkeit von F ein $\delta \in (0,1)$ so bestimmen, daß aus $|x-y| \leq \delta$ folgt $|F(x)-F(y)| < \frac{\varepsilon}{2}$. Weiter sei $|F(x)| \leq M$ für alle $x \in \mathbb{R}$ und N so groß gewählt, daß $4Mn(1-\delta^2)^n < \frac{\varepsilon}{2}$ gilt für alle $n > N$. Wir erhalten dann für alle $x \in [0,1]$ und alle $n > N$

$$\begin{aligned}
|R_n(x) - F(x)| &= \left|\int_{-1}^{1}\{F(x+t)-F(x)\}Q_n(t)dt\right| \leq \int_{-1}^{1}|F(x+t)-F(x)|Q_n(t)dt \leq \\
&\leq 2M\int_{-1}^{-\delta}Q_n(t)dt + \frac{\varepsilon}{2}\int_{-\delta}^{\delta}Q_n(t)dt + 2M\int_{\delta}^{1}Q_n(t)dt \leq \\
&\leq 4Mn(1-\delta^2)^n + \frac{\varepsilon}{2} < \varepsilon.
\end{aligned}$$

Das bedeutet, daß $\{R_n(x)\}$ in $[0,1]$ gleichmäßig gegen $F(x)$ konvergiert.
b) 1. Wir zeigen zuerst, daß die Funktionen R_n Polynome sind. Wegen $F(x+t) = 0$ für $t \leq -x$ und für $t \geq 1-x$ gilt nämlich für alle $x \in [0,1]$

$$R_n(x) = \int_{-1}^{1} F(x+t)Q_n(t)dt = \int_{-x}^{1-x} F(x+t)Q_n(t)dt = \int_0^1 F(t)Q_n(t-x)dt,$$

und das zuletzt erhaltene Integral stimmt für $x \in [0,1]$ mit einem Polynom überein.

2. Es seien ein Intervall $[a, b]$ und eine in $[a, b]$ stetige Funktion f gegeben. Die Funktion

$$g(x) := f(a + x(b - a))$$

ist dann stetig in $[0, 1]$, und die Funktion

$$F(x) := \begin{cases} g(x) - g(0) - x\{g(1) - g(0)\} & \text{falls } x \in (0,1) \\ 0 & \text{falls } x \notin (0,1) \end{cases}$$

ist stetig auf $\mathbb{R}$ und erfüllt die übrigen Voraussetzungen von a). Also konvergiert die dort betrachtete Polynomfolge $\{R_n(x)\}$ in $[0, 1]$ gleichmäßig gegen $F(x)$. Folglich konvergiert die Folge der Polynome

$$S_n(x) := R_n(x) + g(0) + x\{g(1) - g(0)\}$$

in $[0, 1]$ gleichmäßig gegen $g(x)$, und die Folge der Polynome

$$P_n(x) := S_n\Big(\frac{x - a}{b - a}\Big)$$

konvergiert in $[a, b]$ gleichmäßig gegen $f(x)$.

8.4.30 a) Wir zeigen, daß die Funktionen F_k mit reellen Koeffizienten $a_\nu^{(k)}$ die folgende Form haben:

$$F_k(x) = x^m - \sum_{\nu=1}^{k} a_\nu^{(k)} x^{n_\nu} \qquad (*)$$

(und damit insbesondere in $[0, 1]$ stetig sind). Dies ist klar für $x = 0$. Es sei also $0 < x \leq 1$. Dann ist die Behauptung trivial für $k = 0$. Gilt $(*)$ für ein $k \in \mathbb{N}_0$, so folgt

$$\begin{aligned} \frac{F_{k+1}(x)}{(n_{k+1} - m)x^{n_{k+1}}} &= \int_x^1 \Big\{t^m - \sum_{\nu=1}^{k} a_\nu^{(k)} t^{n_\nu}\Big\} t^{-1-n_{k+1}}\,dt = \\ &= \int_x^1 t^{m-1-n_{k+1}}\,dt - \sum_{\nu=1}^{k} a_\nu^{(k)} \int_x^1 t^{n_\nu - 1 - n_{k+1}}\,dt = \\ &= \frac{x^{m-n_{k+1}} - 1}{n_{k+1} - m} - \sum_{\nu=1}^{k} a_\nu^{(k)} \Big\{\frac{1 - x^{n_\nu - n_{k+1}}}{n_\nu - n_{k+1}}\Big\}. \end{aligned}$$

Also erhalten wir mit gewissen Koeffizienten $a_\nu^{(k+1)}$

$$\begin{aligned} F_{k+1}(x) &= x^m - x^{n_{k+1}} - (n_{k+1} - m) \sum_{\nu=1}^{k} a_\nu^{(k)} \frac{x^{n_{k+1}} - x^{n_\nu}}{n_\nu - n_{k+1}} =: \\ &=: x^m - \sum_{\nu=1}^{k+1} a_\nu^{(k+1)} x^{n_\nu}. \end{aligned}$$

Mit vollständiger Induktion ergibt sich, daß $(*)$ für alle $k \in \mathbb{N}_0$ richtig ist.

b) 1. Wir zeigen

$$\max_{[0,1]} |F_k(x)| \le \prod_{\nu=1}^{k} \left|1 - \frac{m}{n_\nu}\right|. \qquad (**)$$

Es gilt $\max\limits_{[0,1]} |F_0(x)| = 1$, so daß die Behauptung für $k = 0$ richtig ist. Für ein $k \in \mathbb{N}_0$ gelte (**). Wir erhalten $F_{k+1}(0) = 0$, und wegen (**) folgt für alle $x \in (0,1]$

$$\begin{aligned} |F_{k+1}(x)| &\le |n_{k+1} - m| \cdot \max_{[0,1]} |F_k(t)| \cdot x^{n_{k+1}} \int_x^1 t^{-1-n_{k+1}} dt \le \\ &\le \frac{|n_{k+1} - m|}{n_{k+1}} \cdot \prod_{\nu=1}^{k} \left|1 - \frac{m}{n_\nu}\right| \cdot x^{n_{k+1}} \{x^{-n_{k+1}} - 1\} \le \\ &\le \prod_{\nu=1}^{k+1} \left|1 - \frac{m}{n_\nu}\right|. \end{aligned}$$

Mit vollständiger Induktion ergibt sich, daß (**) für alle $k \in \mathbb{N}_0$ richtig ist.
2. Es gibt ein $N \in \mathbb{N}$, so daß $0 < 1 - \dfrac{m}{n_\nu} < 1$ für alle $\nu \ge N$ gilt. Aus der elementaren Abschätzung $e^x \ge 1 + x$ für alle $x \in \mathbb{R}$ erhalten wir daher mit einer Konstanten C für alle $k > N$

$$\prod_{\nu=1}^{k} \left|1 - \frac{m}{n_\nu}\right| \le C \cdot \exp\Big\{ -m \sum_{\nu=N}^{k} \frac{1}{n_\nu} \Big\}.$$

Mit (**) und $\sum\limits_{\nu=1}^{\infty} \dfrac{1}{n_\nu} = \infty$ folgt $F_k(x) \underset{[0,1]}{\Longrightarrow} 0$.

c) Nach dem WEIERSTRASSschen Approximationssatz kann die Funktion f auf $[0,1]$ durch Polynome beliebig genau approximiert werden. Es reicht daher zu zeigen, daß jede Potenz x^m mit $m \in \mathbb{N}_0$ durch Linearkombinationen der Form $Q(x) = \sum\limits_{\nu=0}^{M} a_\nu x^{n_\nu}$ approximiert werden kann. Dies ist trivial, wenn $m \in \{n_0, n_1, ...\}$ ist. Gilt $m \notin \{n_0, n_1, ...\}$ (und damit insbesondere $m > 0$), so folgt aus a) und b)

$$\sum_{\nu=1}^{k} a_\nu^{(k)} x^{n_\nu} = x^m - F_k(x) \underset{[0,1]}{\Longrightarrow} x^m.$$

Daraus ergibt sich die Behauptung.

Bemerkung: Das hier behandelte Ergebnis ist der hinreichende Teil des folgenden Satzes von MÜNTZ:

Es sei $\{n_k\}$ eine Folge reeller Zahlen mit

$$0 \le n_0 < n_1 < n_2 < \cdots < n_k \to \infty.$$

Dann kann jede auf $[0,1]$ stetige Funktion f genau dann durch Linearkombinationen $\sum\limits_{\nu=0}^{M} a_\nu x^{n_\nu}$ beliebig genau approximiert werden, wenn $n_0 = 0$ ist und $\sum\limits_{k=1}^{\infty} \frac{1}{n_k} = \infty$ gilt.

Der hier angegebene elegante und überdies konstruktive Beweis stammt von M. v. GOLITSCHEK [23].

8.4.31 a) Es sei M so gewählt, daß $|f(x)| = |f^{(0)}(x)| \le M$ ist für alle $x \in [a,b]$. Wir zeigen, daß für alle $n \in \mathbb{N}_0$ folgendes gilt:

$$|f^{(-n)}(x)| \le M \frac{(x-a)^n}{n!}. \qquad (*)$$

Diese Beziehung ist offensichtlich richtig für $n = 0$; gilt $(*)$ für ein $n \in \mathbb{N}_0$, so erhalten wir

$$|f^{(-n-1)}(x)| = \Big| \int_a^x f^{(-n)}(t)dt \Big| \le \frac{M}{n!} \int_a^x (t-a)^n dt = M \frac{(x-a)^{n+1}}{(n+1)!}.$$

Mit vollständiger Induktion folgt, daß $(*)$ für alle $n \in \mathbb{N}_0$ richtig ist.
Für $n \to \infty$ ergibt sich also

$$\sup_{[a,b]} |f^{(-n)}(x)| \le M \frac{(b-a)^n}{n!} \to 0,$$

und daraus folgt die Behauptung.
b) Für alle $n \in \mathbb{N}_0$ und alle $x \in [a,b]$ ergibt sich mit partieller Integration

$$\int_a^x e^{-t} f^{(-n)}(t)dt = e^{-x} f^{(-n-1)}(x) + \int_a^x e^{-t} f^{(-n-1)}(t)dt.$$

Mit vollständiger Induktion folgt hieraus

$$\int_a^x e^{-t} f(t)dt = e^{-x} \sum_{\nu=1}^{n} f^{(-\nu)}(x) + \int_a^x e^{-t} f^{(-n)}(t)dt. \qquad (**)$$

Es gilt nach a)

$$\Big| \int_a^x e^{-t} f^{(-n)}(t)dt \Big| \le e^{-a}(b-a) \sup_{[a,b]} |f^{(-n)}(t)| \to 0 \qquad (n \to \infty);$$

wegen $(**)$ konvergiert daher $\sum\limits_{\nu=1}^{\infty} f^{(-\nu)}(x)$ auf $[a,b]$ gleichmäßig gegen $e^x \int\limits_a^x e^{-t} f(t)dt$.

8.4.32 Wir wählen eine Folge $\{\varepsilon_n\}_{n=1}^{\infty}$ positiver Zahlen mit $\varepsilon_n|a_{n-1}| \le 1$ für alle $n \in \mathbb{N}$. Nach Aufgabe 7.1.31 gibt es zu jedem $n \in \mathbb{N}$ eine auf $\mathbb{R}$ beliebig oft differenzierbare Funktion g_n mit $g_n(x) = 1$ für $|x| \le \varepsilon_n/2$ und $g_n(x) = 0$ für $|x| \ge \varepsilon_n$ sowie $0 \le g_n(x) \le 1$ für alle $x \in \mathbb{R}$. Wir setzen

$$g_n^{(0)}(x) := g_n(x); \qquad g_n^{(-k)}(x) := \int_0^x g_n^{(-k+1)}(t)dt \qquad \text{für } k \in \mathbb{N}.$$

Offensichtlich ist jede dieser Funktionen $g_n^{(-k)}$ beliebig oft differenzierbar auf $\mathbb{R}$ und für alle $m \in \mathbb{N}_0$ gilt

$$\frac{d^m}{dx^m} g_n^{(-k)}(x) = g_n^{(-k+m)}(x).$$

Mit vollständiger Induktion ergibt sich

$$|g_n^{(-k)}(x)| \le \varepsilon_n \frac{|x|^{k-1}}{(k-1)!} \qquad \text{für alle } k \in \mathbb{N}.$$

Wir setzen $f_n(x) := g_n^{(-n+1)}(x)$ und erhalten $f_n^{(m)}(x) = g_n^{(-n+m+1)}(x)$ für alle $m \in \mathbb{N}_0$ und alle $x \in \mathbb{R}$. Insbesondere folgt

$$f_n^{(m)}(0) = g_n^{(-n+m+1)}(0) = \begin{cases} 0 & \text{falls } n \ne m+1 \\ 1 & \text{falls } n = m+1 \end{cases}.$$

Es sei

$$f(x) := \sum_{n=1}^{\infty} a_{n-1} f_n(x).$$

Für $m \in \mathbb{N}_0$, alle $n > m+1$ und alle $x \in \mathbb{R}$ gilt

$$|a_{n-1} f_n^{(m)}(x)| = |a_{n-1} g_n^{(-n+m+1)}(x)| \le \varepsilon_n |a_{n-1}| \frac{|x|^{n-m-2}}{(n-m-2)!} \le \frac{|x|^{n-m-2}}{(n-m-2)!}.$$

Hieraus folgt, daß die Reihe $\sum_{n=1}^{\infty} a_{n-1} f_n^{(m)}(x)$ für jedes $m \in \mathbb{N}_0$ auf jedem Kompaktum in $\mathbb{R}$ gleichmäßig konvergiert. Daher ist die Funktion f auf $\mathbb{R}$ beliebig oft differenzierbar. Es gilt für jedes $m \in \mathbb{N}_0$

$$f^{(m)}(0) = \sum_{n=1}^{\infty} a_{n-1} f_n^{(m)}(0) = a_m f_{m+1}^{(m)}(0) = a_m.$$

Damit besitzt f die gewünschten Eigenschaften.

8.4.33 Es sei $\{P_k\}_{k=1}^{\infty}$ eine Abzählung aller Polynome mit rationalen Koeffizienten. Der Grad von P_k sei g_k.

a) Wir konstruieren eine Folge $\{m_k\}$ natürlicher Zahlen und eine Funktionenfolge $\{\varphi_k\}$. Es sei $m_1 := 1$ und φ_1 eine Stammfunktion zu f auf $\mathbb{R}$. Wir nehmen an, für ein $k \geq 2$ seien die natürlichen Zahlen $m_1, ..., m_{k-1}$ und die auf $\mathbb{R}$ stetigen Funktionen $\varphi_1, ..., \varphi_{k-1}$ schon bekannt. Wir setzen

$$\varphi_{k-1}^{(0)}(x) := \varphi_{k-1}(x) \qquad \text{und} \qquad \varphi_{k-1}^{(-m)}(x) := \int_{-k}^{x} \varphi_{k-1}^{(-m+1)}(t)dt \qquad (m \in \mathbb{N}).$$

Dann ist $\varphi_{k-1}^{(-m)}$ auf $\mathbb{R}$ eine Stammfunktion von φ_{k-1} der Ordnung m, und es gilt nach Aufgabe 8.4.31

$$\varphi_{k-1}^{(-m)}(x) \underset{[-k,\,k]}{\Longrightarrow} 0 \qquad (m \to \infty).$$

Wir können daher ein $m_k \in \mathbb{N}$ so wählen, daß $m_k > \max\{m_{k-1}, g_k\}$ ist und

$$\max_{[-k,k]} |\varphi_{k-1}^{(-m_k)}(x)| < \frac{1}{k} \tag{$*$}$$

gilt. Es sei $\varphi_k(x) := \varphi_{k-1}^{(-m_k)}(x) + P_k(x)$ gesetzt. Dann ist $\dfrac{d^{m_k}}{dx^{m_k}}\varphi_k(x) = \varphi_{k-1}(x)$, und mit $M_k := \sum\limits_{\nu=1}^{k} m_\nu$ erhalten wir

$$\frac{d^{M_k}}{dx^{M_k}}\varphi_k(x) = f(x).$$

Setzen wir $F^{(0)}(x) := f(x)$ und $F^{(-M_k+\nu)}(x) := \dfrac{d^\nu}{dx^\nu}\varphi_k(x)$ für ein $k \in \mathbb{N}$ und $0 \leq \nu < m_k$, so entsteht induktiv eine Folge $\{F^{(-n)}\}$ von Stammfunktionen der Ordnung $n \in \mathbb{N}_0$ zu f in $\mathbb{R}$. Mit $(*)$ erhalten wir für $k \geq 2$

$$\max_{[-k,k]} |F^{(-M_k)}(x) - P_k(x)| < \frac{1}{k}. \tag{$**$}$$

b) Es sei ein Intervall $[a, b]$ und eine in $[a, b]$ stetige Funktion φ gegeben. Nach Aufgabe 6.2.12 existiert eine Folge $\{k_s\}$ natürlicher Zahlen $k_s \to \infty$ mit

$$\max_{[a,b]} |P_{k_s}(x) - \varphi(x)| < \frac{1}{s}.$$

Für alle hinreichend großen $k_s \geq 2$ ist $[a, b] \subset [-k_s, k_s]$, und mit $(**)$ erhalten wir

$$\max_{[a,b]} |F^{(-M_{k_s})}(x) - \varphi(x)| \leq$$

$$\leq \max_{[-k_s,k_s]} |F^{(-M_{k_s})}(x) - P_{k_s}(x)| + \max_{[a,b]} |P_{k_s}(x) - \varphi(x)| <$$

$$< \frac{1}{k_s} + \frac{1}{s}.$$

Setzen wir also $n_s := M_{k_s}$, so folgt die Behauptung.

8.5 Uneigentliche Integrale

8.5.1 Für $x \geq a$ setzen wir $F(x) := \int\limits_a^x f(t)dt$.

a) Es existiere das Integral $\int\limits_a^\infty f(t)dt$. Dann gibt es ein $A \in \mathbb{R}$ mit $\lim\limits_{x\to\infty} F(x) = A$ und daher existiert zu einem gegebenen $\varepsilon > 0$ ein $X > a$ mit der Eigenschaft

$$|F(x) - A| < \frac{\varepsilon}{2} \qquad \text{für alle } x \geq X.$$

Für alle $x_2 > x_1 \geq X$ gilt dann

$$\Big|\int\limits_{x_1}^{x_2} f(t)dt\Big| = |F(x_2) - F(x_1)| \leq |F(x_2) - A| + |F(x_1) - A| < \varepsilon.$$

b) Es gelte die ε-Bedingung.
1. Wir zeigen zunächst die Konvergenz von $\{F(x_n)\}$ für jede Folge $\{x_n\}$ mit $x_n \geq a$ und $x_n \to \infty$. Ist nämlich $\{x_n\}$ eine solche Folge, so existiert ein $N \in \mathbb{N}$, so daß $x_n \geq X$ für alle $n \geq N$ gilt. Für alle $m \geq n \geq N$ erhalten wir dann

$$|F(x_m) - F(x_n)| = \Big|\int\limits_{x_n}^{x_m} f(t)dt\Big| < \varepsilon.$$

Also ist $\{F(x_n)\}$ eine CAUCHY-Folge und daher konvergent.
2. Wir setzen

$$A := \lim_{n\to\infty} F(a+n) = \lim_{n\to\infty} \int\limits_a^{a+n} f(t)dt.$$

Es sei $\{y_n\}$ eine beliebige Folge mit $y_n \geq a$ und $y_n \to \infty$. Betrachten wir die Folge

$$\{x_n\}: \qquad a+1, \quad y_1, \quad a+2, \quad y_2, \quad a+3, \quad y_3, \quad \cdots,$$

so ist $\{F(x_n)\}$ nach 1. konvergent. Da sowohl $\{F(a+n)\}$ als auch $\{F(y_n)\}$ Teilfolgen von $\{F(x_n)\}$ sind, gilt

$$\lim_{n\to\infty} F(y_n) = \lim_{n\to\infty} F(a+n) = A.$$

Hieraus folgt, daß $\int\limits_a^\infty f(t)dt = \lim\limits_{x\to\infty} F(x)$ existiert und daß $\int\limits_a^\infty f(t)dt = A$ ist.

8.5.2 Es existiert ein $x_0 \in [a, b)$ mit der Eigenschaft, daß für alle $x \in [x_0, b)$ gilt

$$\frac{M}{2} \leq \frac{f(x)}{g(x)} \leq 2M.$$

Wir erhalten also $f(x) \leq 2Mg(x)$ und $g(x) \leq \frac{2}{M}f(x)$ für alle $x \in [x_0, b)$. Konvergiert $\int_{x_0}^{b} g(x)dx$, so konvergiert nach dem Vergleichskriterium auch $\int_{x_0}^{b} f(x)dx$ und umgekehrt. Da die beiden (eigentlichen) Integrale $\int_a^{x_0} f(x)dx$ und $\int_a^{x_0} g(x)dx$ existieren, folgt die Behauptung.

Hinweis: Es ist klar, daß ein entsprechendes Konvergenzkriterium auch für Funktionen gilt, die in einem Intervall $(a, b]$ auf uneigentliche Integrierbarkeit untersucht werden.

8.5.3 Für jedes $x \in [a, \infty)$ ergibt sich mit partieller Integration

$$\varphi_1(x) = \varphi_2(x) - f(a)g(a) - \varphi_3(x),$$

und hieraus folgt unmittelbar die Behauptung.

Hinweis: In ähnlicher Weise wie hier lassen sich andere Beziehungen, die bei eigentlichen Integralen gelten, auch auf uneigentliche Integrale übertragen.

8.5.4 Für jedes $\gamma \in \mathbb{R}$ gilt $\lim_{x\to\infty} x^{\gamma+2}e^{-x} = 0$. Daher existiert eine Konstante M, so daß für alle $x \geq 1$ gilt

$$x^\gamma e^{-x} \leq \frac{M}{x^2}.$$

Aus der Existenz des Integrals $\int_1^\infty \frac{dx}{x^2}$ folgt daher die Existenz des Integrals $\int_1^\infty x^\gamma e^{-x}dx$ für jedes $\gamma \in \mathbb{R}$.

8.5.5 a) Es sei $\beta > \alpha + 1$. Dann gilt für $x \geq 1$

$$\frac{x^\alpha}{1 + x^\beta} \leq x^{\alpha-\beta}.$$

Wegen $\beta - \alpha > 1$ existiert das Integral $\int_1^\infty x^{\alpha-\beta}dx$ und damit das betrachtete Integral.

b) Es sei $\beta \leq \alpha + 1$. Ist $\alpha < -1$, so gilt $\frac{x^\alpha}{1 + x^\beta} \leq x^\alpha$, und folglich existiert das betrachtete Integral. Für $\alpha = -1$ erhalten wir $\frac{x^\alpha}{1 + x^\beta} \geq \frac{1}{2x}$, und das betrachtete Integral divergiert. Ist $\alpha > -1$, so ergibt sich

$$\int_1^B \frac{x^\alpha}{1 + x^\beta}dx \geq \int_1^B \frac{x^\alpha}{1 + x^{\alpha+1}}dx = \frac{1}{\alpha + 1} \ln \frac{1 + B^{\alpha+1}}{2},$$

und hieraus folgt die Divergenz des betrachteten Integrals.

8.5.6 Für ein $B > e$ erhalten wir mit der Substitution $t = \ln x$

$$\int_e^B \frac{(\ln x)^\alpha}{x^\beta} dx = \int_1^{\ln B} t^\alpha e^{(1-\beta)t} dt. \qquad (*)$$

a) Es sei $\beta > 1$. Dann gilt $\lim_{t\to\infty} t^{\alpha+2}e^{(1-\beta)t} = 0$, also existiert eine Konstante M, so daß für alle $t \geq 1$ gilt

$$t^\alpha e^{(1-\beta)t} \leq \frac{M}{t^2}.$$

Aus der Existenz von $\int_1^\infty \frac{1}{t^2} dt$ folgt daher, daß das betrachtete Integral für jedes $\alpha \in \mathbb{R}$ existiert.

b) Für $\beta = 1$ ergibt sich aus $(*)$, daß das betrachtete Integral genau dann konvergiert, wenn $\alpha < -1$ ist.

c) Es sei $\beta < 1$. Dann gilt $t^\alpha e^{(1-\beta)t} \to \infty$ für $t \to \infty$ und jedes $\alpha \in \mathbb{R}$. Das betrachtete Integral divergiert also.

8.5.7 Die Integrale $\int_0^1 x^\gamma dx$ bzw. $\int_0^1 (1-x)^\gamma dx$ existieren genau dann, wenn $\gamma > -1$ ist. Es gilt

$$\lim_{x\to 0+} \frac{x^\alpha(1-x)^\beta}{x^\alpha} = 1; \qquad \lim_{x\to 1-} \frac{x^\alpha(1-x)^\beta}{(1-x)^\beta} = 1.$$

Aus Aufgabe 8.5.2 folgt daher, daß $\int_0^1 x^\alpha(1-x)^\beta dx$ genau dann existiert, wenn die Integrale

$$\int_0^1 x^\alpha dx \qquad \text{und} \qquad \int_0^1 (1-x)^\beta dx$$

beide existieren. Dies ist genau dann der Fall, wenn $\alpha > -1$ und $\beta > -1$ ist.

8.5.8 a) Wegen $\lim_{x\to 0+} \sqrt{x}\ln x = 0$ gibt es eine Konstante M_1, so daß gilt

$$\frac{|\ln x|}{1+x^2} \leq \frac{M_1}{\sqrt{x}} \qquad \text{für alle } x \in (0,1].$$

Ferner gibt es wegen $\lim_{x\to\infty} \frac{\ln x}{\sqrt{x}} = 0$ eine Konstante M_2, so daß gilt

$$\frac{\ln x}{1+x^2} \leq \frac{M_2\sqrt{x}}{1+x^2} \leq \frac{M_2}{x^{3/2}} \qquad \text{für alle } x \in [1,\infty).$$

Aus der Existenz der Integrale $\int_0^1 \frac{1}{\sqrt{x}} dx$ und $\int_1^\infty \frac{1}{x^{3/2}} dx$ folgt daher die Existenz des betrachteten Integrals.

b) Für $y > 1$ erhalten wir (indem wir $x = \frac{1}{t}$ substituieren)

$$\int_{1/y}^{y} \frac{\ln x}{1+x^2}dx = -\int_{y}^{1/y} \frac{-\ln t}{(1+1/t^2)t^2}dt = -\int_{1/y}^{y} \frac{\ln t}{1+t^2}dt.$$

Hieraus folgt

$$\int_{1/y}^{y} \frac{\ln x}{1+x^2}dx = 0.$$

Da das Integral $\int_0^\infty \frac{\ln x}{1+x^2}dx$ nach a) existiert, ergibt sich

$$\int_0^\infty \frac{\ln x}{1+x^2}dx = \lim_{y\to\infty} \int_{1/y}^{y} \frac{\ln x}{1+x^2}dx = 0.$$

8.5.9 Man erhält

$$f'(x) = \begin{cases} 2x\sin\frac{\pi}{x^2} - \frac{2\pi}{x}\cos\frac{\pi}{x^2} & \text{falls} \quad x \neq 0 \\ 0 & \text{falls} \quad x = 0 \end{cases}.$$

Die Funktion f' ist unbeschränkt in $[0,2]$ und folglich in $[0,2]$ nicht im eigentlichen Sinne integrierbar.

a) Für ein $a \in (0,2)$ erhalten wir

$$\int_a^2 f'(x)dx = f(x)\Big|_a^2 = f(2) - f(a).$$

Es gilt $\lim_{a\to 0} f(a) = 0$, und damit ergibt sich

$$\int_0^2 f'(x)dx = f(2) = 4\sin\frac{\pi}{4} = 2\sqrt{2}.$$

b) Wir zeigen, daß das Integral $\int_0^2 |f'(x)|dx$ divergiert. Für $n \in \mathbb{N}$ sei $x_n := \sqrt{2/n}$ gesetzt; ferner sei $x_0 := 2$.

In dem Intervall $[x_{2n}, x_{2n-1}]$ gilt $n\pi - \frac{\pi}{2} \leq \frac{\pi}{x^2} \leq n\pi$, und daher haben hier $\sin\frac{\pi}{x^2}$ und $\cos\frac{\pi}{x^2}$ verschiedene Vorzeichen; wir erhalten

$$\int_{x_{2n}}^{x_{2n-1}} |f'(x)|dx = \Big|\int_{x_{2n}}^{x_{2n-1}} f'(x)dx\Big| = |f(x_{2n-1}) - f(x_{2n})| = \frac{2}{2n-1}.$$

Daraus folgt für $N \in \mathbb{N}$

$$\int_{x_{2N}}^{2} |f'(x)|dx = \sum_{n=1}^{2N} \int_{x_n}^{x_{n-1}} |f'(x)|dx \geq \sum_{n=1}^{N} \int_{x_{2n}}^{x_{2n-1}} |f'(x)|dx = \sum_{n=1}^{N} \frac{2}{2n-1} > \sum_{n=1}^{N} \frac{1}{n}.$$

Wegen der Divergenz der Reihe $\sum\limits_{n=1}^{\infty} \frac{1}{n}$ kann das Integral $\int\limits_0^2 |f'(x)|dx$ nicht konvergieren.

8.5.10 a) Die Funktion

$$f(x) := \begin{cases} \dfrac{\sin x}{x} & \text{falls} \quad 0 < x \leq 1 \\ 1 & \text{falls} \quad x = 0 \end{cases}$$

ist stetig in $[0, 1]$; daher existiert das Integral $\int\limits_0^1 \frac{\sin x}{x} dx$. Ferner gilt für $b > 1$ mit partieller Integration

$$\int_1^b \frac{\sin x}{x} dx = \cos 1 - \frac{\cos b}{b} - \int_1^b \frac{\cos x}{x^2} dx.$$

Wegen $\left|\frac{\cos x}{x^2}\right| \leq \frac{1}{x^2}$ existiert das Integral $\int\limits_1^\infty \frac{\cos x}{x^2} dx$, und wegen $\frac{\cos b}{b} \to 0$ für $b \to \infty$ existiert auch das Integral $\int\limits_1^\infty \frac{\sin x}{x} dx$.

b) Analog zu a) folgt die Existenz des Integrals $\int\limits_1^\infty \frac{\cos x}{x} dx$.

c) Wegen $\cos x \to 1$ für $x \to 0$ und der Divergenz von $\int\limits_0^1 \frac{dx}{x}$ kann das Integral $\int\limits_0^1 \frac{\cos x}{x} dx$ nicht existieren.

8.5.11 a) Nach Aufgabe 8.5.10 existiert das Integral $I := \int\limits_0^\infty \frac{\sin x}{x} dx$. Es gilt daher

$$I = \lim_{n \to \infty} \int_0^{(2n+1)\pi/2} \frac{\sin x}{x} dx = \lim_{n \to \infty} \int_0^{\pi/2} \frac{\sin(2n+1)t}{t} dt. \qquad (*)$$

b) Die Funktion

$$f(t) := \begin{cases} \dfrac{1}{t} - \dfrac{1}{\sin t} & \text{falls} \quad 0 < t \leq \dfrac{\pi}{2} \\ 0 & \text{falls} \quad t = 0 \end{cases}$$

ist stetig in $[0, \pi/2]$, wie man z.B. mit der Regel von DE L'HOSPITAL unmittelbar verifiziert. Nach dem RIEMANNschen Lemma (siehe Aufgabe 8.4.26) folgt also

$$\lim_{n \to \infty} \int_0^{\pi/2} \sin(2n+1)t \cdot f(t) dt = 0.$$

Mit $(*)$ erhalten wir daher

$$I = \lim_{n\to\infty} \int_0^{\pi/2} \frac{\sin(2n+1)t}{\sin t} dt.$$

c) Nach Aufgabe 6.5.14 gilt

$$\frac{\sin(2n+1)t}{\sin t} = 1 + 2\sum_{\nu=1}^{n} \cos 2\nu t.$$

Damit erhalten wir für jedes $n \in \mathbb{N}$

$$\int_0^{\pi/2} \frac{\sin(2n+1)t}{\sin t} dt = \frac{\pi}{2},$$

und es folgt $I = \dfrac{\pi}{2}$.

8.5.12 Im Falle der Konvergenz des betrachteten Integrals würde für jedes $n \in \mathbb{N}$ gelten

$$\int_1^\infty \frac{|\sin x|}{x} dx \geq \int_\pi^{n\pi} \frac{|\sin x|}{x} dx = \sum_{\nu=2}^{n} \int_{(\nu-1)\pi}^{\nu\pi} \frac{|\sin x|}{x} dx \geq$$

$$\geq \sum_{\nu=2}^{n} \frac{1}{\nu\pi} \int_{(\nu-1)\pi}^{\nu\pi} |\sin x| dx = \frac{1}{\pi} \sum_{\nu=2}^{n} \frac{1}{\nu} \int_0^\pi \sin x\, dx = \frac{2}{\pi} \sum_{\nu=2}^{n} \frac{1}{\nu}.$$

Wegen der Divergenz der Reihe $\sum\limits_{\nu=1}^{\infty} \dfrac{1}{\nu}$ ist dies ein Widerspruch.

Andere Möglichkeit: Wir nehmen an, daß $\int\limits_1^\infty \dfrac{|\sin x|}{x} dx$ konvergiert. Aufgrund der elementaren Ungleichung $0 \leq \sin^2 x \leq |\sin x|$ existiert dann auch das Integral

$$\int_1^\infty \frac{\sin^2 x}{x} dx = \int_1^\infty \frac{1 - \cos 2x}{2x} dx.$$

Nach Aufgabe 8.5.10 existiert das Integral $\int\limits_1^\infty \dfrac{\cos 2x}{2x} dx$, woraus dann auch die Existenz von $\int\limits_1^\infty \dfrac{dx}{2x}$ folgt. Widerspruch!

8.5.13 Ohne Beschränkung der Allgemeinheit sei f monoton wachsend. Wir betrachten die Funktion

$$g(t) := \begin{cases} f(t) - f(0+) & \text{falls} \quad 0 < t \leq \delta \\ 0 & \text{falls} \quad t = 0 \end{cases};$$

diese ist stetig an $t = 0$ und ebenfalls monoton wachsend. Wir erhalten

$$\int_0^\delta f(t)\frac{\sin xt}{t}dt = \int_0^\delta g(t)\frac{\sin xt}{t}dt + f(0+)\int_0^\delta \frac{\sin xt}{t}dt.$$

a) Für $x \to \infty$ gilt nach Aufgabe 8.5.11

$$f(0+)\int_0^\delta \frac{\sin xt}{t}dt = f(0+)\int_0^{x\delta} \frac{\sin u}{u}du \to f(0+)\int_0^\infty \frac{\sin u}{u}du = f(0+)\frac{\pi}{2}.$$

b) Es sei ein $\varepsilon > 0$ gegeben. Wegen der Stetigkeit von g an $t = 0$ können wir ein $\delta_0 \in (0, \delta)$ so wählen, daß $0 \le g(t) < \varepsilon$ für $0 \le t \le \delta_0$ gilt. Wir erhalten

$$\int_0^\delta g(t)\frac{\sin xt}{t}dt = \int_0^{\delta_0} g(t)\frac{\sin xt}{t}dt + \int_{\delta_0}^\delta g(t)\frac{\sin xt}{t}dt.$$

1. Nach dem zweiten Mittelwertsatz der Integralrechnung (siehe Aufgabe 8.3.14) existiert ein $\xi \in [0, \delta_0]$, so daß mit einer Konstanten M gilt

$$\begin{aligned}\left|\int_0^{\delta_0} g(t)\frac{\sin xt}{t}dt\right| &= \left|g(0+)\int_0^\xi \frac{\sin xt}{t}dt + g(\delta_0-)\int_\xi^{\delta_0} \frac{\sin xt}{t}dt\right| = \\ &= g(\delta_0-)\left|\int_{x\xi}^{x\delta_0} \frac{\sin u}{u}du\right| \le \varepsilon M.\end{aligned}$$

2. Da die Funktion $\frac{g(t)}{t}$ in $[\delta_0, \delta]$ integrierbar ist, folgt nach dem RIEMANNschen Lemma (siehe Aufgabe 8.4.26)

$$\int_{\delta_0}^\delta \frac{g(t)}{t}\sin xt\,dt \to 0 \qquad \text{für } x \to \infty.$$

3. Insgesamt erhalten wir $\int_0^\delta g(t)\frac{\sin xt}{t}dt \to 0$ für $x \to \infty$, und zusammen mit a) ergibt sich die Behauptung.

8.5.14 Es sei $0 < a < 1 < b$. Mit partieller Integration erhalten wir

$$\begin{aligned}\int_a^b \frac{\sin^2 x}{x^2}dx &= -\frac{\sin^2 x}{x}\Big|_a^b + \int_a^b \frac{2\sin x\cos x}{x}dx = \\ &= \frac{\sin^2 a}{a} - \frac{\sin^2 b}{b} + \int_a^b \frac{\sin(2x)}{x}dx = \frac{\sin^2 a}{a} - \frac{\sin^2 b}{b} + \int_{2a}^{2b} \frac{\sin t}{t}dt.\end{aligned}$$

Für $a \to 0$ bzw. $b \to \infty$ gilt

$$\frac{\sin^2 a}{a} \to 0, \qquad \frac{\sin^2 b}{b} \to 0, \qquad \int_{2a}^{2b} \frac{\sin t}{t} dt \to \int_0^\infty \frac{\sin t}{t} dt = \frac{\pi}{2}.$$

Daher existiert das Integral $\int_0^\infty \left(\frac{\sin x}{x}\right)^2 dx$, und es gilt

$$\int_0^\infty \left(\frac{\sin x}{x}\right)^2 dx = \frac{\pi}{2}.$$

8.5.15 Es sei $B > 1$; mit der Substitution $x = \frac{1}{y}$ erhalten wir

$$\int_1^B \sin^\alpha(\tfrac{1}{x})dx = \int_{1/B}^1 \frac{\sin^\alpha y}{y^2} dy = \int_{1/B}^1 \left(\frac{\sin y}{y}\right)^\alpha y^{\alpha-2} dy.$$

Das Integral $\int_0^1 x^\gamma dx$ existiert genau dann, wenn $\gamma > -1$ ist. Wegen $\left(\frac{\sin y}{y}\right)^\alpha \to 1$ für $y \to 0$ folgt daher, daß das betrachtete Integral genau dann existiert, wenn $\alpha > 1$ ist.

8.5.16 Mit partieller Integration ergibt sich für jedes $b > a$

$$\int_a^b \frac{\sin nx}{x^\gamma} dx \; = \; -\frac{\cos nx}{nx^\gamma}\Big|_a^b - \frac{\gamma}{n} \int_a^b \frac{\cos nx}{x^{\gamma+1}} dx.$$

Aus der Beschränktheit von $|\cos nx|$ und der Existenz von $\int_a^\infty \frac{dx}{x^{\gamma+1}}$ folgt die Existenz von $\int_a^\infty \frac{|\cos nx|}{x^{\gamma+1}} dx$. Also konvergiert auch das Integral $\int_a^\infty \frac{\sin nx}{x^\gamma} dx$, und es gilt

$$|I_n(a)| = \left| \int_a^\infty \frac{\sin nx}{x^\gamma} dx \right| \le \frac{|\cos na|}{na^\gamma} + \frac{\gamma}{n} \int_a^\infty \frac{dx}{x^{\gamma+1}} \le \frac{1}{na^\gamma} + \frac{\gamma}{n} \cdot \frac{1}{\gamma a^\gamma} = \frac{2}{na^\gamma}.$$

Hieraus folgt, daß die Reihe $\sum_{n=1}^\infty |I_n(a)|^\delta$ für jedes $\delta > 1$ konvergiert. Ferner gilt

$$0 \le f_\delta(a) \le \frac{2^\delta}{a^{\gamma\delta}} \sum_{n=1}^\infty \frac{1}{n^\delta},$$

und wir erhalten $\lim_{a \to \infty} f_\delta(a) = 0$.

8.5.17 Offensichtlich muß $f(x) \geq 0$ für alle $x \geq 0$ gelten (andernfalls wäre $\int\limits_0^\infty f(x)dx$ divergent). Es sei $n \in \mathbb{N}$ und $h > 0$. Dann gilt

$$\int\limits_h^{(n+1)h} f(x)dx = \sum_{\nu=1}^{n} \int\limits_{\nu h}^{(\nu+1)h} f(x)dx \leq \sum_{\nu=1}^{n} hf(\nu h) \leq$$

$$\leq \sum_{\nu=1}^{n} \int\limits_{(\nu-1)h}^{\nu h} f(x)dx = \int\limits_0^{nh} f(x)dx.$$

Für $n \to \infty$ erhalten wir daher (wegen $f(x) \geq 0$)

$$\int\limits_h^\infty f(x)dx \leq h \sum_{\nu=1}^{\infty} f(\nu h) \leq \int\limits_0^\infty f(x)dx,$$

und es folgt

$$\int\limits_0^\infty f(x)dx = \lim_{h \to 0+} h \sum_{\nu=1}^{\infty} f(\nu h).$$

8.5.18 Aus der Existenz des Grenzwertes $\lim\limits_{x \to 0} \dfrac{f(x)}{x} = f'(0)$ folgt, daß es eine Konstante M so gibt, daß gilt

$$|f(x)| \leq Mx \qquad \text{für alle } x \in [0,1].$$

Es folgt $|f(x)x^\alpha| \leq Mx^{1+\alpha}$ für alle $x \in (0,1]$, und da das Integral $\int\limits_0^1 x^\beta dx$ für jedes $\beta > -1$ existiert, ergibt sich die Behauptung.

8.5.19 Wir betrachten die Funktionen $f_n(x) := \dfrac{n}{n^2+x^2}$. Offensichtlich ist $0 \leq f_n(x) \leq \dfrac{1}{n}$ für alle $x \in [0,\infty)$ und alle $n \in \mathbb{N}$. Damit gilt

$$f_n(x) \underset{[0,\infty)}{\Longrightarrow} f(x) \equiv 0.$$

Wir erhalten für $B > 0$

$$\int\limits_0^B f_n(x)dx = \frac{1}{n}\int\limits_0^B \frac{dx}{1+x^2/n^2} = \int\limits_0^{B/n} \frac{dt}{1+t^2} = \arctan(B/n).$$

Folglich ist $\int\limits_0^\infty f_n(x)dx = \lim\limits_{B \to \infty} \int\limits_0^B f_n(x)dx = \dfrac{\pi}{2}$ für jedes $n \in \mathbb{N}$, aber es ist $\int\limits_0^\infty f(x)dx = 0$.

8.5.20 a) Offensichtlich gilt $f(x) \geq 0$ für alle $x \in [a,\infty)$. Außerdem folgt $\lim\limits_{x\to\infty} f(x) = 0$ (andernfalls wäre $f(x) \geq \gamma$ mit einer Konstanten $\gamma > 0$ und daher das Integral divergent).

Es sei ein $\varepsilon > 0$ gegeben. Aus der Existenz des Integrals folgt, daß es ein $x_0 \in (a, \infty)$ gibt, so daß gilt

$$0 \le \int_{x_0}^{x} f(t)dt < \varepsilon \qquad \text{für alle } x \ge x_0.$$

Wir erhalten daher für alle $x > x_0$

$$0 \le f(x)(x - x_0) \le \int_{x_0}^{x} f(t)dt < \varepsilon,$$

und wegen $\lim\limits_{x\to\infty} f(x) = 0$ folgt hieraus $0 \le \overline{\lim\limits_{x\to\infty}}\, xf(x) \le \varepsilon$ und damit $\lim\limits_{x\to\infty} xf(x) = 0$.

b) Für jedes $x > a$ erhalten wir mit partieller Integration

$$\int_{a}^{x} tf'(t)dt = tf(t)\Big|_a^x - \int_a^x f(t)dt.$$

Mit a) folgt daher die Behauptung.

8.5.21 Mit partieller Integration ergibt sich für jedes $b > 1$

$$\int_1^b \frac{f(x)}{x^\gamma}dx = \frac{F(x)}{x^\gamma}\Big|_1^b + \gamma \int_1^b \frac{F(x)}{x^{\gamma+1}}dx.$$

Wegen der Beschränktheit von F und der Existenz von $\int_1^\infty \frac{dx}{x^{\gamma+1}}$ existiert das Integral $\int_1^\infty \frac{|F(x)|}{x^{\gamma+1}}dx$. Ferner gilt

$$\lim_{b\to\infty} \frac{F(x)}{x^\gamma}\Big|_1^b = -F(1).$$

Es folgt, daß auch das Integral $\int_1^\infty \frac{f(x)}{x^\gamma}dx$ existiert.

8.5.22 a) Für $x \in [1, \infty)$ gilt $\sin x^2 = \dfrac{2x \cdot \sin x^2}{2x}$ und $f(x) := 2x \cdot \sin x^2$ besitzt dort die beschränkte Stammfunktion $F(x) = -\cos x^2$. Nach Aufgabe 8.5.21 konvergiert daher das betrachtete uneigentliche Integral. (Man beachte, daß $\lim\limits_{x\to\infty} \sin x^2$ nicht existiert.)

b) Für $x \in [1, \infty)$ gilt $\sqrt{x}\cos x^2 = \dfrac{2x \cdot \cos x^2}{2\sqrt{x}}$ und $f(x) := 2x \cdot \cos x^2$ besitzt dort die beschränkte Stammfunktion $F(x) = \sin x^2$. Nach Aufgabe 8.5.21 konvergiert daher das betrachtete uneigentliche Integral. (Man beachte, daß $\sqrt{x}\cos x^2$ nicht beschränkt ist.)

8.5.23 Wir zeigen, daß $K := \int_{-\infty}^{\infty} |g(x)|dx$ das Gewünschte leistet. Es sei f eine stetig differenzierbare Funktion mit kompaktem Träger und $a > 0$ so gewählt, daß $f(x) = 0$ ist für alle $x \notin [-\frac{a}{2}, \frac{a}{2}]$. Wir setzen

$$G(x) := \int_0^x g(t)dt$$

und erhalten mit partieller Integration

$$\begin{aligned}\int_{-\infty}^{\infty} g(x)f^2(x)dx &= \int_{-a}^{a} g(x)f^2(x)dx = G(x)f^2(x)\Big|_{-a}^{a} - \int_{-a}^{a} G(x)2f(x)f'(x)dx = \\ &= -\int_{-a}^{a} G(x)2f(x)f'(x)dx.\end{aligned}$$

Wegen $2|f(x)f'(x)| \leq f^2(x) + f'^2(x)$ und $|G(x)| \leq K$ für alle $x \in \mathbb{R}$ folgt

$$\Big|\int_{-\infty}^{\infty} g(x)f^2(x)dx\Big| \leq K\int_{-a}^{a}\{f^2(x) + f'^2(x)\}dx = K\int_{-\infty}^{\infty}\{f^2(x) + f'^2(x)\}dx.$$

8.5.24 Mit partieller Integration erhalten wir für jedes $b > 1$

$$\begin{aligned}\int_1^b x^\alpha \cos(e^x)dx &= \int_1^b x^\alpha e^{-x}\{e^x\cos(e^x)\}dx = \\ &= x^\alpha e^{-x}\sin(e^x)\Big|_1^b - \int_1^b (\alpha x^{\alpha-1} - x^\alpha)e^{-x}\sin(e^x)dx.\end{aligned}$$

Es gilt für jedes $\alpha \in \mathbb{R}$

$$\lim_{b\to\infty} x^\alpha e^{-x}\sin(e^x)\Big|_1^b = -e^{-1}\cdot\sin(e).$$

Da das Integral $\int_1^{\infty} x^\gamma e^{-x}dx$ nach Aufgabe 8.5.4 für jedes $\gamma \in \mathbb{R}$ existiert und $\sin(e^x)$ beschränkt ist, konvergiert das Integral

$$\int_1^{\infty} |\alpha x^{\alpha-1} - x^\alpha|\cdot e^{-x}\cdot|\sin(e^x)|dx.$$

Folglich existiert das zu untersuchende Integral für jedes $\alpha \in \mathbb{R}$.

8.5.25 Ist $f(x_0) < 0$ für ein $x_0 \in [1,\infty)$, so divergiert das betrachtete Integral und die betrachtete Reihe. Wir können daher annehmen, daß $f(x) \geq 0$ für alle $x \in [1,\infty)$ gilt.

Aus der Monotonie von f folgt, daß f in jedem Intervall $[A, B] \subset [1, \infty)$ integrierbar ist. Ferner gilt für jedes $\nu \in \mathbb{N}$

$$a_{\nu+1} = f(\nu + 1) \leq \int_{\nu}^{\nu+1} f(x)dx \leq f(\nu) = a_\nu$$

und daher

$$\sum_{\nu=1}^{n} a_{\nu+1} \leq \sum_{\nu=1}^{n} \int_{\nu}^{\nu+1} f(x)dx \leq \sum_{\nu=1}^{n} a_\nu.$$

Für $s_n := \sum_{\nu=1}^{n} a_\nu$ gilt also

$$s_{n+1} - a_1 \leq \int_{1}^{n+1} f(x)dx \leq s_n.$$

Daher ist $\sum_{\nu=1}^{\infty} a_\nu$ genau dann konvergent, wenn die Folge der Integrale $\int_1^{n+1} f(x)dx$ beschränkt ist. Wegen $f(x) \geq 0$ ist dies äquivalent zur Existenz von $\int_1^{\infty} f(x)dx$.

8.5.26 a) Für jedes $n \in \mathbb{N}$ mit $n \geq 2$ sei $g_1(n) = 1$, und g_1 sei linear in den Intervallen $[n - \frac{1}{n^2}, n]$ und $[n, n + \frac{1}{n^2}]$ mit $g_1(n - \frac{1}{n^2}) = g_1(n + \frac{1}{n^2}) = 0$. Ferner werde

$$g_1(x) = 0 \qquad \text{für} \quad x \notin \bigcup_{n=2}^{\infty} [n - \tfrac{1}{n^2}, n + \tfrac{1}{n^2}]$$

gesetzt. Die Funktion $f_1(x) := g_1(x) + \dfrac{1}{x^2}$ ist dann uneigentlich integrierbar in $[1, \infty)$, und die Reihe $\sum_{n=1}^{\infty} f_1(n)$ divergiert.

b) Für $x \geq 1$ sei $g_2(x) := 1 - g_1(x)$ und $f_2(x) := g_2(x) + \dfrac{1}{x^2}$. Dann konvergiert die Reihe $\sum_{n=1}^{\infty} f_2(n)$, und das Integral $\int_1^{\infty} f_2(x)dx$ divergiert.

8.5.27 a) 1. Die Reihe $\sum_{n=1}^{\infty} f'(n)$ sei konvergent. Wegen $f'(x) \geq 0$ für alle $x \in [1, \infty)$ ist f monoton wachsend in $[1, \infty)$, also gilt

$$0 \leq \frac{f'(n)}{f(n)} \leq \frac{1}{f(1)} f'(n) \qquad \text{für alle } n \in \mathbb{N},$$

und daher konvergiert $\sum_{n=1}^{\infty} \dfrac{f'(n)}{f(n)}$.

2. Die Reihe $\sum_{n=1}^{\infty} f'(n)$ sei divergent. Dann divergiert nach dem Integralkriterium auch

das Integral $\int\limits_1^\infty f'(x)dx$, und es gilt

$$f(x) = \int_1^x f'(t)dt + f(1) \to \infty \qquad \text{für} \quad x \to \infty. \qquad (*)$$

Hiermit erhalten wir

$$\int_1^x \frac{f'(t)}{f(t)}dt = \ln\{f(x)\} - \ln\{f(1)\} \to \infty \qquad \text{für } x \to \infty,$$

so daß das Integral $\int\limits_1^\infty \frac{f'(t)}{f(t)}dt$ divergiert. Da die Funktion $\frac{f'}{f}$ die Voraussetzungen des Integralkriteriums erfüllt, divergiert die Reihe $\sum\limits_{n=1}^\infty \frac{f'(n)}{f(n)}$. Damit ist a) bewiesen.
b) Für $p = 1$ folgt die Behauptung unmittelbar aus a). Ist $p < 1$, so gilt wegen $(*)$ für alle hinreichend großen n

$$\frac{f'(n)}{f^p(n)} \geq \frac{f'(n)}{f(n)},$$

und daher divergiert $\sum\limits_{n=1}^\infty \frac{f'(n)}{f^p(n)}$ für $p \leq 1$. Es sei $p > 1$. Dann gilt nach $(*)$

$$\int_1^x \frac{f'(t)}{f^p(t)}dt = \frac{1}{1-p}\{f^{1-p}(x) - f^{1-p}(1)\} \to \frac{f^{1-p}(1)}{p-1} \qquad \text{für } x \to \infty,$$

und folglich konvergiert das Integral $\int\limits_1^\infty \frac{f'(x)}{f^p(x)}dx$. Da die Funktion $\frac{f'}{f^p}$ die Voraussetzungen des Integralkriteriums erfüllt, konvergiert die Reihe $\sum\limits_{n=1}^\infty \frac{f'(n)}{f^p(n)}$.

8.5.28 a) Mit der Substitution $t = \varphi(u)$ erhalten wir nach Aufgabe 8.2.48 für alle $x > x_0$

$$\int_{\varphi(x_0)}^{\varphi(x)} f(t)dt = \int_{x_0}^x f(\varphi(u))\varphi'(u)du \leq q \int_{x_0}^x f(u)du,$$

und es folgt

$$(1-q)\int_{\varphi(x_0)}^{\varphi(x)} f(t)dt \;\leq\; q\Big\{\int_{x_0}^x f(t)dt - \int_{\varphi(x_0)}^{\varphi(x)} f(t)dt\Big\} =$$

$$= q\Big\{\int_{x_0}^{\varphi(x_0)} f(t)dt - \int_x^{\varphi(x)} f(t)dt\Big\} \leq q\int_{x_0}^{\varphi(x_0)} f(t)dt.$$

Damit erhalten wir

$$\int_{x_0}^{x} f(t)dt \le \int_{x_0}^{\varphi(x)} f(t)dt = \int_{x_0}^{\varphi(x_0)} f(t)dt + \int_{\varphi(x_0)}^{\varphi(x)} f(t)dt \le \left(1+\frac{q}{1-q}\right)\int_{x_0}^{\varphi(x_0)} f(t)dt =: M.$$

Die Funktion $F(x) := \int_{x_0}^{x} f(t)dt$ ist also monoton wachsend und beschränkt, folglich existiert

$$\int_{x_0}^{\infty} f(t)dt = \lim_{x\to\infty} F(x).$$

Aus dem Integralkriterium ergibt sich damit die Konvergenz der Reihe $\sum_{n=1}^{\infty} f(n)$.

b) Analog wie in a) erhalten wir für alle $x \ge x_0$

$$\int_{\varphi(x_0)}^{\varphi(x)} f(t)dt = \int_{x_0}^{x} f(\varphi(u))\varphi'(u)du \ge \int_{x_0}^{x} f(u)du,$$

und es folgt

$$\int_{x}^{\varphi(x)} f(t)dt = \int_{x}^{\varphi(x_0)} f(t)dt + \int_{\varphi(x_0)}^{\varphi(x)} f(t)dt \ge \int_{x}^{\varphi(x_0)} f(t)dt + \int_{x_0}^{x} f(t)dt =$$

$$= \int_{x_0}^{\varphi(x_0)} f(t)dt =: \gamma > 0.$$

Die Folge $\{x_n\}$ sei definiert durch $x_n := \varphi(x_{n-1})$ für $n \in I\!N$. Offensichtlich ist $\{x_n\}$ streng monoton wachsend. Ferner erhalten wir

$$\int_{x_{n-1}}^{x_n} f(t)dt = \int_{x_{n-1}}^{\varphi(x_{n-1})} f(t)dt \ge \gamma$$

und daher

$$\int_{x_0}^{x_n} f(t)dt = \sum_{\nu=1}^{n} \int_{x_{\nu-1}}^{x_\nu} f(t)dt \ge n\gamma.$$

Hieraus folgt die Divergenz des Integrals $\int_{x_0}^{\infty} f(t)dt$. Nach dem Integralkriterium divergiert die Reihe $\sum_{n=1}^{\infty} f(n)$.

Bemerkung: Das ERMAKOFFsche Kriterium wird üblicherweise mit $\varphi(x) = e^x$ formuliert. Die hier behandelte Form liefert – aufgrund der Allgemeinheit der Funktion φ – zahlreiche Konvergenzkriterien für Reihen.

8.5.29 a) Für $x > 1$ existiert das Integral $\int\limits_1^\infty \frac{dt}{t^x}$; wegen $\frac{[t]}{t^{x+1}} \le \frac{1}{t^x}$ für alle $t \ge 1$ existiert also auch das Integral $\int\limits_1^\infty \frac{[t]}{t^{x+1}} dt$.

b) Für $n \in I\!N$ gilt

$$x \int\limits_1^{n+1} \frac{[t]}{t^{x+1}} dt = \sum_{\nu=1}^{n} x \int\limits_\nu^{\nu+1} \frac{[t]}{t^{x+1}} dt = \sum_{\nu=1}^{n} x\nu \int\limits_\nu^{\nu+1} \frac{dt}{t^{x+1}} = \sum_{\nu=1}^{n} \Big(\frac{\nu}{\nu^x} - \frac{\nu}{(\nu+1)^x} \Big).$$

Damit folgt für $n \to \infty$

$$x \int\limits_1^{n+1} \frac{[t]}{t^{x+1}} dt - \sum_{\nu=1}^{n} \frac{1}{\nu^x} = \sum_{\nu=1}^{n} \Big\{ \frac{\nu - 1}{\nu^x} - \frac{\nu}{(\nu+1)^x} \Big\} = -\frac{n}{(n+1)^x} \to 0.$$

Für $n \to \infty$ gilt $\sum\limits_{\nu=1}^{n} \frac{1}{\nu^x} \to \zeta(x)$, und aus a) erhalten wir

$$x \int\limits_1^{n+1} \frac{[t]}{t^{x+1}} dt \to x \int\limits_1^{\infty} \frac{[t]}{t^{x+1}} dt.$$

Es muß daher gelten

$$\zeta(x) = x \int\limits_1^{\infty} \frac{[t]}{t^{x+1}} dt.$$

8.5.30 Mit der EULERschen Summenformel (siehe Aufgabe 8.4.22) ergibt sich für die Funktion $f(x) = \frac{1}{x}$ im Intervall $[1, n]$

$$\sum_{\nu=1}^{n} \frac{1}{\nu} = \int\limits_1^n \frac{dx}{x} - \int\limits_1^n \frac{x - [x] - \frac{1}{2}}{x^2} dx + \frac{1}{2} \Big\{ 1 + \frac{1}{n} \Big\}.$$

Also gilt

$$\sum_{\nu=1}^{n} \frac{1}{\nu} - \ln n = \frac{1}{2} - \int\limits_1^n \frac{x - [x] - \frac{1}{2}}{x^2} dx + \frac{1}{2n}.$$

Da das Integral $\int\limits_1^\infty \frac{x - [x] - \frac{1}{2}}{x^2} dx$ existiert, erhalten wir für $n \to \infty$

$$C = \frac{1}{2} - \int\limits_1^\infty \frac{x - [x] - \frac{1}{2}}{x^2} dx.$$

8.5.31 a) Es sei $\gamma \in \mathbb{R}$. Wir zeigen, daß das Integral

$$I(\gamma) := \int_0^\infty \frac{\sin \gamma x}{x} dx$$

existiert und daß gilt

$$I(\gamma) = \begin{cases} \pi/2 & \text{falls } \gamma > 0 \\ 0 & \text{falls } \gamma = 0 \\ -\pi/2 & \text{falls } \gamma < 0 \end{cases}.$$

Ist zunächst $\gamma > 0$, so erhalten wir für $B > 0$ nach Aufgabe 8.5.11

$$\int_0^B \frac{\sin \gamma x}{x} dx = \int_0^{\gamma B} \frac{\sin t}{t} dt \to \int_0^\infty \frac{\sin t}{t} dt = \frac{\pi}{2} \qquad (B \to \infty);$$

also ist $I(\gamma) = \frac{\pi}{2}$. Für $\gamma = 0$ ist trivialerweise $I(0) = 0$; gilt $\gamma < 0$, so erhalten wir $I(\gamma) = -I(-\gamma) = -\frac{\pi}{2}$.

b) Für $B > 0$ gilt

$$2\int_0^B \frac{\sin \alpha x \cos \beta x}{x} dx = \int_0^B \frac{\sin(\alpha + \beta)x}{x} dx + \int_0^B \frac{\sin(\alpha - \beta)x}{x} dx =: I_1 + I_2.$$

Nach a) folgt für $B \to \infty$ im Falle

$$\begin{array}{lll} \beta < \alpha: & I_1 \to \frac{\pi}{2}, & I_2 \to \frac{\pi}{2}; \\ \beta = \alpha: & I_1 \to \frac{\pi}{2}, & I_2 = 0; \\ \beta > \alpha: & I_1 \to \frac{\pi}{2}, & I_2 \to -\frac{\pi}{2}. \end{array}$$

Hieraus ergibt sich die Existenz des betrachteten Integrals, und es gilt

$$\int_0^\infty \frac{\sin \alpha x \cos \beta x}{x} dx = \begin{cases} \pi/2 & \text{falls } \beta < \alpha \\ \pi/4 & \text{falls } \beta = \alpha \\ 0 & \text{falls } \beta > \alpha \end{cases}.$$

8.5.32 Wegen $(1 + x^2)(1 + x^\alpha) \geq 1 + x^2$ für alle $x \in (0, \infty)$ ist die Existenz des uneigentlichen Integrals klar. Für $y > 1$ erhalten wir (indem wir $x = \frac{1}{t}$ substituieren)

$$\int_{1/y}^{y} \frac{dx}{(1 + x^2)(1 + x^\alpha)} = -\int_{y}^{1/y} \frac{dt}{t^2(1 + \frac{1}{t^2})(1 + \frac{1}{t^\alpha})} = \int_{1/y}^{y} \frac{t^\alpha dt}{(1 + t^2)(1 + t^\alpha)},$$

und damit gilt

$$2\int_{1/y}^{y}\frac{dx}{(1+x^2)(1+x^\alpha)}=\int_{1/y}^{y}\frac{dx}{(1+x^2)(1+x^\alpha)}+\int_{1/y}^{y}\frac{x^\alpha dx}{(1+x^2)(1+x^\alpha)}=\int_{1/y}^{y}\frac{dx}{1+x^2}.$$

Es folgt also

$$\int_{0}^{\infty}\frac{dx}{(1+x^2)(1+x^\alpha)}=\lim_{y\to\infty}\int_{1/y}^{y}\frac{dx}{(1+x^2)(1+x^\alpha)}=\frac{1}{2}\cdot\lim_{y\to\infty}\int_{1/y}^{y}\frac{dx}{1+x^2}=$$

$$=\frac{1}{2}\cdot\lim_{y\to\infty}\left\{\arctan y-\arctan\frac{1}{y}\right\}=\frac{\pi}{4}.$$

8.5.33 Für $0<a<1<b$ erhalten wir mit Aufgabe 8.2.48

$$\int_{a}^{b}\frac{f(\alpha x)-f(\beta x)}{x}dx=\int_{a}^{b}\frac{f(\alpha x)}{\alpha x}\alpha dx-\int_{a}^{b}\frac{f(\beta x)}{\beta x}\beta dx=$$

$$=\int_{\alpha a}^{\alpha b}\frac{f(t)}{t}dt-\int_{\beta a}^{\beta b}\frac{f(t)}{t}dt=\int_{\alpha a}^{\beta a}\frac{f(t)}{t}dt-\int_{\alpha b}^{\beta b}\frac{f(t)}{t}dt.$$

a) 1. Wegen $f(t)\to A$ für $t\to 0$ können wir zu jedem $\varepsilon>0$ ein $\delta>0$ so wählen, daß gilt $|f(t)-A|<\varepsilon$ für alle $t\in(0,\delta)$. Für jedes $a\in(0,1)$ mit $\alpha a<\delta$ und $\beta a<\delta$ ergibt sich dann

$$\left|\int_{\alpha a}^{\beta a}\frac{f(t)}{t}dt-A\cdot\ln\frac{\beta}{\alpha}\right|=\left|\int_{\alpha a}^{\beta a}\frac{f(t)-A}{t}dt\right|<\varepsilon\cdot\left|\int_{\alpha a}^{\beta a}\frac{dt}{t}\right|=\varepsilon\cdot\left|\ln\frac{\beta}{\alpha}\right|.$$

Also erhalten wir, da $\varepsilon>0$ beliebig war,

$$\lim_{a\to 0+}\int_{\alpha a}^{\beta a}\frac{f(t)}{t}dt=A\cdot\ln\frac{\beta}{\alpha}.$$

2. Wegen $f(t)\to B$ für $t\to\infty$ erhält man in analoger Weise

$$\lim_{b\to\infty}\int_{\alpha b}^{\beta b}\frac{f(t)}{t}dt=B\cdot\ln\frac{\beta}{\alpha}.$$

3. Insgesamt ergibt sich die Existenz des betrachteten uneigentlichen Integrals und

$$\int_{0}^{\infty}\frac{f(\alpha x)-f(\beta x)}{x}dx=(A-B)\cdot\ln\frac{\beta}{\alpha}.$$

b) 1. Wie oben erhalten wir

$$\lim_{a\to 0+}\int_{\alpha a}^{\beta a}\frac{f(t)}{t}dt = A\cdot\ln\frac{\beta}{\alpha}.$$

2. Aus der Existenz des Integrals $\int_1^\infty \frac{f(t)}{t}dt$ folgt, daß es zu jedem $\varepsilon > 0$ ein $X > 1$ gibt mit

$$\left|\int_{x_1}^{x_2}\frac{f(t)}{t}dt\right| < \varepsilon \qquad \text{für alle } x_1, x_2 > X.$$

Wählen wir also $b > 1$ so, daß $\alpha b > X$ und $\beta b > X$ sind, so gilt

$$\left|\int_{\alpha b}^{\beta b}\frac{f(t)}{t}dt\right| < \varepsilon,$$

und daraus ergibt sich die Behauptung.

c) Der Beweis verläuft analog zu b).

Hinweis: Integrale der Form $\int_0^\infty \frac{f(\alpha x) - f(\beta x)}{x}dx$ heißen FRULLANIsche Integrale.

8.5.34 a) Es gilt $\lim\limits_{x\to 0} e^{-x} = 1$ und $\lim\limits_{x\to\infty} e^{-x} = 0$. Also erhalten wir mit Aufgabe 8.5.33

$$\int_0^\infty \frac{e^{-\alpha x} - e^{-\beta x}}{x}dx = \ln\frac{\beta}{\alpha}.$$

b) Nach Aufgabe 8.5.10 existiert das Integral $\int_a^\infty \frac{\cos x}{x}dx$ für jedes $a > 0$. Aus $\lim\limits_{x\to 0}\cos x = 1$ erhalten wir mit Aufgabe 8.5.33

$$\int_0^\infty \frac{\cos(\alpha x) - \cos(\beta x)}{x}dx = \ln\frac{\beta}{\alpha}.$$

c) Mit $f(x) := \ln(a + be^{-x})$ hat das Integral die Form

$$\int_0^\infty \frac{f(\alpha x) - f(\beta x)}{x}dx.$$

Aus $\lim\limits_{x\to 0} f(x) = \ln(a+b)$ und $\lim\limits_{x\to\infty} f(x) = \ln a$ folgt also mit Aufgabe 8.5.33

$$\int_0^\infty \ln\frac{a + be^{-\alpha x}}{a + be^{-\beta x}}\cdot\frac{dx}{x} = \ln\left(1 + \frac{b}{a}\right)\ln\frac{\beta}{\alpha}.$$

8.5.35 a) 1. Für jedes $x \in \mathbb{R}$ gilt $e^{-t}t^{x+1} \to 0$ für $t \to \infty$. Daher existiert eine Konstante M_1 mit

$$0 < e^{-t}t^{x-1} \le \frac{M_1}{t^2} \qquad \text{für alle } t \ge 1.$$

Aus der Existenz des uneigentlichen Integrals $\int\limits_1^\infty \frac{dt}{t^2}$ folgt also die Existenz von $\int\limits_1^\infty e^{-t}t^{x-1}dt$ für jedes $x \in \mathbb{R}$.

2. Es sei $x > 0$ und ein α so gewählt, daß $1 - x < \alpha < 1$ gilt. Wegen $x + \alpha - 1 > 0$ erhalten wir dann

$$e^{-t}t^{x+\alpha-1} \to 0 \qquad \text{für } t \to 0.$$

Daher existiert eine Konstante M_2 mit

$$0 < e^{-t}t^{x-1} \le \frac{M_2}{t^\alpha} \qquad \text{für alle } t \in (0,1].$$

Aus der Existenz des uneigentlichen Integrals $\int\limits_0^1 \frac{dt}{t^\alpha}$ folgt also die Existenz von $\int\limits_0^1 e^{-t}t^{x-1}dt$ für jedes $x > 0$.

3. Aus 1. und 2. ergibt sich, daß $\int\limits_0^\infty e^{-t}t^{x-1}dt$ für jedes $x > 0$ existiert.

b) Es sei $0 < a < 1 < b$. Mit der Substitution $u = e^{-t}$ erhalten wir

$$\int\limits_a^b e^{-t}t^{x-1}dt = -\int\limits_{e^{-a}}^{e^{-b}} u \cdot \left(\ln\frac{1}{u}\right)^{x-1} \cdot \frac{1}{u}du = \int\limits_{e^{-b}}^{e^{-a}} \left(\ln\frac{1}{u}\right)^{x-1} du.$$

Für $a \to 0$ und $b \to \infty$ ergibt sich hieraus die Behauptung. Die beiden anderen Beziehungen ergeben sich analog mit den Substitutionen $u = \frac{t}{y}$ bzw. $u = \ln t$.

c) 1. Wegen der Existenz der auftretenden uneigentlichen Integrale erhalten wir (mit einer partiellen Integration) für $x > 0$

$$\begin{aligned}
\Gamma(x+1) &= \int\limits_0^\infty e^{-t}t^x dx = \lim_{y\to\infty} \int\limits_{1/y}^y e^{-t}t^x dt = \\
&= \lim_{y\to\infty} \left\{ -e^{-t}t^x \Big|_{1/y}^y + x \int\limits_{1/y}^y e^{-t}t^{x-1}dt \right\} = \\
&= \lim_{y\to\infty} \left\{ \frac{1}{e^{1/y} \cdot y^x} - e^{-y}y^x \right\} + x \cdot \Gamma(x) = x \cdot \Gamma(x).
\end{aligned}$$

2. Für $n = 0$ ist

$$\Gamma(1) = \int\limits_0^\infty e^{-t}dt = \lim_{y\to\infty} \int\limits_0^y e^{-t}dt = \lim_{y\to\infty}(1 - e^{-y}) = 1 = 0!\,.$$

Mit vollständiger Induktion folgt hieraus zusammen mit 1., daß $\Gamma(n+1) = n!$ für alle $n \in \mathbb{N}_0$ gilt.

8.5.36 a) Es sei $\alpha > 0$ und $0 < A < 1 < B < \infty$. Mit der Substitution $t = x^\alpha$ erhalten wir

$$\int_A^B e^{-x^\alpha} dx = \frac{1}{\alpha} \int_{A^\alpha}^{B^\alpha} e^{-t} t^{\frac{1}{\alpha}-1} dt,$$

und mit Aufgabe 8.5.35 ergibt sich die Existenz des betrachteten Integrals.
b) Es sei $\alpha \leq 0$. Dann gilt $e^{-x^\alpha} \geq e^{-1}$ für alle $x \geq 1$ und damit divergiert $\int\limits_0^\infty e^{-x^\alpha} dx$.

8.5.37 Wir wählen ein $M > 0$, so daß $|g(x)| \leq M$ gilt für alle $x \in [a, \infty)$. Es sei ein $\varepsilon > 0$ gegeben. Da das Integral $\int\limits_a^\infty f(x)dx$ existiert, gibt es ein $X \geq a$, so daß für alle $y_2 > y_1 \geq X$ gilt

$$\Big| \int_{y_1}^{y_2} f(x)dx \Big| < \frac{\varepsilon}{2M}.$$

Es seien $x_2 > x_1 \geq X$. Nach dem zweiten Mittelwertsatz der Integralrechnung gibt es ein $\xi \in [x_1, x_2]$, so daß wir folgendes erhalten

$$\begin{aligned} \Big| \int_{x_1}^{x_2} f(x)g(x)dx \Big| &= \Big| g(x_1) \int_{x_1}^{\xi} f(x)dx + g(x_2) \int_{\xi}^{x_2} f(x)dx \Big| \leq \\ &\leq M \Big| \int_{x_1}^{\xi} f(x)dx \Big| + M \Big| \int_{\xi}^{x_2} f(x)dx \Big| < \\ &< M\frac{\varepsilon}{2M} + M\frac{\varepsilon}{2M} = \varepsilon. \end{aligned}$$

Nach dem CAUCHY-Kriterium existiert das Integral $\int\limits_a^\infty f(x)g(x)dx$.

8.5.38 Es sei ein $\varepsilon > 0$ gegeben. Wir wählen ein $X \geq a$, so daß $|g(x)| \leq \dfrac{\varepsilon}{4M}$ für alle $x \geq X$ gilt. Für alle $x_2 > x_1 \geq X$ gibt es nach dem zweiten Mittelwertsatz der Integralrechnung ein $\xi \in [x_1, x_2]$, so daß wir folgendes erhalten:

$$\Big| \int_{x_1}^{x_2} f(x)g(x)dx \Big| = \Big| g(x_1) \int_{x_1}^{\xi} f(x)dx + g(x_2) \int_{\xi}^{x_2} f(x)dx \Big| \leq$$

$$\leq |g(x_1)| \cdot \left| \int_{x_1}^{\xi} f(x)dx \right| + |g(x_2)| \cdot \left| \int_{\xi}^{x_2} f(x)dx \right| <$$

$$< \frac{\varepsilon}{4M} 2M + \frac{\varepsilon}{4M} 2M = \varepsilon.$$

Nach dem CAUCHY-Kriterium existiert das Integral $\int\limits_a^\infty f(x)g(x)dx$.

8.5.39 a) Wir setzen $f(x) := e^{\sin x} \cdot \sin 2x$ und $g(x) := \{\ln(2+x)\}^{-\alpha}$. Dann ist g monoton fallend in $[0, \infty)$, und es gilt $\lim\limits_{x\to\infty} g(x) = 0$. Ferner erhalten wir für jedes $b > 0$:

$$\left| \int_0^b f(x)dx \right| = \left| \int_0^b e^{\sin x} \cdot \sin 2x \, dx \right| = \left| 2 \int_0^b e^{\sin x} \sin x \cos x \, dx \right| = 2 \left| \int_0^{\sin b} te^t dt \right| \leq 2e.$$

Nach Aufgabe 8.5.38 konvergiert das Integral $\int\limits_0^\infty f(x)g(x)dx$.

b) Wir wählen ein γ mit $0 < \gamma < \beta$ und setzen

$$f(x) := \frac{\sin x}{x^\gamma}, \qquad g(x) := \frac{\{\ln x\}^\alpha}{x^{\beta-\gamma}}.$$

Nach Aufgabe 8.5.38 konvergiert das Integral $\int\limits_1^\infty \frac{\sin x}{x^\gamma} dx$. Für alle hinreichend großen x gilt ferner

$$g'(x) = \frac{\{\ln x\}^{\alpha-1}}{x^{\beta-\gamma+1}} \cdot \{\alpha - (\beta - \gamma) \ln x\} < 0;$$

daher existiert ein $x_0 > 1$, so daß g in $[x_0, \infty)$ monoton fallend ist. Außerdem ist g in $[1, \infty)$ beschränkt. Nach Aufgabe 8.5.37 konvergiert also das Integral $\int\limits_{x_0}^\infty f(x)g(x)dx$ und damit auch das zu untersuchende Integral.

8.5.40 a) Die Funktion f ist nach Aufgabe 8.1.11 in jedem Intervall $[0, B]$ integrierbar, ferner gilt für alle $n \in \mathbb{N}_0$

$$\int_0^{np} f(x)dx = n \int_0^p f(x)dx = nI = 0.$$

Für ein $b > 0$ setzen wir $n := \left[\frac{b}{p}\right]$ und erhalten

$$\left| \int_0^b f(x)dx \right| = \left| \int_0^{np} f(x)dx + \int_{np}^b f(x)dx \right| = \left| \int_{np}^b f(x)dx \right| \leq$$

$$\leq \int_{np}^b |f(x)|dx \leq \int_{np}^{(n+1)p} |f(x)|dx = \int_0^p |f(x)|dx =: M,$$

wobei M eine von b unabhängige Konstante ist. Nach Aufgabe 8.5.38 konvergiert das Integral $\int_0^\infty f(x)g(x)dx$.

b) Wir betrachten die Funktion $\varphi(x) := f(x) - \frac{1}{p}I$. Es gilt $\int_0^p \varphi(x)dx = 0$, und nach a) existiert das Integral

$$\int_0^\infty \varphi(x)g(x)dx = \int_0^\infty \{f(x) - \frac{1}{p}I\}g(x)dx.$$

Daraus folgt unmittelbar die Behauptung.

Hinweis: Durch Anwendung dieses Ergebnisses ergibt sich eine sehr einfache Lösung zu Aufgabe 8.5.39.

8.5.41 Wir setzen $g(x) := (1+x)^{-\alpha}$. Dann ist g monoton fallend in $[0,\infty)$, und es gilt $\lim\limits_{x\to\infty} g(x) = 0$.

a) Die Funktion $f(x) := e^{\cos x}\sin(\sin x)$ hat die Periode 2π, und wir erhalten

$$\begin{aligned}\int_0^{2\pi} f(x)dx &= \int_0^{\pi} f(x)dx + \int_\pi^{2\pi} f(x)dx = \int_0^{\pi} f(x)dx - \int_\pi^{0} f(2\pi - x)dx = \\ &= \int_0^{\pi}\{f(x) + f(-x)\}dx = 0.\end{aligned}$$

Nach Aufgabe 8.5.40 konvergiert also das zu untersuchende Integral für jedes $\alpha > 0$.

b) Die Funktion $h(x) := e^{\sin x}\sin(\sin x)$ hat ebenfalls die Periode 2π, und wir erhalten analog zu a)

$$\int_0^{2\pi} h(x)dx = \int_0^{\pi}\{h(x) + h(-x)\}dx = \int_0^{\pi}\{e^{\sin x} - e^{-\sin x}\}\sin(\sin x)dx > 0.$$

Nach Aufgabe 8.5.40 konvergiert also das zu untersuchende Integral genau dann, wenn das Integral $\int_0^\infty (1+x)^{-\alpha}dx$ konvergiert. Dies ist genau dann der Fall, wenn $\alpha > 1$ ist.

8.5.42 a) Wegen $\lim\limits_{x\to\infty} f'(x) = \infty$ existiert ein $x_0 > 0$, so daß $f'(x) > 0$ für alle $x \geq x_0$ gilt. Also ist die Funktion f streng monoton wachsend in $[x_0, \infty)$. Nach dem Mittelwertsatz der Differentialrechnung gibt es zu jedem $x \geq x_0 + 1$ ein $\xi \in (x-1, x)$ mit

$$f(x) = f(x-1) + f'(\xi) \;\geq\; f(x_0) + f'(x-1).$$

Hieraus folgt auch $\lim\limits_{x\to\infty} f(x) = \infty$.

Es sei $b > x_0$. Wir substituieren $t = f(x)$ und erhalten, wenn $x = f^{-1}(t) =: g(t)$ die

Umkehrfunktion zu f im Intervall $[f(x_0),\infty)$ bezeichnet,

$$\int_{x_0}^{b} \sin(f(x))dx = \int_{f(x_0)}^{f(b)} g'(t)\sin t\, dt.$$

Da $g'(t) = \dfrac{1}{f'(x)}$ in $[f(x_0),\infty)$ monoton fallend ist und $\lim\limits_{t\to\infty} g'(t) = 0$ gilt, folgt aus Aufgabe 8.5.40 die Existenz des Integrals $\int\limits_{f(x_0)}^{\infty} g'(t)\sin t\, dt$. Wegen $\lim\limits_{b\to\infty} f(b) = \infty$ gilt also

$$\lim_{b\to\infty} \int_{x_0}^{b} \sin(f(x))dx = \int_{f(x_0)}^{\infty} g'(t)\sin t\, dt.$$

Da $\sin(f(x))$ in $[0,x_0]$ eigentlich integrierbar ist, konvergiert das Integral $\int\limits_0^\infty \sin(f(x))dx$.

b) Der Nachweis für das Integral $\int\limits_0^\infty \cos(f(x))dx$ verläuft analog.

8.5.43 a) Mit der EULERschen Summenformel (siehe Aufgabe 8.4.22) ergibt sich für die Funktion $f(x) := \ln x$ im Intervall $[1,n]$, wenn wir zur Abkürzung $\varphi(x) := x - [x] - \dfrac{1}{2}$ setzen,

$$\begin{aligned}\ln(n!) &= \sum_{\nu=1}^{n} \ln\nu = \int_1^n \ln x\, dx + \int_1^n \frac{\varphi(x)}{x}dx + \frac{1}{2}\ln n = \\ &= n\ln n - n + 1 + \frac{1}{2}\ln n + \int_1^n \frac{\varphi(x)}{x}dx.\end{aligned}$$

Hieraus folgt

$$\ln\left(\frac{n!e^n}{\sqrt{n}\,n^n}\right) = 1 + \int_1^n \frac{\varphi(x)}{x}dx. \qquad (*)$$

b) 1. Die Funktion φ hat die Periode 1, und es gilt

$$\int_0^1 \varphi(x)dx = \int_0^1 \left(x - \frac{1}{2}\right)dx = 0.$$

Aus Aufgabe 8.5.40 ergibt sich daher die Konvergenz des Integrals $\int\limits_1^\infty \dfrac{\varphi(x)}{x}dx$.
Mit $(*)$ erhalten wir, daß die Folge

$$\left\{\ln\left(\frac{n!e^n}{\sqrt{n}\,n^n}\right)\right\}$$

konvergiert. Daraus ergibt sich, daß die Folge $\{a_n\}$ mit $a_n := \dfrac{n!e^n}{\sqrt{n}\,n^n}$ gegen ein $a \neq 0$ konvergiert.

2. Zur Bestimmung von a verwenden wir das in Aufgabe 8.4.23 diskutierte WALLISsche Produkt. Wir erhalten (wenn w_n die gleiche Bedeutung wie dort hat)

$$\begin{aligned}\left\{\frac{a_n^2}{a_{2n}}\right\}^2 &= \left\{\frac{(n!)^2e^{2n}}{n\cdot n^{2n}}\cdot\frac{\sqrt{2n}(2n)^{2n}}{(2n)!e^{2n}}\right\}^2 = \frac{2}{n}\cdot\left\{\frac{(2^n n!)^2}{(2n)!}\right\}^2 = \\ &= \frac{2}{n}\cdot\left\{\frac{2\cdot4\cdot6\cdots(2n)}{1\cdot3\cdot5\cdots(2n-1)}\right\}^2 = \\ &= \frac{2}{n}\cdot\frac{2\cdot2}{1\cdot3}\cdot\frac{4\cdot4}{3\cdot5}\cdots\frac{(2n)\cdot(2n)}{(2n-1)\cdot(2n+1)}\cdot(2n+1) = \frac{2(2n+1)}{n}w_n.\end{aligned}$$

Nach Aufgabe 8.4.23 gilt $\lim\limits_{n\to\infty} w_n = \dfrac{\pi}{2}$, und damit ergibt sich

$$a = \lim_{n\to\infty}\frac{a_n^2}{a_{2n}} = \lim_{n\to\infty}\sqrt{\frac{2(2n+1)}{n}w_n} = \sqrt{2\pi}.$$

Es folgt

$$\lim_{n\to\infty}\frac{n!e^n}{\sqrt{2\pi n}\,n^n} = \lim_{n\to\infty}\frac{a_n}{\sqrt{2\pi}} = 1.$$

Hinweis: Die Konvergenz von $\left\{\ln\left(\dfrac{n!e^n}{\sqrt{n}\,n^n}\right)\right\}$ kann ohne die Verwendung der Aufgabe 8.5.40 folgendermaßen gezeigt werden:
Für jedes $k \in I\!N$ gilt

$$\begin{aligned}\int_k^{k+1}\frac{\varphi(x)}{x}dx &= \int_k^{k+1}\frac{x-k-\frac12}{x}dx = \frac{(x-k-\frac12)^2}{2x}\bigg|_k^{k+1} + \int_k^{k+1}\frac{(x-k-\frac12)^2}{2x^2}dx = \\ &= \frac18\left\{\frac{1}{k+1}-\frac1k\right\} + \int_k^{k+1}\frac{\varphi^2(x)}{2x^2}dx,\end{aligned}$$

und damit erhalten wir

$$\int_1^n\frac{\varphi(x)}{x}dx = \sum_{k=1}^{n-1}\int_k^{k+1}\frac{\varphi(x)}{x}dx = \frac18\left(\frac1n-1\right) + \int_1^n\frac{\varphi^2(x)}{2x^2}dx.$$

Wegen $0 \le \varphi^2(x) \le \dfrac14$ existiert das Integral $\int\limits_1^\infty \dfrac{\varphi^2(x)}{2x^2}dx$. Es folgt mit $(*)$, daß $\left\{\ln\left(\dfrac{n!e^n}{\sqrt{n}\,n^n}\right)\right\}$ konvergiert.

8.5.44 a) Aus der elementaren Ungleichung $e^x \geq 1 + x$ für alle $x \in \mathbb{R}$ ergibt sich

$$1 - x^2 \leq e^{-x^2} \qquad \text{für alle } x \in [0,1],$$

$$e^{-x^2} \leq \frac{1}{1+x^2} \qquad \text{für alle } x \in [0,\infty).$$

Hieraus folgt für alle $n \in \mathbb{N}$

$$\int_0^1 (1-x^2)^n dx \leq \int_0^1 e^{-nx^2} dx \leq \int_0^\infty e^{-nx^2} dx \leq \int_0^\infty \frac{dx}{(1+x^2)^n}$$

(man beachte, daß alle auftretenden Integrale existieren). Setzen wir $I := \int_0^\infty e^{-x^2} dx$, so gilt für alle $n \in \mathbb{N}$

$$\int_0^\infty e^{-nx^2} dx = \frac{1}{\sqrt{n}} I,$$

und daraus folgt die erste Behauptung.

b) Wir verwenden nun Aufgabe 8.4.23 mit den dort eingeführten Bezeichnungen.

1. Mit der Substitution $x = \cos t$ erhalten wir

$$\int_0^1 (1-x^2)^n dx = \int_0^{\pi/2} \sin^{2n+1} t\, dt = s_{2n+1} = \prod_{\nu=1}^n \frac{2\nu}{2\nu+1}.$$

2. Die Substitution $x = \cot t$ liefert (nach der Anwendung auf ein eigentliches Integral und einem entsprechenden Grenzübergang)

$$\int_0^\infty \frac{dx}{(1+x^2)^n} = \int_0^{\pi/2} \sin^{2n-2} t\, dt = s_{2n-2} = \frac{\pi}{2} \prod_{\nu=1}^{n-1} \frac{2\nu-1}{2\nu}.$$

3. Es ergibt sich also für alle $n \in \mathbb{N}$

$$n s_{2n+1}^2 \leq I^2 \leq n s_{2n-2}^2.$$

4. Wir erhalten für $n \geq 2$

$$s_{2n+1}^2 = \frac{2\cdot 2}{3\cdot 3} \cdot \frac{4\cdot 4}{5\cdot 5} \cdots \frac{(2n)\cdot(2n)}{(2n+1)\cdot(2n+1)} = \frac{1}{2n+1} \cdot w_n,$$

$$s_{2n-2}^2 = \frac{\pi^2}{4} \cdot \frac{1\cdot 1}{2\cdot 2} \cdot \frac{3\cdot 3}{4\cdot 4} \cdots \frac{(2n-3)\cdot(2n-3)}{(2n-2)\cdot(2n-2)} = \frac{\pi^2}{4} \cdot \frac{1}{2n-1} \cdot \frac{1}{w_{n-1}}.$$

Es gilt also für alle $n \geq 2$

$$\frac{n}{2n+1} \cdot w_n \leq I^2 \leq \frac{n}{2n-1} \cdot \frac{1}{w_{n-1}} \cdot \frac{\pi^2}{4}.$$

Da die linke und die rechte Seite für $n \to \infty$ nach Aufgabe 8.4.23 gegen $\frac{\pi}{4}$ konvergieren, muß $I = \frac{1}{2}\sqrt{\pi}$ gelten.

Anhang

Literaturverzeichnis

1. **APOSTOL, T.:** Mathematical Analysis. Addision & Wesley, Reading 1979.

2. **BARNER, M.; FLOHR, F.:** Analysis I, II. W. de Gruyter, Berlin New York 1987.

3. **BEEKMANN, W.:** Analysis I. Kurseinheit 1-8. FernUniversität Hagen, Hagen 1987.

4. **BERZ, E.:** Infinitesimalrechnung I, II. Uni-text. Vieweg, Braunschweig 1977.

5. **BLATTER, CH.:** Analysis I-III. Heidelberger Taschenbücher 151-153. Springer, Berlin Heidelberg New York 1980, 1979, 1981.

6. **BRONSTEIN, I.N.; SEMENDJAJEW, K.A.:** Taschenbuch der Mathematik I,II. Deutsch, Thun 1980.

7. **CARTAN, H.:** Differentialrechnung. Bibliograpisches Institut, Mannheim 1974.

8. **CHENEY, E.W.:** Introduction to approximation theory. McGraw-Hill Book Company, New York 1966.

9. **COURANT, R.:** Vorlesungen über Differential- und Integralrechnung I, II. Springer, Berlin Göttingen Heidelberg 1971, 1972.

10. **DALLMANN, H.; ELSTER, K.H.:** Einführung in die höhere Mathematik I-III. Uni-text. Vieweg, Braunschweig 1968, 1981, 1983.

11. **DAVIS, P.J.:** Interpolation & approximation. Dover publications, Inc., New York 1975.

12. **ENDL, K.; LUH, W.:** Analysis I-III. Eine integrierte Darstellung. Aula-Verlag, Wiesbaden 1989, 1989, 1987.

13. **ERWE, F.:** Differential- und Integralrechnung I, II. Bibliographisches Institut, Mannheim 1973, 1983.

14. **FEINERMAN, R.P.; NEWMAN, D.J.:** Polynomial approximation. The Williams & Wilkins Company, Baltimore 1974.

15. **FELLER, W.**: An introduction to probability theory and its applications. Wiley, New York 1968.

16. **LE BARON O. FERGUSON**: Approximation by polynomials with integral coefficients. American Mathematical Society, Providence, R.I. 1980.

17. **FICHTENHOLZ, G.M.**: Differential- und Integralrechnung I-III. VEB Deutscher Verlag der Wissenschaften, Berlin 1979.

18. **FISZ, M.**: Wahrscheinlichkeitsrechnung und mathematische Statistik. VEB Deutscher Verlag der Wissenschaften, Berlin 1980.

19. **FORSTER, O.**: Analysis I-III. Vieweg-studium. Vieweg, Braunschweig 1980, 1982, 1983.

20. **GAIER, D.**: Aufgabensammlung. Private Aufzeichnungen.

21. **GELBAUM, B.R.**: Problems in analysis. Springer, Berlin Heidelberg New York 1982.

22. **GELBAUM, B.R.; OLMSTED, J.M.H.**: Counterexamples in analysis. Holden-Day, San Francisco 1964.

23. **v. GOLITSCHEK, M.**: A short proof of Müntz's Theorem. Journal of Approximation Theory **39**, 1983.

24. **GRAUERT, H.; LIEB, I.**: Differential- und Integralrechnung I, Heidelberger Taschenbücher 26. Springer, Berlin Heidelberg New York 1976.

25. **GRAUERT, H.; FISCHER, W.**: Differential- und Integralrechnung II, Heidelberger Taschenbücher 36. Springer, Berlin Heidelberg New York 1978.

26. **HABETHA, K**: Analysis II. Kurseinheit 1-8. FernUniversität Hagen, Hagen 1984.

27. **HALMOS, P.**: Naive Mengenlehre. Vandenhoeck & Ruprecht, Göttingen 1976.

28. **HARDY, G.H.**: Divergent series. Clarendon press, Oxford 1973.

29. **HEUSER, H.**: Lehrbuch der Analysis I, II. Teubner, Stuttgart 1990.

30. **KAMKE, E.**: Mengenlehre. Sammlung Göschen. W. de Gruyter, Berlin 1971.

31. **KNOPP, K.**: Theorie und Anwendung der unendlichen Reihen. Springer, Berlin Göttingen Heidelberg New York 1964.

32. **KOECHER, M.**: Klassische elementare Analysis. Birkhäuser, Basel 1987.

33. **KÖNIG, H.**: Analysis. UTB für Wissenschaft. Birkhäuser, Basel 1984.

34. **KÖNIGSBERGER, K.**: Analysis I. Springer-Lehrbuch. Springer, Berlin Heidelberg New York 1990.

35. **KÖRNER, O.**: Algebra. Akademische Verlagsgesellschaft, Frankfurt 1974.

36. **KOLMOGOROV, A.N.; FOMIN, S.V.**: Introductory real analysis. Translated by R.A. Silverman. Dover, New York 1970.

37. **LANG, S.**: Analysis I. Addison & Wesley, Reading 1978.

38. **LARSON, L.C.**: Problem-solving through problems. Springer, Berlin Heidelberg New York 1983.

39. **LAUGWITZ, D.**: Ingenieurmathematik I-V. Bibliographisches Institut, Mannheim 1964-1973.

40. **LORENTZ, G.G.**: Approximation of functions. Holt, Rinehart and Winston, New York Chicago San Francisco Toronto London 1966.

41. **MANGOLDT, H.v.; KNOPP, K.**: Einführung in die höhere Mathematik I-III. Stuttgart 1974, 1976, 1978.

42. **MARSDEN, J.E.**: Elementary classical analysis. Freeman & Co., San Francisco 1974.

43. **MÜLLER, M.W.**: Approximationstheorie. Akademische Verlagsgesellschaft, Wiesbaden 1978.

44. **NIVEN, I.**: Numbers: rational and irrational. The Mathematical Association of America, Washington 1967.

45. **OSTROWSKI, A.**: Vorlesungen über Differential- und Integralrechnung (3 Bände). Birkhäuser, Basel 1965, 1968, 1967.

46. **OSTROWSKI, A.**: Aufgabensammlung zur Infinitesimalrechnung I-III. Birkhäuser, Basel 1967, 1972, 1977.

47. **PEYERIMHOFF, A.**: Lectures on summability. Lecture Notes in Mathematics. Springer, Berlin Heidelberg New York 1969.

48. **POLYA, G.; SZEGÖ, G.:** Aufgaben und Lehrsätze aus der Analysis I, II. Heidelberger Taschenbücher 73, 74. Springer, Berlin Heidelberg New York 1970, 1971.

49. **REIFFEN, H.J.; TRAPP, H.W.:** Differentialrechnung. B.I. Wissenschaftsverlag, Mannheim Wien Zürich 1989.

50. **RUDIN, W.:** Principles of mathematical analysis. McGraw-Hill, New York 1976.

51. **RUDIN, W.:** Analysis. Übersetzung von Martin Lorenz und Christine Eule. Physik-Verlag, Weinheim 1980.

52. **RUDIN, W.:** Real and complex analysis. McGraw-Hill, New York 1974.

53. **SMIRNOW, V.I.:** Lehrgang der höheren Mathematik I-V. VEB Deutscher Verlag der Wissenschaften, Berlin 1979.

54. **SPIVAK, M.:** Calculus. Publish or Perish, Berkeley 1980.

55. **SPIVAK, M.:** Answer book for calculus. Publish or Perish, Wilmington 1984.

56. **STOER, J.; BULIRSCH, R.:** Einführung in die numerische Mathematik. Heidelberger Taschenbücher, 105. Springer, Berlin Heidelberg New York 1983.

57. **STORCH, U.; WIEBE, H.:** Lehrbuch der Mathematik I. B.I. Wissenschafts-Verlag, Mannheim 1989.

58. **STROMBERG, K.:** Introduction to classical real analysis. Wadsworth, Belmont 1981.

50. **The American mathematical monthly:** The official journal of the Mathematical Association of America. Washington 1970-1991.

60. **TUTSCHKE, W.:** Grundlagen der reellen Analysis I, II. Uni-text. Vieweg, Braunschweig 1971, 1982.

61. **WALTER, W.:** Analysis I, II. Grundwissen Mathematik 3, 4. Springer, Berlin Heidelberg New York 1989, 1990.

62. **WILLE, F.:** Analysis. Eine anwendungsbezogene Einführung. Mathematik für das Lehramt an Gymnasien. Teubner, Stuttgart 1976.

63. **ZYGMUND, A.:** Trigonometric series. Cambridge Univ. Press, Cambridge 1977.

Sachverzeichnis